四川盆地天然气动态成藏

蔡希源　郭旭升　何治亮　付孝悦　刘光祥　著

科学出版社

北京

内 容 简 介

　　四川盆地天然气资源丰富，本书采用"静、动"相结合的研究手段，系统介绍了盆地构造沉积演化，并对储层、烃灶以及盖层的动态评价进行了探索性研究，并结合勘探实践，总结了天然气动态成藏过程与富集主控因素，对四川盆地天然气勘探前景进行了展望。

　　本书是一部理论性、实践性、实用性较强的专著，材料翔实，论述深入，可供广大地质勘探人员、石油地质综合研究人员参考，也可供石油地质类高等院校学生阅读使用。

图书在版编目(CIP)数据

四川盆地天然气动态成藏／蔡希源等著. —北京：科学出版社，2016.3
ISBN 978-7-03-047861-0

Ⅰ.①四⋯　Ⅱ.①蔡⋯　Ⅲ.①四川盆地–天然气–油气藏形成–研究
Ⅳ.①P618.130.2

中国版本图书馆 CIP 数据核字（2016）第 056838 号

责任编辑：王　运　韩　鹏　陈姣姣／责任校对：张小霞
责任印制：张　倩／封面设计：耕者设计工作室

科　学　出　版　社 出版

北京东黄城根北街 16 号
邮政编码：100717
http://www.sciencep.com

北京利丰雅高长城有限公司 印刷
科学出版社发行　各地新华书店经销

*

2016 年 3 月第 一 版　　开本：787×1092　1/16
2016 年 3 月第一次印刷　　印张：30
字数：700 000

定价：386.00 元
（如有印装质量问题，我社负责调换）

序

四川盆地是我国最早开发利用天然气的地区。据记载，2000多年前的战国时期人们就已在这里发现并利用天然气。到了北宋时期，人们已开始用顿钻的方法打井开发利用天然气。新中国成立后我国最早在四川盆地开始工业化勘探开发天然气，先后在震旦系—侏罗系的多层系发现并开采石油和天然气，至2014年年底，已累计探明天然气地质储量33283亿 m^3，年开采天然气约270亿 m^3。经历多年勘探，已证实四川盆地及其周边地区是我国最具天然气勘探潜力的地区之一。特别是近期中国石化、中国石油连续取得涪陵地区、长宁地区页岩气勘探重大发现，在川中隆起发现安岳特大型气田，储量超万亿立方米，进一步证明四川及周边地区具有良好的油气勘探前景。

四川盆地是一个大型叠合盆地，从震旦系到侏罗系，沉积了近万米的地层，形成了多套生储盖组合，但也经历了多期次构造运动的复杂改造，因而具有油气藏类型多样、成藏条件复杂多变等特点。从现有研究来看，海相层系经历了从油灶向气灶的转化，大部分气藏经历了从油藏到气藏的转化和晚期再调整，陆相天然气也经历了早期成藏、晚期调整，显示了"动态成藏"的复杂过程。目前关于四川盆地油气成藏方面的专著已有很多，但多数仅从构造、沉积、储层、盖层、烃源等做静态直观的描述，对油气动态成藏方面的研究专著较少。

《四川盆地天然气动态成藏》以"构造成盆是基础、沉积储层是前提、烃灶保存是关键、动态成藏是核心"为研究思路，应用"静态描述"和"动态恢复"相结合的分析方法，在盆地构造沉积演化和盆地原型恢复研究的基础上，对油气储层的成储演化、成藏关键要素的时空配置和天然气动态成藏过程进行了系统分析，书中提供了震旦纪—侏罗纪关键时期盆地原型及分布、主要时期岩相古地理和沉积相展布等基础性研究成果图件，提出了海相碳酸盐岩和陆相碎屑岩的十种沉积体系和八种沉积模式，总结了礁滩类、岩溶类、碎屑岩及页岩气四大类储层发育模式，对四川盆地烃灶的形成与演变、天然气盖层的动态评价进行了探索性研究，为天然气动态成藏和成藏要素的动态评价研究提供了一条可借鉴的思路与方法。

该书是一部理论性、实践性、实用性较强的专著，反映了四川盆地最新勘探、研究成果，适合于广大地质勘探人员、石油地质综合研究人员及石油地质类院校学生阅读参考。

该书的出版，对促进四川盆地形成演化研究、大型叠合盆地沉积充填过程和油气成藏规律研究以及沉积地质学、油气地质学等学科的发展具有重要的科学意义和理论价值，同时对推动四川盆地油气勘探的新发展有重要的指导意义。

中国工程院院士 罗光明

2015 年 6 月 24 日

前　　言

四川盆地天然气资源丰富，在经历了近 50 年勘探历程后，自 2000 年以来，随着普光、元坝、安岳等一系列大气田的发现，四川盆地进入天然气大发展阶段。回顾 60 余年的勘探历程，四川盆地已在震旦系至侏罗系的 19 个层系发现工业油气流，经历了针对多套目的层和含油气区带的勘探"会战"，目前进入常规气藏与非常规天然气并重的勘探新阶段。

笔者在组织四川盆地勘探和研究过程中，认识到盆地基本石油地质条件优越，但是由于多期次的构造改造，天然气成藏过程较为复杂，海相大气田的天然气来源一般具有多个烃源灶的"动态成藏"特点。为了更好地指导盆地天然气勘探，笔者组织科研力量，以盆地为对象，按"构造成盆是基础、沉积储层是前提、烃灶保存是关键、动态成藏是核心"的思路，运用"静态描述"和"动态恢复"相结合的分析方法，开展天然气动态成藏与富集规律研究，先后组织完成《四川盆地构造沉积演化及天然气富集规律研究》《四川盆地下组合天然气富集规律及增储领域研究》《四川盆地上组合天然气富集规律及增储领域研究》《四川盆地须家河组天然气富集规律及增储领域研究》《四川盆地主要构造运动及不整合面发育分布研究》等重点科研项目。

本书是在上述多项中国石化重点科研项目成果的基础上编撰而成的，是集体智慧的结晶。本书以中国石化勘探区块内大量分析数据和资料为基础，引用和借鉴邻区部分文献和资料，反映了四川盆地最新勘探、研究成果，期望对四川盆地勘探和研究起到推动作用。

全书共六章。第 1 章主要是从四川盆地结构及构造特征方面分析，明确基底结构和断裂分布，并对构造单元进行划分。同时，对南华纪到中新生代盆地构造演化及盆地原型进行动态分析。第 2 章结合构造演化的分析，对震旦系到三叠系地层进行三级层序划分，总结碳酸盐岩和碎屑岩十种沉积体系及八种沉积相模式，系统分析构造层序格架内沉积充填特征及相带变化。第 3 章从礁滩类、岩溶类、碎屑岩及页岩气四大类储层静态特征描述出发，重点分析成岩孔隙演化及发育主控因素，总结各类储层发育模式。第 4 章主要论述四川盆地主要烃源岩的分布特征及控制因素，同时对优质烃源岩地球化学特征进行静态分析，通过运用热史分析方法，总结主要地史时期烃灶的分布以及主要油灶的分布与演化特征。第 5 章主要对四川盆地区域性盖层进行描述，运用排替压力、超固结比和盖层岩石平均孔隙直径三个指标对区域性盖层进行封盖性动态评价，探讨地层流体及构造作用与油气保存条件的关系。第 6 章通过对四川盆地已发现油气藏进行分类、分布及特征静态描述，选取典型油气藏进行精细解剖，对成藏过程进行动态分析，明确油气成藏主控因素，总结大中型油气田分布规律。同时，结合勘探实际，对四川盆地海相下组合、海相上组合、陆相碎屑岩及页岩气四大油气勘探领域进行评价。

本书的具体章节分工如下：前言由蔡希源完成；第 1 章由何治亮、罗开平完成；第 2

章由付孝悦、段金宝、唐德海完成；第3章由郭旭升、付孝悦、季春辉完成；第4章由蔡希源、刘光祥完成；第5章由刘光祥、徐旭辉、潘文蕾完成；第6章由郭旭升、王良军、张庆峰完成。全书由蔡希源统稿、定稿。杨克明、郑和荣、谢刚平、沃玉进、尹正武、朱宏权、林娟华、郑建华、王威、杜红权等参加了前期研究工作，李宇平、朱祥、魏祥峰、王津义、王恕一等参加了后期统稿校对工作，他们为本专著的形成作出了积极贡献，马永生院士也给予了很多帮助，在此一并表示感谢。

本书是一部理论性、实践性、实用性较强的专著，适合广大地质勘探人员、石油地质综合研究人员及石油地质类院校学生阅读参考。由于研究对象复杂、涉及层系多，加之作者水平有限，书中若有不妥之处，敬请广大读者批评指正。

目　　录

第1章　盆地结构与构造

四川盆地位于四川省东部，介于北纬28°~32°40′，东经102°30′~110°之间，面积约23万km²。盆地整体呈菱形，四周分别为龙门山、米仓山、大巴山、大娄山和大凉山围限（图1-1）。四川盆地是我国重要的含（油）气盆地，地质构造上处于中上扬子克拉通内，在显生宙表现为板块构造围限下的陆内变形与盆地发育过程，北侧为秦岭洋盆，西南侧为昌宁–孟连洋盆、金沙江–墨江洋盆、甘孜–理唐洋盆（主要为古特提斯洋盆），东南侧为江南–雪峰陆内裂陷带（主要为早古生代裂陷），西北侧为龙门山陆内裂陷带（主要为晚古生代裂陷），这些洋盆或裂陷带的开启和关闭使得四川盆地及邻区经历了原特提斯洋（Z—S）、古特提斯洋（D—T）与新特提斯洋（J—Q）三个演化阶段，在克拉通内部表现为伸展（盆地）与挤压交替的特点，体现出盆地发展的旋回性（何登发等，2011）。由于四川盆地在南方海相油气勘探中的引领作用，关于四川盆地构造、沉积及其演化史的研究始终是油气地质研究领域的热点。近十年来，随着勘探的不断深入，普光、元坝、安岳等一批大型–超大型天然气田的发现，以及大量的地质、地球物理、钻井资料的积累，形成了对四川盆地乃至整个扬子地区地质上的新认识。

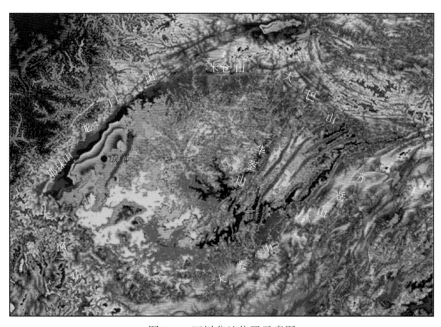

图 1-1　四川盆地位置示意图

1.1 基 底 特 征

1.1.1 基底结构特征

四川盆地基底具有结晶基底和褶皱基底双重结构特征。结晶基底是一套经受中、深程度变质且普遍混合岩化的地层，主体以康定群为代表，出露于康定-攀枝花、盐边、宝兴、汶川及旺仓-南江等地区。时代为新太古代—古元古代，下部为一套中基性火山岩建造，上部为中酸性火山碎屑岩及复理石建造。它是四川盆地及周缘目前已知最老的一套变质地层。褶皱基底是覆盖在康定群之上，不整合于震旦系之下的一套浅变质地层，晋宁运动造成其强烈褶皱，主要由恰斯群、盐边群、黄水河群、通木梁群、火地垭群、会理群、娥边群、登相营群、盐井群、板溪群等地层组成，按构造环境、沉积组合特征分为以盐边群为代表（包括恰斯群、盐边群、黄水河群、通木梁群、火地垭群）的优地槽型沉积和以会理群为代表（包括会理群、娥边群、登相营群、盐井群、板溪群）的冒地槽型沉积，前者主要由中、基性火山岩组成，后者由陆源碎屑岩、碳酸盐岩及少量火山岩组成。除板溪群为新元古代（1000～850Ma）外，其余各群均为中元古代（1700～1000Ma），零星出露在盆地周边的会理、盐边、冕宁、峨边、宝兴、汶川、青川、平武、南江、秀山和稻城附近。四川盆地基底结构变化主要体现在岩石物性分区上。

罗志立（1998）根据基底岩性对四川盆地的基底结构进行了划分。将龙门山断裂带以东、龙泉山-三台-巴中断裂带以西称为川西区。在航磁异常图上，除德阳磁力高外，其余均显示负磁异常。结合邻区盆缘出现地层，推测为中元古界的褶皱基底；龙泉山-三台-巴中断裂带以东、华蓥山断裂带以西称为川中区，主要为太古宇—古元古界的结晶基底；位于华蓥山断裂带以东、齐岳山断裂带以西地区称为川东区，为弱磁性或非磁性的复理石弱变质的板岩，因而认为本区基底岩石为板溪群，石柱磁力高，可能为伏于板溪群之下的梵净山群中具强磁性超基性岩侵入体的反映。

童崇光（1994）从现今四川盆地构造展布特点分析，以华蓥山、龙泉山背斜带为界，将四川盆地划分为三个不同的构造区：华蓥山以东为川东南高陡构造区，主要发育北东向平行排列的隔挡式褶皱束，背斜紧密，向斜宽缓，逆断层发育；龙泉山以西称川西拗陷低陡构造区，除北侧构造平缓，为一区域性大向斜外，仍以北东向线性构造为主，断裂发育；介于两者之间为川中隆起低缓构造区，以低幅度的褶皱构造为主体，方向散乱，断层构造少。对应的基底，川中地区由流纹英安岩和花岗岩组成，刚性较强，相对稳定；两侧的川东和川西地区，基底主要由元古宙板溪群以及峨边群的板岩、片岩、千枚岩组成，塑性较强。

茹锦文和黄瑞照（1990）根据航磁资料将四川盆地的基底构造划分为川西北、川中、川东南三块，分布大致呈北东东向。川中岩块由中基性岩浆杂岩体以及各种深变质片麻岩所组成，航磁显示为一种宽缓的正异常。而川西北、川东南主要为浅变质的沉积岩系，航磁上显示为平缓变化的负异常。

从图 1-2 可以看到，南充–平昌一带，磁异常呈现一宽缓稳定的北东向正异常，在其西南分布着一弯曲成弧形的峨眉–简阳–大足正异常带；在重庆以东方向分布着一东西向的石柱正异常。这些宽缓变化的正异常区组合在一起，其形状近似菱形，表明四川盆地内存在一个其内部岩相及构造均较复杂的菱形块体。正异常向西南一直延伸到峨眉山及大小相岭地区，在那里出露有中基性岩浆杂岩体及花岗岩。正异常经开县–三峡地区与黄陵背斜出露的变质岩系相连，那里分布的是中基性闪长岩及各种深变质片麻岩。张先等（1995）根据航磁正异常推测川中地区（三台–巴中断裂到华蓥山断裂之间）的基底，是由峨眉山、大小相岭及黄陵背斜出露的中基性岩浆杂岩体及各种深变质片麻岩组成。笔者把该区定为太古宙—古元古代中酸性杂岩。

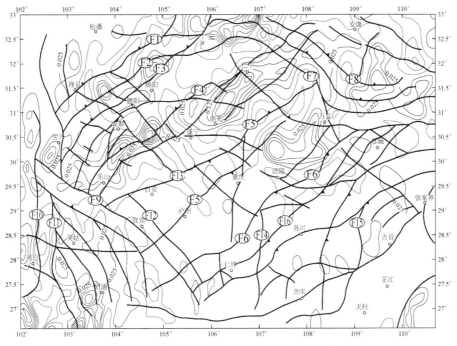

图 1-2　磁力化极上延 20km 垂直 2 阶导数

对于川东区基底的地层及年代，宋鸿标和罗志立（1995）、罗志立（1998）以及江为为等（2001）等都划为新元古代的板溪群；而袁照令和李大明（1999）则认为是古元古界的崆岭群。根据剩余异常，该区密度和磁性均不大，笔者认为应该属于新元古代浅变质的板溪群。

川西地区剩余重力和磁力异常值均介于川中和川东之间，本书将其定为中元古界褶皱基底，与罗志立（1998）的认识一致。但该区以三台–茂县为界又可分为南北两个部分，花石峡–邵阳地震剖面的地壳结构显示川西前陆盆地南北段的差异不仅存在于地表附近，也存在于地壳深部，其性质有待进一步研究。

在四川盆地基底中，夹杂着一些零星的岩体，表现为局部磁正异常，其中以南充–平昌和石柱局部磁异常最高，该正异常与喷溢玄武岩引起的变化剧烈的局部高磁异常有明显差别，向南西方向延伸至简阳一线，向北西延伸到绵阳–德阳一带（钟锴等，2004）。根据异常值的大小，推测南充-平昌异常为太古宙—古元古代基性火山岩，江油、天全、彭州，以及乐山-安岳几个局部异常为太古宙—古元古代中基性火山岩，而马边、资中、犍为一带的低磁异常推测为酸性花岗岩。

盆地北部米仓山地区，1：20万地质填图时将出露基底岩层归为火地垭群，时代上属于中新元古代，属于褶皱基底。

在石棉、峨边以北及西昌、美姑以南主要为强磁性、高密度的深变质岩类所组成的结晶基底。其间则为大片弱磁性、高密度的浅变质岩类组成的褶皱基底（刘绍裕，1994）。

在盆地外围西南马边地区，磁异常正负相间，比较凌乱，地表出露多为中新元古界，因此，张先等（1995）将该区基底归为古元古界。但笔者认为应归于中元古界，异常高背景是由于埋深较小。

东北角大巴山地区，重力异常正负相间，磁异常平均值较其西南侧要高，应同其西南侧无磁性的新元古界基底有区别，归为中元古界基底。韩应均根据重力和磁力异常的变化特征，认为其岩性为变质程度较深的石英闪长岩、千枚岩类。

盆地东缘的利川、宣恩地区同其东南侧的鹤峰、龙山地区磁力异常特征相同，但前者重力为高值异常，而后者为重力负异常，袁照令和李大明（1999）认为，前者（重庆东部和鄂西）磁性基底为古元古界崆岭群，而后者（湘西和鄂西南地区）磁性基底为中元古界的冷家溪群。

重庆南部和贵州北部的磁力化极异常均为宽缓的负异常区，深部磁力剩余异常两者特征相似，但是两者重力异常特征不相同，川东南为重力负异常，而贵州北部为重力正异常，本书将该区磁性基底归为中元古界褶皱基底（图1-3）。

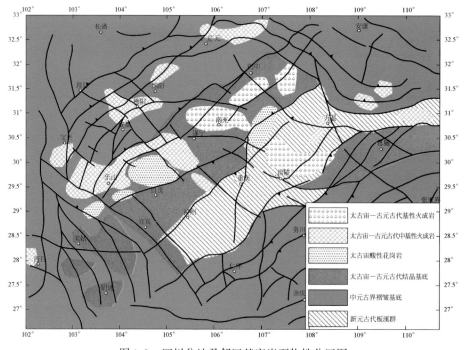

图1-3 四川盆地及邻区基底岩石物性分区图

1.1.2　基底埋深

重磁资料是研究盆地基底最经济有效的方法。重力和航磁异常的显著特征之一是具有体积效应，即布格重力异常和航磁异常反映的是不同深度、不同规模及不同形成时间异常的叠加效应。利用重力和航磁数据计算基底的深度，首先是要提取出与基底对应的异常。过去多采用异常延拓方法分离出所需要的剩余异常，传统的不同窗口滑动平均法、解析延拓等很难有效地进行场分离，基于傅里叶分析的方法只能获得函数的整体频谱，不能获得信号的局部特性。20 世纪 90 年代以来，小波变换和多尺度分析方法因在去噪、提高分辨率、奇性检测和信号增强等方面做出的重要贡献，越来越多地用于地壳结构和断裂体系的研究中。

张先等（1995）对四川盆地及其西部边缘的磁性基底深度进行了计算；罗志立（1998）给出了盆地区域内磁性基底埋深情况。

在四川盆地范围内利用震旦系地震深度数据作为约束，对盆地四周利用地表前震旦系、震旦系、寒武系地层出露情况，结合地震大剖面和 MT 大剖面资料作为约束条件，对剩余异常进行反演计算，最终得到四川盆地及邻区基底埋深图（图 1-4）。从图上可以看出，等值线总的形态同四川盆地的形态相似，沿盆地四周等值线密集分布，显示盆地内部与四周基底埋深差异较大。

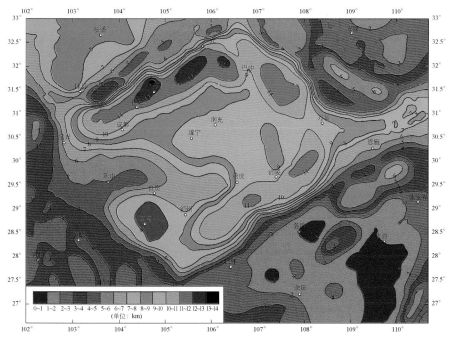

图 1-4　四川盆地及邻区基底埋深图

盆地内部基底埋深从西北往东南为北东走向的隆拗相间的格局，第一个深拗区为川西北区，该区靠近龙门山断裂带，基底埋深为 10 ~ 15km，最深处在江油附近；中江-阆中一线到射洪–西充一线之间为基底相对隆起区，平均深度在9.5km左右；遂宁到渠县为一相对拗陷区，最大深度为10km左右；梁平–大竹一带为相对隆起区，平均深度在8km左右；石柱–南川一线为盆地东南端的深拗区，基底平均深度在10km左右，最大深度分别在石柱和南川附近，最大值达11km。此外，通江到宣汉–达县为一北西走向的基底拗陷区，宣汉–达县附近最大深度在11km左右；盆地东南宜宾附近也存在一北西走向的基底拗陷区，平均深度在8km左右。乐山–大足存在一个显著的北东东向到近东西向的基底隆起区，平均深度在5km左右，最浅位置在乐山–峨边一带，为4km左右。

龙门山往黑水、平武方向，基底深度由小变大，从3~4km增大到9km；川东北外缘基底为北西走向的隆拗相间格局，深度为3~4km，最大深度值在6km左右；川西南部及盆地外围的东南和西南均为相对隆起区，基底埋深相对盆地内部要小得多，平均值在2km左右。在地表下古生界甚至基底地层都已出露。

图1-5、图1-6分别反映了四川盆地北西–南东、南西–北东向的基底起伏。从图1-5可以看出，从盆地西北和东南外围向盆地内部，地表出露地层逐渐由老到新，基底深度由浅变深。而在盆地内部，根据基底起伏形态可以明显地分为川西、川中和川东三个部分，基底顶面由川中向川东南和川西北两侧倾斜，往盆地边缘方向深度加大。

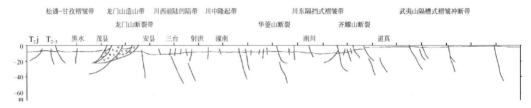

图1-5　四川盆地北西–南东向基底顶面埋深变化

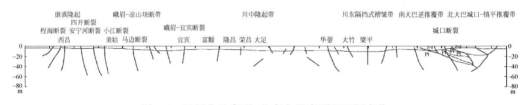

图1-6　四川盆地南西–北东向基底顶面埋深变化

与图1-6表现的趋势相似，从川西南和川东北盆地边缘向盆地内部，地表出露地层逐渐由老到新，基底深度由浅变深。在盆地内部，中间基底顶面埋深比两侧起伏小，向盆地边缘基底逐渐深拗，东北缘基底埋深明显大于西南缘。

总体上，四川盆地基底顶面具有周缘深（川南除外）、中间浅，从造山带前缘往盆地中央由深—浅的变化趋势和特点，反映了基底结构横向的差异。

1.1.3　基底断裂分布

基底断裂一般具有形成时间早、活动时间长、规模较大的特点，对盆地构造、沉积演化和盖层构造具有显著的控制作用。

　　基底断层往往具有明显的地球物理标志和特征。在重磁上经常表现为线性梯度带、异常特征分界线、异常线性过渡带、线性异常带；异常的错动、等值线的规则性扭曲、异常等值线疏密突变带、串珠状异常等。通过对四川盆地及邻区重力和航磁异常及其分离出来的剩余异常的处理，参考前人的各种地质地球物理资料，得到了基底主要断裂分布图（图1-7）。按断裂的走向和相互之间的交切关系，将这些断裂划归为大巴山断裂系、龙门山断裂系、康滇断裂系、华蓥山断裂系。其主要重力、磁力异常特征列于表1-1。

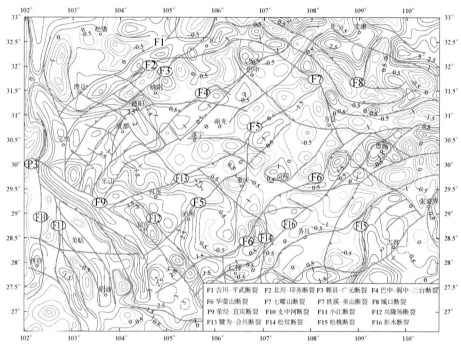

图 1-7　四川盆地及邻区基底主要断裂分布图

表 1-1　四川盆地及邻区主要基底断裂重、磁异常特征

断裂系	断裂名称	走向	磁场特征	重力场特征	遥感影像特征	断裂类型
大巴山断裂系	城口–房县	NWW	不同磁场界线		线性色变带	区域性断裂
	镇平	NW	线性异常带			一般断裂
	中岗岭–黑门楼	NW	不同特征分界	梯度带		一般断裂
	安康	NW	线性异常带			一般断裂
龙门山断裂系	武都–文县	NE	不同磁场界线	梯级带		区域性断裂
	平武	NE	线性异常带			一般断裂
	阳平关	NE	不同磁场界线			一般断裂
	三台	NE			线性异常	区域性断裂
	龙门山	NE	线性异常带	梯级带	不同影像区界线	区域性断裂

续表

断裂系	断裂名称	走向	磁场特征	重力场特征	遥感影像特征	断裂类型
康滇断裂系	安宁河	SN	线性异常带			区域性断裂
	昭觉	SN	线性异常带			一般断裂
	马边	SN	线性异常带			一般断裂
	盐津	EW	线性异常带			一般断裂
	小江	SN	线性异常带			区域性断裂
	宣威	SN	线性异常带			一般断裂
华蓥山断裂系	江油	NE	线性异常带			一般断裂
	西乡-德阳	NE	不同磁场界线			区域性断裂
	盐亭	NE	线性异常带			一般断裂
	南充	NE	串珠状异常带			一般断裂
	资中	NE	串珠状异常带			一般断裂
	高县	NW	不同磁场界线		不同影像区界线	区域性断裂
	华蓥山	NE	不同磁场界线	异常分布带	线性色变带	区域性断裂
	邻水	NE	串珠状异常带			一般断裂
	梁平	NE	串珠状异常带			一般断裂
	忠县	NE	串珠状异常带			一般断裂
	合江	SN	梯度带			一般断裂
	齐岳山	NE	梯度带	梯度带		区域性断裂
	松桃	NE		梯度带		
	恩施-澎水	NE	不同磁场界线	异常分布带	线性色变带	区域性断裂

主要断裂特征如下：

（1）龙门山断裂带：位于四川盆地的西北边缘延至广元以北，沿马角坝、庙坝一线呈北东走向展布，含青川-茂汶-汶川断裂、北川-映秀断裂、安县-灌县断裂三条主干断裂。布格重力异常图上表现为梯度带，航磁异常图上为不同异常特征的分界线，是一条巨大的北东向线性异常带，在地表也有出露。在地质上断裂两侧的沉积建造及厚度都明显不同，是划分上扬子准地台和松潘-甘孜槽区的分界线（江为为等，2001）。龙门山断裂带大体呈北东向分布于四川盆地西缘与川西北高原之间，北连秦岭，南接康滇，长约500km，宽30~60km，占据扬子地台与甘孜地槽褶皱带（特提斯东缘）的衔接部位，构成了中国西部重要的构造带。

（2）城口断裂：位于四川盆地东北缘，沿城口至镇巴一线分布，系扬子板块北部边界断层，呈北西走向，中间为向南西凸出的弧形断裂带，倾向北东。布格重力异常图上表现为梯度带，航磁异常图上为不同异常特征的分界线和异常梯度分布，在重力异常45°方向导数图上有反映。向下深切基底，断面较陡，倾向北东，倾角75°~85°，往南西逆冲，断距大于2km。在地表有出露，断裂带两侧下古生界有明显的差异，是扬子准地台和秦岭槽区的分界线（江为为等，2001），印支运动后形成向西南凸出的弧形（宋鸿彪、罗志立，

1995）。它是一条较大的盆地边界断裂，其形成与印支期—燕山期华北板块和上扬子板块发生陆-陆碰撞造山作用有关，对四川盆地的形成和发育起着控制作用。

（3）华蓥山断裂带：位于研究区中部，沿永川-北碚-渠线一带分布，走向为北东方向。在布格重力异常图上，不同地段有不同的表现，以梯度带、异常扭曲和异常的错断等多种形式出现；在航磁异常图上表现为异常梯度带和不同异常特征分区。虽然在地表出露不明显，仅在华蓥山背斜高点处出露地表（郭正吾等，1996），但在重力异常和航磁异常向上延拓不同高度后均有反映，沉积盖层岩性、岩相及浅层构造形变上有突变，表明它是一条深大断裂，是盆地内划分川中地块和川东南褶皱区的分界线（宋鸿彪、罗志立，1995）。

（4）齐岳山断裂带：也称齐耀山断裂。沿南川-石柱-巫山一线分布，呈北东走向。布格重力异常图上以梯度带、线性异常过渡带等出现，航磁异常图上表现为梯度带和不同特征分区。重力异常135°方向导数图上反映明显。在重力异常向上延拓不同高度异常图上都有反映，说明断裂很深。在地壳速度剖面上该断裂带反映显著，切深达22km 左右。在地质上北西侧分布中生界，东南侧广布古生界，是四川盆地的东界（宋鸿彪、罗志立，1995）。

（5）三台-阆中-巴中断裂：也叫巴中-龙泉山断裂，呈北东走向，布格重力异常图上表现为线性异常带和异常的错断。在速度剖面上，浅部盖层水平性好，深部岩层水平性破坏显著。在地质上两侧的基底不同，西北侧为中元古界褶皱基底，东南侧为太古宇—古元古界结晶基底，是四川盆地内部川西区和川中区的分界（罗志立，1998）。

（6）米仓山断裂：位于南江以北，呈近东西向延伸。在重力方向导数图和磁力方向导数图上都有反映。在重力和磁力向上延拓10km 和20km 后的差值场图上均有反映，在磁力向上延拓20km 和30km 后的差值场图上也有反映，但在重力向上延拓20km 和30km 后的差值场图上反映不明显，说明断裂进入基底不深。在大地构造位置上位于扬子板块的北缘，秦岭造山带的南侧。

（7）中岗岭黑门楼断裂：又称为铁溪-巫山断裂，位于研究区的东北部，经万源北至巫山，呈北西走向，中间向西南突出呈弧形。在布格重力异常图上表现为异常梯度带和线性异常过渡带及异常特征分界线；在航磁异常图上表现为不同异常特征的分界线。在地质上该断裂是大巴山地块和四川盆地的分界。

（8）恩施-彭水断裂：又称黔江断裂，位于研究区的东南部，经恩施、宣恩到郁山镇，过郁山镇后向西南方向分成两支，一支经彭水到绥阳，另一支经道真往石宝方向。主体走向为北东向，在彭水、郁山镇一带往北西方向凸出呈弧形，为川东典型弧形褶皱带的东带、中带的分界断裂。布格重力异常图上为异常梯度带和不同特征异常分界，航磁异常图上为异常梯度带。

（9）雅安-宜宾断裂：位于盆地的西南方向，北西走向，与华蓥山断裂和七曜山断裂交切，由西南向北东方向凸出略呈弧形。布格重力异常图上表现为线性过渡带，航磁化极图上为不同特征异常分界，在重力小波细节图上表现为明显的梯度带。

从图1-7 可以看出，几组基底断裂相互切割，使得盆地内部呈现以北东走向为主体的菱形格局。盆地基底的边界由几条主要的大断裂控制，盆内两条大断裂将盆地从西向东分成三块。川西北以北东向断裂为主，川东北为北西向和向西南凸出的弧形展布的断裂，川西南以近南北向断裂和北西向断裂为主，川东南区以北东向断裂为主。断裂走向以北东向和北西向为主，同时发育一些南北向和东西向断裂。不同方向断裂相互交错，南北向断裂多被北东向断裂切割，北东向断裂和东西向断裂又多被北西向断裂切割，说明断裂的形成具有多期性。不同时期发育的（基底）深断裂，对盆地构造沉积演化及构造格局具有明显的控制作用。

1.2　构　造　特　征

四川盆地是上扬子板块的重要组成部分，它是一个叠置于古生代海相盆地之上的中、新生代陆相盆地。目前的盆地西北以龙门山，北东以米仓山-大巴山，东南以七曜山-大娄山，西南以川西南冲断走滑带为界。近十年来，随着勘探的进展和大量的地质、地球物理、钻井等方面资料的积累，特别是一些区域地球物理综合大剖面的实施，清晰地展现和刻画了盆地的结构，促进了对盆地结构和构造认识的不断深化。

图 1-8 是四川黑水-贵州道真的北西-南东向的综合地球物理剖面。剖面由西北向东南跨越松潘-甘孜褶皱带、龙门山造山带、川西前陆拗陷带、川中隆起带、川东隔挡式褶皱冲断带（川东渝西褶皱区）和武陵山隔槽式褶皱冲断带五个单元，横切龙门山断裂带、华蓥山断裂和七曜山断裂等主要断裂。重磁力特征反映了结晶基底深度为 7～8km，最大深度为 10.2km。构造形态表现为从两侧向盆地内的对冲。龙门山断裂带由西北向东南逆冲；华蓥山断裂系统由多条从东南向西北逆冲的断裂组成。在断裂分布的疏密程度上，龙门山断裂带及其以西北区、川东及其以东南区域断裂比较发育，在盆地中间断裂发育较少，反映了基底结构的控制作用。

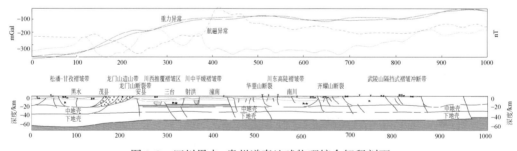

图 1-8　四川黑水-贵州道真地球物理综合解释剖面

图 1-9 是昭觉-城口地球物理综合解释剖面，剖面由南西-北东穿越康滇隆起、峨眉-凉山块断带、川中隆起带、川东隔挡式褶皱冲断带、北大巴镇坪-城口推覆带五个单元，横切程海断裂、安宁河断裂、小江断裂、马边断裂、峨眉-宜宾断裂、万源断裂和城口断裂等主要断裂，同华蓥山断裂斜交。在该剖面经过范围内磁性基底和加里东构造界面基本都存在，磁性基底最大深度为 8.5km，加里东界面最大深度为 4km，印支构造界面只在城口断裂西南边存在最大深度为 2.3km，沉积最厚区域为城口断裂向西南到宣汉、达县区域。在构造形态上，西南端断裂较陡，而东北端断裂程明显向盆地内逆冲的构造格局。

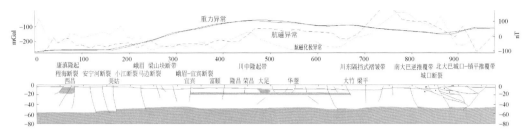

图 1-9　昭觉–城口地球物理综合解释剖面

图 1-10 是龙门山–七曜山的北西–南东向的地质–地震综合解释剖面，清晰地反映了从龙门山–川中–川东地区不同构造单元盖层构造变形特征及差异。

1.2.1　构造区划

根据区域大剖面揭示的盆地的结构框架，结合地震资料反映的构造细节，在综合考虑基底及盖层构造特征的基础上，笔者将四川盆地划分为川中平缓褶皱区、川东高陡褶皱区、川西推覆褶皱区、川北低平褶皱区四个二级构造单元（图 1-11）。川西推覆褶皱区、川中平缓褶皱区、川东高陡褶皱区之间分别以龙泉山断裂和华蓥山断裂为界，川北低平褶皱区以川中古隆起的北部边缘为界将其与川西推覆褶皱区、川中平缓褶皱区分开。不同构造单元构造演化和格局主要受控于不同的基底和边界条件：川中平缓褶皱区构造形成演化主要受盆地刚性结晶基底的控制，称为基底控制域；川东高陡褶皱区构造形成演化主要受川东构造带和齐岳山断裂带的影响，称为川东构造带或七曜山影响域；川西推覆褶皱区构造形成演化主要受龙门山断裂带控制，称为龙门山控制域；川北低平褶皱区构造形成演化主要受秦岭造山带控制，称为秦岭控制域。不同区带的构造特征各不相同，川东以梳状褶皱为主，宽缓向斜间夹陡窄狭长背斜；川中褶皱幅度小，构造平缓；川南、川西南以不对称的低陡构造为主。根据各二级构造单元内次级构造特点，进一步分为 11 个三级构造单元（表 1-2）。

1.2.2　主要构造单元特征

1. 川中平缓褶皱区

川中平缓褶皱区指龙泉山断裂带与华蓥山断裂带间的广大区域，面积达 $7 \times 10^4 \mathrm{km}^2$。本区基底主体为太古宙—古元古代结晶刚性基底，隆起高，海相中、古生代沉积和陆相中、新生代沉积总厚度均较薄，全区缺失泥盆系—石炭系，局部地段缺失寒武系、中上三叠统、白垩系及以上地层。古元古代末构造热事件使本区克拉通化形成古陆核后，地史时期以基底垂向隆升为主要特征，盖层褶皱变形相对较弱。加里东期处于隆起高部发育大型的乐山–龙女寺古隆起，印支期和燕山期均为向北倾的斜坡。现今构造受华蓥山背斜带影响，东部抬升较高，向西逐渐倾伏，主要背斜有龙女寺、南充、广安、营山、八角场等，

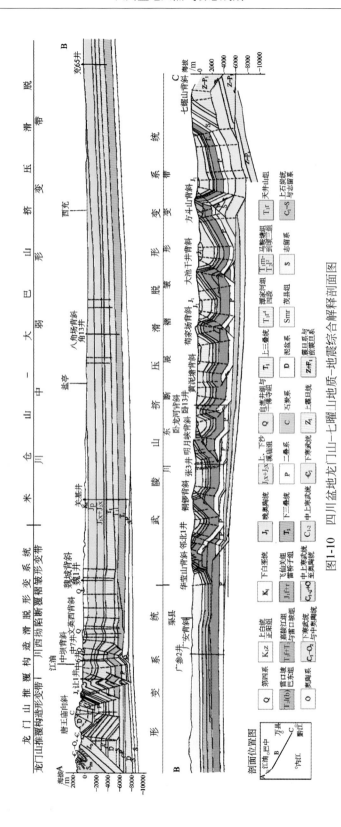

图1-10 四川盆地龙门山—七曜山地质-地震综合解释剖面图

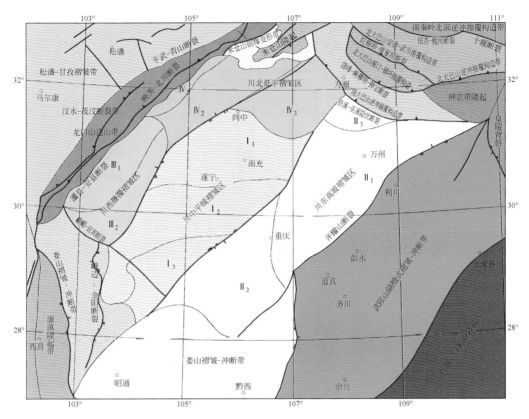

图 1-11 四川盆地构造区划图

多属穹窿型构造，其间隔以向斜。总的构造方向为近东西向，在武胜、合川一带，因紧邻东侧的华蓥山，受其影响背斜多转为北东向延伸。区内局部构造褶皱幅度一般较低，构造宽平，断裂少，向地腹深处变小变弱，一般在上三叠统香溪群以上与地面构造吻合性较好，以下则除主干背斜外均逐渐消失。

2. 川东高陡褶皱区

川东高陡褶皱区指华蓥山断裂与齐岳山-大娄山断裂带之间的区域，面积达 $7.7 \times 10^4 \text{km}^2$，是盆地内褶皱断裂最强烈的地区。主体为板溪群褶皱基底，上覆地层较全，加里东—海西运动抬升，造成泥盆系—石炭系部分地层缺失，海相地层厚达 $5 \sim 6\text{km}$。燕山—喜马拉雅运动，本区交替受大巴山北东-南西向和江南雪峰南东-北西向挤压，在川东-重庆地区形成薄皮式褶皱、断裂和自北东往南西方向凸出的弧形构造，发育华蓥山、铁山、铜锣峡、七里峡、照月峡、大天池、南门场、黄泥堂、大池干井、方斗山等一系列高陡背斜构造，主背斜高点一般出露中、下三叠统及古生代地层。而在川南泸州地区褶皱变缓，平面上呈帚状排列，至川滇黔区变为北东东向和近东西向排列，以低缓背斜为主。

表1-2 四川盆地构造单元区划表

系（统）	代号	同位素地质年龄/Ma	构造运动	盆地演化	冲断褶皱及盆内构造变形	大巴山造山带 构造活动时序/Ma	雪峰山造山带 构造活动时序/Ma	龙门山造山带 构造活动时序/Ma	米仓山造山带 构造活动时序/Ma
第四系	Q	1.81	喜马拉雅期	盆地萎缩隆升剥蚀	强烈隆升剥蚀				
上新统	N₂	5.32						10	
中新统	N₁	23.8				15 20		20 25	
渐新统	E₃	33.8			北西向构造叠加			30	
始新统	E₂	55.0				30 40		40	
古新统	E₁	65.5			东西向构造定型，并叠加在近东西向构造上		60	60	66
上白垩统	K₂	98.9	燕山期	大巴山雪峰山龙门山复合亚阶段	造山带强烈逆冲推覆，前缘"弧形"对冲过渡带形成。盆内北东向构造雏形	90 110 130	72 90 127 136	120 130	
下白垩统	K₁	142.0				160	158		
上侏罗统	J₃p	159.4		米仓山大巴山复合亚阶段	米仓山前近东大巴山东向构造形成。南大巴山叠瓦断裂带形成。雪峰山开始活动	170	180 186		186 189
上侏罗统	J₃s					190 200	202		
中侏罗统	J₂s	180.1							
中侏罗统	J₂q								
下侏罗统	J₁b	205.1	印支期	龙门山亚阶段	盆内以升降运动为主，北大巴山和龙门山推覆体形成	230		210 230	
上三叠统	T₁x⁴⁻⁴	227.4							
上三叠统	T₁x³⁻³			被动大陆边缘					
中三叠统	T₁l								

3. 川西推覆褶皱区

川西推覆褶皱区指龙门山造山带往东与龙泉山隐伏断裂带之间的区域，面积达 $4.3 \times 10^4 \text{km}^2$，是四川盆地中、新生代沉降幅度、地层厚度最大的地区。基底以中元古代褶皱基底为主，加里东期古隆起及早海西期持续的隆升，造成中寒武统至石炭系地层缺失。上三叠统至第四系陆相层系厚 6～7km。区内中、新生代地层变形程度低，褶皱平缓，断裂不多，规模不大。北段有中坝、海棠铺、唐僧坝等背斜群；南段有龙泉山、盐井沟、熊坡、务中山、高家场、洽场等雁形背斜群。

4. 川北低平褶皱区

川北低平褶皱区基底自西往东由中元古代褶皱基底过渡为太古宙—古元古代结晶刚性基底。在加里东期，该区是介于乐山-龙女寺隆起和鹰嘴崖、天井山隆起之间的一个拗陷带，震旦系—中三叠统海相地层发育全。印支期后西侧和北侧造山带隆升，在龙门山、大巴山前缘形成了中生代拗陷，沉积厚度达 6000～7000m。现今地表构造平缓。在九龙山构造小区，以梓潼向斜为中心，发育河湾场、双鱼石、九龙山等背斜构造，向南西方向倾伏；在涪阳坝构造小区，受大巴山断褶带影响明显，北东向构造上叠加了北西向构造，如北东向通南巴构造带上叠加的涪阳坝、天井坝等背斜以及一些鼻状构造，形成典型的"十"字构造。在平昌构造小区，由于邻近川中隆起区北缘，多为一些小而低缓的穹窿构造，方向散乱，夹持在几组不同方向线的构造之间，形似旋卷构造。

由于四川盆地印支运动以来主要受到大巴山主导的北东-南西向构造应力场以及龙门山、雪峰山主导的南东-北西向构造应力场的作用，因此在构造纲要上主要表现出明显的北东向和北西向交切的构造轮廓。

1.3　构　造　演　化

四川盆地是一个发育在晋宁期基底上，由震旦系—中三叠世海相层系和晚三叠世—第四纪陆相层系叠置形成的大型、多旋回叠合盆地，不同构造体制、多种类型盆地（原型）及多期构造运动的更迭和交织，构成了四川盆地复杂的构造-沉积演化史。正确恢复盆地原型、划分盆地演化阶段、重构演化序列，对于指导油气勘探具有重要意义。

不整合面（unconformities）是地层层系中新老岩层产状、形变彼此不协调，或者时代不连续的一种构造界面，它是划分地层程序、确定地层格架和构造运动、划分盆地构造演化阶段的重要标志（陈发景等，2004）。

根据地震反射和露头剖面中的地层接触关系，在识别出四川盆地主要不整合面（表1-3）基础上，前人对四川盆地主要构造运动（性质、形式）及构造演化史进行了系统的分析和阐述（邓康龄，1992；童崇光，1992；郭正吾等，1996）。主流的观点是按照构造运动阶段和幕次把四川盆地的演化分为扬子、加里东、海西、印支、燕山和喜马拉雅六个旋回（童崇光，1992；郭正吾等，1996）。

表 1-3　四川盆地主要构造运动事件与不整合面对应关系表

构造运动事件	不整合面	表现形式	影响及范围
晚喜马拉雅运动	N/Q	强烈褶皱	地层强烈褶皱，盆地定型
早喜马拉雅运动	K/E		
晚燕山运动	J₃/K	周边向盆内压缩、褶皱并抬升	侏罗系上部地层大幅度剥蚀
晚印支运动	T₃/J	龙门山褶皱隆升，前陆沉降	川西地区上三叠统遭剥蚀
早印支运动	T₂/T₃	抬升为主	中下三叠统遭不同程度剥蚀，秦岭洋关闭
东吴运动	P₁/P₂	张裂、上升成陆	上、下二叠统区域性假整合，峨眉山玄武岩喷溢
云南运动	C/P₁	上升运动	川东以外地区泥盆系和石炭系广泛缺失
柳江运动	D/C	上升运动	
晚加里东运动	S/D	盆地整体隆升	川中地区强烈隆升，志留系、奥陶系、部分寒武系遭剥蚀
早加里东运动	O₂/O₃	在四川盆地表现不明显	盆地性质转换
桐湾运动运动	Z/∈	整体抬升	灯影组顶部剥蚀 灯影组和寒武系之间为假整合
澄江运动	Z₁/Z₂	裂谷回返、岩浆侵入和火山喷发	基底固结和褶皱
晋宁运动	Z/Pt	基底褶皱变质，岩浆侵入和喷出	弧间盆地封闭，上扬子陆块形成

笔者认为，在四川盆地的形成发展演化中，加里东运动和印支（早期）运动是最重要的两期构造运动。

加里东运动（Caledonean movement）一名来源于欧洲，首创于英国苏格兰的加里东运河区，相当于我国的广西运动或江南运动等，是国际惯用名称。加里东运动代表的是发生于震旦—加里东旋回（震旦纪—志留纪）末期的主要构造运动，表现为震旦纪及早古生代地层遭受到轻度变质、强烈变形、岩浆侵入以及泥盆纪地层和更新的地层不整合在志留纪或更老地层之上。

对于中国南方，一般认为经过加里东运动后，扬子陆块与华夏陆块拼合成为统一的华南板块（曾允孚等，1993）。但是，中国南方的加里东运动表现出多幕的特征，如在广西境内，就有发生于寒武系末期的郁南运动、发生于奥陶纪末期的北流运动和发生于志留纪末期的广西运动等，每一幕构造运动在各地存在一定的相似性，也有较大的不同。这种多幕式的加里东运动的构造意义是什么，目前还没有一个统一的说法。尽管如此，中国南方加里东期的基本构造格架是明确的，可概括为一个稳定克拉通和若干不同时期碰撞拼贴的地块（体）、一个加里东构造域、一个陆内基底拆离造山带和周围环绕的不同时期的造山带。不同地块的碰撞拼贴增生是中国南方大地构造及其演化的基本特征。

大约距今 900Ma，伴随罗迪尼亚大陆的裂解，中国南方所在区域脱离罗迪尼亚大陆，扬子微大陆边缘发生裂解，湘桂地块、保山地块和腾冲地块可能是由扬子大陆边缘裂解产生的，华夏微陆块则被裂解成许多小地块，目前比较确定的有云开地块、湘赣地块、浙闽地块等。在此背景下，在中国南方形成裂谷系，发育了新元古代早期的火山-碎屑岩沉积。大约至震旦纪，扬子微大陆完全成为古太平洋中的孤岛，处于相同环境的陆岛可能还有湘桂地块、云开地块、湘赣地块、浙闽地块、保山地块、腾冲地块等，它们共同组成多岛洋的格局，类似于中国及邻区古特提斯的多岛洋格局。在扬子大陆上，发育了克拉通盆地，接受了较稳定的盖层沉积（Z—S），大陆边缘由发育造山期后的磨拉石到浅海相砂泥岩及碳酸盐岩沉积。

约至震旦纪末期—寒武纪初期，湘桂地块已逐渐与扬子微大陆边缘靠近（图1-12），这时可能在水下已拼合在一起，两者之间的缝合地带有丹州群地幔岩浆的侵入和喷发活动。这一事件使大陆边缘区的充分发育受到限制，因此至莲沱期已变为一套较粗的碎屑岩，且在西部的滇东南地区，由于拼贴挤压相对较早，挤压作用相对较强烈，扬子大陆边缘上升形成牛首山隆起，继而雪峰山隆起，最后黔中隆起。这一现象说明，扬子大陆东南边缘海岸凹凸不齐，西部滇东南一带和东部雪峰古隆起一带相对突出，黔南相对凹进，形成一较大的海湾。因此，碰撞拼贴过程先从两边开始，最后于中部结束。

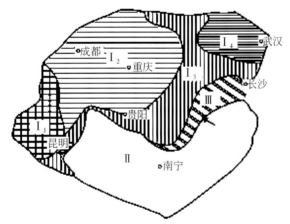

图1-12 震旦纪晚期—寒武纪早期中上扬子及邻区构造格架示意图

Ⅰ. 扬子大陆：Ⅰ$_1$. 滇中隆起；Ⅰ$_2$. 上扬子克拉通盆地；Ⅰ$_3$. 中上扬子克拉通边缘盆地；

Ⅰ$_4$. 中扬子克拉通盆地；Ⅱ. 湘桂地块（深海盆地）；Ⅲ. 扬子大陆与湘桂地块间大陆斜坡-深海洋盆

在整个拼合过程中，湘桂地块主要是一水下地块，一直保持着接受沉积的状态。但随着拼贴的进行，湘桂地块已逐渐由相对活动的"地槽型"沉积转化为相对稳定的"地台型"沉积，即桂西的寒武系和奥陶系为较稳定的碳酸盐岩和碎屑岩。

至加里东中晚期，由于南部云开地块、湘赣地块等逐步靠近，并开始碰撞造山，发生郁南运动、北流运动等。云开地块的碰撞造山除造成桂东南-粤西地区奥陶系与寒武系之间的不整合和志留系与奥陶系之间的不整合外，还使全区地壳上升，大面积缺失志留系沉积。湘桂地块在后缘地块的推动下，其碰撞造山作用的进程明显加快，牛首山、黔中和雪峰山进一步隆起，并连成一体；湘桂地块本身大面积隆起，并在志留纪末期，全区上升成陆，在碰撞挤压的强烈地区发生变形、变质和混合岩带化作用，在地块的碰撞带前锋形成碰撞花岗岩；在湘桂地块后缘，云开地块前锋，形成由云开地块碰撞拼贴的大陆边缘隆起，即为大明山-西大明山隆起；使得泥盆系以及后期的地层主要呈角度不整合超覆于下古生界及其他更老的地层上。

值得指出的是：中国南方加里东期地块的碰撞拼贴造山作用是一个长期、复杂而多变的过程，并显示出软碰撞、弱造山的特征。因此，在黔南、桂东南等，褶皱隆起甚晚，甚至形成残余海盆，造成志留系与泥盆系呈整合接触或平行不整合接触。由于各地块间的先后碰撞，以及多数地块的碰撞并非正面碰撞，而可能通过走滑碰撞的方式进行，加之碰撞边缘可能凹凸不齐，因此，中国南方的加里东运动呈现多期次活动的特征，有云贵运动、郁南运动、都匀运动和广西运动等。湘桂地块、云开地块、湘赣地块、浙闽地块、保山地块和腾冲地块碰撞拼贴后，中国南方加里东末期的构造格局基本形成。

因此，对中国南方来说，加里东运动与始于新元古代陆块裂离，而结束了多陆块的拼合，构成了扬子大陆与华夏陆块之间相互作用的一个完整的"开-合"旋回。它将扬子地台海相盆地的历史明显地分为震旦纪—早古生代和晚古生代—早中生代两个阶段，其意义不亚于中晚三叠世的印支运动。

关于印支运动，李毓尧、朱森和黄汲清、徐克勤分别以前艮口群（T_3g）、前安源群（T_3a）不整合面为根据，提出了引起地台盖层褶皱的艮口运动和安源运动，两者实际上是华南地区同一构造运动。1934 年法国学者 Formaget 在越南发现晚三叠世前诺利克期和前瑞替克期两造山幕，并命名为印支褶皱（Indosinides）。1945 年黄汲清将该概念引入中国，印支运动（Indosinian movement）一名才正式诞生，印支运动主要表示发生于三叠世时期的构造运动。多数地质学家认为印支运动使华南地区的盖层发生全面褶皱，但实际上还存在争议：一些学者认为中国南方不存在印支运动；另一些学者认为中国南方的印支运动应该解体，一些地方的印支运动是海西运动的结束，一些地方则是燕山运动的开始。事实上在讨论印支运动时，不应该忽略一些基本现象：第一，构造发展的不均衡性，即使是同一构造单元的不同部分也存在着构造发展的不均衡性，从整个南方来看，印支运动在秦岭、滇西等表现为造山作用，但在其他地方则主要表现为地壳的抬升作用；第二，印支运动在很多地方难以与海西运动和燕山运动截然分开；第三，印支运动在不同区带具有不同特征，产生于不同的构造背景。在分析四川盆地的印支运动时，可能关系最为密切、涉及最多的还是秦岭造山带。

秦岭造山带是华北、扬子两板块碰撞而形成的巨型造山带，这一点已为中外地质学家所认同。但两板块对接碰撞的时间和造山作用过程还存在重大认识分歧，其分歧的重要原因之一是对秦岭显生宙海洋、古构造认识的不一致。许多学者认为以丹凤、云架山、二郎坪等蛇绿岩为代表的北秦岭洋分隔了华北、扬子两板块的大陆边缘，但洋盆闭合的时间尚有晋宁期（杨巍然、王豪，1991）、晚加里东期—早海西期（许志琴等，1988）和早印支期（张国伟，1988）之争，南秦岭蛇绿混杂岩的发现意味着南秦岭洋以及南北秦岭洋之间秦岭微板块的存在（张国伟等，1995），但南秦岭洋的形成、演化和闭合历史尚难取得共识，由于大别、桐柏和豫西东秦岭没有发现晚海西期—早印支期的海相地层记录，因此该期秦岭洋的东延、性质和演化一直是一个悬而未决的问题。不少学者认为东秦岭-大别地区加里东期以后一直处于山地剥蚀状态。一些学者认为该区古海洋一直持续到早印支期，但并未得到地层和沉积记录的支持。桐柏一带秦岭岩群雁岭沟岩组二叠纪—早三叠世放射虫的发现为解决上述问题提供了新的线索。

目前的研究成果初步表明，加里东末期—早海西期，随着秦岭微地块与华北地块的碰撞，北秦岭洋盆逐渐消亡，晚海西期—早印支期，秦岭古海洋进入一新的发展阶段，西秦岭中带石炭纪、二叠纪，以及早、中三叠世发育一系列深水沉积和重力流沉积，放射虫硅质岩、等深沉积和深水细粒浊积岩的存在指示了该期裂陷槽的存在（殷鸿福等，1991）。该裂陷槽于三叠纪中晚期随华北、扬子两地块的碰撞而闭合。在桐柏发现早三叠世放射虫之前，中秦岭早印支古海洋的东延一直存在疑问。雁岭沟岩组早三叠世放射虫动物群的发现为寻找已经消失地层记录的古海洋提供了新线索。除早三叠世地层以外，秦岭岩群或其他变质岩群仍有包含晚古生代—早三叠世地层的可能。舒家河群大理岩中发现二叠纪放射虫、古生代腕足类、海百合茎、有孔虫等化石。桐柏杂岩中发现腕足类和三叶虫碎片、泥盆纪—石炭纪有孔虫，河南南召宽坪群中发现泥盆纪—石炭纪孢子化石，信阳群中存在海相泥盆系，佛子岭群中存在海相石炭系—二叠系，襄广断裂之北应山群中泥盆纪海相地层的发现，所有这些都说明东秦岭、桐柏乃至大别一线古生代—三叠纪早期仍存在较大规模的古海洋但因为印支期—燕山期造山过程中强烈的构造变形，地层重组和后期抬升，晚古生代—早三叠世地层除残留一些构造岩片之外，大部分地层已被剥蚀而消失了。同时由于桐柏-信阳一带蛇绿构造混杂岩的侵位时代尚未确定，相邻地区也未发现典型的深海沉积，难以确定晚古生代—早三叠世东秦岭-桐柏-大别一带古海洋的性质，但早三叠世陆棚边缘斜坡碳酸盐岩和放射虫的存在，表明该期存在一较大规模的古海洋。

　　扬子地块东段北部边缘晚古生代—三叠纪的古地理和盆地演化也显示东秦岭-桐柏-大别深水海盆的存在。在鄂东，晚泥盆世地层自九岭向北到襄广断裂是逐渐加厚的，早石炭世地层自九岭向北由缺失到发育，二叠系深水硅质岩中止于"淮阳古陆"，早三叠世早期向北加深的古地理特征预示着晚古生代—早三叠世向北加深的古海盆存在并与秦岭-大别深水海盆相连。下扬子的情况与鄂东情况近似，皖南石炭纪总体呈南浅北深，南部陆源碎屑充裕，北部陆源沉积较少，仅在张八岭南缘见少量浅水沉积，指示早石炭世存在一古岛或古陆。二叠世到早三叠世都呈南浅北深的古地理格局。中下扬子地区三叠纪蒸发岩由西向东层位升高，也间接反映东秦岭-大别古海盆闭合时间为早三叠世后期到中三叠纪早期，并呈东移之势。古生物资料显示的扬子北缘自湖北黄石到四川广元的温凉水生物群混入也反映早三叠世秦岭古海洋可能是连接古太平洋和古特提斯洋的通道。

　　总之，东秦岭-桐柏-大别乃至更东部，晚古生代—早三叠世古海洋是存在的，是这一时期西秦岭裂陷槽的东延，加里东末期—海西早期，秦岭发生过南北地块的碰撞造山作用，但秦岭古海洋的最终闭合发生在印支期，是由华北地块和扬子地块最终对接和碰撞造成的。从板块的"开-合"旋回上，印支（早期）运动代表了扬子地块与华北地块之间相互作用，亦即扬子地台上盆地演化第二个旋回的终结。

　　晚印支运动以后，四川盆地及整个中国南方进入板内盆地和陆内造山构造演化阶段。

　　因此，本书倾向于以加里东运动和早印支运动为界，将四川盆地的构造演化分为南华纪—早古生代、晚古生代—早中生代、中新生代三个阶段，与油气勘探的下古生界组合（习称下组合）、上古生界—中三叠统组合（习称上组合）、上三叠统—白垩系（习称陆相层系）三个领域相对应。根据（原型）盆地性质，进一步分为 10 个时期（表 1-4）。

表 1-4 四川盆地构造演化阶段划分对照表

地层及年代				童崇光(1992)、郭正吾等(1996)		马永生(2007)		本书方案		
代	纪	世	年代/Ma	构造运动	构造旋回	构造运动	构造旋回	构造旋回	演化阶段	盆地原型
新生代	Q			晚喜马拉雅运动	喜马拉雅旋回	晚喜马拉雅运动	喜马拉雅旋回	晚印支—喜马拉雅旋回	新近纪—第四纪	挤压隆升
	N		3						晚白垩世—古近纪	前陆盆地(萎缩期)
	R	E	25	早喜马拉雅运动		早喜马拉雅运动				
中生代	K	K₂	80						晚侏罗世—早白垩世	龙门山、川东构造带主导前陆盆地
		K₁	140	燕山运动	燕山旋回	晚燕山运动	燕山旋回			
	J	J₃	165							
		J₂				早燕山运动				
		J₁	195	晚印支运动		晚印支运动			晚三叠世—中侏罗世	龙门山、米仓山—大巴山、雪峰山共同主导前陆盆地
	T	T₃	205	早印支运动	印支旋回	早印支运动	印支旋回			
		T₂								
		T₁	230					海西—早印支旋回	晚二叠世—中三叠世	台地、台内拗陷、断陷盆地
古生代	P	P₃		东吴运动		东吴运动				
		P₂								
		P₁	270	云南运动	海西旋回	云南运动	海西旋回		晚石炭世—中二叠世	台地、台内拗陷、裂陷盆地
	C	C₃								
		C₁₋₂	320	柳江运动						
	D			晚加里东运动		加里东运动			泥盆纪—早石炭世	周缘前陆盆地
	S	S₃						扬子—加里东旋回	晚奥陶世—志留纪	克拉通内拗陷
		S₂								
		S₁								
	O	O₂₋₃		早加里东运动	加里东旋回		加里东旋回			
		O₁								
	€	€₃							寒武纪—中奥陶世	克拉通盆地+被动陆缘
		€₂								
		€₁	570	桐湾运动		桐湾运动				
元古代	Z	Z₂	700	澄江运动		澄江运动				
		Z₁	850	晋宁运动	扬子旋回	晋宁运动	扬子旋回		南华纪—早震旦世	裂谷盆地
	Anz									

1.3.1　南华纪—早古生代盆地演化阶段

该旋回的时限为南华纪—志留纪，板块构造背景上表现为一个"开-合"构造旋回过程，即从新元古代早期华南古陆的裂解开始到志留纪形成新的增生统一的华南大陆结束。

中元古代末随着全球罗迪尼亚超级大陆的形成，我国南方扬子、华夏两个主要陆块经晋宁运动联合成统一的华南古陆，并成为罗迪尼亚超级大陆的组成部分。新元古代早期，罗迪尼亚超级大陆开始解体，华南古陆相应发生裂解，裂解作用主要沿晋宁期拼接带进行，在环扬子古陆周缘和近边缘部位发育众多陆缘、陆内裂谷。随着拉张裂离作用的不断增强，产生陆壳移离，使得一些陆缘裂谷逐步演化为新元古代—早古生代的大洋或大型裂陷海槽，如扬子与华北两陆块沿古商丹缝合带自西向东拉开形成北秦岭-苏鲁的楔形洋-裂谷带（张渝昌，1997），扬子与华夏陆块之间形成沿江绍-赣湘粤一带分布的大型华南裂陷深海盆，扬子陆块的西南缘（澜沧江一带）至华夏陆块的东南缘则被前特提斯洋所环绕。从晚奥陶世开始，扬子陆块西南和东南两侧边缘均发生微陆块拼贴的增生造山作用，但最主要的拼贴作用集中在东南部，该区由于华夏裂解的一些微陆块与扬子陆块的先后拼贴而发生碰撞造山，并使扬子东南先前被动边缘转化为碰撞前陆盆地，且随着造山冲断作用持续向扬子陆内的迁移发展，导致我国南方的大面积隆升，形成加里东区域不整合面。

在此背景下四川盆地构造与盆地演化可划分为三个时期，即南华纪—早震旦世、晚震旦世—中奥陶世、晚奥陶世—志留纪。

1. 南华纪—早震旦世裂谷盆地

南华纪早期，在罗迪尼亚大陆裂解的背景下，伴随扬子微大陆边缘及华夏微陆块裂离，在中国南方形成裂谷系。在四川盆地，下震旦统是一套紫红色长石石英砂岩、页岩及基性-中酸性火山岩、火山碎屑岩；上震旦统以碎屑岩为主，在龙门山地区为河流相，向东逐渐过渡为滨岸相、局限海台地相沉积；晚期（相当于灯影期）海侵，海域扩大，沉积了一套 600～1000m 的白云岩夹页岩。

震旦纪末的桐湾运动是这一时期重要的构造运动之一，表现为地壳的整体隆升，造成了灯影组和上覆寒武系的区域假整合，并奠定了乐山-龙女寺古隆起的雏形。此时的古地貌具有西北隆、中部高、东南低的特点，使震旦系灯影组顶面遭受不同程度的剥蚀，沿不整合面上发育白云岩古风化岩溶作用，形成四川盆地第一套重要储层。

2. 晚震旦世—中奥陶世被动陆缘、克拉通盆地

这一阶段强烈拉张作用导致陆壳移离，陆块边缘裂陷进一步扩大，诞生了新的大洋——北秦岭洋（古中国洋的东段），扬子陆块的北、东南、西南三面边缘发育面向周围古大洋的被动边缘盆地，伴随大规模的海侵，发育了扬子地区第一套区域性的，也是最重要的烃源岩（下寒武统底部，对应于牛蹄塘组）；在台地内形成广阔的克拉通碳酸盐岩台地，并在整体拗陷沉降的同时伴有拉张断陷活动。中、晚寒武世，随着相对海平面下降，早期的开阔台地逐步演变为局限台地。寒武纪末的兴凯（郁南）运动，使乐山-龙女寺古

隆起上震旦系、寒武系遭受剥蚀和风化淋滤作用，造成盆地西部震旦系—寒武系不同程度缺失，而盆地东部寒武系地层则比较齐全，基本上没有遭受剥蚀。这一时期的古地形表现为西北高、中部斜坡、东南洼的格局。早奥陶世的海侵，四川盆地主体重新回归到开阔台地相，中下奥陶统以灰岩沉积为主（图1-13）。

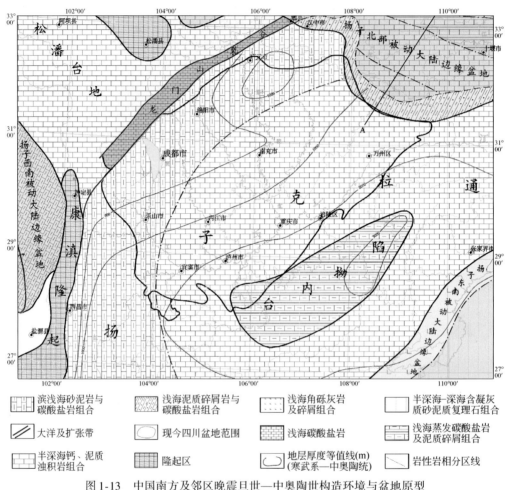

图1-13　中国南方及邻区晚震旦世—中奥陶世构造环境与盆地原型

3. 晚奥陶世—志留纪克拉通内拗陷（滞留海盆地）

该阶段主要构造事件是东南沿海地区发生微陆块的持续拼贴与增生造山，即加里东运动，同时，北秦岭洋由先前扩张转以单极性向北俯冲消减。在此背景下，扬子陆块周缘及内部盆地性质发生了重大转变。

扬子陆块即四川盆地北缘，尽管仍保留被动大陆边缘性质，但已由非补偿性沉积的被动边缘向补偿性充填为主的残余海盆发展，预示着被动边缘发育将结束，与洋盆消亡相呼应。晚奥陶世—早志留世，该边缘拗陷区以厚层含泥硅质岩、硅质碳质板岩为主要沉积特征，夹中基性火山岩。中、晚志留世，盆地进入快速充填期，以陆源碎屑砂泥岩和碳酸盐岩沉积为主，沉积环境也由还原环境逐步转变为氧化环境。

扬子陆块东南缘，由于受东南华夏裂解微陆块的持续拼贴与碰撞造山作用而向碰撞前渊（前陆盆地）转化，原被动边缘沉积物发生褶皱与逆掩造山。这一过程是从东南向西北方向逐渐推进的。

扬子克拉通内部（四川盆地），受北部被动边缘向北移动而在后缘拉张，以及东南被动边缘微陆块拼贴造山影响，克拉通内部发生反转，即由前一阶段的中间隆、向外倾斜、水深加大的构造格局，转为四周隆、水体浅和中部深的构造/盆地格局。加上，康滇古陆扩大，黔中、黔南-滇东东西向古陆形成，原来的扬子台地主体下沉为宽广的半深海滞流拗陷盆地，沉积了厚度很小（几米至几十米）的放射虫硅质岩、碳质页岩（上奥陶统）和几十米至几百米的黑色笔石页岩（下志留统下部），构成了扬子地区第二套区域性的烃源岩。随着东南边缘的持续拼贴，褶皱抬升不断向西推进，黔滇隆起进一步抬升，扩大到川中。志留纪末，由于华北陆块与扬子陆块的碰撞和东南边缘褶皱造山，扬子克拉通全部抬升为陆，乐山-龙女寺古隆起也基本定型（图 1-14）。

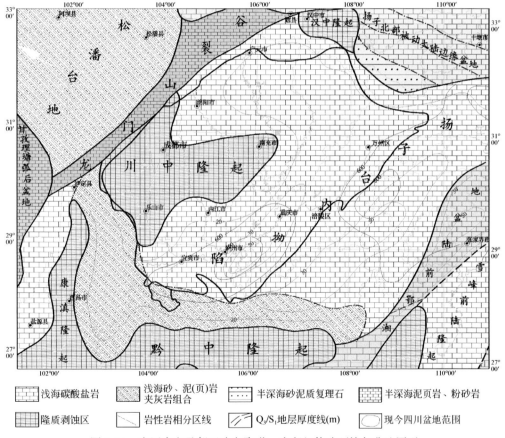

图 1-14　中国南方及邻区晚奥陶世—志留纪构造环境与盆地原型

1.3.2 晚古生代—中生代早期盆地演化阶段

从板块构造上，该阶段以古特提斯的形成、扩张开始，结束于古特提斯的消亡以及由此产生的印支运动。这一时期中国南方大陆被古特提斯（包括海槽和洋盆）围限，盆地的发育演化与古特提斯构造演化密切相关。上扬子地区及四川盆地演化可以分为泥盆纪—早石炭世、晚石炭世—早二叠世、晚二叠世—中三叠世三个演化阶段。

1. 泥盆纪—早石炭世周缘裂陷

经加里东运动之后，扬子地区为广阔的剥蚀夷平区。泥盆纪—早石炭世，由于受古特提斯澜沧江洋和钦防海槽的扩张及其向北东陆内的推进，以及北部北秦岭洋自东向西的剪式关闭而发生的陆-陆碰撞造山的影响，形成"北挤南张"的区域构造-盆地格局。在此背景下，扬子北缘沿北秦岭造山带山前（商丹断裂以南）形成一个近东西走向的碰撞前陆盆地，在川西地区发育北东向的盐源-丽江裂谷和龙门山裂谷。除此之外，上扬子地区（四川盆地）整体为剥蚀古陆，在中扬子的鄂中地区发育台内拗陷，往东延伸与下扬子地区相连（图 1-15）。

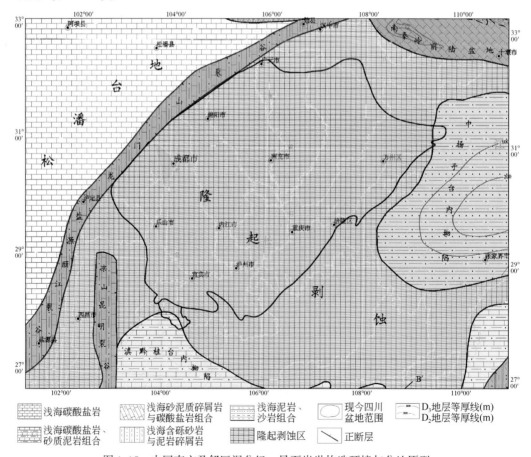

图 1-15 中国南方及邻区泥盆纪—早石炭世构造环境与盆地原型

2. 晚石炭世—中二叠世台地、台内拗陷、裂陷盆地

该阶段扬子地区以区域整体沉降、广泛海侵为主，形成广阔的碳酸盐岩台地。

晚石炭世，金沙江洋扩张导致的华南陆块整体沉降，海水自西南、东南两方向向古陆侵入，除上扬子南部（川南、滇东北、黔北）、浙闽中东部仍然为隆起外，其余广大地区均为海水覆盖，成为开阔–局限台地。石炭纪末期云南运动在中上扬子地区主要波及川东及鄂西渝东区，造成中石炭统黄龙组与上覆下二叠统栖霞组之间明显的不整合，下伏黄龙组地层遭受强烈的岩溶作用改造，使其成为川东地区重要的储层。

早二叠世早期，随着海侵扩大，海水淹没了整个华南陆块，在相对高的部位（川中南–黔北）沉积了浅色厚层灰岩，其他地区为较深水深色灰岩、燧石条带（或结核）灰岩夹硅质岩，成为华南地区及四川盆地重要的烃源岩。从早二叠世晚期开始，由于甘孜–理塘洋的形成与扩张，以及南昆仑洋的向东拓展，华南地区表现为强烈区域拉张，并一直持续到中三叠世，最显著的表现是扬子碳酸盐岩地台破裂和有序的玄武岩喷发。总体而言，该阶段四川盆地表现为北部拗陷、南部台地的盆地格局（图1-16）。

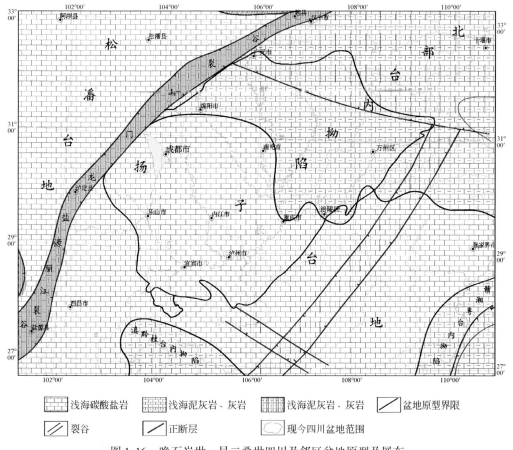

图 1-16　晚石炭世—早二叠世四川及邻区盆地原型及展布

中二叠世末期的东吴运动是影响扬子地区和四川盆地的一次重要的构造运动。由于古特提斯洋的俯冲、消减，中国南方西部在早二叠世末发生地幔柱的上涌，地壳上升，造成中二叠统上部地层不同程度的隆升剥蚀，上二叠统玄武岩组假整合其上。这次构造运动导致滇西、滇东、黔南等地区地壳发生破裂，形成大型火山喷溢，形成厚达1000～2000m的中基性火山岩，在川西南和滇中局部峨眉山玄武岩微角度不整合于茅口组之上。从火山活动和火山岩的性质看，主要为大陆裂谷火山岩，罗志立和龙不明（1992）因此将造成这次火山活动的构造原因称为地裂运动。东吴运动使得上扬子区地壳抬升，造成茅口组上部地层的缺失，在上扬子西缘局部地带，如云南宾川、昆明、路南和四川会东、普格、峨眉山等地，峨眉山玄武岩之下茅口组之上零星可见一层厚几米至十几米的底砾岩或残积相碎屑岩（何斌等，2003），具有明显的不整合性质。中、晚二叠世之交的上扬子岩相古地理在空间上也发生了突变，在剖面上川西南、滇东和黔西表现为由茅口期浅海台地碳酸盐岩突变为宣威组陆相和龙潭组滨浅海碎屑岩；在平面上，上扬子早中二叠世岩相古地理为南北分带，沉积相呈东西向展布，自南向北依次为碳酸盐岩开阔台地、碳酸盐岩局部台地、深水盆地；到晚二叠世突变为东西分带，自西向东依次为川滇古陆、川滇冲积平原、川黔滨海平原碎屑岩和川黔浅海碳酸盐岩台地（金振奎、冯增昭，1994）。

3. 晚二叠世—中三叠世台地、台内拗陷、断拗盆地

受甘孜-理塘洋扩张形成的以康定为中心的"三叉"裂谷系及古特提斯西段（南昆仑-阿呢玛卿一带）扩张的影响，扬子地区晚二叠世—中三叠世仍然处于强烈拉张背景下，在南秦岭-大别一带形成近东西走向的裂谷，扬子北部川北一直到下扬子一带由先前台内拗陷向拉张断陷转化，呈拗-断并列或交互的面貌。晚二叠世（长兴期）上扬子地台（四川盆地）被北北西向的梁平-开江陆棚（海槽）分割为"两台夹一盆"的构造格局（图1-17）。在台地边缘和台内发育生物礁和浅滩等高能相沉积组合（以长兴组、飞仙关组为代表）。早三叠世末，随着海平面的相对下降，由开阔台地转化为局限台地，发育了中下三叠统（嘉陵江组—雷口坡组）巨厚的膏盐岩层。泸州-开江古隆起崛起于中三叠世，在四川盆地范围内形成了"隆-拗"构造格局。中三叠世末期发生的印支运动，先前裂解离散的一些陆块再次拼合到南方大陆，扬子板块与华北板块汇聚、秦岭洋随之关闭，扬子地台上结束了海相盆地的历史，四川盆地也进入陆相盆地发育阶段。

1.3.3 中-新生代盆地演化阶段

1. 构造背景及主要构造运动特征

中、晚三叠世的印支运动后，中国南方转入陆内盆地发育演化阶段。

从全球构造看，该阶段构造运动体制与三叠纪联合的泛大陆再度裂解离散有关，在泛大陆南北分解中，冈瓦纳大陆裂离出小陆块，通过泛大洋弯入部位的特提斯洋转换扩张而不断向古亚洲大陆拼贴碰撞（张渝昌，1997）；另外，中生代太平洋洋壳自南向北扩张，并向中国大陆东部边缘俯冲。因此，中-新生代中国大陆的东西边缘一直处于长期挤压的环境；同时，自古亚洲大陆形成以来，由于北方西伯利亚与蒙古陆块拼合尚未彻底完成，

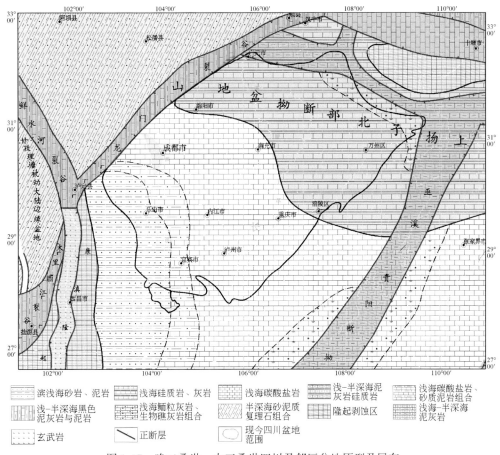

图 1-17　晚二叠世—中三叠世四川及邻区盆地原型及展布

它们之间的蒙古–鄂霍次克洋的消减一直持续到白垩纪，故中国大陆还受到来自北方的挤压力。这样，在新全球构造体制中，中国大陆一直处于三面挤压的动力边界条件下，中–新生代盆地的形成同大陆内地壳全面缩合有关。

从特提斯的演化看，在古特提斯关闭导致古亚洲大陆南缘增生的同时，在其增生带的南侧又产生新的大洋，即新特提斯，它由印度河–雅鲁藏布江主洋盆和班公湖–怒江支洋盆及其间所夹的一串陆链（冈底斯–拉萨–缅泰陆块链）所构成，介于古欧亚大陆和印度陆块之间。中–新生代期间，该陆链和印度陆块不断向古亚洲大陆南部汇聚直至碰撞，并最终形成新亚洲大陆。与此同时，中生代形成的太平洋板块俯冲，以及新生代形成的菲律宾洋和南海的扩张，又直接控制着中国大陆东部边缘的构造演化，并对陆内形变产生重要影响。新特提斯构造演化和太平洋的构造演化对中国南方中–新生代盆地演化起着至关重要的作用。

总体上，自晚三叠世以来的三面挤压作用使中国南方处于不断隆升的区域背景下。在区域构造演化中，经历了印支期、燕山期和喜马拉雅期三期重要的构造运动。其中印支运动在前面已经谈及，在此不再赘述。

燕山运动最早由我国著名地质学家翁文灏于 1926 年冬在日本东京召开的第三届泛太

平洋科学大会上，在题为"中国东部的地壳运动"的论文中首次提出。他在次年发表的《中国东部中生代以来的地壳运动及岩浆活动》一文中指出："尽管在中国沉积记录中常有地层间断，但从震旦系（即未变质的前寒武系）直到侏罗系，或在有些地区直到更高的层位，没有或只有少量角度不整合的迹象。主要的不整合发生在侏罗系地层之上。因而，中生代的运动在中国的大地构造中具有很大的重要性并应更仔细地加以研究。""燕山运动"对中国，特别是对中国东部地区大地构造格局的形成、地壳构造演化、岩浆活动、沉积盆地形成与演化、各种矿产的形成以及对水文地质、工程地质、环境地质背景等都具有深刻的影响。

燕山运动的时限一般定义在晚侏罗世—早白垩世。这一时期中国南方腹地的燕山运动主要有下列两种类型：①古缝合线活动引起的陆内造山运动。这种造山运动比较典型的有川黔湘-鄂南褶皱-冲断带和湘赣闽褶皱冲断带。其中川黔湘-鄂南褶皱-冲断带由寿城-武功缝合线的活动引起，冲断层走向由近北东向转为近东西向。大川黔湘地区，自东南向西北可分出根带、湘西-黔东南基底褶皱-冲断带、黔北箱状褶皱-冲断带和川东梳状背斜褶皱-冲断带。断层面总体倾向南东，冲断作用自南东前展式地向北西扩展，以华蓥山断裂与川中盆地为界。②古深断裂带活动引起的陆内造山运动。比较显著的有川南-滇东褶皱-冲断带、中扬子褶皱-冲断带、江南冲断-推覆带。燕山期的造山系包括印支期的残留洋盆在燕山期最终闭合形成的造山带，如苏鲁；因古缝合线和古深断裂带活化而形成的造山带，如湘赣闽褶皱-冲断带。在燕山期运动中，印支期的陆-弧碰撞造山带、古老基底地层组成的隆起（黄陵隆起、康滇隆起等）、克拉通及其上发育的中生代盆地三类构造单元表现得相对稳定。在四川盆地，燕山期构造变形影响的主要在山前冲断带，因而盆地内保留有完好的侏罗系—白垩系。

喜马拉雅运动（Himalayan orogeny）最早是由我国著名地质学家黄汲清教授提出。喜马拉雅运动在亚洲大陆广泛存在，使中生代的特提斯海变成巨大的山脉，形成了著名的阿尔卑斯-喜马拉雅造山带，绵延数千米，并且这个地壳上最新的褶皱山系，直至今天它的活动性仍很强烈。对全球构造演化仍产生着重要的影响。

喜马拉雅构造运动可以分为两期，早喜马拉雅期相当于古近纪阶段，晚喜马拉雅期相当于新近纪—第四纪阶段。以区域不整合接触为依据，喜马拉雅构造运动大致可分为三幕：Ⅰ幕发生在始新世晚期（40~50Ma）（任纪舜等，1999），此时，印度板块和欧亚大陆全面碰撞接触，我国西部普遍发生强烈的构造变形；Ⅱ幕发生在古近纪与新近纪之间，这次地壳运动在整个喜马拉雅期最为显著，界限对应于中新统底部的不整合面；Ⅲ幕发生于新近纪末期，这是印度板块向欧亚板块快速楔入、青藏高原迅速隆起的时期。

喜马拉雅运动在中国东、西部具有明显不同的动力学性质，西部主要受控于印度板块与欧亚板块的相互作用，以强烈造山运动与前陆盆地的发育为特征，许多重新活动或新生的断裂，都具有逆掩推覆和走滑的特点（田在艺、张庆春，2001）。东部除受控于欧亚板块与太平洋板块的相互作用外，印度板块与欧亚板块相互作用产生的基础作用也对该区的构造活动起着明显的控制作用。构造活动特征以伸展运动和裂陷盆地的广泛发育为特点，正断层活动加强。中国西部新特提斯洋的封闭与青藏高原的隆升、中国东部裂谷带与盆地的发育，以及西滨太平洋带岛弧、边缘海的形成都是喜马拉雅期的重要构造事件。对于四川盆地而言，整体构造隆升应该是喜马拉雅运动的主要表现。

2. 盆地演化阶段及原型

晚三叠世以来的中新生代，四川盆地被龙门山、米仓山–大巴山和江南雪峰三面围限，造山带向盆地内轮番交替、不同方向的挤压控制了盆地发育和展布。根据构造作用时序和对应的盆地（原型）及发育特征，将这一阶段的构造–盆地演化分为 T_3—J_2 龙门山、米仓山–大巴山和江南雪峰共同主导的前陆盆地，以及 J_3—K_1 龙门山与川东构造带主导的前陆盆地、K_2—E 前陆盆地萎缩及 N—Q 挤压隆升四期。

需要说明的是，四川盆地虽然是典型的压性盆地，且盆地具备前陆盆地结构、沉积充填序列和构造演化历史（刘和甫等，1994；陈发景等，1996；何登发，1996；顾家裕、张兴阳，2005），但其形成仅与大陆岩石圈板内挤压挠曲作用有关，不存在同期大洋与大陆板块间的碰撞或俯冲作用，因而缺乏同期岩浆弧或蛇绿混杂岩带，也缺失下部被动大陆边缘的沉积；同时，该盆地发育在碰撞造山期开始之后很长的时间间隔内，可从晚三叠世延续到晚白垩世，其形成过程与距离颇远的甘孜–理塘洋和扬子陆块碰撞带进一步会聚产生的远程挤压造山效应有关，是板块碰撞后陆内远程效应的结果（刘和甫等，1994；何登发，1996），其沉积充填序列更依赖于板内挤压挠曲构造运动和湖平面升、降变化及多物源供给条件。因此，在严格的前陆盆地定义上，它与国外的前陆盆地在性质上有一定的区别。对这种在中国普遍存在的、特征异于典型前陆盆地的陆内会聚盆地，不同学者对其称谓各不相同，如"C 型前陆盆地"（顾家裕、张兴阳，2005）、"再生前陆盆地"（刘和甫等，1994）、"类前陆盆地"（陈发景等，1996）或"前陆类盆地"等，但不同学者所描述的此盆地构造背景、沉积充填序列、构造演化和构造样式等特征，大部分具有类似的含义和概念。因此，本书为了表述的方便仍采用了前陆盆地的术语，但严格意义上它只是相当于陈发景等（1996）的"类前陆盆地"。

1）T_3—J_2 龙门山、米仓山–大巴山和江南雪峰共同主导的前陆盆地

三叠纪，古特提斯澜沧江洋、金沙江洋、甘孜–理塘洋自南向北先后关闭并碰撞造山，造山范围包括华南的右江裂谷、钦防海槽，以及南昆仑洋–秦岭–大别–胶南裂谷的碰撞造山与封闭，从而于三叠纪末在扬子–松潘地台的北侧和西南侧形成两条规模巨大环绕华南大陆的早中生代复合造山系，且此造山运动可延续到早侏罗世。同时，被这两条造山带和康定三叉裂谷所围限的松潘地块、雅江地块受南北双重挤压作用，向东南方向挤出，它们与扬子地台岩石圈向西俯冲的共同作用，沿龙门山–锦屏山一带形成北东向的前缘冲断带。在此背景下，四川盆地总体处于陆内缩合的区域构造环境中，以发育前陆盆地为主（图 1-18），盆地主要沿古裂谷挤压冲断前缘和古台缘枢纽带发生的基底拆离冲断前缘分布，主要有沿秦岭冲断南缘发育的川北（–鄂中）前陆盆地带、沿龙门山裂谷挤榨带冲断前缘发育的川西前陆盆地，以及沿东南基底拆离叠片（江南–雪峰）冲断前缘分布的前陆盆地带。这些盆地在演化中有时彼此连通甚至重叠或有时分化。

上三叠统主要以一套区域陆相含煤碎屑沉积为重要特征，仅在盆地发育早期（晚三叠世早、中期）局部地区仍残留有海相–海陆交互相沉积（对应于川西的 T_3m+t、T_3x$^{1-3}$），

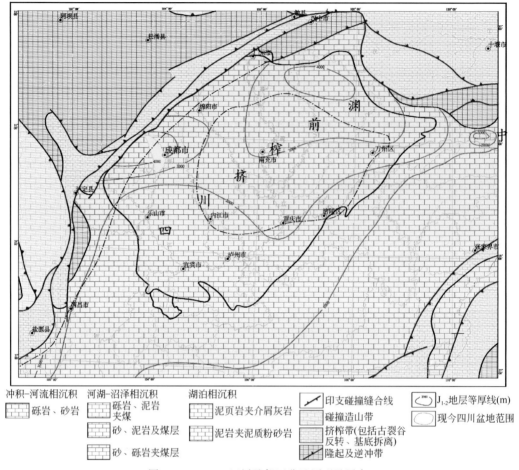

冲积-河流相沉积　　河湖-沼泽相沉积　　湖泊相沉积
砾岩、砂岩　　　砾岩、泥岩夹煤　　　泥页岩夹介屑灰岩　　　印支碰撞缝合线　　　J₁₋₂地层等厚线(m)
　　　　　　　　砂、泥岩及煤层　　　泥岩夹泥质粉砂岩　　　碰撞造山带　　　现今四川盆地范围
　　　　　　　　砂、砾岩夹煤层　　　　　　　　　　　　　挤榨带(包括古裂谷反转、基底拆离)
　　　　　　　　　　　　　　　　　　　　　　　　　　　隆起及逆冲带

图 1-18　T₃—J₂ 四川及邻区盆地原型及展布

以滨浅海相陆源碎屑岩沉积为主，夹碳酸盐岩（灰岩）及煤系地层。上三叠统须家河组（T₃x）在龙门山推覆体下面的沉积厚度超过 3500m，到了川中不到 1000m，向东至重庆只剩下 500m。由此反映晚三叠世四川盆地的发育演化主要与西部持续挤压隆升导致的龙门山前地壳强烈挠曲沉降相关。

　　早侏罗世，随着龙门山、秦岭-大巴山、雪峰的进一步冲断推覆以及西南印支造山带的强烈挤压，四川盆地形成受周围冲断带共同控制且相互并列叠合的前陆盆地，而且随着这些冲断带的不断向前逆掩推覆，前渊盆地部分卷入冲断带。同时，盆地沉降沉积中心由龙门山前略向北迁移，沉积范围向东扩大到雪峰山西缘的黔东凯里-川湘交界附近。该时期以陆相河流、沼泽、滨浅湖相砂泥岩沉积为主，广泛发育河沼相、湖沼相煤系地层，为重要成煤期。其中在龙门山中段山前发育巨厚冲积河流相含煤砂砾岩系，并于早侏罗世在盆地中央的川中达县-重庆一带形成相对稳定的湖泊相沉积。至中侏罗世，盆地略有萎缩，盆地沉降沉积中心由龙门山前迁移至北侧大巴山前，尽管总的沉积环境变化不大，但湖区向川西南一带迁移，反映北部秦岭-大巴山和江南雪峰两个挤压带对盆地的影响增强。

2) J_3—K_1 龙门山与川东构造带主导的前陆盆地

J_3—K_1 受四周造山带继续向盆地中心递进挤压,持续发育了四川前渊盆地。但晚侏罗世的盆地较早、中侏罗世盆地范围大为收缩,主要受西侧龙门山推覆带和东南雪峰山推覆带的控制,具东西两个凹陷,但盆地沉降沉积中心仍位于龙门山前。至早白垩世,盆地向西继续收缩,沉降中心迁移至龙门山北段与大巴山之间的三角地带。在沉积特征上,晚侏罗世—早白垩世四川盆地区主要为一套河流相、河湖交替相沉积,由于龙门山强烈隆升,地形高差加大,在山前沉积了近源冲积扇相砾岩及河流相砂砾岩。晚侏罗世,随着区域的不断上升,上侏罗统遭到不同程度的剥蚀,下白垩统超覆在上侏罗统不同层段之上(图 1-19)。

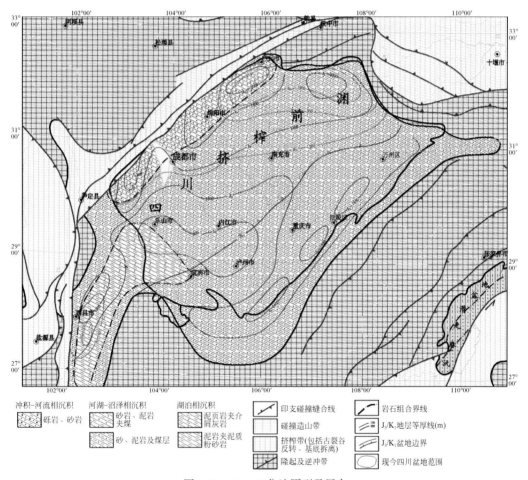

图 1-19 J_3—K_1 盆地原型及展布

3) K_2—E 前陆盆地萎缩期

这一阶段中国大陆内部应力格局较前期发生了显著的变化,表现为大陆的挤榨、蠕散、排斥作用（张渝昌，1997）。南方大致以鄂西–湘西一带为界，以西仍属挤榨–排斥区，以东则为走滑–伸展拉张区。四川盆地受来自西部印度板块碰撞带来的强大挤压力效应，龙门山挤榨带进一步缩合并向东南盆地内推覆，其前渊盆地沉降范围向川西南迁移，沉降中心移至龙门山南段–玉龙山山前（晚白垩世），古近纪不断萎缩至龙门山南段山前，分布范围更小。

4）N—Q 挤压隆升期

自渐新世以来，受印度板块与欧亚板块的持续碰撞形成的强烈挤压效应，中国西部处于强大的挤压应力作用之下，青藏高原强烈隆升，并使我国西南部各块体进一步向东至东南方向挤出而产生排斥走滑。西部地区被进一步挤榨–排斥，以强烈的褶皱隆升为主，仅在局部地区发育特小型的走滑拉分盆地，四川前渊盆地也已局限在龙门山南段山前发育，分布范围较前期大为缩小，并趋于消亡。四川盆地在整体不断抬升中基本定型。

参 考 文 献

蔡立国，刘和甫，等．1990．川西古生代盆地演化、龙门山褶皱–冲断带及油气远景评价：75-54-02-01-01-02．地质矿产部石油地质中心实验室、中国地质大学（北京）石油研究室

陈发景，汪新文，张光亚，等．1996．中国中、新生代前陆盆地的构造特征和地球动力学．地球科学——中国地质大学学报，21（4）：366～372

陈发景，张光亚，陈昭年．2004．不整合分析及其在陆相盆地构造研究中的意义．现代地质，18（3）：269～274

陈洪德，许效松，等．2002．中国南方海相震旦系—中三叠统构造–层序岩相古地理研究及编图．成都：成都理工大学沉积地质研究所

陈焕疆，廖宗廷．1994．江绍–武夷–云开古生代地体碰撞构造带//施央申，等．现代地球科学进展（下）．南京：南京大学出版社

邓康龄．1992．四川盆地形成演化与油气勘探领域．天然气工业，12（5）：7～12

邓康龄，韩永辉，等．1992．四川盆地形成与演化研究．成都：西南石油地质局

顾家裕，张兴阳．2005．中国西部陆内前陆盆地沉积特征与层序格架．沉积学报，23（2）：187～193

郭正吾，邓康龄，韩永辉，等．1996．四川盆地形成与演化．北京：地质出版社

何斌，徐义刚，肖龙，等．2003．峨眉山大火成岩省的形成机制及空间展布：来自沉积地层学的新证据．地质学报，77（2）：194～202

何登发．1996．克拉通盆地的油气地质理论与实践．勘探家，1（1）：18～24

何登发，李德生，张国伟，等．2011．四川多旋回叠合盆地的形成与演化．地质科学，46（3）：589～606

江为为，刘伊克，郝天珧，等．2001．四川盆地综合地质、地球物理研究．地球物理学进展，16（1）：11～21

金振奎，冯增昭．1994．云贵地区二叠系瘤石灰岩的成因．岩石矿物学杂志，13（2）：133～137

李勇．1998．论龙门山前陆盆地与龙门山造山带的耦合作用．矿物岩石地球化学通报，17（2）：77～81

李勇，周荣军．2006．青藏高原东缘大陆动力学过程与地质响应．北京：地质出版社

刘和甫，梁惠社，蔡立国，等．1994．川西龙门山冲断系构造样式与前陆盆地演化．地质学报，68（2）：101～113

刘绍裕．1994．四川西昌地区基底结构初探．天然气工业，14（6）：18～23

刘树根，赵锡奎，罗志立，等．2001．龙门山造山带—川西前陆盆地系统构造事件研究．成都理工学院学

报, 28 (3): 221~230

刘树根, 罗志立, 赵锡奎, 等 . 2003. 中国西部盆山系统的耦合关系及其动力学模式 . 地质学报, 77 (2): 177~186

刘树根 . 1993. 龙门山冲断带与川西前陆盆地的形成演化 . 成都: 成都科技大学出版社

罗志立 . 1979. 扬子古板块的形成及其对中国南方地壳发展的影响 . 地质科学, 4 (2): 127~138

罗志立 . 1981. 中国西南地区晚古生代以来地裂运动对石油等矿产形成的影响 . 四川地质学报, 2 (1): 1~21

罗志立 . 1998. 四川盆地基底结构的新认识 . 成都理工学院学报, 25 (2): 191~200

罗志立, 龙不明 . 1992. 龙门山造山带的崛起和川西前陆盆地的沉降 . 四川地质学报, 12 (1): 1~7

马力, 陈焕疆, 甘克文, 等 . 2004. 中国南方大地构造和海相油气地质 . 北京: 地质出版社

梅冥相, 张丛, 张海, 等 . 2006. 上扬子区下寒武统的层序地层格架及其形成的古地理背景 . 现代地质, 20 (2): 195~208

倪新锋, 陈洪德, 田景春, 等 . 2007. 川东北地区长兴组—飞仙关组沉积格局及成藏控制意义 . 石油与天然气地质, 28 (4): 458~465

任纪舜, 牛宝贵, 刘志刚 . 1999. 软碰撞、叠覆造山和多旋回缝合作用 . 地学前缘, 6 (3): 85~93

茹锦文, 黄瑞照 . 1990. 多种信息复合在含油区深部构造研究中的应用 . 环境遥感, 5 (2): 110~118

沈传波, 梅廉夫, 徐振平 . 2007. 四川盆地复合盆山体系的结构构造和演化 . 大地构造与成矿学, 31 (3): 288~299

宋鸿彪, 罗志立 . 1995. 四川盆地基底及深部地质结构研究的进展 . 地学前缘, 2 (3-4): 231~237

田在艺, 张庆春 . 2001. 论改造型盆地与油气成藏——以华北东部盆地为例 . 石油学报, 22 (2): 110~116

田在艺, 张庆春, 等 . 1997. 中国含油气盆地岩相古地理与油气 . 北京: 地质出版社

童崇光 . 1992. 四川盆地构造演化与油气聚集 . 北京: 地质出版社

王金琪 . 2003. 龙门山印支运动主幕辨析 . 四川地质学报, 23 (2): 65~69

吴根耀, 马力 . 2004. "盆""山"耦合和脱耦: 进展、现状和努力方向 . 大地构造与成矿学, 28 (1): 81~97

许志琴, 候立玮 . 1992. 中国松潘–甘孜造山带的造山过程 . 北京: 地质出版社

许志琴, 卢一伦, 汤耀庆, 等 . 1988. 东秦岭复合山链的形成——变形、演化及板块动力学 . 北京: 中国环境出版社

杨巍然, 王豪 . 1991. 中国板块构造概况 . 地球科学——中国地质大学学报, 16 (5): 505~513

殷鸿福, 杨逢清, 等 . 1991. 秦岭晚海西—印支期构造古地理发展史//叶连俊 . 秦岭造山带学术讨论会论文集 . 西安: 西北大学出版社

袁照令, 李大明 . 1999. 油气勘探中磁异常 ΔT 解释问题 . 地质科技情报, 18 (2): 109~112

曾允孚, 伊海生, 文锦明 . 1993. 西秦岭太阳顶群硅质岩的岩石学及地球化学特征 . 矿物岩石, 13 (3): 12~20

翟光明, 宋建国, 靳久强 . 2002. 板块构造演化与含油气盆地形成和评价 . 北京: 石油工业出版社

张国伟 . 1988. 秦岭造山带的形成及其演化 . 西安: 西北大学出版社

张国伟, 程顺有, 郭安林, 等 . 2004. 秦岭–大别中央造山系南缘勉略古缝合带的再认识——兼论中国大陆主体的拼合 . 地质通报, 23 (9-10): 846~853

张国伟, 孟庆任, 于在平, 等 . 1996. 秦岭造山带的造山过程及其动力学特征 . 中国科学 (D 辑), 26 (3): 193~200

张国伟, 张本仁, 袁学诚, 等 . 2001. 秦岭造山带与大陆动力学 . 北京: 科学出版社

张国伟, 张宗清, 董云鹏 . 1995. 秦岭造山带主要构造岩石地层单元的构造性质及其大地构造意义 . 岩石

学报, 11 (2): 101~114

张先, 龙喜凤, 沈京秀, 等. 1995. 四川盆地及其西部边缘震区视磁化强度分布与孕震环境的研究. 华北地震科学, 13 (1): 17~21

张渝昌. 1997. 中国含油气盆地原型分析. 南京: 南京大学出版社

张渝昌, 秦德余. 1990. 扬子地区古生代盆地构造演化和油气关系: 75—54—02—01—01 ("七五" 国家重点科技攻关项目成功报告). 地质矿产部石油地质中心实验室

张渝昌, 秦德瑜, 丁道桂, 等. 1989. 扬子地区古生代盆地构造格架和油气关系的若干初步认识. 石油实验地质, 11 (3): 205~218

郑荣才, 李国晖, 戴朝成, 等. 2012. 四川类前陆盆地盆-山耦合系统和沉积学响应. 地质学报, 86 (1): 170~180

钟锴, 徐鸣洁, 王良书, 等. 2004. 川西两期前陆盆地南北两段构造演化的地球物理特征. 石油学报, 25 (6): 29~32

第2章 层序地层及沉积充填

层序地层学具有完整理论体系，它与传统的生物地层学、沉积体系分析以及奠基于板块构造理论的构造沉降分析相结合，提供了一种更为精确的地层划分、对比、古地理再造以及盆地充填分析方法（马永生等，2009），是油气勘探中的生、储、盖等成藏条件评价的重要理论与手段之一。

2.1 层序地层特征

应用层序地层学的研究方法，通过剖面实测、观察、地震资料解释及地质录井、测井资料的应用，总结识别了四川盆地震旦系—三叠系五种类型层序界面，从沉积学、古生物学、地球化学、地球物理以及成岩环境等多方面开展层序划分及沉积充填分析。

2.1.1 层序界面类型

层序界面是分开上下层序的不整合面和相关的整合面（Vail et al.，1977）。在被动大陆边缘盆地中根据构造沉降和海平面变化的关系可以划分出两种类型的层序界面（即Ⅰ型层序界面、Ⅱ型层序界面）。但在实际工作中，层序界面相当复杂，相同的层序界面可能具有不同的特征及表现形式。如Ⅰ型层序界面，有些可能为角度不整合面，有些为平行不整合面；Ⅱ型层序界面，有些可能为暴露不整合面，有些为岩性、岩相转换面。因此，通过对野外露头层序调查和覆盖区钻井及地震资料分析解释，根据层序界面组成、特征及形成机理等因素，将四川盆地震旦系—三叠系层序界面划分为五种类型（表2-1），分别为造山侵蚀不整合层序界面、升隆侵蚀不整合层序界面、暴露不整合层序界面、岩性岩相转换层序界面及冲刷侵蚀不整合层序界面。

1. 造山侵蚀不整合层序界面

造山侵蚀不整合层序界面是在区域构造应力场发生根本转变、盆地演化消亡，发生盆-山转换或盆地性质发生改变时形成的盆地充填层序的界面。当造山升隆作用远大于海平面的升降作用时，盆地抬升、地层变形并发生升隆侵蚀，造成与上覆沉积物间的角度不整合接触。这类界面和区域构造运动界面一致，并具有如下特点：界面上下地层存在角度不整合关系；界面上下常出现超过一个世，甚至一个纪的时间间断；界面以上地层，超覆于前期不同年代地层之上，表明前期造山运动的存在；界面以上地层，可能出现连续的上超关系，表明这个界面是穿时的。这些特点表明，此类界面的形成，与区域的构造活动（简单的隆升活动或褶皱造山运动）有关，并成为不同盆地演化阶段的界面。

表 2-1 四川盆地震旦系—白垩系层序界面类型

	层序界面类型	对应 Vail 界面类型	界面形成机理	界面标志	实例
侵蚀区	造山侵蚀不整合层序界面	I 型层序界面（SB₁）	水平挤压导致地层褶皱隆升，海平面相对大幅下降	界面波状起伏，上、下地层角度不整合接触。低水位系域由冲积相及滨海相组成	震旦系与前震旦系之间
	升隆侵蚀不整合层序界面	I 型层序界面（SB₁）	基底大范围隆升引起海平面相对大幅下降	界面波状起伏，上、下地层平行不整合接触，发育古风化壳，低水位系域由冲积相、残积相、河流粗碎屑岩和滨岸沼泽相组成	震旦系与寒武系之间、寒武系与奥陶系之间、志留系与二叠系之间、上下二叠统之间、嘉陵江组与雷口坡组之间、雷口坡组与须家河组之间及须家河组与侏罗系之间
沉积区	暴露不整合层序界面	II 型层序界面	区域海平面下降，使沉积区暴露于地表	界面凹凸不平，发育古喀斯特，界面下沉积物具向上变浅序列，碳酸盐岩分布区界面下为角砾岩、白云岩或砂屑灰岩	仙女洞组与沧浪铺组之间、沧浪铺组与石龙洞组之间、石龙洞组与陡坡寺组之间、飞二段与飞三段之间、飞仙关组与嘉陵江组之间及嘉二段与嘉三段之间
	岩性岩相转换层序界面	II 型层序界面（SB₂）	海平面升降造成沉积环境突然转变	界面多平直，上下岩性有明显的宏观差异	筇竹寺组与仙女洞组之间、小河坝组与韩家店组之间
	冲刷侵蚀不整合层序界面	II 型层序界面（SB₂）	河流等对下覆地层冲刷	界面凹凸不平，具明显的冲刷面	侏罗系与三叠系之间

震旦系观音崖组与前震旦系之间的界面（图 2-1）、侏罗系与下覆地层之间的界面（图 2-2）均属于这类层序界面。界面比较平直，上下地层角度不整合，低位体系域分别由观音崖组冲积扇砾岩和白田坝组冲积扇砾岩组成。

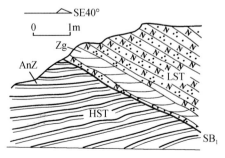 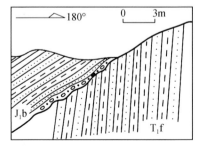

图 2-1 震旦系与前震旦系之间的造山　　　图 2-2 飞仙关组与白田坝组之间的造山
侵蚀不整合层序界面（江油大梁）　　　　　不整合层序界面（旺苍英翠）

2. 升隆侵蚀不整合层序界面

升隆侵蚀不整合层序界面是由于构造隆升和海平面下降所形成的盆地层序不整合界面，它是反映盆地新生和盆-盆转换的时间界面。升隆侵蚀层序不整合界面与 Vail 的 I 型层序界面相当。升隆侵蚀不整合层序界面往往具有以下特征：界面上下地层平行不整合接触；界面组成不同，有些由古风化壳组成（如二叠系与志留系之间及中上二叠统之间的层序界面），有些由喀斯特角砾岩组成（如嘉陵江组四段与雷口坡组之间的层序界面），有些由喀斯特面组成，界面上发育喀斯特溶洞，但不发育喀斯特角砾岩（如震旦系与寒武系之间的层序界面）；界面上下地层之间有较长的时间间断，至少数十个百万年以上或更长。

四川盆地内，震旦系与寒武系之间、寒武系与奥陶系之间、二叠系与志留系之间、中上二叠统之间、雷口坡组与须家河组之间及须家河组与侏罗系之间的层序界面都属于升隆侵蚀不整合面。其中震旦系与寒武系之间的层序界面（图 2-3），为一喀斯特面，界面波状起伏明显，但很少有角砾岩存在；二叠系与志留系之间的层序界面（图 2-4），为古风化壳面，界面平直，低位体系域由梁山组含煤系地层组成；雷口坡组与须家河组之间的层序界面（图 2-5），界面略显波状起伏，高位体系域由雷口坡组白云岩组成，低位体系域由须家河组底部河流相砂砾岩组成。

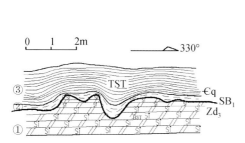

图 2-3　震旦系与寒武系之间的升隆
侵蚀不整合层序界面（旺苍双汇）

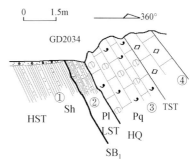

图 2-4　二叠系与志留系之间的升隆
侵蚀不整合层序界面（旺苍双汇）

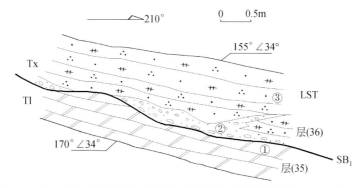

图 2-5　雷口坡组与须家河组之间的升隆侵蚀不整合层序界面（旺苍双汇）

3. 暴露不整合层序界面

暴露不整合层序界面是盆地处于相对稳定时期，以海平面相对下降为主导因素，使原沉积区暴露地表造成原岩部分溶蚀或溶解而形成的，为Ⅱ型层序界面。相对升隆侵蚀不整合面而言，其暴露时间短，范围相对较小，界面上下地层间为整合接触。地震剖面上，该界面有些为强相位，容易识别，有些相位不强，不容易识别。

四川盆地，暴露侵蚀不整合面广泛发育于震旦系—三叠系地层中。如寒武系仙女洞组与沧浪铺组之间、沧浪铺组与石龙洞组之间、石龙洞组与陡坡寺组之间、飞二段与飞三段之间、飞仙关组与嘉陵江组之间、嘉二段与嘉三段之间及嘉陵江组与雷口坡组之间。

飞二段与飞三段之间为暴露不整合层序界面。碳酸盐岩台地沉积区，飞二段发生了大规模海退，顶部形成了暴露不整合层序界面，飞三时海侵，界面上普遍沉积了一套薄层泥晶灰岩。图2-6为江油二郎庙剖面飞二段与飞三段之间的暴露不整合层序界面，飞二段为暴露浅滩相鲕粒白云岩，顶部为暴露不整合层序界面，飞三段为薄层泥晶灰岩。

飞仙关组与嘉陵江组之间为暴露不整合层序界面。飞四时，四川盆地发生了大规模海退，沉积环境为局限台地潮坪，沉积了一套厚度巨大的紫红色泥岩，顶部暴露形成了层序界面，嘉一时海侵幅度不大，界面上沉积了紫红色泥岩。因上下地层岩性差别不大，地震剖面上，该界面表现为一弱相位。

嘉二段与嘉三段之间为暴露不整合层序界面。嘉二时，四川盆地发生了大规模海退，沉积环境为台地蒸发岩，沉积了一套以石膏及白云岩为主体的沉积，顶部暴露形成了层序界面，嘉三时海侵灰岩覆盖在该界面之上。因该界面的存在，加之上下地层岩性差别很大，地震剖面上，该界面表现为一强相位。

嘉陵江组与雷口坡组之间为暴露不整合层序界面。嘉四时，四川盆地发生了大规模海退，沉积环境为台地蒸发岩，沉积了一套以石膏及白云岩为主体的地层，顶部暴露形成了层序界面，雷口坡组时发生海侵，灰岩覆盖在界面上。因该界面的存在，加之上下地层岩性差别很大，地震剖面上，该界面表现为一强相位。

4. 岩性岩相转换层序界面

岩性岩相转换层序界面是构造活动处于相对稳定时期，海平面下降速率小于盆地下沉速率形成的，为Ⅱ型层序界面。因为海平面下降速率小于盆地下沉速率，沉积物没有暴露，但是，界面形成以前，海平面一直处于相对变浅过程中，当新的旋回开始后，海侵作用导致上下沉积环境迥异，同时，沉积物岩性随之发生变化，造成界面上下沉积环境和沉积物岩性截然不同（图2-7）。

研究区，震旦系—三叠系岩性岩相转换面广泛发育，如寒武系筇竹寺组与仙女洞组之间（图2-8）、遂宁组与蓬莱镇组之间（图2-9）、志留系小河坝组与韩家店组之间的界面等，都是岩性岩相转换层序界面。

图 2-6　飞二段与飞三段之间的暴露
不整合层序界面（江油二郎庙）

图 2-7　长兴组与飞仙关组之间的岩性
岩相转换层序界面（江油二郎庙）

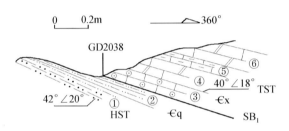

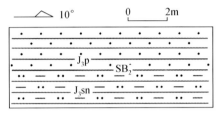

图 2-8　筇竹寺组与仙女洞组之间的岩性
岩相转换层序界面（南江桥亭）

图 2-9　遂宁组与蓬莱镇组之间的岩性
岩相转换层序界面（宣汉东安虾耙沟）

5. 冲刷侵蚀不整合层序界面

冲刷侵蚀不整合层序界面（图 2-10、图 2-11）是由于河流或浊积岩等对下覆地层发生冲刷形成的，前者多发生于大陆或海陆交互地带，后者多发生于深水盆地区。

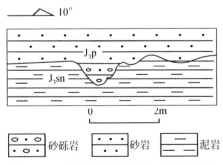

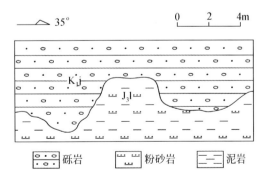

图 2-10　遂宁组与蓬莱镇组之间的冲刷
侵蚀不整合层序界面（宣汉五保）

图 2-11　莲花口组与剑门关组之间的冲刷
侵蚀不整合层序界面（江油清江口）

2.1.2 层序划分标志

在开展层序地层研究时，可以根据层序界面将不同层序分隔开，也可以根据一些典型的界面（如初始海泛面、凝缩层）将体系域分割开。但是，在进行层序划分时，只依靠上述层序及体系域之间的界面是不够的，还要依靠其他标志。概括起来包括沉积学标志、古生物学标志、地球物理标志、地球化学标志、成岩环境及成岩作用标志。

1. 沉积学标志

海平面升降必然导致沉积环境发生改变，环境的改变又会造成沉积物在颜色、单层厚度、岩性及结构构造等方面发生变化。因此，用于层序划分的沉积学标志主要有沉积物的颜色、单层厚度、岩性、粒度、沉积构造及剖面结构等。可以根据以上标志的纵向变化，判别相、亚相及微相在垂向上的演化序列，重塑海平面相对升降变化。

2. 古生物学标志

生物演化具有不可逆性，地层单元有不可重复性。这一特点决定了生物地层学在层序划分及层序对比等方面具有不可替代的作用。在进行层序地层划分时，可以根据某些生物的灭绝或者有些生物的诞生，作为划分层序的标志，也可将生物的富集层段作为划分体系域的标志。例如，志留系与二叠系之间的层序界面，就是三叶虫、笔石等生物的绝火面，也是蜓等有孔虫的新生面，二叠系与三叠系的分界面，就是蜓科化石的灭绝面，同样，它也是 Claral I a 等化石的新生面。茅口组顶部孤峰段硅质岩中，局部地段薄壳瓣鳃类化石相当集中，可以将其视为凝缩段，同样，大隆组中局部菊石化石相当丰富，该层段就是凝缩段。

3. 地球物理标志

在进行层序划分时，地球物理是相当重要的辅助手段。因为，一些重大的层序界面在测井曲线及地震剖面上会有明显的表现。例如，二叠系茅口组与吴家坪组之间的层序界面，在测井曲线上，自然电位、自然伽马及电阻率等具有明显的转折；地震剖面上，上下二叠统之间、嘉陵江组与雷口坡组之间、雷口坡组与须家河组之间等界面，都有明显的反映，以强相位或不整合的形式表现出来，可以利用这些特征划分层序。另外，飞三段浅滩、嘉二段浅滩等都以强相位的形式表现出来，因此，还可以利用这些特征对体系域进行划分。

4. 地球化学标志

地球化学标志是划分层序的重要辅助手段。因为，海平面升降导致的沉积环境变化，使沉积时水体介质发生变化，造成层序之间或体系域之间地球化学组成不同。因此，可以通过沉积物中常量元素、微量元素、稀土元素及同位素等来划分层序及体系域。例如，碳酸盐岩台地沉积区，当海平面相对上升时，以沉积灰岩为主，沉积时水体总体较深，海水中氧相对缺乏，相反，水体中细菌等微生物相对丰富，海水中碳相对富集，因此，海侵体系域中 C 同位素比较富集而 O 同位素偏少；当海平面相对下降时，以沉积白云岩为主，沉积时水体浅，沉积物中氧相对富集，相反，碳相对缺乏，因此，高位体系域中 O 同位素比较富集而 C 同位素偏负。

5. 成岩环境及成岩作用标志

海平面升降造成的沉积环境变化，必然导致成岩环境改变，进而影响成岩作用的进行。因此，在进行层序地层研究时，除了野外宏观标志外，室内还可以利用成岩环境及成岩作用来对体系域进行划分。

海侵体系域形成于海平面上升期间，因此，其成岩环境主要有海底成岩环境以及随后的埋藏成岩环境，一般缺乏大陆成岩环境；高位体系域形成于海平面下降期间，除发育有海底成岩环境及埋藏成岩环境外，还可能发育有大陆成岩环境。尽管海侵体系域与高位体系域都发育有海底成岩环境，但是，海底环境却不相同。海侵体系域常见的海底环境有滩间、潟湖及浅滩，高位体系域常见的海底环境有浅滩、潮坪、蒸发坪、蒸发湖泊及生物礁等。

海侵体系域与高位体系域常具有不同的成岩作用。碳酸盐岩沉积区，海侵体系域主要发生海底胶结作用、压实作用等，而高位体系域容易发生白云石化、大气淡水溶蚀作用、去白云石化作用及去膏化作用等。

2.1.3 震旦系—白垩系层序划分

结合野外露头层序地层研究及前人的研究成果，本书依据四川盆地四大区域性不整合面，即 Z/AnZ、∈/Z、D/S、T_3/T_2，它们代表了晋宁运动、桐湾运动、加里东运动和印支运动，四川盆地新元古界震旦系—中生界白垩系共识别了 4 个 I 级构造层序、20 个 II 级（超）层序及 56 个 III 级层序（表 2-2）。

1）震旦系层序划分

震旦系划分出 1 个 II 级层序及 3 个 III 级层序，II 级层序为 SS1，III 级层序为 SQ1、SQ2 及 SQ3。其中，陡山沱组（或观音崖组）包括 1 个 III 级层序（即 SQ1），灯影组包括 2 个 III 级层序（SQ2 及 SQ3）。SQ1 为 I 型层序，SQ2 及 SQ3 为 II 型层序。

2）寒武系层序划分

寒武系划分为 3 个 II 级层序和 7 个 III 级层序，II 级层序分别为 SS2、SS3 及 SS4，III 级层序分别为 SQ4 、SQ5、SQ6 、SQ7 、SQ8、SQ9 及 SQ10。其中下寒武统包括 2 个 II 级层序（SS2、SS3）和 4 个 III 级层序（SQ4、SQ5、SQ6、SQ7），中–上寒武统包括 1 个 II 级层序（SS4）和 3 个 III 级层序（SQ8、SQ9、SQ10）。除 SQ4 为 I 型层序外，其余均为 II 型层序。

表2-2 四川盆地震旦系—志留系层序地层划分表

界	系	统	组	地层代号	剖面	地质年代/Ma	沉积环境								海平面相对变化周期	构造旋回	层序划分一级	层序划分二级	构造运动
							冲积平原	河流	三角洲	湖泊	滨岸	局限海	开阔海	深海					
新生界	第四系			Q		3													喜马拉雅运动晚幕
	新近系			N		25													喜马拉雅运动早幕
	古近系			E		80											晚印支—喜马拉雅旋回	SS20	燕山运动中幕
中生界	白垩系			K		140												SS19	
	侏罗系		蓬莱镇组	J_3p														SS18	
			遂宁组	J_3sn														SS17	
			沙溪庙组	J_2s															
			自流井组	J_1z		195												SS16	印支运动晚幕
	三叠系		须家河组	T_3x														SS15	
			马鞍塘组	T_3l		205												SS14	印支运动早幕
			雷口坡组	T_2l														SS13	
			嘉陵江组	T_1j													海西—早印支旋回	SS12	
古生界			飞仙关组	T_1f		230												SS11	峨眉地裂运动（东吴运动）
	二叠系			P_2		270												SS10	
				P_1														SS9	云南运动
	石炭系		黄龙组	C_2hl		362												SS8	加里东运动
	泥盆系			D		409												SS7	
	志留系			S													加里东旋回	SS6	
	奥陶系			O														SS5	
	寒武系			Є														SS4	
新元古界	震旦系		灯影组	Z_2dn		670												SS3	兴凯地裂运动（桐湾运动）
			陡山沱组	Z_1d		850											扬子旋回	SS2	澄江运动
前震旦系				AnZ														SS1	晋宁运动

海平面相对变化周期：------ 一级周期　—— 二级周期

上升　下降　1.0　0.5　0

现代海平面

资料来源：汪泽成等，2002

3）奥陶系—志留系层序划分

奥陶系划分为2个Ⅱ级层序和5个Ⅲ级层序，Ⅱ级层序分别为SS5及SS6，Ⅲ级层序分别为SQ11、SQ12、SQ13、SQ14及SQ15。其中，中-下奥陶统包括1个Ⅱ级层序（SS5）和3个Ⅲ级层序（SQ11、SQ12、SQ13），上奥陶统—中志留统包括1个Ⅱ级层序（SS6）和2个Ⅲ级层序（SQ14、SQ15）。SQ14及SQ15为Ⅱ型层序，SQ11、SQ12及SQ13层序类型有所差别，在川西南及川东南为Ⅱ型层序，在川西及川东北地区为Ⅰ型层序。

4) 泥盆系层序划分

泥盆系划分为 2 个 Ⅱ 级层序及 4 个 Ⅲ 级层序, Ⅱ 级层序分别为 SS7、SS8, Ⅲ 级层序分别为 SQ16 、SQ17 、SQ18 及 SQ19。其中, 下泥盆统包括 1 个 Ⅱ 级层序 (SS7) 和 2 个 Ⅲ 级层序 (SQ16 、SQ17), 中–上泥盆统包括 1 个 Ⅱ 级层序 (SS8) 及 2 个 Ⅲ 级层序 (SQ18、SQ19)。除 SQ16 为 Ⅰ 型层序外, 其余均为 Ⅱ 型层序。

5) 石炭系层序划分

石炭系划分为 1 个 Ⅱ 级层序及 2 个 Ⅲ 级层序, Ⅱ 级层序为 SS9, Ⅲ 级层序分别为 SQ20 及 SQ21。其中, 下石炭统包括 1 个 Ⅲ 级层序 (SQ20), 中–上石炭统包括 1 个 Ⅲ 级层序 (SQ21)。SQ20 为 Ⅰ 型层序, SQ21 为 Ⅱ 型层序。

6) 二叠系层序划分

二叠系划分为 3 个 Ⅱ 级层序和 7 个 Ⅲ 级层序。Ⅱ 级层序分别为 SS10、SS11 及 SS12, Ⅲ 级层序分别为 SQ22 、SQ23 、SQ24 、SQ25 、SQ26 、SQ27 及 SQ28。其中, 栖霞组包括 1 个 Ⅱ 级层序 (SS10) 和 1 个 Ⅲ 级层序 (SQ22), 茅口组包括 1 个 Ⅱ 级层序 (SS11) 和 2 个 Ⅲ 级层序 (SQ23 、SQ24), 上二叠统包括 1 个 Ⅱ 级层序 (SS12) 和 4 个 Ⅲ 级层序 (SQ25 、SQ26、SQ27、SQ28)。SQ22 及 SQ25 为 Ⅰ 型层序, 其余均为 Ⅱ 型层序。

7) 下三叠统—上三叠统马鞍塘组层序划分

下三叠统—上三叠统卡尼阶可划分出 3 个 Ⅱ 级层序及 8 个 Ⅲ 级层序。Ⅱ 级层序分别为 SS13、SS14 及 SS15, Ⅲ 级层序分别为 SQ29、SQ30、SQ31、SQ32、SQ33、SQ34、SQ35 及 SQ36。其中, 下三叠统包括 1 个 Ⅱ 级层序 (SS13) 和 4 个 Ⅲ 级层序 (SQ29、SQ30、SQ31、SQ32), 中–上统雷口坡组—马鞍塘组包括 2 个 Ⅱ 级层序 (SS14、SS15) 和 4 个 Ⅲ 级层序 (SQ33、SQ34、SQ35、SQ36)。除 SQ33 为 Ⅰ 型层序外, 其余都为 Ⅱ 型层序。

8) 上三叠统须家河组层序划分

上三叠统须家河组划分为 1 个 Ⅱ 级层序和 6 个 Ⅲ 级层序。Ⅱ 级层序为 SS16, Ⅲ 级层序分别为 SQ37、SQ38、SQ39、SQ40、SQ41 及 SQ42。其中, 须家河组一段—须家河组六段分别对应 6 个 Ⅲ 级层序。除 SQ37、SQ38 为 Ⅰ 型层序外, 其余均为 Ⅱ 型层序。

9) 侏罗系层序划分

侏罗系可划分出 3 个 Ⅱ 级层序和 10 个 Ⅲ 级层序。Ⅱ 级层序分别为 SS17、SS18 及 SS19, Ⅲ 级层序分别为 SQ43 ~ SQ52。其中, 下侏罗统包括 1 个 Ⅱ 级层序 (SS17) 和 2 个 Ⅲ 级层序 (SQ43、SQ44)、中侏罗统包括 1 个 Ⅱ 级层序 (SS18) 和 5 个 Ⅲ 级层序 (SQ45 、SQ46 、SQ47、SQ48、SQ49)、上侏罗统包括 1 个 Ⅱ 级层序 (SS19) 和 3 个 Ⅲ 级层序 (即 SQ50、SQ51、SQ52)。SQ45 、SQ47 及 SQ51 在盆地边缘区为 Ⅰ 型层序, 在盆地中为 Ⅱ 型层序, 其余均为 Ⅱ 型层序。

10）白垩系层序划分

白垩系可划分出 2 个Ⅱ级层序和 4 个Ⅲ级层序，Ⅱ级层序分别为 SS20 及 SS21，Ⅲ级层序分别为 SQ53、SQ54、SQ55、SQ56。其中，下白垩统包括 1 个Ⅱ级层序（SS20）和 2 个Ⅲ级层序（SQ53、SQ54），上白垩统包括 1 个Ⅱ级层序（SS21）和 2 个Ⅲ级层序（SQ55、SQ56）。SQ53 及 SQ55 为Ⅰ型层序，SQ54 及 SQ56 为Ⅱ型层序。

2.2 沉积体系

1967 年 Fisher 提出沉积体系的概念：沉积体系是成因由现代或古代推测沉积过程和沉积环境联系的三维组合。通过多年探索研究，朱筱敏于 1987 年提出沉积体系是由同一水动力系统控制的多种沉积相（相、亚相、微相）的组合。Galloway 建议使用成因相定义沉积体系，即在沉积环境和沉积作用过程方面具有成因联系的一系列三维成因相的集合体。本书结合四川盆地勘探实践，系统地总结了元古宇—中生界碳酸盐岩、海相碎屑岩以及陆相碎屑岩三个勘探领域十种沉积体系及八种与之相关的沉积模式。

2.2.1 碳酸盐岩沉积体系

传统的碳酸盐岩沉积相模式主要分为缓坡和台地，而根据顾家裕 2009 年分类可以将碳酸盐岩台地划分为陆架台地（缓坡型、陡坡型）和孤立台地（礁滩型、岩隆型），结合四川盆地已经发现的普光、元坝、龙岗、涪陵等海相气田，四川盆地碳酸盐岩发育镶边台地沉积体系和缓坡两大沉积体系。依据沉积相识别、沉积构造识别、电性识别及沉积相地震识别等多种相识别标志，在镶边台地沉积体系包括开阔台地、局限台地、台地边缘礁滩、台地边缘浅滩、台地边缘斜坡和陆棚组合。缓坡沉积体系包括内缓坡、中缓坡及外缓坡等沉积相组合，两种沉积体系广泛分布于四川盆地海相地层中（表 2-3）。

1. 镶边台地沉积体系

镶边台地沉积体系以发育外部的高能扰动边缘和进入深水盆地的坡度明显增加（几度至 60°或者更大）为显著特征，沿陆棚边缘发育的高能带有半连续的镶边或障壁限制海水循环与波浪作用，在向陆一侧形成低能潟湖。四川盆地礁滩勘探研究认为，镶边台地沉积体系主要发育台地边缘礁滩相、台地边缘浅滩相、局限台地相、开阔台地相、台地边缘斜坡相及陆棚相。

表 2-3　四川盆地碳酸盐岩沉积体系分类表

沉积体系	相	亚相	微相	主要层位	典型发育区
镶边台地沉积体系	开阔台地	生屑滩、砂屑滩、鲕粒滩、滩间	亮晶鲕粒灰岩、亮晶生屑灰岩、生屑泥晶灰岩、泥晶生屑灰岩、泥晶灰岩	飞三段、长兴组、栖霞组、茅口组	川中、川东北
	局限台地	潟湖、潮坪、蒸发潮坪、蒸发潟湖、鲕粒滩、砂屑滩、生屑滩、潮道	泥晶灰岩、泥灰岩、白云质泥晶灰岩、泥晶白云岩	嘉一段、嘉二段、嘉三段、铜街子组、飞仙关组、龙王庙组	川中、川西、川南、川东北
	台地边缘礁滩	暴露浅滩、生物礁、鲕粒滩、礁滩、砂屑滩	亮晶生屑灰岩、海绵礁灰岩、藻礁白云岩、障积岩、黏结岩	长兴组、栖霞组、石牛栏组	环开江-梁平陆棚、鄂西海槽西侧、川南、川西
	台地边缘浅滩	暴露生屑滩、生物礁、鲕粒滩、礁滩、砂屑滩	亮晶鲕粒灰岩、亮晶生屑灰岩、亮晶鲕粒白云岩	飞仙关组、仙女洞组、长兴组、栖霞组	环开江-梁平陆棚、鄂西海槽西侧、川南、川西北
	台地边缘斜坡	颗粒滩、滩间	泥灰岩、含泥灰岩、含燧石结核灰岩、硅质灰岩、生屑灰岩	吴家坪组、长兴组、飞仙关组、石牛栏组	环开江-梁平陆棚南侧、鄂西海槽东侧
	陆棚	浅水陆棚、深水陆棚	薄层硅质岩、页岩、泥晶灰岩、泥灰岩	吴家坪组、长兴组、飞仙关组、石牛栏组	环开江-梁平陆棚、鄂西海槽
缓坡沉积体系	内缓坡	台内滩、台洼	亮晶生屑灰岩、泥晶生屑灰岩、生屑泥晶灰岩、泥晶灰岩	筇竹寺组、宝塔组、栖霞组、茅口组、吴家坪组	川中、川东北、川东南
	中缓坡	生屑滩、滩间	亮晶生屑灰岩、中-粗晶白云岩、粉晶白云岩、亮晶生屑灰岩、泥晶生屑灰岩、泥晶灰岩	栖霞组、茅口组、吴家坪组	川东北
	外缓坡	生屑滩、滩间	生屑灰泥石灰岩、灰泥石灰岩	栖霞组、茅口组、吴家坪组	川东北

1）台地边缘礁滩相

台地边缘礁滩相发育在碳酸盐岩台地边缘，位于台地与斜坡之间的转换带，是浅水沉积和深水沉积之间的变换带，水动力较强，是波浪和潮汐作用改造强烈的高能沉积环境。主要分布在长兴组、石牛栏组、栖霞组地层中。由（暴露）生屑滩、（暴露）鲕粒滩及生物礁等组成。以沉积生屑白云岩、生物礁灰岩、生物礁白云岩及鲕粒白云岩为主。

2）台地边缘浅滩相

台地边缘浅滩相受海流作用强烈，分布在寒武系仙女洞组、三叠系飞仙关组、二叠系长兴组及栖霞组地层中。以沉积亮晶颗粒岩为主，如亮晶鲕粒灰岩、亮晶鲕粒白云岩、亮晶生屑灰岩、亮晶生屑白云岩及结核灰岩等。沉积构造丰富，发育板状交错层理、槽状交错层理及平行层理，层面上常见大型浪成波痕。由鲕粒滩、砂屑滩及暴露生屑滩等亚相组成。

3）局限台地相

局限台地相位于障壁岛后向陆一侧十分平缓的海岸地带和浅水盆地。主要分布于寒武系龙王庙组、三叠系飞仙关组、嘉陵江组地层中。以沉积灰岩、白云岩及泥质岩为主。各种潮汐层理如透镜状层理、脉状层理及波状层理丰富。可细分为潮坪、潟湖及生屑滩、鲕粒滩和砂屑滩等亚相。

4）开阔台地相

开阔台地相位于台地边缘生物礁、浅滩与局限台地之间的广阔海域。纵向上分布于栖霞组、茅口组、长兴组及飞仙关组等地层中。主要由泥晶灰岩、砂屑灰岩鲕粒灰岩及生屑灰岩组成，一般缺乏白云岩。

5）台地边缘斜坡相

中上扬子区，镶边台地边缘斜坡坡度陡，发育大规模碎屑流沉积。利川见天坝长兴组属于此类斜坡，岩性为砾屑灰岩。

6）陆棚相

陆棚相为斜坡以外的深水沉积区。四川盆地发育两种陆棚类型。一种为深水陆棚，如长兴期的"广旺陆棚"及"鄂西陆棚"，水体较深，以沉积薄层硅质岩及页岩为主，少量薄层灰岩，发育非常丰富、形态完整的菊石化石。另一种为浅水陆棚，如元坝地区飞一段—飞二段及达县–宣汉地区长兴组—飞一段—飞二段，水体较浅，以沉积薄层状泥晶灰岩及泥灰岩为主。

2. 缓坡沉积体系

碳酸盐岩缓坡即从海岸到盆地沉积表面坡度极缓（小于1°）大陆架缓坡浅水环境内形成的一套有成因联系的碳酸盐岩沉积相的组合。碳酸盐岩缓坡上的沉积作用随水深、水温和波浪、潮汐作用强度的变化而异，主要的沉积相有内缓坡相、中缓坡相和外缓坡相。

1）内缓坡相

内缓坡相位于中缓坡相带向陆的一侧。沉积环境水体相对深于中缓坡相，为水体环境安静，沉积面积大，盐度基本正常、水体循环良好的浅海沉积环境，适合各类生物生长。见于宝塔组、栖霞组、茅口组及吴家坪组地层中。其岩性主要由一套泥晶灰岩及泥晶生屑灰岩组成。其内除发育大量台内滩亚相沉积之外，局部存在台盆（或滩间海）环境亚相沉积。

2）中缓坡相

中缓坡相带位于正常浪基面以上，平均海平面以下的区域，偶尔出露海面。中缓坡内侧发育内缓坡，向外侧渐变为外缓坡，该带受波浪作用影响大，水体较浅且能量相对较高。主要发育在川东北栖霞组、茅口组、吴家坪组地层中。以发育亮晶生屑灰岩、中-粗晶白云岩、泥晶生屑灰岩、泥晶灰岩为主，可划分为生屑滩沉积与滩间沉积两个亚相。

3）外缓坡相

外缓坡相位于风暴浪基面至密度、温度突变层，为向上变细的风暴沉积，可发育点礁。能量低，岩性以灰泥石灰岩、生屑灰泥石灰岩为主，含多种海生物群化石，生物扰动强烈，发育生物扰动和纹理。

2.2.2　海相碎屑岩沉积体系

海相碎屑岩主要为海岸-陆棚体系，四川盆地海岸体系可以包括无障壁广海滨海相和有障壁滨岸相（表2-4）。

表 2-4　四川盆地海相碎屑岩海岸-陆棚体系分类表

沉积体系	相	亚相	微相	主要层位
海岸	滨海	远滨、近滨、前滨、后滨	滨岸沙坝、近滨上部、近滨下部、岸后沼泽	观音崖组、灯三段、筇竹寺组、沧浪铺组、湄潭组、小河坝组
	滨岸	潮坪、潟湖	潮上泥坪、潮间泥砂坪、混合坪	筇竹寺组、沧浪铺组、陡坡寺组、红石崖组
陆棚	碎屑陆棚	浅水陆棚、深水陆棚		筇竹寺组、沧浪铺组、小河坝组、龙马溪组、韩家店组

1. 海岸沉积体系

1）滨海相

滨海相位于连通性很好的海岸地带，海浪作用一般较强，但不同地带水动力状况不同，造成沉积物的性质、粒度、床沙特征、沉积构造及海岸地貌等不同。滨海相可划分出后滨、前滨、近滨和远滨亚相，它们在纵向上常构成向上变浅的沉积序列。后滨亚相位于海滩上部平均高潮线以上，是一片较平坦地带，与前滨的界线是向海方向的许多岸堤的脊。以岸后泥坪及沼泽沉积为特征，岩性为灰色-深灰色粉砂岩、细砂岩夹粉砂泥岩、泥灰岩。发育水平层理、沙纹层理及交错层理。前滨亚相位于海滩较低的逐渐向海倾斜的地带，地势平坦，这里波痕作用强，沉积物成熟度高。以发育冲洗层理为特征，还见大量浪成波痕，常见逆行沙波和菱形沙波。近滨亚相根据沉积物组合及沉积构造特征，近滨可分为近滨上部和近滨下部。近滨上部砂岩比例高、粒度粗，发育交错层理及波状层理；近滨下部砂岩少、泥岩多、粒度细，交错层理少见，主要发育水平纹层、浪成沙纹和小型流水沙纹等，生物遗迹化石及生物扰动构造增多。远滨亚相位于近滨带向陆棚一侧，并逐渐向陆棚过渡。沉积物粒度细，岩性为中薄层粉砂岩与泥质粉砂岩互层夹粉砂质泥岩。

2）滨岸相

滨岸相多发育于多湾的海岸区，由潮坪亚相及潟湖亚相组成。潮坪亚相位于潮间—潮上地带，潟湖亚相是海岸障壁岛后面的浅水盆地，位于潮下。

2. 陆棚沉积体系

陆棚是指滨岸带以外—大陆坡之间的区域，即现代所称的大陆架，向外与大陆坡接壤，地势较为平坦，是在正常浪基面以下向外海与大陆斜坡相接的广阔浅海沉积地区。该类沉积体系明显受古陆分布位置的控制，亦常与碎屑滨海沉积体系共生。按沉积组合可进一步划分为陆源碎屑陆棚和陆源碎屑–碳酸盐岩混合陆棚体系。

1）陆源碎屑陆棚

陆源碎屑陆棚是以陆源碎屑岩为主的陆棚沉积体系，向海岸方向与滨海沉积体系相接，有时在陆源碎屑陆棚体系上部发育与滨海沉积过渡相沉积。依据沉积时古地理深度划分为浅水陆棚和深水陆棚两个沉积亚相。

浅水陆棚是指向陆一侧与滨岸接壤的浅水区域，碎屑沉积物粒度相对偏粗，由于浅水区阳光充足，氧气充分，底栖生物大量繁殖。

深水陆棚位于浅水陆棚外侧的深水域，沉积物粒度相对较细，深水区因阳光氧气不足，底栖生物大为减少，藻类生物几乎绝迹。

2）混积陆棚

陆源碎屑岩和碳酸盐岩同时发育的陆棚沉积体系称为混积陆棚沉积体系。混积陆棚沉积体系主要见于下志留统小河坝组（石牛栏组）和中志留统韩家店组。沉积物以粉砂质泥、页岩夹钙质粉砂岩和生物碎屑泥灰岩为主。

2.2.3 陆相碎屑岩沉积体系

四川盆地陆相经历了60年的勘探研究，前人对其沉积体系研究非常多，认识也不尽相同。朱如凯等（2009）、杜金虎等（2011）认为须家河组除须一段局部发育海陆交互相沉积外，其余各段均属于陆相沉积；赵霞飞等（2008）通过对川南安岳一带须家河组的研究，认为整个须家河组均为浅海潮汐作用的产物；郑荣才等（2009）认为四川盆地须二段—须六段为湖相沉积，其中须二段提出了海陆转换沉积期，但仍用湖泊模式解释；陈洪德等（2006）认为须一段至须三段为海相-海陆过渡相沉积，受安县运动的影响，须三期后，龙门山整体隆升成陆，四川盆地进入陆相演化时期。

通过系统研究，本书认为四川盆地须家河组主要发育大陆沉积体系域（受间歇性海水改造）：主要包括冲积扇沉积体系、河流沉积体系、湖泊沉积体系和湖泊三角洲沉积体系；海陆过渡沉积体系域：海相三角洲沉积体系；海洋沉积体系域：海岸沉积体系（表 2-5）。（冲积扇）辫状河–辫状河三角洲–浅湖沉积从周边山系向盆内，从川中隆起向盆地中心逐渐推进，沉积相带展布格局严格受构造控制。

表 2-5　四川盆地上三叠统须家河组沉积体系分类

体系域	沉积体系	类型	亚相	主要分布层位
大陆沉积体系域（受间歇性海水改造）	冲积扇	旱地扇、湿地扇	扇根、扇中和扇端	T_3x^4、T_3x^6
	河流	辫状河、曲流河	河道、边滩和心滩等	T_3x^3—T_3x^6
	湖泊三角洲	曲流河三角洲	三角洲平原、三角洲前缘、前三角洲	T_3x^3—T_3x^6
		辫状河三角洲		
	湖泊	硅质碎屑湖泊	滨湖、浅湖、半深湖、深湖	T_3x^3—T_3x^6
海陆过渡沉积体系域	海相三角洲	河控三角洲、潮控三角洲	三角洲平原、三角洲前缘、前三角洲	T_3x^1—T_3x^2
海洋沉积体系域	海岸	有障壁海岸	潮坪、潟湖	T_3x^1

1. 大陆沉积体系域（受间歇性海水改造的）

1）冲积扇沉积体系

根据冲积扇的沉积学特征，可以将其划分为以下三个亚相：扇根亚相、扇中亚相和扇端亚相，由扇根到扇端，砾岩的粒径变细，砾岩、砂岩减少，粉砂岩、泥岩增多。

（1）扇根亚相

扇根亚相主要由深切河道充填砾岩组成，代表陆相盆地最边缘，也是最粗的部分。在广元两河口、安县城西须家河组发育有扇根亚相的砾岩。深切河道充填沉积主要由块状巨砾岩、卵石岩组成，少量为粗–巨砾岩，多位于扇根部位。川西盆地北部的广元工农镇及万源石冠寺露头须四段顶部为典型的扇根亚相，为砾、砂、泥的混合体，属泥石流微相。

（2）扇中亚相

扇中亚相是各期冲积扇中最发育的部分，同时也保存最多，较易识别。扇中亚相通常由扇面砾质辫状水道沉积和洪泛沉积两部分构成，沉积物粒度较扇根亚相逐渐变细，砂级碎屑含量逐渐增加，同时砾质辫状水道的砾石分选和磨圆都要好于扇根亚相，显示出定向排列的特征，具有指示古流向的意义。

（3）扇端亚相

扇端亚相主要由洪泛沉积构成，岩性为暗红色、砖红色粉砂岩、泥质粉砂岩或泥质不等粒砂岩与粉砂质泥岩、不等粒砂质泥岩、泥岩互层，夹少量的砾岩和砂岩。粉砂岩和泥岩中可见水平层理、钙质结核和虫管，砂岩中可见平行层理和板状交错层理。

2）河流沉积体系

研究区河流沉积体系主要出现在冲积平原上，与三角洲平原分流河道很难区分开，一般为辫状河。

辫状河包括河道和泛滥平原两亚相，其中河道亚相可识别出心滩微相和河床微相。河道亚相主要由心滩微相的透镜状砂体构成，各砂体在纵向上上下叠置，在横向上前后或左右叠置，野外露头或钻井岩心观察中心滩以发育槽状交错层理为典型特征，同时部分可见板状交错层理和楔形交错层理，在研究区，由于各个时期造山带构造隆升运动的差异性，心滩可呈砂质心滩、砾质心滩或混合式心滩。心滩砂体底部几乎无一例外地发育有底冲刷构造，滞留砾石发育，具有古流向的指示意义，偶然见有植物碳化及其茎干化石。

3）湖泊沉积体系（受间歇性海水改造的）

湖泊是指大陆上地形相对低洼和流水汇集的地区，在湖泊中堆积的沉积体称为湖泊沉积体系，研究区湖泊沉积体系主要发育于上三叠统须家河组须三段、须四段和须五段。湖泊相根据水体深度可以划分为滨湖亚相、浅湖亚相和深湖亚相。

2. 海陆过渡沉积体系域

三角洲沉积体系是河流注入海或湖泊时沉积物卸载而形成的扇状沉积体系。该相广泛发育于四川盆地的须家河组中。盆地陡坡以发育辫状河三角洲沉积体系为主，盆地缓坡以发育曲流河三角洲沉积体系为主，可依次划分三角洲平原、三角洲前缘和前三角洲三个亚相带。

1）三角洲平原亚相

（1）分流河道

分流河道沉积是三角洲平原的骨架砂体，具有辫状河道的沉积特点。广元工农镇剖面须二段为典型的分流河道沉积，岩性以中细粒岩屑砂岩为主，岩屑成分较杂，有碳酸盐岩、硅质及泥板岩等。砂岩中发育中至大型板状交错层理、槽状交错层理及平行层理等。

（2）分流间湾

分流间湾指三角洲平原上分流河道与分流河道之间的沉积物，以发育细粒沉积物为特征，有堤岸、泛滥平原、沼泽、湖泊等微相沉积。岩性为灰绿色-深灰色泥岩夹灰绿色、深灰色碳质泥岩，泥岩中见水平层理、沙纹层理等沉积构造，局部见生物钻孔。

（3）决口扇

决口扇是指分流河道决口而在间湾中沉积的小型扇体，为灰色中厚层状砂岩、粉砂岩，砂体呈透镜状，沉积构造少见，局部发育沙纹层理。

2）三角洲前缘亚相

（1）水下分支河道

水下分支河道淹没于海面下，受河水和海水双重影响，沉积物既具河流特征也具海洋特征。元坝地区须家河组须一段至须三段主要发育三角洲前缘水下分流河道沉积，岩性以中细粒长石岩屑砂岩、钙岩屑砂岩为主，夹薄层粉砂质泥岩，砂岩与泥岩组成多个向上变细的沉积序列，序列底部发育冲刷面，受海水影响，砂岩中大型斜层理不甚发育，潮汐层理比较普遍，水下分流河道沉积中多发育同生滑塌沉积构造。

（2）河口砂坝

河口砂坝是由于河流带来的砂泥物质在河口处因流速降低堆积而成，须家河组河口砂坝沉积微相的岩性主要为石英砂岩、岩屑石英砂岩，一般分选较好，质纯，逆粒序层理，测井曲线上多呈漏斗型。川西地区发育多层枕状构造，砂岩中同生滑塌沉积构造极其发育，岩层因揉皱变形强烈。

（3）水下分流间湾

水下分流间湾为水下分流河道之间相对凹陷的海湾地区，与海相通，粒度相对较细，以粉砂质泥岩和泥质粉砂岩为主，水平层理、透镜状层理较发育，此带有机质颇为丰富，水能相对较低，生物活动频繁，常见生物钻孔、生物扰动等构造。

（4）前缘席状砂

前缘席状砂是由于三角洲前缘的河口砂坝经海水冲刷作用使之再分布于其侧翼而形成的薄而面积大的砂层。这种砂岩分选极好，质纯，呈中薄层状，为细粒石英砂岩，岩层顶底界面平整，层面延伸广，有别于河道透镜状砂体沉积。

（5）远砂坝

远砂坝位于河口砂坝前较远的部位，沉积物比河口砂坝细，主要由粉砂和少量黏土组成，以水平纹理和颜色纹理为特征，沿纹层面分布较多的植屑和炭屑，生物扰动构造和潜穴发育，贝壳零星发育。

3）前三角洲亚相

前三角洲亚相位于三角洲前缘的前方，向外逐渐过渡到浅海，其沉积物完全在海面以下，岩性多为暗灰色泥质岩，不易与浅海陆棚沉积相区别。

3. 海洋沉积体系域

在四川盆地西缘地区须一段发育有障壁海岸沉积，如荥经青龙乡、雅安天全等剖面的须一段和大参井的须一段，主要为潮坪相，包括潮下、潮间和潮上三个亚相带，以潮间带为主。根据沉积物特征和剖面结构等，潮间亚相可进一步划分为砂坪、砂泥混合坪和泥坪三个微相。在垂向演化序列上，潮坪沉积一般具有向上变细的沉积层序，从下到上依次为砂坪（常夹有潮道）→混合坪→泥坪或泥炭坪。

1）潮道微相

潮间带中下部是潮坪中接受潮汐作用最为频繁和能量较高的部位，常发育潮道沉积。在垂向剖面上，潮道砂体主要呈下突顶平的透镜状夹层产出，底为大型冲刷面，与下伏地层大多数呈岩性和岩相突变关系，砂体内发育有大型"人"字形交错层理、楔状交错层理和往往具有下粗上细的正粒序结构。

2）潮间砂坪微相

潮间砂坪位于潮间带近低潮线一侧的下部，主要由薄–中层状石英砂岩组成，夹薄层粉砂岩及粉砂质泥岩。粉–细粒砂岩中发育有脉状和波状潮汐层理、沙纹层理、双黏土层及板状交错层理等沉积构造。

3）潮间混合坪微相

潮间混合坪位于潮间带中部，是潮坪中受潮汐间歇搅动作用较为频繁的部位，能量中等偏低。该微相主要由薄层状粉–细粒石英砂岩、粉砂岩与泥岩互层组成。粉砂岩中发育有波状潮汐层理、沙纹层理和生物扰动构造，常含有植物化石及炭屑。

4）潮间泥坪和泥炭坪微相

潮间泥坪位于潮间带上部，俗称上潮坪，是潮坪中受潮汐间歇搅动作用最弱和能量最低的部位，主要由薄层状粉砂岩、粉砂质泥岩与泥岩、碳质泥岩互层组成，发育有条带状、透镜状潮汐层理和生物扰动构造。由于该微相以沉积泥质为主，相对低洼的部位具有良好的蓄水性，非常有利于植物生长而极易沼泽化，为一类较重要的造煤环境，因此，沼泽化的泥坪又可称为泥炭坪，以薄互层的粉砂质泥岩、泥岩和碳质泥岩中夹有煤层为重要识别标志。

2.3　沉积充填特征

晋宁运动使前震旦系基底褶皱，形成了震旦系与前震旦系之间的角度不整合接触。灯影期，四川盆地基底整体下沉，海水逐渐超覆在前震旦系基底上，全区由隆升区逐渐演变为沉积区，早期沉积了观音崖组滨岸相碎屑岩或陡山沱组潟湖相黑色泥页岩，晚期沉积了灯影组局限台地相白云岩。灯影组二段时，四川盆地为酸性气候，大气普降酸雨，潮上带沉积物容易发生溶蚀作用形成孔洞，当其下沉到海底以后发生胶结作用，形成皮壳及葡萄状构造。灯影晚期，推测四川盆地深部有岩浆活动，岩浆分异出 SiO_2 沉积于海底，灯影组上部地层中燧石结核丰富。灯影末期，四川盆地整体隆升，由沉积区演化为喀斯特地貌，导致灯影组与上覆寒武系平行不整合接触。在平行不整合面上形成了喀斯特角砾岩，具有很好的储集性能。

寒武纪，仅四川盆地北部龙门山地区晚寒武世隆升成陆，在山前川西地区沉积了冲积–三角洲碎屑岩。其余地区整体下沉，连续接受沉积。寒武纪末，四川盆地整体隆升，海水退出，形成了寒武系与奥陶系平行不整合—整合接触。

奥陶纪—志留纪，川中地区以女基井为中心隆升成陆，北部江油及关基井等地凹陷下沉，连续接受沉积，南部相14井及南川等地区也凹陷下沉，连续接受沉积。南北凹陷区龙马溪组下部为深水陆棚，沉积了一套黑色泥页岩，具有很好的生烃能力，南部凹陷区石牛栏组上部发育生物礁，具有一定的储集能力。志留纪末，全区隆升成陆，泥盆系或二叠系地层与下覆地层平行不整合接触。

泥盆纪—石炭纪，大部地区继承了志留纪末期格局，以隆升剥蚀为主。南部仅南川一带石炭纪时基底小幅下沉，海水入侵，发生了沉积作用。北部江油地区基底巨幅下沉，泥盆纪—石炭纪连续接受沉积。石炭纪末，四川盆地整体隆升，海水退出，形成了二叠系与下覆地层之间的平行不整合接触。

早二叠世，四川盆地继承了石炭纪末期格局，全部为隆升区。

中二叠世初，四川盆地整体下沉，由剥蚀区演化为沉积区，连续沉积了栖霞组及茅口组灰岩。中二叠世晚期，峨眉山玄武岩开始在深部活动，地表环境动荡，未固结岩石容易产生同生滑动，使茅口组地层中发育丰富的疙瘩状构造，层面波状起伏，岩浆分异出丰富的 SiO_2 进入海底，形成丰富的燧石结核，岩浆上拱使四川盆地形成穹窿，穹窿局部拉张形成一些断陷盆地，沉积孤峰段硅质岩。中二叠世末期玄武岩即将喷出地表，由于岩浆上拱作用，四川盆地整体隆升，由沉积区演化为古陆，形成了中晚二叠世之间的平行不整合面。晚二叠世—中三叠世，全区整体下沉以接受沉积为主。晚二叠世初，全区整体下沉，连续沉积了吴家坪组（龙潭组）、长兴组（大隆组）、飞仙关组、嘉陵江组及雷口坡组等地层。在平行不整合面上沉积了吴家坪组及龙潭组下部黑色泥页岩，为区域性烃源岩。嘉陵江组及雷口坡组中石膏大面积分布，为区域性油气封盖层。

中三叠世晚期，四川盆地整体隆升成陆，海水退出，形成了中、上三叠统之间的平行不整合接触。中三叠世末期—晚三叠世初，西部江油一带基底下沉，海水入侵，沉积了天井山组及马鞍塘组，天井山组在绵竹汉旺一带沉积了一套厚 50m 左右的鲕粒灰岩，具有一定的储集性能。南部地区继承了中三叠世晚期格局，为隆升剥蚀区。

晚三叠世，因松潘-甘孜陆块自北西向南东移动，龙门山及川西地区基底发生褶皱挠曲，龙门山地区为隆升区，四川盆地成为凹陷下沉区，龙门山为准平原化地貌，没有向四川盆地提供碎屑物源，但其将西北海洋与东南四川盆地分割开，四川盆地从此进入陆相演化阶段。晚三叠世须家河组须一段—须三段沉积时，因北部米仓山、东部大巴山及南部云贵高原隆升，其向四川盆地提供了大量的物质来源，四川盆地沉积了河流-三角洲相碎屑岩。此时地势南东高、北西低，南部南川及相 14 井为河流-三角洲前缘，女基井及关基井为三角洲前缘河口砂坝，江油一带为前三角洲，沉积物厚度自南东向北西由薄变厚。

晚三叠世须四段沉积以后，因安县运动，北部龙门山地区隆升成陆，并向沉积区提供部分物源，东南大部分地区为河流-三角洲。早侏罗世，除北部江油一带仍为古陆外，其余大部分凹陷下沉成为湖泊。江油一带中侏罗统与下覆地层角度不整合接触。

中侏罗世，北部安县古陆也凹陷下沉，全区成为滨浅湖环境，沉积了一套以紫红色砂泥岩为主体的地层。晚侏罗世莲花口期至早白垩世，龙门山巨幅隆升，在江油一带山前堆积形成了巨厚的辫状河道砾岩及含砾砂岩等粗碎屑岩，南部地区以滨浅湖沉积为主，早白垩世沉积作用仅局限于四川盆地西北部地区，南部地区没有接受沉积。

2.3.1　TS1 构造-地层层序（Z）沉积充填

该构造层序为扬子旋回，TS1 构造层序包括震旦系。该 I 级层序可以划分为 1 个 II 级层序，3 个 III 级层序。层序界面与地层界线基本一致，顶、底层序界面为 I 型区域不整合层序界面。

晋宁运动使四川盆地基底褶皱变形，造就了震旦系与前震旦系基底之间的角度不整合接触。南沱冰期之后，古气候由严寒转为温暖的冰消阶段，早震旦世陡山沱期，四川盆地整体下沉，海水逐渐超覆在前震旦系基底上，全区由隆升区演变为沉积区，形成广海型的海侵碎屑岩沉积。四川盆地及周缘为浅海环境（图2-12），古地理格架为西高东低，北部的汉南、西部的康定地区，表现为岛或古陆，边缘有陆相碎屑岩，向东依次为滨海区、浅海区、深海区。北部地区沉积了观音崖组滨岸相碎屑岩，汉南古陆为主要物质来源区，勉县宁强地区、镇巴南部沉积了陡山沱组陆棚相黑色泥页岩，陡山沱组黑色泥页岩为四川盆地第一套烃源岩。在砂页岩向碳酸盐岩过渡带为含磷地层，区内以中-外缓坡相黑色页岩夹薄层白云岩为主。过渡区内主要为滨海碎屑岩潮坪与混积潮坪相沉积。

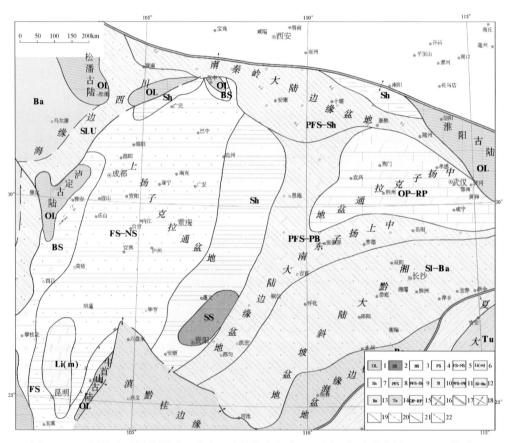

图2-12　四川盆地及周缘早震旦世陡山沱早期岩相古地理图（据陈洪德等，2012，修改）

1. 古陆；2. 陆棚浅滩；3. 后滨；4. 前滨；5. 前滨-近滨；6. 混积陆棚；7. 浅海陆棚；8. 台缘斜坡；9. 浅海陆棚-台缘斜坡；10. 斜坡；11. 台缘斜坡-台盆；12. 斜坡-次深海；13. 次深海；14. 浊流沉积；15. 局限-开阔台地；16. 陆块间拉张域边界；17. 不同构造沉积域拼接边界；18. 陆块内盆地拉张边界；19. 古断裂；20. 推测断裂；21. 相边界；22. 推测相边界

震旦系分布于四川盆地周边地区，盆地全部被覆盖，沉积环境以局限台地为主，为一套以白云岩为主的碳酸盐岩建造。与下伏变质岩系呈角度不整合或平行不整合接触，川东南地区为整合接触；与上覆寒武系平行不整合接触。震旦系可分为下统及上统，上统为灯影组，下统为观音崖组或陡山沱组，地层厚 200～1400m。

震旦系陡山沱组（观音崖组）及灯影组构成超层序 SS1，层序底部以构造侵蚀不整合面为界。界面以下为前震旦系开建桥组浅肉红色流纹斑岩，之上为观音崖组滨岸相砾岩、含砾砂岩及石英砂岩。低位体系域（LST）由观音崖组底部滨岸相砾岩及含砾砂岩组成。海侵体系域由观音崖组上部及灯影组下部构成。早期海侵为滨岸相灰色细–中粒石英砂岩，发育波状层理，晚期海侵为局限台地蒸发潮坪–蒸发潟湖相细晶白云岩、紫红色泥岩及鲕粒滩相鲕粒白云岩，白云岩中发育藻纹层。高位体系域由灯影组中上部蒸发潮坪及蒸发潟湖浅灰色–灰色、深灰色中厚层状粉–细晶白云岩组成，发育葡萄状构造。

灯一段沉积期，海进继续扩大，四川盆地全部被海水淹没，地势北西高南东低，西部大面积为局限台地沉积环境，以潮坪亚相为主，并发育少量砂屑滩及鲕粒滩，局部发育台地蒸发岩沉积，北部汉南古陆范围缩小，仅城固–西乡一带仍为陆，表现为滨海平原的性质，陆源物质供应很少，勉县–宁强一带继续下拗为沉积中心，城口–镇巴一带继承了陡山沱期的面貌；东北部有较少面积为局限台地沉积，东部城口–明月一带为斜坡–盆地沉积，在台地与盆地之间发育台地边缘暴露浅滩。

灯二段沉积期，四川盆地沉积环境基本继承了灯影早期格局。西部大部地区为局限台地沉积环境，以（蒸发）潟湖及（蒸发）潮坪为主，在局限台地中发育砂屑滩，局部发育台地蒸发岩。在南江、川中、川西南、川东南一带，发育台内藻丘浅滩，北部巫溪康家坪、木魁河一带，南部石柱廖家槽、彭水一带发育台地边缘暴露浅滩及斜坡，东北部和东南部为盆地沉积。此时的大气环境为酸性气候，大气普降酸雨，并受桐湾 I 幕的影响，灯二段顶部发生了强烈的溶蚀作用，形成了非常丰富的溶孔、溶洞及溶缝，当其下沉到潮下带以后，海水进入孔洞中，从海水中沉淀出白云石生长在孔壁四周，形成皮壳及葡萄状构造。皮壳及葡萄状白云岩分布非常广泛，遍及四川盆地及整个上扬子地区，因此，推测其为等时同成因产物，可以作为标志层（图 2-13）。

灯三段沉积期，四川盆地发生了隆升作用，推测由深部岩浆上拱作用所造成，从岩浆中分异出丰富的 SiO_2 混迹于沉积物中。北缘上升成陆地，汉南古陆范围扩大，米仓山–川北一带，为滨海环境，以碎屑岩沉积为主，汉南古陆提供了物源。川中地区受康滇古陆和龙门山古陆物源的侵扰，以含泥质夹层为主，南部大部地区为局限台地沉积环境，城口以东地区基本继承了早期地貌，在镇巴–万源一带形成了一个海脊，分割成了两个沉积区，巫溪–康家坪一带受东部古隆影响有少量陆源碎屑岩沉积。

灯四段沉积期，由于基底下沉，海平面上升，汉南古陆范围减小，盆地整体为局限台地沉积，以沉积浅灰色白云岩为主，城口明月一带下沉幅度大，为斜坡–盆地沉积，以沉积黑色泥页岩、硅质岩为主。盆地沉降幅度大并有深源火山物质喷发，流体来源主要为深部富含硅质的热流体，通过台地边缘斜坡带同沉积深大断裂和渗透性地层进行交代，硅质岩主要呈层状、条带状分布于灯四段潮坪相白云岩中。后期，桐湾 II 幕运动区域隆升，四川盆地整体隆升为喀斯特地貌，在区域隆升背景下高石梯西侧断层及威远东侧断层发生逆冲作用，导致区内褶皱隆升，并遭受强烈剥蚀，使得盆地内部灯影组在绵阳–长宁一带灯四段、灯三段被剥蚀殆尽（图 2-14），地表发生溶蚀垮塌，在喀斯特面上普遍堆积了一套

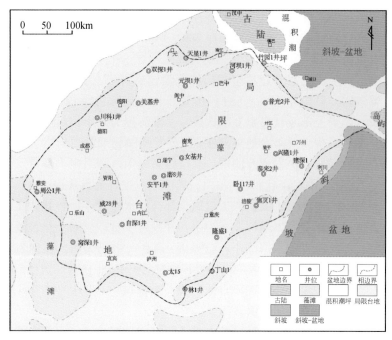

图 2-13　四川盆地及周缘晚震旦世灯影早期沉积相图

喀斯特角砾岩，这层角砾岩在深埋时普遍发生了重结晶作用，成为中粗晶白云岩，岩石中晶间溶孔及晶间孔丰富，为优质的储层，广泛分布。在川北称为"镇巴上升"事件（成汉钧等，1992），相对海平面下降为其主要控制因素。

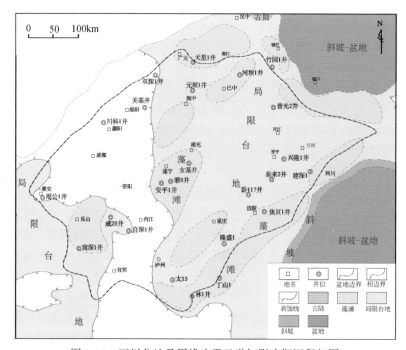

图 2-14　四川盆地及周缘晚震旦世灯影晚期沉积相图

2.3.2　TS2 构造–地层层序（Є—S）沉积充填

该构造层序为加里东旋回，底界面为桐湾运动不整合面，顶界面为上、下古生界之间不整合面，都为升隆侵蚀平行不整合面，即 Ⅰ 类层序界面。包括寒武系、奥陶系和志留系。筇竹寺组—韩家店组纵向上可以划分为 12 个 Ⅲ 级层序。构造动力学环境为早期拉张、晚期挤压环境，构造运动主要表现为大隆、大拗的地壳升降运动，接受巨厚的海相沉积，其隆起是在整体下沉背景上的相对局部隆升。兴凯运动、郁南运动（南郑上升）、都匀运动（西乡上升）和广西运动形成Є$_2$/Є$_1$、O/Є$_{2-3}$、S/O、P$_1$/S 等局部–区域性不整合面，可划分为 4 个 Ⅱ 级超层序，即 SS2（Є$_1$）、SS3（Є$_{2-3}$）、SS4（O）、SS5（S）。

1. 寒武系沉积充填

寒武系可划分为 2 个 Ⅱ 级层序（SS2、SS3）和 7 个 Ⅲ 级层序。

SS2 超层序由下寒武统梅树村组、筇竹寺组、沧浪铺组及龙王庙组构成，层序顶界面为兴凯运动末早寒武世与中寒武世之间局部暴露不整合—整合的界面。

寒武纪，仅盆地北部龙门山地区晚寒武世隆升成陆，在山前川西地区沉积了冲积–三角洲碎屑岩。其余地区整体下沉，连续接受沉积，从早期陆源碎屑和碳酸盐岩混积为主转变到晚期的清水碳酸盐岩沉积为主，盆地大面积发育局限台地。寒武纪末，四川盆地整体隆升，海水退出，形成了寒武系与奥陶系平行不整合—整合接触。

早寒武世梅树村期，中上扬子地区基本延续了震旦纪末期的沉积格局，西部有康滇古陆、牛首山古陆、泸定古陆，中扬子有鄂中古陆，北部有汉南古陆，中、东部地区为海域；随着全球海平面的上升，台地的面积相对灯影期有所减小，碎屑沉积物有所增多，岩石组合由含磷白云岩和夹磷块岩的碳酸盐岩组成，这个时期也是我国南方磷矿的主要形成时期。同时，小壳化石的出现标志着寒武纪生物大爆发。由川西–滇中古陆向东，依次发育近岸碎屑岩潮坪—碳酸盐岩潮坪—陆架，前者为厚数百米的砂岩潮坪；在黔东–湘西为外陆架。北部由川中至大巴山为碳酸盐岩开阔台地—碳酸盐岩局限台地沉积；由川中至扬子地块东南缘为碳酸盐岩开阔台地—陆架—陆架边缘斜坡。扬子陆块北部向南秦岭洋延伸为被动大陆边缘，由浅海向半深海过渡（图 2-15）。受区域伸展作用及海平面上升影响，早期逆断层反转成正断层，发育近南北向的大型侵蚀沟谷，堆积厚度较大的麦地坪组沉积，梅树村末期"镇巴上升"运动上扬子北缘持续隆升、海退，大巴山古隆隆升成陆，汉南古陆再次露出水面，上扬子北缘普遍缺失梅树村中晚期的地层，镇巴地区隆升时间最长缺失了梅树村期的全部地层，使得梅树村期残留地层厚度变化差异大，但侵蚀谷内残留地层较多。

进入早寒武世筇竹寺期，四川盆地整体下沉，大部分地区演变为陆棚沉积环境，此时沉积格局北西高、南东低，自北西向南东分别由古陆、滨岸、浅水陆棚、深水陆棚、斜坡及盆地组成（图 2-16）。大巴山古隆的形成，造成了米仓山与大巴山地区寒武纪地层沉积差异，米仓山地区为筇竹寺组，大巴山地区为水井沱组。深水陆棚区普遍沉积了一套黑色泥页岩建造，为四川盆地第二套主力烃源岩，以后发生沉积充填作用，沉积环境逐渐变

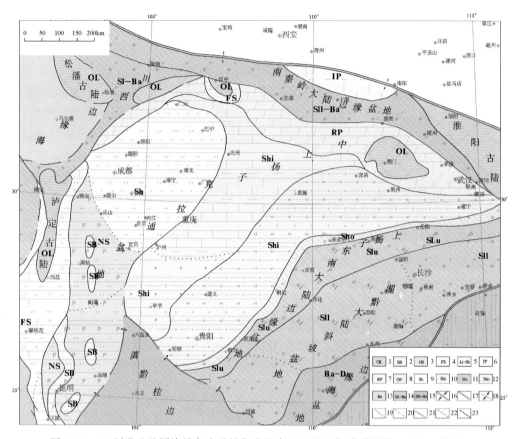

图 2-15　四川盆地及周缘早寒武世早期岩相古地理图（据陈洪德等，2012，修改）

1. 古陆；2. 风暴浅滩；3. 前滨；4. 近滨；5. 滨岸-陆棚；6. 孤立台地；7. 局限台地；8. 开阔台地；9. 陆棚；10. 浊积岩；11. 上斜坡；12. 外陆棚；13. 次深海；14. 大陆斜坡-次深海；15. 深海-次深海洋盆；16. 陆块间拉张域边界；17. 不同构造沉积域拼接边界；18. 陆块内盆地拉张边界；19. 古断裂；20. 推测断裂；21. 相界；22. 推测相界；23. 岩相边界

浅，晚期以填平补齐作用为主，泥岩发育，在高部位则岩石颗粒较粗。以后随着沉积充填作用，一直持续到沧浪铺组沉积期，拉张槽逐渐被填平，沉积环境整体逐渐变浅，由早期深水陆棚逐渐向潮坪演化。筇竹寺组自下而上粒度逐渐变粗，由泥页岩向粉砂岩至中-细砂岩变化，构成向上变粗的沉积序列。

寒武纪沧浪铺早期（仙女洞时期）：盆地西北部龙门山古陆、汉南古陆范围有所扩大，大巴山古隆依然存在，汉南古陆西高东低，西部碎屑岩粒度较粗。靠近北部古陆一带为明显的滨海相沉积，以碎屑为主，向南稍远一些，由于陆源碎屑供给减少，以沉积碳酸盐岩为主，在宁强-旺苍-南江-南郑一带为陆棚边缘相沉积，发育鲕粒和小型古杯生物礁，鲕滩成交错层理，显示了动荡环境的沉积特征，往南广大地区为混积陆棚沉积，沉积砂泥岩夹薄层灰岩、白云岩。在镇巴-城口一带为浅海页岩相带沉积。

米仓山-大巴山前带寒武系仙女洞组以陆棚边缘鲕粒滩为主的缓斜坡陆棚沉积模式（图 2-17），纵向上是由陆棚、陆棚边缘鲕粒滩及滨岸相组成的一个向上变浅的沉积序列，

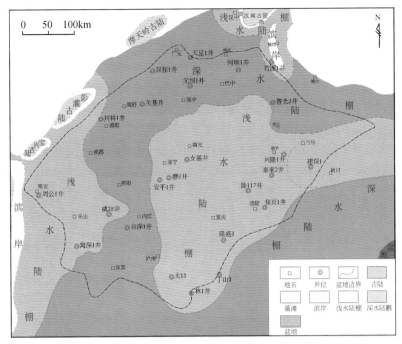

图 2-16　四川盆地及周缘早寒武世筇竹寺期沉积相图

横向上由西向东依次发育滨岸、陆棚边缘鲕粒滩及陆棚相。滨岸由潟湖及潮坪亚相组成，岩性主要为含泥粉砂岩与泥质粉砂岩互层及含粉砂泥页岩夹粉砂质泥岩。陆棚边缘浅滩由鲕粒滩亚相组成，岩性主要为亮晶鲕粒灰岩。陆棚相由浅水陆棚及深水陆棚亚相组成，岩性主要为瘤状灰岩夹泥质灰岩和泥岩及灰绿色泥岩等。储层主要发育在陆棚边缘浅滩鲕粒滩亚相中。

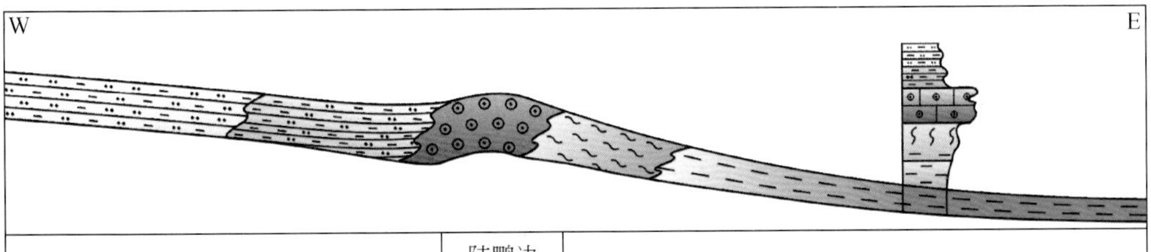

滨岸		陆鹏边缘浅滩	陆棚	
潮坪	潟湖	鲕粒滩	浅水陆棚	深水陆棚
含泥粉砂岩与泥质粉砂岩互层	含粉砂泥页岩夹粉砂质泥岩	亮晶鲕粉灰岩	瘤状灰岩与泥质灰岩及泥岩	灰绿色泥岩与黑色泥岩

图 2-17　寒武系仙女洞组以陆棚边缘鲕粒滩为主的缓斜坡陆棚沉积模式

　　寒武纪沧浪铺晚期：海水向南退出，因构造抬升古陆范围扩大，自西向东展布为三角洲相—滨岸—混积陆棚—斜坡相，三角洲相主要围绕古陆和古隆起发育，分布在西北部，在近岸的城固、阜川一带，为冲积-三角洲沉积，中上部为石英燧石砂砾岩、砾岩夹页岩组成；远离古陆往南一带以砂、页岩为主，砾岩相对减少，滨岸相自北向南分布在通江-南充-宜宾一线，可划分出后滨、前滨、近滨等亚相，它们在纵向上常构成向上变浅的沉积序列，往南广海地区为混积陆棚相沉积。由于气候一度转变为干热，底部以一套紫红色砂页岩与仙女洞组为界，强烈的侵蚀作用为海区带来丰富的粗碎屑岩，形成了沧浪铺组中上部的粗碎屑岩层，大巴山古隆起除北端司上以北沉入海面下接收沉积，其他大部分仍屹立在海平面之上，成为米仓山与镇巴-城口两个地层分区的分野。

寒武纪龙王庙期（龙王庙组/石龙洞组/清虚洞组）：龙王庙期海平面快速上升、缓慢下降，由前期的陆源碎屑和碳酸盐岩沉积共存逐渐转变成以清水碳酸盐岩台地为主。为碳酸盐岩镶边台地沉积，近古陆的川西南-滇中地区为含陆缘碎屑的碳酸盐岩，厚度为20~100m；向东碳酸盐岩增厚，至黔东-湘西在300m以上，形成一个由西向东加厚的碳酸盐岩沉积楔形体（图2-18）。整体呈现西高东低，仅盆地西北部仍受到来自古陆的陆源碎屑的侵扰形成砂泥-碳酸盐岩混积潮坪相。混积潮坪分布在西乡-广元-绵阳-乐山-汉源一带，呈北东-南西向展布，局部南江沙滩、旺苍双汇、金石1井一带砂屑滩发育。在安岳磨溪-通南巴一带发育潮间浅滩，围绕川中古隆、汉南古陆起呈透镜状环带分布，颗粒白云岩发育。盆地内部北东向的华蓥山断裂、齐岳山断裂和北西向的乐山-长宁断裂、平昌-开县断裂控制了地台内隆拗格局，宣汉-重庆-泸州一带为拗陷区，因古气候干旱炎热，蒸发作用强烈，海平面波动频繁，潟湖多咸化，形成了膏云坪、膏盐潟湖。发育厚层膏盐岩，围绕潟湖东岸綦江-涪陵一带发育潟湖边缘障壁浅滩，为颗粒白云岩夹薄层膏盐岩。巫山、彭水太原、南川三汇、湄潭白石坝一带为开阔台地沉积，主要为灰岩、泥晶白云岩沉积，局部发育鲕粒滩。花垣-利川一带受同沉积断裂控制，坡折带为台地边缘相沉积，江口-花垣地区生物礁发育，利川-巫山、万源-城口一带以台地边缘浅滩发育为主，镇巴-安康一带和东部湘、渝边界以东地区，为浪基面以下水体偏深的斜坡-盆地相，沉积瘤状灰岩、泥灰岩、泥页岩等（图2-19）。

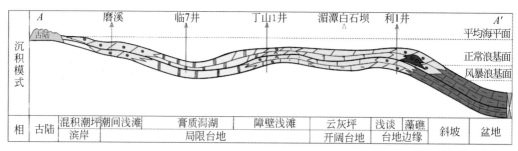

图2-18　四川盆地及周缘寒武系龙王庙组镶边台地沉积模式

龙王庙期大面积台地内部呈波状起伏的地形造就了浅滩、潟湖、滩间等沉积单元，同时由于该时期古气候干旱炎热，蒸发作用强，潟湖和滩间海多咸化，沉积物类型少，形成了膏云坪、膏盐潟湖、浅滩相间的沉积面貌。总体上发育潮间高能浅滩、障壁浅滩、台缘浅滩三种浅滩发育带，分别为磨溪-通南巴浅滩、綦江-焦石坝浅滩和利川-秀山浅滩，这些地区有利于优质储层的发育。

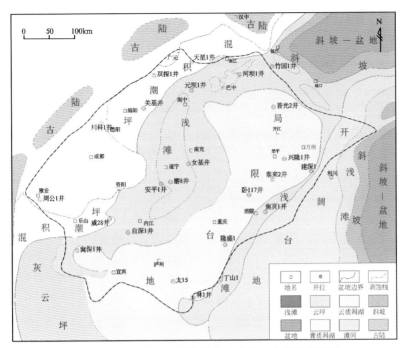

图 2-19　四川盆地及周缘早寒武世龙王庙期沉积相图

　　超层序 SS3 由石冷水组、高台组及娄山关群构成，该层序顶界面为郁南运动造成的寒武系与奥陶系之间的暴露不整合界面或整合面，该层序包含了中–上寒武统 3 个Ⅲ级层序。

　　中寒武世陡坡寺期，继承了龙王庙期沉积格架，镶边台地格局更加明显，总体上从西向东地层厚度逐渐增大，水体继续变浅，汉南古陆、摩天岭古陆及康滇古陆面积扩大，西北部继续受陆源碎屑的侵扰，形成砂泥–碳酸盐岩混积潮坪沉积。米仓山地区为陡坡寺组潮坪沉积，为粉砂岩、泥质灰岩、白云岩，普遍发育紫红色白云质砂页岩及泥质白云岩，岩层中发现石盐假晶，川东–湘鄂西–川东南一带，可能因同沉积断裂控制为拗陷区，处于封闭–半封闭的局限沉积环境，蒸发盐盆发育，海水循环交替不畅，气候干旱，形成厚层膏岩、盐岩层，潮汐、波浪作用显著减弱，发育水平层理，岩性以白云岩、膏质白云岩为主。镇巴–城口地区仍处于海平面之下，为覃家庙组局限台地沉积，地层较全，下部为褐红色钙质、白云质粉砂岩，上部为白云岩。围绕潟湖周围发育一系列高能砂屑滩，在川东南及黔北一带的贵州遵义、习水、雷波芭蕉滩及抓抓岩一带，局限台地中的砂屑滩、鲕粒滩及台地边缘暴露浅滩，以沉积颗粒白云岩为主，重结晶后变为中细晶白云岩，岩石中溶孔丰富，具有很好的储集性能。盆地东南部南川三汇、彭水太原为开阔台地相，以泥晶灰岩为主，局部发育鲕滩。台地边缘礁滩主要分布在张家界–永川一线以西，以亮晶鲕粒灰云岩为主，怀化、泸溪一带为台缘斜坡沉积，主要为角砾灰岩和钙屑浊积岩。

　　中–晚寒武世晚洗象池群沉积期由于加里东运动期（南郑上升/郁南运动），川北古隆、川中古隆和黔中隆起面积扩大，早奥陶世早期川北古隆和汉南古陆升连为一体，达到最大范围，川北地区大面积缺失中–上寒武统至中–下奥陶统地层，川中古隆高部位剥蚀洗象池群。因隆起增加形成的阻挡程度大于海平面上升幅度，四川盆地主体主要为陆表海型局限台地沉积，相对陡坡寺期陆源物质减少，水体清澈以白云岩为主含泥质，偶夹膏岩、页岩，局部地区发育咸化潟湖沉积，在局部古地貌较高处，出现了高能鲕粒滩（图2-20）。经陡坡寺期沉积，古气候发生变化，海水侵入，蒸发盐盆不再发育，整体北西高南东低，早期大规模海侵，区内古地理面貌有所改变，但盆地周缘古隆起范围进一步扩大，晚期海水仍继续向东南减退，自北西向南东，沉积相展布为近岸混积潮坪—局限台地—开阔台地—台地边缘—盆地相。混积潮坪环古隆起发育，为一套白云岩夹砂岩和泥页岩互层沉积，发育鸟眼构造、交错层理、小型冲刷构造等。镇巴—城口一带，受扬子北缘同沉积断裂控制台地边缘浅滩发育，城口桃园、开县白泉、万源皮窝等多个剖面的残余亮晶鲕粒、砂屑白云岩发育，厚20～140m，见1%～10%的黑色沥青充填于亮晶白云石晶间孔中，主要发育晶间溶孔、构造溶蚀缝及缝合线，孔隙结构为中-大孔隙、中喉道，显示其具有较好的储集性能。秀山蓉溪-印江一带为开阔台地沉积，主要为泥晶灰岩，局部见鲕粒灰岩。张家界-黄平一线，发育条带状台缘鲕粒白云岩、生屑白云岩、砂屑白云岩等台缘浅滩相沉积，相对陡坡寺期台地边缘向东迁移。由于洗象池群沉积期整个海域水体极浅，加之全球性海平面频繁升降，具有向上变浅层序的潮坪和浅滩沉积尤为发育的沉积期古岩溶，碳酸盐岩沉积物有时暴露于地表，受到大气淡水的淋滤与溶蚀作用，从而形成各种沉积期岩溶。另外，在受古隆起影响的川中-川西南等地区，因为晚寒武世末期至早奥陶世间的抬升暴露，致使洗象池群白云岩发生风化溶蚀，形成不整合面岩溶储层。

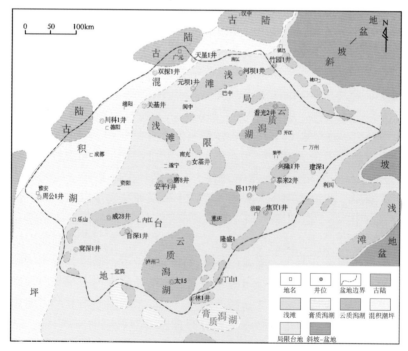

图2-20 四川盆地及周缘中晚寒武世洗象池期沉积相图

寒武系盆内发育齐全，其底部与震旦系呈假整合接触，顶部与奥陶系在盆地内为连续沉积，但在盆地边缘的"康滇古陆"、龙门山、米仓山地区，与上覆奥陶系呈假整合接触，反映这些地区在寒武纪末抬升并遭受剥蚀。地层沉积厚 400～1900m。

2. 奥陶系—志留系沉积充填

奥陶系下统桐梓组、红花园组、湄潭组，中奥陶统牯牛潭组、十字铺组及宝塔组构成了超层序 SS4，层序顶界面为都匀运动奥陶系与志留系之间的沉积间断面或整合面，该层序包含了 3 个Ⅲ级层序。SQ11 由下奥陶统桐梓组（南津关组和分乡组）地层构成。SQ12 由下奥陶统红花园组和湄潭组（赵家坝组和西梁寺组）构成。SQ13 由奥陶系牯牛潭组、十字铺组（庙坡组）和宝塔组构成。

奥陶纪，四川盆地沉积环境发生了比较大的变化，由寒武纪的局限台地演变为以开阔台地及陆棚为主体的沉积环境，台内滩呈带状分布。经中晚寒武世长期剥蚀，川北古隆成滨海平原，至奥陶世早期又开始发生海侵，早奥陶世大致上有三次海侵。

桐梓组沉积期基本上继承了早期沉积格架，西北部隆起范围继续扩大，海水自西向东侵入，碳酸盐岩台地明显较前期开放，其开阔台地相范围明显向西扩大（图 2-21），合川、泸州、石柱、武隆等地区局部台内滩发育，盆地东南缘南川、利川、宜昌等地区发育台地边缘相，主要为白云质灰岩和鲕粒灰岩，台地边缘相以东为斜坡相。红花园组沉积环境开始转变，演变为开阔台地（图 2-22），开阔台地进一步扩大，城口以南局部地区水动力相带强，沉积了一套鲕滩，局部后期成岩改造可形成较好储层。台地边缘向西迁移，秀山以东为斜坡相沉积，由薄层泥岩（页岩）、泥灰岩和微晶灰岩组成，夹不同大小的变形层和滑塌岩。湄潭组沉积早期来自西部古陆的陆源物质有所增加，并在盆地西部形成了碎屑岩潮坪及混积潮坪，盆地东部表现为混积陆棚，主要为泥岩、粉砂岩和页岩。西部资阳

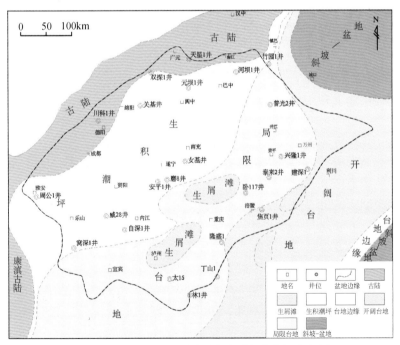

图 2-21　四川盆地及周缘早奥陶世桐梓期沉积相图

地区湄潭组被后期剥蚀，由西往南地层增厚，自深 1 井、贵州道真、石柱双流等地发育生屑滩，北部城口、南部秀山溶溪、以东为台地边缘相，以白云质灰岩和鲕粒灰岩沉积为主。十字铺组—牯牛潭组沉积期陆源物质明显减少，海侵作用使前期川西混积潮坪转变为混积陆棚，盆地中东部广大地区为开阔台地沉积。

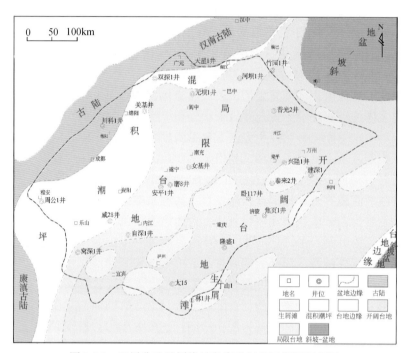

图 2-22　四川盆地及周缘早奥陶世红花园期沉积相图

宝塔组沉积期，冰川事件导致全球海平面下降，再加上扬子板块东南被动大陆边缘向华夏陆块之下聚敛俯冲导致扬子板块的整体构造沉积，造成扬子地台沉积基底快速沉降，进而导致相对海平面上升及沉积古水深增加，演变为较深水的开阔台地沉积，以沉积生物碎屑灰岩为主，地层中生物丰富，含大量的角石化石。因在较深水缓慢沉积的低能开阔台地环境下，由于化学分异作用灰质质点集聚、压实作用胶态黏土矿物脱水收缩、泥质随水排出时充填裂缝而形成"龟裂纹"灰岩，是沉积环境相、生态相和成岩相产物，非构造成因裂缝，为上扬子地区区域标志层。

晚奥陶世晚期，冰川消融引发全球海平面上升，主要为缓坡沉积，涧草沟组或临湘组为瘤状灰岩地层，五峰期海平面迅速上升，结束了碳酸盐岩台地沉积，进入淹没台地沉积阶段，沉积了一套厚度相对稳定的硅质岩、硅质页岩夹碳质页岩超覆在涧草沟组泥灰岩之上，二者之间为突变的界面，代表从涧草沟组顶部的海退到五峰组底部的海侵。由于受古隆起的影响，五峰组地层西北薄东南厚，该时期发生过火山热事件，五峰组与龙马溪组之间夹数厘米的钾质斑脱岩。奥陶纪晚期，川北因"西乡上升"有短暂的隆升，水下沉积间断。

奥陶纪沉积演化与寒武纪相似，上扬子北缘部分地区与区域不同步。米仓山地区只沉积了晚期地层，镇巴-城口地区奥陶系地层较完整，沉积区局限于南部地区。邛崃附近在寒武纪隆升区的基础上，隆升范围增大，不断由北向南迁移，至晚奥陶世，宁 1 井及北部威 15 井、油 1 井、邛崃及都江堰等地区全部为古陆，缺失晚奥陶世地层，沉积区局限于南部叙永地区。

奥陶系地层分布在盆地周边地区，盆地内仅在华蓥山有出露。除川西、川北地区与下伏寒武系呈平行不整合接触外，其他各区与下伏寒武系呈整合接触。上部川西地区与志留系呈平行不整合接触，川西南局部地区及川中地区与二叠系呈平行不整合接触，而川东南及川东北地区与志留系整合接触。地层厚 0～800m，由沉积区向川中古隆起逐渐减薄至缺失。

超层序 SS5 由上奥陶统及志留系构成，层序顶界面为加里东晚期的广西运动，造成了志留系区域性剥蚀不整合面及Ⅰ类层序界面。层序包含 SQ14、SQ15，SQ14 由上奥陶统临湘组（涧草沟组）、五峰组、下志留统龙马溪组和石牛栏组（小河坝组）构成，相当于上奥陶统上部和下志留统，SQ15 由中志留统韩家店组构成。

早志留世龙马溪期：四川盆地基本上继承了中、晚奥陶世的轮廓，总体上为宽缓陆棚环境，海域的范围有所扩大，受构造挤压导致的地壳掀斜沉积，隆起与下拗趋于明显，隆起区普遍缺失龙马溪组下段，在晚奥陶世曾一度被海水淹没的汉南古陆城固、西乡一带，升出海面，表现为滨海平原的性质，为主要物源区，宁强一带继续下拗，并且勉略三角带有继续加深的可能，广元西北部龙门山古陆与川中古隆起连为一体，在隆起前缘主要为一套灰绿色-灰色砂质页岩、粉砂质页岩沉积，厚度较小；在南郑南部光雾山-广元一带在奥陶纪隆起的雏形上发展为鹰嘴岩水下隆起，南郑西河口龙马溪组厚 4.79m，在镇巴-万源地区大巴山古陆为一水下隆起，呈北西-南东向展布；南部广大地区为浅海陆棚沉积，沉降中心位于川中—城口之间；早期海盆处于半封闭的滞流平静环境，处于还原介质条件下，龙马溪组下部发育富含有机质的黑色泥页岩和黄铁矿，为四川盆地主力烃源岩之一。随着海侵范围扩大，介质条件发生变化，水体环境逐渐变浅，主要发育泥页岩和粉砂岩（图 2-23）。

早志留世石牛栏期（小河坝组沉积期）：上扬子地台南部整体抬升，形成了黔中隆起和雪峰南部隆起，水体环境逐渐变浅，西部碳酸盐岩缓坡和东部混积陆棚并存，西部发育生物碎屑灰岩（风暴岩层），局部形成生物丘，中缓坡发育礁滩相。生物礁为圆丘状点礁，规模小，厚度薄，在中缓坡上成群出现，相互间孤立产出，不断地向北向外缓坡-陆棚区迁移。生物礁具有一定储集能力，贵州习水良村礁灰岩中发育丰富的沥青。川北地区生物礁相对致密，储集能力差，而拗陷地段则为泥岩、粉砂岩沉积。川南-黔北地区早志留世沉积期总体位于黔中隆起北斜坡，地势南高北低、水体南浅北深，在此背景下，石牛栏组为一向北倾斜的碳酸盐岩缓坡沉积模式（图 2-24），没有明显的坡折带。自南向北依次发育内缓坡、中缓坡和外缓坡-陆棚相。内缓坡相由潮坪及潟湖亚相组成，岩性以泥晶灰岩、泥质灰岩、泥晶白云岩、泥晶白云质灰岩及藻纹层泥晶灰岩等为主。再往北即进入外缓坡-陆棚区，由于重力作用导致的同生滑动，斜坡区沉积物以瘤状泥质灰岩为主，内部发育丰富的前积构造。外缓坡-陆棚相岩性以泥晶灰岩及泥质岩为主。

中志留世韩家店期：海进曾进一步扩大，晚期才开始海退，经后期剥蚀，沉积层的原始厚度无法恢复，西缘龙门山古陆可能仍然存在，北部汉南古陆可能在中志留世早期海侵

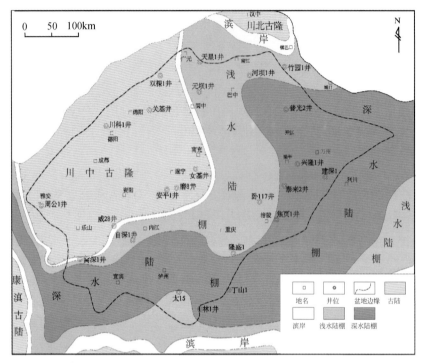

图 2-23　四川盆地及周缘早志留世龙马溪期沉积相图

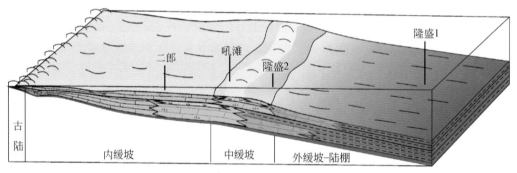

图 2-24　四川盆地川东南地区石牛栏组沉积模式图

时曾一度被海水淹没。志留纪末期，研究区隆升成陆，遭受侵蚀，北部和东部几乎缺失整个中志留统，使上覆地层直接平行不整合覆于下志留统之上。

志留系地层出露于盆地周缘山区，盆地内在华蓥山有出露。由中统及下统组成，缺失上统。志留系与下伏奥陶系整合接触，与上覆地层平行不整合接触。志留系厚 0～1200m，向川中古隆起区逐渐尖灭至全部缺失。

2.3.3　TS3 构造-地层层序（D—T₂）沉积充填

泥盆系—中三叠统构成四川盆地的第三个 I 级构造层序，TS3 为海西—早印支旋回，层序的底界面为加里东运动导致的升隆侵蚀不整合层序界面，即Ⅰ型层序界面。该Ⅰ级构造层序可以分为 9 个Ⅱ级超层序（SS6～SS14）。

1. 泥盆系沉积充填

早泥盆世—中泥盆世早期，受加里东运动影响，四川盆地主体为隆起区和剥蚀区，只有北侧龙门山边缘盆地及南缘的右江地区接受沉积。至中泥盆世晚期—晚泥盆世，受古特提斯洋的扩张导致的同生断裂和大规模的海侵作用控制，沉积区范围有所扩大，海水穿过雪峰隆起中段。形成中扬子克拉通盆地，川东部分地区已开始接受沉积，上扬子地区仍处于隆升和剥蚀演化阶段。整个四川盆地该时期隆起区缩小，沉积区扩大，陆源碎屑岩逐渐减少，碳酸盐岩沉积逐渐增多。

泥盆系仅出露于四川盆地西缘龙门山区，少数分布于川东南，其余地区缺失。上部与石炭系平行不整合接触，下部除龙门山北段局部与下伏地层轻微角度不整合接触外，其余地区与下伏志留系平行不整合接触。泥盆系由下统、中统及上统组成，下统厚 100～2500m，以碎屑岩为主；中统厚 900～1700m，为碎屑岩与碳酸盐岩互层；上统厚 800～2100m，以碳酸盐岩为主。

泥盆系可划分为 2 个Ⅱ级层序（SS6、SS7）和 4 个Ⅲ级层序。

超层序 SS6 由平驿铺组、甘溪组、养马坝组及金宝石组构成。层序底界面为升隆侵蚀不整合层序界面（平行不整合）。层序由海侵体系域、凝缩层及高位体系域组成。海侵体系域由平驿铺组及甘溪组底部组成，早中期海侵体系域（平驿铺组）为滨海相前滨–近滨带沉积，岩性为浅黄灰色及浅灰色、灰白色中–细粒石英砂岩及灰色–深灰色细粒石英杂砂岩、泥质粉砂岩夹少许粉砂质泥岩，发育冲洗层理、平行层理、交错层理及沙纹层理。晚期海侵体系域（甘溪组）为浅水陆棚沉积，岩性为黄灰色–浅黄灰色泥质粉砂岩、粉砂质泥岩夹薄层石英砂岩及生物介壳层。凝缩段（甘溪组下部层）为深水陆棚沉积，岩性为深灰色薄层粉砂质泥岩，腕足类、瓣鳃类、小型单体珊瑚及遗迹（爬迹）化石丰盛，富含有机质。高位体系域由甘溪组上部、养马坝组和金宝石组构成，早期高位体系域（甘溪组上部）为浅水陆棚–潮坪沉积，岩性为灰色–浅黄灰色泥岩、粉砂质泥岩、粉砂岩与生屑灰岩互层夹珊瑚礁灰岩。中期高位体系域（养马坝组）为台地边缘礁滩–斜坡沉积，岩性为黄灰色和灰色–深灰色微–细晶生屑灰岩、含生屑泥晶灰岩及细粒石英砂岩、石英粉砂岩夹块状珊瑚及层孔虫礁灰岩和砾屑灰岩；晚期高位体系域（金宝石组）为陆棚边缘礁滩沉积，岩性为浅灰色–灰白色细粒石英砂岩、粉砂岩及灰色–深灰色生屑灰岩、微–粉晶灰岩夹珊瑚及层孔虫礁灰岩，发育交错层理、波状层理及沙纹层理。

超层序 SS7 由观雾山组、沙窝子组和茅坝组构成。层序底界面为一短暂的浅滩顶部暴露不整合层序界面，界面之上地层具明显的上超现象，属Ⅱ类层序界面。本层序由海侵体系域、凝缩段及高位体系域组成。海侵体系域由观雾山组下部组成，沉积环境为开阔台地滩间及礁滩，岩性为深灰色和浅灰色生屑灰岩、含生屑灰岩夹层孔虫礁灰岩及珊瑚礁岩，产丰富的珊瑚、层孔虫、苔藓虫及腕足类等化石。凝缩层位于观雾山组中部，为斜坡相灰色–灰黑色粉晶泥质灰岩、含粉屑碳泥质灰岩夹页岩及微晶生屑灰岩，具水平层理。高位体系域由观雾山组上部、沙窝子组和茅坝组构成，沉积环境为碳酸盐岩台地边缘浅滩、生物礁，岩性为藻屑灰岩、层孔虫礁灰岩、珊瑚礁灰岩、结晶白云岩、溶孔砂屑白云岩、鲕粒灰岩及鲕粒生屑灰岩。

2. 石炭系沉积充填

石炭系构成超层序 SS8，划分为 2 个 III 级层序。

早石炭世，在古特提斯洋扩张的区域背景下，构造应力仍以张性为主，古地理特征是晚泥盆世的继承与发展。整体构造格局为中上扬子台地基本处于隆升状态，受继承性张裂作用，呈台盆相间格局更趋于成熟。古地形的总体特征是西高东低，存在"三隆三洼"（即开江-梁平中央隆起带、石柱隆起带和邻水隆起带，以及万州、达州、垫江三个洼陷区）的古地貌特征，自西向东呈古地形低缓凸起带与低洼带相间分布的北北东向及北东向条带状格局，海水自东部向西侵入，在武汉-川东一带形成一东西向展布的克拉通盆地。

晚石炭世，受到早石炭世末云南运动的影响，中上扬子地块隆升，大部分地区的晚石炭世地层假整合覆盖于下石炭统之上，晚石炭世末的黔桂运动，再次造成中上扬子隆升，晚石炭世地层遭到剥蚀，与上覆地层形成普遍的平行不整合关系。由于晚石炭世海侵作用增强，海域面积扩大，隆升区进一步缩小，中扬子沉积区向西扩展到重庆-达州一带，超覆于早志留世的不同层位上，可能西延与龙门山地区连通。

石炭系主要出露在川西龙门山前缘、川东地区达州、宣汉及重庆-南川一带，龙门山一带发育较完整，厚 0~96m，川东地区仅残留中石炭统黄龙组，与下伏泥盆系或志留系呈平行不整合接触，与上覆二叠系呈平行不整合接触。石炭系可分为下统、中统及上统，下统称总长沟组，中上统称黄龙组。川东区残留的黄龙组潮坪相白云岩为良好的储层。

超层序 SS8 由石炭系下统及中上统黄龙组组成。底部层序界面为升隆侵蚀不整合面，界面上古风化壳和古喀斯特岩溶广泛分布，界面多呈波状起伏。

早石炭世晚期属于差异同期异相及区域性海侵阶段。黄一段（和州组）沉积时期，上扬子地区沉积主要分布在四川盆地东部地区，为一套滨、浅海相沉积。

受水深及物源的影响，川东石炭系沉积明显分为东、西两部分：①西部大池干-高峰场一线以西，为蒸发潮坪，主要发育极浅水的潮上带潟湖沉积，膏岩普遍发育，受到后期成岩溶解或剥蚀岩溶作用，现今普遍表现为膏溶角砾岩发育；②东部大池干-高峰场一线以东建南构造及其周缘地区，陆源碎屑岩充足，发育一套以云质砂岩为主的滨岸沉积。上述两套地层实质上属于同期异相，西部膏云岩为主的沉积为盆地（台地）相区，东部砂岩为主的沉积为该期的盆地边缘相，高峰场一带为两个相带的过渡区。

在建南地区及其周缘，早石炭世晚期含砂质沉积被称为和州组（C_1h），而在四川盆地内部，该期膏云岩、膏溶角砾及其同期沉积目前仍然沿袭原中石油四川石油管理局的地层划分方案，称为黄龙组一段（C_2h^1），未单独划分。在上述同期异相沉积之后，石炭纪发生了第一次明显的整个华南地区的区域性海侵，海域明显扩大，沉积古地理的面貌也有一定的改观，主要的标志相沉积为全区普遍存在一套厚度不大的（和州组）灰岩沉积，相对均匀地覆盖在前期云质砂岩、云质灰岩、薄层云岩及膏云岩之上，代表了最大海侵的凝缩段沉积。总体来讲，四川盆地黄龙组一段为盆地相沉积，建南地区的和州组为该地层同期异相的盆地边缘相沉积，该套地层的实际年代归属为早石炭世晚期。

晚石炭世早期属于统一陆表浅海盆地阶段。晚石炭世早期（黄二段）（图2-25），经过前期的同期异相填平补齐，在川东及周缘地区形成了差异极小的广泛陆表浅海盆地沉积环境，沉积了一套厚度、岩相非常统一的高水位潮坪白云岩沉积。其差异主要表现在生物含量及组合上，为潮坪体系中潮间–潮上亚相的差异反映。该套白云岩由于沉积域范围大而稳定、后期剥蚀多保留，因此是四川盆地石炭系中分布最为稳定和广泛的，同时也是四川盆地石炭系天然气的主力产层。四川盆地黄龙组二段白云岩在中下扬子、湘桂地区称为老虎洞组或大浦组，上下接触关系、岩性组合、生物组合及厚度均可很好地进行对比。

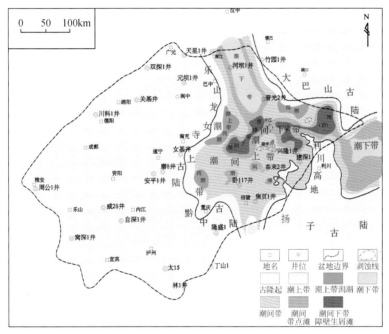

图 2-25　四川盆地及周缘石炭系黄龙组二段沉积相图

晚石炭世晚期属于盆地裂陷沉降阶段。晚石炭世晚期海侵范围稍有扩大，鄂中和川东发育了黄龙组和船山组碳酸盐岩沉积，在鄂西、川东等地超覆于泥盆系及志留系碎屑岩之上。黔北、川东的道真、石柱一带及鄂西北保康、南漳附近都有黄龙组灰岩分布，至晚石炭世末期海域明显缩小，船山组仅分布于鄂西长阳、松滋、宜都一带。具体到四川盆地东部，黄三段在各个剥蚀残余区仍具有相当大的厚度，且未见到沉积相差异，因此原始沉积范围应当相当广泛，属于盆地充分裂陷沉降阶段的沉积产物。

晚石炭世末期，云南运动在四川盆地表现为短暂的抬升，石炭系遭受剥蚀。在整个晚石炭世期间，古地形具有继承性。梁平古隆起是川东地区从石炭纪黄龙期就开始出现的古隆起，川东地区受云南运动影响隆升为陆。区域上形成宣汉–开县、广安–重庆、涪陵–丰都和忠县四个周边岩溶高地及开江、梁平、大竹、垫江四个坡内岩溶高地，在岩溶斜坡形成良好的岩溶孔隙型储层。

3. 梁山组—茅口组沉积充填

梁山组—茅口组纵向上可划分为 2 个超层序（SS9、SS10），层序底界面为Ⅰ型区域不整合层序界面，层序内部界面均为岩性–岩相转换Ⅱ型层序界面。

受加里东古隆起"西高东缓"古地貌、龙门山古断裂的控制，栖霞期沉积时期龙门山古断裂以西为斜坡–盆地相的沉积，沉积一套海槽相的细粒沉积物，古断裂以东发育台缘生物颗粒滩，具有碳酸盐岩镶边台地的沉积特征。台地内受川中古隆起影响，在微古地貌高部位发育多个台内生屑滩沉积。而川东北地区总体表现为碳酸盐岩缓坡沉积。古断裂的东部（上升盘）发育带状的台缘生物颗粒滩，古断裂的西部（下降盘）为海槽相细粒沉积物，具有碳酸盐岩镶边台地的沉积特征，台内受古隆起影响的微古地貌高部位发育多个台内生屑滩沉积。

超层序 SS9 由下二叠统梁山组和中二叠统栖霞组组成。梁山组全区连续分布，上下分别与栖霞组及石炭系呈整合及平行不整合接触，为一套滨岸沼泽相黑色含煤碎屑岩沉积，地层较薄，厚度为 0～20m，分布稳定。

栖霞组全区连续分布，厚 80～180m。上下分别与茅口组及梁山组整合接触，为开阔台地沉积。栖一段沉积期，四川盆地西部–西北部受龙门山大断裂控制，发育镶边台地，台缘发育在盆地西南–西北一带，斜坡位于台缘与盆地之间。盆地相位于四川盆地外侧，汶川新店子剖面为深水盆地相沉积，并且沉积厚度小。川东北地区主要发育缓坡型碳酸盐岩台地，中缓坡发育一些滩体。台地（内缓坡）相在四川盆地内部广泛发育，部分地势较高的部位，沉积水体也相对较浅，水体能量相对较强，易发育台地（内缓坡）的台内滩沉积。

栖二段时期继承了栖一段的沉积格局（图 2-26），四川盆地西部–西北部发育镶边台地，台缘相带能量相对较高，发育台缘滩，盆地相位于四川盆地外侧，汶川新店子剖面为深水盆地相沉积。川东北地区主要发育缓坡型碳酸盐岩台地，中缓坡水体较浅且能量相对较高，外缓坡能量较低，发育较深水相沉积。台地（内缓坡）相在四川盆地内部广泛发育，部分地势较高的部位，沉积水体也相对较浅，发育内缓坡台内滩沉积，东南地区仍为台洼沉积。

超层序 SS10 由茅口组构成。茅口早期具有与栖霞期相似的沉积演化特征，茅口晚期受峨眉地幔柱活动的强烈影响，沉积水体变浅，在川西及川东南地区发育浅滩沉积。"东吴运动"的抬升，遭暴露溶蚀，有利于风化岩溶储层发育，川东南及川西地区是岩溶储层发育有利区。

茅口组全区连续分布，厚 300～400m。茅口期，中上扬子区为开阔台地沉积环境，海底地形总体平坦，局部高低不平。茅口初期，岩浆已经开始在深部活动，岩浆活动使地表沉积环境动荡不安，经常发生地震及海啸，茅口组整体为一套动荡环境沉积，层面不平直，波状起伏，发育疙瘩状构造（瘤状构造），具塑性变形特征。同时，有大量 SiO_2 从岩浆中分异出来被热液带到海底，混合沉积于海底沉积物中，形成了丰富的燧石结核。茅口晚期，岩浆上拱穹窿开始形成并逐渐加剧，穹窿局部地区发生拉张下沉，形成断陷盆地，沉积孤峰段硅质岩。此时沉积环境也很动荡，沉积物也容易发生同生滑动作用，因此，孤峰段硅质岩层面多不平直，波状起伏明显，呈透镜状。沉积过程中，不时有未完全固结的

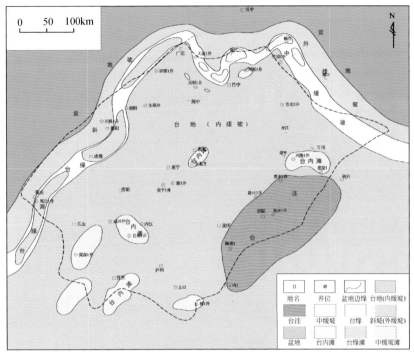

图 2-26　四川盆地及周缘下二叠统栖二段沉积相图

灰岩团块从附近台地中滚入断陷盆地中，因此，硅质岩中常见不规则形态的灰岩团块，塑性变形特征明显。茅口末期，火山即将喷出地表，隆升作用达到顶峰，中上扬子区整体隆升到海平面以上，全区演变为喀斯特环境，形成了中、上二叠统之间的平行不整合面。盆地东北部广元–城口–石柱冷水溪一带，茅口组发育完整，可以分为两段：下段主要为深灰色–灰黑色中–厚层状含生物碎屑泥质微晶灰岩、瘤状灰岩，岩层多呈透镜状或香肠状，层面剧烈波状起伏，具塑性变形特征；上段称孤峰段，厚 20m 左右，岩性为灰黑色薄层状硅质岩夹碳质页岩，地层中含较多的团块状灰岩，岩层多波状起伏。其余地区茅口组只发育下段。

茅一段沉积时期，四川盆地西部–西北部仍然发育镶边台地。川东北地区为缓坡型碳酸盐岩台地，相对于栖霞组，中缓坡相带向南迁移。台地（内缓坡）相在四川盆地内部广泛发育，部分地势较高的部位，发育台地（内缓坡）的台内滩沉积。川东南地区为台洼沉积，岩性主要为深灰色–灰黑色泥晶灰岩、含泥灰岩。

茅二段—茅三段时期继承了茅一段的沉积格局（图 2-27），四川盆地西部—西北部发育镶边台地。东北地区仍然发育缓坡型碳酸盐岩台地，地层厚度整体发育较薄，且有从南向北逐渐减薄的变化趋势，且地层厚度等值线形态宽缓。台地（内缓坡）相在四川盆地内部广泛发育。此时泸州古隆起逐渐形成雏形，部分地势较高的部位，沉积水体相对较浅，水体能量相对较强，易发育内缓坡（台地）的浅滩沉积，川东南地区台洼沉积相对茅一段变小。

受加里东古隆起影响，在川东北地区栖霞组及茅口组形成中缓坡浅滩为主要储层的碳

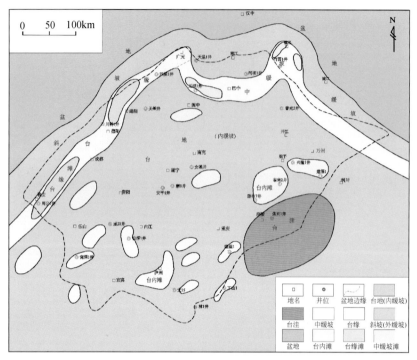

图 2-27　四川盆地及周缘下二叠统茅二段—茅三段沉积相图

酸盐岩缓坡沉积模式（图 2-28）。内缓坡水体安静，沉积面积大，岩性多为泥晶灰岩及钙质泥岩。中缓坡相沉积物多为亮晶砂屑灰岩、白云岩及生屑灰岩，为储层集中发育区。外缓坡沉积物主要为泥晶灰岩、泥晶生屑灰岩及泥质灰岩夹风暴岩，其典型标志为砾屑（或"竹叶状"）灰岩沉积及滑塌变形构造。盆地位于密度跃层以下，水深大于 300 m，水动力条件极低，主要发育深灰色–灰色泥晶灰岩、碳质泥岩及硅质岩等。

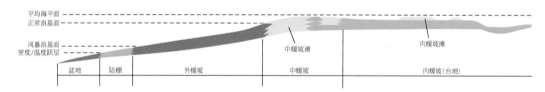

图 2-28　以中缓坡颗粒滩为主的碳酸盐岩缓坡沉积模式

4. 吴家坪组—嘉陵江组沉积充填

吴家坪组—嘉陵江组可划分为 2 个超层序 SS11、SS12 和 8 个 Ⅲ级层序。

中二叠世的海侵作用，几乎将整个中上扬子区全部淹没，与周边盆地融为一体，形成统一的、范围广大的、沉积环境单一的沉积盆地，即扬子克拉通盆地，东侧湘桂地区及南缘右江地区仍保留裂陷盆地的特点，右江盆地中，基性火山活动十分强烈，也标志着伸展活动的增强（陈洪德等，2012）。晚二叠世，中上扬子地区发生古地理格局上的巨大变化。这次变化主要来源于中古特提斯构造的打开，在中二叠世末出现大范围的、以隆升作用为主的东吴运动，扬子西缘的地幔柱隆升引起强烈的"峨眉地裂运动"，造成晚二叠世早期大规模玄武岩浆喷溢活动，晚期碳酸盐岩台地再次形成，但在伸展的背景下，扬子南北边缘分别发生裂陷活动，造成台-盆交替的沉积格局。该时期构造活动相对强烈，沉积分异明显，古地理面貌较为复杂。伴随着强烈的拉张作用，导致四川盆地西南部玄武岩喷发，成为四川盆地主要陆源区。陆源区以东发生相对沉降，接受沉积，导致大范围的碎屑岩台地的发育。伴随着海水不断沿北东向南西方向入侵，盆地东北部地区海水变得开阔，沉积环境向清水环境转变，形成了海相、陆相并存的格局（图2-29）。

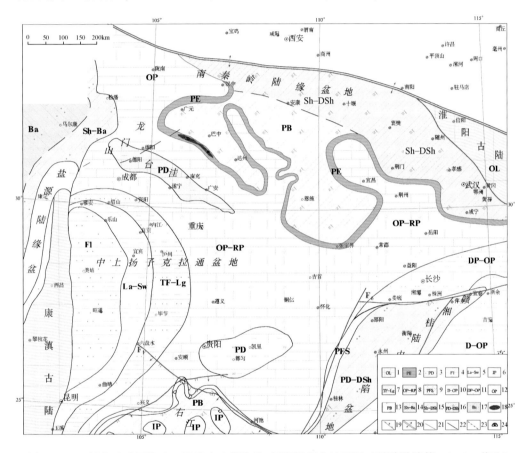

图 2-29　四川盆地及周缘晚二叠世中晚期构造-层序岩相古地理图（据陈洪德等，2012，修改）

1. 古陆；2. 台缘礁滩；3. 台洼；4. 河流；5. 湖泊-沼泽；6. 孤立台地；7. 潮坪-潟湖；8. 开阔-局限台地；9. 台缘斜坡；10. 三角洲-开阔台地；11. 前三角洲-开阔台地；12. 开阔台地；13. 台盆；14. 陆棚-次深海；15. 陆棚-深水陆棚；16. 台洼-深水陆棚；17. 次深海；18. P_2ch礁体；19. 断裂；20. 板块拉张带；21. 同生断裂；22. 岩相界；23. 推测相界；24. 生物礁

超层序 SS11 由吴家坪组（龙潭组）和长兴组构成，划分为 4 个Ⅲ级层序，层序底界面为吴家坪组与茅口组之间的界面，区域上为一平行不整合Ⅰ类层序界面；层序内部界面为岩性岩相转换Ⅱ类层序界面。

四川盆地中二叠统吴家坪组岩石类型多样，可划分为四种不同的类型，即峨眉山玄武岩组火山岩、宣威组陆相碎屑岩、龙潭组海陆过渡相碎屑岩以及吴家坪组海相灰岩，由于相带过渡比较大，本书统称为吴家坪组，其主体分布在川东地区，与龙潭组及峨眉山玄武岩呈相变关系，为滨岸-开阔台地沉积，岩性为黑色含煤碎屑岩、灰色至深灰色中厚层状含燧石微晶灰岩，厚40.0~222.0m；川中及川东南地区发育龙潭组，其为一套海陆交互相含煤碎屑岩系，厚44~370m；峨眉山玄武岩广泛分布在川中及川西南地区，与吴家坪组、龙潭组为相变关系，本组为一套陆相火山喷发沉积，以基性为主。地层厚度变化大，一般为300~400m，最厚达1000m。

长一段时期受东吴运动的影响，康滇古陆的形成对整个四川盆地长兴组沉积相发育的控制有着重要的作用。

在吴家坪晚期初始台地沉积背景的基础上，长兴组开始出现明显的台地-陆棚（海槽）沉积分异格局，平面上为西南高、东北低的地势，台地沉积环境更有利于生物生长和碳酸盐岩的产出，台地-陆棚沉积分异进一步加强，生屑滩分布范围进一步扩大，由零星发育逐渐演化到连片分布，该时期也是长兴组下部储层发育的主要时期。

在西南部为海陆交互的滨岸沼泽相，中部为混积台地相沉积和开阔台地相沉积，在开江-梁平陆棚边缘发育斜坡相和陆棚相，斜坡具有东陡西缓的特征，由台地向斜坡和陆棚相区生屑含量明显较少、灰岩泥质含量增加。广旺及鄂西地区为海槽沉积，沉积大隆组硅质岩（图2-30）。

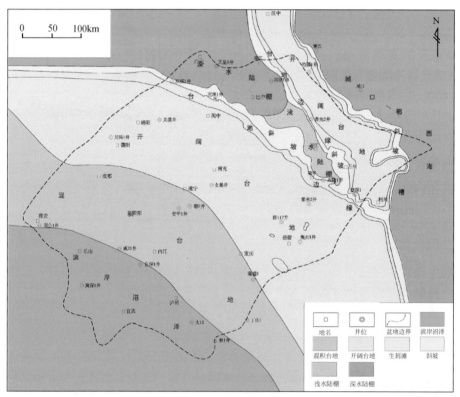

图2-30 四川盆地及周缘长一段沉积相图

长二段沉积期，四川盆地隆凹相间的格局更加明显，由于海退的原因，在台地边缘出现大量的生物礁，台地内存在着台隆、台洼和台坪等次级地貌，"三隆三凹"的格局更加

显著，自西南到东北依次发育陆相的滨岸沼泽沉积、海陆过渡的混积台地沉积、海相的开
阔台地沉积和台地边缘沉积、斜坡–陆棚沉积（图 2-31）。该时期生物礁和生屑滩沿开江–
梁平陆棚和城口–鄂西海槽周缘呈环带状发育，在开阔台地内部蓬溪–武胜一带，由于台地
内部的拉张沉陷，在蓬溪–武胜台洼周缘的古地貌高带上，发育台内生物礁滩，局部成带
分布。但陆棚（海槽）边缘礁滩规模大于开阔台地内部发育的点礁及台洼边缘礁。目前在
开江–梁平陆棚周缘已经发现了普光、元坝及龙岗等大气田，在城口–鄂西海槽周缘也发现
有优质储层的存在，在台洼边缘高能相带也钻获多口工业气流井，长兴组礁滩勘探呈现良
好的态势。

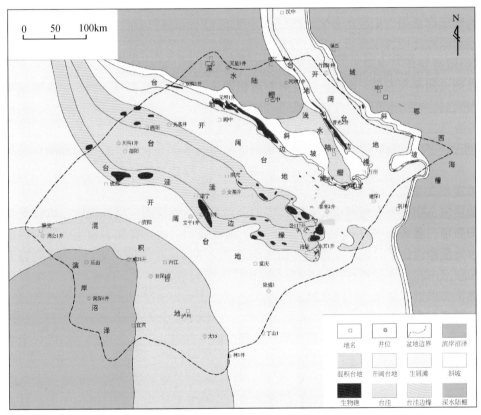

图 2-31　四川盆地及周缘长二段沉积相图

早中三叠世，中上扬子地区仍以克拉通盆地为主，受早印支运动的影响，雪峰隆起再
次出现，古地理格局发生明显变化，沉积面貌受到影响。随着中三叠世末印支运动的发
生，海水逐渐全部撤出，结束了海西—印支阶段的华南统一陆块的构造演化史，进入以内
陆造山作用为主的新的构造阶段（陈洪德等，2012）。

超层序 SS12 由飞仙关组和嘉陵江组构成，飞仙关组划分为 2 个层序，层序底界面大
多为岩性岩相转换Ⅱ类层序界面，台地边缘礁滩相区多为暴露不整合Ⅱ类层序界面；层序
内部界面为岩性岩相转换Ⅱ类层序界面。飞仙关组在区内广泛分布，上下分别与嘉陵江组
及长兴组整合接触；夜郎组分布于川东南地区，上下分别与茅草铺组及长兴组整合接触。

厚400~600m，最厚达1000m。地势上，总体表现为西部高、东部低的地貌格局，平面上飞仙关组自西向东依次发育冲积平原相、局限台地相、开阔台地相、台地边缘浅滩相、斜坡相及陆棚相，岩性变化复杂。

早三叠世飞一段—飞二段沉积时，四川盆地基本继承了长兴期沉积格局，广旺-开江梁平地区及鄂西地区为陆棚沉积环境。飞三段沉积时，因早期填平补齐作用，四川盆地深水沉积区消失，大部分地区演变为开阔台地沉积。飞四段时期，四川盆地沉积环境全区相似，演变为局限台地-台地蒸发岩沉积环境。

飞一段为一套台地沉积体系，是在长兴组沉积期沉积背景的继承和发展，开江-梁平陆棚缩小，水体深度变浅，鲕粒滩零星分布；整体上沉积地形西南高、东北低，从西南到东北由海陆混合相逐步过渡为海相沉积，沉积基面向东倾斜，开始了飞一段沉积期的宽缓台地浅水碳酸盐岩沉积。

飞二段沉积期，由于飞一段晚期的海退对台地边缘影响较大，而对台内影响不大，康滇古陆带来的碎屑沉积突然增大，造成靠近物源区的飞二段沉积突然增厚；沉积地势仍然是西高东低，受海退和干旱气候影响，水体更加局限、变浅，盆地内蒸发作用明显增强。部分发育蒸发台地相。在该时期，开江-梁平陆棚几乎被填平。

沉积岩性为大套的泥晶灰岩夹泥质灰岩，厚度为240~260m，陆棚两侧的台缘滩规模较大，鲕滩体累计厚度增大，岩性为大套泥晶灰岩、鲕粒灰岩、鲕粒云岩等。台内洼地几乎消失（图2-32）。

飞三段沉积时，古地理格局总体表现为向北东方向微倾的区域性缓坡，以碳酸盐岩台地沉积为主，随着海平面上升，泥质岩减少，碳酸盐岩增多，整体表现为一个宽阔的、平坦的台地沉积，这个时期，发育较多的鲕滩（图2-33）。在缓坡末端处，城口-鄂西海槽仍有残留，向台地一侧发育白云岩滩相沉积。沉积相表现为一个自西南向北东方向的分异，和飞二段沉积相比，开阔台地规模增大，岩性主要为大套泥晶灰岩、鲕粒灰岩、砂屑灰岩、泥质灰岩等。

飞四段沉积时发生大规模海退，周边古陆的隆升，阻止了海水入侵，形成一个半封闭的局限蒸发台坪，局限台地和蒸发台地迅速扩大，包括广大的川东、川东北、川西地区，在炎热高温条件下，出现了强烈的蒸发浓缩作用，海水达到最高的咸化程度；在局限台地和蒸发台地里发育大量暗紫色泥岩、泥质灰岩、云质灰岩、白云岩，可作为盖层存在，总体表现为低能环境。

综合长兴期与飞仙关期沉积环境、沉积作用及水体等多种因素，四川盆地上二叠统—下三叠统陆棚边缘发育两种台缘礁滩沉积模式。

1）以台地边缘礁滩为主的"陡窄加积型"镶边台地沉积模式

该模式主要发育于二叠系、三叠系，分布于川东北、川东南地区。陡窄加积型台缘带主要以普光地区二叠系、三叠系台缘带为代表（图2-34），普光地区台缘坡度长兴期约为15°，飞仙关期为8°~10°，台缘斜坡陡窄，斜坡沉积物为滑塌灰岩角砾。台地内沉积生物

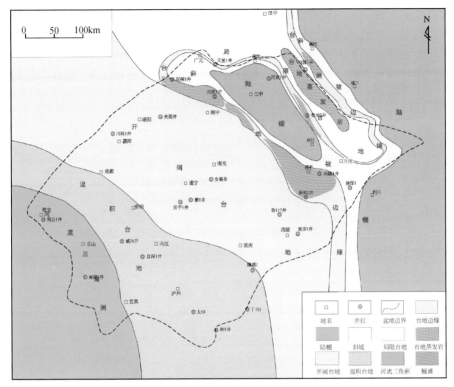

图 2-32　四川盆地及周缘上三叠统飞二段沉积相图

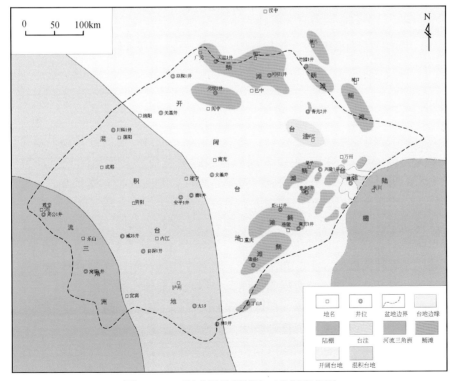

图 2-33　四川盆地及周缘飞三段沉积相图

碎屑灰岩为主夹泥晶灰岩，陆棚主要沉积一套薄层泥晶灰岩。台缘带较稳定，礁、滩迁移不明显，长兴期生物礁发育规模小，沿台缘带窄条状分布，表现为"礁滩单排、滩窄"的特点，飞仙关期滩体发育规模大，表现为"滩厚、云化强"的特点，总体呈纵向加积发育之势，储层连续发育，厚度大，但分布范围窄。储层以礁滩储层为主，岩性多以残余生物礁结晶白云岩、亮晶生物屑灰岩、亮晶鲕粒灰岩为主，顶部为浅滩相生屑白云岩。

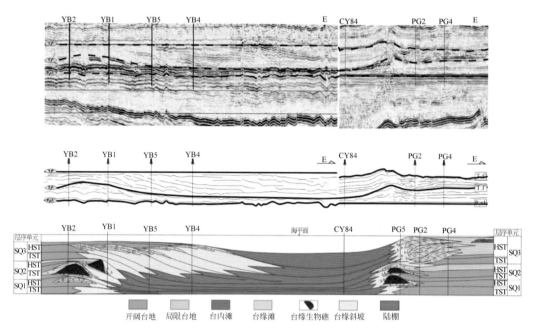

图 2-34 四川盆地"陡窄加积型"（右侧）和"宽缓迁移型"（左侧）
镶边台地沉积模式（郭彤楼，2011）

2）以台地边缘礁滩为主的"宽缓迁移型"镶边台地沉积模式

该模式主要发育于二叠系、三叠系，分布在川东北地区。宽缓迁移型台缘带以元坝及邻区台缘带为代表（图 2-34），主要表现为台缘斜坡宽缓，元坝地区长兴期台缘坡度为7°~8°，飞仙关期为2°~3°，沉积物岩性为泥晶灰岩、泥质灰岩夹瘤状灰岩。台地内以沉积生物碎屑灰岩为主夹泥晶灰岩，陆棚主要沉积一套薄层泥晶灰岩及泥质灰岩。长兴期台缘生物礁发育规模大，呈现"早滩晚礁、前礁后滩"的沉积特征，台缘礁、滩由西向东进积迁移特点明显，表现为"礁滩多排、滩宽"的特点，飞仙关期表现为"滩薄、云化弱"的特点，储层发育程度略差，但分布范围广。储层往往以台地边缘发育浅滩为主，岩性为亮晶鲕粒灰岩，局部高地貌区发育暴露浅滩，岩性为残余鲕粒结晶白云岩。

嘉陵江组划分为 2 个Ⅲ级层序，层序底界面为飞仙关组与嘉陵江组的分界面，为Ⅱ类岩性转换面，层序内界面为Ⅱ型岩性转换面。

嘉陵江期基本继承了飞仙关期的沉积格局，但气候明显变得更加炎热，总体为碳酸盐岩局限海-蒸发台地沉积体系，在川西地区发育台地边缘沉积，川东地区沿泸州-开江一带发育台内浅滩相沉积，泸州-开江古隆起雏形期造成的沉积地貌差异对嘉陵江组台内浅滩沉积有控制作用。嘉陵江组与茅草铺组为同时异相的关系。嘉陵江组在区内广泛分布,上下分别与雷口坡组及飞仙关组呈平行不整合及整合接触;茅草铺组分布于川东南地区,上下分别与狮子山组及夜郎组呈平行不整合及整合接触,地层厚400~600m,为一套碳酸盐岩台地沉积的碳酸盐岩建造。嘉陵江期基本继承了飞仙关期沉积格局,但气候明显变得更加炎热,总体为碳酸盐岩局限海-蒸发台地沉积体系,在川西地区发育台地边缘沉积,川东地区沿泸州-开江一带发育台内浅滩相沉积,泸州-开江古隆起雏形期造成的沉积地貌差异对嘉陵江组台内浅滩沉积有控制作用。

嘉一段继承了飞仙关组的沉积背景,整体上沉积地形西高东低、西南高、东北低,沉积基面向东倾斜,开始了嘉一段时的宽缓台地及浅水碳酸盐岩沉积,以局限台地相、开阔台地相为主。

嘉二段沉积时期,由于嘉一段晚时的海退,碳酸盐岩台地渐次变迁为蒸发岩台坪,气候炎热干燥,海域受限,沉积地势仍然是西高东低,受海退和干旱气候影响,水体更加局限、变浅,盆地内蒸发作用明显增强。与海进期相比,开阔台地相有所缩小,大范围发育蒸发台地相,膏盆发育(图2-35)。

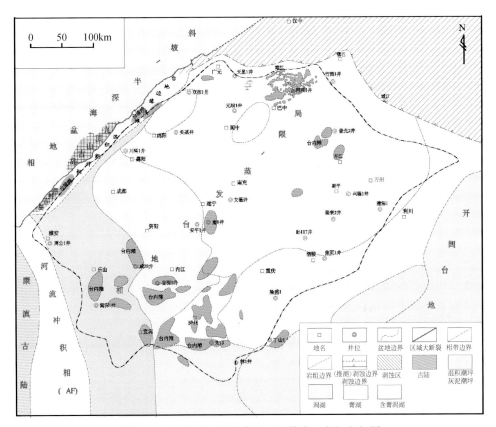

图2-35 四川盆地及周缘下三叠统嘉二段沉积相图

嘉三段沉积期开始了嘉陵江期的第二次大海侵,原来嘉二段时的蒸发台坪被广阔的碳酸盐岩台地取代,气候由炎热干燥转变为温暖潮湿。正常浅海的瓣鳃类、有孔虫、棘皮类等生物开始增多。沉积物主要是灰、泥质和云岩，沉积环境以浅水、极浅水局限台地相、开阔台地相为主。

嘉四段—嘉五段沉积时，发生大规模海退，周边古陆的隆升，阻止了海水入侵，形成一个半封闭的局限蒸发台坪，在炎热高温条件下，出现了强烈的蒸发浓缩作用，海水达到最高的咸化程度。沉积多套巨厚的石膏和盐岩。垂向上为白云岩（少量灰岩）–石膏–盐岩–杂卤石序列，表现为较为完整的海退旋回，在旋回的下部沉积灰岩或白云岩，中部沉积石膏，上部沉积盐岩，每个旋回的上部成盐性最好，同时也是极好的油气封盖层（图2-36）。早期发生印支早幕运动，泸州-开江古隆起不断隆升，形成了东高西低的地势，盆地总体为潟湖或蒸发盐盆沉积。在江油-绵竹一带发育北东向展布的浅滩相储层，川东北地区发育小型台内滩。

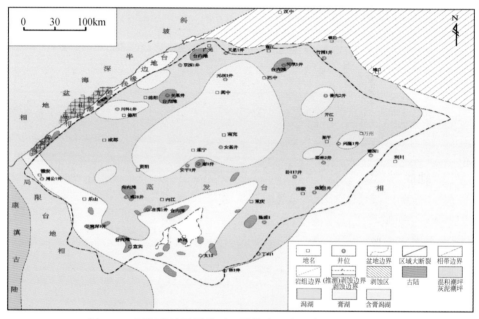

图2-36 四川盆地及周缘下三叠统嘉四段—嘉五段沉积相图

嘉陵江组岩性以生物灰岩、角砾白云岩及石膏为主，嘉二段在川东北地区发育厚度几米至十米左右的溶孔砂屑白云岩，为较好的储层。嘉二段尤其嘉四段中石膏厚度大，分布连续，为区域性盖层。

以四川盆地勘探实践为基础，结合嘉陵江组沉积特征，建立了嘉陵江组台内滩为主的台地蒸发岩-浅滩-缓坡沉积模式（图2-37）。

嘉二段、嘉四段沉积时，四川盆地中心大部分地区地势高，主要位于潮上带，为蒸发池沼或蒸发盐湖环境，沉积了规模巨大的石膏、石盐及白云岩等蒸发岩；盐湖周边地区为潮坪环境，岸边经常受波浪及潮汐作用冲洗，基底沉积物被打碎形成碎石堆堆积于滨岸地带，以沉积角砾岩及白云岩为主，以至于四川盆地中部侏罗系覆盖区嘉二段、嘉四段以沉积石膏及白云岩为主，周边露头区以白云岩及角砾岩为主，过去普遍认为角砾岩是盐溶角砾岩；再向海一侧为缓坡，沉积瘤状灰岩，同生滑动构造丰富，局部地区发育浅滩储层，

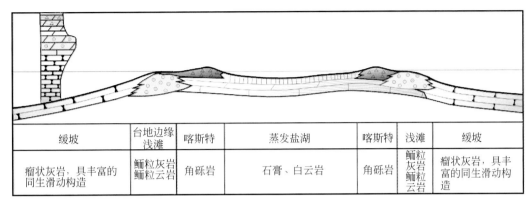

缓坡	台地边缘浅滩	喀斯特	蒸发盐湖	喀斯特	浅滩	缓坡
瘤状灰岩，具丰富的同生滑动构造	鲕粒灰岩鲕粒云岩	角砾岩	石膏、白云岩	角砾岩	鲕粒灰岩鲕粒云岩	瘤状灰岩，具丰富的同生滑动构造

图 2-37　四川盆地嘉陵江组台地蒸发岩–浅滩–缓坡模式

岩性多为鲕粒灰岩、鲕粒白云岩及砂屑白云岩等。

5. 雷口坡组沉积充填

超层序 SS1 由雷口坡组构成，雷口坡组划分了 2 个Ⅲ级层序。层序底界面为嘉陵江组与雷口坡组的分界面，为Ⅰ型层序界面，层序内界面为Ⅱ型岩性转换面。

雷口坡组对应狮子山组及松子坎组，其为同时异相关系。雷口坡组在区内广泛分布，上下分别与须家河组及嘉陵江组呈平行不整合接触，厚 100~466m。狮子山组及松子坎组分布在川东南地区。

雷口坡组沉积早期，随着江南古陆的升起，横向上从西南往东北膏岩沉积增厚；四川盆地东北部较西南地区沉积膏盐更厚。雷口坡组沉积晚期，受海退作用及干旱气候影响，盆地内蒸发作用明显增强；膏湖及含膏潟湖的范围迅速扩张，膏湖沉积中心向西转移。随着四川盆地整体不断隆升，导致在雷口坡组顶部形成构造控制的古暴露面。早期古表生岩溶作用形成的溶蚀孔缝，为晚期深埋溶蚀再度形成孔缝发育的优质储层提供了有利条件。

雷一段时期构造抬升进一步增强，泸州隆起继续抬升，龙门山古岛凸出水面，四川盆地古地势转为东南高、西北低，其沉积环境以混积潮坪、局限–蒸发台地相为主。

雷二段沉积继承了雷一段时东南高、西北低的构造沉积面貌，泸州、开江古隆起继续抬升，剥蚀尖灭的范围进一步扩大，龙门山古岛大面积露出水面，康滇古陆与雪峰山古陆仍为其物源区，其沉积环境以混积潮坪、局限–蒸发台地相为主（图 2-38）。

雷三段是四川盆地继雷一段时的又一次大范围的海侵，构造抬升进一步加剧，泸州隆起与开江隆起有联为一体之势，并继续抬升，地层剥蚀尖灭的范围进一步扩大，龙门山古岛也有形成岛链的趋势，其前缘仍为台缘浅滩及滩间沉积相发育带，沉积构造古地貌依然继承了雷二段沉积时东南高、西北低的整体格局。其沉积环境以混积潮坪、局限–蒸发台地相为主。

雷四段依然保持了雷三段东南高、西北低的沉积格局，龙门山古岛链也已基本成型，古岛前缘仍继承性地发育了台缘浅滩及滩间沉积相带；泸州隆起与开江隆起继续抬升，剥蚀尖灭范围迅速扩大，残留地层范围急剧缩小；受海退作用及干旱气候影响，盆地内蒸发作用明显增强；膏湖及含膏潟湖的范围迅速扩张，膏湖沉积中心向西转移（图 2-39）。

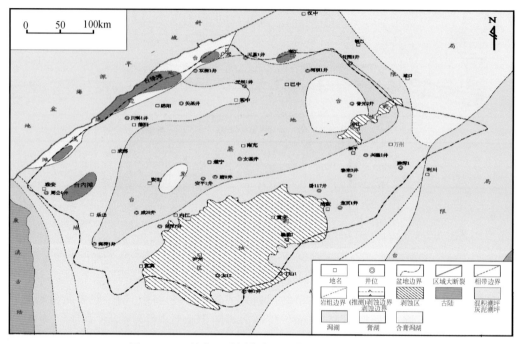

图 2-38　四川盆地及周缘中三叠统雷二段沉积相图

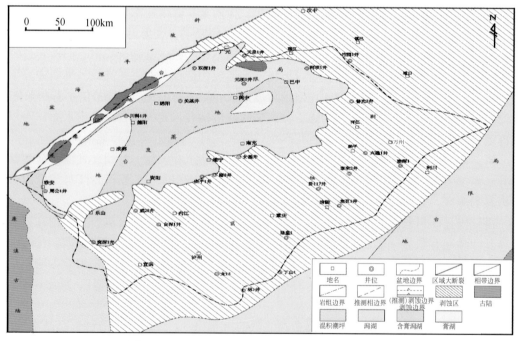

图 2-39　四川盆地及周缘中三叠统雷四段沉积相图

不同地区雷口坡组在沉积环境及岩性方面差异较大。四川盆地中部为局限台地-台地蒸发岩沉积，岩性为灰岩、白云岩及石膏大套韵律互层；周边地区为局限台地潮坪-潟湖沉积，岩性为灰岩与白云岩大套韵律互层夹泥岩及角砾岩。

雷口坡组沉积期由于印支期运动挤压隆升，地层广遭剥蚀，残留地层东南薄、西北厚，在川西和川东北大部分地区残留雷四段地层，是雷口坡组顶部岩溶储层发育的有利区。

在沐川、永福及川东北、旺苍一带，雷口坡组中发育浅滩相砂屑白云岩，岩石中溶孔较多，具有一定的储集性能。川中地区雷口坡组中普遍发育石膏，区域分布稳定，为区域性油气封盖层。

6. 天井山组—马鞍塘组沉积充填

天井山组—马鞍塘组可划分出 1 个 II 级层序（SS15）和 2 个 III 级层序。

经历了中三叠世区域性整体抬升和"喀斯特"化后，晚三叠世初期，随着古特提斯洋逐步关闭，川西受挤压挠曲，在前陆挠曲稳定翼发育了马鞍塘组海相缓坡沉积层系，古地理呈东高西低的格局，马鞍塘组沉积范围局限，仅发育于川西地区。

超层序 SS15 在江油市马鞍塘剖面上，由天井山组及马鞍塘组构成。层序底界面为岩性岩相转换面。海侵体系域由天井山下部组成，沉积环境为局限台地潟湖沉积，岩性为灰白色厚块状灰岩。高位体系域由天井山组上部及马鞍塘组构成，早期高位体系域（天井山组上部）为局限台地潮坪沉积，岩性为灰色-灰黄色灰岩、泥质灰岩及燧石条带灰岩，产瓣鳃类化石；晚期高位体系域（马鞍塘组）为混合潮坪相沉积，岩性为黄灰色-灰色灰岩、生屑灰岩及粉砂质泥页岩、细砂岩夹鲕粒灰岩和介壳灰岩，产瓣鳃类及海百合化石。

天井山组沉积时期，上扬子台地主体区上升，仅在川西拗陷中段部分地区及江油都江堰断裂和茂汶断裂之间见天井山组地层，主要发育碳酸盐岩缓坡沉积，由南东至北西方向依次发育内缓坡—中缓坡—外缓坡，内缓坡相带主要分布在什邡-孝泉-绵竹断裂与江油-都江堰断裂之间地区，沉积深灰色泥微晶灰岩、泥质白云岩、泥质灰岩、灰质白云岩等；中缓坡相带则发育在江油-都江堰断裂与北川映秀断裂之间区域，岩性主要为浅灰色-深灰色灰岩、白云岩、白云质灰岩互层间夹藻、砂屑灰岩或白云岩，其中白鹿-绵竹金花-汉旺及通口-黄连桥和江油一带发育藻、砂屑滩沉积；北川映秀断裂与茂汶断裂之间则发育深灰色泥页岩与粉砂岩互层的外缓坡沉积相带。盆地相区则分布于茂汶断裂以西的地区。

马一段沉积时期，随着古特提斯洋逐步关闭，川西受挤压挠曲，在前陆挠曲稳定翼发育了马鞍塘组海相缓坡沉积层系，古地理呈东高西低的格局，由东至西，沉积相带依次为内缓坡—中缓坡—外缓坡，内缓坡相带主要分布在绵阳-德阳-温江-洪雅-雅安一带地区，沉积浅灰色白云质灰岩夹微粉晶白云岩薄层，向南西延伸至荥经，向北东延伸至梓潼-江油一带相变为混积潮坪相的砂泥岩互层沉积；中缓坡相带则发育在绵竹-孝泉-彭州-大邑-宝兴一带，岩性主要为浅灰色-灰色灰岩夹砂屑、生屑灰岩、鲕粒灰岩，汉旺-黄连桥-渔洞梁一带发育海绵点礁-鲕粒滩相沉积，其他地区砂屑滩及鲕粒滩较发育，且连片性好，新场构造上带已实施的川科 1 井、新深 1 井和孝深 1 井在该段钻遇良好储层；外缓坡相带则发育在雾 1 井-龙深 1 井地区，岩性为深灰色泥页岩与粉砂岩互层间夹泥质灰岩、灰岩薄层。盆地相区则分布于茂汶断裂以西的地区（图 2-40）。

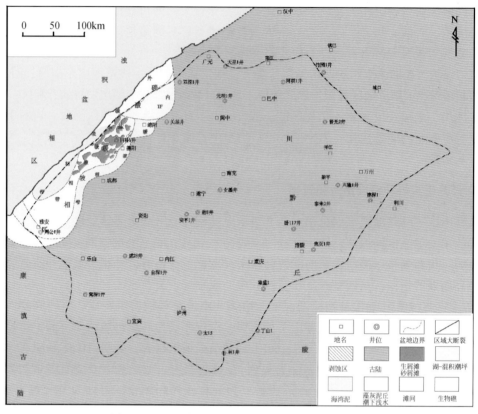

图 2-40　四川盆地及周缘上三叠统马一段沉积相图

马二段沉积范围较早期要广,受陆源碎屑影响较大,岩性组合总体上以页岩夹粉砂岩和灰岩透镜体为特征,但此期河流影响小而受潮汐作用影响较强,潮汐作用将河流带来的沉积物在河口的前方加以改造,并带入海中较远处。泥质中含有大量黄铁矿,说明马二段时海湾海水咸化,属闭塞海湾还原环境。沉积相展布有一定的继承性,由东向西依次为内缓坡—中缓坡—外缓坡,盆地相仍然主要分布于茂汶断裂以西地区。

2.3.4　TS4 构造-地层层序（T$_3$—K）沉积充填

上三叠统—白垩系构成四川盆地第四个Ⅰ级层序,层序底界面为中、上三叠统的分界面,为升隆侵蚀不整合界面。该Ⅰ级层序可以分为 6 个超层序、20 个Ⅲ级层序。

四川盆地陆相主要储层发育在上三叠统须家河组须二段、须三段、须四段、须六段以及侏罗系自流井组、沙溪庙组、遂宁组和蓬莱镇组。

1. 须家河组沉积充填

须家河组在四川盆地大面积连续分布。地层厚度变化很大,龙门山地区厚度最大,最厚可达 3000m ,向东部及南部地区逐渐减薄尖灭,大巴山前缘地区厚度只有几十米,为湖泊-三角洲-河流沉积。

上三叠统须家河组构成超层序（SS15）。层序底界面为Ⅰ级层序的底界面。该层序由低位体系域、海侵体系域及高位体系域组成。

低位体系域由须一段下部组成，为辫状河道沉积，岩性为灰色中厚层–块状中粒状砂岩，发育平行层理、大型交错层理及底冲刷面。海侵体系域由须一段上部组成，为前三角洲（湖泊）沉积，岩性为黄灰色薄层泥岩、泥质粉砂岩夹少量砂屑灰岩透镜体，发育水平层理及沙纹层理，局部见虫迹。高位体系域由须二段—须五段组成，沉积环境为三角洲、湖泊–河流。

受印支运动早幕的影响，中三叠世晚期四川盆地发生了大规模的构造抬升，在盆地周缘旺苍–川巴 52 井–渠县–合川一线以东，永川–隆 32 井–高荀 1 井一线以南地区及自贡–安岳–潼南、大足等地未接受沉积。受周缘陆源碎屑的大量补及龙门山造山带持续性隆升的影响，海水进一步东扩至南充–遂宁–资阳–犍为一线。

须二段下亚段沉积期龙门山造山带北段进一步隆升，其岛链或古隆起继续上升扩大且向东推移，形成摩天岭隆起及九顶山隆起等，为盆地川西地区北部区域提供大量陆源碎屑，水体向东进一步扩张，越过开江古隆起进入川东地区。但金河地区须二段发现海相生物化石，表明此时古龙门山岛链（或古隆）还没有完全闭合，还存在向西通向特提斯海的通道。该期主要发育三角洲沉积体系和海湾沉积体系，以三角洲沉积体系为主体（图 2-41）。

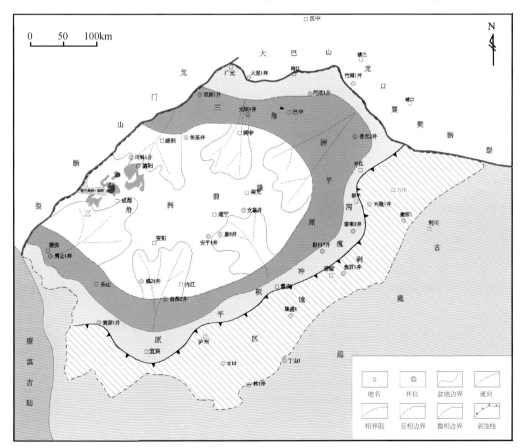

图 2-41　四川盆地及周缘须二段沉积相图

须二段上亚段沉积期，龙门山北段、米仓山–大巴山、康滇古陆和江南雪峰古隆起提供了主要物源。由于较为稳定持续的物源供给，本期沉积范围扩大至宜宾–重庆–梁平–开江一线。整体仍然表现为三角洲沉积体系和海湾沉积体系为特征，三角洲沉积体系继续广泛分布，且仍以三角洲前缘亚相、三角洲平原亚相发育为特征。

受龙门山造山带构造隆升的影响，须三段沉积时期，四川盆地可容纳空间达到了须家河沉积期最大值，水体向东、向南侵入，向南已越过泸州古隆起，须三段超覆在嘉陵江组、雷口坡组的不同层位上，沉积范围已扩大至整个四川盆地。盆地周缘构造山系逆冲推覆活动为暂时休眠期。以川西拗陷沉降幅度最大，川东北拗陷和川东南拗陷以稳定低幅沉降为主，川中古隆起则以稳定低幅隆升为主（朱如凯等，2011）。由于此时龙门山尚未真正隆升成陆，四川盆地与甘孜–阿坝海域还有连通，盆地受间歇性海水的影响，因此本期主体为受海水改造的湖泊沉积（图2-42）。

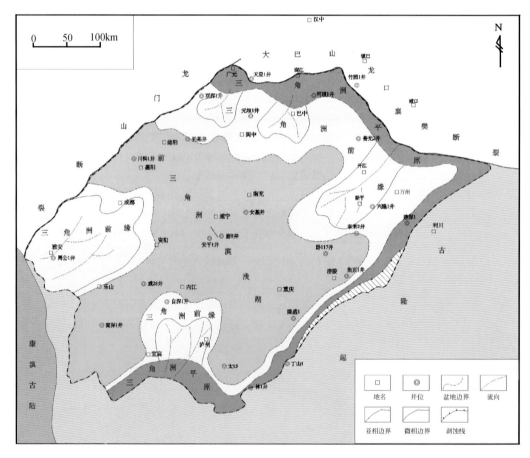

图 2-42 四川盆地及周缘须三段沉积相图

须四段沉积期是四川盆地上三叠统沉积演化的重要时期。此期，松潘–甘孜地区全面褶皱隆起，普遍缺失上覆地层，仅在山间盆地沉积了磨拉石建造的八宝山组，含中酸性火山岩夹煤层。松潘–甘孜褶皱区成为晚三叠世晚期的物源区，沿龙门山零星可见须四段与下伏地层的假整合或不整合接触。龙门山岛链连为一体，海水逐渐从龙门山退出，成为四川盆地的西部屏障，仅在龙门山中段靠南的地区留有一个与海连通的出口，盆地受到间歇性的海水改造，成为一个受间歇性海水改造的陆相盆地。

同时由于安县运动的影响，须三段广泛发育的湖泊逐渐向南撤退。川西拗陷受龙门山物源影响最大，但同时受康滇古陆的作用，川东北拗陷受大巴山物源影响最大，该时期沉积相带由不对称形逐渐转变为近于对称的环带形（叶泰然等，2011）。主体发育三角洲沉积体系，其三角洲前缘亚相最为发育（图2-43）。

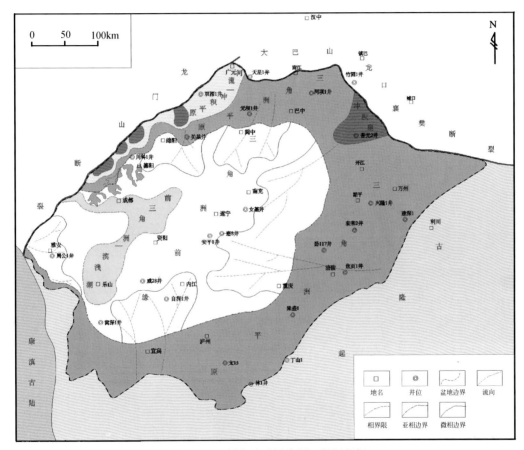

图 2-43 四川盆地及周缘须四段沉积相

须五段沉积期构造活动相对平静，沉积盆地可容纳空间较大，沉降–沉积中心的主体仍位于龙门山前缘的川西拗陷带。随着龙门山的隆升，与海连通的出水口逐渐变小，同须四段沉积时期相似，成为受间歇性海水改造的陆相盆地。

受晚三叠世末期—早侏罗世早期（印支运动晚幕）龙门山逆冲推覆构造运动与剥蚀的影响，须六段遭受大面积剥蚀，较完整的须六段沉积记录主要保存在盆地西南部、中部和东北部，呈北东向宽带状展布（图2-44）。

根据各沉积体系的划分及沉积相特征的分析，四川盆地须家河组沉积环境变化复杂，但变化很有规律，总体上可归纳为两种沉积相模式：①有障壁海岸沉积模式，发育于晚三叠世须家河组须一段，仅发育于川西北地区；②受间歇性海水改造的三角洲沉积模式，发育于整个四川盆地须家河组沉积时期。各期沉积模式图如图 2-45、图 2-46 所示。

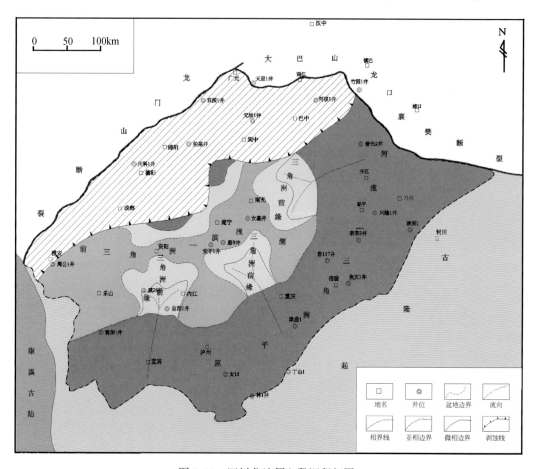

图 2-44 四川盆地须六段沉积相图

1）有障壁海岸沉积模式

该模式主要发育于须一段（图 2-45），须一段沉积时期受到海水的改造，主要发育有障壁海岸沉积环境，受印支运动早幕的影响，中三叠世晚期四川盆地发生了大规模的构造抬升，龙门山北段和康滇古陆向盆地提供物源，形成小型三角洲砂体。盆地其他地区以沼泽相和潮坪相沉积为主，沼泽相形成于岸线附近，潮坪相位于盆地西部，向西与松潘–甘孜海相连。该时期地层分布面积较小，沉积中心位于川西中部。

2）受间歇性海水改造的三角洲沉积模式

须二段沉积期，四川盆地与松潘–甘孜海连通；须三期至须六期受间歇性海水的改造作用，晚三叠世须二段沉积时期开始，四川盆地四周发育多个山系，在四周形成多个大型三角洲沉积体系（图 2-46）。随着须二段—须五段沉积时期水体的频繁进退，盆地内三角

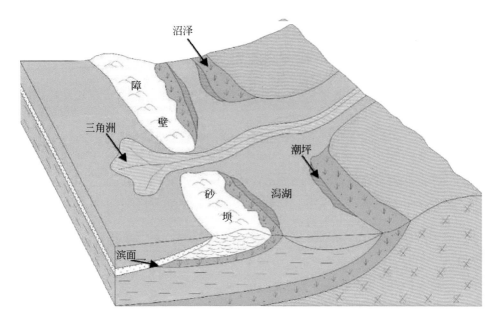

图 2-45　四川盆地及周缘晚三叠世须一期有障壁海岸沉积模式

洲砂体多期叠置，大面积分布。

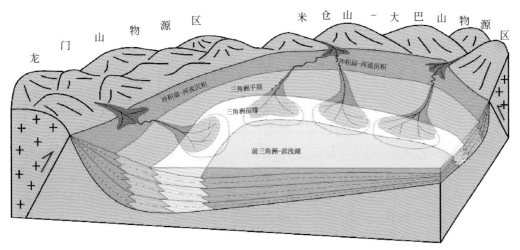

图 2-46　四川盆地及周缘晚三叠世须二期—须六期三角洲沉积模式

2. 侏罗系沉积充填

侏罗系划分为 3 个 Ⅱ 级层序和 10 个 Ⅲ 级层序。超层序 SS16 由下侏罗统自流井组构成，超层序 SS17 由千佛岩组及沙溪庙组构成，超层序 SS18 由遂宁组和莲花口组构成。其中，超层序 SS18 层序底界面为升隆侵蚀不整合层序界面。超层序 SS18、SS19 层序底界面均为岩性岩相转换面。

受古特提斯洋全面关闭的影响，侏罗纪沉积环境总体较稳定、平静，沉积河、湖相碎屑岩，层序间呈整合或最多平行不整合接触，这一时期的山前拗陷，已由印支晚期的前陆盆地转变为仍在挤压背景下的陆内拗陷盆地，不同时期沉降中心具有不同的变化。

燕山早、中期（早、中侏罗世），川西中、北部地区处于造山后构造伸展停滞期，松潘–甘孜褶皱带、龙门山冲断推覆构造带遭受剥蚀，仍然是山前川西前陆盆地的主要物源区。

随着冈底斯地块与欧亚古大陆间的中特提斯洋的打开，川西主要是松潘–甘孜带、龙门山带的持续向东推挤，以及秦岭带的向南推挤，导致川黔滇侏罗系大型陆相盆地的沉降、沉积与形变，但此时，沉降中心逐渐向北部迁移。

晚侏罗世末期，冈底斯地块（或"拉萨地块"）向北与古亚洲大陆碰撞拼合，中特提斯洋闭合，古龙门山继续向陆相盆地递进推移。同时冈瓦纳大陆全面裂解漂移，新特提斯洋开始形成，导致上扬子地区向北运动。该时期盆地沉降中心位于江油–绵阳一带。

侏罗系在四川盆地广泛分布。底部与三叠系须家河组呈平行不整合接触，局部呈角度不整合接触，上部与白垩系呈平行不整合接触。厚1500～4700m。为一套以湖泊相为主夹河流–三角洲的红色碎屑岩沉积。由下统、中统及上统组成，下统称自流井组（白田坝组），中统称千佛岩组（新田沟组）和沙溪庙组，上统包括遂宁组及蓬莱镇组（莲花口组）。

自流井（白田坝）组沉积期，龙门山前带以冲积扇与河流–冲积平原相为主，马井、什邡地区发育河流相沉积。拗陷大部地区以湖相沉积为主，在德阳、青白江及洛带地区均发育有砂坝；合兴场–丰谷以及石泉场、中江–回龙一带，发育介屑滩沉积；洛带地区砂坝含大量灰质，处于相变带附近。

千佛崖组沉积期，物源主要来自于龙门山北部，龙门山前西部地区主要为冲积平原沉积，北部发育扇三角洲沉积体系，在安县–绵阳一带以扇三角洲平原为主，孝泉–新场–丰谷地区为扇三角洲前缘，拗陷内部及东部中江、回龙地区为滨浅湖，砂体不甚发育。

下沙溪庙组沉积晚期，古地理沉积格局发生明显的改变，拗陷内主要属于辫状河三角洲体系，砂体主要呈北东–南西向展布，梓潼、孝泉–新场–高庙子–丰谷、知新场–中江、新都–洛带地区砂岩发育，砂体厚度较大。温江郫县地区也有小规模三角洲朵叶体向拗陷内延伸。拗陷南部为滨浅湖沉积，物源主要来自北缘米仓山及龙门山北段，大邑地区有少量的物源供给。

上沙溪庙组基本延续下沙溪庙期沉积格局，主要物源供给区为米仓山及龙门山北段，同时具有少量西部龙门山中南段物源。工区北部、东部的孝泉–新场–高庙子–丰谷、中江–回龙、广汉–金堂、新都–洛带地区砂岩发育，以三角洲平原、前缘沉积为主。

遂宁组沉积期，物源区发生较大的变化，物源主要来自西部龙门山。金马–聚源地区发育规模较大的冲积扇群，崇州、郫县地区以三角洲平原沉积为主，向东部及南部孝泉、广汉–金堂、新都–洛带地区逐渐演化为三角洲前缘相砂体。遂宁组沉积时期，滨浅湖展布范围变大，新场构造主体及以东区域、中江–回龙地区、洛带以东区域均为以粉细砂岩、泥岩为主的前三角洲–滨浅湖相沉积。

蓬一段沉积期，与遂宁组沉积具有明显继承性，物源方向以东西向为主。从龙门山前缘到龙泉山主要发育冲积扇–湖泊沉积体系，拗陷内主要属于辫状河三角洲体系，发育的沉积相主要为辫状三角洲平原-三角洲前缘-前三角洲，什邡-马井地区主要属于辫状三角洲平原和三角洲前缘沉积，三角洲体系展布范围较遂宁组有明显增大的趋势。

蓬二段沉积时，川西拗陷整体呈现北东高、南西低的古地貌格局，物源主要来自龙门山北段，成都凹陷由于远离物源区，河流相主要发育在拗陷北部，中段和成都凹陷主要属于三角洲沉积体系，以三角洲平原和前缘为主，南部和东部主要为前三角洲和湖泊相。

蓬三段沉积期与蓬二段有相似的分布特征，以三角洲前缘为主，三角洲前缘分布范围较蓬二段增大，西部和西北部发育三角洲平原和河流相，在龙门山前缘为冲积扇相。

蓬四段由西向东发育冲积扇-河流-三角洲环境，与蓬三段相比，西部河流环境和东部的前三角洲、湖泊环境面积增大，三角洲前缘面积减小，什邡-马井、广汉-金堂、新都-洛带及中江-回龙地区主要为三角洲前缘沉积。

须家河组沉积时，四川盆地虽然为河流、湖泊及三角洲沉积环境，但是，此时仍为外流水系，大气降水通过河流流向外海。侏罗纪时，由于松潘-甘孜海及西部海消失，四川盆地四周全部被古陆包围，中心地区演变为内陆湖泊。

早中侏罗世，四川盆地为深湖、半深湖及浅湖环境，在西北部广元-南江一带白田坝组中发育灰黑色泥岩，为较好的烃源岩。晚侏罗世演变为滨浅湖环境，全区以沉积紫红色砂泥岩为主。侏罗系地层埋藏浅，其中砂岩压实作用弱，孔隙度好，具有较好的储集性能（图 2-47）。

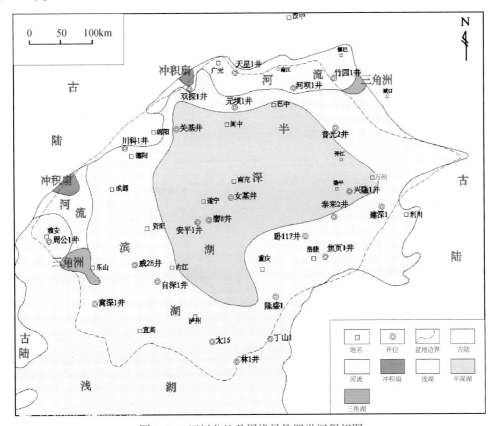

图 2-47　四川盆地及周缘早侏罗世沉积相图

西部龙门山及前缘地区，早侏罗世安县及其东北地区仍为陆地，以剥蚀作用为主。中侏罗世，以上古陆全部消失，下沉成为沉积区。晚侏罗世，龙门山地区巨幅隆升，在龙门山前缘沉积了巨厚的莲花口组砾岩及含砾粗碎屑岩等磨拉石建造。

3. 白垩系沉积充填

白垩系划分为 2 个超层序和 4 个Ⅲ级层序。超层序 SS19 由下白垩统窝头山组和打儿凼组构成。层序底界面为白垩系与侏罗系的分界面，为一升降侵蚀不整合面。超层序 SS20 由上白垩统三合洞组及高坎坝组构成。层序底界面为上白垩统与下白垩统之间的岩性岩相转换面。

受新特提斯洋（处于狭义的冈瓦纳古陆以北与古欧亚大陆间，其间漂移有喜马拉雅地块）的形成、发展、关闭以及白垩纪以来，向"松潘-甘孜地体的陆内"俯冲（许志琴等，2007）或"龙门山 C-俯冲"（刘树根等，2003）的影响，川西地区结束了早期前陆盆地发育历史，进入了再生前盆地演化阶段，早白垩世沉积仅局限于盆地的西北部，沉积多套磨拉石，由 4~5 套砾岩、砂岩、泥岩组成正韵律层序，以山麓冲积扇和辫状河流沉积为主，上部多发育河流相沉积。沉积中心位于广元-通江一带，厚达 1200m，向南东方向减薄，德阳地区厚约 400m，至此，盆地进入萎缩期。

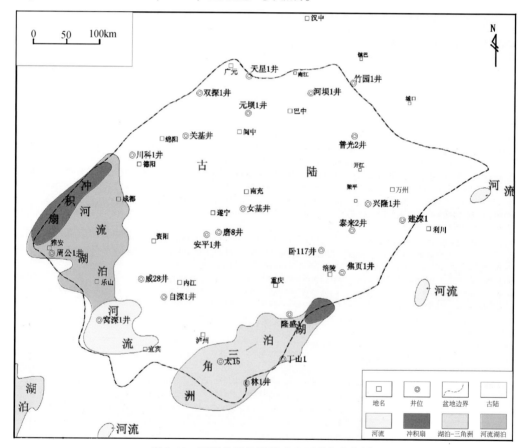

图 2-48　四川盆地及周缘晚白垩世沉积相图

早白垩世末，受晚燕山构造事件的影响，川西地区的下白垩统遭受了严重的剥蚀，有的地区甚至剥蚀殆尽；川东、川东北和部分川中地区隆升为陆。晚白垩世受龙门山中、南段强烈活动的影响，沉降中心迁移至龙门山中、南段，沉积范围也随之迁移至川西南至川南地区，除龙门山前缘发育多个冲积扇沉积体系外，灌口期沉积由河流相逐渐过渡到干旱湖相，含钙芒硝和石膏蒸发盐沉积，与此同时，在川南宜宾、叙永一带还发育有沙漠相风成砂岩（图 2-48）。

2.4　生储盖组合

关于油气生储盖组合研究，长期以来石油勘探家提出了许多有益的分类方案，并在勘探开发中发挥着重要作用。在连续的生储盖组合内，依据烃源岩和储集岩、盖层之间的空间叠置关系，可划分为下伏式、上覆式、互层式、侧变式和封闭式等组合类型（马永生等，2009）。根据生油层与储集层的时代关系，还可划分出新生古储、古生新储和自生自储三种型式。从四川盆地油气勘探现状，再结合盆地构造-沉积演化特征，纵向上可划分为：震旦系—下古生界（习称海相下组合）、上古生界—中下三叠统（习称海相上组合）和上三叠统—白垩系（习称陆相油气组合）三大套含油气系统，在储层成因分类的基础上，以储层为中心油气聚集模式划分为下生上储式、自生自储式、上生下储式和侧生式等组合类型，主要发育七套生储盖组合（图 2-49）。

2.4.1　震旦系—下古生界

震旦系—下古生界烃源岩非常丰富，全区性主力烃源岩有两套，分别为寒武系筇竹寺组（牛蹄塘组）黑色碳质泥岩、奥陶系五峰组—志留系龙马溪组黑色页岩。地区性烃源岩有两套，分别为震旦系陡山沱组碳质泥页岩及灯三段含硅质泥岩，前者分布于川东南地区，后者分布于川东北、川中地区。纵向上共发育十套储层：震旦系灯影组岩溶白云岩；寒武系沧浪铺组、龙王庙组（石龙洞组）、陡坡寺组及洗象池群（娄山关群/三游洞组）；奥陶系桐梓组、红花园组和宝塔组；志留系石牛栏组/小河坝组。其中优质储层有三套，主要分布在灯影组、龙王庙组和洗象池群。区内盖层发育很为广泛，除了上述的两套主力烃源岩层可作为盖层外，局域盖层有寒武系膏盐岩、致密白云岩、奥陶系各组灰岩、志留系韩家店组泥岩。

2.4.2　上古生界—中下三叠统

全区主要烃源岩有两套：中二叠统栖霞组与茅口组深灰色灰岩和上二叠统龙潭组/吴家坪组黑色泥页岩，地区性烃源岩有三套：下二叠统梁山组黑色泥页岩、上二叠统大隆组黑色硅质泥岩/长兴组深灰色灰岩和下三叠统大冶组暗色泥页岩。主要发育七套储层：石炭系黄龙组喀斯特面上的白云岩储层、中二叠统栖霞组白云岩储层、茅口组裂缝-溶孔型储层、上二叠统长兴组礁滩相灰岩（白云岩）储层、飞仙关组溶孔白云岩储层、嘉陵江组

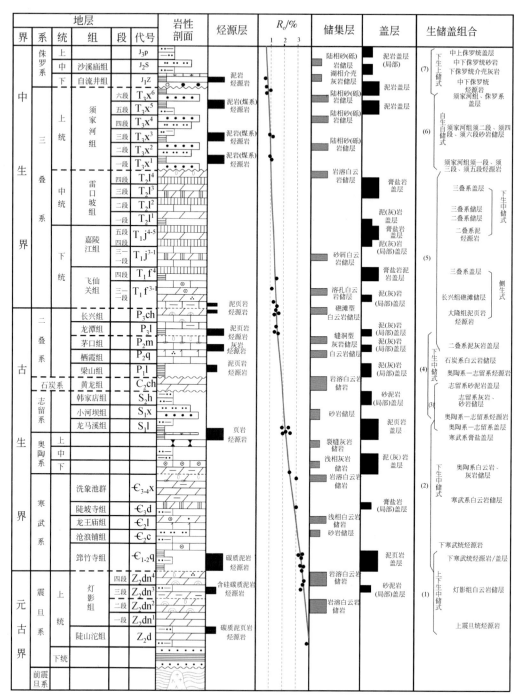

图 2-49　四川盆地主要生储盖组合类型

砂屑滩白云岩（潮坪–喀斯特角砾岩）储层、雷口坡组岩溶（砂屑滩）白云岩储层。区内盖层广泛发育，主要发育栖霞组泥晶灰岩、吴家坪组泥晶灰岩、上二叠统龙潭组泥质岩、中下三叠统膏岩层等。

2.4.3　上三叠统—白垩系

全区主要有两套烃源岩：上三叠统须家河组须一段、须三段、须五段黑色含煤碎屑岩系和下侏罗统自流井组暗色泥岩。主要发育三套储层：三叠系须家河组致密碎屑岩储层，全区大面积分布；侏罗系砂岩储层和浅湖相介壳灰岩。主要发育须家河组须一段、须三段、须五段泥岩，侏罗系—白垩系泥岩和致密砂岩盖层。

参 考 文 献

陈洪德，郭彤楼，等.2012.中上扬子叠合盆地沉积充填过程与物质分布规律.北京：科学出版社

陈洪德，侯时才，许效松，等.2006.加里东期华南的盆地演化与层序格架.成都理工大学学报，33（1）：1~8

陈洪德，钟怡江，侯明才，等.2009.川东北地区长兴组—飞仙关组碳酸盐岩台地层序充填结构及成藏效应.石油与天然气地质，30（5）：539~547

陈旭，徐均涛，成汉钧，等.1990.论汉南古陆及大巴山隆起.地层学杂志，（2）：81~116

成汉钧，汪明洲，陈祥荣，等.1992.论大巴山隆起的镇巴上升.地层学杂志，16（3）：196~199

邓康龄.2007.龙门山构造带印支期构造递进变形与变形时序.石油与天然气地质，28（4）：485~490

杜金虎，徐春春，魏国齐，等.2011.四川盆地须家河组岩性大气区勘探.北京：石油工业出版社

顾家裕，马锋，季丽丹.2009.碳酸盐岩台地类型、特征及主控因素.古地理学报，11（1）：21~27

郭彤楼.2011.川东北地区台地边缘礁、滩气藏沉积与储层特征.地学前缘，18（4）：201~211

刘树根.2011.四川含油气叠合盆地基本特征.地质科学，46（1）：233~257

刘树根，罗志立，赵锡奎，等.2003.中国西部盆山系统的耦合关系及其动力学模式——以龙门山造山带—川西前陆盆地系统为例.地质学报，77（2）：177~185

马永生，陈洪德，王国力，等.2009.中国南方层序地层与古地理.北京：科学出版社

汪泽成，赵文智，张林，等.2002.四川盆地构造层序与天然气勘探.北京：地质出版社

许志琴，李化启，侯立炜，等.2007.青藏高原东缘龙门–锦屏造山带的崛起——大型拆离断层和挤出机制.地质通报，26（10）：1262~1276

叶泰然，李书兵，吕正祥，等.2011.四川盆地须家河组层序地层格架及沉积体系分布规律探讨.地质勘探，31（9）：51~57

赵霞飞，吕宗刚，张闻林，等.2008.四川盆地安岳地区须家河组——近海潮汐沉积.天然气工业，28（4）：14~18

郑荣才，戴朝成，朱如凯，等.2009.四川类前陆盆地须家河组层序–岩相古地理特征.地质论评，55（4）：484~495

朱如凯，白斌，刘柳红，等.2011.陆相层序地层学标准化研究和层序岩相古地理：以四川盆地上三叠统须家河组为例.地学前缘，18（4）：131~142

朱如凯，赵霞，刘柳红，王雪松，张鼎，郭宏莉，宋丽红.2009.四川盆地须家河组沉积体系与有利储集层分布.石油勘探与开发，36（1）：46~55

朱筱敏，信荃麟.1987.马尔柯夫链法在建立沉积相模式中的应用.沉积学报，5（4）：6

Galloway W E. 1989. Genetic stratigraphic sequences in basin analysis. Ⅰ, architecture and gencsis of flooding-surfaces bounded depositional units. AAPG, 73（2）：125~142

Vail P R, Tood R G, Sangree J B. 1977. Seismic stratigraphy and Global changes of sea level. AAPG Memor, 26（9）：63~82

第3章 储层发育模式

四川盆地震旦系—侏罗系纵向上主要发育 17 套储层: 震旦系灯影组, 寒武系龙王庙组、沧浪铺组及洗象池组, 奥陶系五峰组, 志留系龙马溪组、石牛栏组, 石炭系黄龙组, 二叠系栖霞组、茅口组和长兴组, 三叠系飞仙关组、嘉陵江组、雷口坡组及须家河组, 侏罗系自流井组和千佛崖组。

从已发现的 125 个气田储层岩石类型来看, 主要有碳酸盐岩和碎屑岩两大类 (马永生等, 2010a)。按储层岩石成因分类可细分为碳酸盐岩礁滩相储层、岩溶型储层、陆相碎屑岩储层、页岩气储层四大类 (表3-1)。礁滩相储层岩石类型主要有粒屑白云岩、鲕状白云岩、礁白云岩、藻白云岩、生物灰岩等; 岩溶型储层岩石类型以颗粒云岩、角砾云岩、晶粒云岩、颗粒灰岩为主; 陆相碎屑岩储层岩石类型多为中-细粒长石-石英砂岩、岩屑石英砂岩。而页岩气作为一种非常规油气, 其岩石类型主要为碳质页岩、含碳含粉砂泥岩以及含粉砂泥岩等。

表 3-1　四川盆地主要储层类型及特征

类型	亚类	储层岩性	物性特征	储集空间类型	发育层系	典型发育区
礁滩相储层	台地边缘生物礁	残余生屑结晶白云岩, 残余生物礁结晶白云岩	Ⅰ、Ⅱ类储层为主	晶间孔、粒内孔、生物体腔孔、溶洞	P_2ch	环开江-梁平陆棚、鄂西深水陆棚西侧
	台地边缘鲕粒滩	残余鲕粒结晶白云岩, 糖粒状白云岩	Ⅰ、Ⅱ类储层为主	粒内孔、粒间孔	T_1f	环开江-梁平陆棚、鄂西深水陆棚西侧
	台地边缘生屑滩	溶孔白云岩、溶孔生屑云岩、云质生屑灰岩	Ⅱ、Ⅲ类储层为主	晶间孔、粒内孔、生物体腔孔、溶洞	P_2ch、P_2w、P_1q	开江-梁平陆棚西侧、川西北
	开阔台地生屑滩	深灰色、灰色生屑灰岩	Ⅲ类储层为主	粒内孔、裂缝	P_2ch	泰来地区
	开阔台地鲕滩	亮晶鲕粒灰岩	Ⅲ类储层为主	粒内孔、晶间孔	T_1f	建南、河坝、涪陵
	潮坪相浅滩	残余鲕粒砂屑白云岩、残余生屑白云岩	Ⅲ类储层为主	以晶间孔和晶间溶孔为主	T_1j、T_2l	川中、河坝、川东南

续表

类型	亚类	储层岩性	物性特征	储集空间类型	发育层系	典型发育区
岩溶型储层	中–高孔渗基岩孔隙型散流岩溶储层	粉晶白云岩、颗粒白云岩	Ⅱ、Ⅲ类储层为主	粒间、粒内溶孔（洞）、晶间溶孔	C、T$_2$l	川东石炭系、川东北、川西雷口坡组
	低孔渗基岩缝洞型管流岩溶储层	泥晶灰岩、生屑灰岩	基质孔隙度<2%	溶洞、溶蚀扩大缝	P$_1$m	川南、川东南
陆相碎屑岩储层	辫状河三角洲前缘	长石岩屑砂岩、岩屑长石砂岩、岩屑砂岩	Ⅱ、Ⅲ类储层为主	粒间溶孔、粒内溶孔、裂缝	T$_3$x	川东北、川中
页岩气储层	深水陆棚	含放射虫碳质笔石页岩、碳质笔石页岩、含骨针放射虫笔石页岩	Ⅱ、Ⅲ类储层为主	有机质孔、黏土矿物间孔、晶间孔	O$_3$s、S$_1$s	涪陵地区

储层储集空间类型表现出多样性，但大中型气田储集空间以孔隙型、裂缝–孔隙型占绝大多数，震旦系灯影组、石炭系黄龙组、二叠系长兴组、三叠系飞仙关组及嘉陵江组大型气藏储层主要是孔隙型白云岩，储集空间为溶蚀孔、洞；陆相须家河组、侏罗系气藏储层主要为孔隙型、裂缝–孔隙型砂岩、粉砂岩；奥陶系五峰组、志留系龙马溪组页岩气藏为孔隙型碳质页岩、含碳含粉砂泥岩。

储层是油气赋存的载体，是构成油气藏的核心。本书从静态的储层特征、动态的成岩作用及演化与储层主控因素等多方面进行研究，旨在探究储层成因与发育规律，为油气勘探和天然气动态成藏分析奠定基础。

3.1　礁滩储层发育模式

四川盆地礁滩储层广泛发育，纵向上从老到新主要发育寒武系（龙王庙组、洗象池组）、奥陶系（红花园组、宝塔组）、志留系（石牛栏组）、二叠系（栖霞组、长兴组）、三叠系（飞仙关组、嘉陵江组），其中尤以上组合领域上二叠统长兴组、下三叠统飞仙关组的台缘礁滩储层为代表，是四川盆地典型礁滩储层类型（马永生等，2007；郭彤楼，2011a；胡东风，2011），主要分布在四川盆地东北部环开江–梁平陆棚两侧、城口–鄂西海槽西侧、蓬溪–武胜台洼边缘高能相带，具有"三缘、两带"分布模式。截至目前，发现了元坝、普光、龙岗等海相大中型礁滩岩性气藏。总体上上组合领域台缘礁滩储层物性较好，广泛分布，下三叠统嘉陵江组台内滩储层主要围绕泸州古隆起、开江古隆起分布，发现有麻柳场气田、磨溪气田和河坝场气田等（刘华，2006；张数球等，2008；徐国盛等，2011）。中二叠统栖霞组台缘生屑滩主要分布于川西北龙门山断裂带以东；下组合领域在下寒武统龙王庙组发育台内滩储层，发现了安岳气田，其他层位也发现有滩相储层发育，但尚未取得重要勘探突破，有待深化研究。

3.1.1　礁滩储层特征

1. 储层岩石学特征

钻井、露头等资料及前人研究成果（洪海涛等，2012）表明，四川盆地礁滩储层岩石类型可分为两大类：白云岩与灰岩，细分可划分为残余生屑结晶白云岩、残余生物礁结晶白云岩、礁灰岩、残余鲕粒结晶白云岩、糖粒状白云岩、亮晶鲕粒灰岩、残余鲕粒砂屑白云岩和残余砂屑白云岩、溶孔白云岩、溶孔生屑云岩、云质生屑灰岩、生屑灰岩岩石类型，前面七种岩石类型主要发育于台地边缘礁滩，后五类主要发育于台内滩，下面主要阐述重点区带和层位礁滩储层的岩性特征。

残余生物礁结晶白云岩：主要发育于长兴组，分布于元坝、龙岗、普光、涪陵等地区，为台地边缘礁滩相障积岩及骨架岩等亚相沉积。造礁生物以海绵为主，少量苔藓虫及层孔虫，含量为35%～50%，因重结晶作用，生物结构多被破坏。生物礁白云岩发生的主要成岩作用有胶结作用、重结晶作用及溶蚀作用。经过胶结作用后，格架孔几乎全部被白云石或方解石充填，原生孔隙消失殆尽。重结晶作用强，具中-粗晶结构，晶间孔丰富。溶蚀作用强烈，形成了丰富的溶孔。岩石孔隙度高，渗透率好，具有极好储集条件，以形成Ⅰ、Ⅱ类储层为主［图3-1（a）］。

残余鲕粒结晶白云岩：主要发育于飞仙关组，分布于普光、龙岗等地区，为台地边缘暴露浅滩相鲕粒滩亚相沉积。矿物成分以白云石为主，含量为90%～95%。岩石组成以鲕粒为主，含量为70%～80%，亮晶胶结物含量为20%～25%。因重结晶作用，多数鲕粒只保留其残余结构。岩石重结晶强烈，以中晶为主，细晶次之。岩石中晶间孔丰富，后期溶蚀作用强烈，溶孔部分充填沥青，部分未被充填［图3-1（b）］。鲕粒白云岩容易发生重结晶作用及溶蚀作用，岩石结构疏松，溶孔丰富，储集性极好，是四川盆地东北部飞仙关组储集岩的主要岩石类型，以形成Ⅰ、Ⅱ类储层为主。

残余生屑结晶白云岩：主要发育于长兴组生物礁，在涪陵、元坝、龙岗等地区广泛分布，为台地边缘暴露浅滩相生屑滩亚相沉积。矿物成分以白云石为主，含量为83%～95%。岩石组成以生物碎屑为主，生物种类丰富，以䗴及有孔虫为主，少量腕足类及瓣鳃类等大化石。因重结晶作用，大量生物结构被破坏，只保留了残余结构。岩石重结晶强烈，具细-中晶结构，晶间孔丰富。溶蚀作用强烈，岩石中溶孔丰富，储集条件很好，以形成Ⅰ、Ⅱ类储层为主［图3-1（c）、（d）］。

糖粒状白云岩：在普光地区飞仙关组广泛分布，如普光2井飞一段、飞二段。矿物成分以白云石为主，含量为93%～95%。具中-粗晶结构，晶体中发育丰富的鲕粒残余。晶间孔丰富，部分充填沥青，部分未被充填。岩石密度很小，外观似炉渣，以形成Ⅰ、Ⅱ类储层为主［图3-1（e）］。

粉-细晶白云岩：主要分布在长兴组及飞一段、飞二段，在元坝、龙岗、普光地区广泛分布，为台地边缘礁滩相及台地边缘暴露浅滩相沉积。矿物成分以白云石为主，含量大于90%。重结晶作用一般，具粉-细晶结构［图3-1（f）］。溶蚀作用较微弱，以形成Ⅰ、

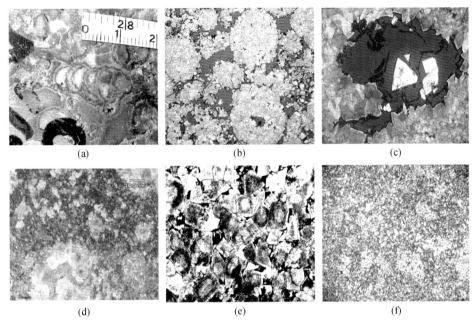

(a) (b) (c)

(d) (e) (f)

图 3-1 礁滩相白云岩岩性图

(a) 残余生物礁结晶白云岩, 普光 9 井, P_3ch; (b) 残余生物礁结晶白云岩, 普光 9 井, P_3ch;

(c) 残余生屑白云岩, 兴隆 1 井, P_3ch; (d) 残余生屑白云岩, 龙岗 17 井, P_3ch;

(e) 糖粒状白云岩, 普光 2 井, T_1f^{1-2}; (f) 粉-细晶白云岩, 元坝 9 井, T_1f^{1-2}

Ⅱ类储层为主。

中-粗晶白云岩: 主要发育于栖霞组, 在广元西北乡等地区广泛分布, 厚度大, 分布稳定, 以浅灰色为主, 局部呈灰黄色, 其间可见方解石晶洞。在镜下, 该类型的白云石以半自形-他形结构为主, 彼此构成镶嵌结构, 部分晶体可见雾心亮边。交代较完全, 重结晶现象明显, 大多具有中-粗晶结构, 基本上破坏了原岩的结构特征, 从少数的残余结构来看, 原岩极可能为泥 (亮) 晶生屑灰岩。岩石中溶蚀孔洞较发育, 但多已被后期晶形较好、明亮、粒度较粗且显环带结构的亮晶白云石充填, 仅零星可见少量晶间孔散布于岩石中, 以形成 Ⅰ、Ⅱ类储层为主。

粉晶白云岩: 其裂缝和溶孔均比较发育, 但岩性非均质性较强, 主要发育于长兴组, 在元坝、普光等地区分布广泛。镜下观察, 可见以孔虫、棘屑和藻类为主的大量生物碎屑, 由于白云化作用强烈, 大部分生物化石无法辨认, 仅呈现生屑残余结构。由于后期构造及溶蚀作用强烈, 在镜下往往可以见到大量微裂缝及溶孔, 局部被沥青充填, 以形成 Ⅰ、Ⅱ类储层为主。

生物礁灰岩: 在长兴组、石牛栏组广泛分布, 在川东北、川东南等地区广泛分布。为台地边缘礁滩相障积岩及骨架岩等亚相沉积。造礁生物以海绵为主, 少量苔藓虫及层孔虫, 含量为 35% ~ 50%。生物礁灰岩发生的成岩作用主要为胶结作用, 经过胶结作用后, 原生孔隙几乎全部被方解石充填。重结晶作用比较微弱, 具微-粉晶结构。岩石比较致密, 储集条件较差, 但在深部发生溶蚀作用后也可以形成储层, 一般以Ⅲ类储层为主 [图 3-2 (a)、 (b)]。此外，在下志留统石牛栏组也有所发育，分布于石牛栏组中上部。岩性主要有泥（质）灰岩类、瘤状灰岩类、微晶（泥）灰岩类、颗粒灰岩类、藻黏结灰岩类、白云岩类等。

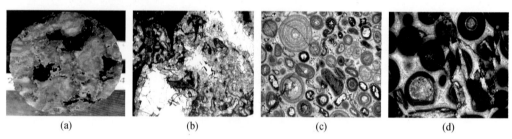

图 3-2　礁滩相灰岩岩性图

（a）生物礁灰岩，龙岗 11 井，P_3ch；（b）生物礁灰岩，元坝 9 井，P_3ch；

（c）亮晶鲕粒岩，元坝 27 井，T_1f^2；（d）亮晶鲕粒灰岩，兴隆 1 井，T_1f^{1-2}

亮晶鲕粒灰岩：主要分布于飞一段—飞三段［图 3-2（c）、（d）］，在元坝、涪陵地区广泛分布。亮晶鲕粒灰岩形成于开阔台地相鲕粒滩亚相及台地边缘浅滩相鲕粒滩亚相。矿物成分以方解石为主，含量大于 91%。岩石组成以鲕粒为主，含量为 68%～76%，亮晶胶结物含量为 24%～32%。主要成岩作用为胶结作用，经过胶结作用后，粒间孔几乎消失殆尽。重结晶作用微弱，一般具微-粉晶结构，即使重结晶作用较强，晶体之间也是紧密镶嵌接触，晶间孔不发育。因此，多数鲕粒灰岩都很致密，难以形成优质储层。但是，如果在深部发生溶蚀作用，也可以形成溶孔鲕粒灰岩，储集条件较好，如河坝 1 井和河坝 2井发育溶孔鲕粒灰岩储层，以形成Ⅲ类储层为主。

残余砂屑（鲕粒）白云岩：川东北地区主要发育在嘉二段，川南地区发育在嘉二段—嘉一段。砂屑白云岩中白云石含量大于 95%、方解石小于 5%，颗粒成分以砂屑为主，含量为 65%～95%。岩石中溶孔、裂缝、溶缝较为发育，纵横交错，期次明显。

早期微裂缝由细晶方解石充填，呈断续不规则状，有时切穿压溶缝，有时又被压溶缝穿切；压溶缝呈不规则缝合线状，局部由沥青充填。晚期裂缝规则、较宽，由粗晶方解石充填。部分岩石中发育含有机质泥纹，大致平行分布。特别是鲕粒白云岩，溶蚀明显，溶孔中由结晶方解石充填，总体以形成Ⅱ、Ⅲ类储层为主（图 3-3）。

泥-粉晶白云岩：属于龙王庙组的主要岩石类型，主要分布于地层上部，颜色为灰色、浅灰色及灰白色，为潟湖-潮坪相沉积。矿物成分以白云石为主，含量为 3%～98%，平均为 89.13%，方解石为 0.5%～15%，平均为 5.62%，石膏含量小于 10%，陆源碎屑含量小于 15%。岩石具晶粒结构，粉晶白云石为不规则他形-半自形粒状，晶粒较干净，晶形较清楚；方解石为他形粒状，晶粒较浑浊，星散状分布于白云石晶体间；石膏为干净明亮的自形柱状晶体，含量较少，星散状分布。岩石中孔隙较发育，有残余溶蚀孔和白云石晶间孔，裂缝主要为构造缝，少数未完全充填，存在残余空间，平均面孔率为 0.59%，总体以形成Ⅱ、Ⅲ类储层为主。

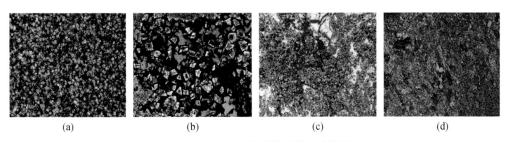

图 3-3 嘉陵江组台内浅滩储层岩性图

（a）铁 5 井，T$_1$j，1216.7m；（b）长 14 井，T$_1$j，1495.6m；（c）铁 5 井，T$_1$j，1214.1m；（d）铁 6 井，T$_1$j，768.38m

2. 储层物性特征

礁滩储层的发育受沉积相、岩性等方面的控制（郭彤楼，2011a，2011b），针对四川盆地主要发育的寒武系（龙王庙组、洗象池组）、二叠系（栖霞组、长兴组）、三叠系（飞仙关组、嘉陵江组）礁滩储层，根据四川盆地碳酸盐岩储层分类标准（表 3-2）以及物性资料综合评价得知：台缘礁滩储层，总体上储层物性要好于台内浅滩储层，前者主要发育Ⅰ、Ⅱ类优质储层，纵向上主要分布于长兴组—飞仙关组，平面上主要分布在环开江-梁平陆棚、鄂西海槽西侧、川东南等地区。另栖霞组在川西地区主要发育Ⅱ、Ⅲ类台缘生屑滩储层；而台内滩则主要发育Ⅱ、Ⅲ类储层，纵向上主要分布在栖霞组、龙王庙组，平面上主要分布于川中、川东南、川东北等地区。下面以元坝海相大型气田长兴组、飞仙关组礁滩优质储层为例，分析不同相带、岩性对储层物性的控制作用。

表 3-2 四川盆地礁滩储层分类评价表

对比项目		储层分类			
		Ⅰ	Ⅱ	Ⅲ	Ⅳ
储层	孔隙度/%	>10	5~10	2~5	<2
	渗透率/10^{-3}μm^2	>1.0	1~0.25	0.002~0.25	<0.002
压汞参数	排驱压力/MPa	<0.5	0.5~1	1~5	>5
	中值压力/MPa	<1	1~15	15~30	>30
	中值喉道宽度/μm	>1	1~0.2	0.024~0.2	<0.024
	孔隙结构类型	大孔粗中喉	中孔细喉大孔粗中喉	中孔细喉	微孔微喉
储层评价		好—极好	中等—较好	较差	差

1）不同沉积相带储层物性特征

通过岩心、薄片、地震解释成果、测井解释成果等研究，将元坝地区长兴组—飞仙关组划分为七种类型的沉积相。其中，长兴组有局限台地相、开阔台地相、台地边缘生物礁相、台地边缘生屑滩相、台地前缘斜坡相及陆棚相；飞仙关组主要有台地边缘鲕粒滩相。

根据储层物性对比研究表明，台地边缘礁滩相储层物性较台内滩更好。因此，要寻找优质储层，首先一定要寻找有利于形成优质储层的台地边缘礁滩相，台地边缘礁滩优质储层往往是形成高产井的主要因素（范小军，2014），其次是优选物性较好的台内滩。

通过对比分析（表3-3、图3-4），储层物性与沉积相带有明显的关系，相带的分布控制了储层物性的好坏。

表3-3　元坝地区长兴组—飞仙关组不同沉积相带岩石物性特征

物性		长兴组台地边缘生物礁相	长兴组台地边缘生屑滩相	飞仙关组台地边缘鲕粒滩相	长兴组开阔台地相	长兴组局限台地相	长兴组斜坡–陆棚相
孔隙度/%	最大值	23.59	20.51	12.85	19.98	3.59	3.01
	最小值	0.59	0.99	0.79	0.62	0.95	1.02
	平均值	5.24	4.87	3.23	2.71	1.53	1.56
渗透率/$10^{-3}\mu m^2$	最大值	1720.719	2385.483	1348.204	224.757	253.504	945.48
	最小值	0.003	0.003	0.003	0.002	0.003	0.004
	平均值	0.9700	0.3142	0.0507	0.0437	0.0899	0.0499
样品数		329	365	402	70	43	21

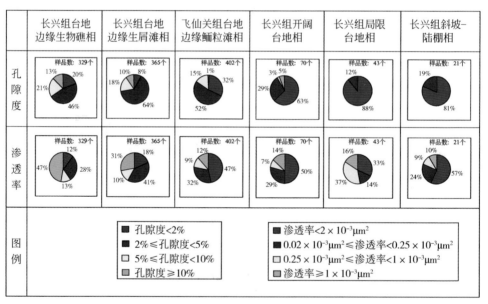

图3-4　元坝地区不同相带储层物性特征对比

2）不同岩性储层物性特征

礁滩储层岩性主要分为白云岩与灰岩两大类，为了探讨灰岩与白云岩之间储层物性特征的区别，将长兴组—飞仙关组中的所有灰岩归为一类，将所有白云岩也归为一类，分别总结两者储层物性特征。

统计表明（表3-4、图3-5），白云岩平均孔隙度为7.56%，平均渗透率为60.119×

$10^{-3}\mu m^2$，以形成 I 类及 II 类孔隙型储层为主；灰岩平均孔隙度为 2.97%，平均渗透率为 $12.83\times10^{-3}\mu m^2$，渗透率特征明显好于孔隙度，以形成Ⅲ类裂缝–孔隙复合型及裂缝型储层为主。总之，白云岩物性远远好于灰岩，寻找优质储层以寻找白云岩为主。

表 3-4　元坝地区不同岩性储层物性特征统计表

物性		灰岩	白云岩
孔隙度/%	最大值	19.55	24.65
	最小值	0.59	0.82
	平均值	2.97	7.56
渗透率 /$10^{-3}\mu m^2$	最大值	1348.204	2385.483
	最小值	0.002	0.003
	平均值	0.1018	1.2770
样品数		1045	350

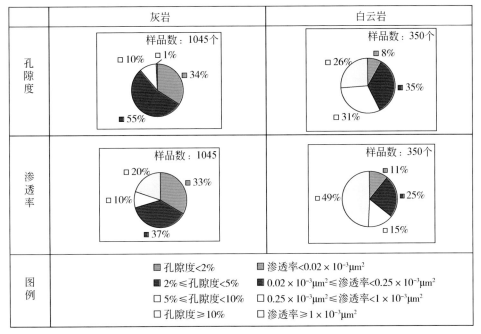

图 3-5　元坝地区不同岩性储层物性特征对比

3. 储集空间类型

储集空间是油气聚集的重要空间，好的储集空间类型是油气获得高产的基础（范小军，2014），通过岩心描述和薄片观察，礁滩储层储集空间以晶间溶孔及粒间溶孔为主，粒内溶孔、晶间孔、鲕模孔、生物体腔溶孔及溶洞次之，裂缝较少（表 3-5）。

表 3-5 四川盆地礁滩储层储集空间类型统计表

储集空间类型			特征	频率	主要岩性
孔隙	溶孔	晶间溶孔	晶间孔溶蚀扩大形成的孔隙	高	残余鲕粒、砂屑白云岩及结晶白云岩
		粒间溶孔	颗粒间充填物被溶蚀形成孔隙	高	残余鲕粒、砂屑白云岩
		粒内溶孔	颗粒内部被溶蚀形成的孔隙	少	残余鲕粒白云岩
		鲕模孔	颗粒全部溶蚀形成的孔隙	中	残余鲕粒白云岩
		生物体腔溶孔	生物体腔被溶蚀而形成的孔隙	少	生物礁灰岩
		溶洞	溶蚀扩大形成或大于 2mm 的孔	中	白云岩
	晶间孔		晶体之间的孔隙	中	残余鲕粒、砂屑白云岩及结晶白云岩
裂缝	缝合线		锯齿状，被沥青全或半充填	低	
	裂缝		以微裂缝为主，部分被沥青充填	中	

（1）晶间溶孔

晶间溶孔普遍发育于各类结晶白云岩中，因溶蚀扩大而形成晶间孔［图3-6（a）～（c）］。溶蚀作用发育在晶体之间，孔隙形态复杂，直径小于 2mm。这类孔隙非常普遍，主要分布在川东北、川东南、川中、川西等地区，是最主要的储集空间之一。

（2）粒间溶孔

粒间溶孔发育于各类颗粒白云岩及颗粒灰岩中，由颗粒间胶结物或部分颗粒被溶蚀而形成。孔隙形态多样，直径小于 2mm，以 1mm 为主。这种孔隙在川东北、川东南、川中、川西等地区比较常见［图3-6（d）、（e）］，是较重要的储集空间之一。

（3）粒内溶孔

粒内溶孔发育于各类颗粒白云岩及颗粒灰岩中，由各种颗粒（生屑、砂屑、鲕粒）内部被溶蚀而形成。溶孔形态复杂多样，直径小于 2mm。这类孔隙比较常见，其在长兴组—飞仙关组礁滩优质储层尤为发育，主要分布在川东北、川东南、川中、川西等地区［图3-6（f）］。

（4）晶间孔

晶间孔发育于各类结晶白云岩中，由重结晶后白云石晶体杂乱排列而形成。该类孔隙为不规则的多边形，直径 1～2mm 居多，多数未被充填［图3-6（g）］。

（5）鲕模孔

鲕模孔发育于鲕粒白云岩及鲕粒灰岩中，是鲕粒全部被溶蚀、胶结物未被溶蚀而形成的［图3-6（h）］。溶孔保留了鲕粒的外部形态，直径小于 2mm。这类孔隙比较常见，在川东北等地区是较为重要的储集空间。

（6）溶孔与溶洞

溶孔与溶洞主要发育于各类微-粉晶白云岩及生物礁白云岩中，因无法分清溶孔性质，故统称为溶孔或溶洞。直径小于 2mm 者称溶孔，大于 2mm 者称溶洞［图3-6（i）］。溶洞形态多不规则，直径以 3～4cm 为主，大者 10cm，洞壁除有少量白云石、方解石及石英晶体生长外，大部未被充填，少数洞壁有少量沥青残余物质，是较重要的储集空间之一。

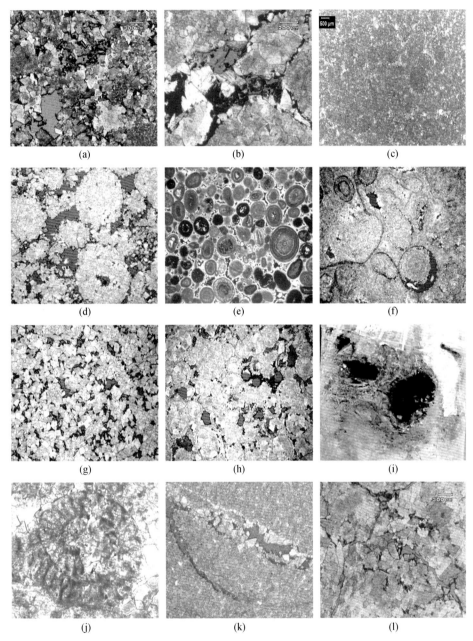

图 3-6　礁滩储层储集空间类型

（a）晶间溶孔，龙岗 26 井，P_3ch；（b）晶间溶孔，龙岗 27 井 P_3ch；（c）晶间溶孔，磨溪 17 井Є₁l；（d）粒间及粒内溶孔，毛坝 4 井，T_1f^1；（e）粒间溶孔，元坝 27 井，T_1f^{1-2}；（f）粒内溶孔，毛坝 4 井，T_1f^{1-2}；（g）晶间孔，普光 9 井，T_1f^{1-2}；（h）鲕模孔，普光 9 井，T_1f^{1-2}；（i）溶洞，元坝 11 井，P_3ch；（j）生物体腔溶孔，䗴体腔被溶蚀形成，元坝 9 井，P_3ch；（k）裂缝，没有充填物，Є₁s；（l）网状裂缝，没有充填，龙岗 39 井，P_3ch

（7）生物体腔溶孔

生物体腔溶孔主要发育于长兴组岩石中，由生物体腔被溶蚀而形成。例如，宣汉羊鼓洞剖面，长兴组球旋虫体腔被溶蚀形成溶孔，充填沥青；有孔虫生物体腔被溶蚀形成溶孔，充填沥青。元坝9井可见长兴组层孔虫被溶蚀形成溶孔，充填方解石，同样可见籢被溶蚀形成溶孔，没有充填物［图3-6（j）］。

（8）裂缝

裂缝主要由岩石在构造应力作用下破碎而形成。裂缝宽窄不一，多数小于10mm。裂缝部分被沥青充填，部分未被充填。裂缝为油气运移的主要通道，同时也有效地改善了岩层的储集性，其中，尤其对Ⅲ类储层的储渗性能影响较明显［图3-6（k）、（l）］。

3.1.2 成岩作用与孔隙演化

四川盆地碳酸盐岩多集中在中生代之前，经历了漫长的地质演化，岩石遭受的各类成岩作用导致碳酸盐岩具有独特的地质特点。在这些地质作用中，成岩作用直接控制了岩石中有机组分的转化，决定了岩石中孔隙的形成、演化，以及储集类型和规模。因此，碳酸盐岩成岩作用的研究极其重要。碳酸盐岩孔隙的形成和演化与成岩环境的演化密切相关。成岩作用不仅决定了碳酸盐岩的储集类型、储层性质和规模，同时也控制了生、储、盖组合的形成。

1. 主要储层成岩作用

四川盆地海相礁滩碳酸盐岩储层经历了沉积—固结成岩—埋藏—抬升的漫长地质历史演化过程。所经历的成岩环境多次重叠，成岩作用呈多期次、多类型叠加，原岩内部结构发生了不同程度的改造。

成岩作用对碳酸盐岩储层的影响具有双重性，既可以破坏早期沉积、成岩组构和早期形成的孔隙，又可以形成新的成岩组构和产生新的储集空间。四川盆地海相礁滩碳酸盐岩储层成岩作用类型包括溶蚀作用、白云石化作用、重结晶作用、破裂作用、胶结充填作用、泥晶化作用、压实作用及压溶作用等。根据对储层所起的作用，成岩作用类型大致可以划分为两类，即破坏性成岩作用及建设性成岩作用。破坏性成岩作用是指导致岩石孔隙度减少的一种成岩作用，主要包括充填胶结作用和压实作用，对岩石孔隙形成很不利，不但可以使岩石原生孔隙大为减少，而且可使岩石次生孔隙大幅度降低；建设性成岩作用对形成储层有利，包括白云石化作用、溶蚀作用、重结晶作用及破裂作用等，有利于储集空间的形成与演化，而泥晶化作用和压溶作用对储层的贡献有利也有弊。

1）胶结作用

胶结作用主要发生于浅滩相颗粒岩及生物礁相骨架岩中，是一种孔隙水的化学和生物化学沉淀作用，准同生-早成岩阶段，矿物质从孔隙溶液中沉淀出来，沿孔隙边缘向中心对称生长，将碳酸盐岩颗粒或生物黏结起来使之固结成岩的作用。颗粒岩及骨架岩中原生孔隙虽然很多，但经过胶结作用后，原生粒间孔隙消失殆尽。礁滩储层的储集空间不是原生孔，多数是准同生期和埋藏期形成的次生孔隙。

根据胶结物的形态及晶粒大小，胶结作用以三期为主（表3-6），分别形成纤状胶结物、栉壳环边胶结物及晶粒胶结物［图3-7（a）～（c）］。如果岩石中的孔隙非常大，如生物礁格架孔或地表暴露溶蚀形成的溶孔，胶结作用就不止三期，有的可能达到六期甚至更多。例如，元坝地区长兴组生物礁具有多期胶结特点，且不同期次胶结物类型有所差异，第一世代为海底环边栉壳状白云石胶结物，第二世代为等轴晶齿状方解石胶结物，第三世代为粗晶镶嵌状白云石胶结物［图3-7（b）］。

表3-6 川东北地区长兴组—飞仙关组胶结物特征

成岩阶段	成岩环境	胶结类型	期次	主要特征
同生、准同生早成岩阶段	海底浅埋藏	纤维状、针状	第一期	胶结原生孔隙，使粒间孔降低了±15%
		栉壳环边	第二期	胶结原生孔隙，使粒间孔降低了±30%
		晶粒状、叶片状或连晶胶结	第三期	胶结剩余的粒间孔或暴露溶蚀形成的孔隙；原生粒间孔几乎全部被胶结

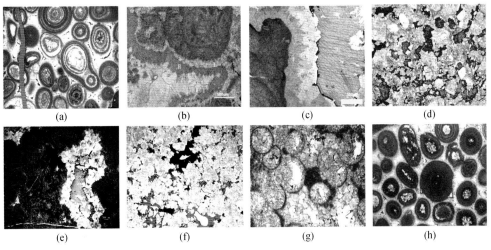

(a)　　　　(b)　　　　(c)　　　　(d)

(e)　　　　(f)　　　　(g)　　　　(h)

图3-7 四川盆地礁滩储层胶结、充填及压实成岩作用

（a）胶结作用，鲕粒颗粒间为亮晶方解石胶结，河坝102井，T_1f^3，单偏光；（b）胶结作用，生物礁内的三期胶结作用，Ⅰ.纤维状白云石，Ⅱ.齿状方解石，Ⅲ.粗晶白云石，元坝2井，6581.50m，单偏光，×5，茜素红染色普通薄片；（c）胶结作用，生物滩内的三期胶结作用，Ⅰ.纤维状方解石，Ⅱ.马牙状白云石，Ⅲ.粗晶方解石，元坝2井，6584.40m，单偏光，×5，茜素红染色普通薄片；（d）充填作用，溶孔中方解石连晶充填物，宣汉盘龙洞，P_3ch，单偏光；（e）充填作用，白云石晶体生长在洞壁边缘，中心充填方解石，元坝102井，P_3ch，单偏光；（f）晶间溶孔中沥青充填物，毛坝4井，T_1f^{1-2}，单偏光；（g）压实作用，残鲕云岩，鲕粒颗粒被压实变形，普光2井，T_1f，单偏光；（h）压实作用，亮晶鲕粒灰岩，鲕粒颗粒被压实变形、破碎，粒间和粒内见沥青充填，兴隆1井，岩心第3回次，距顶8.27m，单偏光，×2.5，红色铸体薄片

2）充填作用

充填作用是岩石在埋藏环境下次生孔隙被方解石、白云石及沥青等充填的一种成岩作用。充填作用多发生于浅埋环境，局部发生于中深埋环境。

浅埋环境下，岩石因溶蚀或破裂形成孔缝，由于烃类还未成熟，孔缝可能被地下水占据，白云石、方解石或石英等从液体中沉淀出来而将孔缝全部或部分充填。中深埋成岩阶段，由于演化程度增高，液态烃可能转化为气态烃，残余物质沥青存留在孔缝中，将孔缝全部或部分充填［图 3-7（d）～（f）］。

3）压实作用

压实作用主要发生在疏松和未石化的沉积物中，通过颗粒的破碎、变形、紧密填集和间隙水的排出使粒间孔隙空间减少，从而使沉积物体积缩小，存在于四川盆地各个层系的礁滩储层中。有资料表明，灰泥未固结时有 60%～70% 的孔隙度，只要稍微压实，孔隙度就可降至 30%～40%。最后，泥晶灰岩的孔隙度仅 5% 左右。压实作用在未经其他成岩作用改造或改造不强的泥晶白云岩以及泥晶灰岩中表现明显，远远低于现代碳酸盐岩灰泥中的原始孔隙度。由此，可见压实作用在细粒沉积物原始孔隙消失过程中所起的破坏性效应。对颗粒灰岩而言，由于胶结作用的发育，孔隙度的下降可能会弱些，在碳酸盐岩礁滩储层中，以生物礁岩类及颗粒岩类为主，早期原生孔隙中的胶结作用避免了较强压实作用的进行，因而压实作用表现不强或不明显［图 3-7（g）、（h）］。

4）溶蚀作用

溶蚀作用是指液体对碳酸盐岩进行溶蚀，使之形成孔洞缝的过程［图 3-8（a）、（b）］。对碳酸盐岩而言，溶蚀作用是最常见的成岩作用之一，也是储层孔隙度增加的一个重要原因，是形成良好储层最重要的成岩作用。四川盆地礁滩储层溶蚀作用主要有暴露溶蚀及埋藏溶蚀两种类型（表 3-7）。

表 3-7　碳酸盐岩溶蚀作用类型及特征

溶蚀类型	暴露溶蚀	埋藏溶蚀		
成岩阶段	准同生或抬升	早成岩阶段	中成岩阶段	晚成岩阶段
成岩环境	暴露	浅埋藏	烃类形成阶段	烃类形成以后
流体性质	海水、大气淡水	酸性地下水	酸性地下水	酸性地下水
溶蚀特征	溶孔、溶洞丰富后期全部充填	先形成少量溶孔，后期全部充填	选择性溶蚀，溶孔中充填沥青	选择性溶蚀，溶孔中没有沥青充填
增加孔隙度	2%～35%	±1%	2%～10%	±1%～35%
溶蚀规模	小—大	小	小—大	小	小—大
主要充填物质	方解石及白云石	方解石及白云石	沥青	方解石	无充填
孔隙保存情况	差	差	较好	差	好
对储层贡献	小	很小	大	很小	大

例如，川东北台缘带，溶蚀作用发育，且具有多期次性。元坝地区长兴组总体上经历了两期埋藏溶蚀作用，第一期溶蚀作用发生于烃类进入之前或同时，正是由于烃类进入，带来了丰富的有机质，产生大量的有机酸、CO_2 和 H_2S，该期形成的溶孔中有沥青残余 [图 3-8（c）]；第二期溶蚀作用主要发生于气烃阶段。此时石油已经转化成天然气，溶孔形成以后，只有天然气不断进入。因此，该类溶孔内部非常干净，没有沥青，或有少量沥青残余 [图 3-8（d）]。

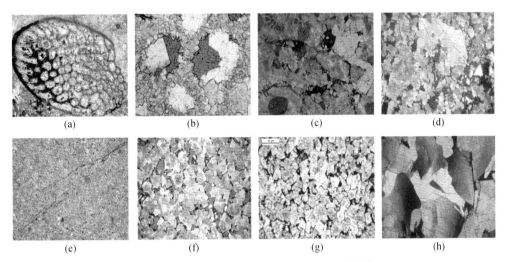

图 3-8　四川盆地礁滩储层溶蚀及白云石化成岩作用

（a）礁骨架白云岩，粗枝藻体腔优先被溶蚀，见示底构造，上部未充填，下部油填，元坝 2 井，长兴组，岩心第 8 回次，单偏光，×5，红色铸体薄片；（b）鲕粒白云岩，鲕模孔，鲕粒内部被优先溶蚀，后期被白云石部分充填，宣汉盘龙洞，T_1f^{1-2}，单偏光，×10，红色铸体薄片；（c）生屑含灰云岩，方解石胶结后埋藏溶蚀，发育晶间溶孔，沥青充填，元坝 2 井，长兴组，岩心第 11 回次，单偏光，×2.5，红色铸体薄片；（d）沥青胶结后的深埋藏溶蚀作用，晶间孔和晶间溶孔，细晶云岩，见残余生屑结构，以海百合茎为主，元坝 123 井，6976.10m，单偏光，×2.5，红色铸体薄片；（e）微晶白云岩，五权露头剖面，嘉陵江组，单偏光，×2.5，红色铸体薄片；（f）中-粗晶残余鲕粒白云岩，见鲕粒幻影，晶间孔、晶间溶孔发育，普光 6 井，飞仙关组，单偏光，×2.5，红色铸体薄片；（g）细晶白云岩，晶间孔见沥青，磨溪 8 井，龙王庙组，4673m，单偏光，普通薄片；（h）鞍形白云石，晶体波状消光，长江沟剖面，累积厚度 48.32m，栖二段，正交偏光，普通薄片，照片对角线长 4.3mm

5）白云石化作用

白云岩储层是礁滩储层中最主要的储层，由于在自然条件下仍然不能人工直接生成白云石。因此，白云岩的成因仍被普遍认为是白云石化过程的产物。白云石化是指原来沉积的方解石，经富含 Mg^{2+} 的水体影响而转化成白云石的过程。白云石化过程主要是 Mg^{2+} 交代进入方解石晶格的过程，这一过程一般并未导致矿物结构的改变。根据矿物相图，方解石转化为白云石的条件主要是满足较高的盐度和 Mg^{2+}/Ca^{2+} 比例（图 3-9）。通常不同时期的白云石化反映了不同的成岩过程，白云石化的主要控制因素也各不相同。根据白云石化发生的时期，将白云石化分为同沉积白云石化和成岩白云石化。此外，在成岩之后，岩石进入深埋藏时期也可能在构造或成岩热液的作用下发生成岩后白云石化。

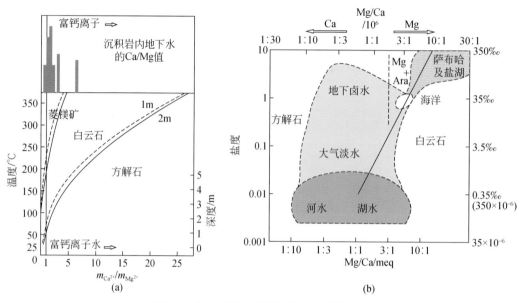

图 3-9　白云石与方解石的稳定区域及条件

（a）白云石和方解石存在的温度–成分区间，埋藏条件有利于白云石的生成，而抬升则有利于方解石的沉淀和去白云石化。随深度增加，发生白云石化所需要的 Mg^{2+} 含量变低。许多自然界的水在 60～70℃ 的情况下可以变成能够白云石化的流体（Hardie，1987）。（b）白云石和方解石稳定存在的盐度–成分区间

　　白云石化对于改善储集岩孔隙具有重要意义，一方面可以直接产生储集空间，另一方面可以改变原岩组构，有利于储集物性的进一步改善 [图 3-8（e）～（h）]。

　　川东北地区二叠系—三叠系礁滩储层白云石化成因类型多样，有准同生期白云石化、渗透回流白云石化、混合水白云石化、埋藏白云石化以及热液白云石化作用等。关于四川盆地礁滩储层白云石化的机理问题一直存在争议。例如，长兴组和飞仙关组台缘高能带白云岩具有蒸发泵、渗透回流、混合水和埋藏等多种白云石形成机理的解释，但目前已逐渐趋于一致，认为主要是渗透回流白云石化模式（郭旭升等，2010；杜金虎，2010；黄思静等，2009）；而普光地区的糖粒状白云岩及川西地区栖霞组的糖粒状白云岩可能与热液有密切关系。

　　川东北地区长兴组—飞仙关组礁滩储层的渗透回流白云石化发生在浅埋藏成岩环境。溶蚀孔洞边缘的细-中晶白云石晶体中，极少见到原油包裹体，表明作为储层岩石格架的白云岩形成于原油充注之前。现今鲕粒灰岩缝合线极其发育，而鲕粒白云岩缝合线不发育，表明鲕粒在大规模压实、压溶之前就已白云岩化了，即埋深为 500～800m。川东北地区鲕粒白云岩中发育大量铸模孔，孔隙结构表明，白云岩化发生于粒内孔形成之后，而非先白云岩化之后再溶蚀。白云岩化的时间在大气淡水或混合水溶蚀之后。综上所述，鲕滩白云岩输导体的白云岩化过程应该发生在大气淡水作用之后、压溶缝合线形成之前的浅埋藏环境。

　　川东北地区长兴组—飞仙关组台缘礁滩储层是渗透回流模式下形成的浅埋藏白云

岩，白云岩化流体来自飞一期、飞二期通江–开县蒸发台地。正是这一时期的浓缩海水或卤水，携带了大量镁离子，进入到经过大气淡水溶蚀作用而孔隙性好的鲕粒/礁灰岩中，在早成岩阶段白云岩化，并最终形成现今优质的礁滩白云岩储层。对飞一段、飞二段不同成分的碳酸盐岩矿物进行 C、O 同位素分析，结果表明它们的 C、O 同位素组成差别较大（图 3-10）。

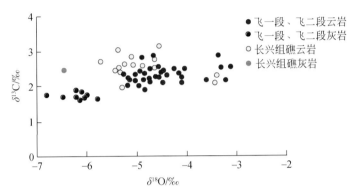

图 3-10　不同层位白云岩的 C-O 同位素组成（郝芳等，2010）

该段白云岩 δ^{13}C 值分布在 2‰~3‰，说明白云岩化流体浓度高于当时海水浓度；δ^{18}O 分布于–5‰~–3‰，属于较低温白云石范畴。与国外其他盆地白云岩的 C、O 同位素组成对比，发现与埋藏条件下形成的白云岩类似。由于 δ^{18}O 值大于–6‰，因此这些白云岩应形成于浅埋藏成岩环境。同时计算分析揭示盐度指数全部大于 126，其中长兴组的盐度指数为 129，反映了白云石化成岩环境为比海水略咸的浅埋藏成岩环境。长兴组顶部的生屑滩/礁云岩的 C、O 同位素与飞一段、飞二段白云岩相似，证明造成长兴组和飞仙关组地层强烈埋藏白云岩的流体具有相似的性质、来源与演化历史。在平面上，飞仙关组优质储层白云岩的 C、O 同位素，总体上由东向西有减小的趋势（图 3-11），即白云岩化流体是由同期的卤水由东向西横向进入孔隙性优良的鲕粒灰岩中。通常，卤水回流白云岩与台地和盆地范围内的蒸发岩层相伴（蒸发盐坪和泥坪）。

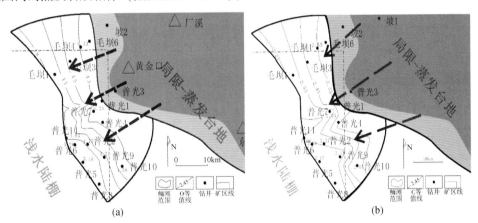

图 3-11　川东北地区飞一段、飞二段 C 同位素和 O 同位素等值线图

（a）O 同位素；（b）C 同位素

建立元坝地区长兴组礁滩白云岩的形成模式（图3-12）。白云岩的形成与演化大致可分为三个阶段：①相对海平面下降—暴露与大气淡水溶蚀阶段，这一阶段在构造部位相对较高的礁盖和礁后滩形成较多孔隙；②相对海平面上升—卤水回流白云岩化阶段，卤水沿着早期溶蚀所形成的孔隙体系渗流，并形成白云岩；③白云岩埋藏改造阶段，白云岩在地层流体作用下，发生结构调整、同位素重分配和重结晶作用，并参与其他成岩作用。

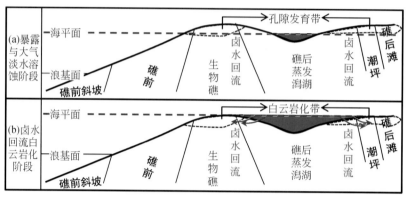

图 3-12 长兴组礁滩白云岩形成模式

（a）暴露与大气淡水溶蚀阶段，在礁盖和礁后滩位置形成孔隙；（b）卤水回流白云岩化阶段，卤水沿着早期暴露溶蚀所形成的通道回流，形成卤水回流白云岩

6）重结晶作用

重结晶作用是指碳酸盐沉积物或碳酸盐岩在埋藏成岩环境下，随着环境温度升高矿物晶格重新组合并使晶体增大的过程。在中等重结晶作用下形成的粗粉晶或细晶碳酸盐岩，其孔隙度和渗透率可因晶间孔发育而有所提高。白云岩重结晶过程之所以可以形成孔隙，一是因为重结晶过程中流体带走了一部分原岩物质，使岩石体积减小；二是因为白云石晶体多杂乱排列，晶体间很少以晶面紧贴方式生长。如晚期溶解作用相叠加，可形成晶间溶孔，构成优质的储集层。

例如，川东北地区长兴组—飞仙关组重结晶作用明显，发生在浅埋藏—深埋藏的各阶段。长兴组以礁盖和生屑滩的白云岩重结晶［图3-13（a）］及生屑体腔的重结晶为主。飞仙关组主要分布在台缘高能鲕滩带内［图3-13（b）］，尤其白云岩发育部位，常伴有重结晶作用。

7）破裂作用

破裂作用是在构造作用下，由于挤压或拉张造成岩石的破裂，严格意义上讲破裂作用属于一种物理的成岩改造。不同的构造期次会形成不同期次的裂缝，晚期裂缝切割早期形成的裂缝。碳酸盐岩储层发育与否及储层好坏与裂缝关系极为密切。在岩性相同或大致相同的情况下，裂缝越多，储层物性越好，反之亦然。

裂缝对储层的贡献体现在四个方面：第一，大断裂可以将烃源与储层连通，将油气导入储层中；第二，裂缝可以直接成为储集空间；第三，裂缝可以将孔隙相互连通，提高储

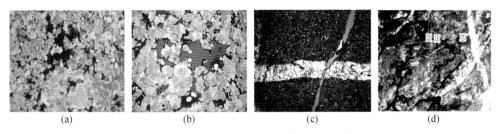

(a) (b) (c) (d)

图 3-13 四川盆地礁滩储层重结晶及破裂作用

（a）沥青充填后的重结晶作用，沥青抑制重结晶程度，细晶白云岩，晶间孔和晶间溶孔发育，见残余生屑结构，元坝 123 井，长兴组，6980.56m，单偏光，×2.5，红色铸体薄片；（b）细晶白云岩，重结晶及溶蚀作用，晶间孔和晶间溶孔发育，见残余鲕粒结构，普光 6 井，飞二段，单偏光，×5，红色铸体片；（c）含粉晶泥晶云岩，第三期溶缝及切割第二期裂缝，寒武系洗象池组，单偏光，10×10；（d）川东北地区长兴组裂缝形成期次典型照片，五期裂缝：第一期充填方解石，第二至三期充填沥青，第四期充填方解石，第五期无充填物，普光 2 井，T_1f^{1-2}，单偏光

层渗透率；第四，裂缝有利于液体向岩石内部渗透，促进岩石溶蚀作用的发生，而形成丰富的储集空间。四川盆地具有多期构造运动，包括加里东运动、印支运动、燕山运动和喜马拉雅运动，而每次构造运动对于裂缝的形成均具有较好的建设性作用。例如，洗象池组岩层裂缝发育，以张性裂缝为主，根据裂缝、充填物及相互切割关系，裂缝发育分为三期：第一期裂缝发育较早，可能是加里东构造运动的产物，呈网状或高角度状，被后期多组裂缝切割，被细-粉晶方解石或沥青全充填，无储集意义；第二期裂缝一般多被方解石、石英半充填—全充填，这些早期裂缝主要形成于印支期—燕山期；第三期裂缝常未充填—半充填，切割前两期裂缝和缝合线，是碳酸盐岩储层的主要储集空间和渗滤通道，主要为喜马拉雅期形成 [图 3-13（c）]。

宣汉-达县长兴组—飞仙关组发生了强烈的破裂作用，大致发生了五期破裂作用 [图3-13（d）、表 3-8]。其中，对储层贡献最大的有三期，前两期形成于液态烃阶段，先充填油，后充填沥青，第三期形成于气态烃阶段，没有充填物。

表 3-8 宣汉-达县地区长兴组—飞仙关组裂缝期次统计

裂缝期次	第一期	第二至三期	第四期	第五期
破裂阶段	生烃前	液烃期	气烃期	
发育时间	印支期	燕山期	喜马拉雅期	
裂缝特征	充填	充填	充填或半充填	未充填
充填矿物	方解石、白云石	沥青	方解石、白云石	无
包体类型	方解石脉或白云石脉	烃类包体	方解石脉或白云石脉	气态包体等
温度范围	160～180℃	200～220℃	270～300℃	
活动强度	较强	极强烈	较强	强烈

8）泥晶化作用

泥晶化作用是指生物在颗粒上钻孔或者生物将分泌物排泄在颗粒表面，使颗粒边缘或整个颗粒呈暗色的泥晶，形成泥晶环边［图 3-14（a）］或"泥晶套"的作用。泥晶环边或泥晶套富含有机质，阴极发光下，发暗色光或不发光［图 3-14（b）］。

(a)　　　　　　　(b)　　　　　　　(c)　　　　　　　(d)

图 3-14　四川盆地礁滩储层泥晶化及压溶作用

（a）泥晶化作用，泥晶海绵结构，生物含量高，主要为海绵类，部分棘皮类及腕足类等生物碎屑，少见有孔虫、䗴科生物，元坝 10 井，7027.5m，P₃ch，单偏光，×2.5，普通薄片；（b）泥晶化作用，泥晶环边阴极发光下不发光，残余粒屑细–粉晶云岩，阴极发光，10×4，普光 6 井，长兴组，单偏光；（c）压溶作用形成的缝合线，早期缝合线充填沥青，细晶云岩，后期重结晶形成晶间孔，元坝 9 井，6639.98m，单偏光，×2.5，红色铸体薄片；（d）压溶作用，晚期压溶切穿方解石，为油气运移提供通道，被沥青充填，岩心照片，毛坝 3 井，长兴组

　　泥晶化作用主要分布在台地边缘生屑滩及开阔台地内，表现为生物颗粒的暗色泥晶环边特点，泥晶化作用主要在生屑灰岩中可见，而由于白云石化作用及重结晶作用使得白云岩中的记录不明显。各种颗粒，如内碎屑、生屑及鲕粒等，都容易发生泥晶化作用，在颗粒边缘形成暗色泥晶环边。在大多数情况下，具有泥晶环边的内碎屑及残余鲕粒可能全部或部分遭到溶蚀，而泥晶套和受到泥晶化的部分却依然保留，形成了铸模孔或粒内溶孔等。但是，经过晚期的成岩作用改造后，尤其是台地边缘礁滩地区成岩过程中的溶蚀作用和重结晶作用极其强烈，泥晶环边等保留甚少且很模糊。泥晶化作用对孔隙的影响较小，但是泥晶套的形成有利于粒内溶孔、铸模孔隙的形成和保存。

　　9）压溶作用

　　压溶作用是碳酸盐岩中常见的成岩作用，在四川盆地海相礁滩碳酸盐岩储层各个层系都有发育，最直观的特征就是缝合线［图 3-14（c）］，它可使地层明显减缩，并且析出CaCO₃，为方解石的胶结作用提供物质来源。压溶作用开始于早成岩期，晚成岩期是其最发育时期，它具有建设孔隙与破坏孔隙的双重效应。早期埋藏形成的缝合线，在后期构造活动中容易再次开启，可成为有效的油气及液体运移的通道［图 3-14（d）］，为溶蚀作用发生及溶孔形成起到至关重要的作用，尤其是当裂缝不发育时作用更为明显，可以通过缝合线内以及周围见到残余沥青得到证实。

　　2. 储层孔隙成因及演化

　　1）储层的孔隙成因类型

　　关于碳酸盐岩储层孔隙类型的分类，按照划分依据的不同有多种划分方案。本书主要从成因角度把四川盆地礁滩储层孔隙类型分为原生孔隙、次生孔隙以及裂缝（表 3-9）。

表 3-9　四川盆地礁滩储层储集孔隙成因类型表

孔隙类型		成因	
原生孔隙	剩余粒间孔	沉积作用	原始粒间孔隙经压实、胶结后剩余的粒间孔
	剩余生物体腔孔		原始生物体腔孔经压实、胶结后剩余的生物体腔孔
次生孔隙	粒内孔	溶蚀作用	大气淡水溶蚀、有机酸或 TSR 溶蚀	颗粒内部部分溶蚀形成
	铸模孔			整个颗粒溶蚀形成
	生物体腔孔			生物体腔内部部分溶蚀形成
	粒间溶孔			粒间胶结物溶蚀形成
	晶间溶孔		有机酸、TSR 溶蚀或重结晶作用	晶间孔溶蚀扩大形成
	溶洞		有机酸、TSR 或热液溶蚀	溶蚀扩大形成或大于 2mm 的孔
	晶间孔	白云石化作用及重结晶作用		晶体之间的孔隙
裂缝	缝合线	压溶作用		压溶形成，被沥青全或半充填
	构造缝	构造作用		构造破裂形成
	溶缝	溶蚀作用	有机酸、TSR 或热液溶蚀形成	早期形成的裂缝被后期流体等溶蚀

　　其中原生孔隙包括剩余粒间孔及剩余生物体腔孔。次生孔隙的成因较复杂，主要为溶蚀作用（包括大气淡水溶蚀、有机酸溶蚀及 TSR 溶蚀）、白云石化作用及重结晶作用等，类型较多，有的是颗粒内部溶蚀形成的，有的是颗粒完全溶蚀形成的，有的是颗粒间的胶结物溶蚀形成的，有的是白云石化或重结晶作用形成的，裂缝包括缝合线及构造缝，分别是压溶作用及构造作用形成的。例如，川东北普光地区及元坝地区礁滩型储层孔隙成因类型（图 3-15）。

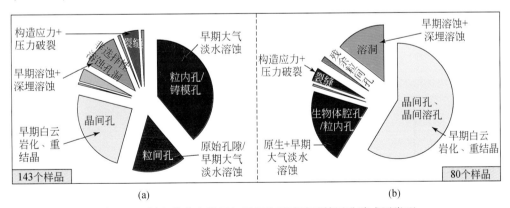

图 3-15　川东北普光地区与元坝地区礁滩型储层孔隙成因类型
（a）普光典型鲕滩储层；（b）元坝典型礁储层

2）孔隙演化

　　储层孔隙演化受多种因素的控制：①决定原生孔隙形成和数量的沉积作用（相和微相类型）；②影响原生孔隙衰亡和新孔隙形成的成岩作用；③产生构造圈闭和构造缝的构造

作用；④控制油气生成的烃源岩有机质热演化史。

川东北地区长兴组—飞仙关组孔隙较发育的层段岩性主要为残余颗粒云岩、结晶云岩、砾屑云岩以及礁云岩，表明孔隙发育演化与油气聚集的有利相带有关。另外，影响储层孔隙演化的成岩环境是在沉积环境的基础上继承和发展的。不同的沉积相，由于起始组成物质和环境的差异，造成了不同类型的孔隙演化，最终能形成良好的储集空间，是上述众多因素共同控制的结果。

元坝2井长兴组生物礁早期大气淡水溶蚀作用较强，形成了较多选择性的生物体腔孔和溶洞，正是这些孔隙的发育，造成之后的白云岩化流体得以进入储层，并在这些之前孔隙发育的层段形成白云岩，并形成晶间孔。压实、压溶作用对礁滩储层均造成了不同程度的破坏，尤以灰岩最为明显。在生物骨架发育的层段由于格架的支撑作用，该段压实、压溶较弱。但是由于上下层段压溶所产生的方解石在其中沉淀，部分层段胶结作用强烈。白云岩的形成，有效地保存了先前形成的孔隙，并为原油的充注提供了必要的空间。烃源岩成熟所形成的有机酸和原油沿着裂缝和晶间孔等有效疏导通道到达储层，其中有机酸对储层孔隙有进一步的溶蚀扩大作用。原油充注之后，随埋藏而发生热演化，直至变为沥青并最终在储层孔隙中沉淀下来。原油的充注和沥青的形成，较好地保存了储层孔隙。之后的流体进入储层并形成了部分方解石亮晶、石英，对储层造成了部分破坏。晚期构造活动引起的断裂、裂缝及其相关的流体活动，形成了裂缝孔隙及沿这些裂缝分布的部分溶蚀空洞，均未被充填。大气淡水溶蚀与胶结、白云岩化及之后的有机酸溶蚀和烃类的充注，基本控制了这类储层的最终孔隙大小（图3-16）。

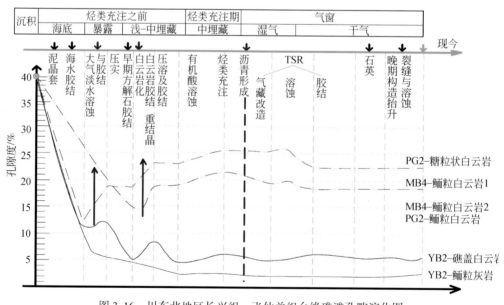

图3-16 川东北地区长兴组—飞仙关组台缘礁滩孔隙演化图

普光2井飞仙关组鲕粒滩早期遭受了强烈的大气淡水溶蚀形成了大量粒内孔，之后在大规模白云岩化作用下，发生了等摩尔交换或近等体积交代，产生了较多晶间孔并保留了原始鲕粒的外形，形成大量粒内孔（包括铸模孔）的残余结构白云岩，加上可能的有机酸溶蚀造成孔隙加强；而在沥青之后形成的非选择性孔隙较少；且晚期沥青、方解石、单质硫和少量石英的沉淀破坏了部分孔隙；但总体早期形成的孔隙越多，则现今孔隙越好。另一种特殊的优质储层就是糖粒状白云岩储层，也是本区发育最好的储层。它们是在埋藏期（粒内孔形成之后），由于断裂裂缝所引起的局部热流体活动，使白云岩发生强烈的溶蚀和重结晶，从而形成结晶粗大、孔隙极其发育的中-粗晶白云岩。

毛坝 4 井飞仙关组鲕粒滩与普光 2 井相比发育粒间孔，早期文石鲕在沉积之后较快地发生了矿物的新生变形，文石向方解石转化。因此，大气淡水的选择性溶蚀较弱。继而又发生了白云岩化作用，由于白云岩化是由通江—开县蒸发盆地卤水向四周或沿一定通道侧向渗透回流的结果。而毛坝 4 井相对普光 2 井更靠近卤水源，白云岩化作用或白云石沉淀作用均相对较早，鲕粒优先发生白云岩化，粒间会残留部分方解石或文石，它们在有机酸的溶蚀下会被选择性溶掉而出现较多的粒间孔。晚期孔隙遭到一定破坏（图 3-16）。

在成岩演化中，台内礁滩储层的孔隙与台缘带礁滩储层相类似，经历了复杂的演化过程，同时存在一定的差别，本书总结了川东北地区台缘带与台内礁滩储层的孔隙演化。

（1）台缘带礁滩储层孔隙演化

晚二叠世—早三叠世，台缘带礁滩体在同生—准同生期的泥晶化作用对孔隙影响很小，但海底胶结作用使原生粒间孔、格架孔减少，孔隙度降低 10%～15%。大气淡水选择性溶蚀产生的粒内溶孔、铸模孔和体腔孔主要发育在礁滩体上部，产生 5%～15% 的孔隙，同时淡水方解石胶结物减孔 3%～10%。因此，同生—准同生期的成岩作用使孔隙度由 40% 左右减少到 20%～30%。在川东北地区，飞仙关组的回流—渗透白云石化还产生 2%～4% 的孔隙。

早三叠世—早白垩世，进入浅埋藏阶段后，压实及早期压溶作用减少的孔隙度为 10%～15%，第二世代粒状方解石胶结物降低的孔隙度为 2%～5%，埋藏白云石化增孔 2%～5%，有机酸溶蚀增孔约 5%。浅埋藏阶段总孔隙度降低至 5%～15%。中-深埋藏阶段，压溶作用减孔 2%～3%，CO_2 溶蚀增孔 1%～2%，液态烃裂解产生的沥青减孔 2%～5%，粒状-块状方解石胶结减孔 5%，川东北飞仙关组 H_2S 溶蚀增孔 2%～5%，局部构造缝增加的裂缝孔隙度小于 1%。该阶段孔隙总体减少至 5%～15%。

早白垩世至今，抬升阶段使块状方解石胶结物减孔 2%～3%，溶蚀作用增孔约 2%。构造缝增加的孔隙度不到 1%。因此，孔隙度变化不大。

可见，台缘带礁滩储层的主要增孔作用为大气淡水溶蚀、同生—准同生期白云石化、埋藏白云石化、有机酸和 CO_2 溶蚀作用，H_2S 溶蚀主要发生在川东北地区，构造缝主要是提高了渗透性，其增孔作用有限。减孔作用主要包括第一世代海底胶结、淡水方解石胶结、压实-岩溶、埋藏阶段三期粒状或块状方解石胶结及沥青充填作用。

（2）台内浅滩储层孔隙演化

晚二叠世—早三叠世，台内浅滩体在同生—准同生期的成岩作用与台缘带相似，海底胶结和大气淡水方解石胶结为主要减孔作用，共减孔 20%～25%。同时，大气淡水溶蚀产生的选择溶孔为 5%～15%。两者综合使孔隙度减少到约 25%。

早三叠世—早白垩世，进入浅埋藏后，压实及早期压溶减少的孔隙度为 10%～15%，第二世代粒状方解石胶结物降低的孔隙度为 2% ~ 5%，局部埋藏白云石化增孔 2% ~ 5%，有机酸溶蚀增孔有限，为 1% ~ 2%。浅埋藏阶段总孔隙降低至 6% ~ 15%。中-深埋藏阶段，岩溶作用减孔 2% ~ 3%，CO_2 溶蚀增孔 1% ~ 2%，粒状-块状方解石胶结减孔 2%，构造运动弱，增加的裂缝孔隙度小于 1%。该阶段孔隙度总体减少至 5% ~ 12%。

早白垩世至今，抬升阶段使块状方解石胶结物减孔 1% ~ 2%，溶蚀作用增孔 1% ~ 2%。构造缝增加的孔隙度不到 1%。因此，孔隙度变化不大。

总之，台内浅滩主要增孔作用为大气淡水溶蚀，有机酸和 CO_2 溶蚀作用不发育，总体白云岩化作用弱。主要减孔作用为海底胶结、大气淡水粒状方解石胶结及压实-岩溶作用。

3.1.3 储层发育主控因素及成储模式

1. 储层发育主控因素

由于碳酸盐岩对成岩作用的强烈敏感性（黄思静等，2009），原生孔隙难以保存。储集空间基本上是多期次溶蚀作用（埋藏溶蚀最关键）叠加改造所形成。而溶蚀作用的改造效果则常常和沉积期物质基础是有密切联系的。因此，四川盆地碳酸盐岩储层总体上受沉积、成岩作用控制明显（张宝民等，2009；郭彤楼，2011a，2011b），其中白云石化作用和岩溶作用是储层发育的最关键因素（洪海涛等，2012）。通过对优质储层发育特征的精细研究认为，有利相带为优质储层的形成提供了最优越的物质基础。白云岩化作用促进了储渗空间的发育，是优质储层形成的根本。破裂作用及埋藏溶蚀作用则直接造就了储渗空间的发育，是优质储层形成的关键所在，三者紧密联系。

1）台缘高能相带及台内高能滩控制礁滩优质储层发育及分布

有利的沉积相是控制储层的基本要素，纵向上控制了储层发育的规模，横向上控制了储层发育的范围，不同沉积相带原始沉积物的类型及早期成岩作用存在差异。

台地边缘生物礁相及台地边缘浅滩相一般形成于浪基面附近，水动力条件强，形成分选、磨圆好和贫灰泥的沉积体，其粒间孔隙发育；同时其沉积表面水体相对较浅，在频繁海平面升降的影响下，往往形成较多的溶蚀孔、晶间溶孔，为后期成岩作用过程中白云岩化及溶蚀扩大奠定了基础。

利用测井解释成果与岩心样品实测资料，对四川盆地及周缘海相上组合不同沉积相带的储层物性特征进行了分析与对比研究。通过对比分析（表 3-10、图 3-17），储层物性与沉积相带有明显的关系，相带不同，储层物性差别很大。相对而言，台地边缘礁滩相岩石孔隙度无论是最大值、最小值还是平均值都是最高的，碳酸盐岩台地相次之，斜坡-陆棚相最差。而渗透率值的测定因为受孔隙度、裂缝及孔喉类型等多种因素的影响，规律性没有孔隙度明显。但是，台地边缘礁滩相岩石渗透率值也明显高于另外两者。岩石密度方面，台地边缘礁滩相最小，碳酸盐岩台地相次之，斜坡-陆棚相最大。

表 3-10　四川盆地及周缘海相上组合不同沉积相带岩石物性特征

物性＼相带		台地边缘礁滩	碳酸盐岩台地	斜坡−陆棚
孔隙度/%	最大值	28.86	20.94	8.53
	最小值	0.59	0.30	0.84
	平均值	7.15	3.71	1.74
	样品数	2140	740	82
渗透率 /$10^{-3}\mu m^2$	最大值	9664.887	450.399	355.212
	最小值	0.002	0.000	0.001
	平均值	74.120	5.544	5.82
	样品数	1992	660	82
岩石密度/(g/cm³)	最大值	3.30	2.82	2.82
	最小值	2.03	2.23	2.52
	平均值	2.65	2.68	2.70
	样品数	2121	696	82
岩石骨架密度 /(g/cm³)	最大值	3.57	3.01	2.87
	最小值	2.64	2.45	2.67
	平均值	2.85	2.78	2.74
	样品数	2115	696	82

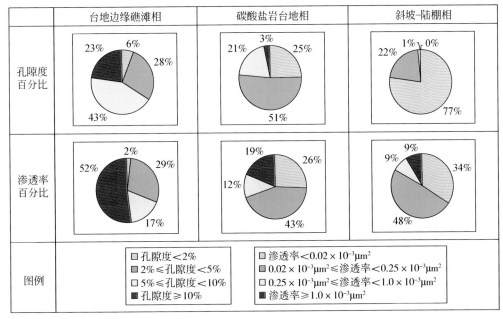

图 3-17　四川盆地海相上组合不同相带储层物性对比

储层物性对比研究表明，台地边缘礁滩相岩石储层物性最好，碳酸盐岩台地相次之，斜坡-陆棚相最差。因此，要寻找优质储层，首先一定要寻找有利于形成优质储层的高能台地边缘礁滩相带。

就台缘礁滩相储层本身而言，不同地区储层发育存在差异。下面以二叠纪、三叠纪长兴期至飞仙关期在川东北地区发育的镶边型台地边缘为例进行分析阐述。

开江-梁平陆棚两侧礁滩相储层的展布明显受台缘相带展布的控制。区域上礁滩储层主要发育在环开江-梁平陆棚两侧、"鄂西深水陆棚"西侧，主要储层相带及亚相有台地边缘生物礁相、台地边缘浅滩相和礁后滩、礁间滩等。其中，台地边缘礁滩相储层以残余生物礁结晶白云岩、残余生屑结晶白云岩、生物礁灰岩为主，而台地边缘浅滩相储层则以残余鲕粒结晶白云岩和亮晶鲕粒灰岩为主，台内浅滩相储层以亮晶生屑灰岩、亮晶砂屑灰岩及鲕粒灰岩（白云岩）为主。

陆棚两侧储层发育类型相似，但其纵向上发育规律不尽相同。依托四川盆地大中型气田沉积剖面纵向演化序列及特征，结合储层发育分布规律，建立了陆棚东侧"陡坡纵向加积型"和陆棚西侧"缓坡叠置迁移型"两种镶边台地沉积模式（图3-18），探讨其对礁滩储层差异控制作用。

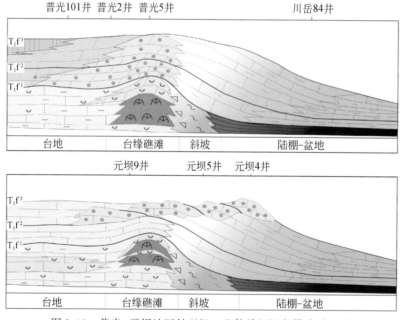

图3-18　普光-元坝地区长兴组—飞仙关组沉积模式对比图

陆棚东侧：生物礁岩石类型以障积岩和黏结岩为主，生物礁暴露频繁、沉积厚度大、白云岩化强烈、物性好。礁前斜坡坡度较大；礁后生屑滩不发育，生物礁礁带较窄，横向迁移不明显，加之基底下沉幅度与沉积物堆积速度基本持平，因此，台地边缘沉积形成了规模巨大的颗粒滩。该类浅滩特点：台缘颗粒滩体纵向上，自下而上滩体规模（厚度和宽度）逐渐加大，滩体分布稳定，易形成暴露浅滩有利储层。白云岩化强烈，孔洞和孔隙发育。储层厚度大、纵向连续、白云石化程度高、储层物性好。

陆棚西侧：台地前缘斜坡宽缓、斜坡坡度小，礁滩发育分布范围广。主要发育礁后浅滩储层与礁滩复合体储层。靠近长兴组陆棚坡折带发育飞仙关组前积体。礁滩发育纵向上具有"早滩、晚礁"、平面上具有"前礁、后滩"的沉积特征，表现为鲕粒滩的横向迁移。该类浅滩发育特点：飞仙关组早期鲕粒滩沉积以垂向加积为主，鲕粒滩储层厚度大，白云石化强；晚期鲕粒滩以前积、迁移为主。

台内高能浅滩储层发育受沉积相的控制。沉积作用使储层早期发生分异，形成了成岩改造的物质基础，即只有质纯、层厚的碳酸盐岩和粗结构岩类有利于后期的成岩改造。除此之外，高能的水下高地环境有利于台内颗粒滩的生长。因此，台地内次一级的隆拗地貌分异导致初期台内颗粒滩发育的分异，而滩体的高建造性又可强化这种地貌差异。导致台地内地貌高地形成的原因可以是同沉积期构造活动形成的古隆起，也可以是继承性的古隆起。

以寒武系龙王庙组及嘉二段局限台地内储层发育为例分析认为，其亚相带由好到差的顺序为：台内滩>台坪>局限潟湖>半局限潟湖>开阔潮下。其中，台内滩亚相和台坪亚相的云坪微相为最有利的储集相带。

2）暴露溶蚀和（或）白云岩化是优质储层发育的关键

高能台地边缘沉积的厚层鲕粒滩、生屑滩，在遭受大气淡水作用之后，会发生大规模的选择性溶蚀现象，形成较多粒内孔（包括铸模孔、生物体腔孔）。但大气淡水在溶蚀的同时也充填了原始孔隙，可用粒内孔的发育程度来指示大气淡水溶蚀对次生孔隙形成的贡献。

白云岩化和白云岩重结晶作用主要影响了白云石含量、晶体大小、晶体结构以及晶间孔的发育。钻探证实白云石晶体大小与晶间孔的发育正相关，说明这些晶间孔的发育与白云岩化作用和白云岩重结晶作用是密切相关的。总体上，白云岩晶间孔比同等灰岩的晶间孔发育。而白云岩重结晶作用越强，白云石晶体越大，晶间孔越好。

基于碳酸盐岩铸体薄片的 Photoshop 定量化研究，完成岩石组分结构的定量分析，进而利用 Excel 软件的数据统计、分析功能，可以直观地统计出不同类型孔隙，在整个储层中所占比重。利用不同类型孔隙比重分析，结合不同类型成岩作用与孔隙形成之间的互相联系，可以明确不同类型成岩作用对储层孔隙的改造程度。同时，可以利用储层孔隙的组成进行成岩作用先后的判识。

通过定量分析后表明，元坝、普光地区飞仙关组鲕滩储层主要孔隙类型为粒内孔/铸模孔（图 3-19）。元坝地区飞仙关组鲕滩储层孔隙类型单一，除去粒内孔/铸模孔，仅发育少量的裂缝；普光地区鲕滩储层孔隙类型则较为复杂，通过对 143 个样品主要孔隙组成进行定量分析发现，除发育粒内孔/铸模孔外，还受早期白云岩化作用的影响形成大量晶间孔、晶间溶孔。此外，早期大气淡水溶蚀所形成的粒间孔也占有相当大的比重，而裂缝及埋藏阶段形成的非选择性溶蚀孔洞则相对较少。

通过对飞仙关组不同类型孔隙开展成岩作用研究，并利用定量方法分析不同成岩作用，在储层发育、形成过程中所做贡献（图 3-20）可知，元坝地区鲕滩储层的发育、形成主要受到早期大气淡水溶蚀控制，而构造破裂作用对储层渗透率贡献较大，整个储层所经历的成岩作用较为简单，这与元坝飞仙关组储层单一的孔隙类型相一致。而普光地区飞仙关组同样受到大气淡水溶蚀作用改造最强，白云岩化作用在其中同样扮演着重要角色。

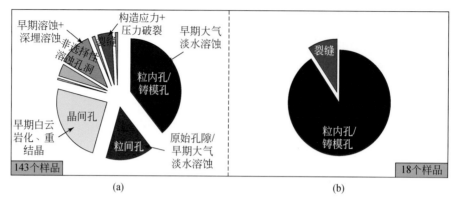

图3-19 普光与元坝地区飞仙关组储层孔隙组成定量统计结果

（a）普光典型鲕滩储层孔隙组成；（b）元坝典型鲕滩储层孔隙组成

两者相对比可知，早期大气淡水溶蚀和白云岩化是普光地区鲕滩成为好储层的重要原因。未经过白云石化作用的元坝地区鲕滩则难以形成好的储集空间。

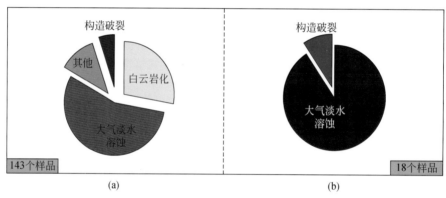

图3-20 普光与元坝地区飞仙关组典型鲕滩储层成岩作用贡献定量评价

（a）普光典型鲕滩储层成岩作用贡献；（b）元坝典型鲕滩储层成岩作用贡献

普光和元坝地区长兴组储层孔隙组成较为相似，主要受控于大气淡水溶蚀和白云岩化作用的影响，发育大量生物体腔孔、晶间孔和溶洞（图3-21）。其中，元坝地区储层主要孔隙类型为晶间孔、晶间溶孔以及生物体腔孔/粒内孔，而早期溶蚀和埋藏溶蚀阶段形成的溶洞，在其中也占有重要比重；普光地区礁滩型储层孔隙类型主要以晶间孔、晶间溶孔为主，而非选择性溶孔所占比重要明显强于元坝地区。除此之外，根据普光地区与元坝地区礁滩型储层孔隙类型及成岩作用类型分析可以看出，尽管裂缝所占比例相对很少，但其可作为重要的流体快速渗流通道，有效地沟通不同沉积体之间的流体交换。同时，通过对裂缝特征研究，发现裂缝主要由构造应力集中产生的压裂而成，而溶蚀成因的溶蚀缝则相对较少，这或表明川东北地区礁滩型储层中的裂缝与油气的运移聚集以及储集孔隙的再调整具有密切联系。

基于长兴组孔隙组成定量评价结果，可以确定普光地区长兴组储层稍优于元坝地区。主要原因在于普光地区的裂缝较为发育，沟通了储集空间，也为可能的深部流体溶蚀提供

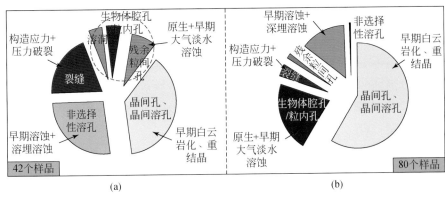

图 3-21　普光与元坝地区长兴组典型礁滩型储层孔隙定量评价

（a）普光典型礁滩储层孔隙组成；（b）元坝典型礁滩储层孔隙组成

了通道，但总的来看主要是大气淡水溶蚀和白云岩化作用控制了储层的发育（图 3-22）。

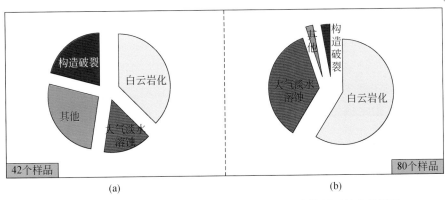

图 3-22　普光与元坝地区长兴组典型礁滩储层成岩作用贡献定量评价

（a）普光典型礁滩储层成岩作用贡献；（b）元坝典型礁滩储层成岩作用贡献

　　通过川中地区龙王庙组优质储层形成分析，其优质储层的形成与海退过程中短期的暴露溶蚀作用有关，高水位海退型沉积，有利于白云岩化及原生、次生孔隙的形成与改造。通过对储层物性分析，可以发现云岩类储集层的储渗性能明显优于灰岩类储集层。浅滩有利相带仅是优质储层形成的基础，而白云岩化作用才是优质储层形成的根本（表 3-11）。

表 3-11　龙王庙组储层储渗性能–岩性统计表

储渗参数	灰岩			白云岩		
	最小值	最大值	平均值	最小值	最大值	平均值
$\Phi/\%$	0.33	1.72	0.75	1.74	6.08	2.68
$K/10^{-3}\mu m^2$	0.00065	0.01903	0.00336	0.00076	0.03089	0.00652
P_d/MPa	1.7012	50.757	20.1531	2.2429	13.3166	7.1677
R_d/m	0.0159	0.4769	0.1661	0.0627	0.3657	0.1808
P_{c50}/MPa	0	167.1537	92.9523	11.064	105.4145	44.5512
R_{c50}/m	0	0.0142	0.0063	0.0066	0.0696	0.0281

3) 破裂作用及深埋溶蚀进一步提高了储集性能

裂缝的发育在局部地区对储层物性有较强的贡献或改造作用，如川东北部分裂缝型灰岩储层的发育。但更大意义上，是裂缝沟通了油源和储层，使得早期有机酸进入储层并发生溶蚀，为后期原油的充注打开通道，原油之后沿着裂缝及其附近的孔隙活动，进入储层并形成古油藏。晚期裂缝的发育，使得原油裂解气藏得以在储层中大规模沟通，并发生调整。当然，对气藏也有一定的破坏作用。

纵观优质储层的发育演化过程，无论有利相带的物质基础多么优越，也无论白云岩化作用多么强烈，归根结底优质储层的关键是储集空间和渗滤通道的发育程度。相对而言，有利相带和白云岩化与优质储层的发育没有直接的联系，因为它们对于储集空间和渗滤通道的发育并没有非常直接的影响，而只是间接地促进了储渗空间的发育。

有利的浅滩相沉积仅仅是优质储层形成的物质基础，白云岩化作用也只是有利于储渗空间的发育。经过后期强烈的重结晶作用，白云石晶体间会发育一些晶间孔，晶间孔的存在主要为后期溶蚀作用提供了流体活动的空间。如果没有后期的溶蚀扩大，晶间孔对于储集空间的增加是比较微弱的。铸体薄片研究表明，埋藏溶蚀作用才是储层形成的关键所在。

砂屑白云岩中的储集空间主要是粒间溶孔、粒内溶孔、晶间扩溶孔及晶模孔等，而这些孔隙则主要形成于埋藏期非选择性的溶蚀作用。与此同时，埋藏溶蚀作用还会改造先期充填的构造裂缝，使之成为油气运移的渗滤通道。因此，埋藏溶蚀作用直接造就了优质储层的储集空间和渗滤通道，直接决定了砂屑白云岩的储渗性能，是优质储层形成的关键所在。

深埋溶蚀过程中 TSR 反应与储层的形成演化密切相关，TSR 反应过程中，一方面 $CaSO_4$ 溶解，产生的 CO_2 和 H_2S 引发溶蚀，金属硫化物的沉淀会使总孔隙度增加。而另一方面，碳酸盐岩自生矿物、单质硫和硫化物的形成则会使孔隙度减小。有机酸可溶解白云岩中白云石晶体间的碳酸钙，而产生较多晶间孔或溶蚀扩大晶间孔。

综合现今对 TSR 反应研究，从常温和不同温度下，溶蚀液的模拟实验分析结果来看，TSR 反应对储层改造作用比较明显，但其只是在不同温度下的实验。在地下复杂地质环境下 TSR 反应情况还有待做进一步的研究工作。同时，从现今储层孔隙类型、形态及充填状况等分析认为 TSR 反应是储层孔隙形成或改造的非主导因素，所以 TSR 反应对储层本身有没有影响，影响有多大，尚存在争议，但从现今四川盆地油气勘探实践来看，主要海相气田普遍含有硫化氢，其与储层之间的关系还有待研究的进一步深入。

2. 成储模式

1) 礁滩复合体成储模式

通过前述对礁滩储层主控因素的分析，结合四川盆地已发现元坝、普光、涪陵、龙岗等礁滩气田储层发育特征，总结了四川盆地礁滩储层成储模式，即"三元控储"模式（马永生等，2010b）。有利沉积–成岩环境、断–裂体系和流体–岩石相互作用，即三元控储机理实质上是一个分级耦合作用过程（图 3-23）。就深部优质储层而言，沉积–成岩环境是基础，构造应力–地层流体压力耦合断–裂体系是前提，有机–无机反应与烃类–岩石–流体相互作用是关键。

礁滩相沉积的灰岩具有一定的原生孔隙，此原生孔隙是白云岩化流体渗滤的前提，该区长兴组—飞仙关组没有礁滩沉积就没有白云岩储层；长兴组—飞仙关组本身没有烃源岩，下伏层系烃源岩生成的油气、有机酸和 CO_2 流体必须通过断–裂系统通道运移至该储层，才会发生溶蚀作用，因此没有断–裂系统通道溶蚀作用难以发生。

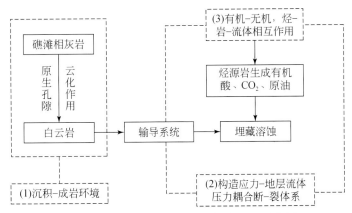

图 3-23　三元控储机理的分级耦合过程示意图

从普光地区和元坝地区长兴组—飞仙关组勘探实例来看，存在共性的同时也存在差异。共性是有利沉积–成岩环境均为两者储层形成的基础，差异性表现在普光地区是通过烃类相关流体，在断–裂系统的沟通下，储层发生溶蚀作用，进而改善储层物性；而元坝地区则更多通过孔隙液态烃深埋裂解导致的超压缝来优化储层。

普光地区长兴组—飞仙关组之所以发育优质储层，是这三元控储因素的有效配置所致（图 3-24）。首先，长兴组发育以礁相为主的碳酸盐岩，而飞仙关组发育以滩相为主的碳酸盐岩，两者有利于白云岩化作用形成白云岩；其次，下伏二叠系与志留系烃源岩具有大量生烃的能力，同时生成大量供溶蚀作用发生的有机酸和 CO_2；最重要的是，在该区下伏烃源岩大量生成油气、有机酸和 CO_2 的时期（晚印支期—早中燕山期），构造运动与储层超压形成的断–裂体系作为输导通道，使得油气及其伴生的有机酸和 CO_2 进入储层，从而发生埋藏溶蚀作用，有效地改善储层。

元坝地区长兴组—飞仙关组台缘亦发育礁滩相灰岩，是储层形成的基础，暴露溶蚀、浅埋白云岩化是基质孔隙发育的关键，孔隙液态烃深埋裂解导致的超压缝是改善储层渗透性的保障，"孔缝耦合"控制超深层优质储层发育。

元坝生物礁生长发育期，台缘礁滩相控制下的礁滩复合体沉积物沉积初期，随着生物礁消亡期，在其上发育浅滩沉积环境。受海平面升降、古地貌的控制及水体循环局限程度、气候、淡水注入及淋滤等多因素的影响，灰岩发生暴露溶蚀，礁顶位置白云石化作用非常强烈，形成溶孔白云岩、生屑白云岩。随上覆沉积物的增加，早期沉积物逐渐进入浅埋藏环境，发生浅埋白云岩化作用，形成了大量基质孔隙。而基质孔隙是否能在深埋过程

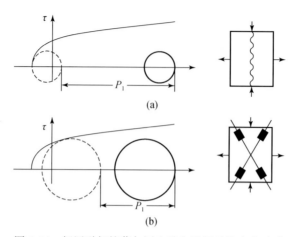

图 3-24　超压引起的莫尔圆左移和地层天然水力破裂
（a）差异应力小于 4τ，产生张性破裂；（b）差异应力大于 4τ，产生剪切破裂

中得以延续与保存，是优质储层发育的关键问题。对元坝地区大量岩心资料的分析表明，长兴组生物礁白云岩优质储层的发育，除浅埋白云岩的强抗压实能力外，烃类的及时充注是超深层优质储层孔隙得以保存的重要保障。烃源岩热演化史分析表明，元坝地区在晚三叠世须家河组沉积末期，上二叠统烃源岩埋藏深度达到 3000m 左右时，烃源岩进入生油高峰期，此时有机酸伴随烃类的大量充注。一方面，有机酸使原有孔隙进一步溶蚀扩大，同时使孔隙流体呈弱酸性，抑制成岩胶结作用，从而有效地保存了孔隙，保护了储层。另一方面，原油裂解形成沥青充填于孔壁有利于抑制后期孔隙内部白云石的自形生长及重结晶作用，以及后期方解石及石英等颗粒的胶结，对储层具有较好的保存作用。当然，如果早期孔隙空间较小，沥青充填后未被后期流体搬运走，也会对储层孔隙空间形成一定的封堵。

在构造形变比较弱的元坝地区，长兴组生物礁储层中密集发育的微细裂缝主要为与原油深埋裂解相关的超压压裂缝。国内外学者研究认为，孔隙流体、孔隙压力对岩石力学性质具有明显的影响。地下的岩石总是不同程度地被油、气、水所饱和，这些流体也参与岩石受力变形过程，并对岩石力学参数产生影响。一方面，水对岩石是一种弱化作用，孔隙水的存在会降低岩石的强度。另一方面，超压条件下莫尔圆左移，位移量等于孔隙压力，使莫尔圆更易于与破裂包络线相切（图 3-24），发生地层破裂，产生裂缝。

进入深埋藏阶段，利用元坝气田长兴组储层中残余沥青计算古油藏规模，再通过 PVT 软件模拟计算，在原油裂解发生在岩性圈闭封闭体系，压力系数可高达 2.53，具有使地层发生破裂、形成超压缝的条件。同时，利用流体包裹体恢复古压力方法（刘斌，2005），对元坝长兴组 39 个样品详细观察和测温，所测得与烃类包裹体伴生的盐水包裹体均一温度范围为 103~191.5℃，通过丹麦 Calsep 公司开发的相态模拟软件 PVTsim16.2 对古压力进行模拟恢复（图 3-25）。恢复的古压力值变化以包裹体均一温度 160℃为界，在均一温度小于 160℃时，随着均一温度的增高，也就是随着埋藏深度的增加，古压力呈现小幅度的增大，在均一温度大于 160℃时，古压力呈现较大幅度的增大，分析认为这是油藏深埋裂解为气藏时体积膨胀所发育的超压，计算压力系数最高可达 1.77，具有在区域应力背景下使岩石破裂、形成超压缝的基本条件。油藏深埋裂解所形成的大量超压压裂缝，使大部分中低孔储层渗透率大幅提高，也使一些孤立的溶蚀孔洞得以连通，使储层非均质性得到改善，大大提高了储层的整体渗流能力。

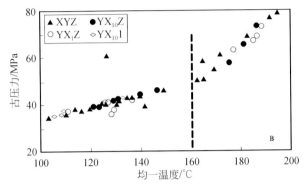

图 3-25　流体包裹体恢复的古压力和同期盐水均一温度的关系

从元坝地区长兴组生物礁孔隙度–渗透率关系分析，储层孔渗具有较好的正相关性，大部分储层渗透率与孔隙度呈线性关系，随着孔隙度的增加，渗透率增大；但非单纯的一元线性关系，特别是当孔隙度小于 8% 时，部分样品的孔渗线性关系变差，相对而言具有中低孔中高渗的特点，反映该部分样品物性条件受基质孔隙与裂缝双重控制。元坝气田长兴组储层平均孔隙度为 6.29%，孔隙度小于 8% 的储层占到 70%，正是因为超压缝的发育，使这部分储层渗透性提高，从而整体改善了超深层生物礁储层的储渗能力，提升了储层品质。可见，"孔缝耦合"控制着元坝地区优质储层的发育。

2）台内滩成储模式

在储层发育主控因素研究的基础上，结合安岳、磨西、河坝场等一系列大中型气田的勘探成果，总结了四川盆地台内滩型储层成储模式，即沉积相带–古地貌、成岩环境及流体溶蚀三因素来形成和优化储层。龙王庙组和嘉陵江组储层的形成均受到三因素的控制，但略有不同。龙王庙组通过多期表生岩溶优化储层，嘉陵江组则主要受到埋藏期流体改造及后期裂缝溶蚀作用改善储层物性。

龙王庙组白云岩储集层的发育受沉积相、成岩作用与岩溶作用共同控制（邹才能等，2014）。四川盆地龙王庙组沉积时期，总体呈现为向东倾斜的凹隆相间的古地理背景，这种古地理背景对龙王庙组滩体的发育和展布具有重要的控制作用（姚根顺等，2013）。四川盆地龙王庙组大部分地区发育颗粒滩体的沉积，颗粒滩是发育优质储集层的基础，滩体厚度越大，储集层越发育。

其优质储层的形成与暴露溶蚀作用有关，暴露溶蚀对于白云岩化及原生、次生孔隙的形成与改造起着重要作用。研究发现龙王庙组经历了三期溶蚀作用：①同生—准同生期成岩阶段，颗粒滩间歇性地快速增长，常伴随大气淡水渗透成岩作用；②龙王庙组沉积末期隆升暴露溶蚀作用；③中加里东期—中海西期顺层岩溶作用，由于加里东晚幕的广西事件，自中志留世盆地开始抬升剥蚀，一直到二叠纪才开始沉降接受沉积，暴露时间长达120Ma，古隆起的西段已经演化为水上隆起，古地貌产生水位差作用，古陆剥蚀区大气淡水向东、南、北呈放射状径流，沿早先形成的粒间（溶）孔、铸模（溶）孔进行强烈的顺层溶蚀改造。后期埋藏溶蚀作用和构造破裂作用均不是储集空间的主要成因，其作用结果也并不改变储渗体的基本特征和时空分布。

早三叠世嘉陵江期为该区三叠纪一次较大的海泛期，该时期海岸上超至陆相沉积区域并成为统一的上扬子海盆（胡明毅等，2010）。除西部地区发育海陆过渡相沉积外，大部分地区均为碳酸盐岩台地沉积。在潮坪和台内滩亚相内，受古地貌控制影响，发育浅滩相沉积，是储层形成的物质基础。

嘉陵江组成岩作用阶段多且成岩作用类型复杂（林雄等，2009）。成岩后生变化中的白云石化与溶蚀作用、成岩环境变化以及构造破裂作用是改善储层储集性的重要因素。嘉陵江组浅滩由于同生期受到蒸发泵白云化及渗透–回流白云化作用，形成了大量的晶间孔隙。同时，伴随海平面暂时性下降，滩体与台坪等浅水沉积被暴露，接受淡水与CO_2溶蚀，形成大量大小不一、形态各异的孔隙。埋藏期，受到地层水的溶蚀、富含有机酸溶液的溶蚀、地下上升热液的溶蚀、地表下渗淡水的溶蚀等多种溶蚀作用，形成大量的晶间溶孔。晚期受到早期印支运动的影响，构造破裂溶蚀作用形成了溶孔及溶洞，是改善储层物性的关键因素。

总之，四川盆地礁滩储层沉积相带分异明显，与礁滩相发育有关的白云石化的不均一性，盆地内构造形变样式差异性也很大，都是影响储层发育的关键因素。

3.2 岩溶储层发育模式

受多期构造运动影响，四川盆地海相地层纵向上发育多套岩溶储层，自上而下主要包括雷口坡组、茅口组、黄龙组以及灯影组。雷口坡组储层主要发育于雷四段上部，茅口组储层主要发育于顶部，黄龙组储层主要发育于该层上部，灯影组储层主要发育于灯二段、灯四段顶部。

岩溶储层的发育与分布主要受古岩溶作用控制。而古岩溶作用又与诸多因素相关，控制古岩溶发育的因素主要包括古气候、古地貌、岩性和构造等条件（兰光志等，1996）。Wagoner等提出气候，特别是大量的降雨，很大程度上控制了地表水系的溶解能力，溶解能力随着年降水量的增加而显著增强。对于孔洞系统，出露地表的持续时间和方式是至关重要的（Mylroie and Carew，1995），岩溶储层显示了明显的非均质性。总结国内外岩溶发育特征认为，岩溶古地貌对储集带的发育与展布具有明显的控制作用，岩溶高地和岩溶斜坡的储集条件一般较好。在潜流带环境中，潜流带上部的孔洞是沿水平方向发育的，而且是溶蚀孔、洞体系和溶洞层发育的最有利部位，孔渗物性较好，一般能形成良好的储渗体系；M. Mutti、F. Jadoul提出，颗粒碳酸盐岩通常具有最大的孔隙度和渗透率，如颗粒白云岩、石灰岩通常先存的孔隙度和渗透率较高，岩溶作用强，易形成优质储层；构造运动造成地层抬升剥蚀，从而形成了区域上的不整合面，有利于岩溶储层的发育，如四川盆地，岩溶储层的主要产层震旦系处于桐湾运动面、石炭系处于云南运动面、二叠系茅口组处于东吴运动面、三叠系下统嘉陵江组—中统雷口坡组处于印支运动面等。

3.2.1 岩溶储层特征

1. 储层岩石学特征

钻井及露头揭示，四川盆地岩溶储层岩石类型主要为碳酸盐岩。依据岩石的结构、组构特征和一些特殊的成因，可将四川盆地主要的岩溶储层岩石类型划分为两大类：白云岩、灰岩。

1）白云岩

在四川盆地岩溶储层中，白云岩非常发育，在各储集层段均可见。按其结构、构造特征和某些特殊沉积构造的成因，进一步划分为颗粒云岩、角砾云岩（岩溶）、晶粒云岩及藻纹层白云岩四类。

（1）颗粒云岩

颗粒云岩在雷口坡组、黄龙组、灯影组均发育。颗粒白云岩中常见的颗粒组分是鲕粒、砂屑和生屑（图 3-26）。

砂屑云岩：具粒屑结构，粒屑主要为砂屑或残余砂屑，含量为 30%～75%，平均为 60%。砂屑形状多不规则，粒径变化较大，为 0.1～2mm，分选、磨圆中等—差，砂屑成分以泥晶白云石为主，颗粒间多为亮晶白云石胶结，含量为 20%～25%。压溶作用明显，产生溶蚀缝和缝合线，但已被方解石和有机质充填。岩石中发育粒内溶孔、粒间溶孔、白云石晶间孔及晶模孔等，平均面孔率达 1.14%。

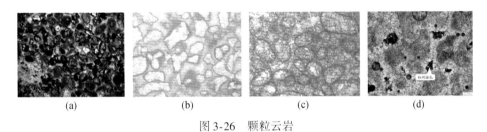

| (a) | (b) | (c) | (d) |

图 3-26 颗粒云岩

（a）重庆市彭水县太原乡廖家槽灯影组鲕粒云岩；（b）石柱廖家槽剖面灯影组砂屑白云岩；
（c）利 1 井灯影组砂屑灰岩；（d）孝深 1 井雷口坡组微晶砂屑白云岩，粒间溶孔发育，（+）100

生屑云岩：包括有孔虫、𫚉、腕足类、棘屑、珊瑚属及瓣鳃类、腹足类碎片等，胶结物发育程度有高有低，孔隙主要是各种溶孔。原岩在白云岩化后结构基本上保存较好，并且伴有岩溶改造的痕迹，部分颗粒云岩因较强烈的白云石化和重结晶作用，原始沉积结构遭受破坏，呈残余颗粒结构。颗粒形状多不规则，粒径变化较大，分选和磨圆中等、差、好均有，颗粒白云岩储层在黄龙组气井中，所占比例最高可超过单井储层厚度的三分之一，单井孔隙度一般大于 3%。

（2）角砾云岩（岩溶）

角砾云岩储层主要见于石炭系黄龙组［图 3-27（a）、（b）］，在茅口组、雷口坡组（元坝地区）以及灯影组中可见少量发育（图 3-27（c）、（d））。角砾白云岩储层主要是岩溶成因的砾石支撑、基质充填的孔隙性白云岩。砾石成分有泥晶云岩砾石、含颗粒泥晶云岩砾石及少量的颗粒云岩砾石，单成分、复成分的砾岩均有。砾石一般为棱角状、次棱角状，以未经过搬运或有短距离搬运的砾石为主。砾间充填物主要是岩溶作用产生的细小碎屑，多属渗流充填物。储层的主要孔隙是砾间充填物被溶解产生的次生溶孔及溶洞，孔隙度可以达到 3% 以上。在一些单井中这类储集岩占的比例可以超过 50%。

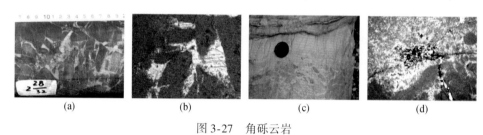

| (a) | (b) | (c) | (d) |

图 3-27　角砾云岩

（a）三星 1 井石炭系角砾白云岩，角砾间孔洞、缝隙发育，呈三角形、菱形、条状等，多数相互连通呈网状，被方解石全充填；（b）三星 1 井泥晶角砾云岩：内被方解石全充填，见晶间微孔，孔径 <0.01mm，面孔率约 0.5%；（c）石柱双流坝廖家槽灯影组泥晶角砾云岩；（d）灯影组砾屑云岩，10×4，两期裂缝充填沥青

（3）晶粒云岩

晶粒云岩在岩溶储层发育的各层系均有分布，以粉晶云岩为主，少数为细晶云岩、微晶云岩、泥晶云岩。晶粒以半自形晶为主，镜下常见原岩的颗粒结构残余，表明这些晶粒白云岩主要是由灰岩交代而成。晶粒白云岩储层内孔隙主要为晶间溶孔、超大溶孔等次生孔隙。

晶粒白云岩储层在黄龙组气井中所占比例较低，单井孔隙度平均值最高可达 6%。除此之外，灯影组中广泛发育的泥晶云岩，由于其本身较低的基质孔隙度，一般认为难以成为有效储集岩，基于大量薄片观察发现泥晶云岩经岩溶改造后，同样可见到大量溶蚀孔隙。因此这类岩石亦能成为重要储集岩类型［图 3-28（a）］。结晶云岩可能来源于泥晶云岩的溶蚀改造、各类岩石类型的重结晶作用以及古岩溶形成孔洞的填充作用［图 3-28（b）］。

（4）藻纹层白云岩

藻纹层白云岩主要见于灯影组，在川西雷口坡组亦有分布。藻纹层白云岩结构清晰，纹层黑白相间，黑色为富藻纹层，浅色为富屑纹层，未经改造的藻纹层储层物性相对较差［图 3-29（a）］。经后期溶蚀改造可发育大量溶蚀孔洞，形成优质储层［图 3-29（b）］。

2）灰岩

灰岩主要发育在茅口组，雷口坡组见少量分布。根据野外露头和岩样、钻井岩心及其薄片观察研究，具体分为颗粒灰岩、粉-微晶灰岩、泥-粉晶灰岩、白云质灰岩。

图 3-28　晶粒云岩

（a）金鸡 1 井石炭系灰色针孔粉晶云岩；（b）金石 1 井震旦系灯影组粉晶白云岩，溶蚀孔洞，3160.28m；
（c）川西新深 1 井雷口坡组灰色含砂屑微晶灰岩，岩心沿水平缝断开，断面见巨晶方解石半充填，溶蚀
缝洞发育；（d）川西新深 1 井雷口坡组含溶孔粉微晶质白云岩；（e）灯影组含藻泥粉晶云岩，10×10，
经古风化壳岩溶或层间岩溶改造后能见到大量溶蚀充填孔隙；（f）灯影组含中晶细晶白云岩，10×10，
缝合线充填沥青，来源于泥晶云岩的溶蚀改造、各类岩石类型的重结晶作用及孔洞的沉淀填充作用；
（g）龙 4 井茅三段，粉晶白云岩，单偏，×50；（h）茅口组泥-微晶白云岩，沿裂缝溶蚀现象明显，白
泥，铸体，5×5（-）

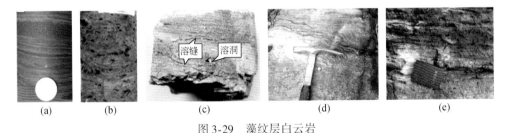

图 3-29　藻纹层白云岩

（a）资 7 井灯影组藻纹层白云岩，原始沉积的藻纹层，储集物性较差；（b）高石 1 井灯影组藻叠层白云岩，溶蚀孔
洞大量发育；（c）新深 1 井雷口坡组含藻凝块微晶藻白云岩，发育平缝及溶蚀孔洞，局部溶洞被方解石半充填；
（d）石柱廖家槽剖面灯影组藻丘云岩；（e）石柱廖家槽剖面灯影组藻丘云岩，黏结藻滩

（1）颗粒灰岩

颗粒灰岩主要包括亮晶生屑灰岩、鲕粒灰岩、砂屑灰岩、泥-粉晶灰岩、粉-微晶灰岩、白云质灰岩。

鲕粒灰岩：主要为鲕粒滩沉积，以泥-微晶鲕粒灰岩为主，亮晶鲕粒灰岩少见。颜色主要为灰色-深灰色，矿物成分以方解石为主，含少量白云石及陆源碎屑矿物。其中，方解石含量达 59% ~ 96%，平均为 87.64%，白云石为 2% ~ 40%，平均为 9.3%；陆源碎屑小于 15%，平均为 4.6%。岩石具粒屑结构，鲕粒含量为 40% ~ 80%，砂屑含量小于20%，含少量生屑小于 5%；颗粒间主要为泥-微晶方解石胶结，含量 15% ~ 45%。鲕粒大部分为正常鲕和薄皮鲕，少量为复鲕和变形鲕。鲕粒形状主要为圆形—椭圆状，多数由于重结晶作用或白云岩化作用使得同心层不清楚而呈残余状，大小为 0.3 ~ 2.0mm，分

选、磨圆中等—好。胶结物略显世代结构，由鲕粒边缘向粒间孔隙方解石胶结，晶粒由细→粗，结构由纤状→栉壳状→粗粒状或连晶状。岩石经历了强烈的构造作用，多数鲕粒破损，发育有后期构造缝，但是充填严重，储集性能一般，平均面孔率为0.65%。

亮晶生屑灰岩：主要为一套块状亮晶生屑灰岩，单层厚度大，可达数米［图3-30（a）～（c）］；生物碎屑含量大于50%，主要为红藻、绿藻、腕足类、䗴、有孔虫、珊瑚、介形虫、棘皮类、苔藓等，一般为亮晶方解石胶结，亦有具泥晶基质［图3-30（d）］，为碳酸盐岩高速沉积期产物。野外剖面中的颗粒灰岩为生屑灰岩中的"眼球状灰岩"或"花斑状灰岩"。

这类岩石主要见于台地相浅滩微相中，在四川盆地茅口组中上部较为发育。由于沉积水体下降，这类颗粒滩易暴露于大气水中，遭受溶蚀而形成粒间溶孔、粒内溶孔及铸模孔，有利于较好储层的形成。而遭受溶蚀作用较弱的颗粒灰岩，其粒间孔和生物体腔孔大多在经过灰泥的充填、亮晶的胶结和压实压溶作用后基本消失，仅在局部可见少量粒间溶孔和生物体腔溶孔，具有一定的储集性能，可形成Ⅲ类储层。

砂屑灰岩：为砂屑滩沉积，以亮晶砂屑灰岩为主［图3-30（e）、（f）］，微晶砂屑灰岩次之。颜色以灰色为主，矿物成分以方解石为主，含量为75%～96%，平均为87.33%，白云石为2%～25%，平均为8.56%。岩石具粒屑结构，砂屑含量为45%～75%，鲕粒含量小于5%，生屑含量小于8%。粒屑以砂屑为主，砂屑形状多不规则，粒径变化较大，为0.1～2mm，分选、磨圆中等—差，砂屑成分以泥晶方解石为主，颗粒间多为亮晶方解石胶结，世代结构不明显，重结晶作用较强，部分砂屑仅见残余结构。岩石中孔隙不发育，仅见少量的残余溶孔和晶模孔，多发育构造缝、溶蚀缝和缝合线，但是充填严重，平均面孔率为0.55%。

图3-30　灰岩

（a）龙4井茅三段，5994.0m，亮晶生屑灰岩，单偏，×50；（b）新深1井，5532m，雷口坡组含溶孔粉-细晶藻砂屑白云质灰岩，（+），×20；（c）福石1井生屑灰岩；（d）咸丰红村茅二段泥生屑灰岩；（e）矿1井浅灰色泥亮晶砂屑灰岩；（f）隆盛1井茅口组生屑、砂屑灰岩

（2）粉-微晶灰岩

粉-微晶灰岩主要发育于茅口组，此处以川东南茅口组为例。粉-微晶灰岩主要为深灰色中-厚层状微晶灰岩、粉晶灰岩、含颗粒粉-微晶灰岩及泥质灰岩等。微晶灰岩中含有数量不等的红绿藻、腕足类、介形虫、棘皮类、䗴、有孔虫、苔藓、单体珊瑚及海绵骨针等生物碎屑，一般小于10%。

这类岩石主要形成于潮下低能或潟湖微相中，弱的水动力环境不利于颗粒的堆积和灰泥的带出，因而岩石中粒间孔和生物体腔孔较少，在后期压实作用下，其孔隙消失殆尽，储集性能极差。

（3）泥-粉晶灰岩

泥-粉晶灰岩在茅口组较少分布，为浅缓坡滩间海沉积。颜色以深灰色为主，矿物成分以方解石为主，含量为75%～96%，平均为87.33%，白云石为2%～15%，平均为8.33%，陆源碎屑矿物含量小于10%，平均为2.75%。岩石具晶粒结构，方解石以泥-粉晶为主，均呈不规则他形粒状，晶体浑浊，大小混生镶嵌接触；白云石以粉晶为主，绝大多数呈不规则他形粒状，晶粒相对干净。少数含陆源碎屑石英，石英为粉-细砂级、棱角状，悬浮星散分布。岩石中孔隙不甚发育，主要为方解石晶间孔，裂缝主要有构造缝和溶蚀缝，但是充填较严重，平均面孔率低。

（4）白云质灰岩

白云质灰岩颜色为灰色-深灰色。矿物成分以方解石为主，含量为55%～73%，平均为67.75%。白云石为25%～45%，平均为29.83%。石膏含量小于3%，陆源碎屑矿物<3%。岩石具晶粒结构，方解石以微晶为主，不规则他形粒状，晶粒较浑浊。白云石以粉晶为主，绝大多数呈不规则他形粒状，个别呈半自形，晶粒较干净，晶形较清楚，镶嵌接触；岩石中可见自形干净明亮的石膏晶体，呈星散状分布。少数含陆源碎屑石英，石英为粉砂级、棱角状，悬浮星散分布。岩石中孔隙较发育，主要有晶间孔和残余溶孔，裂缝有构造缝、溶蚀缝及缝合线，部分半充填，存在残余空间。

2. 储层物性特征

岩溶储层实钻岩心以及野外剖面物性测试资料的统计分析表明，岩溶储层总体表现中低孔、渗透率差异大、低含水饱和度的特征，孔渗关系显示严重非均质性特征（表3-12）。

表3-12 四川盆地岩溶储层物性参数统计表

物性参数	样品数/个	最低值	最高值	平均值
孔隙度/%	21312	0.2	29.2	4.84
渗透率/$10^{-3}\,\mu m^2$	19566	0.02	228	—
含水饱和度/%	1219	3.5	100	27.36

1）储层以低孔隙度为主

根据四川盆地不同地区岩溶储层岩样共21312个实测孔隙度统计结果（表3-13），孔隙度以中-低孔隙度为主，变化范围为0.1%～29.2%，平均值为4.84%。由于收取的样品区域有限，以及取心井段岩心收获率较低，因此，实测岩心分析数据不能完全真实地反映岩溶储层的孔隙发育程度。但总的来说，岩溶储层岩心孔隙度不高，储集性能受裂缝影响大。四川盆地已钻探的岩溶储层低产气井经过储层改造后，大部分都获得工业气流，表明裂缝对储集性能的改善作用较明显。

表 3-13　四川盆地不同地区岩溶储层孔隙度分析统计表

孔隙度/% 地层	<2	2.0~6.0	≤6.0	合计	最大	最小	平均值
七里21井石炭系	78.28%	18.39%	3.63%	359	7.97	0.5	1.82
川东石炭系	31.45%	48.05%	20.5%	17183	—	3.5	5.2
磨溪雷口坡组	18.7%	12.5%	68.8%	32	—	—	5.45
鄂西渝东灯影组	46.15%	40%	13.85%	130	29.2	0.1	3.496
川东南茅口组	75.4%	24.6%	—	53	3.99	0.1	1.37

从物性资料来看（图3-31），四川盆地岩溶储层孔隙度主要分布在小于2.0%的区间内，其次分布在2.0%~6.0%。其中，雷口坡组孔隙度变化范围为0.08%~13.14%，平均值为5.45%；石炭系孔隙度变化范围为0.13%~26.39%（表3-14），平均值为5.16%；灯影组孔隙度变化范围为0.1%~29.2%，平均值为3.496%；茅口组孔隙度变化范围为0.1%~3.99%，平均值为1.37%。孔隙度在不同层系不同地区发育具有差异，总体看来，雷口坡组岩溶储层孔隙度发育优于石炭系及灯影组，石炭系及灯影组储层孔隙度发育优于茅口组。

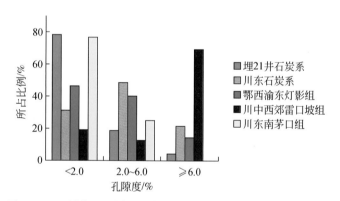

图3-31　四川盆地不同层系典型岩溶储层孔隙度分布频率直方图

表 3-14　四川盆地不同地区石炭系黄龙组岩心孔隙度分析统计表

孔隙度/% 地区	<2.5	2.5~6.0	6.0~12.0	≤12.0	合计	最大	最小	平均值
沙罐坪	55%	30%	13%	1%	1101	17.56	0.13	3.52
相东区块	71%	20%	10%	0	260	11.23	0.23	3.04
云和寨	56%	37%	6%	0.40%	1128	14.89	0.31	2.92
芭蕉场	81.60%	12.97%	5.40%	0.03%	185	—	—	2.03
渝东地区	15%	54.96%	27.13%	2.91%	826	—	—	5
大天池	38.55%	46.24%	13.06%	2.15%	55	26.39	0.17	3.71

以石炭系岩溶储层为例（图 3-32），在所有岩样中，孔隙度小于 2.5% 的岩样占总岩样的 48.55%，分布在 2.5% ~ 6.0% 的岩样占总岩样的 36.76%，分布在 6% ~ 12% 的岩样占总岩样的 13.54%，大于 12% 的岩样占总岩样的 1.15%。

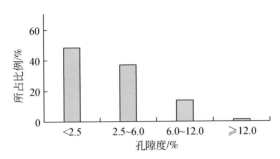

图 3-32　四川盆地石炭系岩心孔隙度分布频率直方图

综上所述分析认为，岩溶储层以低孔隙度为主，较少中–高孔隙度分布，极少高孔隙度储层，储层属低孔隙度，在川中磨溪一带发育中孔储层。

2）基质渗透率很低，横向变化较大

根据四川盆地不同地区共计 19511 个岩溶储层岩样，实测渗透率统计结果可知（图 3-33），不同地区平均基质渗透率变化较大，渗透率最大的为川西中段的雷口坡组，可达 $228×10^{-3}\ \mu m^2$，变化范围在 $0 ~ 228×10^{-3}\ \mu m^2$。川东南茅口组，沙罐坪、相东区块、渝东地区、川东石炭系以及灯影组样品渗透率主要分布在 $0 ~ 0.1×10^{-3}\ \mu m^2$ 区间，表明这些地区岩溶储层基质渗透率较低，裂缝对储层渗透性能起主导作用。而在云和寨地区石炭系以及磨溪雷口坡组储层样品的渗透率主要分布在 $0.01×10^{-3} ~ 1.0×10^{-3}\ \mu m^2$ 的区间中，这些地区岩溶储层基质渗透率较好，部分可达到中等渗透率。总的来看，层系上雷口坡组储层渗透率较其他岩溶储层发育更好。区域上岩溶高地储层较岩溶斜坡地带储层渗透率更好，说明岩溶储层基质渗透率横向变化较大。

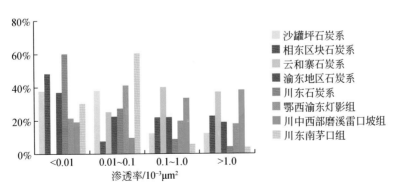

图 3-33　四川盆地不同层系典型岩心渗透率分布频率直方图

由于受到岩溶作用控制，四川盆地部分地区岩溶地层较薄，且个别取心层段收获率低，岩心分析忽略了裂缝因素对渗透率的影响。因此，岩心分析渗透率统计结果较储层渗透率真实值偏低。但上述分析结果总体表明，岩溶储层渗透率总体较低。

3. 储集空间类型

四川盆地岩溶储层可分为岩溶缝洞型储层（石炭系、茅口组）、裂缝–孔洞型储层（雷口坡）两种主要类型。由于岩溶储层岩性的差异、储集空间类型多样，储集空间的大小和形状变化也很大，发育也不均一。储集空间的形态大致可分为三类：孔隙、洞和裂缝（表3-15）。

表3-15 岩溶储层主要储集空间类型表

储集空间类型		
孔隙	原生孔隙	粒间孔
		粒内孔
		骨架间孔
	次生孔隙	晶间孔、铸模孔
洞	岩溶溶洞	溶洞
	岩溶孔隙	晶间溶孔
		粒内溶孔
		粒间溶孔
		非组构型溶孔
裂缝	构造缝	
	压溶缝	
	溶蚀缝	

1）孔隙

按照孔隙成因将其分为两类：原生孔隙和次生孔隙。其中，原生孔隙主要包含粒间孔、粒内孔、骨架间孔；次生孔隙主要可见晶间孔、铸模孔。

（1）原生孔隙

原生孔隙主要是指在沉积环境中形成的、受岩石组构控制的孔隙。在成岩过程中，孔隙可能具有一定的变化，或是溶解作用影响较小的孔隙。

粒间孔：存在具有颗粒结构的颗粒灰岩、颗粒云岩中，也可见于角砾云岩中，在沉积期形成，部分被充填。原生孔隙由颗粒相互支撑而成，形状不规则。主要见于黄龙组和灯影组，以这类孔隙为主的岩石，连通性好，孔隙度和渗透率都较大，储层渗滤条件好。

粒内孔：孔隙连通性差，有效孔隙度不高，常与生物碎屑粒间孔隙伴生，形成较好的储集层［图3-34（a）、（b）］。

（2）次生孔隙

次生孔隙是指在成岩过程中由溶解作用、白云化作用、破裂作用、收缩作用等次生作用形成的孔隙，主要有晶间孔及铸模孔两种类型。

晶间孔：主要存在于重结晶较强的、具或不具颗粒结构的粉–细晶白云岩中，位于半自形–自形的白云石晶体之间，由重结晶后白云石晶体杂乱排列而形成。在部分溶蚀孔、洞中充填的亮晶白云石间也可见到。该类孔隙为不规则的多边形，多数未被充填。可单独构成储层的主要储集空间，但常和不同类型的溶蚀孔洞一起共同组成储层的孔渗系统，是重要的储集空间之一［图 3-34（c）、（d），图 3-35（a）～（c）］。

铸模孔：石膏等晶粒或颗粒被全部溶蚀而成的孔隙。以同生期形成为主，表生期及早、晚成岩期为辅。较少见，仅见于石炭系黄龙组和灯影组［图 3-34（a）、图 3-35（d）］。

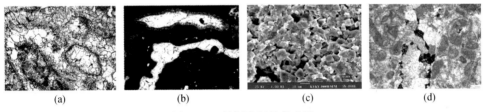

图 3-34　晶间孔以及粒内孔

（a）灯影组含生物粉晶云岩，10×10（1-ljc-1），粒内孔、铸模孔被粒状胶结、充填；（b）灯影组砾屑云岩，10×4，粒内孔被粒状胶结、充填；（c）三星 1 井，4617.99m，粉晶云岩，晶间孔发育；（d）金石 1 井茅口组晶间孔

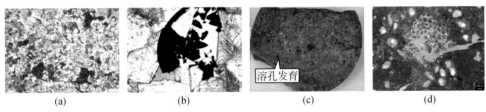

图 3-35　次生孔隙

（a）金石 1 井灯影组晶间孔；（b）丁山 1 井灯影组晶间孔，粒内孔被粒状胶结、充填；（c）云岩，晶间溶孔、晶间孔蜂窝状分布，孝深 1 井，井深 5717.5～5723.1m；（d）天东 8 井，石炭系，粒内溶孔、铸模孔

2）洞（溶洞–溶解孔隙）

洞包括溶蚀孔洞和溶蚀孔隙（晶间溶孔、粒内溶孔、粒间溶孔、非组构型溶孔）。

晶间溶孔：在储层发育的各层系中常见，普遍发育于各类结晶白云岩中，由晶间孔溶蚀扩大而形成。溶蚀作用发育在晶体之间，孔隙形态复杂，孔缘常见溶蚀痕迹，连通性中等，多被半充填。这类孔隙非常普遍，是主要的储集空间之一［图 3-36（a）、（d）、（e）］。

粒内溶孔：发育于各类颗粒白云岩及颗粒灰岩中［图 3-36（f）］，由各种颗粒（生屑、砂屑、鲕粒）内部被溶蚀而形成。该类孔隙的形状通常依颗粒的形状而变化，溶孔形态复杂多样，连通性差，多被石膏、方解石、白云石半–全充填，储渗条件一般。

粒间溶孔：在各层系均可见，发育于各类颗粒白云岩及颗粒灰岩中，由颗粒间胶结物或部分颗粒被溶蚀而形成［图 3-36（b）］，通常与粒内溶孔伴生。孔隙形态多样，多为不规则多边形，一般被云岩、方解石、渗流砂、石英晶体等镶边或半充填（曹俊峰，2009）。是灯影组重要的孔隙类型，局部层段较粒内溶孔更发育，是重要的储集空间之一。

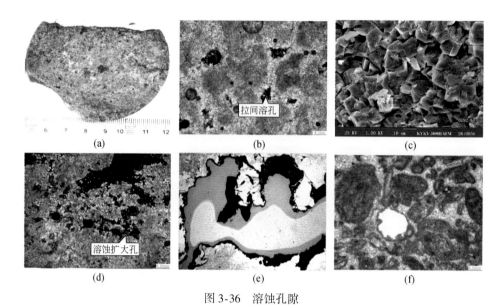

图 3-36　溶蚀孔隙

（a）孝深 1 井雷口坡组岩心，晶间孔、晶间溶孔非常发育，蜂窝状层状分布；（b）雷口坡组微晶砂屑白云岩，粒间溶孔发育，孝深 1 井 5800m，（+）100；（c）石炭系黄龙组三星 1 井岩心 4622.32m，粉晶云岩，晶间溶孔发育情况；（d）雷口坡组顶部含藻凝块白云岩，溶蚀扩大孔、缝发育，孝深 1 井 5793m，（+）40；（e）灯影组硅质粉晶云岩，10×4，（8-yb-19）晶间溶孔充填沥青；（f）金石 1 井茅口组粒内溶孔

　　非组构型溶孔（洞）：主要见于灯影组、黄龙组，分布于重结晶较强的、具或不具颗粒结构的粉–细晶白云岩中，是在晶间孔基础上的溶蚀扩大形成的［图 3-36（d）］，野外观察通常呈椭圆形或长条形，孔隙长轴多顺层排列。同时，由于颗粒内部白云石重结晶强烈，部分孔隙的边界呈棱角状。

　　溶蚀孔洞：主要发育于各类微–粉晶白云岩及生物礁白云岩中，因无法分清溶孔性质，故统称为溶孔或溶洞。直径小于 2mm 者称溶孔，大于 2mm 者称溶洞。洞形态多不规则，直径以 3~4cm 为主，大者 10cm，洞壁除有少量白云石、方解石及石英晶体生长外，大部未被充填，少数洞壁有少量沥青残余物质。是较重要的储集空间之一。

　　其中，在雷口坡组溶蚀孔洞主要呈蜂窝状分布［图 3-37（a）］；茅口组溶蚀孔洞也较为发育［图 3-37（b）］；在黄龙组主要发育于上部，洞穴形状不规则，洞穴大小为 0.1cm× 0.2cm~5cm×6cm，一般为 0.8cm×2cm 左右，多为方解石全充填孤立洞，部分为方解石半充填洞，洞穴主要沿裂缝分布［图 3-37（c）］；灯影组资阳地区岩溶孔洞 25 个/m，以小洞为主，面孔率 0.54%；威远地区岩溶孔洞 20 个/m，以中小洞为主，面孔率 0.01%；川中高科 1 井灯四段顶部溶洞密度为 0.17~4.3 个/m，最大可达 9.83 个/m，以中小洞为主；川东南丁山 1 井溶洞密度为 0.15~8 个/m，以中小孔洞为主；金石 1 井溶洞密度为 0.13~ 6 个/m，以中小洞为主；多为方解石全充填孤立洞，部分为方解石半充填洞，洞穴主要沿裂缝分布［图 3-37（d）］。从纵向上来看，绝大多数岩溶孔洞分布在风化面附近 70m 以内，多顺层分布。

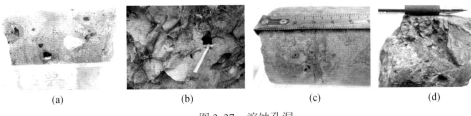

(a)　　　　　　　(b)　　　　　　　(c)　　　　　　　(d)

图 3-37　溶蚀孔洞

（a）新深 1 井雷口坡组的溶蚀孔洞；（b）茅口组灰岩中的溶蚀洞穴观音桥；
（c）福石 1 井石炭系溶蚀孔洞；（d）金石 1 井灯影组溶洞，粉晶藻白云岩

3）裂缝

从成因上将裂缝分为五类：构造缝、成岩缝、沉积–构造缝、压溶缝、溶蚀缝。在四川盆地岩溶储层中常见的缝隙主要有构造缝、溶蚀缝以及压溶缝，其他的缝隙类型少见。

构造缝：指岩石受构造应力的作用，超过其弹性限度后破裂而成的裂缝。在岩溶储层发育的各层系均可见，裂缝分多期次发育。例如，在灯影组中可见五期以上的裂缝［图3-38（a）］，主要发育于灯影组中上部，前四期分别被白云石、硅质、沥青、黄铁矿等充填，充填特征显示裂缝不仅沟通了储层外部流体，而且可能是油气充注及聚集的主要通道或空间，第五期裂缝未充填，为储层现今有效裂缝。构造缝中缝宽不等，0.01～1mm 均可见，其中，黄龙组、灯影组常见高角度裂缝，以缝宽 0.1～1mm 的裂缝最为常见，产状以高角度（>70°）为主，平直，延伸较远，未充填或被少量粒状亮晶白云石微充填；缝宽 1～10mm 的大、中裂缝也较发育，产状以 35°～45° 为主，被粒状亮晶白云石、少量硅质和沥青充填—半充填；水平微裂缝也可见［图3-38（b）］，这几类产状的裂缝相互切割，组成树枝状及网格状系统；茅口组常见水平缝、低角度缝、直立缝［图3-38（c）、（d）］，缝宽一般小于 1mm，充填物多为方解石、次为泥质。

(a)　　　　　　　(b)　　　　　　　(c)　　　　　　　(d)

图 3-38　裂缝

（a）金石 1 井灯影组多期裂缝；（b）云和 3 井，石炭系，角砾云岩和微晶云岩，低角度裂缝，压溶缝，充填有机质；（c）茅口组泥–微晶白云岩，沿裂缝溶蚀现象明显，铸体 5×5，（-）；（d）阆中 1 井茅口组高角度半充填裂缝

压溶缝：为压溶作用的产物、呈锯齿状顺层分布。在各层系中均发育［图3-38（b）、图3-39］，主要见于颗粒灰岩、颗粒云岩中。

溶蚀缝：由于地下水的溶蚀作用，已扩大并改变了原有裂缝的面貌，难以判断原有裂缝的成因类型，统称为溶蚀缝。溶蚀缝形状多变，具有蛇曲状、漏斗状、树枝状等，大多

具有充填物。大的溶缝，往往与溶洞相连，二者结合，形成很大的储集空间（图3-40）。

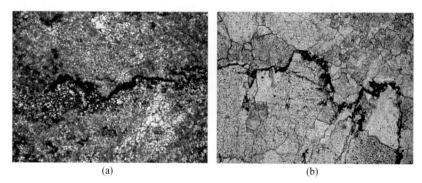

图 3-39　灯影组压溶缝

（a）含生物泥晶云岩，10×10，缝合线充填沥青；（b）含中晶细晶白云岩，10×10，缝合线充填沥青

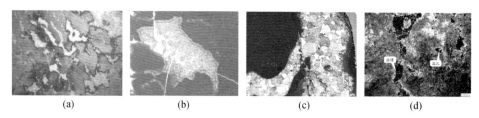

图 3-40　岩溶储层中的溶蚀缝

（a）利1井溶蚀缝，井深4488.7m；（b）利1井溶蚀缝，井深4698m；（c）林1井灯影组溶蚀缝；
（d）雷口坡组白云岩，溶缝、溶孔发育，孝深1井，井深5791m，（+）40

3.2.2　成岩作用与孔隙演化

四川盆地岩溶储层孔隙形成演化总体可划分为三个关键阶段：第一阶段为沉积成岩时期，此时主要为原生孔隙形成阶段，基本不受岩溶作用影响；第二阶段为抬升剥蚀不整合岩溶形成时期，为岩溶储层形成关键时期，优质次生孔洞形成重要阶段；第三阶段为埋藏过程中构造裂缝对次生孔洞的进一步扩大溶蚀。以四川盆地灯影组为例进行详细介绍。

灯影组岩石沉积后，储层岩石经历了5.7亿年的成岩史，最大埋深达8000m以上，经历了七次（从老至新：桐湾运动、加里东运动、云南运动、东吴运动、印支运动、燕山运动及喜马拉雅运动）大的构造运动，成岩环境变迁，成岩作用多次叠加，储集空间的类型和演化随成岩作用的阶段变化，形成了现今储层的面貌。岩心观察及详细的岩心薄片鉴定表明，全盆地上震旦统灯影组几乎都具有相同的成岩演化序列，均遭受了灯影末期表生岩溶作用。随后再次进入埋藏期，虽然在后续构造运动过程中，有抬升−埋藏过程，但均未抬升至地表或近地表。但燕山运动及喜马拉雅运动在盆地表现强烈，盆地整体隆升近3000m，在盆地边缘米仓山、大巴山、习水及石柱地区，震旦系出露地表，但盆内及边缘绝大部分震旦系均深埋地下。

在显微镜下，灯影组成岩作用有35种之多，如此多的成岩作用或称为成岩事件并非均对碳酸盐岩孔隙演化具有较大影响，如交代作用，它是一种动态的、平衡的溶蚀-沉淀过程，不会出现宏观尺度上的一种孔隙剩余。相对而言，胶结作用则是孔隙演化重要的一环，常与压实压溶作用一起，对原生孔隙与次生孔隙进行破坏，甚至可使岩石孔隙降至零。

在所研究的三口井中，由于所处的构造位置不同，成岩作用分布时间也不同，灯影组漫长成岩历史过程使灯影组经历了 34 种成岩作用，经历压实压溶、淡水溶蚀、构造岩溶、深埋岩溶、两期烃类充注、七类胶结作用等成岩改造，致使原孔隙基本消失殆尽（图3-41），现今基质孔隙度主要分布在 1% ~ 2%，裂缝-孔洞段全直径孔隙度可达 10%。从孔隙演化图上得知丁山 1 井灯影组储集物性主要受控于桐湾运动淡水溶蚀、重结晶、构造破裂作用及与之相伴生溶蚀作用。

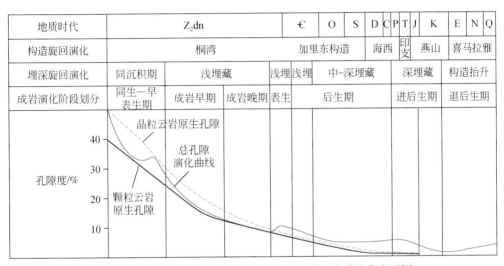

图3-41 川东南地区丁山1井上震旦统灯影组孔隙演化序列图

高科 1 井成岩演化与孔隙演化（图3-42）与丁山 1 井相类似，成岩作用众多，相比于丁山 1 井，只缺少一类硅化作用与纤状白云石胶结作用。根据孔隙演化曲线可知丁山 1 井桐湾运动形成次生溶蚀孔洞缝不及高科 1 井发育，但喜马拉雅期构造破裂缝作用强于高科 1 井，另外，丁山 1 井普遍硅化，而高科 1 井相对较少。安平 1 井成岩作用（图3-43）不像与之相近构造高科 1 井发育，特别是硅化作用与胶结充填作用。

结合灯影组三口井成岩作用序列演化图分析得知，灯影组岩石不管藻黏结白云岩、颗粒白云岩或是晶粒白云岩，其原生孔隙均较低，主要储集空间为孔洞-裂缝型。灯影组白云岩成岩历史长，经历构造运动期次多，因此储层孔隙演化受多种成岩作用影响且相互叠加。

（1）在同生至早期成岩阶段（震旦系—早寒武纪）：高能量颗粒沉积物经历了大气淡水、混合水、正常海水三种（其可以相互叠加）近地表成岩环境改造，形成各种复杂成岩组构，这一阶段可形成溶蚀孔洞（刘树根等，2007）。晶粒白云岩在初始沉积时，原生孔隙可达 70%，后经压实-压溶作用，在约 3500m 处，原生孔隙度仅为 1% ~ 2%；颗粒白云岩或藻黏结白云岩，含有较多亮晶，通过颗粒岩压实模型以及现存亮晶含量，推测当时原

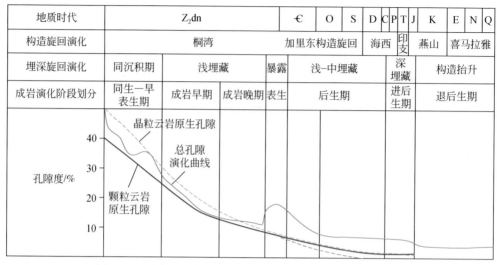

图 3-42　川中地区高科 1 井上震旦统灯影组孔隙演化序列图

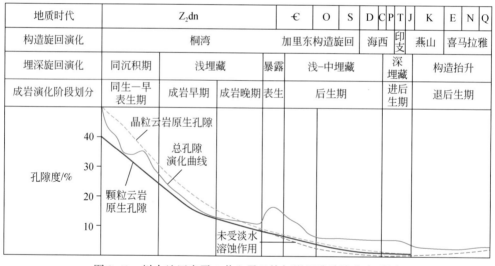

图 3-43　川中地区安平 1 井上震旦统灯影组孔隙演化序列图

生孔隙度达 40%，但经历埋藏压实压溶、胶结作用以及沥青沉淀充填作用之后，在埋藏约 5000m 处，原生孔隙已下降至 2%～5%，而对于低能量云泥沉积物来说，未遭受近地表成岩环境的改造，直接进入浅埋藏成岩环境，故其成岩组构较单一。

（2）成岩晚期阶段（早寒武世—晚侏罗世），桐湾运动导致灯影组末期遭受广泛淡水岩溶作用、破裂作用及相伴生构造岩溶、膏溶作用等，现今灯影组顶部绝大多数岩溶孔洞均是该期产物，当灯影组再次埋藏时，先后为纤状白云石或粉-细晶晶粒状白云石-叶片状白云石-粗晶白云石及方解石或硅质充填胶结充填，以及沥青脱溶沉淀充填作用，大大减少次生孔隙。但油气充注抑制了成岩作用的进行，可使孔隙降低速率得到控制，另外，与油气充注相伴生有机酸可使灯影组发生深埋岩溶与溶蚀-沉淀作用（重结晶），使白云石晶体更加自形或粗大,增大晶间孔,改善储层物性。因此,灯影组储层在油气第二次充注时,仍具有较好孔隙度,部分层段约8%左右。

(3)表生成岩阶段(晚侏罗纪至今):在燕山期—喜马拉雅期,岩石经历了构造抬升期破裂作用后,普遍遭受地表酸性水改造,发生溶解淋滤作用和硅化作用。受燕山期油气裂解所产生沥青或沥青脱溶沉淀作用影响,孔隙度有所降低,期间产生部分构造破裂缝可部分被充填,然而喜马拉雅期产生破裂缝基本未被充填,特别是丁山1井灯影组岩心上可见多段破裂岩心,每段长1~2m,可使次生孔隙空间有所提高。

3.2.3 储层发育控制因素及成储模式

由 D. A. Budd、A. H. Saller 和 P. M. Harris 主编的,AAPG 1995 出版的《Unconformities and Porosity in Carbonate Strata》详细地论述了与不整合面有关的碳酸盐岩岩溶储层的特征、形成机理和分布规律。Jakuc(1977)、Muller 和 Sarvary(1977)报道了热水成因的岩溶;Back 等(1984)提出了海岸带淡水-海水混合水岩溶机理;郑荣才和陈洪德(1997)通过对古岩溶储层的微量和稀土元素研究,指出各类岩溶和胶结物的碳、氧、锶稳定同位素,以及微量元素、稀土元素特征,可作为判断大气水溶蚀过程中的流体性质及古水文条件变化特征的依据,为评价和预测古岩溶储层的重要标志之一。

针对四川盆地岩溶储层发育机理,前人已做大量研究。晚石炭世云南运动使整个川东地区抬升为陆,受构造升降和差异剥蚀强度控制,发育古岩溶不整合面,形成地形起伏有序变化的古岩溶地貌景观,从原始基底古陆至海盆,按顺序发育溶蚀高地、溶蚀斜坡、溶蚀谷地和溶蚀洼地(黄尚瑜、宋焕荣,1997)。在溶蚀高地以及斜坡地带,淡水白云石对溶蚀孔、洞、缝的充填作用和对岩溶角砾的胶结作用也加强。因而,对白云岩储层,特别是白云质岩溶角砾储层的发育既有贡献,也有破坏(胡忠贵等,2008)。

从大池干地区勘探实例来看,储层类型以白云岩为最好,孔隙成因主要是表生期抬升暴露,淡水溶蚀使得白云岩原生孔隙溶蚀扩大(李德敏等,1994)。

在四川盆地内,川东地区中石炭统黄龙组碳酸盐岩在形成区域孔洞型储集层经历了五个成岩作用阶段:①准同生期沉积物干化蒸发作用和潮水的冲刷作用,形成了碳酸盐岩干裂泥砾,造成表层白云石化,保存了一部分粒间孔隙;②准同生期—成岩早期的大气淡水淋滤溶蚀,形成早期各种溶孔、铸模孔、膏模孔、粒间及粒内溶孔;③成岩期地下水渗入,使原已形成的孔隙进一步扩大形成各种溶蚀缝和溶孔;④表生期淡水渗流带或地下水潜流带形成的溶蚀孔洞;⑤褶皱期的构造破裂作用产生了构造裂缝(徐国盛等,2005)。从渝东地区的井统计数据来看,裂缝不仅作为储集空间,还增强了运移通道的渗滤能力,促进了优质储层的形成(赵正望等,2007)。

1. 储层发育主控因素

综合灯影组、石炭系、雷口坡组、茅口组四个层系储层特征及发育机制,不整合岩溶储层总体可分为两大类:一类是以灯影组、石炭系、雷口坡组为代表的中–高孔渗基岩孔隙型散流岩溶储层(文华国等,2009),主要岩性为白云岩、颗粒白云岩,储集空间以粒间溶孔

（洞）、粒内溶孔（洞）、晶间溶孔为主，由于基岩孔渗性好，除沿断裂、裂缝管流方式溶蚀外，还以散流方式对基岩孔隙扩大溶蚀，具有似层状整体岩溶特征，储层分布广；另外一类是以茅口组为代表的低孔渗基岩缝洞型管流岩溶储层（文华国等，2009），主要岩性为灰岩、生屑灰岩，储集空间以岩溶缝洞为主，由于基岩岩性致密，溶蚀方式主要是沿断裂、裂缝管流方式进行，基岩结构很少受到改造，储集空间以缝洞为主，非均质性强（图3-44）。

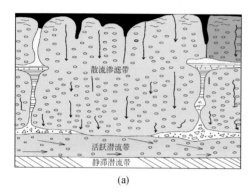 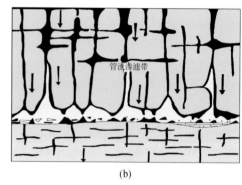

图3-44　岩溶储层两种成岩机理模式图（文华国等，2009）

（a）中–高孔渗基岩孔隙型散流岩溶储层（灯影组、石炭系）；（b）低孔渗基岩缝洞型管流岩溶储层（茅口组）

1）不整合面下基岩岩相、岩性组合是控制优质储层发育的基础

碳酸盐岩的可溶程度与岩石性质和结构有关，不同类型的碳酸盐岩决定了其自身的可溶性。不同层系、不同时期沉积环境的差别，使得沉积岩相及岩性组合存在差异，这种差异又造成后期溶蚀程度、溶蚀方式等呈现各异。但总体来讲，早期有利的沉积相带对后期岩溶储层的发育起到关键作用。

四川盆地灯影组为浅水碳酸盐岩局限台地潮坪、潟湖及滩相沉积，由于微地貌、水动力条件的细微差异，该台地内可形成较多类型不同的点滩（如内碎屑滩、绵层状藻砂屑滩、藻黏结颗粒滩和鲕粒滩）沉积体。

灯影组储集类型总体上属低孔低渗型，对于高科1井灯二段而言，亮晶藻砂岩（藻黏结岩）较微–粉晶白云岩具有更好的储集物性，即滩相好于潟湖相；灯三段岩石类型相对较为复杂，但藻黏结岩仍然具有更为优良的储集物性；灯二段为贫藻层，相对有利储集岩石为未遭受硅化的晶粒白云岩。结合汪泽成（2001）对高科1井震旦系—寒武系储集岩石类型分析，最为有利岩石类型为藻黏结白云岩，其次为粒屑白云岩，最为不利的是晶粒白云岩。王兴志等（1997）对资阳地区岩石类型与储集物性关系研究表明，滩相颗粒白云岩或藻黏结白云岩稍优于潟湖相微–粉晶白云岩。

从川东南地区灯影组不同沉积微相的孔隙度（表3-16）中可以看出，潮上带白云岩孔隙度为0.7%～5.59%，平均孔隙度为2.01%；潮间带孔隙度为0.59%～8.35%，平均孔隙度为1.72%；潟湖相白云岩孔隙度为1.06%～4.58%，平均孔隙度为2.4%；潮下带晶粒白云岩孔隙度为0.58%～3.52%，平均孔隙度为1.91%；浅滩相颗粒白云岩孔隙度为1.34%～1.77%，平均孔隙度为1.74%。因此，川东南地区灯影组潟湖相储层孔隙发育较好，潮上及潮下次之，潮间及浅滩较差，也反映灯影组储层物性在一定程度上受沉积相带的控制。

表 3-16 川东南地区灯影组不同微相孔隙度

微相	潮间	潮上	潮下	浅滩	潟湖
样品数/%	126	40	37	3	7
平均值/%	1.72	2.01	1.91	1.74	2.40
最小值/%	0.59	0.70	0.58	1.34	1.06
最大值/%	8.35	5.59	3.52	1.77	4.58

可见，震旦系灯影组沉积相对其储集物性具有一定控制作用，不同地区也具有一定差异。然而，像灯影组经历如此漫长成岩演化（5.7 亿年），致密到基质孔隙度只有 1% ~ 2% 储集岩来讲，特别是以晶粒白云岩为主的灯影组而言，沉积相对早期成岩作用控制更加明显。

岩相和岩性的差异不仅影响岩溶发育的模式，对同一层系，不同类型的碳酸盐岩决定了其自身的可溶性，从而控制了岩溶储层在平面上的分布。

以雷口坡组为例，通过对各钻井储层发育段岩性统计表明，总体上，白云岩类组合溶蚀孔隙发育程度优于灰岩类和膏岩类组合，颗粒岩类组合溶蚀孔隙发育程度优于一般非颗粒岩类。雷口坡组白云岩相区及浅滩发育区应是岩溶储层发育有利区。四川盆内雷口坡组的勘探实践也证实了这一点，川西新场构造带、川东北元坝-龙岗一带已获得油气突破，岩性均为白云岩（图 3-45）。

(a)　　　　　　　　　　　(b)

图 3-45 雷口坡组顶部储层孔隙特征

(a) 泥晶白云岩，发育溶缝，缝宽 0.02 ~ 0.04m，孝深 1 井，5706.7m，(+) 40；
(b) 泥晶白云岩，发育溶孔，元坝 12 井，4657.09m

同样，茅口组灰岩上部泥质、有机质含量少，质纯性脆，在外力作用下易产生破裂，也易发生溶蚀，岩溶作用较发育；茅口组灰岩下部泥质、有机质含量高，不易产生破裂，也不易发生溶蚀，岩溶作用不发育。茅口组白云化现象普遍，白云石晶间孔隙较发育，沿晶间易发生溶蚀，从表 3-17 可见，灰质云岩（或云质灰岩）的见溶率高于纯灰岩。

表 3-17 二叠系茅口组各种岩性岩溶发育情况

溶蚀 \ 岩性	泥晶灰岩	亮晶灰岩	灰质云岩	白云岩
总薄片数	77	10	9	5
见溶孔薄片数	57	7	8	4
见溶率/%	74.3	70	88.9	80

2) 不整合面岩溶优质储层发育受暴露、剥蚀时间及古地貌的影响

岩溶古地貌是岩溶作用与各类地质作用综合作用的结果，不同地貌形态对岩溶储层发育起着控制作用（夏日元等，1999）。所以，研究古岩溶地貌对于预测、评价古岩溶储层分布具有十分重要的意义。

由于暴露时间长，风化溶蚀作用不仅直接影响侵蚀面，形成岩溶地貌，而且受大气淡水的淋滤溶解的影响，能形成大面积岩溶缝洞储层。不同的岩溶地貌作用方式、作用深度及强度均有差别。岩溶地貌是形成岩溶储层的基础，①岩溶高地，淡水补给地下水，以垂向运动为主，岩溶作用浅；②岩溶斜坡，地下水垂向及水平运动同时发生，为岩溶发育带；③岩溶洼地，地下水汇流以水平运动为主，岩溶相对不发育。

四川盆地在不同地质历史时期，尤其是重大构造运动期，形成了不同规模及不同类型的古隆起。从演化序列上看，四川盆地在海相沉积时期存在加里东期古隆起、海西期古隆起、印支期古隆起，不同时期古隆起对沉积充填及后期地层剥蚀程度具有明显的控制作用，进而控制了沉积相展布、岩溶储层发育。

震旦纪末期的桐湾运动，使上震旦统灯影组遭受广泛的岩溶作用，在岩相学及地球化学上均有表现。资阳地区岩溶孔洞密度为 24.5 个/m，面孔率为 0.54%；威远地区岩溶孔洞密度为 20 个/m，面孔率为 0.01%；川中高科 1 井灯四段顶部岩溶孔洞密度为 0.17 ~ 4.3 个/m，最大可达 9.83 个/m；川东南丁山 1 井岩溶孔洞密度为 0.15 ~ 8 个/m。在平面上，溶蚀孔洞以资阳地区最为发育，威远地区次之，川中及川东南地区相对较差。在纵向上，溶蚀孔洞主要分布在风化面附近 70m 以内。

海西期云南运动对川东石炭系进行了强烈的改造作用，云南运动的抬升，在石炭系形成较大规模岩溶角砾白云岩，是岩溶暴露的典型识别标志。在川东石炭系大部分钻井中，岩溶角砾岩累积厚度达地层厚度的 20% ~ 50%，某些井达 60% 以上。这些岩溶角砾岩沿风化裂缝溶解、破裂、塌陷形成的网缝镶嵌状云质角砾岩和洞穴充填的角砾支撑或基质支撑的云质角砾岩，在纵向和横向上分布十分广泛，是晚期岩溶的产物，同时也能形成良好储集体。

川东石炭系岩溶古地貌的分布明显与云南运动石炭系古海盆受到的南北应力挤压有关，区域上的挤压应力形成了类似前陆盆地的应力场。但由于四川盆地刚性基底的抵抗，只造成了盆地的整体抬升以及波浪式挠曲性的小幅度隆升和伴生凹陷，应力汇聚在盆地中央，形成了梁平地区的低幅度古隆起。虽然岩溶高地导致局部石炭系被剥蚀殆尽，但由于石炭本身厚度较薄，因此整个盆地石炭系岩溶高地和洼地的最大高差仅不到 50m，绝大

多数地区古岩溶地貌的高差在相当大的范围内也仅仅只有20m。因此,石炭系的古岩溶仍然属于整体抬升、整体剥蚀。因为地貌差异小,所以无论是岩溶高地、斜坡还是岩溶洼地,溶蚀微地貌都应当是以低矮残丘、落水洞、溶沟等为主,中上部以大气降水垂直渗流溶蚀为主,下部为活跃潜流水平溶蚀。水平溶蚀和充填胶结作用受层内潜水位控制,顺层溶蚀作用自黄龙组三段到二段下部,自上而下应当是逐渐取代垂直溶蚀。因此,川东石炭系储层主要发育在黄二段。

印支运动末期,盆地内雷口坡组由于不同地区受剥蚀程度不同,残留地层不同,岩溶储层的发育各有差异。其中川西地区,地层主要剥蚀雷四段中上部,因此与岩溶有关的储层主要发育雷四段;川西南地区雷一段至雷四段都遭受剥蚀,因此在各个层段岩溶储层都有发育;川北地区雷口坡组岩溶储层也主要发育雷四段。尽管岩溶储层分布的层位有所差异,岩溶作用深度基本在不整合面以下150m内。

剥蚀时间长短直接影响地层残留厚度的大小,石炭系黄龙组的储集层主要发育在白云岩区的 C_2h^2 层段内。石炭系黄龙组储层分布情况与黄龙组厚度关系密切。在黄龙组储层分布研究中,黄龙组的有、无与厚、薄是储层能否存在的核心。在强剥蚀区及靠近石炭系剥蚀边界的地层厚度极薄带(0~5m)是石炭系天然气储层缺失带,这些区域不是石炭系天然气成藏有利区。但在它们附近,却可能形成与地层圈闭有关的气藏。根据川东地区石炭系勘探成果,石炭系残厚为3~100m。当石炭系厚度小于10m时,上部的上、中段全部被剥蚀掉,仅留下部致密层。因此,石炭系残厚10m线即可看作储层尖灭线。石炭系残厚小于10m的区域与上覆梁山组含碳质泥岩一起构成了侧向遮挡,在残厚大于10m的区域形成了地层-构造圈闭(张洪、宋辉,2011)。

3)裂缝发育对优质储层起着促进作用

岩溶孔洞的形成最终取决于裂缝组系,所谓岩溶孔洞确切地说是岩溶裂缝或者是溶解而扩大了的裂缝,没有裂缝的存在根本就谈不上岩溶的形成,因为裂缝是能够形成和带出淋滤溶解物质的通道。在碳酸盐岩中孔洞发育带有两种形成途径,第一是沉积间断带,以茅口组顶部的侵蚀期岩溶为典型,沉积期岩溶实际上也必须经历一个暴露阶段。第二是构造裂缝组系,即指构造期岩溶。所以,在界定了前者有限的建设性意义后,构造期岩溶才是受控于裂缝,也反作用于裂缝体系的最重要的岩溶形式。断裂附近由于断裂效应及末端效应形成裂缝发育区。局部构造高点、长轴、端部、翼部挠曲等部位,受力强,变形大,形成裂缝发育带,岩溶水沿裂缝发生溶蚀作用而形成缝洞岩溶带。现今,含气裂缝系统的分散和不均一受构造断层派生裂缝本身和岩溶充填差异的联合控制。

四川盆地灯影组经历了桐湾运动、加里东运动、印支运动、燕山运动和喜马拉雅运动等构造运动,其中喜马拉雅期构造运动是四川盆地地层全面褶皱阶段,产生了大量的断层、裂缝,导致地层水进入和大气淡水的下渗,进而引发了溶蚀作用,形成溶蚀扩大缝。裂缝及溶蚀扩大缝大大提高了灯影组储层的渗透率。灯影组优质储层主要由孔洞-裂缝体系构成,裂缝的形成与挤压褶皱变形具有内在的成因联系。威远地区震旦系裂缝密度为24.75条/m,资阳地区为4.22条/m,川中高科1井及安平1井裂缝发育程度最差,岩心上裂缝也少见。此外,震旦系高密度的裂缝可连通孔洞,形成孔洞-裂缝体系,使裂缝两侧岩石发生重结晶作用或白云岩化作用，形成晶间孔隙型优质储层。

川东石炭系储层的发育同样受多期构造作用的影响。早期的构造作用主要控制了石炭系沉积前原始古地貌特征，在志留系准平原化的基础上形成闭塞海湾潮坪沉积体系，制约着石炭系的沉积环境，由此形成大量的潮坪环境下的微细干缩缝。晚期的构造运动，使岩石发生强烈的褶皱和断裂，同时产生了大量的构造缝。构造缝的存在，促使区域地下水发生新的交换和循环。伴随着油气向储集层运移、聚集，水介质平衡被打破，引起非选择性溶蚀作用的发生，使储层得到明显改善。印支期深埋藏成岩环境有机酸的形成，对于川东石炭系有效次生孔隙的形成起到了重要作用。构造裂缝的发育使大量孤立的储集体相互贯通，储层的储渗能力得到加强，形成了现今石炭系的裂缝-孔隙型储层。

四川盆地茅口组为典型的岩溶缝洞型储层，岩溶缝洞系统的形成是茅口组灰岩地层沉积后经历了多次构造运动，由构造变形及该变形期间内产生的地层水与地层相互作用的产物，特别是喜马拉雅运动期间，在构造力作用下，形成褶皱和断裂构造，提供了岩溶水运移、空间和初始条件。在应力较大的构造部位，在同样的岩性和岩性组合条件下，褶皱、构造的高点，长轴和扭曲部位容易产生裂缝，是缝洞系统较发育部位，也是裂缝气藏的主要场所。如太4井、宝3井位于构造高点；太12井、旺8井、太13井、旺13井等位于断层附近；五南井、复1井、旺南1井位于断鼻，而这些井在钻进中都出现井喷、井漏和放空等现象。

2. 成储模式

不整合岩溶储层总体可分为两大类，一类是以灯影组、石炭系、雷口坡组为代表的中-高孔渗基岩孔隙型散流岩溶储层。另一类是以茅口组为代表的低孔渗基岩缝洞型管流岩溶储层。通过前述对岩溶储层主控因素的分析，结合四川盆地岩溶储层发育特征，总结了四川盆地岩溶储层成储模式，由于白云岩与灰岩两种具体的储层类型的差异，存在两种不同的成储模式。

1）整体岩溶成储模式（震旦系灯影组、石炭系和三叠系雷口坡组）

早期成岩作用阶段，属于局限台地沉积环境，岩石类型主要为云岩、颗粒云岩、藻云岩等。在潮上带环境中，沉积物发育准同生白云石化作用。大气淡水大面积的注入，形成了大面积分布的受组构选择性的溶蚀孔洞。在抬升暴露之前，以浅埋藏为特征。成岩作用有白云石化、压实压溶、胶结、充填等，总体基质孔隙性好。

抬升剥蚀作用阶段，几次大的构造运动（桐湾运动、云南运动、印支运动）使已固结的云岩抬升至地表、近地表的表生成岩环境，基质孔隙遭受大气淡水溶蚀，进一步扩大。白云岩结构较疏松和原始孔渗性好，溶蚀作用不仅沿断裂、裂缝和层面以管流的方式进行。同时，在基岩中有更大规模的散流溶蚀作用，因而除了发育大孔、大洞、大缝外，更以基质岩中发育密集成带的各类溶孔、溶洞和溶缝为显著特征，而其抗压和抗垮塌性大幅度下降，很难形成巨大洞穴的支撑体。因而，在石炭系、川西-元坝雷口坡组、灯影组白云岩为主的岩溶区很少发育大型溶洞，以层状的"整体岩溶"为主。

构造作用阶段，褶皱期的构造呈强烈的水平挤压运动，形成构造裂缝，且部分被连晶方解石充填，并可见异形白云石交代方解石现象。沿部分裂缝有少量溶蚀，大部分裂缝半充填或未充填而有效。晚期构造运动进一步形成了地层的褶皱、断裂、裂缝。该期裂缝大部分未被充填或被石英半充填而成为张开裂缝，故两期张开缝是流体渗流的主要通道。除有大量的裂缝发育外，还发育有大量的溶蚀孔洞，尤其是在裂缝附近，溶蚀孔洞发育程度较高，裂缝对溶蚀孔洞起到良好的沟通作用［图3-46（a）］。

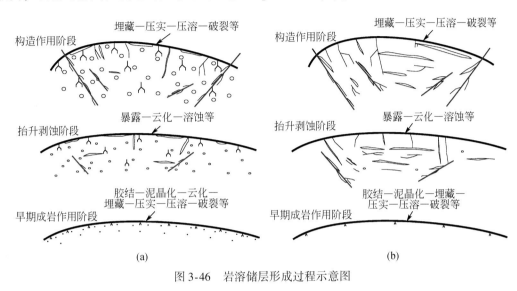

图 3-46　岩溶储层形成过程示意图

2）以茅口组为例的岩溶缝洞体模式

早期成岩作用阶段：茅口组沉积物沉积初期，主体为开阔台地沉积环境，整体水动力较弱，沉积物以灰岩为主，在局部相对高古地貌区发育生屑滩沉积，基质孔隙度总体较差。

抬升剥蚀阶段：茅口组岩溶储层溶蚀作用主要沿断裂、裂缝、节理面和层面以管流的方式进行，溶蚀过程中水/岩低，以形成大孔、大洞、大缝为主。但基质岩结构很少受溶蚀作用影响，仍具很强的抗压和抗垮塌性，常形成巨大洞穴或暗河的支撑体。因此以块状的"迷宫状岩溶"为主，储层非均质性极强，一个缝洞系统构成一个独立的气藏，无统一气水界面。

构造作用阶段：茅口组灰岩地层自抬升剥蚀—深埋藏期沉积后，经历了多次构造运动，构造变形及该变形期间内产生的地层水与地层相互作用形成了大量的构造缝、岩溶孔洞。特别是喜马拉雅运动期间，在构造力作用下，形成褶皱和断裂构造，提供了岩溶水运移、空间和初始条件。构造运动阶段主要沿断层面发育岩溶孔洞缝［图3-46（b）］。

总之，四川盆地岩溶储层孔洞、裂缝的发育程度是影响储层发育的关键因素。以石炭系储层为代表的中-高孔渗基岩岩溶储层孔隙发育程度与沉积、成岩期沉积相带以及暴露期岩溶作用紧密相关；茅口组低孔渗基岩岩溶储层缝洞发育程度与后期构造抬升岩溶、深埋期沿断层、裂缝岩溶紧密相关。总体来看，岩溶储层发育模式受控于有利沉积相带、有利构造部位等因素在时空上的叠加配置关系。

3.3　碎屑岩储层发育模式

四川盆地碎屑岩储层主要分布在上三叠统须家河组和侏罗系等地层中，其中须家河组历经数十年的勘探，截至 2010 年年底，全盆地须家河组累计探明天然气地质储量 $2.2×10^{12}m^3$，探明石油地质储量 $8240.6×10^4t$（杜金虎、徐春春，2011）。

碎屑岩储层分布受沉积、层序和构造控制明显，其岩石类型及特征也受到相同因素的影响，重点研究砂岩的岩石类型及特征。按照中国石油天然气行业岩石薄片鉴定标准（SY/T 5368—2000），对石英、长石和岩屑三端元进行了岩石类型的分类。

砂岩为四川盆地碎屑岩储层中最为常见、最重要的一类。其中，砂岩储层类型主要有岩屑砂岩、岩屑质长石（长石质岩屑）砂岩、长石砂岩及少量的亚岩屑、亚长石砂岩。砂岩粒级以中粒（0.5～0.25mm）、粗粒（0.5～1mm）为主，次为细粒（0.25～0.1mm）。大多数砂岩分选中等至较好，其中川中地区砂岩分选性较好，川西地区砂岩分选性中等偏差。碎屑颗粒磨圆以次棱—次圆状为主，其次为次棱角状、次圆状，圆状颗粒少见。孔隙式、接触式胶结，绝大多数砂岩的结构成熟度中等到低，少数砂岩的结构成熟度高，这部分砂岩主要是由单一胶结物填隙，分选较好，磨圆中等的石英砂岩和亚岩屑砂岩。四川盆地上三叠统须家河组及侏罗系产层埋深 2000～5200m，成岩作用强，受长期挤压作用影响，多为低孔低渗的致密储层，非均质性强，局部裂缝发育；在烃源充足的条件下，预测有效储集层分布成为寻找大油气田的关键。

3.3.1　碎屑岩储层特征

1. 储层岩石学特征

四川盆地碎屑岩沉积时期，由于受到盆地周缘造山带多期次、非同步、异方向的逆冲推覆活动控制，盆地周缘物源存在周期性强弱变化，导致不同时期、不同方位及构造位置上储层岩石学特征存在较大差异。

1）须二段

川中及川中–川南过渡带地区须二段岩石类型主要为长石石英砂岩、岩屑长石砂岩、长石岩屑砂岩，少量长石砂岩与岩屑石英砂岩。川东北地区须二段储层岩石类型主要为长石岩屑砂岩、岩屑砂岩和石英砂岩，粒度以细粒、中粒为主，其次为极细粒，少量粗粒。颗粒分选中等，磨圆多呈次棱角状，杂基含量不高，结构成熟度中等—好，石英含量高，成分成熟度较高。川西拗陷中部须二段储层岩石类型以岩屑砂岩为主，岩屑石英砂岩、长石岩屑砂岩次之。川西拗陷南部须二段储层岩石类型以长石石英砂岩、长石砂岩与岩屑长石砂岩为主，次为长石岩屑砂岩与岩屑砂岩，少量岩屑石英砂岩。

2）须四段

川西地区须四段岩石类型以岩屑砂岩为主，岩屑石英砂岩次之，少量钙屑砂岩和长石岩屑砂岩。川东北地区须四段岩石类型为砾岩、中粒岩屑砂岩、粗-中粒长石岩屑砂岩、中-粗粒岩屑石英砂岩，其中以岩屑砂岩为主。川中及川中-川南过渡带须四段岩石类型主要为长石石英砂岩、长石岩屑砂岩与岩屑长石砂岩，次为岩屑石英砂岩、长石砂岩与岩屑砂岩。石英和长石含量相对较高。

3）须六段

整个四川盆地须六段取心资料较少，取心井主要集中在川南地区。根据川南4口钻井取心资料和9条野外剖面50个薄片样品分析，岩石类型以长石岩屑砂岩为主，次为岩屑石英砂岩，少量岩屑砂岩和纯石英砂岩。总体上，川南地区须六段石英含量较高，平均为63.00%，长石含量中等，平均为8.02%，岩屑含量较低，平均为14.5%，岩屑中以火成岩为主，次为变质岩，沉积岩屑很少，杂基含量较低，平均为1.96%。广安地区须六段岩性以长石岩屑砂岩为主，少量岩屑砂岩和岩屑石英砂岩，岩屑以变质岩屑为主，次为火成岩屑，无沉积岩屑。

4）千佛崖组

川东北地区千佛崖组储层岩石类型以灰色、浅灰色细粒岩屑砂岩和浅灰色细粒岩屑长石砂岩为主，其次为浅灰色细粒岩屑石英砂岩，川西地区主要为长石岩屑砂岩及岩屑长石砂岩。砂岩成分中石英一般为35%~60%（最高85%），长石含量较高，一般为8%~20%（最高24%），主要为斜长石和钾长石，中等风化程度为主，少量呈深度风化。岩屑一般为5%~35%（最高48%），以变质岩类岩屑为主，约占岩屑总量的40%，其次为沉积岩类岩屑（黏土岩），约占岩屑总量的34%，火成岩岩屑含量相对较少，约占总量的25%。见较多的云母类矿物碎屑。

5）下沙溪庙组

下沙溪庙组储层岩性以浅绿灰色块状中-细粒岩屑长石砂岩为主，次为长石岩屑砂岩。石英含量为40%~80%，平均值为51%，以小于60%为主，特别是普光地区石英含量一般小于40%，具有贫石英的特点。岩屑成分复杂，主要有泥岩岩屑、砂岩岩屑等沉积岩岩屑，闪长岩岩屑、花岗岩岩屑等中酸性侵入岩和喷出岩岩屑，千枚岩岩屑、片岩岩屑等变质岩岩屑。

6）上沙溪庙组

上沙溪庙组以富长石碎屑的岩石类型发育为特征，岩石类型主要为岩屑长石砂岩，长石岩屑砂岩次之，再为岩屑砂岩、岩屑石英砂岩和长石石英砂岩。从碎屑组成来看，可分为两大沉积体系，即以龙门山中段为物源的具贫长石、高石英的沉积体系和以龙门山北段为物源的具相对富长石、低石英的沉积体系。

7）遂宁组

遂宁组岩石类型较单一，以富岩屑的岩石类型为主。岩石类型主要为岩屑砂岩，长石岩屑砂岩次之，少量岩屑石英砂岩。较上沙溪庙组具有贫长石、富岩屑的特征，且成分成熟度具西高东低的特征，反映了物源相对单一的特征。

8）蓬莱镇组

蓬莱镇组与遂宁组类似，主要为富岩屑的岩石类型。以褐灰色、灰色、灰绿色长石岩屑砂岩为主，次为岩屑砂岩、岩屑石英砂岩、长石石英砂岩。

2. 储层物性特征

四川盆地陆相特别是川西和川东北地区，其砂岩物性在纵向上随地层时代变老、埋深增大而变差，纵向分带明显。除浅层蓬莱镇组发育常规、近常规孔隙型储层外，中深层遂宁组—千佛崖组储层为致密储层，深层须家河组储层为致密—超致密储层。储层无论在纵向上还是横向上均表现出较强的孔、渗非均质性（杨克明等，2012）。

须家河组储集层段主要分布在须二段、须四段、段六段，部分地区须三段、须五段储层也有分布，总体表现为低孔、低渗。孔隙类型以次生溶蚀孔和残余粒间孔为主。

须家河组储层平均孔隙度为 5.75%，最小为 0.05%，最大为 21.09%，储层平均渗透率为 $0.34×10^{-3} μm^2$，最小小于 $0.00013×10^{-3} μm^2$，最大可达 $187.86×10^{-3} μm^2$（有裂缝发育时）。总体上储层物性较差，属低孔低渗和特低孔特低渗储层，局部发育有少量中孔低渗储层。储层孔隙度主要分布在 3%~7% 的范围内（图3-47），占样品总数的 55.69%，其次在 7%~12% 的范围内，占 25.62%，再次在小于 3% 的范围内，占 15.44%，孔隙度大于 12% 的样品很少，仅占 3.25%，随孔隙度增大，样品所占比例越来越小。储层渗透率主要分布在 $0.01×10^{-3}~0.1×10^{-3} μm^2$ 的范围内，占样品总数的 51.79%，渗透率大于 $1×10^{-3} μm^2$ 的样品很少，仅占 5.04%。

各层段孔隙度主要分布在 3%~7%。其中须四段的平均孔隙度最好，为 6.21%；其次为须二段，平均孔隙度为 5.47%；须六段平均孔隙度为 5.21%。各层段平均渗透率主要分布在小于 $0.1×10^{-3} μm^2$ 的范围内。其中须四段相对较好，平均渗透率为 $0.43×10^{-3} μm^2$，局部裂缝发育的地方渗透率高达 $187.859×10^{-3} μm^2$；须二段渗透率相对较差，平均渗透率为 $0.28×10^{-3} μm^2$，局部裂缝发育的地方渗透率高达 $167.864×10^{-3} μm^2$；须六段平均渗透率最差，平均值为 $0.22×10^{-3} μm^2$。综上所述，须四段的储层物性最好，其次为须二段，须六段的储层物性最差（图3-47）。

四川盆地须家河组储层普遍经历较强压实压溶作用，储层物性与埋深密切相关，总体有随埋深增加物性变差的趋势，但在 2300~3600m 处由于次生孔隙的发育而有所回升。隆起带和冲断带普遍埋深在 3000m 以上，压实作用较弱；但二者相比，冲断带由于其受到侧向挤压力较强，造成与隆起带相比，压实作用还是冲断带相对较强。虽然如此，构造破裂的存在，使冲断带一样具备了良好的孔隙度，并以次生孔隙为主要储集空间。隆起带和冲断带都有一个较明显的次生孔隙带。在隆起带，次生孔隙带的分布范围为 2300~3600m，而冲断带的次生孔隙带分布范围为 2800~3600m。这就表明在隆起带孔渗条件好，中成岩早期，酸性水可以大量进入地层而带来次生孔隙发育的高峰期，从 2300m 即可以到达，而冲断带由于孔渗条件差，地层水流动困难，不利于成岩作用顺利进行，因而次生孔隙高峰期的到来需要等待更强的排驱压力，即需要等待地层继续埋深、有机质进一步演化。

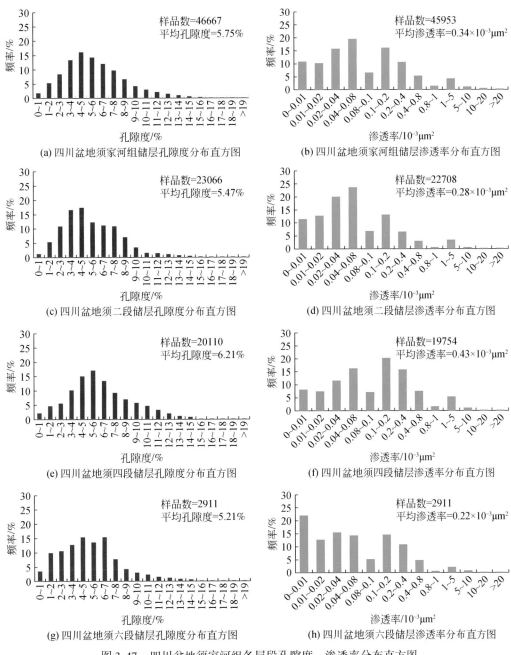

图 3-47 四川盆地须家河组各层段孔隙度、渗透率分布直方图

另外，隆起带次生孔隙带来的储集空间增加量比冲断带更显著，隆起带次生孔隙发育带总孔隙度最大可达 40%，而冲断带次生孔隙发育带，总孔隙度最大 20% 左右，相差较大。斜坡带和前渊带由于埋深较大，几乎无原生孔隙，镜下观察 90% 以上为次生孔隙，以次生孔隙为主的储集空间，在 3000~3800m 范围内，总孔隙度最大约 12%。这里需要注

意的是次生孔隙的最大贡献在于增加了储集空间，只有在良好的孔喉结构的配合下才能发挥效用。在隆起带压实弱，孔喉结构最好，次生孔隙发育；在冲断带有构造裂缝对储层进行改造，因而次生孔隙较发育；只有前渊带和斜坡带，孔喉结构差，次生孔隙发育程度相对较差（图 3-48 ~ 图 3-50）。

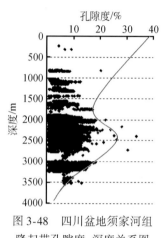

图 3-48　四川盆地须家河组隆起带孔隙度–深度关系图

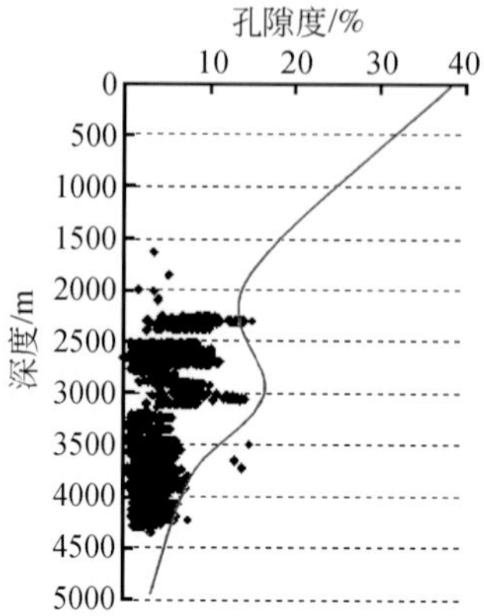

图 3-49　四川盆地须家河组冲断带孔隙度–深度关系图

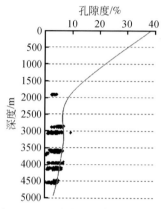

图 3-50　四川盆地须家河组前渊带与斜坡带孔隙度–深度关系图

上沙溪庙组孔隙度为 0.40% ~ 32.03%，平均为 4.26% ~ 8.55%；渗透率为 $0.000114 \times 10^{-3} ~ 1189.07 \times 10^{-3} \mu m^2$，平均为 $0.1591 \times 10^{-3} ~ 0.9136 \times 10^{-3} \mu m^2$，属于中低孔、特低渗储层。

遂宁组孔隙度为 0.80% ~ 16.06%，平均为 3.90% ~ 4.65%；渗透率为 $0.002 \times 10^{-3} ~ 171.84 \times 10^{-3} \mu m^2$，平均为 $0.219 \times 10^{-3} ~ 0.726 \times 10^{-3} \mu m^2$，属于低孔、特低渗储层。

蓬莱镇组孔隙度为 0.26% ~ 31.01%，平均为 5.64% ~ 10.28%；渗透率为 $0.003 \times 10^{-3} ~ 1177.19 \times 10^{-3} \mu m^2$，平均为 $0.0379 \times 10^{-3} ~ 5.38 \times 10^{-3} \mu m^2$。在孝泉–合兴场地区和成都凹陷均可见异常高孔、渗数据点，砂岩渗透率差异较大，非均质性强。总体属于中孔、低渗储层。

3. 储集空间类型

通过岩心、铸体薄片、扫描电镜及成像测井资料观察，四川盆地须家河组储集空间类型以粒间溶孔、粒内溶孔和裂缝为主，少量黏土杂基微孔，原生孔隙较为少见。

粒间溶孔：指在成岩演化阶段，砂岩中的骨架颗粒组分（碎屑矿物）等在不同水介质环境中，因水岩反应而被溶蚀形成的各类孔隙。本区主要为碳酸盐岩岩屑颗粒边缘溶蚀和胶结物溶蚀而成，呈斑点状，分布不均匀 ［图 3-51（a）、（b）］。

粒内溶孔：本区多发育岩屑颗粒溶蚀形成的孔隙，常呈蜂窝状，岩屑主要为碳酸盐岩岩屑，溶孔直径为 0.03 ~ 0.2mm，分布较均匀 ［图 3-51（c）］。

黏土杂基微孔：指粒间黏土矿物溶蚀形成的晶间微孔隙，本区黏土矿物主要为伊利石和高岭石，扫描电镜下多呈叶片状，孔隙呈斑点状或蜂窝状，孔隙细小，一般小于 0.01mm，属于超微孔隙，但扫描电镜下该类孔隙常见 ［图 3-51（d）］。

裂缝：裂缝对改善致密砂砾岩储层渗透性至关重要，本区砂砾岩脆性矿物含量高，受后期构造影响，裂缝发育。通过裂缝数据统计分析，元坝气田西部区块裂缝主要发育在砂砾岩中，以中、低角度的构造缝为主［图 3-51（e）、（f）］。

图 3-51 四川盆地须家河组储集空间类型

（a）粒间溶孔，元坝 2 井，钙屑砂岩，4364.0m；（b）粒间溶孔，元陆 6 井，石英砂岩，4464.44m；（c）粒内溶孔，元坝 10 井，岩屑砂岩，4925.69m；（d）黏土杂基微孔，元陆 6 井，岩屑砂岩，4487.39m；（e）微裂缝，元陆 15 井，钙屑砂岩，4282.43m；（f）微裂缝，元陆 20 井，钙屑砂岩，4381.43m

3.3.2 成岩作用与孔隙演化

1. 主要成岩作用类型

四川盆地成岩作用类型可分为以下几种（表 3-18），其中对储层物性影响最大的成岩作用有压实作用、胶结作用和溶蚀作用（蔡希源等，2011）。

表 3-18 须家河组储层主要成岩作用及对孔隙度的影响

成岩作用类型		主要成岩变化	对孔隙度的影响
压实作用		柔性颗粒的变形，刚性颗粒的破裂，颗粒紧密接触	降低
压溶作用		颗粒的凹凸镶嵌接触和缝合接触	降低
胶结作用	硅质	石英次生加大和充填孔隙的自生石英	降低
	碳酸盐岩	主要为方解石，少量铁方解石、白云石和菱铁矿，充填孔隙，交代颗粒	降低
	自生黏土	主要为绿泥石、伊利石和少量高岭石，孔隙衬垫，充填孔隙	降低
	硫化物	少量莓球状黄铁矿和结核状黄铁矿	降低
交代作用		主要为长石的方解石化，泥砾的菱铁矿化和黄铁矿化	影响小
构造破裂作用		形成裂缝和微裂缝，增加孔隙的连通性	增大
溶蚀作用		主要溶蚀长石和少量火成岩屑，碳酸盐矿物很少溶蚀	增大

1）压实作用及压溶作用

（1）压实作用

压实作用是指沉积物在上覆水体和沉积物负荷压力下，不断排出水分，碎屑颗粒紧密排列，坚硬颗粒挤入软性颗粒，孔隙体积缩小，孔隙度降低的过程，是成岩早期发生的一种破坏原生孔隙的成岩作用。强烈的压实作用是四川盆地内须家河组各段砂岩储层原生孔隙丧失的主要原因，也是重要的破坏性成岩作用。

川东北强压实作用表现在岩石学特征上：刚性颗粒发生破裂，碎屑颗粒以线接触为主，以及大颗粒、小孔隙、细喉道的结构特点，胶结物少及无胶结物式胶结类型易见。强压实的砂岩中如果塑性颗粒多，杂基含量高，常因压实强，流体无缝隙进入砂层，而形成无溶蚀、无蚀变的致密层。

显微镜下，压实作用主要表现形式包括：①千枚岩和泥板岩岩屑等塑性颗粒的塑性变形构成假杂基［图3-52（a）］；②云母类等片状矿物的揉皱变形、破裂和波状消光［图3-52（b）］；③石英和长石等刚性颗粒的局部破裂与错位；④随着压实作用的增强，碎屑颗粒之间的各种接触强度增加，由点接触变为线接触［图3-52（c）］；⑤电气石、绿帘石等重矿物被压裂现象易见［图3-52（d）］。

图3-52 碎屑岩压实作用

（a）中粒硅岩岩屑砂岩中千枚岩岩屑弯曲变形，YB4井，4777.32m（须二段），10×20（+）；（b）中粒长石岩屑砂岩中云母弯曲变形呈错断状，YB5井，1（5/34）须二段，10×20（+）；（c）中粒长石岩屑砂岩，压实强，颗粒间线接触，YB4井，4780～4781m（须二段），10×4（+）；（d）中粒岩屑石英砂岩中破裂化电气石，YB4井，4835～4836m（须二段），10×10（+）

（2）压溶作用

随着埋藏深度逐渐加大，当负荷压力达到某一限度，由机械压实引起的变化相应减少，于碎屑接触点或接触界面上局部接触强度增强，主要表现为：使颗粒之间接触强度由点和线接触进一步向凹凸型或缝合线状接触演化，石英等碎屑颗粒接触点或接触界面处发生溶解，并在颗粒之间有硅质沉淀物充填孔隙。压溶作用一方面使颗粒进一步紧密接触，使储集层进一步致密化；另一方面溶出物质沉淀充填粒间孔或为石英加大及硅质胶结提供大量硅质，所以对储层的发育不利。压溶作用一般出现在早成岩 B 期，并一直持续到晚成岩 B 期。

2）胶结作用及充填作用

胶结作用指流体经过孔隙或裂缝的过程中，沉淀出矿物质（胶结物），从而使松散的沉积物在成岩过程中固结成岩的作用。该作用会大大降低储层孔隙度，是一种破坏性的成岩作用。胶结作用分为硅质、碳酸盐、黏土矿物胶结作用。充填作用主要指裂缝充填作用。

（1）硅质胶结作用

硅质胶结在研究区砂岩中普遍发育，主要表现形式为石英次生加大。次生加大边常以碎屑石英为核晶，与加大边之间存在尘环线（脏线）或黏土薄膜来识别。须二段多数薄片中常常见到次生石英加大边与高岭石相伴出现，其 SiO_2 的来源，可能来自石英压溶作用 SiO_2 的迁移或黏土类呈蒙脱石向伊利石转化释放出 SiO_2。

川东北地区石英次生加大现象普遍，从弱加大到强加大，加大边宽 $0.01 \sim 0.04mm$。硅质的胶结作用，不仅减少了储层的孔隙空间，而且改变了储层的孔隙结构，它可使粒间管状喉道变成片状、缝合状喉道，严重影响流体的渗流，从而大大降低储层的渗透率，是储层孔隙度降低的主要因素之一。但在部分岩屑石英砂岩中亦见有石英加大边形成之后余下的粒间原生孔及石英加大边之间的片状孔隙。同时需要在此强调的是，川东北地区主要发生石英次生加大（图 3-53），未见长石次生加大。

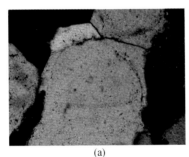

(a)　　　　　　　　　　　(b)

图 3-53　硅质胶结作用

（a）细粒岩屑石英砂岩中石英次生加大，YB204 井，4550.42m（须二段），10×20（+）；（b）细粒长石岩屑砂岩中石英次生加大，YB204 井，4636.5m（须二段），10×20（+）

（2）碳酸盐胶结作用

碳酸盐胶结作用可分为早期碳酸盐胶结及晚期碳酸盐胶结。成岩早期是孔隙水沉淀，早期碳酸盐胶结物主要为泥晶及亮晶的无铁方解石，呈粗晶、巨晶或连晶状充填于粒间孔中。由于本区总体处于煤系地层背景，因此局部层段发育早期碳酸盐胶结。晚期埋深阶段碳酸盐胶结产物多为嵌晶或连晶状的含铁方解石和含铁白云石，有比较好的菱面体晶形，充填在次生粒间孔隙内。碳酸盐胶结作用对储层产生较大的破坏作用（图3-54）。

图 3-54　碳酸盐胶结作用

（a）中粒长石岩屑砂岩中方解石胶结物，M2 井，3437.5～3438m（须二段），10×4（+）；（b）中粒岩屑砂岩中方解石连晶状胶结，YB4 井，4684～4685m（须四段），10×4（+）；（c）细粒硅岩屑砂岩中白云石胶结物，YB4 井，4600～4601m（须四段），10×20（-）；（d）中粒硅岩屑砂岩中白云石胶结物，M201 井，2（1/20）（须四段），10×4（+）

（3）黏土矿物胶结作用

黏土矿物是储层成岩作用研究、成岩阶段划分的重要内容。黏土矿物的粒度细小，其大小和形态需用电子显微镜才能测定。它在沉积岩中分布非常广泛，影响着储层的孔隙结构、渗流性能、油气的赋存特征及开发工艺的选择等。在不同的成岩阶段，随储层孔隙介质 pH 的变化，黏土矿物相互转化。本区须家河组黏土矿物主要发育伊/蒙间层、伊利石、绿泥石、高岭石等，并以分层形式特征存在，须二段以伊利石、绿泥石为主，须四段以伊/蒙间层、高岭石存在为主。

（4）裂隙充填作用

总体情况是裂缝充填中等偏弱，常见的是方解石脉［图3-55（a）］，石英–方解石脉［图3-55（b）］及铁白云石脉。其次，在 YB123 井须五段泥质岩中发育一组经由热水成因的石英–高岭石脉［图3-55（c）］，在 HB102 井须三段粗泥岩中发育一组高岭石脉［图3-55（d）］。

3）交代作用

川东北地区交代作用主要是碳酸盐化（图3-56），偶见高岭石化。碳酸盐化被交代组分有矿屑、岩屑及黏土杂基，对储层孔隙结构产生明显的影响。如有酸性水作用时，碳酸

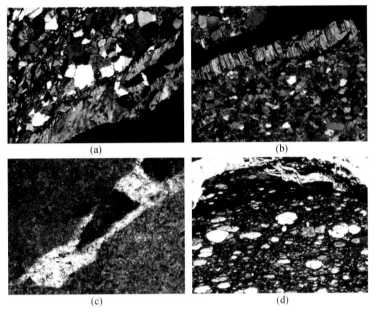

图 3-55 裂缝充填作用

（a）细-中粒长石岩屑砂岩中方解石脉包裹炭屑，YB5 井，1（11/34）（须二段），10×4（+）；（b）细粒钙岩屑砂岩中石英-方解石脉，HB102 井，3472～3473m（须二段），10×4（+）；（c）泥质岩中热水成因的石英-高岭石脉，YB123 井，4462～4464m（须五段），10×20（-）；（d）粗泥岩中高岭石脉，HB102 井，3387～3388m（须三段），10×4（-）

盐矿物常被溶解而形成溶孔。大量岩石薄片鉴定结果表明，早期碳酸盐化对次生孔隙形成总体说来是有利的，晚期碳酸盐化对已形成孔隙起破坏作用。

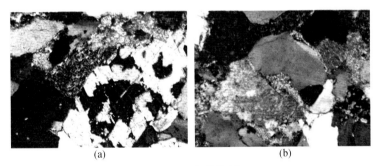

图 3-56 交代作用

（a）中粒硅岩屑砂岩中长石碳酸盐化，YB4 井，1（4/10）须二段，10×20（+）；
（b）中粒长石岩屑砂岩中碳酸盐化长石，M2 井，3257.5～3258m（须四段），10×10（+）

对川东北地区的砂岩薄片鉴定结果进行分析时发现碳酸盐化作用较强，常见的是对长石、石英碎屑选择性交代，表现为长石的交代幻影和交代残留结构，而大多数石英颗粒边缘都被交代成港湾状、锯齿状等不规则形态。成因矿物学研究者指出，方解石交代长石与大量方解石沉淀作用有关，含 Ca^{2+}、CO_3^{2-} 的溶液有破坏长石晶格的能力，只要孔隙水中 HCO_3^- 浓度足够大，长石便被方解石交代。交代作用形成时间主要发生在早成岩阶段，一般发生在溶蚀作用之前。而晚成岩阶段孔隙水已由酸性转变成碱性，此阶段有大量含铁碳酸盐矿物形成，以充填孔隙或交代先期沉积成岩组分为主。

4）溶蚀作用

溶蚀作用是决定储集层物性好坏的又一关键因素，它能形成次生孔隙，对改善储集层物性起到积极作用。四川盆地三叠系须家河组和下侏罗统珍珠冲段广泛发育粒内溶孔、粒间溶孔和铸膜孔，都是溶蚀作用的结果，其中长石溶蚀较为常见，主要形成粒内溶孔和铸模孔，粒内溶孔主要呈网格状、蜂巢状，溶蚀强烈时则近于完全溶蚀，甚至形成铸模孔。

长石的成分主要为铝硅酸盐矿物，分析其溶蚀机理及环境主要为酸性溶蚀环境。四川盆地上三叠统—侏罗系为煤系地层，烃源岩发育，在成岩过程中地层中的大量泥岩段达到有机质成熟时，会产生大量有机酸，使地层水介质呈酸性，从而使岩石中的不稳定组分，如长石发生溶蚀，产生次生溶孔。根据大量的薄片观察结果，长石的溶蚀过程可能主要分三步进行：第一步，有机酸进入储层粒间孔隙之后，长石颗粒沿着与有机酸接触的边缘部分优先发生溶蚀 [图3-57（a）]；第二步，随着有机酸的增多，长石从边缘溶蚀处沿解理开始向颗粒内部延伸，溶蚀孔隙空间不断增大 [图3-57（b）]；第三步，在有机酸来源充足且溶蚀产物排出通道相对畅通的情况下，长石颗粒进一步溶蚀，直至形成完整的铸模孔 [图3-57（c）]。在须家河组储层半封闭-封闭成岩流体系统中，实际上大部分长石的溶蚀进行到第二步也就停止了，有的甚至只能进行到第一步，因此溶蚀强度整体较弱。

长石的溶解主要按以下方式进行（A），主要发育层段为须二段下亚段和须四段下亚段。长石的大量溶蚀和个别碳酸盐岩颗粒的溶蚀现象，表明须家河组储层砂岩经历过酸性溶蚀环境。

$$3KAlSi_3O_8+CH_3COOH+14H_2O \Longrightarrow KAl_3Si_3O_{10}+2CH_3COO^-+2K^++6H_4SiO_4 \qquad (A)$$
钾长石　　　乙酸　　　　　　　　伊利石

岩屑和填隙物的溶蚀是四川盆地长石溶蚀外的另外一种较发育的溶蚀现象。岩屑溶蚀在四川盆地川东北地区不太发育，溶蚀的岩屑多为岩浆岩岩屑和变质岩中的泥板岩岩屑，在川西、川中地区碳酸盐岩岩屑的溶蚀较发育。这种溶蚀多发生在早成岩B期，下伏烃源岩进入生油高峰期，形成有机酸，在酸性水介质环境发生长石、岩屑溶蚀，形成少量粒内溶孔。填隙物的溶蚀，尤其是黏土杂基被溶，其次为方解石、环边绿泥石胶结物被溶，形成形态不规则状、港湾状等粒间溶蚀孔隙。粒间溶孔在须家河组储层中较为发育，是分布较为广泛的孔隙类型。

2. 储层孔隙成因及演化

1）储层的孔隙成因类型

四川盆地须家河组储层孔隙类型多样，按照形成机理分类，原生孔隙、次生孔隙、裂缝均有发育，以原生-次生混合孔为主；按照孔隙形态分类，以粒间孔隙和粒内孔隙为主，

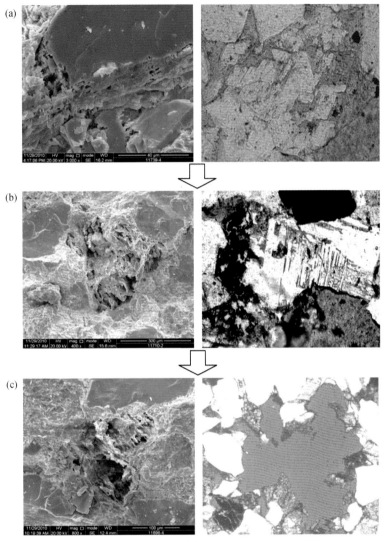

图 3-57　川东北地区须家河组储层长石溶蚀过程

注：铸体薄片中红色、蓝色均为孔隙，颜色差异由试剂差异造成

部分地区有黏土矿物晶间孔。

　　此外，裂缝较发育（表 3-19），四川盆地须家河组储层中发育的裂缝对储层孔隙度贡献很小，但其对储层渗透性的改善作用十分明显，大量勘探开发实践和研究成果表明，裂缝是须家河组获得高产的重要条件之一。原生孔隙是四川盆地最主要的储集空间之一，在隆起地区十分发育。原生孔隙经历了后期成岩作用的改造，压实作用和多期胶结作用不完全充填后，原生孔隙呈现出残余粒间孔隙的形态。

表 3-19　四川盆地须家河组砂岩孔隙类型的划分与判别

孔隙类型			形成机理	孔隙基本特征	出现程度
原生粒间孔			沉积作用	片状、角状，较规则，受组构控制	常见—较多
次生孔隙	粒间溶孔		溶解作用	形状不规则，可受组构控制或不受组构控制	常见—较多
	溶蚀扩大孔				常见—较多
	铸模孔			呈空壳状，颗粒被溶而成	少量
	粒内溶孔	长石内孔		沉积颗粒或胶结物晶粒被溶，不规则形，多为孤立状，分布于颗粒内或边缘	常见—较多
		岩屑内孔			常见
		石英内孔			少量
		胶结物内孔			少量
	填隙物微孔	黏土收缩孔	收缩作用	不规则形，片状，角状	少量
		黏土晶间孔	重结晶作用	形状规则，受控于晶体大小	常见—较多
	裂隙	碎裂纹	碎裂作用	不规则网格状，产生于粒内	局部发育
		裂缝	构造作用	不规则弯曲状，切割颗粒	局部发育

2）孔隙演化

影响碎屑岩储层孔隙演化的因素很多，有储层的温度、压力、流体的性质及流速、体系的封闭与开放等物理化学因素。有机质在热解过程中产生的大量有机酸是次生孔隙形成的基础，储层孔隙演化与成岩演化密切相关。储层孔隙演化的过程，同时受到沉积体系、古气候、盆地沉降与折返等多因素的作用和影响，体现了有机和无机界长时间作用的结果。下面以四川盆地川东北地区为例描述须家河组孔隙演化史（图 3-58）。

（1）同生成岩阶段，沉积物未固结，碎屑颗粒多呈漂浮状，原生孔隙极其发育。经现代碎屑沉积物研究发现，中、细砂沉积物中原始孔隙度约占 40%，粗-巨砂沉积物中原始孔隙度占 35%~38%，煤系地层中成岩环境以弱氧化、弱还原、弱碱性或弱酸性为主，孔隙度为原生粒间孔。

（2）早成岩阶段，此阶段相当于从沉积以后到埋深达到 2000m 阶段，结束时古地温达到 85℃左右，镜质组反射率达 0.5%，大致相当于早成岩阶段，对应地质时期为晚三叠世—中侏罗世中期。此阶段为压实作用的主要作用阶段，此后储层物性的降低由胶结作用主导，此时发生强烈机械压实作用，砂岩的孔隙度损失量为 20%~30%，这时的原生粒间孔隙大致还有 10%~20%。早成岩阶段晚期，第一世代环边绿泥石胶结物充填粒间孔隙，使原生粒间孔隙减少至 1%~5%，随后第二世代早期硅质胶结物开始沉淀，以第一期石英加大边方式产出。

（3）中成岩阶段，此阶段相当于埋深 2000~4000m 阶段，结束时古地温达到 140℃左右，镜质组反射率达 1.3%，对应的地质时期为中侏罗世中期—晚侏罗世。中成岩 A 期阶段，随着埋深进一步加大，有机质大量成熟，脱烃基水开始进入砂层，发生溶蚀，主要形成粒内溶孔和铸模孔，增加次生面孔率可达 4%~12%，与之伴生的杂基和长石等矿物高岭石化，可形成部分微孔隙。次生溶孔的形成增加了砂层的孔隙度。同时，第二世代硅质

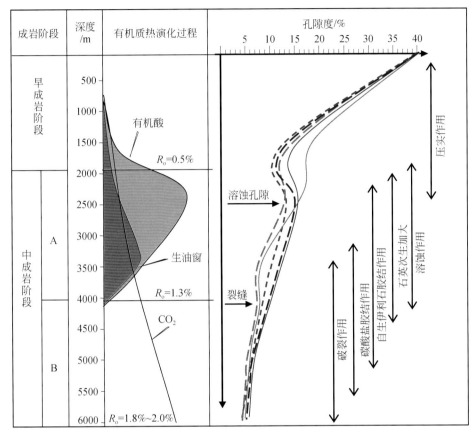

图 3-58　川东北地区须家河组储层孔隙演化曲线

胶结沉淀，有的石英加大边还有有机包裹体，硅质胶结的充填一直延续到中成岩 A 期晚期，因硅质胶结物的充填而损失的粒间孔隙量为 5% ~ 10%。部分晚期的硅质还充填在次生粒内溶孔和粒间溶孔中。中成岩 B 期阶段，发生第三世代含铁碳酸盐胶结物的沉淀，充填粒间孔使粒间孔损失小于 13% ~ 3%，但更多的是充填在次生粒内孔中。

（4）晚成岩期阶段，此阶段储层埋深大于 4000m，古地温大于 140℃，镜质组反射率大于 1.3%，对应的地质时期为早白垩世至今。除了晚期碳酸盐胶结物的形成和高岭石伊利石化反应将会启动外，与储层质量关系最重要的则是破裂缝的形成。它的存在大大改善了致密砂岩中流体输导体系性能，对于晚期气藏发生调整改造使局部富集高产具有重要意义。

3. 成岩相特征

在碎屑岩中各种单因素成岩相不单独出现，往往是两种或三种单因素成岩相叠加在一起以综合成岩相的形式出现。在四川盆地内将常见的综合成岩相类型分为 7 大类（表 3-20）。

表3-20 综合成岩相中特征矿物含量及对孔隙度贡献统计表

综合成岩相	单因素成岩相 绿泥石环边成岩相特征矿物含量/%	弱溶蚀成岩相特征矿物含量/%	石英加大胶结相特征矿物含量/%	压实压溶相特征矿物含量/%	高岭石充填相特征矿物含量/%	方解石胶结相特征矿物含量/%	孔隙度 粒间孔/%	溶蚀孔/%	面孔率/%	孔隙度/%
I 弱溶蚀绿泥石环边相	石英: $\frac{53.7}{50\sim60}$ 火成岩: $\frac{16.4}{10\sim30}$ 绿泥石: $\frac{1.9}{1\sim4}$ 硅质: $\frac{2.6}{0\sim4}$	长石: $\frac{9.8}{5\sim16}$ 方解石: $\frac{0.9}{0\sim5}$					$\frac{6.7}{3\sim16}$	$\frac{3.8}{1\sim8}$	$\frac{9.0}{3\sim19}$	>9.0
II 石英加大弱溶蚀相		长石: $\frac{9.8}{5\sim16}$ 杂基: $\frac{2.0}{0\sim5}$ 方解石: $\frac{0.9}{0\sim5}$	石英: $\frac{67.4}{60\sim80}$ 硅质: $\frac{2.5}{2\sim5}$				$\frac{0.9}{0\sim3}$	$\frac{3.8}{1\sim8}$	$\frac{6.0}{3\sim10}$	$8\sim9$
III 弱溶蚀石英加大相		长石: $\frac{9.8}{5\sim16}$ 杂基: $\frac{2.0}{0\sim5}$ 方解石: $\frac{0.9}{0\sim5}$	石英: $\frac{67.4}{60\sim80}$ 硅质: $\frac{6.2}{2\sim10}$				$\frac{0.9}{0\sim3}$	$\frac{3.8}{1\sim8}$	$\frac{4.7}{2\sim10}$	$6\sim8$

续表

综合成岩相		单因素成岩相						孔隙度			孔隙度/%
		绿泥石环边成岩相特征矿物含量/%	弱溶蚀成岩相特征矿物含量/%	石英加大胶结相特征矿物含量/%	压实压溶相特征矿物含量/%	高岭石充填相特征矿物含量/%	方解石胶结相特征矿物含量/%	粒间孔/%	溶蚀孔/%	面孔率/%	
IV	弱溶蚀高岭石相		长石: $\frac{9.8}{5\sim16}$ 杂基: $\frac{2.0}{0\sim5}$ 方解石: $\frac{0.9}{0\sim5}$			石英: $\frac{62.3}{55\sim75}$ 高岭石: $\frac{3.1}{1\sim7}$ 硅质: $\frac{3.1}{1\sim5}$		$\frac{5.0}{2\sim12}$	$\frac{3.8}{1\sim8}$	$\frac{7.6}{3\sim16}$	$6\sim9$
V	石英加大压实压溶相			石英: $\frac{67.4}{60\sim80}$ 硅质: $\frac{2.5}{2\sim5}$	火成岩: $\frac{14.4}{4\sim40}$ 变质岩: $\frac{10.7}{3\sim40}$ 沉积岩: $\frac{3.8}{0\sim50}$ 杂基: $\frac{6.3}{2\sim15}$			$\frac{0.9}{0\sim3}$	$\frac{0.2}{0\sim1}$	$\frac{1.2}{0\sim3}$	$3\sim6$
VI	压实压溶石英加大相			英: $\frac{67.4}{60\sim80}$ 硅质: $\frac{6.2}{2\sim10}$	火成岩: $\frac{14.4}{4\sim40}$ 变质岩: $\frac{10.7}{3\sim40}$ 沉积岩: $\frac{3.8}{0\sim50}$ 杂基: $\frac{6.3}{2\sim15}$			$\frac{0.9}{0\sim3}$	$\frac{0.2}{0\sim1}$	$\frac{1.2}{0\sim3}$	$3\sim6$
VII	方解石胶结相						石英: $\frac{49.9}{20\sim60}$ 长石: $\frac{4.8}{0\sim10}$ 杂基: $\frac{1.4}{0\sim5}$ 方解石: $\frac{16.5}{5\sim10}$	0	$\frac{0.1}{0\sim1}$	$\frac{0.1}{0\sim1}$	<3

Ⅰ类：弱溶蚀绿泥石环边相，储层孔隙发育程度好—很好，孔隙度普遍大于9%，孔隙组合类型以残余原生粒间孔为主，次为次生溶孔，是区内最有利的成岩相。

Ⅱ类：石英加大弱溶蚀相，储层孔隙发育程度中等—较好，孔隙度为8%～9%，次生溶孔常见，孔隙组合类型以次生溶孔为主，另有少量残余原生粒间孔，是区内较有利的成岩相。

Ⅲ类：弱溶蚀石英加大相，储层孔隙发育程度较差—中等，孔隙度为6%～8%；常见石英次生加大后残余的粒间孔，但孔径均较小，少量次生溶孔。

Ⅳ类：弱溶蚀高岭石相，储层孔隙发育程度较差—中等，孔隙度为6%～9%；次生溶孔常见，高岭石充填部分溶孔。

Ⅴ类：石英加大压实压溶相，储层孔隙发育程度较差—差，孔隙度为3%～6%。次生溶孔少见，以基质孔为主。

Ⅵ类：压实压溶石英加大相，石英颗粒含量高，石英加大强烈，硅质胶结物含量在5%以上。储层致密，储层孔隙发育程度较差—差，孔隙度为3%～6%。

Ⅶ类：方解石胶结相，方解石胶结物主要以连晶基底式胶结出现，储层孔隙发育程度差—很差，孔隙度普遍小于3%，次生溶孔罕见。

Ⅰ类、Ⅱ类成岩相的砂岩可以成为好储层或较好储层；Ⅲ类、Ⅳ类成岩相的砂岩则只成为较差—中等储层；Ⅴ类、Ⅵ类成岩相的砂岩成为较差—差储层；Ⅶ类成岩相的砂岩，在现有条件下，则为非储层砂岩。通过对区内众多取心井成岩相分析，结合岩石学特征、沉积相和物源分析，以及参考各井电测解释的储层孔渗情况，得出须家河组各主要储层段的成岩相平面展布规律。

1）须二段成岩相平面分布特征

石英次生加大+强压实成岩相（Ⅴ类）和方解石胶结成岩相（Ⅶ类）：主要分布在盆地周边地区。强压实成岩相分布在川西北部、川东北、川东和雅安-乐山一带。来自大巴山的物源含有丰富的千枚岩、板岩等塑性变质岩（喷出岩含量也较多），根据竹欲、万源石冠寺、万源古军坝三个野外剖面统计，千枚岩、板岩等塑性变质岩平均含量高达13.94%。同时千枚岩、板岩易崩解形成杂基，因而杂基含量很高，平均达7.5%。所以大巴山前缘地区压实作用强烈，是强压实成岩相发育的地区；在雅安-乐山一带，据汉4井、汉2井、峨眉荷叶湾的岩心和野外剖面观察及薄片鉴定，储层岩石粒度细，一般在中砂以下，杂基含量高，平均在6%以上。同时千枚岩、板岩、泥页岩屑含量高，平均含量达12%以上，岩石压实作用强烈，也是强压实成岩相发育的有利地区（图3-59）。

方解石胶结成岩相（Ⅶ类）：分布有两个区块，一个是广元地区，另一个是安县-大邑地区，这些地区岩石中碳酸盐岩岩屑含量很高，一般都在10%以上，相应的方解石胶结物含量也在10%以上。由于紧靠龙门山古陆，二叠系、三叠系的碳酸盐岩经风化剥蚀搬运后，很容易在龙门山前缘堆积下来，镜下常见的碳酸盐岩岩屑有泥粉晶灰岩、泥粉晶白云岩、生物灰岩、方解石和白云石晶屑。

压实+强烈石英次生加大成岩相（Ⅵ类）主要发育在大6井一带，据大6井的薄片统计，其石英颗粒含量在68%以上，硅质胶结物含量在5%以上，石英加大强烈。

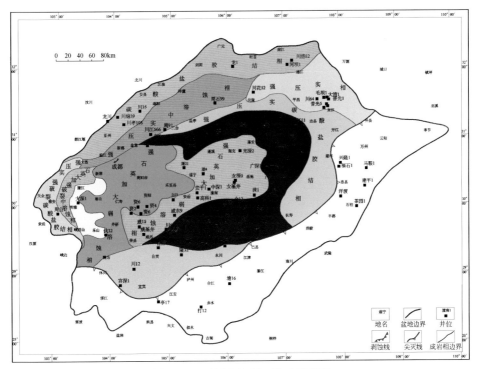

图 3-59　四川盆地须二段成岩相图

石英次生加大+弱溶蚀+绿泥石环边成岩相（Ⅰ类）主要分布在磨溪-潼南-大足-荷包场一带，砂岩中绿泥石环边发育，保存了大量的原生粒间孔，再加上次生溶孔，成为区内须二段孔隙最发育的地区，砂岩储层孔隙度普遍大于10%，绿泥石胶结后，原生粒间孔占总孔隙的68%左右。石英次生加大+弱溶蚀成岩相（Ⅱ类）分布在梓潼-南充-安岳-乐至-盐亭一带。岩石类型为岩屑长石砂岩+长石岩屑砂岩，这一区域石英次生加大虽然普遍，但硅质胶结物含量普遍小于3%，溶蚀作用相对占主要，溶孔常见，储层孔隙度以7%～10%为主，是区内储层较发育的地区。

弱溶蚀+石英次生加大成岩相（Ⅲ类）主要分布在Ⅱ类成岩相的外围，岩石类型为长石岩屑砂岩，这些地区石英次生加大普遍，溶蚀作用稍弱，储层孔隙没有Ⅱ类成岩相区域发育。

弱溶蚀+高岭石充填成岩相（Ⅳ类）发育在威远-自贡一带，这里隆起幅度大，须家河组地层埋藏浅，部分地区已暴露地表，受到了大气淡水的影响。根据威远黄石板（曹家坝）野外剖面的观察和薄片鉴定，其石英含量较高，在60%以上，残余粒间孔较发育，大气淡水的溶蚀较强，形成的高岭石平均含量在5%左右。

2）须四段成岩相平面分布特征

方解石胶结成岩相（Ⅶ类）分布在川西中部-北部的德阳-绵阳-旺苍一带，该地区含大量的碳酸盐砾石和岩屑，平均含量高达20%以上。主要的碳酸盐砾石和岩屑有生物灰岩、泥粉晶灰岩、泥粉晶白云岩等，由于靠近龙门山古陆，离物源近，碳酸盐碎屑很容易保存下来。碳酸盐岩颗粒含量高导致方解石胶结物含量也高，根据金河、汉旺、广元须家河组剖面和关5井的统计，其含量一般在10%以上。

黏土矿物胶结+石英次生加大+强压实成岩相（Ⅴ类）分布有两个区块，一个是大巴山前缘地区的川东北地区和江南古陆前缘地区的川东广大地区。另一个是郫县−雅安−乐山−仁寿一带。大巴山前缘地区和江南古陆前缘地区压实作用强烈，仍与物源含丰富的千枚岩、板岩等塑性变质岩及大量的杂基有关。郫县−雅安−乐山一带在须四时沉积相主要为滨浅湖相，沉积物粒度细，一般在中砂以下，杂基含量较高，一般在4%以上，受压实作用影响强烈（图3-60）。

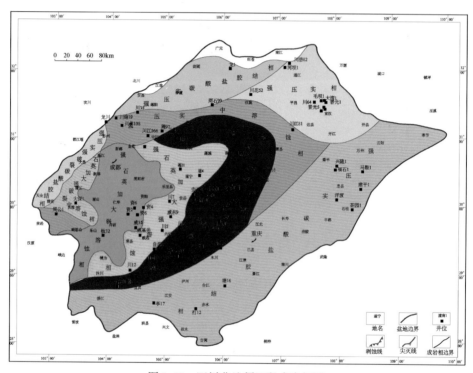

图3-60　四川盆地须四段成岩相图

压实+强烈石英次生加大成岩相（Ⅵ类）分布在宜宾、泸州一带的川南地区，无论是黔中古陆还是江南古陆的物源离这里都较远。因而，石英颗粒含量较高，平均含量达65%以上，是四川盆地石英含量最高的地区。石英颗粒含量高，导致石英胶结物发育，硅质胶结物含量平均达5.67%，主要呈石英加大的形式产出。

石英次生加大+弱溶蚀+绿泥石环边成岩相（Ⅰ类）分布于盐亭−磨溪−南充−广安一带，喷出岩岩屑含量高，单井平均含量一般为10%~16%，是绿泥石胶结相发育的有利地区。在盐亭−蓬溪一带喷出岩屑含量最高，平均含量在14%以上，喷出岩屑主要来源于龙门山古陆。

石英次生加大+弱溶蚀成岩相（Ⅱ类）分布在三个区块，一是仪陇−营山区块，二是潼南−大足−合川区块，三是遂宁区块。岩石类型为岩屑长石砂岩+长石岩屑砂岩，长石含量较高，单井平均含量一般在8%以上，杂基含量少，一般小于3%。

溶蚀作用对储层的影响强于石英加大作用。弱溶蚀+石英次生加大成岩相（Ⅲ类）分布在金堂-乐至-安岳-隆昌一带，这一区块砂岩以长石岩屑砂岩+岩屑砂岩为主，溶蚀作用没有Ⅱ类地区强。

弱溶蚀+高岭石充填成岩相（Ⅳ类）在威远-自贡一带。另外在中坝地区中72井也发现弱溶蚀+高岭石充填成岩相（Ⅳ类），薄片中较多的高岭石胶结物，该地区须四段埋藏较浅（2000m左右），同时断层发育，储层可能受到了大气淡水的影响。

3）须六段成岩相平面分布特征

石英次生加大+强压实成岩相（Ⅴ类）分布有两个区块，一个是平昌地区，另一个是中江-成都-雅安一带。在平昌地区的界牌1井须六段取心，岩性为岩屑砂岩，石英颗粒含量不足40%，而变质岩岩屑和喷出岩岩屑含量很高，物源来自大巴山古陆，成岩作用主要为压实作用。中江-成都-雅安一带须六段沉积相主要为滨浅湖相，沉积物粒度细，杂基含量多，根据平泉2井和岩屑薄片鉴定，岩性为细粒岩屑砂岩，石英含量不足50%，压实作用强烈（图3-61）。

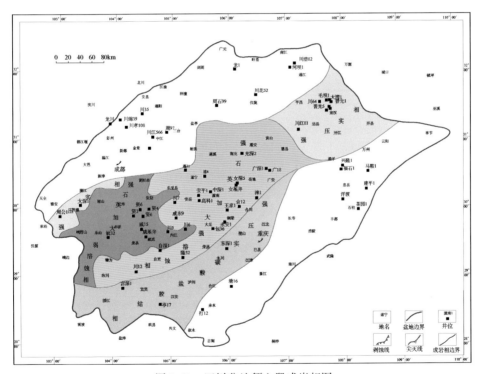

图 3-61　四川盆地须六段成岩相图

3.3.3 储层发育主控因素及成储模式

1. 储层发育主控因素

1）沉积微相是碎屑岩优质储层发育的基础

晚三叠世，四川盆地具有多物源特征，多物源体系及物源供给充足，使盆地"过饱和"沉积，是盆地内砂岩广泛发育的基础，而周缘山系的不均衡运动导致盆地内河道侧向迁移频繁，形成多期河道砂叠置，纵向上形成厚层砂岩，平面上砂岩连片。根据部分钻井沉积微相与储集层物性的关系统计，有利储集层主要发育在三角洲前缘水下分流河道、河口砂坝等微相中，沉积相在宏观上控制储集层物性的好坏，但这些有利相带并不都是好的储集层，它还受成岩作用、物源条件等因素控制。

（1）沉积物组分结构对储层物性的影响

石英颗粒含量增高，储层物性有变差趋势。因为石英含量越高，受压溶作用影响，石英加大越强烈，孔隙充填越严重。但石英含量过低（<50%），储层物性常很差，因岩石中常含较高的黏土杂基和软性岩屑，压实强度大，或者被方解石致密胶结。长石含量与储层物性有较好的正相关关系，长石含量越多，储层物性越好。由于被溶组分主要是长石，其含量越高，溶蚀强度就越大，溶蚀孔隙就越发育。杂基含量越多，储层物性越差。杂基含量多，意味着沉积物沉积时水动力能量较弱，或堆积速度过快，因而物性差。当杂基含量大于5%时，储层面孔率一般小于5%。

粒度越粗储层物性越好（表3-21），储层物性以粗砂岩为最好，其平均面孔率达4.52%，有孔薄片率（有孔薄片数/薄片总数）达78.44%。其次为中砂岩，其平均面孔率为3.85%，有孔薄片率为72.49%。细砂岩储层物性较差，平均面孔率为1.29%，有孔薄片率为37.60%。粉砂岩储层物性很差，平均面孔率仅为0.75%，有孔薄片率为16.67%，仅少数石英粉砂岩中见有孔隙。细砾岩样品数较少，有限的几个样品中都无可见孔隙，平均面孔率为0%，有孔薄片率也为0%，它们都被方解石致密胶结或被杂基强烈充填。

表 3-21　四川盆地上三叠统砂岩粒度与面孔率关系表

粒度	面孔率/%	有孔薄片数/个	有孔薄片率/%	样品数/个
粗砂岩	4.52	131	78.44	167
中砂岩	3.85	506	72.49	698
细砂岩	1.29	91	37.60	242
粉砂岩	0.75	2	16.67	12
细砾岩	0	0	0.00	5

（2）沉积微相对储层物性的影响

不同沉积环境具有不同的水介质条件，所形成的岩石类型、粒径大小、分选性、磨圆度、杂基含量和岩石的组分等方面均有差异，从而导致不同沉积环境下储层物性有很大差别。

根据沉积微相与储层物性的关系统计得出，储层物性较好的微相有三角洲平原水上分支河道、三角洲前缘水下分流河道、河口坝、扇三角洲平原辫状水上分支河道、扇三角洲前缘辫状水下分流河道、冲积扇缘分支小河道、滨湖砂坪等，这些相带水动力能量高，岩石成分成熟度和结构成熟度较高，粒度较粗（一般在中砂以上），分选较好，杂基含量较少。总体上储层物性以三角洲平原水上分支河道、三角洲前缘水下分流河道、河口坝为最好，它们是须家河组最主要的储集砂体。

而前陆盆地结构差异间接控制着储层物性。研究表明，前陆冲断带须二段储层平均孔隙度为 4.46%，储层平均渗透率为 $0.12\times10^{-3}\,\mu m^2$。前陆凹陷带须二段储层平均孔隙度为 4.16%，储层平均渗透率为 $0.39\times10^{-3}\,\mu m^2$。前陆斜坡带须二段储层平均孔隙度为 5.72%，储层平均渗透率为 $0.32\times10^{-3}\,\mu m^2$。前陆隆起带须二段储层平均孔隙度为 7.11%，储层平均渗透率为 $0.3\times10^{-3}\,\mu m^2$。四川盆地须二段储层物性以前陆隆起带最好，其次为前陆斜坡带，再次为前陆冲断带，前陆凹陷带最差（图 3-62）。

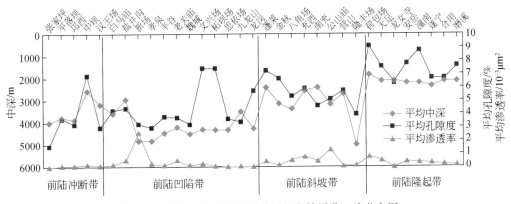

图 3-62　四川盆地不同构造带须二段储层孔、渗分布图

同时，气藏的埋深与储层物性关系密切。气藏的平均孔隙度与气藏的埋深呈正相关系，虽然部分气藏与深度不太吻合（如文兴场、拓坝场，与周围相邻气藏的埋深类似，其孔隙度却比较大），但大部分气藏的埋深符合规律。

前陆盆地不同的构造区带内部由于气藏的埋深不完全一致，导致区带内储层物性不一致，这是同区带内不同气藏物性差异的重要原因。

2）晚期溶蚀作用及成岩相是改善储层物性的关键

整个四川盆地的孔隙类型主要有三种，即剩余原生粒间孔、粒内溶孔和粒间溶孔，其他孔隙类型相对较少。微裂缝对储层的改造效果明显，如新场气田。原生孔隙随着埋深加大，受到压实、胶结、充填作用等破坏性成岩作用的影响，往往更加致密化，而溶蚀作用是最有效的成岩作用之一，可以形成大量次生孔隙。

溶蚀作用的强度与岩石粒间孔隙发育程度、可溶组分长石含量的多少及酸性流体来源的丰富程度有关，川中及过渡带地区是溶蚀作用最发育的地区。川东北地区须家河组源岩有机质产生的大量有机酸有利于砂岩中不稳定组分的溶解，如长石、岩屑被溶解形成大量的粒内和粒间溶孔，特别是须三段碳酸盐岩岩屑含量最高可达90%以上，更容易被溶蚀，薄片显示其溶蚀孔隙十分发育，元陆7井须三段测试获得高产，勘探实践表明溶蚀相的展布是川东北地区须家河组天然气富集高产的一个重要因素。

砂岩储层的各种成岩相反映了砂岩在成岩过程中所经受的主要成岩作用。因此，也必然影响到砂岩的物性，据统计各种成岩相砂岩的孔渗有很大差异，其中以绿泥石环边胶结成岩相孔渗最好，钙质胶结成岩相孔渗最差（图3-63、图3-64）。

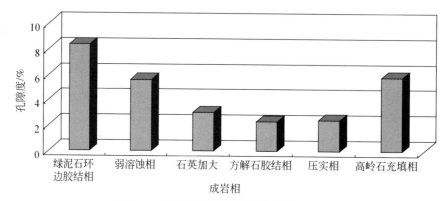

图3-63 各类成岩相与储层孔隙度关系图

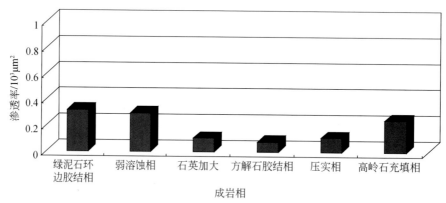

图3-64 各类成岩相与储层渗透率关系图

2. 成储模式

四川盆地陆相是在龙门山推覆构造带和北缘大巴山－米仓山推覆构造带多期次挤压推覆以及盆地沉降背景下发育的一套碎屑岩层系，主要储集砂体类型为滨岸砂、三角洲平原分流河道、三角洲前缘水下分流河道、河口坝砂体等砂体类型，储集砂体成因类型不同，其物性相应存在巨大差异。从沉积特征来看，四川盆地从盆缘向盆内依次发育冲积平原—三角洲平原—三角洲前缘—湖泊沉积。其中由于多物源且物质供给丰富，作为有利储集砂体发育的三角洲前缘相带在湖盆内叠置连片，受控于此，储集砂体的平面分布也继承了相似特征。

通过前文碎屑岩储层主控因素的分析，结合四川盆地已发现的元坝、广安、合川、安岳以及川西新场等多个碎屑岩气田储层发育特征，总结了四川盆地碎屑岩储层成储模式，四川盆地不同构造位置储层沉积相带、成岩演化历程及储集空间类型差异明显，可细分为三种成储模式。

1) 前陆隆起区–弱压实弱胶结作用–原生粒间孔隙型成储模式

四川盆地前陆隆起区气藏类型以岩性气藏、构造–岩性复合气藏为主，如广安须家河气藏、安岳须二段气藏、八角场须四段气藏。四川盆地前陆隆起区须家河组主要发育辫状河三角洲平原–前缘沉积相带，其埋藏深度相对较浅，平均埋深多在 2000m 左右，压实作用及胶结作用相对较弱，颗粒间以点–线接触为主，特别是在后期环边绿泥石保护作用下，大量原生粒间孔得以保存，储集空间类型以剩余原生粒间孔为主，且原生粒间孔在后期酸性流体作用下进一步溶蚀扩大形成粒间溶孔，有效增加了储层储集空间。前陆隆起区须家河组储层物性总体较好，储层孔隙度为 0.3% ~ 20%，平均为 7.11%，主要分布在 5% ~ 9%，储层渗透率为 0.000267×10^{-3} ~ 55.3×10^{-3} μm^2，平均为 0.3×10^{-3} μm^2，主要分布在 0.02×10^{-3} ~ 0.2×10^{-3} μm^2。总体上，前陆隆起区内这种类型储层储集空间以原生粒间孔为主，物性较好，为后期天然气聚集成藏提供了大量储集空间，易于形成大气藏（图 3-65）。

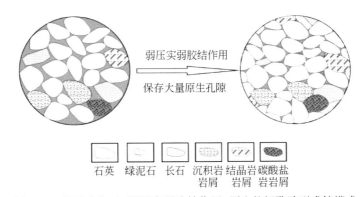

图 3-65 前陆隆起区–弱压实弱胶结作用–原生粒间孔隙型成储模式

2) 前陆凹陷区–强压实强胶结作用–次生溶蚀孔隙型成储模式

四川盆地前陆凹陷内气藏类型以构造–岩性、岩性气藏为主，如白马庙、新场、元坝等气藏。前陆凹陷带内早期形成的储集体在经历了深埋之后，平均埋深多为 4000 ~ 5000m，由于强烈的压实作用及胶结作用，大部分地区储层原生孔隙基本消失殆尽。在成岩演化过程中，随着埋深增加，有机质脱羧作用逐渐加强，有机质释放出的有机酸达到一定浓度，为颗粒溶蚀提供酸性介质，从而使长石、富长石的岩屑及杂基等发生溶蚀，形成粒内溶孔、粒间溶孔等次生孔隙，大大增加储层储集空间。前陆凹陷带内须家河组储层孔隙度为 0.067% ~ 14.51%，平均为 4.16%，主要分布在 2% ~ 5%；渗透率为 $0.00013 \times$

$10^{-3} \sim 167.864 \times 10^{-3} \, \mu m^2$，平均为 $0.39 \times 10^{-3} \, \mu m^2$，主要分布在 $0.01 \times 10^{-3} \sim 0.08 \times 10^{-3} \, \mu m^2$。总体上，前陆凹陷区内这种类型储层在强压实强胶结作用下，储层物性总体较差，但长石等易溶颗粒在晚期酸性流体作用下溶蚀形成大量次生孔隙，有效改善储层物性，因此，晚期溶蚀作用是该类储层发育的关键（图 3-66）。

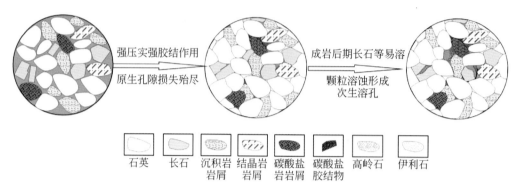

图 3-66　前陆凹陷区–强压实强胶结作用–次生溶蚀孔隙型成储模式

3）前陆冲断带–中压实中胶结作用–孔隙裂缝型成储模式

四川盆地前陆冲断带内气藏类型以构造气藏为主，如中坝、平落坝、邛西须二段气藏。前陆断褶带内储集砂体埋藏深度介于前陆凹陷及隆起区之间，多在 3000 ~ 4000m，压实作用及胶结作用中等，储层物性较差，须家河组储层孔隙度为 0.38% ~ 15.67%，平均为 4.46%，主要分布在 2% ~ 5% 的范围内；渗透率为 $0.000472 \times 10^{-3} \sim 20.7 \times 10^{-3} \, \mu m^2$，平均渗透率为 $0.12 \times 10^{-3} \, \mu m^2$，主要分布在 $0.01 \times 10^{-3} \sim 0.08 \times 10^{-3} \, \mu m^2$，总体具有低孔低渗特征。前陆冲断带内由于强烈构造活动，断裂发育，形成的微裂缝有效改善储层的渗透性，对储层的改造效果显著。该类储层在晚期成岩作用过程中，特别是晚期裂缝活化作用对改善储层物性、提高储层渗透性具有关键作用（图 3-67）。

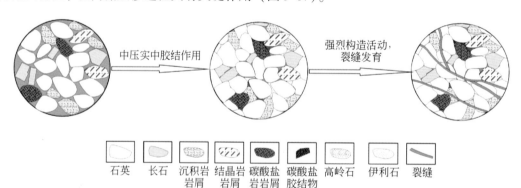

图 3-67　前陆冲断带–中压实中胶结作用–孔隙裂缝型成储模式

3.4　页岩气储层发育模式

页岩气资源勘探开发和研究最早开始于美国，1821 年，在纽约州 Chautauqua 县 Fredonia 镇，William A. Hart 等钻了北美第一口页岩气井，在 8m 深的泥盆系 Dunkirk 页岩中生产出了天然气，当时产气量非常少，并没有引起人们的重视，但这却为美国开创了一个全新的时代（Curtis，2002）。2000 年以后，美国页岩气进入了大发展阶段（Bustin，2005）。2002 年，有两大页岩气田进入了美国前 10 大气田行列中，即福特沃斯盆地 Barnett 页岩气田和密执安盆地的 Antrim 页岩气田。美国能源信息署（EIA）2011 年预测 2040 年美国页岩气产量将达到 $4729 \times 10^8 \mathrm{m}^3$。

我国页岩气资源调查与勘探开发起步较晚，受北美页岩气的影响，国内从 2002 年开始关注页岩气。在常规油气勘探过程中，曾在许多盆地发现过泥页岩油气藏，钻遇页岩气显示层位多、分布广，如四川盆地威远构造、松辽盆地古龙凹陷、辽河拗陷、济阳拗陷、临清拗陷东濮凹陷、柴达木盆地茫崖拗陷西部凹陷等都相继发现和开采过泥岩油气藏。2012 年，涪陵焦石坝地区取得页岩气勘探战略突破并进行了商业开采，在国内取得首个商业性页岩气田的发现，截至 2015 年 9 月 30 日，累计产气达 25 亿 m^3，提交页岩气探明地质储量 3805.98 亿 m^3；同时在四川长宁-威远、云南昭通、永川-富顺等地区海相页岩气勘探开发取得重大进展。

3.4.1　页岩气储层特征

1. 岩石类型及矿物组成

1）岩石类型

泥（页）岩通常是指以黏土矿物为主的沉积岩，其矿物成分主要为黏土矿物，次为陆源碎屑矿物、化学沉淀的非黏土矿物以及有机质，凡是粒径在 0.003mm 以下的颗粒（包括细粉砂和泥）都视为黏土级矿物。

涪陵焦石坝区块五峰组—龙马溪组泥、页岩主要为呈薄层或块状产出的暗色或黑色细颗粒的沉积岩，它们在化学成分、矿物组成、古生物、结构和沉积构造上丰富多样。含气泥、页岩岩石类型主要为含放射虫碳质笔石页岩、碳质笔石页岩、含骨针放射虫笔石页岩、含碳含粉砂泥岩、含碳质笔石页岩以及含粉砂泥岩（图 3-68）。

2）矿物组成

涪陵焦石坝区块五峰组—龙马溪组 X 衍射显示，页岩主要含有硅质、长石、方解石、白云石、黄铁矿和黏土等矿物，其中黏土矿物主要为伊利石、伊/蒙混层和绿泥石等。以焦页 1 井五峰组—龙马溪组一段（2326～2415.5m）为例，其矿物成分组成具有如下特征：脆性矿物含量高，并自上而下逐渐增高。脆性矿物含量为 33.9%～80.3%，平均为 56.5%；以硅质矿物为主，平均占 37.3%；其次是斜长石和白云石，平均含量分别为

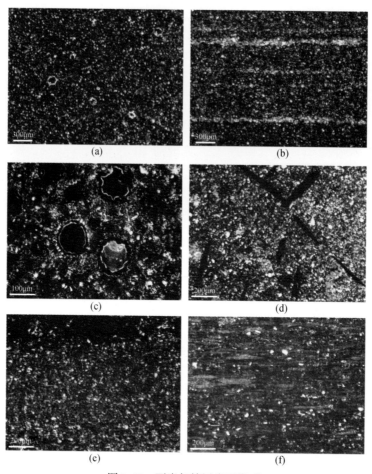

图 3-68　页岩气储层岩石类型

（a）含放射虫碳质笔石页岩，见放射虫，焦页 1 井，五峰组，2411.05m，（-）；（b）含碳含粉砂泥岩，焦页 1 井，龙一段，2363.4m，（-）；（c）含骨针、放射虫碳质笔石页岩，放射虫含量为 30%，焦页 1 井，龙一段，2389.31m，（-）；（d）含骨针放射虫笔石页岩，见硅质骨针，焦页 1 井，龙一段，2390.02m，（-）；（e）含碳质笔石页岩，焦页 1 井，龙一段，2347.46 m，（-）；（f）含粉砂泥岩，碳质黏土呈透镜状定向排列，焦页 1 井，龙一段，2330.46m，（-）

7.15% 和 6.16%；其他成分含量都小于 5%，脆性矿物和硅质矿物含量总体具有自上而下逐渐增高的特点（图 3-69）。黏土矿物含量总体较低，具有从上至下逐渐减少的特征，在纵向上的变化与脆性矿物含量有"反向对称"的特点，具有从上至下逐渐减少的特点。黏土矿物含量为 16.6% ~ 62.8%，平均为 40.9%；黏土矿物均以伊/蒙混层（25% ~ 85%，平均为 54.45%）和伊利石（12% ~ 68%，平均为 39.45%）为主，次为绿泥石（1% ~ 20%，平均为 6.02%），不含蒙脱石。

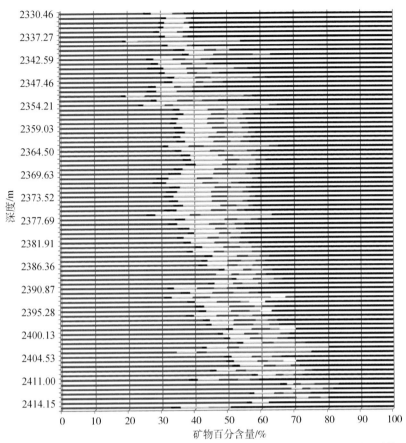

图 3-69　焦页 1 井五峰组—龙马溪组一段矿物成分分布直方图

2. 有机地球化学特征

1）有机质丰度

涪陵焦石坝区块有机质丰度（TOC）主要分布在 0.46% ~ 7.13%，平均为 2.66%，总体反映区内主要为中–特高有机碳含量，这为形成有利的页岩气藏提供了良好的物质基础。焦页 1 井五峰组—龙马溪组一段一亚段（2378 ~ 2415.5m）TOC 普遍≥2.0%，最高可达 5.89%，平均为 3.56%，评价为高–特高有机碳含量。而龙马溪组一段二亚段、三亚段 TOC 明显变小；龙马溪组一段二亚段 TOC 含量为 0.91% ~ 2.17%，平均为 1.65%，评价为中–高有机碳含量；龙马溪组一段三亚段 TOC 含量为 0.55% ~ 3.26%，平均为 1.69%，评价主要为低–高有机碳含量（图 3-70）。

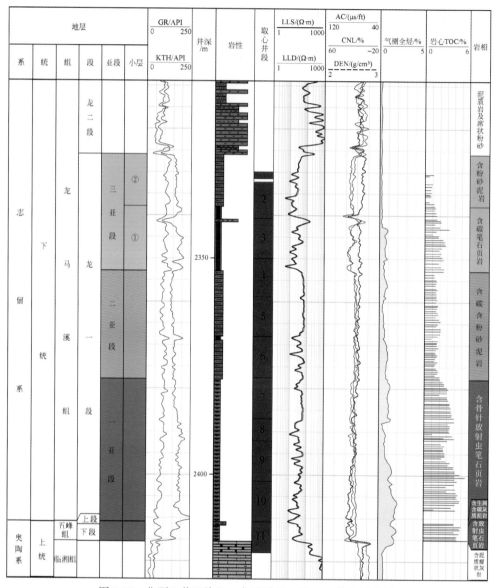

图 3-70 焦页 1 井五峰组—龙马溪组一段 TOC 综合评价图

2）有机质类型

涪陵焦石坝区块五峰组—龙马溪组一段有机质显微组分中腐泥组含量最高，含量为 92.84%～100%（腐泥无定型体 40.27%～71.21%，藻类体 28.79%～52.57%），动物碎屑含量为 0%～7.16%，未见壳质组、镜质组和惰质组。在干酪根显微镜下，腐泥组多以藻类体和棉絮状腐泥无定形体为主（图 3-71、图 3-72），见少量的动物碎屑，TI 值表明龙马溪组烃源岩有机质类型主要为 I 型（表 3-22）。

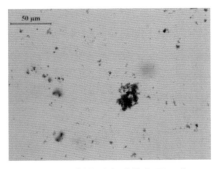

图 3-71　腐泥无定形体焦页 1 井，
龙一段，2339.33m

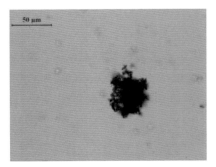

图 3-72　腐泥无定形体焦页 1 井，
龙一段，2349.23m

表 3-22　焦页 1 井干酪根显微组分分析数据表

井深/m	类别		腐泥组		类型指数	有机质类型
			腐泥无定形体	藻类体		
2349.23	含量/%		40.27	52.57	92.84	I
	颜色	透光	浅灰色–灰褐色	灰褐色–黑色		
		荧光	无	无		
	特征		棉絮状	具藻类细胞结构		
2399.33	含量/%		71.21	28.79	100	I
	颜色	透光	浅灰色–灰褐色	灰褐色–黑色		
		荧光	无	无		
	特征		棉絮状	具藻类细胞结构		

　　焦页 1 井下志留统龙马溪组 2339.33m 和 2349.23m 两块样品进行了干酪根碳同位素检测，分析 $\delta^{13}C_{PDB}$ = −29.2‰ ~ −29.3‰，根据干酪根碳同位素区分烃源岩类型标准判断（表 3-23），涪陵焦石坝区块龙马溪组有机质类型为 I 型。

表 3-23　碳同位素区分烃源岩干酪根类型标准表

母质类型	I	II	III
$\delta^{13}C/‰$	−26.5	−26.5 ~ −25	>−25

资料来源：黄第藩等，1984

3）有机质热演化程度

　　成熟度的高低是反映烃源岩是否已演化至生油或生气阶段的参数，是评价烃源岩生烃潜力的依据。

　　对于下古生界五峰组—龙马溪组海相烃源岩，由于缺乏来源于高等植物的标准镜质组，对这类烃源岩 Jacob（1985，1989）提出了利用测定沥青反射率（R_b）来换算镜质组反射率的方法，本次利用 R_o = 0.3195+0.679×R_b（丰国秀、陈盛吉，1988）公式换算镜质组反射率。焦页 1 井五峰组—龙马溪组共测了 9 块样品沥青反射率（表 3-24），经换算镜质组反射率分别为 2.42% ~2.80%，平均为 2.59%，表明五峰组—龙马溪组进入过成熟演化阶段，以生成干气为主。

表 3-24　焦页 1 井五峰组—龙马溪组沥青反射率测定数据表

岩性	井深/m	层位	测定点数/个	沥青反射率/%	镜质组反射率/%
含碳笔石页岩	2339.3		23	3.66	2.80
含碳笔石页岩	2349.2		10	3.31	2.57
含碳含粉砂泥岩	2358.6		9	3.27	2.54
含碳含粉砂泥岩	2367.4	龙马溪组	11	3.33	2.58
含碳含粉砂泥岩	2376.1		2	2.77	2.20
碳质笔石页岩	2385.4		3	3.27	2.54
碳质笔石页岩	2397.1		5	4.04	3.06
碳质笔石页岩	2406.2		4	4.14	3.13
碳质笔石页岩	2414.9	五峰组	19	3.10	2.42

3. 储层物性特征

1）孔隙度

（1）小岩样孔隙度

涪陵焦石坝区块五峰组—龙马溪组一段共计 228 个页岩氦气法小岩样物性样品的统计显示（表 3-25、图 3-73），孔隙度分布在 1.17% ~8.61%，平均为 4.87%；其中孔隙度为 2% ~5% 占总样的 52.6%，孔隙度为 5% ~10% 占总样的 46.5%，孔隙度总体表现为低-中孔的特点。储集性能在纵向上整体表现出"两高夹一低"的三分性特征。焦页 1 井龙马溪组一段三亚段：表现为相对较高的孔隙度段，平均为 5.30%；龙马溪组一段二亚段：表现为相对较低的孔隙度段，平均为 3.79%；五峰组—龙马溪组一段一亚段：表现为相对较高的孔隙度段，平均为 4.82%。纵向上，孔隙度大小明显受微相的控制。

表 3-25　涪陵焦石坝区块五峰组—龙马溪组一段页岩岩心物性统计表

井号	样品数/个	孔隙度/%			渗透率/$10^{-3}\mu m^2$		
		最大	最小	平均	最大	最小	几何平均
焦页 1 井	159	7.22	1.17	4.52	335.21	0.0015	0.65
焦页 2 井	50	8.61	1.85	5.66	92.55	0.0011	3.06
焦页 4 井	19	7.8	4.41	5.78	227.98	0.045	7.21

（2）全直径孔隙度

焦页 4 井 19 块全直径孔隙度显示，全直径孔隙度为 4.59% ~8.06%，平均为 5.97%。全直径孔隙度比同样深度的小岩样孔隙度稍大，大 5% 左右。

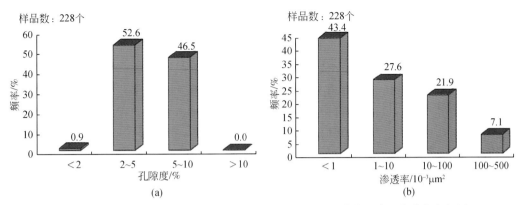

图 3-73 涪陵焦石坝区块五峰组—龙马溪组一段岩心孔隙度、渗透率分布直方图

2）渗透率

涪陵焦石坝区块五峰组—龙马溪组页岩储层段开展了三类渗透率测定研究工作——全直径渗透率法、压力衰减渗透率法和稳态法渗透率法。

（1）全直径渗透率法

全直径渗透率法能尽可能避免人为产生微裂缝对渗透率结果的影响，能够较客观地反映页岩地下真实的渗透率的特点。从焦页 4 井 19 块全直径分析水平渗透率和垂直渗透率数据来看，垂直渗透率远远低于水平渗透率，垂直渗透率普遍低于 $0.30 \times 10^{-3} \mu m^2$，平均值为 $0.1539 \times 10^{-3} \mu m^2$，对应相同深度的水平渗透率普遍高于 $0.30 \times 10^{-3} \mu m^2$，几何平均值为 $0.4908 \times 10^{-3} \mu m^2$（图 3-74），反映了涪陵焦石坝区块泥页岩渗透率为特低渗、低渗的特点（胡东风等，2014）。

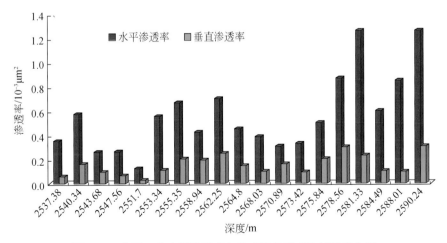

图 3-74 焦页 4 井水平渗透率与垂直渗透率对比统计直方图

（2）压力衰减渗透率法和稳态法渗透率法

压力衰减渗透率是 TRA 分析（致密岩石分析）中的一个分析项目，该测试是对泥页

岩或泥岩的破碎颗粒进行的基质渗透率测试。焦页 4 井共进行 5 个样品的测试分析。

TRA 分析结果显示，压力衰减渗透率为 $0.000111 \times 10^{-3} \sim 0.000341 \times 10^{-3}\ \mu m^2$，泥页岩碎样渗透率为明显的特低渗特点。利用柱塞样品进行了稳态法渗透率的测定表明，由于页岩页理非常发育，加之页岩易碎，柱塞样品稳态法渗透率在从钻样到试验过程中，一些样品不可避免地会产生裂缝，这造成了样品渗透率将发生数量级的升高，从焦页 4 井全直径水平渗透率和柱塞样水平渗透率的对比可以发现这个规律（图 3-75），此种方法测渗透率不能客观地反映页岩真实的渗透性。

根据以上几种渗透率分析结果对比，全直径渗透率更能较客观地反映地下页岩渗透性的性质，总体评价涪陵焦石坝区块渗透率为特低渗、低渗的特征。

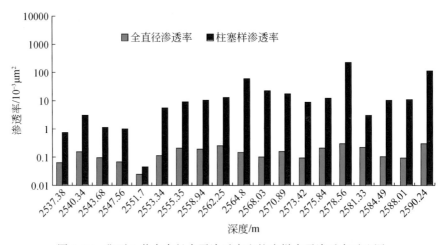

图 3-75　焦页 4 井全直径水平渗透率和柱塞样水平渗透率对比图

4. 储层空间类型及特征

常规油气勘探认为页岩主要作为烃源岩和盖层，但页岩气勘探开发的成功极大地提高了涪陵焦石坝区块对页岩的认识程度，页岩并非仅仅可作为烃源岩和盖层，还可作为储集层。页岩储集方式不同于常规储层，表现为页岩气一部分以吸附状态赋存于微孔隙的内表面上，一部分以游离状态存在于页岩的微孔隙和裂隙中。孔隙和裂隙的大小、形态、孔隙度、连通性等决定了页岩气的储集、运移和产出特征。

1）孔隙

利用氩离子束抛光扫描电子显微镜技术对涪陵焦石坝区块五峰组—龙马溪组泥页岩的纳米级孔隙进行研究，根据成因分类可识别出有机质孔、黏土矿物间孔、晶间孔、次生溶蚀孔等孔隙类型（魏祥峰等，2013；郭旭升等，2014；魏志红、魏祥峰，2014）。这些储集空间孔径主要为 2~100nm。

（1）有机质孔

有机质孔为岩石中保存下来的有机质在裂解生烃的转化过程中，内部逐渐变得疏松多孔，这些孔隙就成了生成气体的保存场所，有利于页岩气的赋存和富集。

五峰组—龙马溪组泥页岩中有机质孔隙主要为纳米孔，孔径主要为 2 ~ 100nm，平面上通常为似蜂窝状的不规则椭圆形（图 3-76）；某些有机质内部纳米孔数量丰富，一个有机质片内部可含几百到几千个纳米孔，在有机质中的面孔率一般可达 20% ~ 30%，局部可达到 60% ~ 70%。有机质孔与其他孔隙主要有三点不同之处：①孔径多为纳米级，为页岩气的吸附和储集提供更多的比表面积和孔体积；②与有机质密切共生，可作为联系烃源灶与其他孔隙的介质；③有机质孔隙具备亲油性，更有利于页岩气的吸附和储集。

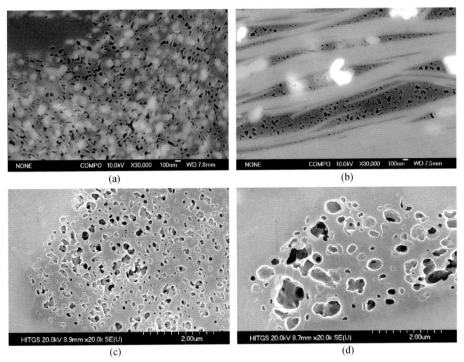

图 3-76　涪陵焦石坝区块五峰组—龙马溪组一段页岩中有机质孔隙特征

（a）有机质孔隙，孔径为 2 ~ 181nm，焦页 1 井，2376.05m；（b）有机质孔隙，有机质分布于片状黏土矿物间，焦页 1 井，2381.91m；（c）有机质孔隙，呈蜂窝状分布，单个孔隙呈近圆形、近椭圆形，孔径为 7 ~ 665nm，焦页 2 井，2514.75m；（d）有机质孔隙，单个孔隙呈近圆形，孔隙大小不一，孔径为 10 ~ 879nm，焦页 4 井，2575.19m

（2）黏土矿物间孔

黏土矿物间孔指页岩中片状黏土矿物之间的孔隙，包括黏土矿物与黏土矿物间或与其他颗粒之间的孔隙（图 3-77）。这类孔隙具有体积小、吸附性较强、数量多的特点。涪陵焦石坝区块五峰组—龙马溪组一段中的黏土矿物间孔多表现为片状黏土矿物边缘的微小裂隙。宽度一般小于 1μm，于黏土矿物周缘不均匀分布。黏土矿物间孔的发育程度与页岩中黏土矿物的数量和种类息息相关，通常黏土矿物越多，黏土矿物间孔越发育，页岩吸附天然气的能力就越强。

（3）晶间孔

通过 SEM 镜下观察发现，草莓状黄铁矿集合体在五峰组—龙马溪组一段基质中广泛分布。这些草莓状黄铁矿集合体直径多为 3 ~ 6μm，黄铁矿晶粒间往往存在一定数量的纳米级孔隙（图3-77），孔径为20～200nm。另外还见到少量重结晶形成的方解石晶间孔和自生硅质矿物形成的硅质矿物晶间孔。

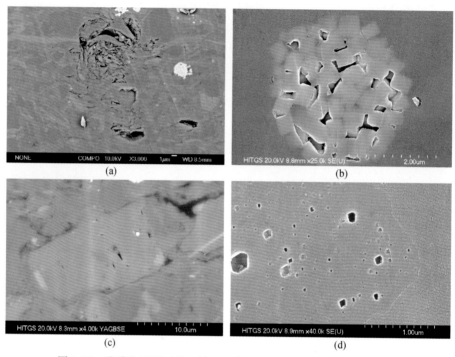

图 3-77　涪陵焦石坝区块五峰组—龙马溪组一段页岩无机孔隙特征

（a）黏土矿物粒间孔，呈分散蜂窝状分布，焦页1井，2335.3m；（b）黄铁矿晶间孔，焦页2井，2450.25m；
（c）长石表面次生溶蚀孔，焦页4井，2558.79m；（d）方解石粒内溶蚀孔，焦页4井，2570.71m

（4）次生溶蚀孔

次生溶蚀孔主要是中成岩期有机质在脱羟基作用下产生的酸性水对长石及碳酸盐等易溶矿物溶蚀而形成。这类孔隙又可分为粒内溶孔和粒间溶孔（图3-77）。粒内溶孔孔径相对较小，主要为$0.05～2\mu m$；粒间溶孔孔径相对较大，主要分布在$1～20\mu m$。

2）裂缝

通过岩心观察、FMI测井解释和扫描电镜等方式发现焦石坝似箱状断背斜主体区以微细裂缝为主，一种为矿物或有机质内部裂缝；另一种为矿物或有机质颗粒边缘缝。五峰组—龙马溪组岩心中主要发育高角度缝（斜交缝和垂直缝）和水平缝（层间页理缝、层间滑动缝）两种类型的裂缝（图3-78、图3-79），在页岩气层其他层位不发育，裂缝长度一般小于15cm；水平缝在页岩气层整体较发育，纵向上分布较广，其中层间滑动缝在五峰组和龙马溪组一段一亚段底部尤其发育。裂缝的发育主要控制因素有沉积环境、脆性矿物含量和破裂压力、构造作用、岩性界面上下岩石物理性质。

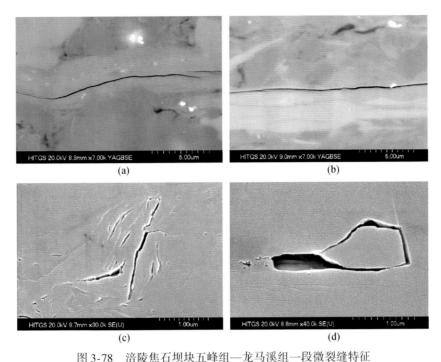

图 3-78　涪陵焦石坝块五峰组—龙马溪组一段微裂缝特征

（a）片状矿物内部微裂缝，焦页 2 井，2547.60m；（b）片状矿物边缘微裂缝，焦页 4 井，2537.38m；
（c）脆性矿物内部裂缝，焦页 4 井，2537.38m；（d）脆性矿物粒缘缝，焦页 4 井，2592.55m

图 3-79　涪陵焦石坝区块五峰组—龙马溪组一段宏观裂缝特征

（a）网状裂缝，焦页 1 井，五峰组，2412.07 ~ 2412.15m；（b）层间页理缝，焦页 4 井，龙马溪组，
2581.98 ~ 2582.08m；（c）水平缝，被方解石与黄铁矿充填，焦页 3 井，龙马溪组，2408.21 ~ 2408.43m；
（d）层间滑动缝，见擦痕和镜面，焦页 4 井，龙马溪组，2586.05m

5. 孔隙结构特征

1）高压压汞法孔隙结构特征

压汞曲线形态可以反映各孔喉段孔隙的发育情况、孔隙之间的连通性等信息，高压压汞法测试的孔径范围大于3.6nm，其不能有效地对小于3.6nm的微孔和中孔进行测量和反映。在纵向上，涪陵焦石坝区块五峰组—龙马溪组一段以A类毛细管压力曲线为主，总体上基质孔隙较均质；B类毛细管压力曲线的孔隙结构在五峰组—龙马溪组一段表现较明显，反映了146.5～2343.8nm大孔和微裂缝提供了更多的渗流通道，有利于页岩气的产出（图3-80、图3-81、表3-26）。

2）氮气吸附法孔隙结构特征

氮气吸附法测试的孔径范围为1.5～400nm，能对微–中孔的发育情况进行详细的描述。涪陵焦石坝区块五峰组—龙马溪组一段页岩的孔体积在0.008～0.024cm³/g范围内，平均为0.013cm³/g；平均孔径主要为2.9～3.8nm。页岩的孔体积分布曲线显示（图3-82），样品的孔径在$r<10$nm时，累积曲线很陡，而在$r \geqslant 10$nm时，累积曲线逐渐变得平缓，反映了孔径r在1.5～10nm范围内的微孔、中孔对孔体积值贡献最大。BET比表面积为8.4～33.3m²/g，平均为18.9m²/g；杨建等（2009）测定的四川盆地上沙溪庙组致密砂岩储层

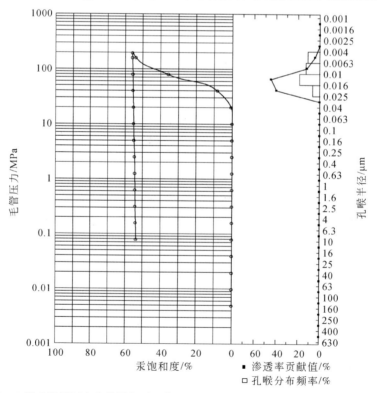

图3-80　A类毛细管压力曲线图焦页1井，2379.78m，$\Phi=4.43\%$；$\mu=0.2794\times10^{-3}\mu m^2$

BET 比表面积为 $1.06 \sim 3.25 \mathrm{m^2/g}$，平均为 $2.13 \mathrm{m^2/g}$；对比发现页岩比表面积巨大，这为页岩气体的吸附提供了非常有利的条件。同时孔体积和比表面积呈良好的正线性相关（图 3-83），这也反映了小于 10nm 的微孔是页岩比表面积的主要贡献者，构成了气体吸附的主要场所。

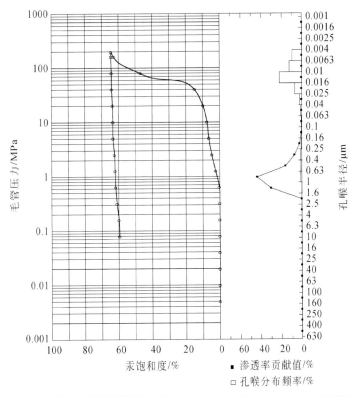

图 3-81 B 类毛细管压力曲线图焦页 1 井，2411.05m，$\varPhi = 3.14\%$；$\mu = 0.0016 \times 10^{-3} \mu\mathrm{m}^2$

表 3-26 涪陵焦石坝区块五峰组—龙马溪组一段高压压汞法不同孔隙结构参数表

主要参数	孔隙结构类型	
	A 类毛细管压力曲线	B 类毛细管压力曲线
孔隙度/%（最小~最大/平均值）	1.92~4.91 /3.14	1.7~5.59 /3.91
渗透率/$10^{-3}\ \mu\mathrm{m}^2$（最小~最大/几何平均值）	0.0016~12.7014 /0.184	0.1369~333.087 /9.06
排驱压力/MPa（最小~最大/平均值）	27.57~83.40 /48.29	16.59~49.90 /31.06
中值半径/nm（最小~最大/平均值）	4.7~5.9 /5.1	4.7~9.3 /6.3
分选系数（最小~最大/平均值）	1.06~1.43 /1.18	1.11~1.99 /1.51
进汞饱和度/%（最小~最大/平均值）	41.75~61.52 /51.89	45.62~65.84 /58.41
退汞效率/%（最小~最大/平均值）	0~7.03 /1.48	0~9.90 /5.58
对渗透率主要贡献孔径范围/nm	3.6~36.6	146.5~2343.8

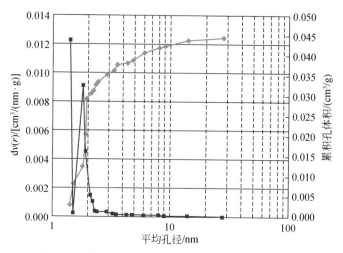

图 3-82 焦页 4 井 2581.2m 样品孔体积分布曲线图

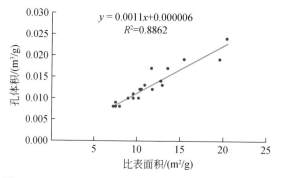

图 3-83 焦页 4 井页岩孔体积和比表面积相关关系图

3）纳米 CT 扫描孔隙结构特征

焦页 1 井 5 块页岩样品纳米 CT 扫描，试验结果表明，五峰组—龙马溪组一段一亚段页岩与二、三亚段的泥、页岩超微观孔隙结构特征存在一定差异。五峰组—龙马溪组一段一亚段页岩有机质纳米孔发育，以中孔为主，连通性中等（图 3-84）；五峰组—龙马溪组一段二、三亚段的泥、页岩有机质纳米孔欠发育，虽以大孔为主，且原生孔发育，但连通性变差（图 3-85）。

3.4.2 成岩作用与孔隙演化

1. 成岩作用类型及特征

五峰组—龙马溪组页岩储层主要成岩作用有压实、压溶作用，以及胶结作用、溶蚀作用、交代作用、破裂作用和黏土矿物转化作用等。其中，对储层形成最有利的成岩作用是

图 3-84　焦页 1 井五峰组—龙马溪组 2415.09m 页岩纳米 CT 扫描图

（a）孔隙分布（估算的孔隙度为 5.06%）；（b）喉道分布（以 30nm 的中型纳米孔为主）

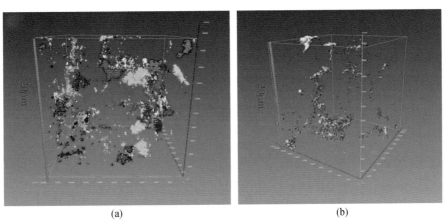

图 3-85　焦页 1 井五峰组—龙马溪组 2367.8m 页岩纳米 CT 扫描图

（a）孔隙分布（估算的孔隙度为 2.44%）；（b）喉道分布（以 50nm 的大型纳米孔为主）

溶蚀作用、破裂作用及黏土矿物转化作用。

1）压实、压溶作用

压实、压溶作用是页岩孔隙减小的重要因素。压实作用一方面使页岩致密化，物性变差，在镜下可见到塑性矿物以及有机质明显发生弯曲等现象（图 3-86）；另一方面可使石英、长石等刚性颗粒内部产生裂缝、微裂缝，改善了泥页岩储层物性；同时在脆性矿物相对含量较高的区域，孔隙能够较好地保存。涪陵气田五峰组—龙马溪组页岩在成岩作用过程中，一直受到压实、压溶作用的影响，在早–中志留世以及早二叠世—早白垩世两个阶段由于处于快速埋藏阶段，压实、压溶作用影响较大，孔隙大量地减小。

2）胶结作用

胶结作用是一种孔隙水的物理化学和生物化学的沉淀作用，主要是指从孔隙溶液中沉淀出矿物质，将碳酸盐岩颗粒或矿物黏结起来使之变成固结的岩石。

胶结作用作为一种重要的化学成岩作用，在泥页岩中同样存在，五峰组—龙马溪组泥页岩主要发生灰质胶结（图3-87）、自生黏土矿物胶结等，胶结作用一方面使孔隙空间变小，喉道变窄，储层物性变差；另一方面在一定程度上可以抑制压实作用，有利于原生孔隙的保存，此外胶结物的溶解又是次生孔隙形成的主要成因。

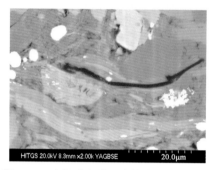

图3-86　有机质和黏土矿物发生弯曲现象

焦页4井，龙马溪组，2558.79m

图3-87　方解石胶结

焦页2井，龙马溪组，2464.77m

3）溶蚀作用

溶蚀作用在页岩中同样可见，是形成良好页岩储层的有益补充。在页岩储层中溶解作用主要为有机质热演化过程中形成的酸性流体对泥页岩中不稳定矿物的溶蚀，如长石溶蚀（图3-88）、碳酸盐矿物溶蚀。

4）交代作用

交代作用在本区泥页岩中不易观察，电镜下仅观察到极少量的自生白云石晶体（图3-89）。

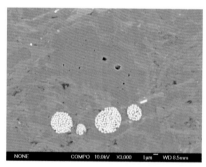

图3-88　长石发生粒内溶解

焦页1井，龙马溪组，2340.82m

图3-89　见雾心亮边的自生白云石

焦页2井，五峰组，2571.61m

5）破裂作用

裂缝对页岩储层主要有三大贡献：一是裂缝本身可以作为储集空间，有利于页岩气大量的储存；二是裂缝可作为页岩气的运移通道，从而使页岩气能够大量的产出，同时还可作为页岩生烃形成的有机烃及酸性流体的通道，这将使这些流体波及范围更广，从而对不稳定矿物进行溶蚀；三是裂缝对后期压裂改造效果具有重要的影响。

涪陵气田五峰组—龙马溪组一段裂缝的形成为多期次，裂缝至少包含了两期水平缝与三期高角度缝。五峰组—龙马溪组水平缝普遍发育，高角度缝仅在底部发育（图3-90、图3-91）。

图 3-90　水平缝，被方解石充填

焦页 2 井，龙马溪组，2572.04～2572.30m

图 3-91　两期高角度缝被水平缝错断，方解石充填

焦页 1 井，五峰组，2412.07～2412.15m

6）黏土矿物转化作用

黏土矿物转化作用是无机矿物孔隙形成及演化重要的成岩作用，通常随着成岩作用的增强，五峰组—龙马溪组泥页岩在 K^+ 和 Al^{3+} 供应充足的情况下，蒙脱石经伊/蒙混层向伊利石大量转化，从而使伊利石含量增加。Berger 等（1997）实验研究认为，蒙脱石向伊利石转化是一个低能耗的自发反应，有机质的成熟不仅可以加速钾长石的溶解，增加蒙脱石伊利石化的反应速率，同时形成溶蚀孔隙。蒙脱石向伊利石转化脱出层间水，导致层间塌陷，颗粒体积收缩形成大量的黏土矿物间孔隙，从而增加储层孔隙度（朱筱敏，2008）。

涪陵焦石坝区块五峰组—龙马溪组黏土矿物平均含量为 40.9%；黏土矿物中已不含蒙脱石，以伊/蒙混层（平均 54.45%）和伊利石（平均 39.45%）为主，反映了在地质历史过程中，必然存在黏土矿物的转化作用。

2. 有机质孔隙发育控制因素

有机质孔隙是由泥岩中的固体干酪根转化为液态或气态的烃类而形成的新的次生孔隙，显然，这种孔隙的形成和发育主要受有机质丰度、有机质类型及热演化程度的控制。

1）有机质丰度

一定数量的有机碳含量或有机质发育是有机孔隙发育的物质基础。涪陵焦石坝区块有机质类型和热演化程度基本一致的龙马溪组页岩纳米 CT 扫描显示，处于深水陆棚的高 TOC 优质页岩，其有机孔隙更为发育；焦页 1 井 2377～2415m 优质页岩气层 TOC 为 3.54% 的页岩样品以有机质内圆管状的纳米级有机质孔为主，估算的孔隙度高达 6.98%；而 TOC 为 2.54% 的样品有机质孔明显减少，且孔隙度明显变低为 3.97%（郭旭升，2014）。

2）有机质类型

并不是所有的有机质类型都易于形成有机孔，根据目前定性的观察研究发现，在其他条件相近的情况下，有机质类型越好，有机质孔隙相对越发育。由于涪陵地区五峰组—龙马溪组主要为Ⅰ型干酪根，因此反映不出有机质类型的差异性，但分析 TOC 和热演化程度相近的元坝地区侏罗系陆相不同泥页岩样品孔隙发展程度表明，干酪根类型为Ⅱ型的页岩比Ⅲ型的页岩样品有机孔隙更为发育。

3）热演化程度

热演化程度明显控制了有机质孔的发育及演化。只有当有机质的热演化程度 R_o 达到大约 0.7% 或以上时，有机孔隙才开始形成，而这正好是生油高峰的开始。当 R_o 低于 0.7% 时，有机质孔不发育或极少。这是因为在烃源岩热演化进程中，随着热成熟度升高，干酪根将产出挥发性不断增强、氢含量不断增加、分子量逐渐变小的碳氢化合物，最后形成甲烷气，同时形成了大量的有机质孔。但研究发现，并不是热演化程度越高，有机质孔隙越发育。通常随着温度的增加，干酪根不断发生变化，其化学成分也随之改变，逐渐转变成低氢量的碳质残余物，并最终转化为石墨。程鹏和肖贤明（2013）对黑色页岩进行热模拟实验显示，热演化程度为 0.7%~3.5%，在逐渐增大的过程中，比表面积随热演化程度的增高而增大；但热演化程度过高，会引起比表面积的减小。

3. 孔隙演化

在地质历史过程中，无机孔隙和有机质孔隙随成岩作用和热演化程度都发生着明显的变化。而成岩作用阶段又与有机质热演化程度有良好的对应关系（Hoffman and Hower，1979；Nadeau and Reynolds，1981；Arkai，1991；赵孟为，1995；Ji and Browne，2000；肖丽华等，2005；刘伟新等，2007）。随着 R_o 的增大，泥页岩的成岩作用也相应加强。

涪陵气田页岩在成岩作用的早期（石炭纪末期以前），有机质处于未成熟阶段，有机质孔隙基本未形成；储集空间以无机孔隙为主；但随着埋深的增加，压实、压溶作用将对页岩的储集能力造成严重的破坏，以无机孔为主要储集空间的页岩孔隙度将大幅度地减小（图3-92）。此时页岩中的黏土矿物类型以蒙脱石和伊蒙间层为主。

到了早三叠世初期，随着页岩的快速埋藏，成岩作用继续加强，压实、压溶作用造成无机孔隙提供的孔隙度继续降低；此时有机质也开始成熟，有机质中有机质孔开始形成，其提供的孔隙度也逐渐增大。另外有机质成熟产生的有机酸和原油沿着裂缝和晶间孔等有效疏导通道在页岩储层大范围的扩散，因此页岩储层孔隙有进一步溶蚀扩大的趋势。而随着五峰组—龙马溪组页岩埋深继续增大，有机质热演化程度明显升高，页岩相继经历了湿气高峰和干气高峰阶段，该阶段由于烃类气体集中大量生成，一方面，有机质孔隙发育程度继续增加；另一方面，在成烃增压的作用下，流体压力显著增大，使页岩中内生裂隙不断形成。在此过程中，黏土矿物也发生不断的转化，蒙脱石含量在不断降低的同时，相继转化为过渡矿物——混层矿物，但混层矿物含量也会随着热演化程度的增加而由多逐渐减少，向更稳定的伊利石转化，此过程将造成黏土矿物孔有所增大，但所增加的孔隙度相对

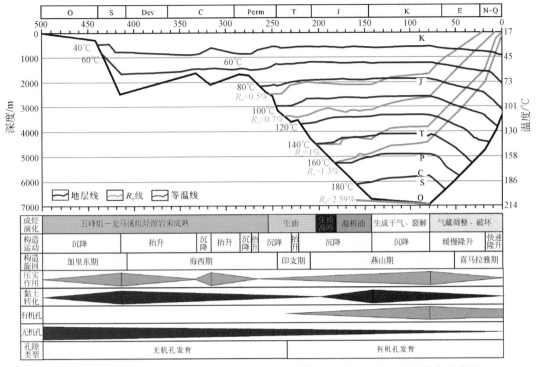

图 3-92　涪陵气田五峰组—龙马溪组页岩层成岩作用与孔隙演化、成烃演化示意图

较低。

在晚期的构造抬升过程中，有机质生烃和有机质孔隙的生成也基本停止。但后期的构造活动引起了断裂、裂缝及其相关的流体活动，形成了大量的微裂缝及沿这些裂缝分布的部分溶蚀孔洞，多被方解石和沥青充填。

在以上孔隙演化过程中，有机质孔与生烃演化具有良好的匹配关系。随着埋深的增加，烃源岩热演化程度不断地升高，有机质孔隙发育程度具有逐渐增大的趋势，而无机孔隙所占比例逐渐减小。

4. 优质页岩层"高 TOC、高硅质"耦合特征

涪陵焦石坝区块深水陆棚页岩 TOC 含量和硅质矿物含量都较高，且硅质矿物含量与TOC 存在明显的正相关性（图 3-93），总体反映了五峰组—龙马溪组一段一亚段深水陆棚优质页岩层段具有高 TOC、高硅质"二高"的耦合特征；而浅水陆棚页岩则表现出 TOC含量和硅质矿物含量较低，且硅质含量与 TOC 相关性差的特征（图 3-94）。深水陆棚层段富含有机质，TOC 含量平均达到 3.6%，远大于龙马溪组一段二亚段—三亚段浅水陆棚泥岩 TOC 的平均值 1.69%；硅质矿物含量为 22.9%～80.5%，平均含量达到 49.0%，而浅水陆棚泥岩的硅质矿物平均含量仅为 35.8%。涪陵页岩气田勘探开发实践已证实，深水陆棚高 TOC、富硅质层段水平井分段压裂普遍高产。综合研究认为，造成焦石坝区块高 TOC最主要的直接控制变量为有机质的高古生产力、无机氧化物对有机质的破坏力和碎屑物对有机质的稀释率，造成五峰组—龙马溪组高硅质含量的主要原因为生物和生物化学成因，

并有陆源物质持续混入，另外也可能受低强度热水的影响。

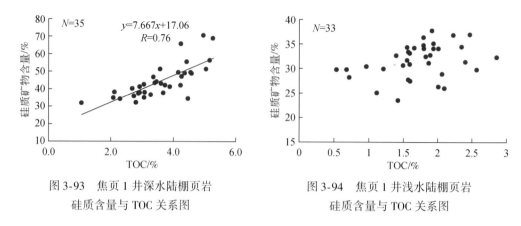

图 3-93　焦页 1 井深水陆棚页岩
硅质含量与 TOC 关系图

图 3-94　焦页 1 井浅水陆棚页岩
硅质含量与 TOC 关系图

3.4.3　储层发育的控制因素

1）高 TOC 和高硅质矿物含量页岩的发育是储层形成的基础

页岩气储层不同于常规储层，其集生、储为一体。因此页岩气储层的形成和发育通常是由优质页岩决定的。通常所说的优质页岩即具有高 TOC 和高硅质矿物含量的页岩。页岩具有高 TOC，一方面其具有较高的生烃潜力，这为页岩气储层具有高含气量提供了物质来源；同时在有机质生烃转化过程中，生烃物质在转化过程中必然会形成大量的有机质孔，这将为页岩气储层提供大量的比表面积和孔体积，有利于页岩气的吸附和储集；另外高 TOC 的页岩通常页理缝较发育，这明显增加页岩气储层沿页理方向的沟通能力。而页岩具有高硅质矿物含量，这为页岩气储层后期压裂改造的成功奠定了基础，同时硅质矿物含量越高，脆性越高，在受燕山末期和喜马拉雅期构造运动后，储层微裂缝更容易发育，因此为页岩气储层提供了更好的储集能力和渗流能力。

2）适中的热演化程度是页岩储层具有较高比表面积和孔隙度的关键

前文已论述，页岩储集空间主要由有机质孔和无机质孔组成，其中有机质孔是页岩气储集的最有利空间，而热演化程度明显控制了有机质孔的发育及演化。研究只有当有机质的热演化程度 R_o 达到大约 0.7% 或以上时，有机孔隙才开始形成。并且热演化程度为 0.7%～3.5%，在逐渐增加时，比表面积随热演化程度的增高而增大，同时孔隙度也具有增大的特征。因此，适中的热演化程度是页岩储层具有较高比表面积和孔隙度的关键。

3）较高的储层压力有利于页岩孔隙的保存

储层流体压力是保存条件好坏的直接表征，和常规储层不同，研究表明页岩孔隙多为塑性孔，上覆压力作用下，且地层温度较高情况下更易被压实，图 3-95 为焦页 1 井有机质在上覆压力下发生塑性流动，有机质孔呈现被压扁特征，而在刚性矿物保护的地方有机质孔发育且变形程度相对较低，进一步证明有机质孔容易被上覆压力压实（图 3-95）。

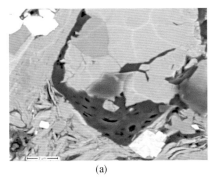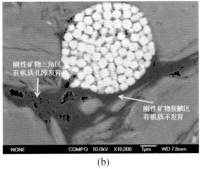

(a)　　　　　　　　　　　　　　　　(b)

图 3-95　有机质孔孔隙形态图

（a）有机质发生塑性形变，部分有机质孔隙具有压扁特征，焦页 1 井，2343.12m；
（b）受刚性矿物保护的有机质孔隙发育，未发生明显的变形，焦页 1 井

　　一般而言，地层在埋藏压实过程中，有时由于地层流体的承压，地层压力系数高，导致泥页岩孔隙得到有效的保存，如焦页 1 井孔隙度为 4.89%，压力系数为 1.55，在埋藏过程中有机质孔隙能够有效保存，孔隙形态多呈圆形—椭圆形、蜂窝状等，孔隙边缘粗糙，有机孔隙内连通性较好（图 3-96）；而川南地区 RY1 井，实测孔隙度平均为 0.73%，氩离子抛光显微镜下观察，孔隙连通性降低，孔隙形态多呈现扁平状、长条状，分析出现上述现象，其压力系数较低是主要的原因之一。综合研究表明，储层压力是孔隙发育的控制因素之一。

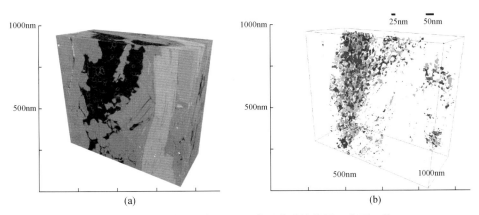

(a)　　　　　　　　　　　　　　　　(b)

图 3-96　龙马溪组灰黑色碳质页岩 3D FIB 微观孔隙结构图，焦页 1 井，2400.1m

（a）三维重建与物相分布；（b）孔隙分布

参 考 文 献

蔡希源，杨克明，等 . 2011. 川西坳陷须家河组致密砂岩气藏 . 北京：石油工业出版社

曹俊峰 . 2009. 川东地区相东区块石炭系储层特征及有利区预测 . 成都：成都理工大学硕士学位论文

程鹏，肖贤明 . 2013. 高成熟度富有机质页岩的含气性问题 . 煤炭学报，38（5）：737～741

杜金虎 . 2010. 四川盆地二叠—三叠系礁滩天然气勘探 . 北京：石油工业出版社

杜金虎，徐春春 . 2011. 四川盆地须家河组岩性大气区勘探 . 北京：石油工业出版社

范小军.2014.超深层礁滩岩性气藏中高产井成因分析——以川东北元坝地区长兴组礁滩相储层为例.石油实验地质,36(1):70~82

丰国秀,陈盛吉.1988.岩石中沥青反射率与镜质组反射率之间的关系.天然气工业,8(3):20~24

郭彤楼.2011a.川东北地区台地边缘礁、滩气藏沉积与储层特征.地学前缘,18(4):201~211

郭彤楼.2011b.元坝气田长兴组储层特征与形成主控因素研究.岩石学报,27(8):2381~2391

郭旭升.2014.涪陵页岩气田焦石坝区块富集机理与勘探技术.北京:科学出版社

郭旭升,郭彤楼,黄仁春,等.2010.普光—元坝大型气田储层发育特征与预测技术.中国工程科学,12(10):82~90

郭旭升,李宇平,刘若冰,等.2014.四川盆地焦石坝地区龙马溪组页岩微观孔隙结构特征及其控制因素.天然气工业,34(6):9~16

洪海涛,杨雨,刘鑫,等.2012.四川盆地海相碳酸盐岩储层特征及控制因素.石油学报,33(2):64~73

胡东风.2011.普光气田与元坝气田礁滩储层特征的差异性及其成因.天然气工业,31(10):17~21

胡东风,张汉荣,倪楷,余光春.2014.四川盆地东南缘海相页岩气保存条件及其主控因素.天然气工业,34(6):17~23

胡明毅,魏国齐,李思田,等.2010.四川盆地嘉陵江组层序-岩相古地理特征和储层预测.沉积学报,28(6):1145~1152

胡忠贵,郑荣才,文华国,等.2008.川东邻水—渝北地区石炭系黄龙组白云岩成因.岩石学报,24(6):1369~1378

黄第藩,李晋超,张大江.1984.干酪根的类型及其分类参数的有效性、局限性和相关性.沉积学报,2(3):18~34

黄尚瑜,宋焕荣.1997.川东石炭系岩溶形成演化环境.成都理工学院学报,16(6):13~17

黄思静,张雪花,刘丽红,等.2009.碳酸盐成岩作用研究现状与前瞻.地学前缘,16(5):219~230

姜在兴.2003.沉积学.北京:石油工业出版社

兰光志,江同文,张廷山,等.1996.碳酸盐岩古岩溶储层模式及其特征.天然气工业,16(6):13~17

李德敏,张哨楠,罗安娜,等.1994.川东大池干井构造带石炭系储层岩石学特征及沉积环境.成都理工学院学报,21(4):67~73

林雄,侯中健,田景春.2009.四川盆地下三叠统嘉陵江组储层成岩作用研究.西南石油大学学报,31(2):8~12

刘斌.2005.烃类包裹体热动力学参数计算软件.矿物岩石地球化学通报,28(增刊):172

刘华.2006.四川盆地麻柳场气田嘉陵江组气藏描述.成都:西南石油大学硕士学位论文

刘树根,马永生,黄文明,等.2007.四川盆地上震旦统灯影组储集层致密化过程研究.天然气地球科学,18(4):485~495

刘伟新,王延斌,秦建中.2007.川北阿坝地区三叠系黏土矿物特征及地质意义.地质科学,42(3):469~482

马永生,蔡勋育,赵培荣,等.2010a.四川盆地大中型天然气田分布特征与勘探方向.石油学报,31(3):347~354

马永生,蔡勋育,赵培荣,等.2010b.深层超深层碳酸盐岩优质储层发育机理和"三元控储"模式.地质学报,84(8):1087~1094

马永生,牟传龙,谭钦银,等.2007.达县-宣汉地区长兴组—飞仙关组礁滩相特征及其对储层的制约.地学前缘,14(1):182~192

王兴志,侯方浩,刘仲宣,等.1997.资阳地区灯影组层状白云岩储集层研究.石油勘探与开发,24(2):37~40

魏祥峰，刘若冰，张廷山，等 . 2013. 页岩气储层微观孔隙结构特征及发育控制因素——以川南—黔北××地区龙马溪组为例 . 天然气地球科学，24（5）：1048 ~ 1059

魏志红，魏祥峰 . 2014. 页岩不同类型孔隙的含气性差异——以四川盆地焦石坝地区五峰组—龙马溪组为例 . 天然气工业，34（6）：37 ~ 41

文华国，郑荣才，沈忠民，等 . 2009. 四川盆地东部黄龙组古岩溶地貌研究 . 地质评论，55（6）：816 ~ 826

夏日元，唐健生，关碧珠，等 . 1999. 鄂尔多斯盆地奥陶系古岩溶地貌及天然气富集特征 . 石油与天然气地质，20（2）：133 ~ 136

肖丽华，孟元林，牛嘉玉，等 . 2005. 歧口凹陷沙河街组成岩史分析和成岩阶段预测 . 地质科学，40（3）：346 ~ 362

徐国盛，何玉，袁海峰，等 . 2011. 四川盆地嘉陵江组天然气藏的形成与演化研究 . 西南石油大学学报（自然科学版），33（2）：171 ~ 178

徐国盛，刘树根，袁海峰，等 . 2005. 川东地区石炭系天然气成藏动力学研究 . 石油学报，26（4）：12 ~ 22

杨建，康毅力，桑宇，等 . 2009. 致密砂岩天然气扩散能力研究 . 西南石油大学学报（自然科学版），31（6）：76 ~ 79

杨克明，朱宏权，叶军，等 . 2012. 川西致密砂岩气藏地质特征 . 北京：科学出版社

姚根顺，周进高，邹伟宏，等 . 2013. 四川盆地下寒武统龙王庙组颗粒滩特征及分布规律 . 海相油气地质，18（4）：1 ~ 8

张宝民，刘静江，边立曾，等 . 2009. 礁滩体与建设性成岩作用 . 地学前缘，16（1）：270 ~ 289

张洪，宋辉 . 2011. 川东石炭系气藏天然气富集的三元控制理论 . 内蒙古石油化工，8：198 ~ 201

张数球，刘传喜，刘正中 . 2008. 异常高压气藏产能特征分析——以四川盆地河坝场构造飞三气藏河坝 1 井为例 . 石油与天然气地质，29（3）：376 ~ 382

赵孟为 . 1995. 划分成岩作用与埋藏变质作用的指标及其界线 . 地质论评，41（3）：238 ~ 244

赵正望，陈洪斌，黄平 . 2007. 渝东地区石炭系储层特征及分布规律研究 . 天然气勘探与开发，30（4）：6 ~ 9

郑荣才，陈洪德 . 1997. 川东黄龙组古岩溶储层微量和稀土元素地球化学特征 . 成都理工学院学报，24（1）：127

朱筱敏 . 2008. 沉积岩石学（4 版）. 北京：石油工业出版社

邹才能，杜金虎，徐春春，等 . 2014. 四川盆地震旦系—寒武系特大型气田形成分布、资源潜力及勘探发现 . 石油勘探与开发，41（3）：278 ~ 293

Arkai P. 1991. Chlorite crystallinity：an empirical approach and correlation with illite crystallinity, coal rank and mineral facies as exemplified by Paleozoic and Mesozoic rocks of north east Hungary. Journal of Metamorphic Geology, 9（6）：23 ~ 734

Back W, Hanshaw B B, van Driel J N. 1984. Role of groundwater in shaping the eastern coastline of the Yucatan Peninsula, Mexico. in：Lafleur R G（ed）. Groundwater as a geomorphic agent. Boston：Allen and Unwin：281 ~ 294

Berger G, Lacharpagne J C, Velde B, et al. 1997. Kinetic constraints on digitization reactions and the effects of organic digenesis in sandstone/shale sequences. Applied Geochemistry, 12：23 ~ 35

Budd D A, Saller A H, Harris P M. 1995. Unconformities and Porosity in Carbonate Strata . AAPG, 63：313

Bustin R M. 2005. Barnett shale play going strong. AAPG Explorer, 26（5）：4 ~ 6

Curtis J B. 2002. Fractured shale-gas systems. AAPG Bulletion, 86（11）：1921 ~ 1938

Hoffman J, Hower J. 1979. Clay mineral assemblages as low grade metamorphic geothermometers Application to the thrust faulted disturbed belt of Montana. in：Scholle P A, Schluger P S（eds）. Aspects of Digenesis. Society of Economic Paleontologists and Mineralogists Special Publication, 26：55 ~ 80

Jacob H. 1985. Disperse solid bitumens as an indicator for migration and maturity in prospecting for oil and gas. Erdol and Kohgle, 38 (3): 365

Jacob H. 1989. Classification, structure, genesis and practical importance of natural solid oil bitumen (migrabitumen) . International Journal of Coal Geology, 11 (1): 65~79

Jakucs L. 1977. Morphogenetic of Karst Region. Bristol: Adam Hilger

Ji J F, Browne P R L. 2000. Relationship between illite crystallinity and temperature in active geothermal system of New Zealand. Clays and Clay Minerals, 48 (1): 139~144

Muller P, Sarvary I. 1977. Some aspects of developments in Hungarian speleology theories during the last 10 years: Karsztes Barlang . Spec . Issue: 53~60

Mylroie J E, Carew J L. 1995. Solution conduits as indicators of late Quaternary sea level position. Quaternary Science Reviews, 7 (1): 55~64

Nadeau P H, Reynolds Jr R C. 1981. Burial and contact metamorphism in the Mancos shale. Clays and Clay Minerals, 29: 249~259

第4章 烃源岩与烃灶

确定有效烃源岩是油气动态成藏的基础。对于烃源岩评价国内外所用方法和体系较多，主要从以下几方面进行研究：有机质丰度、有机质类型、有机质成熟度、烃源岩发育规模。

Hunt（1979）把那些能够生成和排出烃类、其数量足以保证经过运移、散失后仍能聚集成工业性油气藏的"工业性烃源岩"称为"有效烃源岩"。王启军、陈建渝（1988）认为从地球化学角度上讲，油（气）源岩是指具备了生油气的条件，已经生成并能排出具有工业价值的石油及天然气的岩石。目前，对于泥质烃源岩，国内外采用的有机质丰度下限标准基本一致，一般认为有机质丰度下限值（残余有机碳）为0.4%或0.5%；但对于碳酸盐岩，各国家所使用的有机质丰度下限值差异较大，残余有机碳为0.05%~0.5%。这是因为影响有机质丰度下限值的因素较多，如有机质类型、成熟度、岩石的矿物组成、时间和古地温、水文地质条件、生储盖组合关系等都对烃源岩的排烃效率存在影响，进而影响了有机质丰度下限值的确定；另外，不同的研究单位或研究者所研究的对象、地区、源岩时代、成熟度等千差万别，而且对有机质丰度下限的认识也不一致，因而在烃源岩与非烃源岩有机质丰度下限值的确定上存在较大的差异。

对碳酸盐岩有机质丰度下限近年的研究结论基本趋于一致（梁狄刚等，2000；张水昌等，2002，2004；金之钧、王清晨，2004；钟宁宁等，2004；秦建中，2005；金之钧、王清晨，2007），即低有机质丰度的碳酸盐岩不能成为有效烃源岩，碳酸盐岩油源岩残余有机碳（TOC）下限值为0.5%，碳酸盐岩气源岩残余有机碳（TOC）下限值为0.4%。这一下限标准与泥质岩的基本一致，因此，本书在烃源岩丰度级别评价时不考虑岩性（岩石类型）因素，碳酸盐岩与泥质岩烃源岩采用统一丰度级别标准。

残余生烃潜力（$S_1 + S_2$）、氯仿沥青"A"、总烃是表征岩石有机质丰度的指标，但如图4-1所示，尽管$S_1 + S_2$与残余有机碳（TOC）呈正相关关系，但因受地面风化氧化及成熟度较高的影响，具相似有机质类型且残余有机碳含量相同的岩石的残余生烃潜力（$S_1 + S_2$）变化范围大，用以表征烃源岩有机质丰度已不准确，因此，难以用于烃源岩有机质丰度分级评价。四川盆地及邻区二叠系残余有机碳含量与氯仿沥青"A"具较好的正相关变化趋势（图4-2），但同样因地表风化氧化与成熟度影响，部分高有机碳样品其氯仿沥青"A"较低，其难以准确表征烃源岩有机质含量，因此，烃源岩及其有机质丰度级别的确定主要依据残余有机碳（TOC）；并考虑到生产应用的方便性与实用性，本书拟定的烃源岩有机碳下限及分级标准见表4-1，下限值取为0.4%。

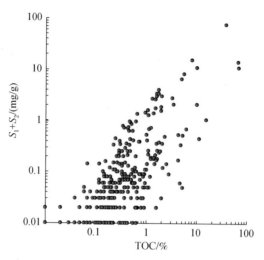

图 4-1 四川盆地及邻区二叠系残余有机碳（TOC）与残余生烃潜力（S_1+S_2）相关图

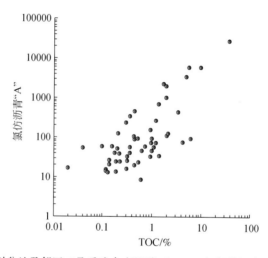

图 4-2 四川盆地及邻区二叠系残余有机碳（TOC）与氯仿沥青 "A" 相关图

表 4-1 烃源岩总有机碳（TOC）含量分级标准

烃源岩级别	极好	好	较好	差—中等	非烃油岩
有机碳（TOC）/%	≥5.0	2.0~5.0	1.0~2.0	0.4~1.0	<0.4

　　烃灶（hydrocarbon kitchens）概念最早由 Demaison 和 Moore（1980）提出，其定义为下伏有生烃源岩层的地区（也称为生烃凹陷），并指出"生烃盆地"是指包含一个或多个烃源灶（生烃凹陷）的沉积盆地。烃源灶的识别可通过叠合每一关键油气源岩层的有机相图和成熟度图来实现。成熟度图可通过邻近潜在烃源层的地震深度图、来自钻井数据的成熟度梯度和 Waples（1983）的时-温模型计算来完成。有机相图反映了给定源岩层不同有机质类型的地层分布，其是通过将干酪根类型整合入已知古地理和古海洋背景来表征。Thomas 等（1985）对北海维京地堑北部上侏罗统烃源灶、油气运移途径和方向作了系统

总结，研究内容包括烃源灶的位置和分布、烃源灶的生烃（油、气）强度、不同地质时期的生烃量和区带聚集量。

由于四川盆地及邻区经历了多期构造运动，发育了多套烃源岩层系，每一套烃源岩经历的构造热演化史差异显著，因此，不同地史时期烃灶的性质（位置、生排烃强度、烃类组成等）随地史而发生变化；同时，不同地史时期排出原油在一定的地质阶段受热力作用发生裂解，成为晚近期成藏的重要气源（赵文智等，2006），即除存在干酪根型烃灶外，还存在原油裂解型烃灶。下文烃灶的分布与演化按图 4-3 的概念模型进行表述。

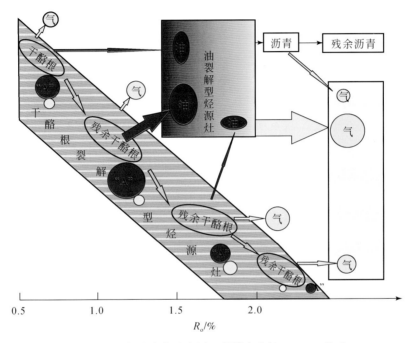

图 4-3 海相烃灶演变示意图（据钟宁宁等，2010，修改）

干酪根型烃灶的确定根据每一烃源层纵横向分布、有机质丰度、有机质类型和关键地史时期有机质成熟度通过 TSM 盆地模拟方法加以确定，由于不同岩性、不同有机质丰度、不同有机质类型、不同演化阶段烃源岩的生排烃效率差异较大（Demaison and Moore，1980），为统一评价标准，烃灶的下限值用排烃强度加以确定（取值 0.1×10^6 t/km^2）；原油裂解型烃灶的确定根据每一烃源层主要生排油期干酪根型烃灶的分布、古构造控制的流体运移趋势、主要储层的分布及其与区域盖层的匹配组合关系分析预测可能油灶的位置。

4.1 烃源岩分布特征

4.1.1 烃源岩纵向分布特征

由有机质丰度（TOC）剖面图可见（图 4-4），四川盆地及邻区震旦系—下侏罗统烃源岩主要分布于下寒武统牛蹄塘组/筇竹寺组、上奥陶统五峰组—下志留统龙马溪组、中二叠统栖霞组与茅口组、上二叠统龙潭组/吴家坪组、上三叠统须家河组（须三段、须五段）和下侏罗统自流井组。此外，局部地区震旦系陡山沱组、灯影组灯三段、下奥陶统湄潭组、上二叠统大隆组、下三叠统大冶组烃源岩较发育。

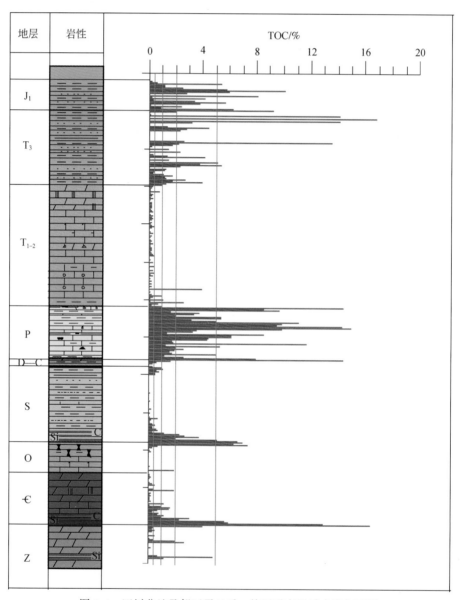

图 4-4 四川盆地及邻区震旦系—侏罗系有机质丰度剖面图

1. 寒武系——牛蹄塘组烃源岩

四川盆地及邻区 23 条寒武系剖面 499 件样品残余有机碳分析表明，TOC≥0.40% 的样品占 55.1%，在达标样品中碳酸盐岩仅占 7.6%，泥质岩占 92.4%，因此寒武系烃源岩岩性以泥质岩为主（图4-5）。

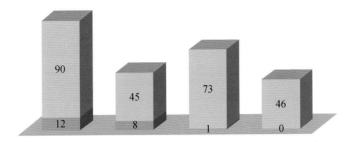

0.4%≤TOC<1.0%   1.0%≤TOC<2.0%   2.0%≤TOC<5.0%   TOC≥5.0%
■碳酸盐岩   ■泥质岩

图4-5 四川盆地及邻区寒武系不同丰度级别烃源岩分布频数

从层位上看，达标样品集中分布于下寒武统的牛蹄塘组/筇竹寺组，在298件样品中烃源岩达标率为83.2%，主要分布于牛蹄塘组/筇竹寺组中下部，残余有机碳由下往上逐渐降低。少数剖面下寒武统清虚洞组、中寒武统高台组（如高科1井）局部层段发育差—较好丰度级别的烃源岩。

牛蹄塘组/筇竹寺组烃源岩残余有机碳分布在0.40%～16.45%，平均值为2.82%（样品数248件）；其中差—中等丰度级别烃源岩占33.9%，较好丰度级别烃源岩占17.7%，好的和极好丰度级别烃源岩占48.4%。

2. 上奥陶统—下志留统——五峰组—龙马溪组烃源岩

四川盆地及邻区28条上奥陶统五峰组—志留系剖面414件样品残余有机碳分析表明，TOC≥0.40%的样品占62.6%。烃源岩岩性为硅质泥页岩、碳质泥页岩。达标样品集中分布在五峰组和龙马溪组中下部，少数剖面石牛栏组（丁山1井）和志留系上部泥岩（河坝1井）达差—中等丰度级别烃源岩（图4-6）。

0.4%≤TOC<1.0%   1.0%≤TOC<2.0%   2.0%≤TOC<5.0%   TOC≥5.0%
■五峰组—龙马溪组   ■石牛栏组—纱帽组

图4-6 四川盆地及邻区五峰组—纱帽组不同丰度级别烃源岩分布频数

五峰组—龙马溪组烃源岩残余有机碳分布于0.40%～7.40%，平均值为2.51%（样品数222件）。其中差—中等丰度级别烃源岩占17.6%，较好烃源岩占31.5%，残余有机碳大于2.0%的好和极好的烃源岩占50.9%（平均TOC为3.73%）。

3. 二叠系——梁山组、栖霞组、茅口组、龙潭组、大隆组/长兴组烃源岩

由图4-4可见，四川盆地及邻区二叠系烃源岩发育于梁山组、栖霞组、茅口组、龙潭组、大隆组/长兴组各层系。各层系烃源岩发育情况、岩性特点、不同丰度级别烃源岩分布见表4-2。

表4-2　四川盆地及邻区二叠系烃源岩残余有机碳分级统计表

层位	岩性	达标率/%	不同丰度级别烃源岩所占比例/%			
			0.4%≤TOC<1%	1%≤TOC<2%	2%≤TOC<5%	TOC≥5%
P₃d	泥质岩	74.6	4.5	0.0	15.9	38.6
	碳酸盐岩		18.2	13.6	4.5	4.5
P₃ch	泥质岩	16.4	0.0	2.8	2.8	2.8
	碳酸盐岩		61.1	25.0	5.6	0.0
P₃l	泥质岩	70.0	10.2	12.7	36.1	15.3
	碳酸盐岩		14.6	5.3	5.5	0.4
P₂m	泥质岩	48.6	0.6	2.5	1.2	1.2
	碳酸盐岩		65.4	25.3	3.1	0.6
P₂q	泥质岩	32.7	10.1	9.0	2.2	0.0
	碳酸盐岩		59.6	14.6	3.4	1.1
P₁l	泥质岩	63.6	57.1	21.4	7.1	7.1
	碳酸盐岩		0.0	7.1	0.0	0.0

梁山组：在22件样品中14件样品的TOC≥0.40%，平均TOC为1.98%，岩性以泥质岩为主。

栖霞组：272件样品中仅89件样品的TOC≥0.40%，达标率为32.7%，烃源岩发育欠佳。在达标样品中，泥质岩占21.3%，碳酸盐岩占78.7%，烃源岩岩性以碳酸盐岩为主。从丰度级别看，差—中等丰度级别烃源岩所占比例最高，达69.7%，其次为较好丰度级别烃源岩（23.6%），好和极好烃源岩仅占6.7%。烃源岩残余有机碳分布于0.40%~8.02%，平均值为1.06%，总体评价为较好丰度级别烃源岩。

茅口组：333件样品中162件样品的TOC≥0.40%，达标率为48.6%，烃源岩较栖霞组略为发育。在达标样品中，泥质岩仅占5.6%，碳酸盐岩占94.4%，烃源岩岩性以碳酸盐岩为主。不同丰度级别烃源岩的分布与栖霞组大致相似，差—中等级别所占比例最高（66.0%），其次为较好的烃源岩（27.8%），优质烃源岩所占比例最低（6.2%）。烃源岩残余有机碳分布于0.40%~10.34%，平均值为1.08%，总体评价为较好丰度级别烃源岩。

龙潭组/吴家坪组：811件样品中568件样品的TOC≥0.40%，达标率为70.0%，烃源岩较栖霞组、茅口组明显发育。在达标样品中，泥质岩占74.3%，碳酸盐岩占25.7%，烃源岩岩性以泥质岩为主，明显不同于栖霞组、茅口组。不同丰度级别烃源岩的分布与栖霞组、茅口组也明显不同，优质烃源岩所占比例最高（57.2%），差—中等和较好丰度级

别烃源岩所占比例低分别为 24.8% 和 18.0%。烃源岩残余有机碳分布于 0.40% ~ 31.21%，平均值为 3.04%，总体评价为一套优质烃源岩。

长兴组：219 件样品中 36 件样品的 TOC ≥ 0.40%，达标率为 16.4%，达标率最低，烃源岩最不发育。烃源岩岩性以碳酸盐岩为主，残余有机碳分布于 0.41% ~ 5.13%，平均值为 1.16%。

大隆组：有机质丰度达标率为 74.6%，烃源岩最为发育；烃源岩岩性以泥质岩略占优势（54.5%），碳酸盐岩占 45.5%。不同丰度级别烃源岩的分布与龙潭组相似，以优质烃源岩为主（63.6%，岩性以泥质岩为主），差—中等和较好丰度级别烃源岩分别占 22.7% 和 13.6%，且岩性以碳酸盐岩为主。烃源岩残余有机碳分布于 0.60% ~ 37.61%，平均值为 7.00%，总体评价为一套优质烃源岩。

4. 上三叠烃须家河组烃源岩

上三叠统——从须一段—须五段共计分析 999 件样品，其中煤样 45 件（TOC ≥ 40%），高碳泥岩样 34 件（20% ≤ TOC < 40%），泥质岩样 920 件。在泥质岩样中仅 33 件样品 TOC < 0.40%，属非烃源岩，表明须家河组烃源岩十分发育。由表 4-3 可见，上三叠统须家河组以较好丰度级别的烃源岩最为发育，其次为好的烃源岩，平均残余有机碳为 2.69%，总体评价为好的丰度级别烃源岩。须一段—须五段各段泥质烃源岩各丰度级别的烃源岩分布大致相似，从岩性组合上，须二段、须四段以砂岩为主，烃源岩并不发育，厚度较薄，而须三段、须五段主体以泥质岩为主，烃源岩厚度较大，总体而言，须家河组烃源岩主要发育于须三段、须五段。

表 4-3　四川盆地上三叠统残余有机碳分级统计表

层位		不同丰度级别样品数及比例/%				
		TOC < 0.4%	0.4% ≤ TOC < 1%	1% ≤ TOC < 2%	2% ≤ TOC < 5%	TOC ≥ 5%
须五段	样品数/个	11	52	67	84	27
	比例/%	4.56	22.61	29.13	36.52	11.74
须四段	样品数/个	5	19	73	60	19
	比例/%	2.84	11.11	42.69	35.09	11.11
须三段	样品数/个	11	53	84	64	24
	比例/%	4.66	23.56	37.33	28.44	10.67
须二段	样品数/个	4	30	67	53	20
	比例/%	2.30	17.65	39.41	31.18	11.76
须一段	样品数/个	2	30	27	22	12
	比例/%	2.15	32.97	29.67	24.18	13.19
合计	样品数/个	33	184	318	283	102
	比例/%	3.59	20.74	35.85	31.91	11.50

5. 侏罗系——自流井组和千佛岩组烃源岩

下侏罗统自流井组 469 件样品有机碳分析样品中，煤样 7 件，高碳泥岩样 10 件，泥质岩样 452 件。在泥质岩样品中烃源岩达标率为 67.04%，烃源岩发育，TOC 分布于 0.41%~15.64%，平均值为 2.09%，总体评价为好的烃源岩；其中各丰度级别烃源岩分布如图 4-7 所示，差—中等烃源岩占 38.94%，较好丰度级别烃源岩占 34.65%，优质烃源岩占 26.40%，尽管比例较低，但平均有机碳较高，达 4.99%。

中侏罗统千佛岩组 276 件样品中 153 件样品残余有机碳达烃源岩标准，达标率为 55.43%，烃源岩较为发育。在达标样品中，以差—中等丰度级别烃源岩为主（61.44%），其次为较好丰度级别烃源岩（37.91%），仅 1 件样品 TOC 大于 2%，几乎不发育优质烃源岩（图 4-8）。

中侏罗统沙溪庙组 48 件样品中仅 5 件样品的 TOC 大于 0.40%，达标率极低（10.4%），烃源岩不发育，且丰度较低，TOC 分布于 0.46%~0.92%，平均为 0.67%。

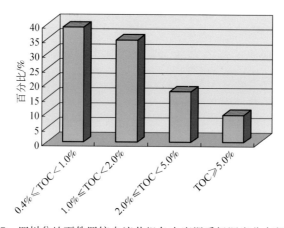

图 4-7　四川盆地下侏罗统自流井组各丰度泥质烃源岩分布频率图

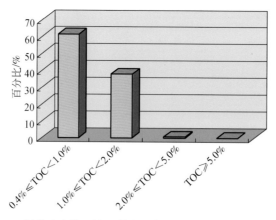

图 4-8　四川盆地中侏罗统千佛岩组各丰度泥质烃源岩分布频率图

4.1.2　烃源岩横向分布特征

如四川盆地及邻区烃源岩纵向分布特征所述，烃源岩主要发育于下寒武统牛蹄塘组/筇竹寺组，上奥陶统五峰组—下志留统龙马溪组，二叠系栖霞组、茅口组和龙潭组/吴家坪组，上三叠统须三段、须五段，下侏罗统自流井组。烃源岩岩性除栖霞组—茅口组以碳酸盐岩为主外，其他层系烃源岩以泥质岩为主。受盆地原型和沉积相控制，各套烃源岩发育厚度、横向分布特征不同。

1. 下寒武统牛蹄塘组烃源岩

根据不同地区剖面和探井、浅井大量样品有机碳含量的标定并结合早寒武世沉积相的展布研究编制的牛蹄塘组烃源岩厚度等值线图如图 4-9 所示，由图可见，四川盆地及邻区下寒武统牛蹄塘组/筇竹寺组具三个烃源岩发育中心，并围绕川中古隆起呈环状分布。第一个烃源岩发育中心分布于自贡–威信一带，烃源岩最大厚度大于 140m，其展布呈近南北向，向东、向西逐渐减薄，如自深 1 井烃源岩厚 140m，至丁山 1 井减薄至不足 2m。第二个烃源岩发育中心分布于湘鄂西区的溶溪–咸丰–建始一带，烃源岩最为发育，最大厚度大于 200m，呈北北东向展布，往四川盆地内逐渐减薄，如龙山响水洞剖面烃源岩厚

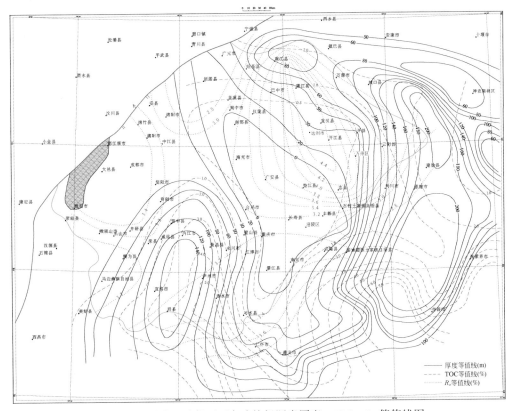

图 4-9　四川盆地及邻区下寒武统烃源岩厚度、TOC、R_o 等值线图

226.5m，往西至石柱廖家槽剖面牛蹄塘组则不发育烃源岩。第三个烃源岩中心分布于四川盆地北缘的南江-镇巴-巫溪一带，烃源岩厚80～200m，呈北西西向展布。

2. 上奥陶统五峰组—下志留统龙马溪组烃源岩

该套烃源岩主要分布于川西南和川东地区。川西南地区烃源岩厚80～110m，呈近东西向展布，烃源岩厚度由拗陷中部向川中古隆起、黔中古隆起逐渐减薄以至缺失，如金沙剖面该套地层缺失。另一烃源岩中心分布于石柱-道真一带，烃源岩一般厚80～90m，最大厚度达120m，呈北东向展布，烃源岩厚度向东、向西逐渐减薄（图4-10）。从不同丰度级别烃源岩纵向分布看，五峰组及龙马溪组底部烃源岩多属优质烃源岩，岩性以硅质泥岩为主，往上的烃源岩有机质丰度普遍较低，多属差—中等丰度级别烃源岩，岩性以泥质岩为主，硅质含量明显较下部层段烃源岩低。

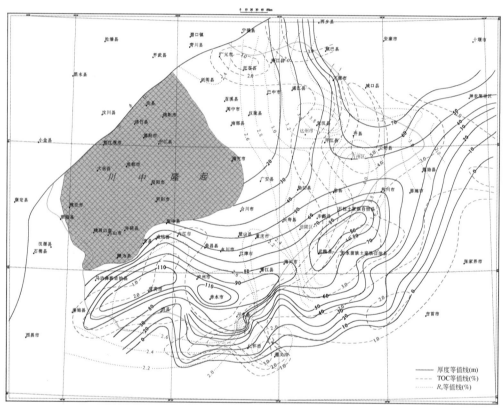

图4-10　四川盆地及邻区五峰组—龙马溪组烃源岩厚度、TOC、R_o等值线图

3. 中二叠统栖霞组烃源岩

如图4-11所示，栖霞组烃源岩厚度分布于10～140m，总体呈中部薄，周缘较高的分布面貌。

在四川盆地中部广大地区，栖霞组烃源岩厚度不足20m，如相三井仅16.4m、女基井仅 12.6m、普光 5 井仅 20m。

在四川盆地周缘存在多个栖霞组烃源岩相对发育区，川东区——以云阳-利川-石柱为中心，烃源岩厚 50～80m，整体呈北东向展布。川东北区——具 2 个烃源岩相对发育区，一个分布于巫溪一带，呈北西向展布，烃源岩最大厚度为 62.2m；另一个烃源岩相对发育区分布于河坝 1 井-镇巴一带，呈北东向展布，烃源岩最大厚度为 64.9m。川西区——具 2 个烃源岩相对发育区，一个分布于北川通口一带，呈北东向展布，烃源岩最大厚度为 62.1m；另一个分布于大邑-成都-都江堰一带，烃源岩厚 50～90m，呈近东西向展布。川南区——具 3 个烃源岩相对发育区，一是分布于峨眉山-荣县一带，烃源岩厚约 50m，呈近东西向展布；二是位于马边-雷波一带，烃源岩厚 50～119m，呈近南北向展布；三是分布于丁山 1 井至韩家店一带，烃源岩厚 50～140m，呈近东西向展布。

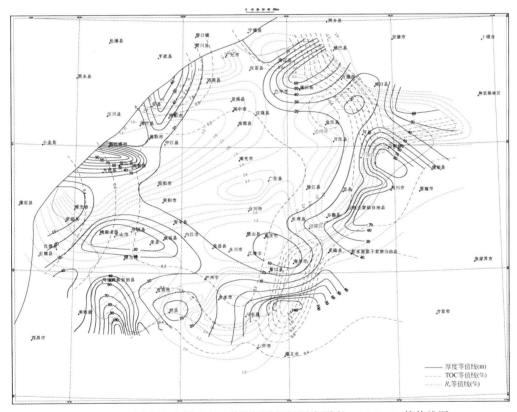

图 4-11　四川盆地及邻区中二叠统栖霞组烃源岩厚度、TOC、R_o 等值线图

4. 中二叠统茅口组烃源岩

如图 4-12 所示，茅口组烃源岩厚度分布于 30～190m，一般厚 50～100m，总体呈北北西向或北西向展布，具多个烃源岩发育中心，总体较栖霞组烃源岩厚度大。

鄂西-渝东区茅口组烃源岩最为发育，烃源岩厚 100～198m，呈北东向展布。川南地区茅口组烃源岩发育欠佳，广大地区烃源岩厚度小于 50m，仅小范围内烃源岩厚度较大，如屏山-水富县一带烃源岩厚度大于 100m，最大厚度为 136.2m。川西地区茅口组烃源岩一般分布于50～100m，都江堰–彭州一带烃源岩厚度大于100m（最厚为117m），且分布局限，在绵竹–安县–北川一线以西，烃源岩厚度小于50m。川北地区茅口组烃源岩在南江桥亭–通江诺水河一带欠发育，厚度小于50m，盆缘镇巴一带小范围内烃源岩较发育，厚度大于100m（最大厚度为136m），其他地区分布于50～100m。

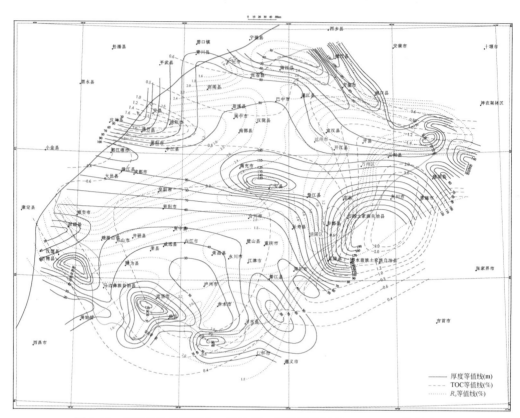

图4-12　四川盆地及邻区中二叠统茅口组烃源岩厚度、TOC、R_o等值线图

5. 上二叠统吴家坪组/龙潭组烃源岩

吴家坪组/龙潭组烃源岩厚20～180m（图4-13），一般分布于50～100m，主体呈北西–南东向展布，受沉积相带控制，局部呈近南北向展布，如川东一带。烃源岩厚度总体具盆地南北厚，中部薄，盆地内厚度大，向盆缘区逐渐减薄的变化趋势。从厚度等值线看，具多个烃源岩发育中心，可划分为川北烃源岩发育中心和川南烃源岩发育中心。

川北烃源岩发育中心分布于新场2井–龙会4井–元坝2井–河坝1井–毛坝7井–云安19井所围限区内，烃源岩厚度为100～170m，最大厚度分布于达州–宣汉区（川岳84井为180.9m，普光5井为170m）。

川南烃源岩发育中心可进一步分为资阳–安县–简阳、綦江–江津–壁山和富顺–屏山三个中心，烃源岩厚100～120m，不仅厚度较川北烃源岩发育中心的小，而且分布范围较小，烃源岩发育规模不如川北地区。

川西地区上二叠统吴家坪组烃源岩不发育，其厚度一般小于50m，呈近南北向展布。

　　川东地区上二叠统吴家坪组烃源岩明显不如茅口组发育，厚度仅为 50～60m，呈近南北向展布。

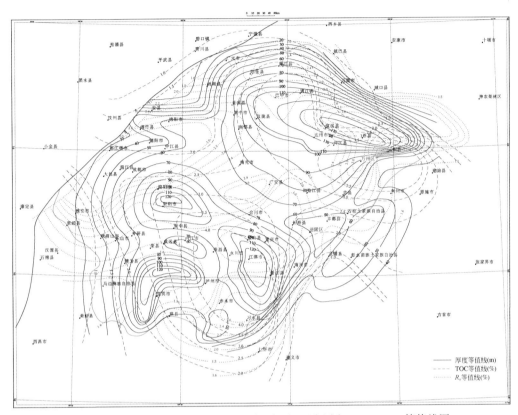

图 4-13　四川盆地及邻区上二叠统龙潭组烃源岩厚度、TOC、R_o 等值线图

6. 上三叠统——须三段、须五段烃源岩

　　须三段在四川盆地全区均有沉积，烃源岩主要发育于海湾-前三角洲、三角洲前缘水下分流间湾、三角洲平原沼泽环境。须三段烃源岩厚度展布具有西厚东薄的趋势（图 4-14）。川西拗陷中段为须三段烃源岩厚度高值区，厚度主要分布在 125～500m，烃源岩发育中心在龙深 1 井一带，厚度大于 550m。往北东、南东方向烃源岩厚度逐渐减薄；川东北烃源岩厚度一般为 20～70m，如马 2 井须三烃源岩厚度为 32m；川中地区烃源岩厚 25～100m；川西南区烃源岩厚度一般为 25～100m；川东-川东南区烃源岩厚度最薄，一般小于 25m，如建 69 井，须三段烃源岩仅 10m。

　　须五段除在四川盆地北缘安县-广元地区以及黑池 1 井一带缺失外，其他广大地区均有分布，其间发育的烃源岩具有西厚东薄的趋势，烃源岩主要发育于前三角洲-滨浅湖、三角洲前缘水下分流间湾、三角洲前缘环境。龙门山前的川西拗陷中段至南段为须五段烃源岩厚度高值区，厚度主要分布在 100～300m（如德阳 1 井须五段烃源岩 310m），烃源岩发育中心在彭州以及川科 1 井一带，厚度大于 325m。往北、东、南方向烃源岩厚度逐渐减薄（川东北仁和 1 井 65m，建 69 井 20m，东峰 2 井 105m），至四川盆地东北缘、东南缘须五段烃源岩厚度减薄至 10m 左右。

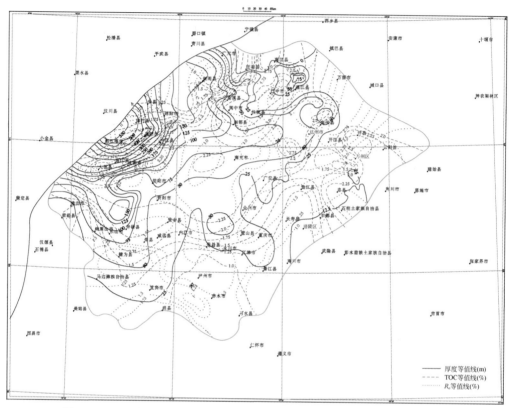

图 4-14　四川盆地上三叠统须家河组须三段烃源岩厚度、TOC、R_o 等值线图

7. 下侏罗统自流井组烃源岩

下侏罗统自流井组烃源岩主要为一套浅湖–半深湖相泥质岩。纵向上烃源岩主要分布在大安寨段，其次为东岳庙段和珍珠冲段。

烃源岩展布总体上具有东北厚西南薄的特征。川东北地区烃源岩呈北西向展布，厚度多大于 150m，最厚达 300 余米；存在阆中、达州和万州三个发育中心，其中，阆中地区下侏罗统烃源岩厚度最大，石深 1 井暗色泥质岩厚达 326.0m。在川东南的长寿–南川地区和川南的威远地区存在两个暗色泥质岩相对发育区，厚度分别为 80 ~ 120m 和 80 ~ 100m。川西地区最薄，厚度一般小于 80m，川西南地区厚度一般小于 20m（图 4-15）。

4.1.3　烃源岩发育与分布主控因素

大量的研究业已表明，优质烃源岩的形成取决于有机质生产率和有机质保存条件（Demaison et al. , 1980；Stein, 1986；Calvert, 1987；Pedersen and Calvert, 1990；张水昌等，2005；陈践发等，2006），金之均、王清晨（2007）研究认为这两大因素从根本上取决于生物生存时和沉积时的古气候、古构造、古地貌、古海洋及古洋流、古水文和古生物

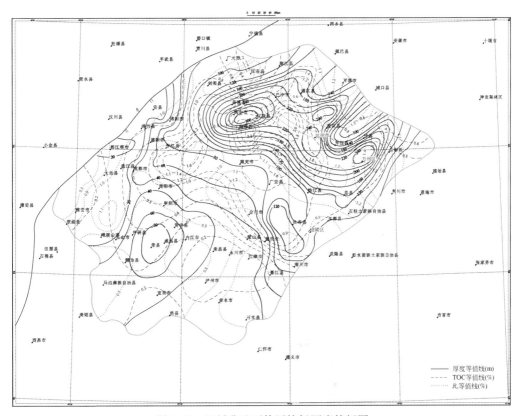

图 4-15　四川盆地下侏罗统烃源岩特征图

链等各项地理要素的良好匹配，以及地外因素的影响，但往往又以其中一种或二、三种为主构成主控因素；并认为海侵高潮海域面积最大的时期有利于高有机质丰度烃源岩形成，海底缓斜坡地貌、较低的沉积速率、古大气中等的氧含量、上升洋流作用有利于烃源岩发育；寒武纪源岩的形成主要与干热的古气候有关；早古生代源岩主要形成于冰期—冰后期之交的气温快速转暖、冰川迅速融化所导致的海平面快速上升期；尽管沉积盆地类型多样，但能够发育烃源岩的盆地类型却只有少数几类；被动陆缘背景下的强烈拉张裂陷，导致沿深大断裂带的富含营养盐的热水喷流，从而为生烃母质生物的勃发、繁盛提供了充足的营养盐。进而归纳总结出海相烃源岩发育的四种模式和非烃源岩发育的两种模式；烃源岩发育的四种模式为热水活动–上升洋流–缺氧事件复合模式、台缘缓斜坡–反气旋洋流复合模式、干热气候–咸化静海模式、湿润气候–滞留静海模式；非烃源岩发育的两种模式为广海陆表海的消耗–稀释模式、超补偿沉积的贫化–稀释模式。

四川盆地及邻区海相层系烃源岩的发育与分布研究表明：①烃源岩的分布受盆地原型控制。下寒武统烃源岩主要分布于被动大陆边缘内带和克拉通内边缘拗陷；五峰组—龙马溪组烃源岩主要分布于前陆盆地系统的隆后沉积带（或称为克拉通内拗陷的滞留盆地相）；二叠系烃源岩主要分布于陆内裂陷盆地及其毗邻地区；须家河组烃源岩主要分布于川西前渊及靠近前陆隆起斜坡一带；自流井组烃源岩主要分布于川北前渊及靠近前陆隆起斜坡一带。②烃源岩主要发育于海侵半旋回中。③烃源岩有机质丰度受生物生产率和有机质保存环境制约。④台盆相、欠补偿盆地相、深水陆棚相烃源岩最为发育。

1. 下寒武统烃源岩

由图4-16可见，牛蹄塘组烃源岩的分布受控于早寒武世早期盆地原型的分布，烃源岩主要发育于扬子地台南、北被动大陆边缘内带、台缘过渡带和台内碳酸盐岩台地周缘。

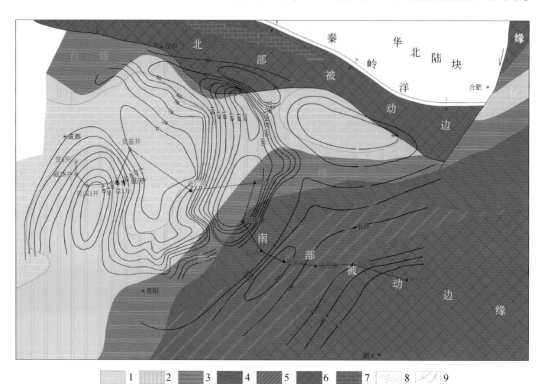

图4-16 中上扬子地区早寒武世梅树村期盆地-沉积组合与烃源岩分布

台地：1. 白云岩；2. 白云岩、灰岩、磷块岩、页岩。台缘：3. 页岩、硅质岩；被动大陆边缘：4. 磷块岩、泥页岩、硅质岩；5. 硅质岩、泥页岩；6. 硅质岩；7. 灰岩；8. 扩张洋盆；9. 后期断裂带

图4-17反映了下寒武统烃源岩纵横向分布与盆地类型、沉积相、沉积速率间的关系。烃源岩的发育与分布受沉积相控制，牛蹄塘组烃源岩所发育的相带均为陆棚边缘盆地相，早寒武世沧浪铺期—龙王庙期的浅海陆棚相、滨浅海相、台缘滩相、台缘斜坡相、局限台地相等沉积相带的碎屑岩、碳酸盐岩有机质含量均较低，烃源岩发育极差。

1）深海槽盆相区——浊流沉积，烃源岩不发育

深海槽盆相区分布于吉安-永新-安仁-蓝山一线南东。

下寒武统下部下组（泰和大岭山剖面）为一套灰黑色长石石英砂岩与灰绿色长石石英砂岩互层夹板岩、硅质岩和凝灰岩。底部产 *Protospongia* sp. 及腕足类化石。厚度大于456m。

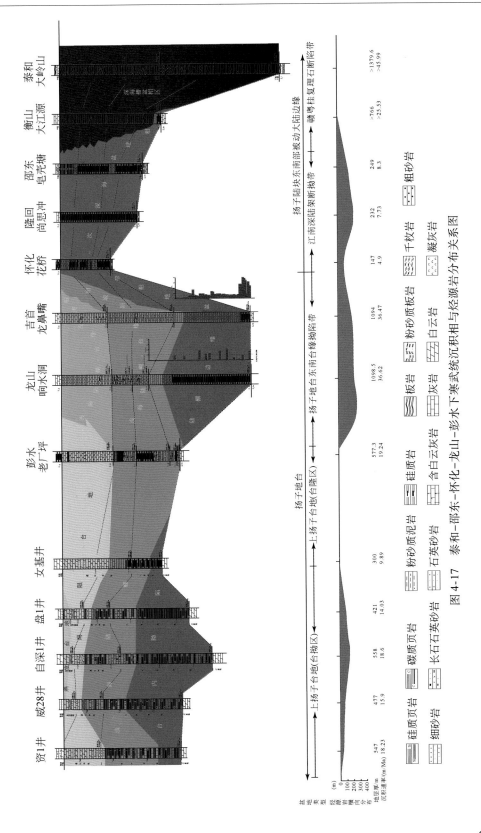

图 4-17　泰和-邵东-怀化-龙山-彭水下寒武统沉积相与烃源岩分布关系图

下寒武统下部中组（永新牛田剖面）主要由灰黑色和灰色板岩、千枚状板岩与黄绿色长石英砂岩、条带状板岩、硅质板岩组成。黑色板岩中产海绵骨针化石。厚351.5m。

下寒武统下部上组（泰和桥头剖面）为灰绿色细粒长石石英砂岩与板岩、砂质板岩互层，韵律性明显。顶部黑色板岩中产 Protospongia sp. 及小型腕足类化石。厚572m。

总体而言，本沉积相带沉积物多为灰绿色及黑色。岩石类型主要有两类：一为静水沉积的硅质岩、碳质板岩，具水平微细层理，呈夹层分布，约占地层厚度的10%；二为浊流沉积，由含砾不等粒砂岩（长石杂砂岩、长石砂岩、石英杂砂岩）、粉砂岩和砂质板岩组成，以块状层理为主，鲍马序列常见（A段和B段）。浊积岩的粒度由砾石级到黏土级，粒度概率累积曲线（图4-18）呈直线型，代表悬浮次总体的单一线段。斜率小于60°，分选较差—中等，在岩石粒度 C-M 图上（图4-19），$C<1000\mu m$，$M<200\mu m$，主要集中在 V、VI、VII 区，显示海槽型浊积岩的特征。其间还偶夹凝灰岩。沉积厚度巨大，沉积速率快，大于45.99m/Ma。由于沉积速率快，对有机质的稀释，烃源岩不发育，仅局部层段有机质丰度较高（静水期的碳质页岩），但其以薄夹层出现，厚度小，分散分布。

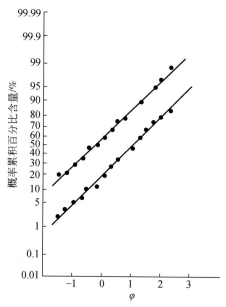

图4-18　下寒武统塔山群岩石粒度概率累积曲线（湖南省地质矿产局，1988）

2）深海盆地相区——欠补偿碳质、硅质泥页岩沉积，烃源岩发育

深海盆地相区分布于吉安-永新-安仁-蓝山一线北西，武宁-通城-石门-辰溪-三惠-凯里一线南东。地层厚度一般小于300m，沉积速率小于10m/Ma，岩性组合由南东往北西呈有规律的变化，但总体而言，岩石组合以黑色碳质、硅质泥页岩为主，沉积及层面构造主要是水平微细层理，微层厚0.1~1mm。黄铁矿呈结核状、团块状、星散状分布，海绵骨针多完好无损沿层面分布，反映为深水还原的宁静环境。

皂壳塘剖面下寒武统以薄层状黑色含碳硅质板岩及高碳质板岩为特征，底部常含有磷

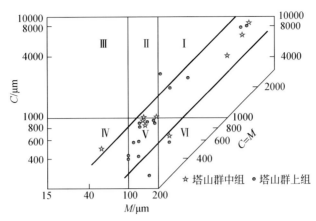

图 4-19　下武统塔山群中、上组岩石粒度 *C-M* 图（湖南省地质矿产局，1988）

结核及黄铁矿，局部呈磷块岩薄层或条带产出，可制磷肥；局部碳质集中，形成"石煤"。化石仅见海绵骨针，大致与下寒武统相当。沉积缓慢，沉积速率仅为 8.3m/Ma。由于上升洋流带来大量的营养物质，生物生产率高，同时沉积水体较深，属强还原环境，有利于有机质保存，碳质板岩占地层比 59.04%，烃源岩较为发育。由东往西，来自洋一侧的粗碎屑因能量降低沉淀而逐渐减少，沉积物以黏土矿物为主，至隆回大水田尚思冲一带已全变为碳质板岩，烃源岩最为发育。

至怀化花桥一带，沉积速率低，仅为 4.9m/Ma，下寒武统最薄，在岩石组合中见较多的碳酸盐岩（占地层厚 37.14%），碳质板岩厚 92.8m，占地层厚度的 63.13%，烃源岩较发育。属次深海盆地相与陆棚边缘盆地相带过渡区。

3）陆棚边缘盆地相带–浅海陆棚相带（滨浅海相）–台缘斜坡（滩）相叠加区——烃源岩仅发育于早寒武世早期陆棚边缘盆地相

该相区分布于上扬子和中扬子碳酸盐岩台地周缘地区，地层厚度较大（分布于 600～1500m），沉积速率呈现出中部大，向洋一侧和向碳酸盐岩台地方向逐渐降低。岩性组合可分为三段，上段为灰岩段（清虚洞组或石龙洞组、观音堂组上部层段）；中段以碎屑岩为主夹灰岩及灰岩透镜体（石牌组或明心寺组＋天河板组或金顶山组、观音堂组中下部层段）；下段为碳质硅质泥页岩段（牛蹄塘组或荷塘组或王音铺组）。沉积相在纵向上，具有由陆棚边缘盆地相→浅海陆棚相→陆棚内缘斜坡→台地前缘斜坡相→台地边缘滩相演变的特点，在横向上台地边缘相带逐渐向洋一侧推进，反映碳酸盐岩台地逐渐扩大的演化过程。

以龙山响水洞剖面为例，牛蹄塘组中下部为黑色碳质泥页岩，水平层理发育，草莓状黄铁矿广泛分布（细分散状），其含量可达 1.8%，代表强还原环境静水沉积，结合所处构造位置，将其划为陆棚边缘盆地相。据有机碳标定，烃源岩厚 226.5m。

牛蹄塘组上部泥岩中砂质含量由下往上逐渐增加，颜色逐渐变浅，并过渡为薄层灰绿色砂岩夹粉砂质泥岩和灰色钙质泥岩，反映沉积水体逐渐变浅。明心寺组下部为灰绿色钙质泥岩，中部为粉砂质泥岩，上部为灰色泥灰岩，水平层理发育（宽 0.5～1mm），反映出沉积水体较牛蹄塘组沉积期早期浅，呈海退序列组合，过渡为浅海陆棚相。有机质丰度低，没有烃源岩发育。

金顶山组下部为灰色泥质条带灰岩，往上为灰色泥灰岩、泥质条带灰岩夹鲕粒灰岩及透镜体，指示沉积水体进一步变浅，水动力增强，反映为陆棚内缘斜坡相-台地边缘滩相沉积特征，有机质含量低，没有烃源岩发育。往上为灰绿色泥岩与砂岩互层。清虚洞组下部为泥质条带灰岩，往上为砂屑灰岩、藻灰岩，顶部为灰色薄层粒屑灰岩，反映出在金顶山沉积早期台地边缘滩相基础上水体一度加深，转化为浅海陆棚相沉积，之后水体变浅，水动力变强，沉积物中内碎屑含量增加，再度转化为台缘滩相沉积。在花垣地区的灌木藻构成藻礁，呈线状分布，礁前有塌积岩也反映了这一点。

宋河横山早寒武世早期为陆棚边缘盆地相沉积，中晚期则为陆棚内缘斜坡—台地前缘斜坡相（见大量准同生变形构造）沉积，烃源岩主要发育于陆棚边缘盆地相。

4）台地相区-局限台地相区

台地相区分布于中扬子和川中区京山惠亭山、钟祥火石沟一带，缺失早寒武世早期（梅树村期—石牌组沉积期）沉积，天河板组平行不整合于上震旦统灯影组之上，其岩石组合为浅灰色-灰白色白云岩、砂屑云岩、鲕粒云岩、硅质云岩夹少量页岩。属局限台地相沉积，有机质含量低，没有烃源岩发育。

2. 五峰组—龙马溪组烃源岩

五峰组—龙马溪组烃源岩的发育与分布受控于盆地原型的分布（图4-20）。晚奥陶世晚期—早志留世早期，因华南地区褶皱造山并向北西向的逆冲推覆，在造山负载、南东-北西向水平挤压应力作用及沉积负载作用下，岩石圈挠曲沉降形成前陆盆地（系统），湘中一带为前渊沉积带，雪峰山（隆起）为前陆隆起带，扬子台地则为隆后沉积带。由于秦岭-大别洋向北俯冲消减，在扬子板块北缘形成被动大陆边缘。与此同时，川中地区、滇黔桂区隆起成为物源区。从烃源岩的分布看，其主要发育于扬子台内拗陷（隆后沉积带内），烃源岩展布走向与造山带走向和古隆起边界线近于平行。

盆地原型的分布控制了烃源岩区域展布特点，不同类型盆地中烃源岩发育层位与展布特征受控于沉积相的展布。

1）前陆盆地前渊沉积带

五峰组以黑色碳质、硅质页岩为主，属欠补偿盆地相沉积，烃源岩发育（图4-21）。如新化炉观剖面，地层厚12.9m，碳质、硅质页岩厚8.6m。

龙马溪组除底部见少量黑色碳质页岩外，主要为大套深灰色、青灰色、灰绿色厚层块状石英砂岩、石英杂砂岩夹泥板岩、粉砂质板岩以及少量黑色碳质板岩，砂/泥为4:1～10:1。砂岩一般具细-不等粒结构，局部见含砾（板岩碎块）砂岩，砾径大者为5～10cm，含量为15%～25%。砂岩底面槽模和舌状印模常见。沉积厚度大，沉积速率高（约400m/Ma），属浊积盆地相沉积。碳质页岩夹层累计厚度薄，占地层厚度小于0.23%，表明烃源岩不发育。

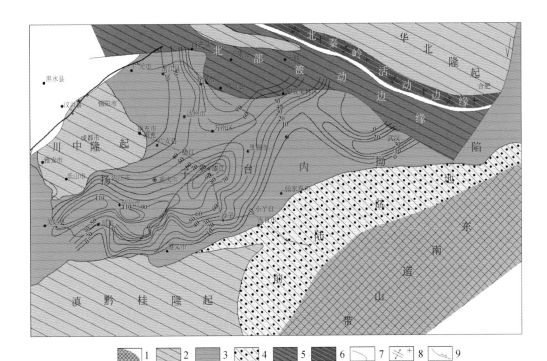

图 4-20　中上扬子及邻区早志留世（龙马溪期）盆地原型与烃源岩分布关系图
1. 造山带；2. 古隆起；3. 台内拗陷；4. 前陆盆地；5. 被动大陆边缘；
6. 活动大陆边缘；7. 消减洋盆；8. 岩浆弧及弧后盆地；9. 后期断层

如新化（涟源幅）大平溪剖面，下志留统厚 1955.8m，底部见 0.8m 碳质页岩，往上岩性组合为灰色、浅黄色细粒石英砂岩夹灰色板状页岩和灰色、深灰色板状页岩夹中层-厚层状细粒石英砂岩不等厚互层为主，夹黄绿色、浅黄色粉砂岩和灰黑色碳质板岩，沉积速率为 391.2m/Ma。

又如溆浦江东剖面，底部见厚约 3m 的黑色含碳质板岩，富产笔石化石：*Glyptograptus tamariscus* N.（柽柳雕笔石）、*G. persculptus* S.（雕刻雕笔石）、*Diplograptus modestus* L.（适度双笔石）等。往上由灰绿色浅变质石英细砂岩、粉砂岩夹砂质板岩组成，厚度大于 2000m，沉积速率大于 400m/Ma。

2）前陆盆地前陆隆起带

五峰组仍以黑色碳质页岩、砂质页岩为主，属滞留欠补偿盆地相沉积，烃源岩发育。如保靖小丫口剖面，地层厚 22m，全为黑色碳质页岩、砂质页岩。但受古地貌变化的控制，五峰组烃源岩在局部小范围内缺失，如在慈利一带，龙马溪组不整合于中奥陶之上（接触处有铁质风化壳），缺失五峰组，反映出局部地区已隆起高出水面。

龙马溪组则以灰绿色-灰色页岩、粉砂质页岩、砂质页岩夹薄层至厚层状石英砂岩、泥质粉砂岩为主。由北东往南西，下部砂岩含量逐渐增高，层厚增加，层位逐渐变新（凯里一带缺失早志留世早期沉积），表明前陆隆起南西端高，呈向北东倾没的鼻状隆起。

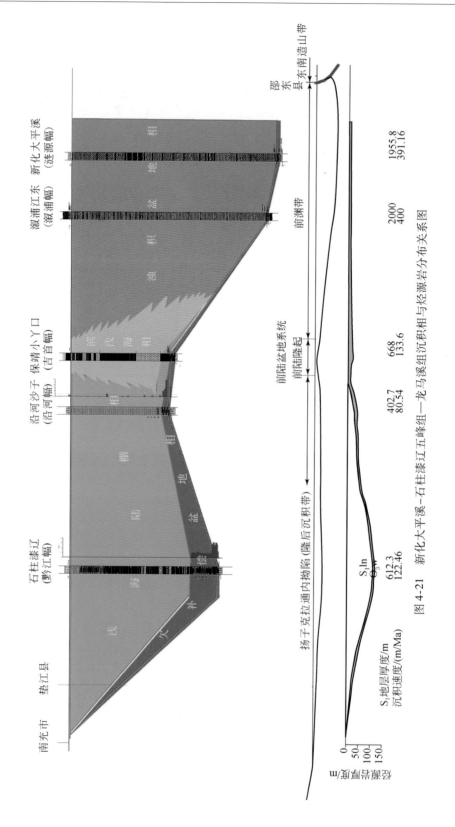

图 4-21 新化大平溪－石柱漆辽五峰组－龙马溪组沉积相与烃源岩分布关系图

石英砂岩具砂纹层理，可见波痕构造，成分成熟度高（石英砂岩），分选性较好，反映为滨岸沉积环境产物。泥页岩具水平层理，底部往往为黑色至深灰色，往上颜色逐渐变浅，反映了晚奥陶世欠补偿滞留盆地相逐渐向局限滨浅海相–滨岸相（交互）过渡。本沉积带地层厚度相对较薄，200～900m，平均沉积速率相对较低，没有烃源岩发育。如保靖小丫口剖面，龙马溪组厚668m，平均沉积速率为133.6m/Ma，远较前渊沉积带沉积速率低；底部为灰色页岩，中下部为厚约100m的石英砂岩，其上为黄绿色、灰绿色泥页岩夹石英砂岩，没有发育烃源岩。

3）克拉通内拗陷盆地（隆后沉积带）

五峰组为灰黑色–黑色碳质页岩及硅质岩，属欠补偿盆地相沉积，烃源岩发育。龙马溪组下部为黑色碳质泥页岩，水平层理发育，含大量黄铁矿（道真平村剖面龙马溪组黄铁矿含量为1.5%），属欠补偿滞留盆地相沉积，有机质丰度高，多属较好丰度级别烃源岩；往上由于充足的陆源物质的充填作用，水体逐渐变浅，处于氧化–弱还原环境，泥岩颜色变为黄绿色、灰绿色，并夹薄至厚层石英细砂岩和泥质粉砂岩，局部地区夹灰岩透镜体，反映为浅海陆棚沉积环境，烃源岩不发育。

上述宏观沉积特征反映出烃源岩主要发育于缺氧的还原环境，微量元素、稀土元素、干酪根碳同位素的变化也同样证实了这一点。

20世纪90年代以来，众多学者利用过渡金属、U含量、S含量及其相关比值对缺氧环境进行了广泛的研究，并提出了相应的判识标准。Hatch和Leventhal（1992）由北美黑色页岩的研究中得出，高的金属（Cd、Mo、V、Zn等）含量，高的硫含量，DOP（黄铁矿化程度）≥0.67，V/（V+Ni）≥0.54，指示含H_2S的厌氧环境；低的金属含量，V/（V+Ni）为0.46～0.60，指示贫氧环境。Jones和Manning（1994）认为DOP、U/Th、V/Cr和Ni/Co值及自生铀（AU = U_{total}－Th/3）含量是古缺氧环境的有效判断标志，并提出相关标准。腾格尔等（2004）研究认为V/（V+Ni）、V/Cr、Ni/Co和U/Th在缺氧与富氧环境中的界限值分别为0.45、2.0、5.0和0.75，大于这些值，指示缺氧或厌氧环境，利于有机质保存，小于这些界限值，指示富氧环境，不利于有机质的保存。

李双建等（2009）对磺厂和喉滩两条剖面的微量元素的统计分析（表4-4）表明，有机碳含量与V/（V+Ni）、V/Cr、Ni/Co、U/Th值具明显的对应关系，反映烃源岩主要发育于缺氧的还原环境（图4-22）。

表4-4 磺厂和喉滩剖面微量元素比值统计表

指标	TOC≥0.5%		0.1%≤TOC<0.5%		TOC<0.1%	
	磺厂	喉滩	磺厂	喉滩	磺厂	喉滩
V/（V+Ni）	$\dfrac{0.76～0.93}{0.86}$	$\dfrac{0.68～0.90}{0.78}$	$\dfrac{0.24～0.82}{0.67}$	$\dfrac{0.40～0.77}{0.64}$	$\dfrac{0.51～0.77}{0.65}$	0.57
V/Cr	$\dfrac{1.7～11.96}{6.35}$	$\dfrac{1.39～10.99}{5.87}$	$\dfrac{0.51～1.48}{1.30}$	$\dfrac{0.85～1.38}{1.15}$	$\dfrac{1.29～1.50}{1.36}$	1.22

指标	TOC≥0.5%		0.1%≤TOC<0.5%		TOC<0.1%	
	磺厂	喉滩	磺厂	喉滩	磺厂	喉滩
Ni/Co	$\dfrac{6.5\sim54.86}{22.81}$	$\dfrac{3.53\sim39.55}{15.54}$	$\dfrac{2.38\sim3.72}{3.02}$	$\dfrac{1.98\sim7.43}{3.78}$	$\dfrac{2.06\sim6.34}{4.45}$	3.52
U/Th	$\dfrac{0.25\sim0.92}{0.58}$	$\dfrac{0.20\sim2.70}{1.21}$	$\dfrac{0.17\sim0.38}{0.29}$	$\dfrac{0.17\sim0.19}{0.18}$	$\dfrac{0.15\sim0.25}{0.20}$	0.27

资料来源：李双建等，2009

注：最小～最大/平均值

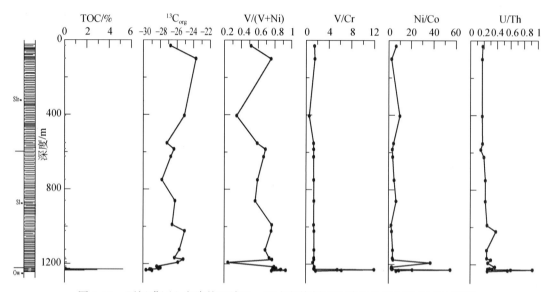

图4-22　石门磺厂上奥陶统五峰组—下志留统剖面地球化学指标纵向变化特征

稀土元素（REE）因具特有的地球化学行为、对沉积环境变化又十分敏感而广泛应用于古环境研究。Wright 和 Holscr（1987）把 Ce 与邻近的 La 和 Nd 元素的相关变化称为铈异常（Ce_{anom}），$Ce_{anom}=\log_3 Ce_n/(2La_n+Nd_n)$（$n$ 为北美页岩标准化值），并用作判识古缺氧环境的标志，$Ce_{anom}>-0.1$ 为正异常，还原环境；$Ce_{anom}<-0.1$ 为负异常，氧化环境。铈异常（Ce/Ce^* 或 δCe）的另一计算公式为 $\delta Ce=Ce_N/(La_N\times Pr_N)^{1/2}$，N 为球粒陨石标准化值，$\delta Ce>1$ 为正异常，$\delta Ce<0.95$ 为负异常。陈衍景等（1996）研究表明，缺氧条件下 $\sum REE$ 低，δEu 和 La/Yb 高；氧化条件下则相反。

对磺厂和喉滩两条剖面的稀土元素统计分析可见表4-5，这些指标显示其变化与有机碳含量具有正相关性，它们的异常代表了沉积时的缺氧环境。

表 4-5　磺厂和喉滩剖面稀土元素比值统计表

指标	TOC≥0.5%		0.1%≤TOC<0.5%		TOC<0.1%	
	磺厂	喉滩	磺厂	喉滩	磺厂	喉滩
Ce_{anom}	$\dfrac{-0.13\sim-0.07}{-0.10}$	$\dfrac{-0.10\sim-0.05}{-0.08}$	$\dfrac{-0.28\sim-0.04}{-0.16}$	$\dfrac{-0.09\sim-0.07}{-0.08}$	$\dfrac{-0.07\sim-0.16}{-0.11}$	-0.07
δEu	$\dfrac{0.50\sim0.61}{0.54}$	$\dfrac{0.34\sim0.62}{0.53}$	$\dfrac{0.55\sim0.61}{0.58}$	$\dfrac{0.54\sim0.60}{0.57}$	$\dfrac{0.57\sim0.60}{0.58}$	0.55
La/Yb	$\dfrac{1.24\sim1.55}{1.48}$	$\dfrac{1.17\sim1.85}{1.54}$	$\dfrac{1.28\sim1.84}{1.61}$	$\dfrac{1.47\sim1.93}{1.74}$	$\dfrac{1.19\sim1.61}{1.43}$	0.94

资料来源：李双建等，2009

注：最小~最大/平均值

　　沉积有机质的 $\delta^{13}C_干$ 值主要与原始有机质的来源及沉积环境有关，其变化在多数情况下反映了原始有机质 $\delta^{13}C$ 同位素组成的变化，因而 $\delta^{13}C_干$ 在油气领域中作为有机质类型的划分指标已被广泛应用（黄第藩等，1984；曾凡刚、程克明，1998）。同时，缺氧环境的广泛分布严重影响了 $\delta^{13}C_干$ 的原始同位素平衡，当缺氧条件占优势时，$\delta^{13}C_干$ 有偏轻的趋势（Freudenthal et al.，2001；Lehmann et al.，2002）。磺厂剖面系统的干酪根碳同位素分析表明，有机碳含量高的样品其碳同位素明显偏轻，反映还原环境有利于有机质保存，其纵向变化特征与岩性变化特征相吻合。

　　从烃源岩分布范围看，五峰组烃源岩分布范围较龙马溪组广，主要归因于前陆盆地发育初期，当逆冲楔尚未出露水面前，或尚未达到最大高度时，由于沉积作用滞后于沉降，物源供应不足，从而形成广泛分布的深水欠补偿盆地相的泥页岩烃源岩沉积。早志留世，随着造山楔的隆升剥蚀，物源充足，在前渊带形成浊流堆积，由于大量陆源碎屑物质对有机质的稀释作用，有机质难以集中富集，烃源层不发育。在前陆隆起带，因水体较浅，水动力强，处于氧化环境，不利于有机质保存，烃源岩也不发育。在隆后沉积带，因其远离造山带，滇黔桂古隆起、川中古隆起影响范围有限，龙马溪期早期仍处于欠补偿状态，水体较深，形成了较好的烃源岩；但随着陆源物质的大量补给和充填作用，水体逐渐变浅，逐渐处于氧化环境，有机质不易保存，烃源岩不发育，多条剖面有机质丰度垂向变化特征反映了这一点。

3. 二叠系烃源岩

　　由表 4-6 可见：①二叠系烃源岩发育于台盆相、深水陆棚相、开阔台地相带内的台内洼地亚相、台缘斜坡等相带，其中深水陆棚相、台盆相烃源岩最发育，且有机质丰度相对较高，而台内洼地多发育低丰度的烃源岩；②在纵向序列上，烃源岩主要发育于海侵半旋回中，最大海泛时期源岩有机质丰度最高；少数层段烃源岩发育于海退半旋回中，如南江吴家坪组、石柱茅口组上部烃源层；③烃源岩有机碳含量与硫含量呈正相关关系（图 4-23），反映出烃源岩形成于还原环境；④烃源岩有机质丰度受古生物生产率和有机质保存条件控制，两者都好时，烃源岩有机质丰度均较高，而生物生产率较低时，即使有机质保存环境优越，烃源岩有机质丰度也较低，如南江桥亭剖面茅口组。

表 4-6 四川盆地二叠系烃源岩发育层段及其主控因素分析表

剖面	烃源岩发育层段	TOC/%	沉积（亚）相	海侵/海退	有机质保存环境						生物繁茂程度			
					S/%	V/(V+Ni)	V/Cr	Ni/Co	Sr/Ba	评价	P/(μg/g)	Ba/(μg/g)	Zn/(μg/g)	评价
城口木瓜口	P₃w 下部	1.52/4	台盆相	海侵	0.39/4	0.85/3	1.90/3	9.16/3	75.8/3	较好	494.2/3	27.9/3	48.4/3	高
	P₂m 下部	0.56/1	台缘斜坡	海侵	0.13/1	0.67/1	1.40/1	4.92/1	64.1/1	较好	33.8/1	10.7/1	7.8/1	低
	P₂q 底部	2.26/7	台坪亚相	海侵	0.51/7	0.83/3	1.08/3	3.57/3	51.6/3	较好	14.3/4	180.4/4	22.6/4	较高
	P₃d	3.28/2	台盆相	海侵	0.68/2	0.61/1	1.50/1	4.47/1	93.4/1	较好	162.1/1	19.5/1	29.0/1	较高
南江桥亭	P₃w	2.46/11	深水陆棚	海退	0.32/11	0.52/2	0.46/2	16.84/2	46.2/2	较好	—	18.2/2	44.9/2	较高
	P₂m	0.73/9	台坪亚相	海侵	0.14/9	0.85/3	2.00/5	4.32/3	46.23/3	较好	—	8.2/3	8.0/5	低
	P₂q 底部	0.55/3	开阔台地	海侵	0.40/3	0.82/2	1.31/3	2.14/2	46.23/4	差	—	37.1/3	13.7/3	低
	P₃w 下部	2.48/7	深水陆棚	海侵	0.16/7	0.70/4	1.91/4	16.64/3	47.3/4	较好	123.2/4	26.5/4	35.0/4	较高
石柱	P₂m 上部	0.36/4	台缘斜坡	海侵	0.08/4	0.74/4	0.53/4	—	210.4/4	差	31.2/4	9.0/4	8.3/4	低
六塘	P₃d	3.08/3	台盆相	海退	0.46/3	—	—	—	—	好	—	—	—	—
	P₂q 中部	0.85/10	台缘斜坡	海侵	0.10/10	0.88/4	1.94/5	—	348.1/5	较好	12.4/5	7.3/5	9.9/5	低
珙县铜底	P₂m 中部	0.89/13	深水陆棚	海侵	0.18/13	0.77/6	1.32/7	5.72/3	156.5/7	差	—	10.1/7	12.0/7	低
马边	P₂m 上部	0.69/4	台内洼地	海侵	0.14/4	0.90/2	1.17/2	—	588.5/2	差	15.63/1	8.8/2	16.85/2	低
烟锋	P₂q 中上部	0.65/11	台盆相	海侵	0.18/11	0.94/2	1.87/3	—	143.1/3	较好	22.2/3	16.6/3	10.7/3	低
	P₃d	0.84/5	台盆相	海侵	0.07/5	—	—	—	—	差	—	—	—	—
绵竹	P₃w 下部	1.88/12	台盆相	海侵	0.94/12	0.81/5	2.03/6	—	110.2	好	46.9/6	26.0/6	18.1/6	较高
天池	P₂m	1.83/10	台盆相	海侵	0.70/10	0.90/2	1.46/3	—	246.8/3	好	—	24.4/3	21.3/3	较高
	P₂q 上部	0.72/5	开阔台地	海侵	0.69/5	0.86/2	1.28/2	—	65.7/2	较好	12.2/1	9.6/2	7.8/2	低

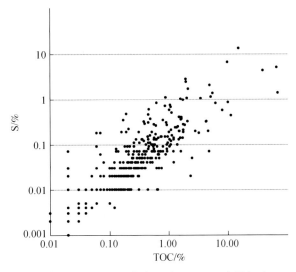

图 4-23 四川盆地及邻区二叠系烃源岩有机碳（TOC）含量与硫（S）含量相关图

从达标率横向变化上看，栖霞组沉积期，四川盆地主体以开阔台地相为优势相，烃源岩达标率较低，如普光 5 井，烃源岩达标率仅为 16%；盆地东南缘以台缘斜坡相为优势相，烃源岩达标率相对较高，可达 50% 以上，如韩家店剖面，烃源岩达标率为 62%；在开阔台地相内，局部地区烃源岩达标率较高，一方面是因为台内洼地亚相也是烃源岩发育的有利相带，另一方面相组合也往往出现台盆相，如城口剖面因台盆相的存在，烃源岩达标率达 37%，而河坝 1 井烃源岩达标率最高，达 59%。

茅口组沉积期，受台缘裂陷和台内断陷控制，四川盆地北缘为台缘斜坡-盆地相沉积，而川东区为近南北向的台内断陷（台内凹陷）盆地相沉积，这些地区及其毗邻区烃源岩十分发育，而开阔台地相及局限台地相烃源岩发育相对较差。如城口剖面茅口组厚 49.68m，烃源岩厚 30.35m，达标率为 67.20%，烃源岩达标率由北东往南西逐渐降低，至马边、珙县一带达标率降低至 25% 左右。

下面以城口木瓜口剖面为例进行论述：

城口木瓜口二叠系剖面从下往上依次发育中二叠统栖霞组、中二叠统茅口组、上二叠统吴家坪组、上二叠统长兴组。本剖面二叠系实测地层总厚度为 321.4m，共测试样品 39 件。有机质丰度较高的样品主要分布于以下三个层段（图 4-24）：栖霞组下部，厚度为 24.55m，TOC 值分布于 0.34%~8.02%，平均为 2.06%（7 件样品），烃源岩达标率为 36.86%；吴家坪组下部，厚度为 18.94m，TOC 值范围为 0.44%~3.44%，平均为 1.28%（6 件样品），达标率为 18.66%；茅口组中下部，厚度为 30.35m，TOC 值为 0.56%。

栖霞组由下往上岩性组合及其变化为：黑色泥灰岩→灰黑色含泥质灰岩夹砂屑灰岩→深灰色砂屑灰岩→浅灰色含砂屑灰岩夹角砾状灰岩→浅灰色生屑灰岩夹生物灰岩，岩石颜色由深变浅，碳酸盐岩颗粒变粗，有机质含量下部高，往上减少。下部泥灰岩段生屑含量极低或不含生屑，上部层段生屑含量较高。总体反映了水体由深变浅，水动力逐渐增强。相分析结果表明，下部泥灰岩段为台洼相，中、上部砂屑灰岩及生屑灰岩段为开阔海台地相。

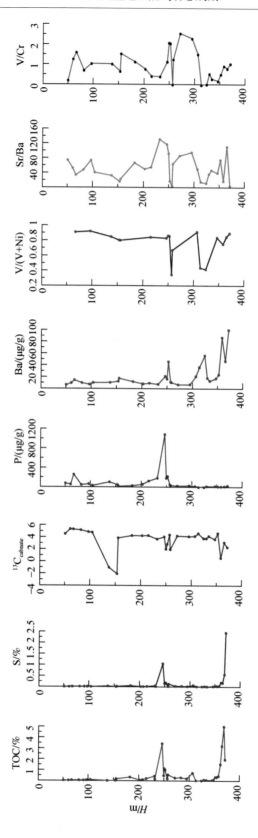

图4-24　重庆城口木瓜口二叠系剖面地球化学指标纵向变化特征

栖霞组下部层段岩性特征反映的海平面升降与碳酸盐岩碳、氧同位素曲线反映的海平面升降相对应，Sr/Ba 值的变化特征也反映了海侵–海退的完整旋回，P、Ba、Cr、Ni、Cu、Zn 等生物发育的营养型元素富集，反映出具高的生物生产率；而高含硫量（最高达2.45%）表征了沉积水体的强还原性，V/(V+Ni) 值为 0.75 ~ 0.89，大于 0.54，反映为厌氧、贫氧环境，有利于有机质保存；与有机碳相对应，该段为烃源岩发育层段。

栖霞组沉积晚期主要发育高水位期的开阔台地相砂屑灰岩，水动力作用强，不利于有机质保存。生物发育的营养型元素含量低，如磷元素仅为 $10\mu g/g$ 左右，远低于碳酸盐岩的平均值（$400\mu g/g$），Ba 元素含量也很低，揭示出生物繁茂程度远较栖霞组沉积早期低；另外，硫含量极低，V/(V+Ni)、V/Cr 值降低，属弱氧化–弱还原环境，也揭示出不利于有机质保存，残余有机碳分布于 0.02% ~ 0.1% 反映了这一点，属非烃源岩层段。

茅口组由下向上岩性组合及其变化为：黑色中薄层泥灰岩→灰褐色团块状含泥质含生屑灰岩，向上泥质含量降低，灰岩团块变大，总体表现为台地边缘环境。下部泥灰岩段，岩石颜色深、层薄，表明沉积水体较深，水动力弱，沉积速率低，沉积环境为台洼环境。上部团块状灰岩，岩石颜色浅，泥质含量低，含生屑，表明沉积水体较下部泥灰岩段变浅，水动力强，因此，沉积环境应为台地边缘环境。

茅口早期再次发生海侵，碳同位素变化曲线及有机碳含量变化曲线上均有明显反映。碳同位素 $\delta^{13}C$ 值较下伏栖霞组略有正向漂移，反映茅口组沉积水体较栖霞组沉积晚期略深。同时，V/(V+Ni) 值为 0.67 ~ 0.91、V/Cr 值为 1.40 ~ 2.69、Sr/Ba 值为 49.80 ~ 95.43，均较栖霞组上部层段高。至茅口末期大范围海退之前，整个茅口期海平面变化较小，TOC 值、碳氧同位素值等均较平稳。

吴家坪组由下往上岩性组合及其变化为灰黑色泥灰岩、灰岩与黑色硅质岩间互→深灰色含燧石团块灰岩→灰黑色含生屑含燧石团块灰岩→深灰色含生屑粒屑灰岩。下部层段颜色较深，灰黑色–黑色，具水平层理，硅质岩较发育，反映了深水盆地的沉积特征。中部深灰色含燧石团块灰岩为浅海陆棚环境下的沉积产物，灰黑色含生屑夹燧石团块灰岩为陆棚内缘斜坡环境下的沉积产物。上部深灰色含生屑粒屑灰岩则为台地边缘环境下的沉积产物。因此，该剖面吴家坪组早、中期为陆棚–深水盆地环境，晚期则转化为开阔海台地环境。

继茅口晚期的海退之后，吴家坪早期再次发生广泛海侵，碳同位素正向飘移，Sr/Ba 值增加明显，沉积水体变深，与岩性特征反映的结果一致（硅质岩、水平层理）；生物繁盛的营养元素 P、Ba 等大幅度增加，形成峰值，反映生物生产率高，高硫含量指示为强还原环境，V/(V+Ni)、V/Cr、Ni/Co 等值显著增大，揭示为贫氧–厌氧环境，有利于有机质保存，与有机碳相对应，为烃源岩发育层段。而吴家坪上部层段岩石学特征反映为浅海陆棚–陆棚内缘斜坡相，Sr/Ba 值大幅度降低，反映沉积水体变浅，P、Ba、Zn 等元素含量较下伏深水陆棚–盆地相降低，揭示出低的生物生产率，而低硫含量、低的 V/Cr、Ni/Co 反映为富氧环境，不利于有机质保存，有机碳普遍小于 0.3%，为非烃源岩层段。

长兴组由下往上岩性组合及其变化为：厚层块状生屑灰岩→豹斑状灰岩夹燧石条带及结核→砂屑灰岩。岩性组合的变化反映了长兴组从下往上由台地相向台缘相的过渡，与 $\delta^{13}C$ 值向上递增所反映的海平面上升变化趋势一致。

长兴组沉积初期,区内发生了一次大规模的快速海退,$\delta^{13}C$ 值、V/Cr 值急剧降低,V/(V+Ni) 值、Sr/Ba 值也降至最低。此后,再次经历缓慢海侵。至长兴中、晚期,剖面区由开阔台地相向台地边缘相过渡。

4.2 烃源岩地球化学特征

4.1 节分析了四川盆地及邻区烃源岩纵横向分布特征及其发育与分布的主控因素,本节将分析主要烃源岩现今有机质丰度、有机质类型、有机质成熟度,为下一节烃灶及其演化分析奠定基础。

4.2.1 下组合烃源岩

1. 下寒武统烃源岩

1) 残余有机碳平面分布特征

有机碳含量的平面变化趋势与烃源岩厚度的分布面貌基本相似,反映了沉积相对于烃源岩的控制。盆地内,有机碳含量的高值区位于川南的窝深 1 井–习水一带及川北的剑阁–通江–云阳一线以北、以东地区,前者残余有机碳含量为 2%~5%,后者有机碳含量为 1%~2%;盆地外的邻区从武隆–榕溪,有机碳含量逐渐升高(2%~7%),榕溪和盘石两个剖面最高值达到 7.89% 和 8.4%,从利川–恩施–王子石有机碳含量为 2%~3%,王子石剖面最高为 3.7%。有机碳含量总体具有盆地中间低、周缘高的特征(图 4-9)。

2) 有机质类型

干酪根碳同位素:28 件寒武系样品干酪根碳同位素分布于 -32.17‰~-24.86‰,平均为 -29.94‰(图 4-25);其中干酪根碳同位素轻于 -28‰ 的腐泥型(Ⅰ型)干酪根样品 22 件,占样品总数的 78.57%;-28‰<$\delta^{13}C_{干}$≤-26‰ 的腐殖腐泥型干酪根(Ⅱ₁型)样品 3 件,占样品总数的 10.71%;-26‰<$\delta^{13}C_{干}$≤-24‰ 的腐殖腐泥型(Ⅱ₂型)干酪根样品 3

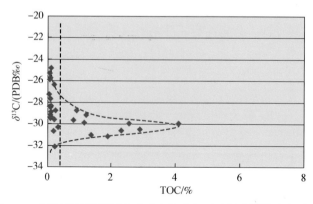

图 4-25 四川盆地及邻区寒武系有机碳与干酪根碳同位素相关图

件，占样品总数的 10.71%；没有腐殖型（Ⅲ型）干酪根。

剔除寒武系非烃源岩样品干酪根碳同位素测值后，下寒武统烃源岩样品干酪根碳同位素值分布于–31.20‰~–28.77‰，平均值为–30.10‰，均属腐泥型。

有机岩石学特征：对龙山响水洞、金沙岩孔、湄潭黄连坝、三都等 8 条剖面 18 件下寒武统烃源岩样品有机岩石学特征研究表明，其生源组合中以腐泥组+藻类组占绝对优势，腐泥组+藻类组相对含量分布于 52.1%~97.1%，平均为 82.17%；碳沥青含量一般分布于 10%~20%，平均为 10.64%；微粒体含量变化较大，从含量甚微至 20%，但总平均含量低，不足 10%；动物碎屑含量较低，一般小于 5%，平均不足 2%［图 4-26（a）、图 4-27］。干酪根类型指数大于 80，属腐泥型干酪根。这与干酪根碳同位素所获结论一致。

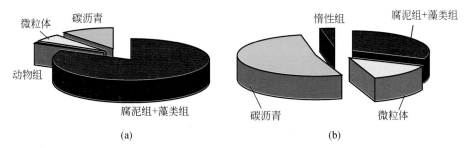

图 4-26　四川盆地及邻区下寒武统有机显微组分构成
（a）下寒武统烃源岩；（b）下寒武统非烃源岩

下寒武统石牌组—石龙洞组 3 件非烃源岩样品的有机岩石学特征研究表明［图 4-26（b）］，其生源组合与下寒武统烃源岩样品存在较大差异，一是腐泥组+藻类组相对含量明显降低，分布于 20.0%~47.4%，平均为 30.47%；二是固体沥青含量显著增加，与腐泥组+藻类组相对含量的变化呈互为消长关系，分布于 38.1%~62.0%，平均达 52.37%；微粒体含量略有增加，平均为 14.23%；此外，在这 3 件样品中还见少量惰性组（平均含量为 2.93%），主要为菌核体。显微组分的这种变化特征反映出烃源岩生成的油气曾经向邻近非烃源岩层系发生过运移。

甾、萜烷组成特征：下寒武统烃源岩规则甾烷 $C_{27}/(C_{28}+C_{29})$ 值分布于 0.41~0.98，平均为 0.63，说明 C_{27} 胆甾烷相对含量较高，反映出生源组合中低等水生生物和藻类丰富。C_{27}-$\alpha\alpha\alpha$-20R-胆甾烷、C_{28}-$\alpha\alpha\alpha$-20R-麦角甾烷和 C_{29}-$\alpha\alpha\alpha$-20R-谷甾烷相对含量构成曲线可分为四种类型，主体呈 $C_{27}>C_{29}$ 不对称"V"字形或"L"形分布，少数样品呈 $C_{27}>C_{28}>C_{29}$ 的"\"形分布，个别样品呈现为 $C_{27}<C_{29}$ 的不对称"V"字形分布，总体反映出下寒武统烃源岩生源组合中以浮游低等水生生物及藻类为主，有机质类型较好（图 4-28）。

3）有机质成熟度

下寒武统烃源岩现今演化程度差异显著，总体而言，川东北地区下寒武统烃源岩热演化程度较高，R_o 最高值超过 4.0%，其中诺水河剖面 R_o 最高为 4.6%；川东外缘烃源岩热演化程度相对较低，R_o 一般分布于 2.0%~3.0%，处于过成熟早中期演化阶段；川东南及其外缘烃源岩热演化程度大多分布于 3.0%~4.0%，处于过成熟中晚期演化阶段（图 4-9）。

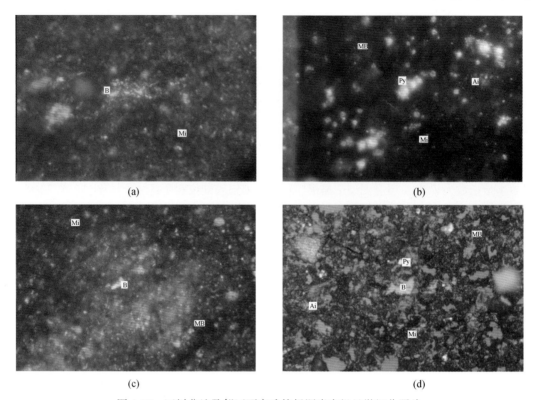

(a) (b)

(c) (d)

图 4-27 四川盆地及邻区下寒武统烃源岩有机显微组分照片

（a）Zq06-10-2 金沙岩孔，$\in_1n$，碳质页岩微裂隙中密集分布的微状碳沥青（B），微粒体（Mi）易见，有机质主要为矿物沥青基质（MB），光片，油浸，单偏光；（b）Zq06-12-1 黄连坝，$\in_1n$，碳质硅质泥岩中分布大量草莓状黄铁矿（Py），偶碳沥青微脉，强非均性；矿物沥青基质（MB）占绝对优势，微粒体（Mi）和藻屑体（Ai）易见，光片，油浸，单偏光；（c）Zq06-14-128 龙山响水洞，$\in_1n$，微孔中偶见碳沥青（B），形体细小，强非均质性，矿物沥青基质（MB）构成岩石基底，其中广泛分布微粒体（Mi）等，光片，油浸，单偏光； （d）WT-02，翁安永和，$\in_1n$，微孔中充填碳沥青（B），偶见藻屑体（Al），微粒体（Mi）和黄铁矿（Py）均匀分布于矿物沥青基质（MB）中，光片，单偏光

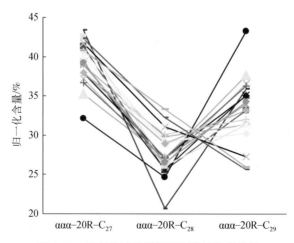

图 4-28 下寒武统烃源岩规则甾烷构成曲线

2. 五峰组—龙马溪组烃源岩

1）残余有机碳平面分布特征

五峰组—龙马溪组烃源岩残余有机碳含量平面上的变化趋势与烃源岩厚度展布非常相似，表明沉积环境对于有机质丰度的影响。烃源岩有机碳含量大多在 1% 以上，高值区（大于 3%）位于盆内川东北地区的城口-万州及盆缘的仁怀、彭水附近，城口双河剖面的有机碳含量达 5.24%，彭水黑溪剖面的有机碳含量为 4.2%，仁怀丁台剖面的有机碳含量为 5.23%；另外川北旺苍剖面和诺水河剖面有机碳含量也分别达到 3.43% 和 3.9%。相对而言盆地中部和西部地区有机碳含量较低，普遍低于 1.0%（图 4-10）。

2）有机质类型

干酪根碳同位素：104 件奥陶系—下志留统龙马溪组样品干酪根碳同位素分布于 $-30.83‰ \sim -23.74‰$（图 4-29），最大值与最小值差值达 7.09‰，其中 $\delta^{13}C_干 \leqslant -28‰$ 的腐泥型干酪根样品数为 62 件，占样品总数的 59.62%，$-28‰ < \delta^{13}C_干 \leqslant -26‰$ 的腐殖-腐泥型干酪根样品数为 32 件，占样品总数的 30.77%，$-26‰ < \delta^{13}C_干 \leqslant -24‰$ 的腐泥-腐殖型干酪根样品数 9 件，占样品总数的 8.65%，$\delta^{13}C_干 < -24‰$ 的腐殖型干酪根样品 1 件，占样品总数的 0.96%。

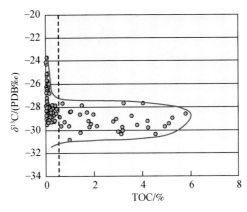

图 4-29　五峰组—龙马溪组烃源岩干酪根碳同位素与 TOC 相关图

但当考察 TOC $\geqslant 0.4\%$ 的烃源岩样品时，其干酪根碳同位素分布于 $-30.83‰ \sim -27.68‰$，平均为 $-29.14‰$；在 37 件五峰组（18 件）—龙马溪组（19 件）烃源岩样品中，干酪根碳同位素重于 $-28‰$ 的样品仅 4 件，由此表明，五峰组—龙马溪组烃源岩有机质类型绝大多数属腐泥型（Ⅰ），仅少数样品属腐殖-腐泥型（Ⅱ₁）。

有机岩石学特征：7 条剖面 14 件五峰组—龙马溪组碳质、硅质泥页岩烃源岩有机显微组分分析表明，本套烃源岩生源组合中腐泥组含量变化大，从小于 10% 至大于 60% 均有分布，但腐泥组+藻类组含量相对稳定，一般分布大于 40%，平均含量为 54.25%；次生有机显微组分沥青组相对含量较高，仅次于腐泥组+藻类组，平均含量为 21.52%；微粒体相对含量位居其次，平均含量约为 16%；动物组相对含量尽管一般较低，但在每件样品中均观测到，而且平均含量相对较高，约达7%（图4-30、图4-31）。

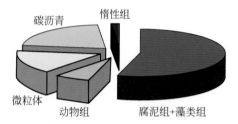

图4-30　五峰组—龙马溪组烃源岩有机显微组分构成

　　从类型指数上看，其分布于82～94，有机质类型属腐泥型。与牛蹄塘组烃源岩相比，五峰组—龙马溪组烃源岩腐泥组+藻类组含量略有降低，而次生有机显微组分（沥青组、微粒体）含量增加，动物组含量明显较下寒武统的要高。有机显微组分的差异，尤其是沥青含量的差异，反映了两套烃源岩排烃效率的差异，牛蹄塘组烃源岩硅质含量高，有利于烃类的排出，而龙马溪组烃源岩除底部硅质含量较高外，往上硅质减少，而黏土质增加，其生成的烃类不易排出所致。

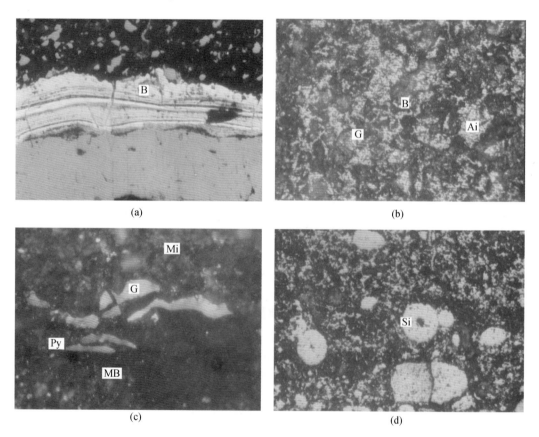

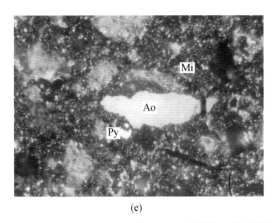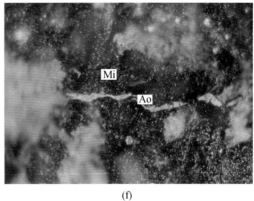

(e)　　　　　　　　　　　　　　(f)

图 4-31　五峰组—龙马溪组烃源岩有机显微组分照片

（a）Zq06-13-9 沿河剖面，O_3w，硅质碳质泥岩裂隙中的粗脉状碳沥青（B），纹层状，显示分期沉淀，光片，单偏光；（b）Zq06-13-11 沿河剖面，S_1ln，碳质泥岩中局部富集的藻屑体（Ai），由层状破碎而成，见残余结构，藻屑体间偶见短脉状碳沥青（B）和笔石体（G）碎屑，光片，油浸，单偏光；（c）Zq06-14-85 龙山杨家湾，O_3w，碳质页岩中集中分布的笔石壳层体（G），平行层面排列，具纤维状结构，矿物沥青基质（MB）构成岩石基底，其中散布微粒体（Mi）和黄铁矿（Py），光片，油浸，单偏光；（d）Zq06-16-76 通山剖面，O_3w，硅质碳质泥岩中部密集分布的硅质球粒（Si），似海百合茎化石；碳泥质（黑）与硅质（灰）均匀混合，光片，单偏光；（e）No1-6-G4 石柱六塘，O_3w，硅质页岩中的碳沥青体（Ao），微粒体（Mi）密集分布，黄铁矿（Py）易见，光片，油浸，单偏光；（f）No1-6-G5 石柱六塘，S_1ln，粉砂质泥岩裂隙中充填的碳沥青脉（Ao），微粒体密集分布，光片，油浸，单偏光

　　甾、萜烷组成特征：从五峰组—龙马溪组烃源岩规则甾烷 $C_{27}/(C_{28}+C_{29})$ 值看，其值分布于 0.33~0.72，平均为 0.50，反映 C_{27} 胆甾烷相对含量较高，表明生源组合中低等水生生物和藻类丰富。C_{27}-$\alpha\alpha\alpha$-20R-胆甾烷、C_{28}-$\alpha\alpha\alpha$-20R-麦角甾烷和 C_{29}-$\alpha\alpha\alpha$-20R-谷甾烷相对含量分布可分为三种类型（图 4-32），主体呈不对称"V"字型，部分样品呈"L"型分布，另一部分样品则呈"反 L"型分布。与下寒武统牛蹄塘组烃源岩相比，C_{27} 胆甾烷相对丰度降低，而且 C_{27}-$\alpha\alpha\alpha$-20R-胆甾烷含量小于 C_{29}-$\alpha\alpha\alpha$-20R-谷甾烷含量的样品数增多，反映两套烃源岩生源组合存在一定的差异。

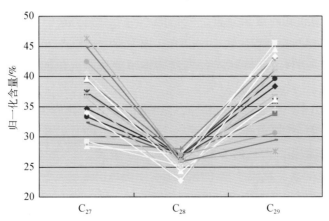

图 4-32　五峰组—龙马溪组烃源岩 $\alpha\alpha\alpha$-20R 规则甾烷构成曲线

3）有机质成熟度

五峰组—龙马溪组烃源岩成熟度的分布和变化趋势与下寒武统烃源岩基本相似，只是 R_o 值较牛蹄塘组的稍低而已。除川南和川东南地区烃源岩热演化程度相对较低外（2.0% ~ 2.6%），R_o 普遍大于 3.8%，大多处于过成熟中晚期演化阶段（图 4-10）。

4.2.2 上组合烃源岩

1. 栖霞组—茅口组烃源岩

1）残余有机碳平面分布特征

栖霞组烃源岩残余有机碳主体分布于 0.6% ~ 1.0%，属差—中等丰度的烃源岩，仅局部地区残余有机碳大于 1.00%，且普遍小于 2.00%，属较好的烃源岩，它们一是分布于四川盆地东北部的镇巴–万源–巫溪一带，等值线呈北西向展布，残余有机碳分布于 1.00% ~ 2.06%；二是分布于川东南区的南川–桐梓一带，等值线呈北北东向展布，残余有机碳分布于 1.00% ~ 1.69%；三是分布于川西北区的安县–青川一带，等值线呈北东向展布，残余有机碳分布于 1.00% ~ 1.37%（图 4-11）。

茅口组烃源岩残余有机碳尽管主体分布于 0.60% ~ 1.00%，但其高值区较栖霞组烃源岩发生了较大的变化，分布面积扩大，而且有机质丰度也要高得多。如川东区–川东北区，较好级别以上烃源岩残余有机碳等值线呈 "T" 字型分布，面积约为 $5.7 \times 10^4 \text{km}^2$，其中 TOC ≥ 2.0% 的好的丰度级别烃源岩分布面积约 $1.2 \times 10^4 \text{km}^2$，最高有机碳可达 4.78%（咸丰把界剖面）；此外，在川西绵竹–绵阳–安县一带，TOC 分布于 1.00% ~ 1.83%，等值线呈近东西向展布（图 4-12）。

2）有机质类型

干酪根碳同位素：中二叠统栖霞组主体属开阔台地相沉积，烃源岩以碳酸盐岩为主，泥质岩为辅，其干酪根碳同位素分布于 –24.4‰ ~ –30.2‰，其中 $\delta^{13}C_{\mp} \leqslant -28‰$ 的腐泥型干酪根占 45.24%，$-28‰ < \delta^{13}C_{\mp} \leqslant -26‰$ 腐殖–腐泥型干酪根占 30.95%，较 I 型干酪根所占比例略低，$-26‰ < \delta^{13}C_{\mp} \leqslant -24‰$ 腐泥–腐殖型干酪根所占比例为 23.81%（图 4-33），没有腐殖型干酪根。

中二叠统茅口组主体以开阔台地相和台内凹陷为主，烃源岩也以碳酸盐岩为主，泥质岩为辅，其干酪根碳同位素分布于 –24.6‰ ~ –29.9‰，其中 $\delta^{13}C_{\mp} \leqslant -28‰$ 的腐泥型干酪根占 29.17%，较栖霞组烃源岩的要低得多，$-28‰ < \delta^{13}C_{\mp} \leqslant -26‰$ 腐殖–腐泥型干酪根占 58.33%，较栖霞组的高，且较 I 型干酪根所占比例高得多，$-26‰ < \delta^{13}C_{\mp} \leqslant -24‰$ 腐泥–腐殖型干酪根所占比例较低，为 12.50%，与栖霞组一样，没有腐殖型干酪根。

有机岩石学特征：中二叠统栖霞组—茅口组泥质岩烃源岩有机显微组分构成中，腐泥组+藻类组一般占 50% 左右，次生有机显微组分微粒体约占 12%，碳沥青含量一般小于

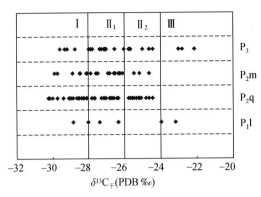

图4-33 二叠系各层段干酪根碳同位素分布

25%，普遍见源自陆生高等植物的有机显微组分——镜质组，其含量变化较大，但一般小于20%，惰性组含量一般较低。类型指数为9～79，有机质类型属混合型。栖霞组—茅口组碳酸盐岩烃源岩的有机显微组分组成特征与泥质岩类烃源岩完全不同，以腐泥组、藻类组为主，个别样品以次生有机显微组分碳沥青为主，缺乏来自陆生高等植物的有机显微组分（图4-34、图4-35）。类型指数大于80，有机质类型属腐泥型。这与据干酪根碳同位素对有机质类型的划分结果相吻合。

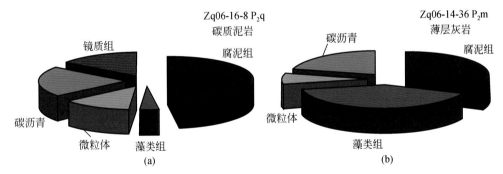

图4-34 栖霞组、茅口组典型样品有机显微组分组成特征

甾、萜烷组成特征：中二叠统栖霞组烃源岩 $\alpha\alpha\alpha$-20R-C_{27}、C_{28}、C_{29}规则甾烷分布可分为三类（图4-36），第一类为 $\alpha\alpha\alpha$-20R-C_{27}胆甾烷含量（平均值为39.20%）略高于 $\alpha\alpha\alpha$-20R-C_{29}谷甾烷（平均值为36.17%），$\alpha\alpha\alpha$-20R-C_{28}麦角甾烷含量（平均值为24.84%）最低的近对称"V"字型，其占样品数的20%；第二类为 $\alpha\alpha\alpha$-20R-C_{29}谷甾烷含量（平均值41.21%）略高于 $\alpha\alpha\alpha$-20R-C_{27}胆甾烷（平均值为35.45%），$\alpha\alpha\alpha$-20R-C_{28}麦角甾烷含量最低（平均值为23.34%）的近对称"V"字型，占样品数的65%；第三类为 $\alpha\alpha\alpha$-20R-C_{29}谷甾烷含量（平均值为39.67%）大于 $\alpha\alpha\alpha$-20R-C_{28}麦角甾烷（平均值为30.29%），$\alpha\alpha\alpha$-20R-C_{27}胆甾烷含量（平均值为30.04%）最低的"/"型，所占比例最低（15%），总体反映出有机质类型较好。

中二叠统茅口组烃源岩 $\alpha\alpha\alpha$-20R-C_{27}、C_{28}、C_{29}规则甾烷分布如图4-37所示，其与栖霞组烃源岩的基本相似，只是各种类型所占比例略有不同，第一类占18.18%，与栖霞组

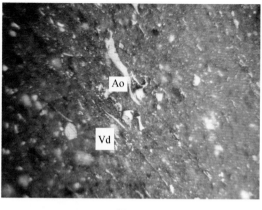

(a)　　　　　　　　　　　　　　　　(b)

图 4-35　栖霞组、茅口组烃源岩有机显微组分照片

（a）黄 1-10，P_2q，灰色泥晶灰岩（TOC 为 0.52%）局部密集富集的藻屑体（Ai），多已沥青化，光片，油浸，正交偏光；（b）黄 1-9，P_2m，灰色泥晶灰岩（TOC 为 0.43%）大致顺层分布的镜屑体（Vd），孔隙及裂隙间见碳沥青（Ao），光片，油浸，正交偏光

的相近，在 C_{27}、C_{28}、C_{29} 相对含量上与栖霞组的基本相近（平均值分别为 40.06%、24.09%、35.85%），生源组合特征基本相近。第二类占 69.67%，其可进一步分为两个亚类，一类胆甾烷与谷甾烷含量相当，呈近对称"V"字型分布，另一类谷甾烷含量明显较胆甾烷高，呈"反 L"型分布。

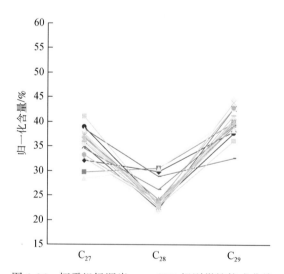

图 4-36　栖霞组烃源岩 $\alpha\alpha\alpha$-20R 规则甾烷构成曲线

中二叠统栖霞组烃源岩 $C_{27}/C_{28}+C_{29}$ 分布于 0.40~0.70，平均为 0.55，茅口组烃源岩分布于 0.33~0.72，平均为 0.52，明显较牛蹄塘组（0.63）的平均值低，反映其生源组合中低等水生生物较下古生界烃源岩低。

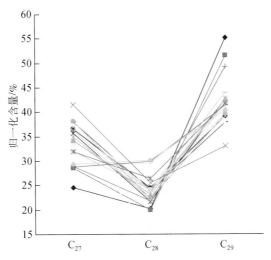

图 4-37 茅口组烃源岩 ααα-20R 规则甾烷构成曲线

3）有机质成熟度

四川盆地及邻区中二叠统栖霞组—茅口组烃源岩有机质热演化程度差异较大，（等效）镜质组反射率最小值为 0.70%（绵竹汉旺剖面），最大值达 3.60%（万县剖面）。在 47 个剖面点中，4 条剖面中二叠统烃源岩仍处于生油窗内，以生油为主，主要分布于川西前陆冲断带；13 条剖面中二叠统烃源岩处于高成熟演化阶段，以生凝析油和湿气为主，分布于大巴山冲断带、湘鄂西断褶带以及马边–隆昌–重庆一线及邻区；16 条剖面中二叠统烃源岩处于过成熟早期演化阶段，以生干气为主，分布于四川盆地主体；14 条剖面中二叠统烃源岩处于过成熟中晚期，主要分布于川西拗陷和川东及川北区（图 4-38、图 4-11）。

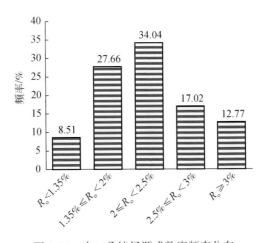

图 4-38 中二叠统烃源成熟度频率分布

2. 龙潭组/吴家坪组烃源岩

1）残余有机碳平面分布特征

四川盆地及邻区龙潭组烃源岩残余有机碳普遍大于2.0%，多属好的烃源岩。在川东北区的河坝1井-龙会4井-新场2井一带，烃源岩TOC普遍大于3.0%，最高可达5.42%；在川中-川东区TOC也大于3.0%，如浅3井平均有机碳为4.0%。残余有机碳等值线呈"哑铃"状，总体具中部高，向边缘降低的变化趋势（图4-13）。

2）有机质类型

干酪根碳同位素：上二叠统（样品以龙潭组为主，少量样品为长兴组和大隆组）沉积相变化较大，干酪根碳同位素变化范围较宽，分布于-22.2‰～-29.6‰（图4-33），其中$\delta^{13}C_{干}\leqslant-28‰$的腐泥型干酪根占17.24%，所占比例较低，但$-28‰<\delta^{13}C_{干}\leqslant-26‰$腐殖-腐泥型干酪根所占比例较高，为48.28%，较Ⅰ型干酪根所占比例高得多，$-26‰<\delta^{13}C_{干}\leqslant-24‰$腐泥-腐殖型干酪根占24.14%，腐殖型干酪根所占比例最低，为10.34%。

有机岩石学特征：上二叠统龙潭组/吴家坪组泥质烃源岩有机显微组分组成呈现两种组合面貌。道真剖面龙潭组硅质泥岩腐泥组占21.8%，藻类组占4.2%，次生有机显微组分微粒体+碳沥青占22.4%，源自陆生高等植物的镜质组所占比例最高，达48.5%，还见少量惰性组［图4-39（a）］；类型指数为20，有机质类型属腐泥-腐殖型（Ⅱ₂）；而黄金1井、新场2井上二叠统泥质岩有机显微组分组成中则以腐泥组+藻类组（腐泥组与藻类组呈互为消长关系）占绝对优势，其含量约占90%，甚或更高，碳沥青含量小于10%，而源自陆生高等植物有机显微组分不足1%［图4-39（b）］，因此，其类型指数大于80，有机质类型属腐泥型。生源组合的差异反映了其沉积环境存在显著的差异，反映沉积环境不仅控制了烃源岩的厚度、有机质丰度，而且还制约了烃源岩中有机显微组分构成特征，即还制约了生烃潜力。

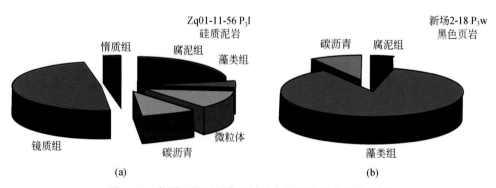

图4-39 龙潭组烃源岩典型样品有机显微组分组成比例

长兴组以储层沥青为主，灰岩孔隙全为沥青充填［图4-40（b）］。

芳烃分子指标和干酪根碳同位素及N、S元素组成表明，龙潭组烃源岩的有机质生源构成及沉积环境性质呈区域性变化。盆地南东部近海湖沼相含煤地层中，2，6-/2，10-

DMP 和 1，7-/1，9-DMP 值分别在 0.65 和 3.0 以上；4-/1-MDBT 值高于 15；干酪根 δ^{13}C 值大多大于-25‰，S/C、N/C 原子比值较低；指示有机质以陆源输入为主，且沉积环境呈氧化性，属Ⅲ型有机质。而北东部地区海湾潟湖相烃源岩中，2，6-/2，10-DMP 值低于 0.65；1，7-/1，9-DMP 值多数在 3.0 之下；4-/1-MDBT 值大多小于 5；干酪根 δ^{13}C 值在 -27‰左右，S/C、N/C 值相对较高；表征有机质生源中水生生物占优势，沉积于还原性（或弱氧化）环境，有机质类型以Ⅱ型（Ⅱ₁型）为主。川东渝东地区的这些地球化学参数接近于川东北地区，成烃母质类型主要为Ⅱ₂型（朱扬明等，2012）。上述结论与有机岩石学特征反映的生源组合特征相吻合。

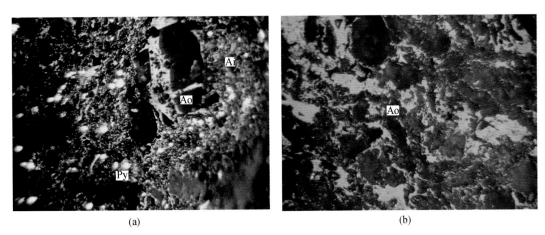

图 4-40　上二叠统烃源岩有机显微组分照片

（a）新场 2-18，P₃w，黑色页岩（TOC 为 5.42%）密集分布的藻屑体（Ai）及大量的黄铁矿（Py），偶见碳沥青（Ao），光片，油浸，单偏光；（b）新场 2-17，P₃ch，灰黑色灰岩（TOC 为 0.95%）灰岩孔隙几乎全为碳沥青（Ao）充填，显示储层特征，光片，油浸，单偏光

甾、萜烷组成特征：上二叠统烃源岩 ααα-20R-C₂₇、C₂₈、C₂₉ 规则甾烷分布同样可分为三类（图 4-41），第一类为 ααα-20R-C₂₇ 胆甾烷含量（平均值为 39.7%）略高于 ααα-20R-C₂₉ 谷甾烷（平均值为 37.27%），ααα-20R-C₂₈ 麦角甾烷含量（平均值为 23.02%）最低的近对称 "V" 字型，其占样品数的 11.11%，较中二叠统烃源岩略低。第二类与中二叠统茅口组烃源岩相近，也可分为近对称 "V" 字型和 "反 L" 型，ααα-20R-C₂₉ 谷甾烷含量平均为 46.09%，ααα-20R-C₂₇ 胆甾烷平均含量为 32.42%，ααα-20R-C₂₈ 麦角甾烷平均含量为 21.36%，占样品数的 71.43%。第三类为 "/" 型，占样品数的 21.43%，较中二叠统烃源岩的高。各类型曲线所占比例总体反映出上二叠统烃源岩母质类型与中二叠统茅口组的相近，而较中二叠统栖霞组烃源岩的略差。

3）有机质成熟度

四川盆地及邻区上二叠统烃源岩热演化程度较中二叠统略低，但其分布面貌大体相似（图 4-42）。其（等效）镜质组反射率分布于 0.60%～3.20%，处于生油窗内的比例略高，处于高成熟演化阶段的剖面占优势而呈主峰，过成熟演化早期阶段的剖面占相当比例，处于过成熟中晚期的剖面所占比例与前者大致相当，总体而言，处于过成熟阶段的剖面点占

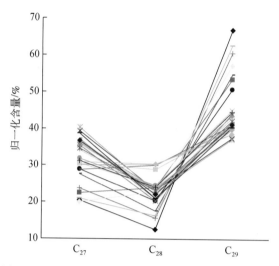

图 4-41　上二叠统烃源岩 ααα-20R 规则甾烷构成曲线

55%。从平面分布特征看，川西前陆冲断带处于低成熟–成熟演化阶段，米仓山–大巴山逆冲推覆构造带处于成熟–高成熟演化阶段，湘鄂区断褶带处于成熟–高成熟演化阶段，马边–隆昌–重庆一线及邻区高成熟分布区较栖霞组扩大，而镜质组反射率大于 3.0% 的分布范围明显较栖霞组的小（图 4-13）。

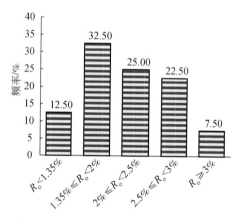

图 4-42　上二叠统烃源岩成熟度频率分布

4.2.3　陆相层系烃源岩

1. 须家河组烃源岩

1）残余有机碳平面分布特征

须三段烃源岩有机碳含量分布形态为北东向，川东北和川中地区及川西地区中南段有机碳含量较高，普遍大于 2.0%，其中，阆中–仪陇和中江、大邑地区有机碳含量均大于

3.0%。往北至剑阁-旺苍一线以北地区、往南至泸州-綦江地区有机碳含量逐渐减小至 1.00% ~ 1.25%（图 4-14）。

须五段烃源岩有机碳含量在乐山-永川-重庆以北地区普遍大于 2.0%，其中成都-中江-射洪地区、通江-平昌-渠县地区、万州和忠县地区有机碳含量在 3.0% 以上。往北至安县一带、往南至峨眉山-自贡-涪陵一线以南地区，有机碳含量逐渐减小至 1.0% ~ 1.5%。

2）有机质类型

干酪根碳同位素如图 4-43 所示。

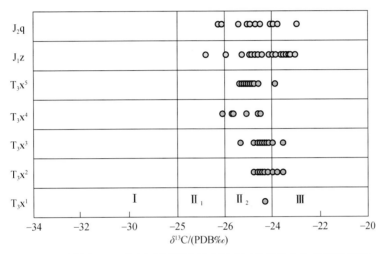

图 4-43　须家河组—侏罗系烃源岩干酪根碳同位素分布与有机质类型

川西地区须三段烃源岩 $\delta^{13}C$ 值为 -24.8‰ ~ -24.3‰，表现为腐泥-腐殖型（II₂）烃源岩特征。须五段烃源岩 $\delta^{13}C$ 值大多为 -25.3‰ ~ -23.9‰，表现出腐泥-腐殖型（II₂）和腐殖型（III）烃源岩特征。

川东北地区须三段烃源岩 $\delta^{13}C$ 值为 -24.8% ~ -24.0‰，须五段烃源岩 $\delta^{13}C$ 值为 -25.4‰ ~ -24.6‰，均表现为腐泥-腐殖型（II₂）烃源岩特征。

鄂西渝东地区，须家河组烃源岩干酪根 $\delta^{13}C$ 值为 -24.8‰ ~ -24.4‰，表现为腐泥-腐殖型（II₂）烃源岩特征。

3）有机岩石学特征

川西地区须家河组烃源岩显微组分以镜质组为主，其平均含量为 76.26%；惰性组次之，其平均含量为 22.01%；壳质组含量很低，其平均含量为 1.53%；腐泥组少见。类型指数 TI 均小于零，显示其有机质类型为腐殖型（III）。

川东北地区须家河组烃源岩显微组分以镜质组为主，其含量为 24.3% ~ 92.7%，平均值为 74.23%；惰性组次之，其含量为 6.8% ~ 75.7%，平均值为 24.51%；腐泥组含量为 0.3% ~ 7.2%，平均值为 1.75%；壳质组含量为 0.2% ~ 14.9%，平均值为 1.73%。类型指数 TI 为 -94 ~ -60。须家河组烃源岩的显微组分均表现为腐殖型（III 型）特征。

鄂西渝东地区干酪根类型指数为$-40.5 \sim 8.09$，属于腐殖型（Ⅲ）和腐泥-腐殖型（Ⅱ$_2$）烃源岩。

4）有机质成熟度

川西地区：须三段烃源岩在大邑1井、马深1井和川高561井区R_o平均值大于2%，达到过成熟演化阶段，在川江566井和川泉171井区，R_o为1.74% ~ 1.97%，处于高成熟演化阶段；须五段烃源岩R_o为1.02% ~ 1.68%，处于成熟-高成熟演化阶段（图4-14）。

川东北地区：须三段烃源岩R_o均大于1.44%，在元坝12井最高达到1.87%，须五段烃源岩R_o均大于1.34%，在元坝4井最高达到1.85%，总体处于高成熟演化阶段（图4-14）。

川东南地区：须家河组烃源岩镜质组反射率R_o为1.25% ~ 1.80%，大部分超过了1.3%，大部分已进入高成熟演化阶段。

鄂西渝东地区：鄂西渝东地区须家河组烃源岩R_o为0.99% ~ 1.22%，处于成熟演化阶段。

2. 中下侏罗统烃源岩

1）残余有机碳平面分布特征

川东北和川中地区下侏罗统烃源岩有机碳含量较高（图4-15），普遍大于1.2%，其中，仪陇-平昌、长寿地区有机碳含量大于2.0%。往盆地边缘有机碳含量逐渐降低，绵竹-彭州-金川以西、井研-安岳巴县以南的广大地区，有机碳含量逐渐降至0.5%以下。

2）有机质类型

（1）川西地区

下侏罗统自流井组烃源岩显微组分以镜质组为主，其平均含量为61.10%；惰性组次之，平均含量为35.39%；壳质组含量很低，平均含量为3.65%；无腐泥组。类型指数TI均小于零，显示有机质类型为腐殖型（Ⅲ型）。

饱和烃色谱分析表明，自流井组烃源岩饱和烃色谱为单前峰型，主峰碳碳数为17 ~ 19。姥鲛烷/植烷（Pr/Ph）为0.67 ~ 1.19，显示其沉积环境为强还原-还原环境。有机质类型为Ⅱ$_2$ ~ Ⅲ型。

饱和烃质量色谱分析表明（图4-44），自流井组烃源岩有机质中C_{27}规则甾烷的相对含量（据峰面积计算）为21.28% ~ 39.66%，C_{28}规则甾烷为23.37% ~ 31.5%，C_{29}规则甾烷为33.77% ~ 47.23%，表明烃源岩有机质的主要生物来源是高等植物，水生浮游生物也有一定的贡献。由图可见自流井组烃源岩有机质主要为Ⅱ$_2$ ~ Ⅲ型。

综合分析认为，川西地区侏罗系自流井组烃源岩有机质类型以腐殖型（Ⅲ）为主，兼有腐泥-腐殖型（Ⅱ$_2$）。

（2）川东北地区

干酪根碳同位素分析结果显示，自流井组烃源岩$\delta^{13}C$值为$-26.8‰ \sim -23.0‰$，表现为过渡型（Ⅱ）—腐殖型（Ⅲ）烃源岩特征。

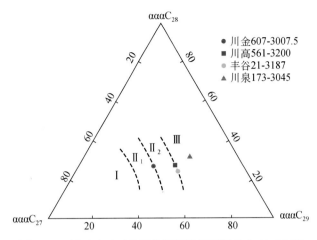

图 4-44　川西地区下侏罗统烃源岩规则甾烷分布三角图

显微组分分析表明，自流井组烃源岩以镜质组为主，其含量为 42.3% ~ 92.8%，平均值为 69.33%；惰性组次之，含量为 4.3% ~ 57.7%，平均值为 28.62%；腐泥组含量为 0.3% ~ 8.1%，平均值为 1.65%；壳质组含量为 0.2% ~ 11.2%，平均值为 1.71%。类型指数 TI 为 -89 ~ -64，均表现为腐殖型（Ⅲ）有机质特征。

综合分析认为，川东北地区自流井组烃源岩有机质类型主要为腐泥-腐殖型（Ⅱ$_2$），兼有腐殖-腐泥型（Ⅱ$_1$）和腐殖型。

3）有机质成熟度

川西大部分地区自流井组烃源岩 R_o 主要为 0.80% ~ 1.25%，处于成熟演化阶段；大邑-郫县地区演化成熟较高，R_o 主要为 1.20% ~ 1.5%，处于成熟—高成熟演化阶段。

川东北地区下侏罗统自流井组烃源岩 R_o 均大于 1.2%，在元坝 4 井最高达到 1.71%，平均值为 1.42%，主体处于高成熟阶段。

4.3　海相层系烃灶及其演化

4.3.1　关键参数选取

4.1 和 4.2 节阐述了四川盆地烃源岩纵横向分布及其有机地球化学特征，由于受盆地构造-沉积演化制约，不同烃源岩层系经历的埋藏史、热史差异显著，其生排烃过程、油气结构、运聚趋势均存在较大的差异，为了确定和评价主要地史时期烃灶的分布和优劣，本书借助 TSM 盆地模拟技术，它是以朱夏（1983）提出的盆地研究 TSM 系统工作程式为指导思想，强调"理论建模，实例校验，动态模拟"而建立的盆地数值模拟仿真系统。沉积盆地的热历史控制着盆地内烃源岩的热演化以及油气生成过程、赋存状态和分布规律，因此盆地热史的研究在油气成藏研究、资源预测及油气勘探实践中具有重要的地位。烃产率、排烃效率是烃灶优劣确定性模拟的关键参数。

1. 热史分析

目前用于沉积盆地热史的方法很多，归纳起来主要有两大类：一是古温标法，即利用各种古地温指标来模拟盆地的热流史，主要包括镜质组反射率、自生矿物、流体包裹体均一温度、磷灰石裂变径迹、伊利石和绿泥石结晶度等；此外，用于盆地地温研究的还有井中直接测温、有机地球化学参数［热解最大峰温（$T_{max}/℃$）、甾萜烷异构体比值参数、H/C 原子比等］及干酪根 X 射线衍射分析、激光诱导荧光分析、固体 ^{13}C 核磁共振分析等技术和方法。二是地球动力学法，其基本原理是通过对盆地形成和发展过程中岩石圈构造（伸展减薄、均衡调整、挠曲形变等）及相应热效应的模拟获得岩石圈的热演化（温度和热流的时空变化），对于不同成因类型的盆地，根据相应盆地的地质地球物理模型确定数学模型，在给定的初始和边界条件下，通过与实际观测的盆地构造沉降史拟合而确定盆地基底热流史，进而结合盆地的埋藏史恢复盆地内地层的热历史（刘金侠等，1994；肖贤明等，1998；胡圣标等，1998；程克明等，1999；施小斌等，2000；Ventura et al.，2000；周祖翼等，2001；邱楠生，2005；徐春华等，2005；陆克政，2006）。

如第 1 章所述，受构造-热体制的制约，四川盆地及周缘地区自晚震旦世以来，经历了晚震旦世—中奥陶世克拉通内拗陷与被动大陆边缘拗陷盆地、晚奥陶世—志留纪前陆盆地与克拉通内拗陷盆地、泥盆纪—石炭纪的周缘裂陷盆地与克拉通内拗陷、二叠纪—中三叠世陆内裂陷与拗陷盆地、晚三叠世—侏罗纪前陆盆地、白垩纪以来的前陆盆地（四川）和断拗型盆地（江汉平原覆盖区）等多期多类型盆地的并列与叠加改造（吉让寿等，1997；周小进、杨帆，2007、2008），盆地形成演化过程中构建了下寒武统、五峰组—龙马溪组、栖霞组—茅口组、龙潭组四套区域性优质烃源岩，下寒武统、下志留统、下三叠统和陆相泥质岩区域盖层以及中下寒武统和中下三叠统两套膏盐岩盖层，台地边缘礁滩型、裂缝型碳酸盐岩、古风化壳等五类重要储层，形成了上震旦统—下古生界、上古生界—中下三叠统和陆相领域三个超油气系统（马永生等，2002），为油气形成与富集奠定了优越条件。

对于四川盆地及周缘地区热史研究，前人运用不同的方法已开展过大量的研究（王韶华等，2002；杨怀辉、李忠惠，2004；郭彤楼等，2005；卢庆治等，2005、2007；袁玉松等，2006；张林等，2007；徐国盛等，2007；秦建中等，2008、2009a、2009b），但往往仅局限于单剖面热演化史分析，少见从横向上探讨不同地史时期热场分布及其主控因素，然而研究区古生代不同地史时期盆地原型结构及分布不同，中新生代构造作用方式及强度横向变化大，地温场必然在横向上存在较大的差异，如研究区早寒武世呈现为克拉通内拗陷盆地与南、北被动大陆边缘拗陷盆地并列格局，晚古生代二叠纪为陆内裂陷与拗陷盆地的并列与叠加等。因此，本节旨在探讨四川盆地及周缘地区主要地史时期热场横向分布及其演化，为生烃史研究及烃灶的确定提供基础参数。

为研究热场分布与演化，作者先后在区内建立了系统的 R_o-H 热演化剖面 16 条（表 4-7）。同时收集整理多口钻井热演化史分析资料。在热演化史剖面中，由于下古生界缺乏镜质组，以沥青等效镜质组反射率作为有机质成熟度指标，其与镜质组的换算公式据丰国秀和陈盛吉（1988）的经验公式：$R_o = 0.3364 + 0.6569R_b$。

表 4-7　四川盆地及周缘地区热演化剖面基本情况表

剖面名称	R_o 样品数	控制地层	剖面名称	R_o 样品数	控制地层
通山剖面	77	J_1—Z_2	沿河剖面	54	T_{1-2}—$\in_1$
京山剖面	20	T_1—Z_2	道真剖面	47	J_1—Z_2
长阳剖面	87	T_3x—Z_2	金沙剖面	48	J_2—Z_2
石门剖面	40	J_1—Z_2	河坝 1 井	33	T_3x—S_2
马武剖面	20	J_1—$\in_1$ sp	川岳 83 井	29	J_2s—T_1f
诺水河剖面	39	J_1—Z_2	新场 2 井	21	J_1zl—C_2
龙马剖面	26	T_1—$\in_2$	黄金 1 井	13	T_3x—S_3
咸丰剖面	86	J_1—$\in_1$	丁山 1 井	27	P_3l—Z_2

在上述热演化剖面建立的基础上，采用三种方法求取古地温梯度，一是借助于"沉积盆地热史恢复模拟系统"（Thermodel for Windows）中的热史 R_o 反演模块，其基本原理是假定镜质组反射率（R_o）主要受控于地层的埋藏史和地温梯度，当埋藏史确定后 R_o 就唯一取决于地温梯度。如果仅考虑盆地的热传导这种热源，地温梯度只与盆地的热流密度和沉积物的热导率有关；如果又已知了沉积物热导率，就可以求取热流密度和古地温梯度。因此，可以根据古热流模型、古地温模型和 R_o 模型等一系列理论模型，利用实测的 R_o 数据作为约束条件反演求取盆地热流密度，然后结合埋藏史和热导率资料，通过正演获得盆地的古地温史。二是采用肖贤明等（1998）提出的镜质组反射率梯度法，其以 Arrhenius 方程为理论基础，应用 Karweil 图解法，对不同古地温梯度条件下有机质热成熟作用进行了模拟计算，并提供了利用 R_o-ΔR_o 模板确定古地温梯度的方法。三是采用最高古地温法，Barker 和 Pawlewicz（1986）认为在地热作用下，镜质组反射率的变化在 1000 ~ 10000 年之内就可实现，而地质年龄以百万年计，因此，镜质组反射率主要取决于最高古地温，其相关模型为：$T_{max} = 104\ln R_o + 148$，通过该模型的换算，结合样品埋藏深度，就可大致求出不同层段的古地温梯度。

本节旨在探讨研究区主要地史时期热场横向分布特征，因此，应用上述方法求取平均古温梯度的过程就不再赘述。根据各剖面 R_o-H 特点，分别求取了早古生代—晚古生代早期、晚古生代晚期—中三叠世、晚三叠世—侏罗纪平均地温梯度，其平面分布如图 4-45 ~ 图 4-47 所示。

由图 4-45 可见，中上扬子区北缘（武汉-襄樊、城口断裂一线以北）早古生代—晚古生代早期地温梯度相对最高，大于 3.0℃/100m，中上扬子稳定克拉通地台内地温梯度分布于 2.6 ~ 2.8℃/100m，鄂西渝东区局部地区相对较高（地温梯度 2.8 ~ 3.0℃/100m），而中上扬子区南缘古蔺-桐梓-务川-黔江-宣恩-宜昌-潜江-咸宁一线以南地区地温梯度小于 2.4℃/100m。

晚古生代—中三叠世地温梯度的分布较早古生代发生了较大变化，中上扬子区北缘高热场向南推进，在鄂西渝东区表现最为显著，而且地温梯度较早古生代更高，分布于 3.0 ~ 3.5℃/100m，最高可达 3.83℃/100m；上扬子克拉通内地温梯度变化不大，分布于

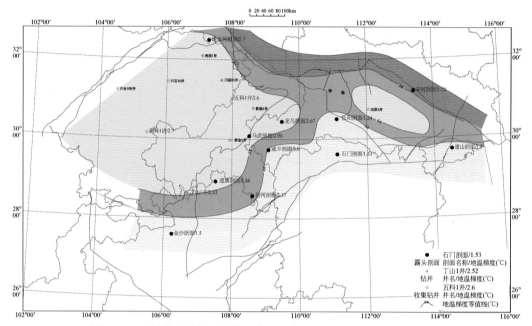

图 4-45　四川盆地及邻区早古生代—晚古生代早期地温梯度等值线图

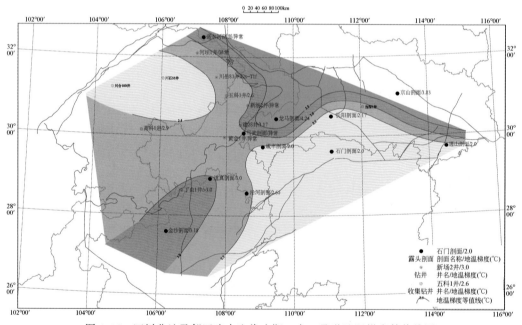

图 4-46　四川盆地及邻区晚古生代晚期—中三叠世地温梯度等值线图

2.5～3.0℃/100m；中扬子南缘保持低地温场特点；在道真-金沙一线出现相对较高的古地温梯度分布区，地温梯度大于3.0℃/100m。

晚三叠世—侏罗纪中上扬子区地温梯度呈南、北、西周缘高，中部低的展布特点，周

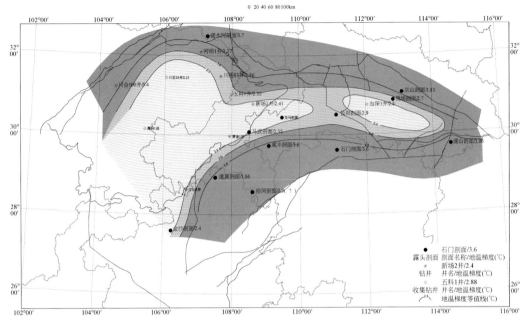

图 4-47 四川盆地及邻区晚三叠世—侏罗纪地温梯度等值线图

缘地区地温梯度大于 3.5℃/100m，最高可达 5.4℃/100m（川合 100 井），并向盆地内逐渐降低至小于 2.5℃/100m，如川石 55 井地温梯度仅为 2.23℃/100m，当深 3 井地温梯度为 2.5℃/100m。

1）早古生代—晚古生代早期稳定克拉通具低热流特点

早古生代—晚古生代早期，中上扬子区主体为稳定的克拉通盆地（被动大陆边缘拗陷盆地、克拉通内拗陷的并列与叠加），具有太古宙—早元古代的结晶基底和中元古代的褶皱基底。从晚震旦世灯影期—中奥陶世统一的碳酸盐岩台地→晚奥陶世—志留纪浅海台地-陆棚碳酸盐岩-碎屑岩沉积→泥盆纪—石炭纪的克拉通内拗陷沉积，该时期中上扬子克拉通内构造相对稳定，既没有造山运动，也没有明显的火山活动（加里东运动主要铸就的是整体隆升剥蚀，隆拗相间格局），因此，在这样的构造环境下，中上扬子地区主体在早古生代—晚古生代早期均表现为较低的大地热流背景（低的地温梯度）。

在总体低热流背景中（地温梯度分布于 2.5~3.0℃/100m），向洋一侧，由于陆壳向洋壳过渡，以及可能受海底火山活动影响，热流值较高，如宋河横山剖面，地温梯度达 3.11℃/100m。但如图 4-45 所示，中上扬子南部被动大陆边缘内带古热流最低，地温梯度分布于 1.5~2.5℃/100m，与扬子克拉通向北部被动大陆边缘地温梯度增高趋势相反，一方面是因为燕山期热液流体的平流作用与热对流作用使反射率发生了异常跃变（刘树根等，2008；刘光祥等，2010），古地温梯度的求取用古温标法难以获取，咸丰剖面 R_o-H 曲线反映了这一点（图 4-48）；另一方面是中上扬子区主体属稳定克拉通，而南、北两侧盆地原型叠加样式不一，北缘早古生代持续处于被动大陆边缘环境，泥盆纪—石炭纪为构造活动带，因此具较高的地温梯度；而南缘除晚震旦世—中奥陶世为被动大陆边缘环境（且距南部裂离拉张带较远）外，晚奥陶世—志留纪为前陆盆地的前陆隆起和隆后沉积带，泥盆纪—石炭纪为隆起剥蚀区或克拉通内浅拗，因此总体呈现为低的地温梯度。

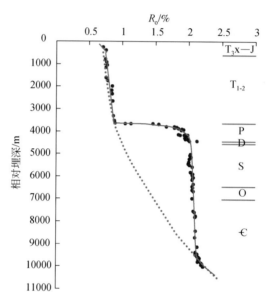

图 4-48　咸丰–龙山剖面（等效）镜质组反射率与深度关系图

2）晚古生代裂离–拉张造就局部热流升高

中二叠世晚期导源于西部特提斯的拉张作用，中上扬子地块经受区域性拉张作用，形成了近东西向展布的广元–武汉断陷以及近南北向展布的川东断陷和遵义断陷，它们的发育不仅控制了二叠系烃源岩的分布，而且导致早古生代—晚古生代早期统一的低热场被打破，断陷带内热流值开始升高，至晚二叠世初达最高古热流。与早古生代相比，断陷带及邻区平均地温梯度高，一般大于 $3℃/100m$，而碳酸盐岩台地则变化不大。

3）印支期—早燕山期逆冲推覆带与基底拆离–盖层滑脱带热流普遍升高

印支运动作为影响中国南方最大的一次构造运动，它结束了该区海相历史并使其进入滨太平洋构造发展阶段。印支运动造成了包括雪峰–江南隆起在内的华南地区强烈的褶皱和广泛的岩浆活动及变质作用，中三叠统几乎被剥蚀殆尽；而在中上扬子地区，印支运动主要表现为隆升运动，形成一些大的北东向隆起（如泸州–开江古隆起）和拗陷，上三叠统平行或微角度不整合于中下三叠统不同层位上。

晚印支期—早燕山期（T_3—J_2），由于华南板块向华北板块的俯冲和龙门山断裂的陆内逆冲推覆，在中上扬子区形成了如江汉和川西等一系列不同成因类型的前陆盆地，成为海相层之上叠加的第一套陆相层系。

研究区北缘前陆冲断带因构造活动强烈，保持二叠纪高热流背景，并具向前陆盆地内逐渐降低的变化趋势，崇阳–通山冲断带、雪峰山基底拆离构造带及其前缘的盖层滑脱变形带普遍具高的热流值，平均地温梯度均在 3.5℃/100m 以上，大致以齐岳山断裂为界，西部的前陆盆地保持低热流值，江汉前渊带也呈现为低热场分布面貌，平均地温梯度小于 2.5℃/100m。这与库车前陆盆地地温梯度分布特征相似（王良书等，2003）。

之后经历了中晚燕山期—早喜马拉雅期构造体制转换造就的热场东高西低的演变以及晚喜马拉雅期的整体隆升降温形成现今地温场分布面貌（袁玉松等，2006）。

上述研究表明，热史演化和区域构造、盆地热体制及热构造事件具有明显的时间对应关系。

2. 生排烃产率及其他参数

要追溯主要地史时期烃灶的分布及其性质，除要深入分析前述烃源岩基本特征、热场分布与演化外，不同类型干酪根、不同岩性、不同演化程度的烃源岩生排烃效率也大相径庭，生排烃率模板的确定也至关重要。

本次模拟的对象为四川盆地下组合下寒武统牛蹄塘组，上奥陶统五峰组—下志留统龙马溪组，中二叠统栖霞组—茅口组，上二叠统龙潭组/吴家坪组和陆相层系的须家河组（须三段、须五段）及下侏罗统自流井组六套烃源岩。根据对盆地构造-沉积演化的认识，依据钻井、露头及地震资料，编制了上述六套烃源岩的厚度图，有机碳含量等值线图、现今 R_o 等值线图等各类烃源岩基础图件，以及上覆地层等厚图。此外根据不同期次构造运动剥蚀量的恢复，还编制了四川盆地加里东期（志留末）、海西期（中二叠世末）、印支期（中三叠世末）及燕山期的剥蚀量厚度图。模拟范围大致以现今盆地边界为准适当外延。根据上述图件，在 TSM 系统中构建了模拟对象的地质实体。

埋藏史恢复中地层去压实校正简化为砂岩、泥岩、碳酸盐岩三种岩性，其孔隙度-深度关系为

砂岩：$\varPhi = 0.46 \times \text{EXP}\ (-0.389 \times 0.001 \times h)$

泥岩：$\varPhi = 0.62 \times \text{EXP}\ (-0.61 \times 0.001 \times h)$

认为碳酸盐岩成岩后压缩率极低，模拟中不予考虑。

海相层系烃源岩烃产率和排烃率参数根据秦建中等（2013）研究成果（图 4-49）。其中牛蹄塘组烃源岩采用腐泥型硅质岩曲线，五峰组—龙马溪组烃源岩采用腐泥型钙质页岩曲线，栖霞组—茅口组烃源岩采用腐殖-腐泥型灰岩曲线，龙潭组烃源岩采用腐殖-腐泥型黏土岩曲线。陆相层系烃源岩烃产率采用模拟实验结果（图 4-50）。

4.3.2　主要地史时期烃灶的分布

1. 加里东期烃灶的分布

志留纪末，下寒武统烃源岩底面埋深分布于 500～4000m（剥蚀后），成熟度分布于 0.8%～1.0%，呈东高西低的分布特征，以生油为主，生油强度分布于 $0.1 \times 10^6 \sim 30 \times 10^6 \text{t/km}^2$，排烃效率较高，约 60%，排油强度分布于 $0.1 \times 10^6 \sim 18 \times 10^6 \text{t/km}^2$，且多大于 $1 \times 10^6 \text{t/km}^2$，主要分布于资阳-宜宾-赤水一带（排油强度为 $0.1 \times 10^6 \sim 1.0 \times 10^6 \text{t/km}^2$）、

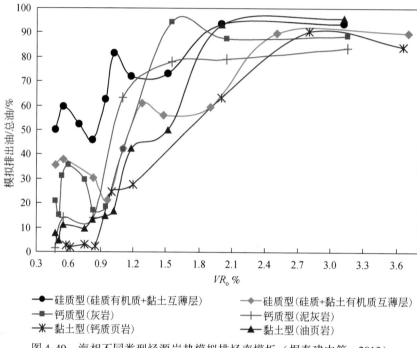

图 4-49　海相不同类型烃源岩热模拟排烃率模板（据秦建中等，2013）

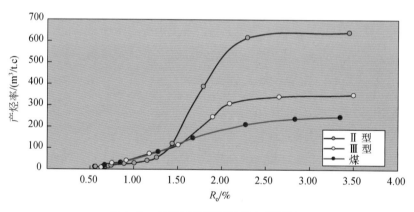

图 4-50　须家河组烃源岩烃产率模板

盆地东缘的秀山-利川一带（排油强度为 $0.5×10^6 \sim 6.0×10^6\ t/km^2$）和川东北盆缘一带（排油强度为 $0.1×10^6 \sim 1.0×10^6\ t/km^2$）（图 4-51），川中地区、川西地区排烃强度小于 $0.1×10^6 t/km^2$，无供油能力。受古构造控制，资阳-宜宾烃灶生成油气主要向乐山-龙女寺古隆起、川西南鼻凸、黔中古隆起北斜坡运聚；川东烃灶生成油气主要向黔中古隆起，其次向川东斜坡运聚；川东北烃灶生成油气主要向汉中-神农架古隆起运聚，少量向乐山-龙女寺古隆起北斜坡运聚（图 4-52）。

　　受志留纪末期隆升剥蚀影响，志留系在乐山-龙女寺古隆起上缺失，五峰组—龙马溪组烃源岩主要分布于古隆起边缘的拗陷区，埋深 0～2000m，烃源岩成熟度变化不大，约

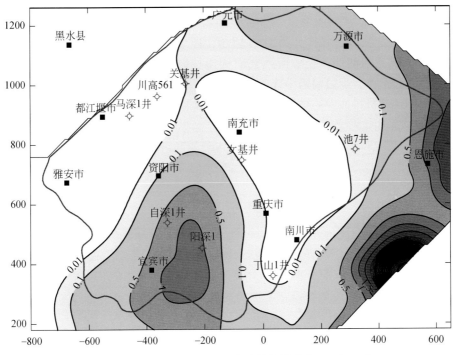

图 4-51　加里东期（S 末）下寒武统烃灶分布（$10^6 t/km^2$）

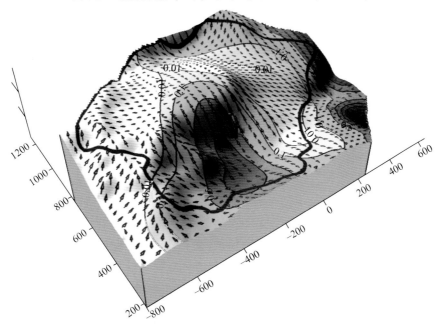

图 4-52　加里东期（S 末）下寒武统烃灶与底面构造匹配及油气运移趋势

为 0.7%，处于低成熟演化阶段，以生油为主；尽管成熟度较低，但烃源岩厚度较大，母质类型好，生油强度分布于 $0.1×10^6 \sim 5.4×10^6 t/km^2$，具四个生油中心，一是位于宜宾一带，最大生油强度近 $3×10^6 t/km^2$，二是位于古蔺县一带，最大生油强度约为 $2.5×10^6 t/km^2$，三是位于石柱-彭水一带，最大生油强度为 $4.5×10^6 t/km^2$，四是位于云阳-城口一带，最大生油强度为 $5.4×10^6 t/km^2$。然而受岩性和成熟度控制，烃源岩排油效率较低，仅约 12%，因此其供油能力低，其排油强度如图 4-53 所示，四个生烃中心排油强度分布于 $0.1×10^6$ ~ $0.3×10^6 t/km^2$，属差的油灶。受志留系底面构造控制，宜宾生烃中心排出油气主要向乐山-龙女寺古隆起运移，少量向黔中隆起北斜坡运移；川东南古蔺排油中心与黔中隆起北坡相叠合，云阳-城口排油中心与汉中-神农架古隆起相叠合，渝东区石柱-彭水排油中心生成油气主要向乐山-龙女寺古隆起东斜坡运移，次为湘鄂西区（图 4-54）。

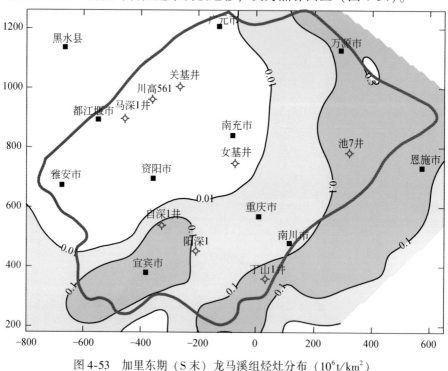

图 4-53　加里东期（S 末）龙马溪组烃灶分布（$10^6 t/km^2$）

2. 海西期烃灶的分布

二叠纪末，牛蹄塘组/筇竹寺组烃源岩埋深差异较大，在乐山-龙女寺古隆起埋深相对较小，分布于 1000 ~ 1500m，在川南（>4000m）、渝东（>6000m）、川东北（>3000m）存在三个埋深较大的地区；同时由于构造体制的转换，在边缘断陷和陆内断陷及毗邻区地温场升高，造就了烃源岩热演化程度差异较大，在川南区主体处于高成熟演化阶段，局部达过成熟演化阶段，主体以生凝析油、湿气为主，四川盆地内广大地区处于生油高峰期，成熟度分布于 1.0% ~ 1.2%，渝东深埋区处于高成熟演化阶段，以生凝析油、湿气为主。受加里东期隆升泄压及排烃，下寒武统烃源岩在此阶段的生烃强度分布与前期相似，存在三个生烃中心，资阳-宜宾-赤水生烃中心生烃强度分布于 $1.0×10^6$ ~ $5.8×10^6 t/km^2$，彭水-秀山生烃中心生烃强度最高达 $13.0×10^6 t/km^2$，川东北生烃中心生烃强度分布于 $1.0×10^6$ ~ $4.5×10^6 t/km^2$。烃源岩演化程度高，排烃效率高，可达 80% 左右，此期排烃强度分布如图 4-55 所示，资阳-宜宾-赤水生烃中心排烃强度分布于 $0.5×10^6$ ~ $3.0×10^6 t/km^2$，属优质

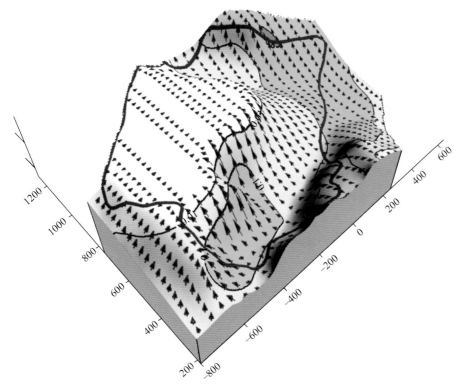

图 4-54　加里东期（S 末）龙马溪组烃灶与底面构造匹配及油气运移趋势

烃灶，秀山生烃中心排烃强度为 $0.5 \times 10^6 \sim 4.0 \times 10^6 t/km^2$，供烃能力最强，川东北区供烃中心位于建始–城口东侧，排烃强度为 $0.5 \times 10^6 \sim 1.0 \times 10^6 t/km^2$。海西末期构造格局与加里东晚期基本相似，油气运聚格架与加里东晚期基本相似，即资阳–宜宾–赤水烃源灶生成油气主要向乐山–龙女寺古隆起、川西南鼻凸、黔中古隆起运聚；川东烃源灶生成油气主要向黔中古隆起，其次向乐山–龙女寺古隆起东斜坡运聚；川东北烃源灶生成油气主要向汉中–神农架古隆起运聚，少量向乐山–龙女寺古隆起北斜坡运聚（图 4-56）。

　　二叠纪末期，五峰组—龙马溪组烃源岩在乐山–龙女寺古隆起埋深小于 1000m，在川南拗陷区埋深大于 2000m，渝东区埋深大于 2000m，川东北区埋深为 $1500 \sim 2000m$。受古热流及埋深控制，烃源岩在川南–宜宾一带成熟度最高，普遍处于生油高峰期，成熟度 (R_o) 分布于 $0.9\% \sim 1.1\%$，川东北东部及渝东区成熟度大于 0.9%，其他地区烃源岩演化程度差异不大，分布于 $0.8\% \sim 0.9\%$，以生油为主。生烃强度在宜宾生烃中心为 $1 \times 10^6 \sim 3.5 \times 10^6 t/km^2$，古蔺生烃中心生烃强度分布于 $1 \times 10^6 \sim 3 \times 10^6 t/km^2$，石柱–彭水生烃中心生烃强度 $1 \times 10^6 \sim 5.5 \times 10^6 t/km^2$，云阳–城口生烃中心生烃强度最大，最高达 $6 \times 10^6 t/km^2$。据秦建中研究模板，排烃效率为 $15\% \sim 40\%$，排烃强度如图 4-57 所示，宜宾、云阳–城口生烃中心排烃强度最大，为 $0.5 \times 10^6 \sim 1.0 \times 10^6 t/km^2$，其次为石柱–彭水生烃中心，排烃强度大于 $0.5 \times 10^6 t/km^2$，古蔺生烃中心最小，仅为 $0.3 \times 10^6 t/km^2$。东吴运动剥蚀量较小，而二叠系厚度横向变化不大，因此，二叠纪末志留系底面构造格局较志留纪末期变化不大（图 4-58），宜宾生烃中心排出油气主要向乐山–龙女寺古隆起运移，少量向黔中隆起北斜

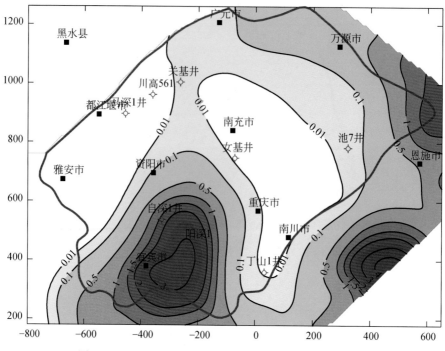

图 4-55 海西期（P 末）下寒武统烃灶分布（10^6t/km^2）

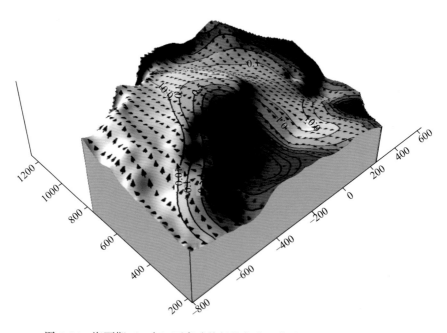

图 4-56 海西期（P 末）下寒武统烃灶与底面构造匹配及油气运移趋势

坡动聚，古蔺生烃中心与黔中隆起北斜坡相叠合，油气主要向南运移，石柱–彭水生烃中心排出油气除向乐山–龙女寺古隆起东斜坡和汉中–神农架古隆起运聚外，另一主要运移方

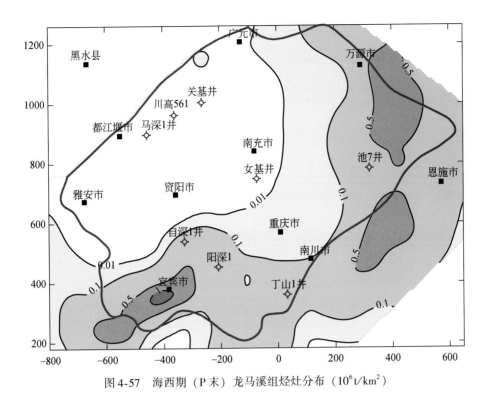

图 4-57　海西期（P 末）龙马溪组烃灶分布（10^6 t/km²）

向是湘鄂西区和黔中古隆起。

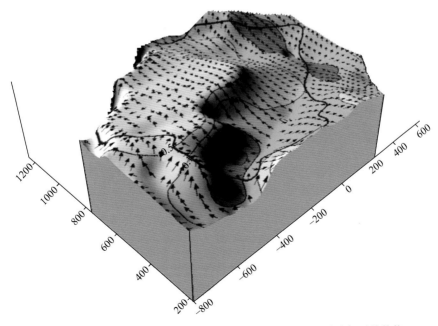

图 4-58　海西期（P 末）龙马溪组烃灶与底面构造匹配及油气运移趋势

二叠纪末，栖霞组底面埋深 600～1000m，龙潭组底面埋深 200～600m，尽管构造背景属陆内裂陷-坳陷盆地，古热流达最高值，但由于埋藏过浅，有机质多处于未成熟演化阶段，仅鄂西渝东区局部小范围进入生烃门限（$R_o < 0.6\%$），生烃量有限，未能形成有效烃源灶。

3. 印支期烃灶的分布

1）早印支期烃源灶分布

随着中下三叠统沉积盖层的叠加，至中三叠世末，牛蹄塘组底面埋深在乐山-龙女寺古隆起分布于 2000～3000m，在川南坳陷分布于 4000～4600m，川东北坳陷分布于 5000～7000m。受埋深及热场分布控制，烃源岩成熟度在乐山-龙女寺古隆起处于高成熟阶段（R_o 为 1.3%～1.8%），以生凝析油、湿气为主；川南区最高，普遍达过成熟阶段（R_o 为 2.0%～3.6%），以生干气为主；川西坳陷北段烃源岩不发育，但演化程度相对较高，达高-过成熟阶段；川东泸州-开江古隆起演化程度较低，处于高成熟早期，向两侧逐渐增大，向东达过成熟早期演化阶段；川东北演化程度最低，处于生油高峰晚期。尽管寒武系烃源岩经历了加里东期、海西期隆升泄压与排烃，烃源岩中干酪根及其滞留烃在此阶段生烃强度不如前两个阶段，但烃源岩厚度大，母质类型好，生烃强度仍较大，在川东南区生烃强度为 1×10^8～$15 \times 10^8 m^3/km^2$（生气为主），彭水-秀山生烃中心生烃强度 1×10^8～$25 \times 10^8 m^3/km^2$（油气兼生），川东北区以生油为主，生油强度为 0.1×10^6～$0.5 \times 10^6 t/km^2$。排烃效率在川东南区最高，达 95%，湘鄂西区局部达 95%，多为 80%，川东北相对最低，排烃强度如图 4-59 所示。受古构造控制，川南烃灶排出天然气主要向乐山-龙女寺古隆起

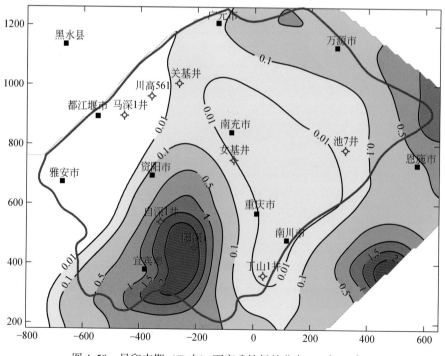

图 4-59 早印支期（T_2 末）下寒武统烃灶分布（$10^6 t/km^2$）

运移，其次向黔中隆起北斜坡运聚；渝东区排出油气部分向泸州–开江古隆起、部分向汉中–神农架继承性古隆起运移（图4-60）。

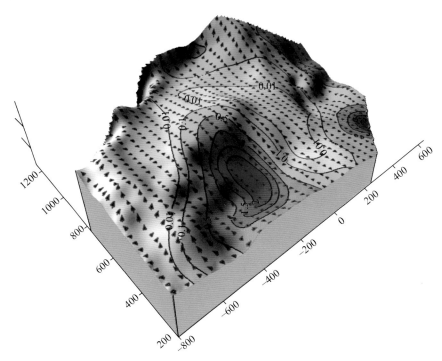

图 4-60 早印支期（T_2末）下寒武统烃灶与底面构造匹配及油气运移趋势

此期志留系底面埋深格局与二叠纪末基本相似，乐山–龙女寺古隆起埋深最小（<2000m），向其周缘埋深逐渐加大，川南拗陷区为 2500～3000m，川东北拗陷区略大，分布于 3000m 至近 4000m。有机质演化程度在川南区最高，成熟度分布于 1.3%～1.8%，以生凝析油和湿气为主，其他地区分布于 1.0%～1.3%，处于生油高峰期。宜宾生烃中心生烃强度分布于 0.5×10^6～3.4×10^6t/km^2，古蔺生烃中心生烃强度分布于 0.5×10^6～2.3×10^6t/km^2，石柱–彭水生烃中心生烃强度分布于 0.5×10^6～4.8×10^6t/km^2，川东北云阳–城口一带最高，最高达 5.3×10^6t/km^2。此期排烃效率为 30%～60%，受其控制，龙马溪组烃源岩形成两个有效供烃中心（图4-61），一是宜宾供烃中心，排烃强度为 0.5×10^6～1.5×10^6t/km^2，二是石柱–云阳供烃中心，排烃强度分布于 0.5×10^6～1.9×10^6t/km^2。从志留系底面埋深看，宜宾供烃中心油气主要向乐山–龙女寺古隆起和川西南鼻凸运聚，其次是向黔中隆起北斜坡运移，石柱–云阳供烃中心油气主要向泸州–开江古隆起和汉中–神农架继承性古隆起运移，部分向湘鄂西区运聚（图4-62）。

中三叠世末栖霞组底面埋深具两个埋藏中心，一是位于川中的阆中–南部一带，埋深 3000～3100m，二是位于渝东区的石柱–奉节一带，石柱一带，埋深 2800～3000m，奉节一带埋深最大，最深达 3500m。受埋深和热场分布控制，烃源岩成熟度分布于 0.5%～0.7%，处于低成熟演化阶段，以生油为主。从成熟度横向变化特征看，泸州–开江古隆起演化程度最低，其与埋深基本相对应。由于烃源岩演化程度较低，而且栖霞组—茅口组烃

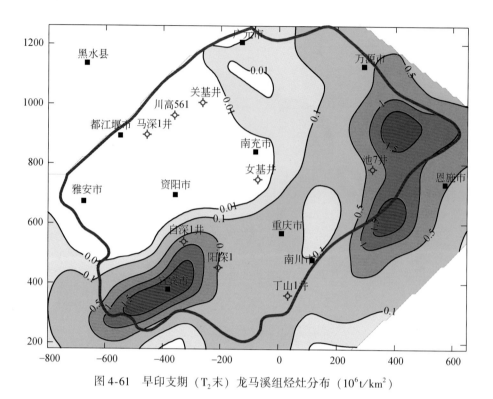

图 4-61 早印支期（T₂末）龙马溪组烃灶分布（10^6 t/km²）

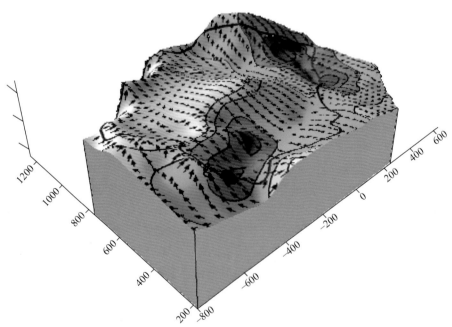

图 4-62 早印支期（T₂末）龙马溪组烃灶与底面构造匹配及油气运移趋势

源岩有机质丰度也较低，导致烃源岩生烃强度较低，在四川盆地大部分地区生油强度分布于 $0.1 \times 10^6 \sim 0.5 \times 10^6$ t/km²，仅渝东–鄂西地区生烃强度分布于 $0.5 \times 10^6 \sim 1.0 \times 10^6$ t/km²。

碳酸盐岩烃源岩在此演化阶段排油效率仅为 20%～30%，排油强度在四川盆地大部分地区分布于 0.01×10^6～0.1×10^6 t/km²，未能形成有效烃源灶，仅在渝东–鄂西区排烃强度较高，分布于 0.1×10^6～0.4×10^6 t/km²，形成较差的油灶。受栖霞组底面构造控制，渝东–鄂西区源灶排出油气主要向湘鄂西区运移和泸州–开江古隆起运聚。

中三叠世末，龙潭组烃源岩埋深较浅，埋藏格局与栖霞组—茅口组烃源岩相似，仅埋深略浅，在阆中–南部一带埋深 2500～2700m，在石柱一带埋深 2400～2600m，奉节一带最大埋深近 3200m，其他地区埋深多分布于 900～2000m。烃源岩演化程度相对较低，且横向变化不大，成熟度 R_o 分布于 0.5%～0.65%，处于低成熟演化阶段，以生油为主。尽管成熟度较低，但该套烃源岩厚度大、有机质丰度高，生烃强度较栖霞组要高得多，四川盆地及邻区生烃强度大于 0.1×10^6 t/km²，呈现两大生油中心，一是川北生油中心，生油强度分布于 0.5×10^6～1.3×10^6 t/km²，且大于 1.0×10^6 t/km² 的分布面积较大；二是川南生油中心，生油强度分布于 0.5×10^6～1.2×10^6 t/km²，但大于 1.0×10^6 t/km² 的分布面积较小，主要分布在川东南地区。由于黏土质烃源岩在低成熟演化阶段排烃效率较低，不到生油量的 10%，因此其排烃强度较低，普遍小于 0.1×10^6 t/km²，多未能形成有效烃源灶，仅在川东北和川东南小范围内排烃强度大于 0.1×10^6 t/km²，形成有效供烃区。从油气运移趋势分析，川东北供烃区油气主要向开江古隆起和大巴山继承性古隆起运移；而川东南供烃中心油气主要向川泸州古隆起运聚。

2）晚印支期烃源灶分布

晚印支期（晚三叠世）前陆盆地的叠加，下寒武统烃源岩埋藏格局发生了较大变化，呈现出北西、北东、东、南埋深较大（>5000m），中部及其西南埋藏较浅的面貌；烃源岩演化程度在宜宾烃源岩发育带最高（R_o 最高达 3.5%），普遍达过成熟演化阶段，湘鄂西区烃源岩也普遍达过成熟演化阶段，以生气为主，川东北烃源岩发育区演化程度相对较低，处于高成熟演化阶段，以生凝析油、湿气为主。由于加里东期、海西期、早印支期的生排烃作用，烃源岩中干酪根及其滞留烃生烃能力明显减弱，资阳–宜宾烃源岩发育中心此期生烃强度分布于 0.1×10^6～0.6×10^6 t/km²，彭水–秀山烃源岩发育中心生烃强度相对较高，分布于 0.1×10^6～2.0×10^6 t/km²，川东北烃源岩发育中心生烃强度分布于 0.1×10^6～1.0×10^6 t/km²。烃源岩演化程度较高，排烃效率可达 95%，生烃强度与排烃强度大致相当（图4-63）。从寒武系底面埋深看，资阳–宜宾排烃中心油气主要向黔中隆起北斜坡运聚，其次是向川中隆起和川西南鼻凸运移，彭水–秀山生烃中心排出油气主要向黔中隆起运移，少量向泸州–开江古隆起运移，川东北烃源岩排烃中心与继承性台缘隆起相叠合，具就近捕获的优势（图4-64）。

至晚三叠世末，五峰组—龙马溪组烃源岩埋藏格局与下寒武统烃源岩相似，仅埋深变浅，川南区埋深大于 3500m，川东及川东北区最大埋深大于 4500m。受热场分布及埋深控制，烃源岩演化程度差异较大，在宜宾烃源岩发育区成熟度最高，普遍达高成熟演化阶段，局部达过成熟演化阶段，古蔺烃源岩发育区处于生油高峰晚期（R_o 为 1.0%～1.3%），石柱–彭水烃源岩发育区处于高成熟演化阶段（R_o 为 1.3%～1.7%），川东北云阳–城口烃源岩发育区处于生油高峰晚期。由于晚印支期前陆盆地主要分布于川西地区，

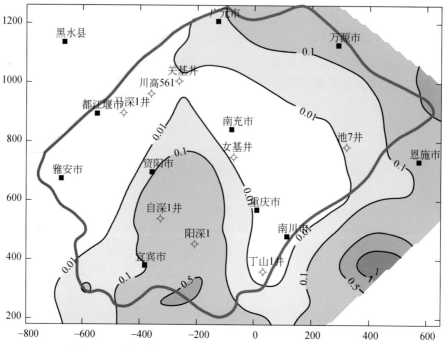

图 4-63　晚印支期（T₃末）下寒武统烃灶分布（10^6 t/km²）

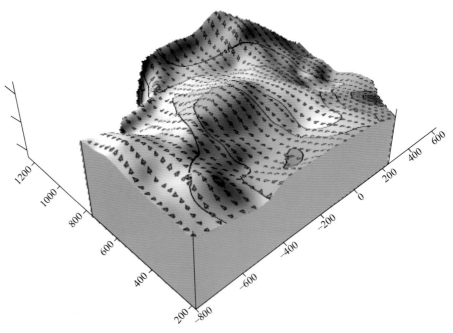

图 4-64　晚印支期（T₃末）下寒武统烃灶与底面构造匹配及油气运移趋势

川南、川东五峰组—龙马溪组烃源岩发育区须家河组沉积较薄，烃源岩熟化进程不明显（R_o 差值小于 0.2%），即生烃作用并不显著，相对而言，川东北增熟作用要显著一些，成熟度差值为 0.2% ~ 0.5%。总体而言，此阶段生烃强度较低，但海西期、早印支期排烃效率低，滞留在源岩中的烃类较多，生烃强度仍表现出高值，宜宾生烃中心生烃强度分布于 0.5×10^6 ~ 2.4×10^6 t/km²，古蔺生烃中心生烃强度分布于 0.5×10^6 ~ 2.3×10^6 t/km²，石柱-彭水生烃中心生烃强度分布于 1.0×10^6 ~ 3.2×10^6 t/km²，云阳-城口生烃中心生烃强度分布于 1.0×10^6 ~ 4.7×10^6 t/km²。排烃效率为 30% ~ 60%，排烃强度如图 4-65 所示，宜宾一带排烃强度与早印支期相近，为 0.5×10^6 ~ 1.0×10^6 t/km²，彭水-石柱、云阳-城口排烃作用明显增大，尤以云阳-城口最为显著，排烃强度可达 1.0×10^6 ~ 1.5×10^6 t/km²。宜宾供烃中心油气主要向川中隆起、川西南鼻凸运聚，其次是向黔中隆起北斜坡运聚，古蔺供烃中心与黔中隆起北斜坡叠合，具近源成藏优势，彭水-石柱供烃中心部分油气向泸州-开江古隆起运聚，另一主要运移方向是湘鄂西区，巫溪-城口供烃中心与继承性古隆起叠合，利于近源成藏（图 4-66）。

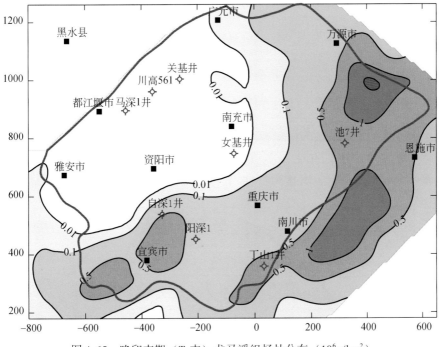

图 4-65 晚印支期（T_3末）龙马溪组烃灶分布（10^6 t/km²）

受晚三叠世前陆盆地叠加，栖霞组—茅口组烃源岩埋深在川西区最大，分布于 4000 ~ 5800m，渝东区次之（3200 ~ 3800m），川南区最浅（2000 ~ 2800m）。受埋深和热场控制，栖霞组—茅口组烃源岩演化程度在川西最高，成熟度分布于 0.8% ~ 1.8%，川东及川北区处于成熟阶段（R_o 为 0.8% ~ 1.0%），泸州-开江古隆起及川南区演化程度最低，成熟度小于 0.8%，处于低成熟阶段。受烃源岩品质及其演化程度控制，此期生烃强度以渝东-鄂西区最高，分布于 1.0×10^6 ~ 2.9×10^6 t/km²，其次为川西区，生烃强度分布于 0.4×10^6 ~ 0.9×10^6 t/km²，其他地区生烃强度一般分布于 0.2×10^6 ~ 0.4×10^6 t/km²。川西小范围内烃源岩演化程度达高成熟，排烃效率较高，达 90%，大多数地区处于成熟演化阶段，排烃效率为 40% ~ 60%，排烃强度如图 4-67 所示，以川西区最高，排烃强度分布于 0.2×

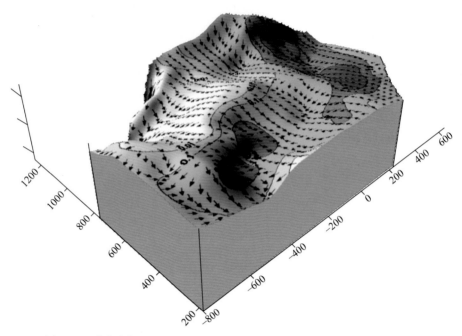

图 4-66 晚印支期（T_3末）龙马溪组烃灶与底面构造匹配及油气运移趋势

$10^6 \sim 0.8 \times 10^6 t/km^2$，渝东–鄂西区排烃强度次之，分布于 $0.1 \times 10^6 \sim 0.5 \times 10^6 t/km^2$，其他地区排烃强度普遍小于 $0.1 \times 10^6 t/km^2$，供烃能力有限。从栖霞组底面埋深图看，川西拗陷东斜坡为最有利油气运聚区，其次为石柱–云阳古隆起和开江古隆起（图 4-68）。

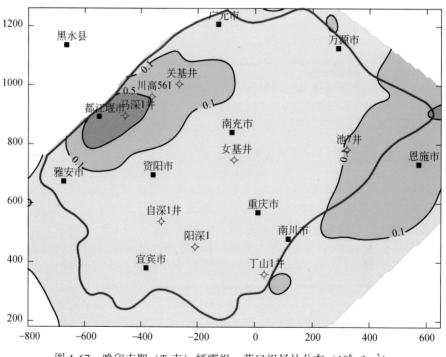

图 4-67 晚印支期（T_3末）栖霞组—茅口组烃灶分布（$10^6 t/km^2$）

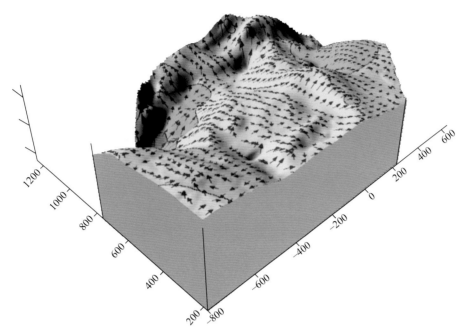

图 4-68　晚印支期（T_3末）栖霞组—茅口组烃灶与底面构造匹配及油气运移趋势

　　龙潭组烃源岩埋深格局与栖霞组—茅口组烃源岩的相似，仅埋深略浅；有机质成熟度分布面貌也与栖霞组—茅口组的相似，大致低 0.1%，但龙潭组烃源岩厚度、丰度明显较栖霞组—茅口组的大和高，因此，生烃强度较中二叠统的要高得多，大部分地区生烃强度大于 $0.5×10^6 t/km^2$，生烃中心的分布与早印支期相似，呈南、北两大生烃中心，北部生烃中心生烃强度分布于 $1.0×10^6 \sim 2.1×10^6 t/km^2$，分布面积较中三叠世末明显扩大；南部生烃中心生烃强度分布于 $1.0×10^6 \sim 1.8×10^6 t/km^2$，以川东南区最高。龙潭组烃源岩以泥质岩为主，在此成熟演化阶段排烃效率仅为 30% $\sim$ 40%，排烃强度如图 4-69 所示，川北生烃中心排烃强度分布于 $0.1×10^6 \sim 0.25×10^6 t/km^2$，川南生烃中心排烃强度分布于 $0.1×10^6 \sim 0.2×10^6 t/km^2$，较川北生烃中心的略低，川西拗陷因演化程度最高，排烃效率高，排烃强度为 $0.1×10^6 \sim 0.6×10^6 t/km^2$，供烃能力最强。从油气运聚趋势看，除川西拗陷东斜坡、泸州–开江古隆起为有利油气运聚区外，宜宾–资阳–南充一带也为有利油气运聚区，此外广元–南江–万源为北部供烃中心有利油气运聚区，龙门山山前带也为油气运移指向区（图 4-70）。

4. 早燕山期烃灶的分布

　　侏罗纪前陆盆地沉降中心主要分布于川东北区和川东区，受该套沉积盖层的叠加，下寒武统烃源岩埋藏格局呈现为西、北、东埋深大，在川中向南西方向逐渐变浅；在川西区埋深 7500 $\sim$ 8000m，川东北区埋深 8500 $\sim$ 9500m，川东区埋深 8500 $\sim$ 11000m，川中至川西南埋深由 7000m 变浅至 4200m。烃源岩演化程度除川中略低，处于过成熟中期外，深埋区及川东南高热流分布区演化程度极高，多处于过成熟晚期（$R_o > 3.0\%$），以生干气为主。烃

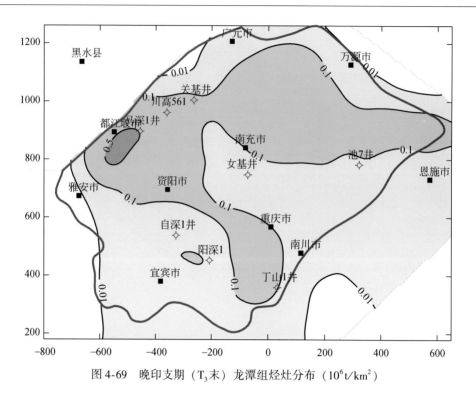

图 4-69　晚印支期（T_3末）龙潭组烃灶分布（$10^6 t/km^2$）

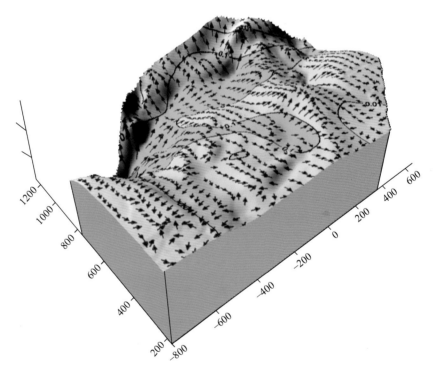

图 4-70　晚印支期（T_3末）龙潭组烃灶与底面构造匹配及油气运移趋势

源岩中干酪根及其滞留烃因前期排烃作用，尽管排烃效率较高，但生烃潜力衰竭，阶段生烃量较小，因此排烃强度低，资阳-宜宾供烃中心排烃强度分布于 $0.1 \times 10^6 \sim 0.5 \times 10^6 t/km^2$，且分布范围较印支期缩小；湘鄂西区供烃中心排烃强度相对较高一些，但向东迁移，且受构造格局控制，对四川盆地已无贡献；川东北区有效供烃区分布于盆缘一带，供烃能力较低（ $0.1 \times 10^6 \sim 0.5 \times 10^6 t/km^2$ ）（图4-71）。油气运聚格局如图4-72所示，资阳-宜宾供烃中心天然气主要向川中隆起、黔中隆起北斜坡运聚，湘鄂西区供烃中心对四川盆地已无贡献，川东北供烃中心主要向盆地边缘的冲断带运移。

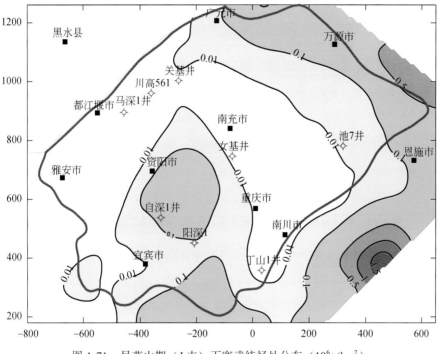

图4-71　早燕山期（J末）下寒武统烃灶分布（ $10^6 t/km^2$ ）

至侏罗纪末，五峰组—龙马溪组烃源岩埋藏格局与下寒武统烃源岩的基本相似，仅埋深变浅，川东北区埋深 $7500 \sim 8000m$ ，川东区 $7500 \sim 9000m$ ，川中至川西南埋深由 $6500m$ 减至 $3200m$ 。受埋深和热场分布与演化控制，川中-川西南区烃源岩演化程度相对较低，处于高成熟阶段（ R_o 为 $1.6\% \sim 2.0\%$ ），其他地区烃源岩均处于过成熟演化阶段；川东北、川东深埋藏区已达过成熟中晚期，成熟度 R_o 最高达 3.5% ，主体以生天然气为主。宜宾生烃中心生烃强度分布于 $0.5 \times 10^6 \sim 2.0 \times 10^6 t/km^2$ ，古蔺生烃中心生烃强度为 $0.8 \times 10^6 \sim 1.2 \times 10^6 t/km^2$ ，石柱-彭水生烃中心生烃强度为 $2.0 \times 10^6 \sim 3.5 \times 10^6 t/km^2$ ，云阳-城口生烃中心生烃强度为 $2.0 \times 10^6 \sim 3.5 \times 10^6 t/km^2$ 。烃源岩演化程度高，排烃效率较高，可达 90% ，排烃强度分布如图4-73所示，宜宾一带为 $0.5 \times 10^6 \sim 1.8 \times 10^6 t/km^2$ ，古蔺为 $0.8 \times 10^6 \sim 1.0 \times 10^6 t/km^2$ ，石柱-彭水为 $1.8 \times 10^6 \sim 3.2 \times 10^6 t/km^2$ ，云阳-城口区为 $2.0 \times 10^6 \sim 3.5 \times 10^6 t/km^2$ 。从天然气运聚趋势看，宜宾供烃中心油气主要向川中古隆起及川西南鼻凸运聚，其次是向黔中隆起北斜坡运移，石柱-彭水供烃中心天然气主要向湘鄂西区运移，部分向泸州-开江古隆起

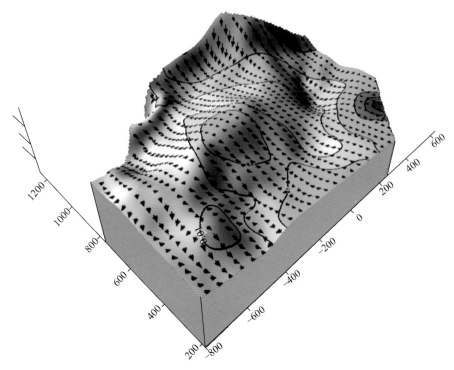

图 4-72　早燕山期（J 末）下寒武统烃灶与底面构造匹配及油气运移趋势

运移，云阳-城口供烃中心天然气主要向大巴山逆冲推覆构造带运聚（图 4-74）。

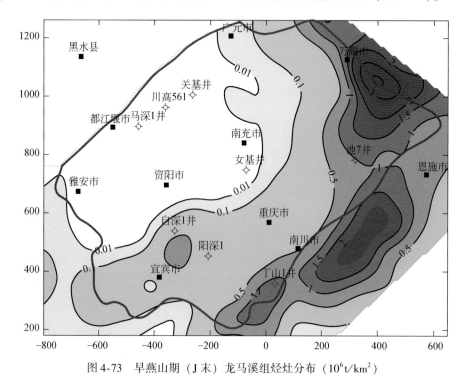

图 4-73　早燕山期（J 末）龙马溪组烃灶分布（10^6t/km^2）

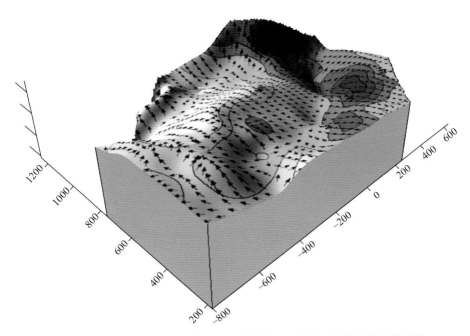

图 4-74 早燕山期（J 末）龙马溪组烃灶与底面构造匹配及油气运移趋势

　　侏罗纪末，栖霞组—茅口组烃源岩埋深总体呈两拗一隆的格局，呈北东向展布，两拗是指川西-川西北拗陷（6500～7500m）和川东-川东南拗陷（6000～6900m），一隆是指泸州-开江古隆起。烃源岩演化程度与埋藏格局总体相对应，即埋藏深度较大的地区演化程度较高，埋深较小的地区演化程度相对较低；深拗区主体处于过成熟演化阶段（R_o 为2.0%～3.8%），开江古隆起上烃源岩处于过成熟早期演化阶段，川中古隆起、泸州古隆起及川西南区烃源岩处于成熟-高成熟演化阶段，主体处于成熟演化阶段。受烃源岩厚度、丰度等因素控制，生烃强度总体呈东高西低的分布面貌，渝东-鄂西区的利川一带最高，生烃强度分布于 1×10^6～3×10^6 t/km^2，其次为川东南桐梓一带，生烃强度为 0.5×10^6～1×10^6 t/km^2；在长寿-云阳一带相对较高，生烃强度为 0.5×10^6～1×10^6 t/km^2，其他地区生烃强度多分布于 0.1×10^6～0.5×10^6 t/km^2，局部小范围生烃强度小于 0.1×10^6 t/km^2。栖霞组—茅口组烃源岩排烃效率除川西南区处于生油高峰晚期相对较低外（50%～90%），其他地区成熟度较高，排烃效率普遍大于 90%，排烃强度如图 4-75 所示，其分布面貌基本与生烃强度分布面貌相似。受侏罗纪末期构造格局控制，除自生自储外，油气运聚格架如图 4-76 所示，油气运移指向区主要为泸州-开江古隆起、川中继承性古隆起和汉中-神农架古隆起，渝东鄂西区排出油气主要向湘鄂西运聚。

　　龙潭组烃源岩在侏罗纪末埋藏格局与栖霞组—茅口组相似，埋藏略浅，西部深拗区埋深 6000～7200m，东部深拗区埋深 6000～6600m，泸州-开江古隆起及川西南区埋深小于5400m。龙潭组烃源岩成熟度差异较大，深拗区和泸州-开江古隆起北段烃源岩达过成熟演化阶段，在江津-长寿-垫江-达县-盐亭-新津和丹棱-资阳-潼南-永川-赤水围限区处于高成熟演化阶段，仅西南局部地区处于成熟演化阶段。受成熟度分布控制，油气结构差异较大，生干气、凝析油-湿气和成熟油区都有分布。从生烃强度看，全盆地龙潭组生烃

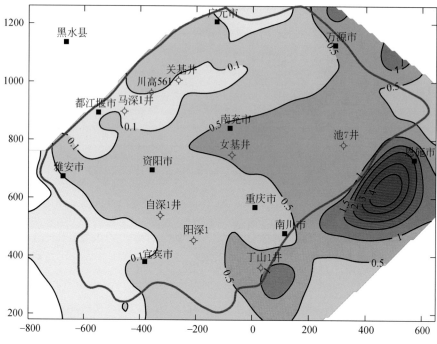

图 4-75　早燕山期（J 末）栖霞组—茅口组烃灶分布（10^6t/km²）

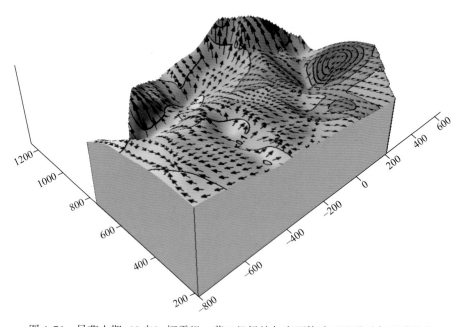

图 4-76　早燕山期（J 末）栖霞组—茅口组烃灶与底面构造匹配及油气运移趋势

强度普遍大于 1.0×10^6t/km²，其中北部生烃中心生烃强度分布于 $2.0 \times 10^6 \sim 7.8 \times 10^6$t/km²，南部生烃中心生烃强度分布于 $2.0 \times 10^6 \sim 6.0 \times 10^6$t/km²。由于烃源岩演化程度差异较大，排烃效率差异显著（从成熟阶段的 30% 至过成熟阶段的 90%），排烃强度分布如图 4-77

所示，以重庆–綦江生烃强度最大，分布于 $2.0 \times 10^6 \sim 4.6 \times 10^6 t/km^2$，其次为云阳–达县–平昌一带，排烃强度分布于 $2.0 \times 10^6 \sim 3.9 \times 10^6 t/km^2$，其他地区多分布于 $0.5 \times 10^6 \sim 1.0 \times 10^6 t/km^2$。从运聚格局看，开江古隆起及两侧斜坡带烃源条件最好，其次为泸州古隆起及东斜坡带（图 4-78）。

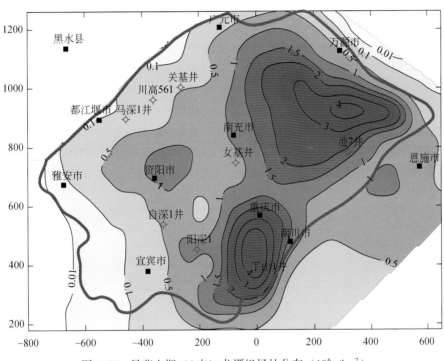

图 4-77　早燕山期（J 末）龙潭组烃灶分布（$10^6 t/km^2$）

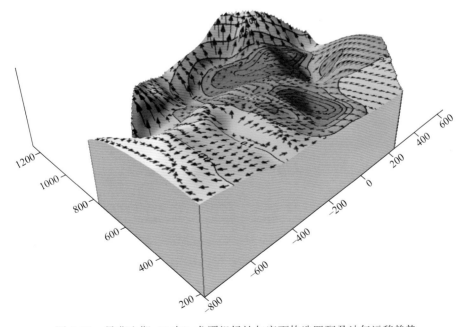

图 4-78　早燕山期（J 末）龙潭组烃灶与底面构造匹配及油气运移趋势

5. 中晚燕山期—喜马拉雅期烃灶的分布

白垩纪随着四川盆地周缘造山带和基底拆离构造带持续的挤压作用，各套烃源岩埋深进一步增大，有机质成熟度也进一步增加，现将海相层系主要烃源岩在白垩纪末的埋藏状况、成熟度分布、生烃与排烃强度分述如下。

牛蹄塘组烃源岩在白垩纪末埋藏格局呈现为西、北、东埋深大，在川中向南西方向逐渐变浅；在川西区埋深8000～9200m，川东北区埋深9000～10500m，川东区埋深9500～12800m，川中至川西南埋深由8000m变浅至4500m。有机质成熟度进一步增加，烃源岩演化程度除川中–川西南区处于过成熟早期外，其他地区多处于过成熟晚期（$R_o > 3.0\%$），以生干气为主。此期因干酪根生烃潜力枯竭，此阶段生烃量较小，尽管排烃效率高，但排烃强度低，资阳–宜宾有效供烃区面积缩小，排烃强度为$0.1 \times 10^6 \sim 0.3 \times 10^6 t/km^2$；湘鄂西区供烃中心排烃强度相对较高一些，但向东迁移，且受构造格局控制，对四川盆地已无贡献；川东北区排烃强度极低，不能构成有效源烃灶（图4-79）。油气运聚格局如图4-80所示，资阳–宜宾供烃中心天然气主要向黔中隆起北斜坡运聚，湘鄂西区供烃中心对四川盆地已无贡献。

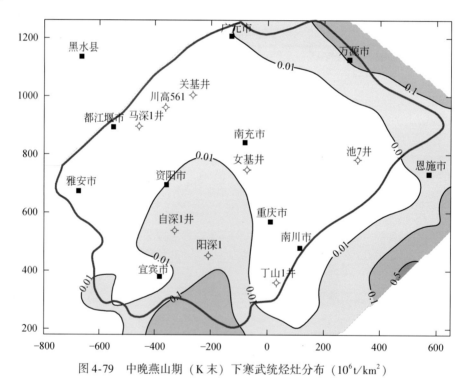

图4-79　中晚燕山期（K末）下寒武统烃灶分布（$10^6 t/km^2$）

五峰组—龙马溪组烃源岩埋深与牛蹄塘组的大致相似，仅埋深略浅，宜宾烃源岩区埋深5000～6500m，石柱–彭水烃源区埋深8500～10300m，云阳–城口烃源区埋深7500～9000m。烃源岩成熟度与现今成熟度的分布相似，除川西南区处于高成熟早期外，其他地区均处于过成熟中晚期，从白垩纪末与侏罗纪末期成熟度差异看，以川东区增熟作用最为

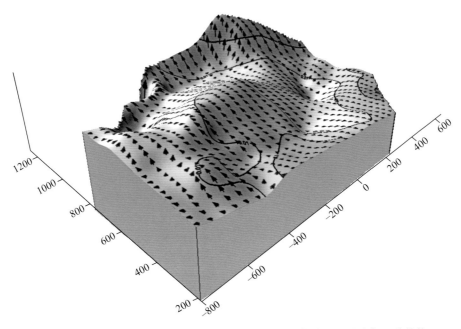

图 4-80　中晚燕山期（K 末）下寒武统烃灶与底面构造匹配及油气运移趋势

显著，R_o 增幅一般达 0.5% ~ 1.0%，其他地区一般增幅仅为 0.2%，因此生烃强度及其排烃强度的分布差异较大。总体而言，经历前期排烃作用，宜宾-古蔺供烃区自白垩纪以来的排烃强度仅为 0.1×10^6 ~ $0.3 \times 10^6 \, t/km^2$（图 4-81），供烃能力较低，石柱-彭水供烃区此

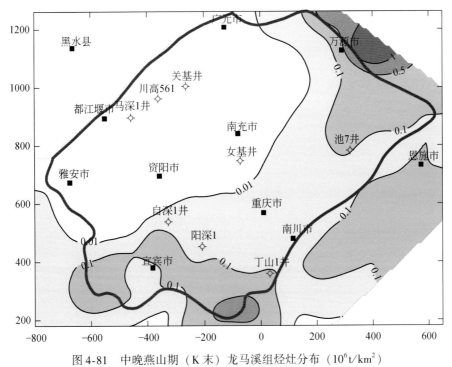

图 4-81　中晚燕山期（K 末）龙马溪组烃灶分布（$10^6 t/km^2$）

阶段排烃强度仅分布于 $0.1×10^6 ~ 0.2×10^6 t/km^2$，且均在盆地外缘，云阳–城口供烃区排烃区供烃强度略大，分布于 $0.1×10^6 ~ 0.5×10^6 t/km^2$。从运聚格局看，大巴山冲断带、开江古隆起和川南盆缘区此期烃源条件相对最优（图4-82）。

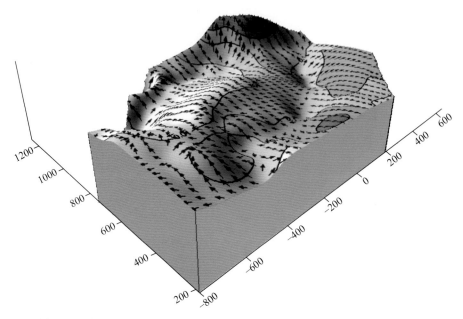

图4-82　中晚燕山期（K末）龙马溪组烃灶与底面构造匹配及油气运移趋势

栖霞组—茅口组烃源岩在白垩纪末以川西拗陷—川北拗陷（6500 ~ 7500m）和川东拗陷（6000 ~ 7000m）埋深最大，开江古隆起–川中–川西南区埋深相对较浅。有机质成熟度基本与埋深相对应，且与现今演化程度大致相近，主体处于过成熟阶段，川西南区局部处于高成熟演化阶段。受前期排烃影响，此期有效排烃区主要分布于渝东–鄂西区和川西南区，前者排烃强度为 $0.3×10^6 ~ 0.5×10^6 t/km^2$，后者排烃强度为 $0.1×10^6 ~ 0.3×10^6 t/km^2$。相比较而言，中晚燕山期排烃强度较早燕山期大幅度降低（图4-83）。从油气运聚格架分析，泸州–开江古隆起为有利油气运移指向区（图4-84）。

龙潭组烃源岩此期埋藏格局与栖霞组—茅口组烃源岩相似，仅埋深略浅，成熟度分布大致与埋深相对应，局部异常可能与生烃产生超压对成熟度的抑制相关，总体具东西高（过成熟），南北相对较低的特点（高成熟为主，局部过成熟早期）。生烃强度仍然呈南、北两生烃中心，北部生烃中心因侏罗纪前陆盆地的叠加作用，生烃强度大，且排烃效率高，至此阶段生烃强度明显减弱，其值仅为 $0.4×10^6 ~ 0.8×10^6 t/km^2$；而南部生烃中心因侏罗纪沉积厚度相对较薄，烃源岩生排烃作用明显不如北部前渊带，生烃潜力得以保持，因此，此阶段生烃量较大。受岩性、成熟度控制，北部生烃中心排烃强度约为 $0.5×10^6 t/km^2$，且分布范围有限，南部生烃中心排烃强度为 $1.0×10^6 ~ 2.0×10^6 t/km^2$，分布范围明显较北部的要大（图4-85）。从油气运聚趋势看，泸州–开江古隆起及川西南区为有利油气运移区（图4-86）。

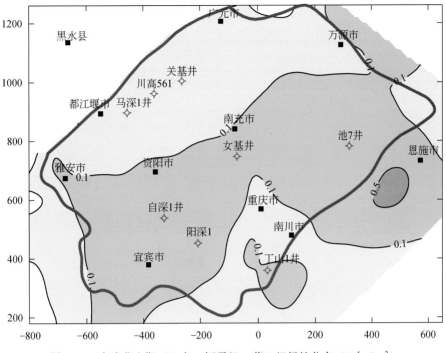

图 4-83 中晚燕山期（K 末）栖霞组—茅口组烃灶分布（10^6t/km^2）

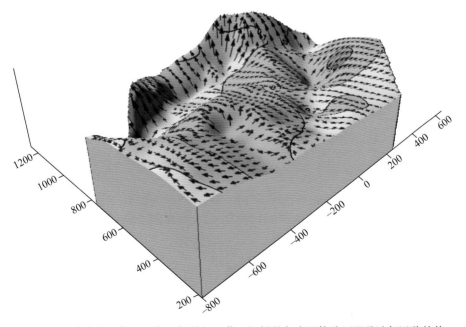

图 4-84 中晚燕山期（K 末）栖霞组—茅口组烃灶与底面构造匹配及油气运移趋势

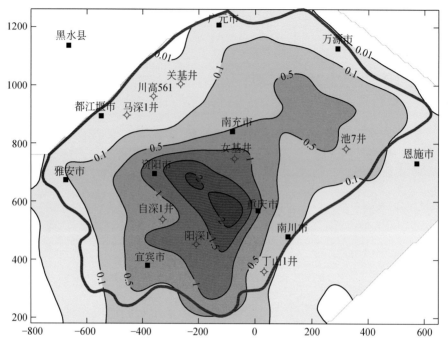

图 4-85　中晚燕山期（K 末）龙潭组烃灶分布（10^6 t/km^2）

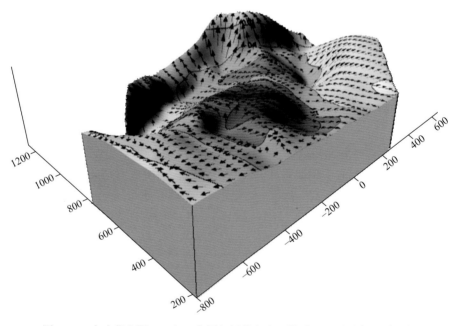

图 4-86　中晚燕山期（K 末）龙潭组烃灶与底面构造匹配及油气运移趋势

从各套烃源岩主要地史时期排烃量可以看出（图4-87）：①不同时期主力烃源岩不同，加里东期—海西期为牛蹄塘组/筇竹寺组，印支期为五峰组—龙马海组和牛蹄塘组/筇竹寺组，早燕山期为龙潭组/吴家坪组和栖霞组—茅口组及五峰组—龙马溪组，中晚燕山期以来为龙潭组/吴家坪组；②全盆地累计排烃量以牛蹄塘组/筇竹寺组最大，其次为龙潭组、五峰组—龙马溪组和栖霞组—茅口组；③牛蹄塘组/筇竹寺组主要生排油期为加里东期—海西期，印支期以生排气为主；五峰组—龙马溪组主要生排油期为印支期，燕山期以生排气为主；二叠系烃源岩主要生排油期为燕山早中期，燕山晚期以生排气为主。

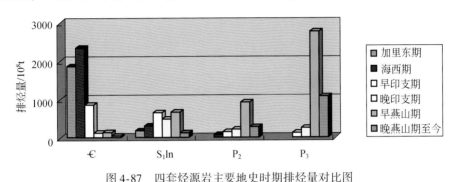

图4-87　四套烃源岩主要地史时期排烃量对比图

4.3.3　主要油灶的分布与演化

由于油藏的形成不仅与烃源岩的主要生排烃期相关，而且还与储层、盖层、圈闭、输导体系等密切相关，基于目前的勘探研究现状，要恢复与描述主要地史时期这些成藏要素及其时空匹配，进而预测"古油藏"的分布难度极大。本书主要侧重于不同地史时期烃源岩排油强度的分布、古构造控制的流体运移趋势、主要储层的分布及其与区域盖层的匹配组合关系分析预测可能油藏的位置及其优劣（成藏概率）。成藏概率系数=烃源条件×储层条件×构造条件×盖层条件，各要素的赋值见表4-8。

表4-8　成藏条件赋值表

烃源条件/排烃强度/(10^6t/km^2)				储层条件		
<0.1 非运聚区	<0.1 运聚区	0.1~1.0	≥1.0	Ⅰ	Ⅱ	Ⅲ
0.01	0.6	0.8	1	1	0.8	0.3

构造条件			盖层条件	
高部位	斜坡	低部位	泥质岩	膏盐岩
1	0.8	0.5	0.5~1.0	1

从四川盆地陆相层系（$T_3x—K_1$）、海相上组合（$P—T_2$）、海相下组合（$S—P_1$和$Z_2—S$）主要产层天然气组分、天然气浓缩轻烃、烷烃系列碳同位素、甲乙烷氢同位素差异显著，反映为不同的成矿系统。地层水特征，如矿化度、离子组成特征、地层水氢氧同位素、硫同位素、地层水中微量有机质组成特征等差异较大（主要是指陆相层系与海相上组

合，下组合资料点少），反映了流体纵向渗混不明显。四川盆地现今压力在纵向上由三大异常压力系统组成：下部下寒武统—志留系（$\text{\Euro}_1$—S）高压系统（座 3 井寒武系压力系数 1.89）、中部中二叠统—中三叠统（P_2—T_2）高压系统（压力系数 2.17 ~ 1.54）、上部上三叠统—中侏罗统（T_3—J_2）高压系统（压力系数川东为 1.64 ~ 1.42，川西为 1.30 ~ 2.20），三个高压系统之间为常压层系，它们既是独立的成烃、成藏单元，又是相互依赖的保存单元。基于流体特征及其压力系统的分布，海相层系油灶在纵向上可分为 P—T_2 成藏组合、S—P_1 成藏组合、Z_2—S 成藏组合形成的油灶进行描述。

1. 上震旦统—志留系油灶的分布

上震旦统—志留系成藏组合的主要烃源岩为下寒武统牛蹄塘组/筇竹寺组，其主要生排油主要发生于加里东期和海西期，其中川东北区生油可持续至印支期。因此，上震旦统—志留系成藏组合油灶是指牛蹄塘组/筇竹寺组烃源岩在奥陶纪—二叠纪（川东北区至三叠纪）排出原油并聚集在志留系区域盖层之下储层中的油的位置及数量。这些原油在后期热演化过程中进一步裂解成天然气，为晚期天然气的气源之一。

在加里东末期和海西末期有效烃源灶主要分布于资阳-宜宾、秀山-彭水和川东北盆缘一带。受油气运移分隔槽控制，油气在横向运移趋势上可分为 6 个运聚单元，分别是川西（I）、川西北（II）、川东北（III）、川中（IV）、川南（V）和川西南（VI）油气运聚区（图 4-88），其中川中油气运聚单元按有效烃源灶的位置可进一步分为 3 个运聚区（IV-1、IV-2、IV-3），其边界的确定主要是依据油气运移距离一般小于 100km（Demaison and Moore，1980）。

从主要储/盖组合及分布看，上震旦统灯影组储层与牛蹄塘组泥质岩盖层构成区内有效组合，灯影组台缘浅滩相储层及岩溶储层十分发育，有利于油气聚集，米仓山古油藏、乐山-龙女寺古隆起广泛分布的储层沥青证实了这一点。下寒武统龙王庙组储层与下寒武统泥质岩、中下寒武统膏盐岩盖层构成有效储盖组合，如云阳-开县龙王庙台缘滩相储层有利于形成油藏。由于加里东构造运动以整体隆升剥蚀为主，断裂构造不发育；而海西运动（东吴运动）在盆地内也以整体隆升剥蚀为主，仅在靠近华蓥山深大断裂带发现二叠纪火山岩，断裂构造也不发育；因此，下寒武统烃源岩生成烃类不易穿越下寒武统中上部泥质岩盖层及中下寒武统膏盐岩盖层运移至娄山关群、红花园组、宝塔组储层聚集成藏，此期原油可能主要聚集于灯影组和龙王庙组中。

1）海西末期灯影组油灶的分布

川西油气运聚单元因缺乏有效烃源岩，没有油气的生成与运聚。

川西北油气运聚单元烃源岩条件差，仅其北部排油强度分布于 0.1×10^6 ~ $0.5 \times 10^6 \text{t/km}^2$，排油量较低，累计排油量为 $2169.4 \times 10^6 \text{t}$（至三叠纪末），单位面积供烃量为 $0.2582 \times 10^6 \text{t/km}^2$，灯影组储层北部属 I 类储层，其他地区均属 III 类储层，从源-储配置看，北部小范围成藏概率系数较高，往南西逐渐变差。

川东北油气运聚单元烃源岩排油强度分布于 0.1×10^6 ~ $4.0 \times 10^6 \text{t/km}^2$，受流体势控制，排出原油运聚方向主要是汉中-神农架台缘隆起，有效供烃面积 39075km^2（含部分盆地外

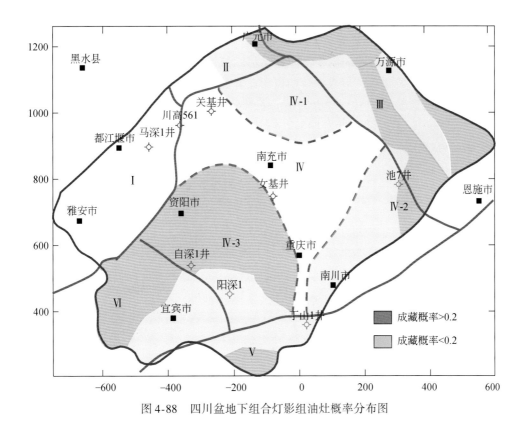

图 4-88　四川盆地下组合灯影组油灶概率分布图

的供烃面积），累计排油量 67880.0 亿 t，平均供烃强度 1.7372×10^{6}t/km^2。在有效供烃范围内，灯影组 Ⅰ 类储层分布区多属有利原油成藏区，其中米仓山及其南斜坡成藏概率最大，其次为万源−利川台缘斜坡带，其他地区成藏概率较低。

　　川中油气运聚单元可分为三个子区，其中川中北部油气运聚区（Ⅳ-1）有效供烃（排烃强度>0.1×10^{6}t/km^2）区范围小，油气运移方向主要由北向南，以 100km 为最大横向运移距离，其聚油面积为 14825km^2，累计排烃量为 2263.1×10^{6}t，平均供烃强度为 0.1526×10^{6}t/km^2，灯影组储层除在有效烃源岩范围内为 Ⅰ 类储层外，在运聚单元内主要为 Ⅲ 类储层，不利于油气的聚集。川中东部油气运聚区（Ⅳ-2）有效供烃区位于四川盆地外，烃源岩排油强度为 0.1×10^6~0.5×10^{6}t/km^2，潜在聚油面积为 26600km^2，累计排油量为 5520×10^{6}t，平均供油强度为 0.2075×10^{6}t/km^2。在有效烃源岩区发育灯影组 Ⅰ 类储层，油气运移指向区主要发育灯影组 Ⅱ 类储层，有利于形成油气聚集，利 1 井灯影组广泛分布的储层沥青反映了这一点，而石柱廖家槽剖面灯影组储层沥青仅发育于灯四段局部层段，可能是其上覆烃源岩排油强度小于 0.1×10^{6}t/km^2 所致。川中西南油气运聚区（Ⅳ-3）排油强度最高（0.1×10^6~6.0×10^{6}t/km^2），供烃面积最大，潜在聚油面积为 35250km^2，累计排油量为 69604.5×10^{6}t，平均供油强度为 1.9746×10^{6}t/km^2，隆起高部位尽管烃源岩不发育，但灯影组储层属 Ⅰ 类储层，有利于油气聚集；而斜坡区排烃强度较大，储层属 Ⅱ 类储层，也有利于油气聚集成藏，自深 1 井−荣县−永川一带以南，尽管排油强度较高，但储层发育相对较差，且处于构造低部位，形成油灶概率逊色于前两区。

川南油气运聚单元（Ⅴ）烃源岩排油强度分布于 $0.1 \times 10^6 \sim 6.0 \times 10^6 \, t/km^2$，有效排油面积为 $11325 km^2$，累计排油量为 $37326.9 \times 10^6 \, t$，平均供油强度为 $3.2960 \times 10^6 \, t/km^2$，受流体势控制，原油主要由南向北向黔中古隆起运移。灯影组储层在构造低部位以Ⅲ类储层为主，而高部位则为Ⅱ类储层，形成油灶的概率差异较大。

川西南油气运聚单元（Ⅵ）烃源岩排油强度分布于 $0.1 \times 10^6 \sim 6.0 \times 10^6 \, t/km^2$，有效排油面积为 $25825 km^2$，累计排油量为 $84812.4 \times 10^6 \, t$，平均供油强度为 $3.2841 \times 10^6 \, t/km^2$，受流体势控制，原油主要由东向西运移。区内灯影组不乏Ⅰ～Ⅱ类储层，有利于油灶形成，其中成藏概率由排烃中心向隆起逐渐增高（图4-88）。

2）海西末期龙王庙组油灶的分布

对于龙王庙组油灶的分布，其各运聚单元烃源条件相似，主要是储层及盖层的差异。

川西油气运聚单元因缺乏有效烃源岩，且龙王庙组在加里东末期构造运动被剥蚀殆尽，不可能形成龙王庙组油藏。

川西北油气运聚单元龙王庙组储、盖层条件较差，成藏系数较低。

川东北油气运聚单元其北西部储盖层条件较差，成藏系数低，但其南东部龙王庙组不仅发育Ⅰ、Ⅱ类储层，且中下寒武统膏盐岩盖层发育，有利于油气聚集成藏，成藏系数较高（图4-89）。

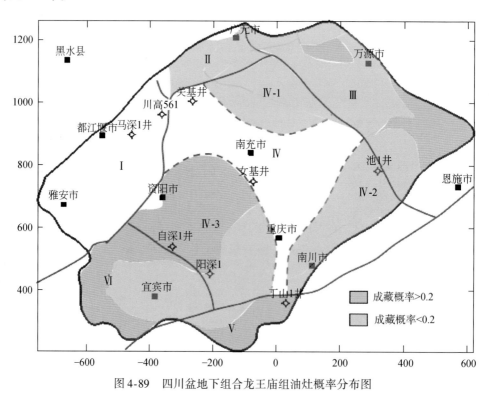

图4-89　四川盆地下组合龙王庙组油灶概率分布图

川中油气运聚单元的北部油气运聚区（Ⅳ-1）油气成藏条件与川西北区相似，整体不利于形成油藏。川中东部油气运聚区（Ⅳ-2）尽管有较好的储层发育，且盖层条件优越，但供烃条件较差，不利于油气成藏。川中西南油气运聚区隆起高部位储层发育，以Ⅰ、Ⅱ类储层为主，但膏盐岩盖层发育欠佳，成藏系数为 0.38，为较有利油气成藏区。往南的斜带，不仅储层发育、膏盐岩盖层发育，为最有利油气运聚带，成藏系数为 0.64～0.8。

川南油气运聚单元（Ⅴ）构造低部位储层以Ⅲ类储层为主，成藏系数为 0.15，不利于油气成藏；其南部斜坡区，储层属Ⅱ类储层，上覆膏盐岩盖层发育，成藏系数可达 0.64，形成油灶的概率较大。

川西南油气运聚单元（Ⅵ）构造低部位成藏条件与川南油气运聚单元构造低部位相似，成藏系数低，不利于形成油灶。而其南北两侧及其西斜坡及构造高部位，龙王庙组储层属Ⅰ、Ⅱ类储层，且膏盐岩盖层发育，成藏系数较高，有利于油灶的形成。

3）原油裂解气量

根据 Barker（1990）从物质平衡角度建立的油气转换系数的理论模型，对于中等—较深部位产生湿气—干气的情况，假定原油转化物中，甲烷占 90%，乙烷占 10%，以及含有 5%（质量比）氢的碳质残渣，所有的组分用元素质量百分比表达为

$$C(85.0)H(15.0) \rightarrow 原油 \rightarrow C(29.28)H(9.76) + C(11.72)H(2.93) + C(43.89)H(2.31)$$
$$\qquad\qquad\qquad\qquad 甲烷 \qquad\qquad 乙烷 \qquad\qquad 碳残渣$$

甲、乙烷质量比为：（29.28+9.76+11.72+2.93）/（85+15）×100 = 53.69%

即有 53.69% 的原油转化为甲烷或乙烷。考虑到原油中常含有少量的硫和氧，它们在热成熟阶段将以硫化氢和水的形式产出而消耗掉部分氢，因此，上述转化系数都是上限值，实际情况下要低一些。一般选用的油裂解成气质量百分比都在 50% 左右。

赵文智等（2007）通过原油与不同介质配样的生气动力学实验表明，不同介质条件下原油累积产气量相同，塔里木盆地轮南奥陶系产甲烷量为 680m³/t。但不同油的累积产气量与原油的性质、组分含量、演化程度以及后期是否遭受次生变化等因素相关，即不同的原油裂解生气量有一定的差别。

聚集系数是指聚集量占排烃量的百分比，影响油气聚集系数的因素较多，有储集层的类型、厚度、物性及其占凹陷面积的百分比，圈闭的类型、发育程度，生、储、盖及配置关系和保存条件等。目前，国内外对确定油气聚集系数问题并未很好解决，一般情况下，对勘探程度较高的地区，可利用钻井资料，采用网格统计法或福克-沃德法对油气聚集系数进行粗略估算。胜利油田在第三次资源评价中利用网格统计法、福克-沃德法统计求取的石油聚集系数分布于 37.1%～63.5%，平均为 54.4%（周总瑛，2009）。王学军等（2007）研究认为东营凹陷、车镇凹陷、沾化凹陷与惠民凹陷石油聚集系数分别为 47.9%、40.2%、51.9% 和 39.1%。

四川盆地上震旦统—志留系成藏条件好，生烃拗陷烃源条件普遍达Ⅰ～Ⅱ类（排油强度一般分布于 0.5×10⁶～4.0×10⁶t/km²，最高达 6.9×10⁶t/km²），累积排油量 2695.76 亿 t，灯影组、龙王庙组、娄山关群等储层发育层段不乏Ⅰ、Ⅱ类储层，下寒武统泥质岩盖层全区分布，且厚度较大（>100m），中下寒武统膏盐岩盖层在四川盆地东部、南部烃源岩主要发育区广泛分布，"源-盖"匹配关系好，广西运动、东吴运动主体以差异隆升剥蚀为主，其对下寒武统泥质岩盖层、中下寒武统膏盐岩盖层影响不大，而且断裂构造不发育，

油气保存条件好，而差异隆升形成的古隆起是巨型的圈闭，且与源岩具较好的匹配关系，因此原油聚集系数较高，以20%~50%聚集系数计算，不同成藏体系原油期望聚集量见表4-9，由表可见，四川盆地上震旦统—奥陶系期望石油聚集量为539.15亿~1347.88亿 t，其主要分布于川西南（Ⅵ）、川中西南（Ⅳ-3）、川东北（Ⅲ）和川南（Ⅴ）运聚单元（占总期望聚集量的96%）。

表4-9　四川盆地上震旦统—奥陶系各运聚单元加里东期—海西期排油量、
石油期望聚集量与裂解气量和印支期以来排气量　　（单位：10⁶t）

运聚单元	Ⅱ		Ⅲ		Ⅳ						Ⅴ		Ⅵ		全盆合计	
					Ⅳ-1		Ⅳ-2		Ⅳ-3							
排油量	2169.4		67880.0		2263.1		5520.0		69604.5		37326.9		84812.4		269576.3	
期望聚油量	最小	最大	最小	最大	最小	最大	最小	最大	最小	最大	最小	最大	最小	最大	最小	最大
	434	1085	13576	33940	453	1132	1104	2760	13921	34802	7465	18663	16962	42406	53915	134788
油灶裂解气量	217	542	6788	16970	226	566	552	1380	6960	17401	3733	9332	8481	21203	26958	67394
晚期排气量	1012		25683		254		4804		30014		16999		20409		99194	

2. 志留系—梁山组油灶的分布

志留系—梁山组成藏组合的主要烃源岩为上奥陶统五峰组—下志留统龙马溪组，该套烃源岩主要生排油期为海西期和印支期，其中四川盆地南缘区生油（凝析油）可持续至燕山期。因此，志留系—石炭系油灶是指五峰组—龙马溪组烃源岩在志留纪—三叠纪排出原油并聚集在志留系—石炭系储层中的油的位置及数量，这些原油在后期热演化过程中进一步裂解成天然气，为晚期天然气的气源之一。

加里东末期、海西期、早印支期、晚印支期，五峰组—龙马溪组烃源灶主要分布于宜宾、古蔺、石柱-彭水和城口-云阳一带。受油气运移分隔槽控制，油气在横向运移趋势上可分为四个运聚单元，分别是川东北（Ⅰ）、川中（Ⅱ）、川南（Ⅲ）和川西南（Ⅳ）。加里东期和海西期油气运聚单元基本相似，仅川中油气运聚单元因有效烃源灶的差异而次级运聚区略有不同；印支期与早古生代油气运聚的最大差异是先期部分盆地外围区向盆地内供烃因分隔槽向盆地内迁移而失效，而早、晚印支期的差异因泸州-开江古隆起的形成，导致川中油气运聚区分为两个次级运聚区。

由于加里东期、海西期、早印支期排出与聚集的油气受晚印支期构造格局制约，因此，油气运聚单元边界的确定以晚印支期的为划分依据（图4-90），供油强度则以加里东期、海西期、早印支期、晚印支期四期排油强度之和表征。

志留系—石炭系主要发育石牛栏组礁滩相储层和小河坝组砂岩储层，前者主要分布于四川盆地西南缘一带，呈狭长带状分布；后者主要分布于四川盆地东缘，以三角洲相砂岩为主。另一主要储层是石炭系黄龙组，岩性以白云岩为主，主要分布于川东地区，该套储层是目前川东地区天然气的主力产层之一，其中储层沥青广泛分布，是志留系—石炭系成藏组合的主要油灶分布区与层位。

石牛栏组、小河坝组储层的盖层以志留系泥质岩为主，具较好的储、盖匹配条件，建

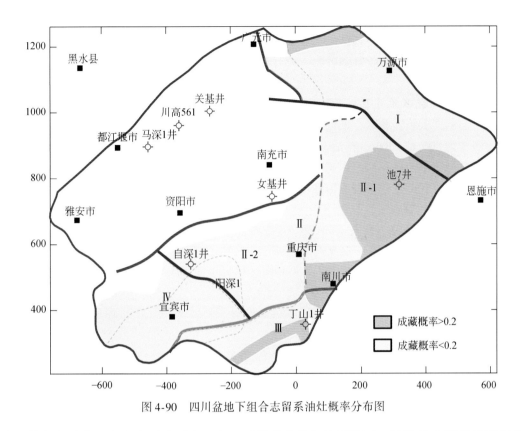

图 4-90 四川盆地下组合志留系油灶概率分布图

志 1 井志留系获工业气流反映了这一点；石炭系黄龙组储层以下二叠统梁山煤系泥质岩为直接盖层，加上海相上组合泥质岩、膏盐岩、超压系统的封闭，具优越的储盖组合条件。

1）印支期末志留系油灶的分布

川东北油气运聚单元（Ⅰ）：该区志留系烃源岩中三叠世末累计排油强度分布于 $0.1 \times 10^6 \sim 4.0 \times 10^6 t/km^2$，具北西低，南东高的分布特点，排烃中心位于云阳一带；累计排油量为 $569.3 \times 10^8 t$，从各个时期排油量看，早印支期排油量最大（图 4-91）；油气运移方向

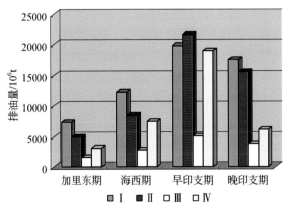

图 4-91 志留系各运聚单元排油量对比图

主要为北及北东向。志留系储层在川东北区不发育，仅在米仓山南缘和东南角小范围内发育小河坝组Ⅱ类储层，其他地区均为Ⅲ类储层，受其控制，川东北区志留系油灶形成概率总体较低（图4-90），成藏概率系数一般分布于0.1~0.2，仅储层发育较好的地区成藏概率较高。

川中油气运聚单元（Ⅱ）：具两个供油中心，西部供烃中心排油强度为$1.0×10^6$~$2.5×10^6$ t/km^2，东部供烃中心排油强度分布于$1.0×10^6$~$3.0×10^6$ t/km^2，烃源条件优越，累计排油量为$506.62×10^8$t，排油量以印支期占绝对优势（73.5%）。区内小河坝组Ⅰ~Ⅱ类储层主要分布于本区东部，因此，本区东部油气成藏系数较高，有利于油灶的形成，而西部区尽管具较好的烃源条件，但储层主要为Ⅲ类，成藏概率系数低（<0.2），形成油灶的可能性较小。

川南油气运聚单元（Ⅲ）：该区龙马溪组烃源岩至三叠纪末累计排油强度为$0.7×10^6$~$1.5×10^6$ t/km^2，相比较而言，是龙马溪组四个供烃中心排油强度最小的一个，区内累计排油量为$132.96×10^8$t，排出原油主要由北向南运移。小河坝组储层以Ⅲ类储层为主，成藏概率系数低（<0.2）；而区内石牛栏组礁滩相储层发育，呈条带状分布，其下伏龙马溪组烃源岩排油强度为$0.7×10^6$ t/km^2左右，构造位置处于斜坡上，志留系泥质岩盖层发育，有利于原油成藏，成藏概率系数为0.512。

川西南油气运聚单元（Ⅳ）：该区烃源条件最好，排油强度为$2.0×10^6$~$3.5×10^6$ t/km^2，累计排油量为$356.24×10^8$t，油气主要向西及南西方向运移，由于该区志留系储层不发育，成藏概率系数低，不利于形成油灶。

2）印支末期石炭系油灶的分布

已有的勘探与研究业已表明，川东地区黄龙组储层沥青广泛分布，而石炭系产层天然气为油型裂解气，反映出黄龙组在三叠纪末聚集过油气，石炭系的分布范围即是古油藏分布范围。

3）原油裂解气量

全盆地累积排油量约1561.5亿t（明显较下寒武统烃源岩排油量低）；小河坝组碎屑岩Ⅰ~Ⅱ类储层，石牛栏组礁滩相储层分布范围相对较小，且储层物性较差；加里东末期—海西早期的隆升剥蚀对志留系泥质岩盖层有一定的影响，至少影响到隆升泄压排出油气的聚集；东吴运动造就了栖霞组—茅口组岩溶储层的形成，可能也影响了海西中期志留系烃源岩排出油气的聚集，石炭系部分先氧化后演化型储层沥青可能是该期构造运动的产物；早印支运动主要影响的是中下三叠统盖层，其对龙潭组、梁山组、志留系泥质岩盖层的封盖性影响不大，由此判断早印支运动不影响该成藏组合油气的聚集。因此，不同时期原油聚集系数存在一定的差异，加里东期取值0.1~0.25，海西期取值0.1~0.3，印支期取值0.2~0.5，则期望油量为265.1亿~678.2亿t（表4-10），以川东北油气运聚单元聚油量最大，其次为川中和川西南油气运聚单元，川南油气运聚单元最小。这些原油在燕山期裂解为气，若以原油裂解气量50%计算，油灶原油裂解气量为$13.2×10^{12}$~$33.9×10^{12}$ m^3，较下寒武统烃源岩提供原油裂解气量要低。

表 4-10　四川盆地五峰组—下二叠统各运聚单元排油量、印支期期望石油聚集量、
原油裂解气量及晚期排气量

项目	运聚单元								合计	
	川东北（Ⅰ）		川中（Ⅱ）		川中（Ⅲ）		川西南（Ⅳ）			
排油量/10^6t	56930		50662		13296		35264		156152	
平均排油强度/(10^6t/km²)	1.6769		0.7904		0.7950		1.7790		—	
期望聚油量/10^6t	最小	最大	最小	最大	最小	最大	最小	最大	最小	最大
	9428	24182	8789	22396	2220	5689	6070	15550	26507	67816
油灶裂解气量/10^6t	4714	12091	4395	11198	1110	2844	3035	7775	13253	33908
晚期排气量/10^6t	34813		25244		15330		4999		80386	

3. 海相上组合油灶的分布

海相上组合主要发育两套烃源岩，一是中二叠统栖霞组—茅口组，二是上二叠统龙潭组/吴家坪组。两套烃源岩主要生排油期受陆相盆地差异叠加控制，不同地区差异显著，总体而言，川西、川北、川东区为晚三叠世—侏罗纪前陆盆地前渊叠加区，两套烃源岩主要生排油期发生于中侏罗世及其以前，主要生气期为晚侏罗世；而川中—川西南区生油可持续至白垩纪—新近纪（观音场气田雷三段产凝析油、石油沟嘉五气藏产少量原油反映了这一点）。因此，油灶的形成在不同地区存在一定的差异。

从海相上组合生储盖分布及其空间叠合关系，可划分为两大套生储盖组合，一是栖霞组—茅口组（生储）—龙潭组（盖）的组合，二是龙潭组（生）—长兴组、飞仙关组、嘉陵江组、雷口坡组（储）—中下三叠统膏盐岩、上覆陆相泥质岩（盖）的组合。上组合主要产层（阳新统、长兴组、飞仙关组、嘉陵江组、雷口坡组）流体特征（天然气组成、烷烃气碳、氢同位素、CO_2碳同位素、轻烃指纹和地层水离子组成、水型、矿化度、变质系数、脱硫系数、氢氧硫同位素等）反映出天然气同源且具优越的保存条件。从成藏过程分析，栖霞组—茅口组、龙潭组烃源岩主要生排油阶段发生于中侏罗世及之前，而在二叠纪—中侏罗世期间主要的构造运动有中二叠世末的东吴运动和中三叠世末的印支构造运动；东吴运动可能对栖霞组—茅口组烃源岩品质发生影响（如近地表的风化-氧化作用降低有机质生潜力、岩溶导致有机质流失等），但该次构造运动不影响栖霞组—茅口组生成油气的运聚，因为中二叠世末该套烃源岩处于未成熟阶段，生烃作用还没有发生；另外，东吴运动的差异隆升与剥蚀有利于栖霞组—茅口组岩溶储层的发育，其与上覆龙潭组泥岩盖层构成较好的生储盖组合。中三叠世末的印支构造运动导致盆地整体隆升剥蚀，形成了泸州-开江古隆起，剥蚀量为 200～1000m，其一方面有利于雷口坡组岩溶储层的形成，另一方面隆升降温，二叠系各套烃源岩生烃一度停滞，生烃潜力得以保持，为后期大量生烃奠定基础；印支期的隆升剥蚀使油气保存条件一度变差，但栖霞组—茅口组、龙潭组烃源岩在印支期之前排油量有限，盆地模拟结果表明，栖霞组—茅口组印支期及之前排油量占总排油量的 14.3%，龙潭组排油量仅占其总排油量的 2.8%，而且有效运聚区内剥蚀量较小，可以说印支构造运动对二叠系先期聚集油气影响不大。二叠系烃源岩主要生、

排油在晚三叠世至早中侏罗世（图4-92），晚侏罗世油气兼生，但生成原油在热力作用下可能还未聚集成藏就已甲烷化，因此，成藏概率评价中油源条件以中侏罗世末累计排油强度表征，而此阶段海相上组合各套盖层（龙潭组泥质岩、中下三叠统膏盐岩、上三叠统泥质岩、中下侏罗统泥质岩）为油气的保存提供了保障。

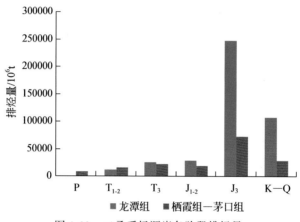

图4-92　二叠系烃源岩各阶段排烃量

　　从上组合储层的分布及其与烃源岩的匹配关系分析，龙潭组烃源岩向栖霞组—茅口组供油的量较小，因此，在印支期—早燕山期上组合油藏形成过程中，栖霞组—茅口组烃源岩排出油运聚至长兴、嘉陵江等储层中聚集成藏的可能性较小，因为区内除少数深大断裂外，区内多数断层形成于晚燕山期—喜马拉雅期，纵向输导条件较差，因此，油灶分栖霞组—茅口组（生储）—龙潭组（盖）的成藏组合和龙潭组（生）—长兴组、飞仙关组、嘉陵江组、雷口坡组（储）—中下三叠统膏盐岩、上覆陆相泥质岩（盖）的成藏组合进行描述，后者以长兴组储层为例。

　　中侏罗世末栖霞组—茅口组、长兴组/大隆组底面埋深反映的流体运聚趋势基本一致，其可分为川西北（Ⅰ）、川东（Ⅱ）、渝东（Ⅲ）、川中（Ⅳ）、川南（Ⅴ）、川西南（Ⅵ）六个运聚单元（图4-93）。

　　1）中侏罗世末栖霞组—茅口组油灶的分布

　　川西北油气运聚单元（Ⅰ）：中侏罗世末，栖霞组—茅口组烃源岩排油强度分布于 $0.1×10^6 \sim 1.0×10^6 t/km^2$（平均为 $0.41×10^6 t/km^2$），累计排油量 $14656×10^6 t$，油气主要自川西排油中心向西和向北运聚；龙潭组盖层厚 $20 \sim 80 m$，具西薄东厚的特点；栖霞期—茅口期以碳酸盐岩台地沉积为主，储层发育欠佳，但东吴运动的隆升剥蚀，有利于岩溶储层的形成，其储层发育与否据岩溶地貌进行划分，岩溶高地、岩溶斜坡划为Ⅰ～Ⅱ类，岩溶洼地划为Ⅲ类储层。从前述排油强度分布、构造位置、盖层分布、岩溶储层发育情况的组合关系分析，该区有利油气聚集带呈北西向带状分布（图4-93），北带油气成藏概率系数高（0.41～0.51），中带最低（0.1），南带相对较高（0.26～0.32）。

　　川东油气运聚单元（Ⅱ）：该运聚单元栖霞组—茅口组排油中心分布于渝东区，最大排油强度为 $1.0×10^6 t/km^2$，其他地区排油强度一般为 $0.2×10^6 \sim 0.3×10^6 t/km^2$，总体而言油源条

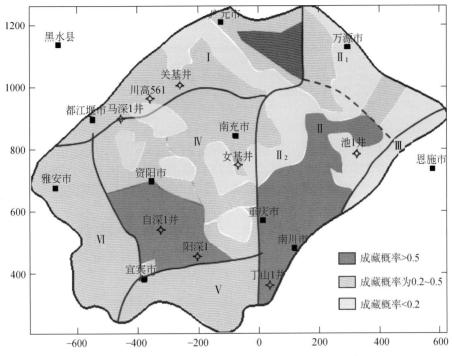

图 4-93　四川盆地上组合栖霞组—茅口组油灶概率分布图

件一般（平均排油强度为 0.30×10^6 t/km²），区内累计排油量为 18679.5×10^6 t/km²。受储层、盖层和构造位置控制，成藏概率系数呈东西分带、南北分块的特点：开江古隆起成藏概率系数高，其两侧概率系数低，呈东西分带特点，受东吴运动控制的岩溶地貌特征控制，北部成藏系数相对较低（岩溶洼地），南部较高（岩溶高地-岩溶斜坡），呈现出南北分块的特点。

渝东油气运聚单元（Ⅲ）：该区烃源条件相对最优，排油强度大于 1.0×10^6 t/km²，累计排油量为 4190×10^6 t，平均排油强度为 1.15×10^6 t/km²，但储层不发育，且处于构造低部位，成藏概率系数低，不利于油灶的形成。

川中油气运聚单元（Ⅳ）：该运聚单元油源条件相对较差，排油强度多为 $0.1 \times 10^6 \sim 0.5 \times 10^6$ t/km²，呈北高南低的分布面貌，油气主要由北向南运移；累计排油量为 18221.5×10^6 t，平均排油强度为 0.30×10^6 t/km²；龙潭组泥质岩盖层发育，东吴构造运动期间多属岩溶高地-岩溶斜坡，储层发育，受诸因素控制，成藏概率系数变化较大，总体呈南高北低、西高东低的格局。

川南油气运聚单元（Ⅴ）：该运聚单元油源条件较差，排油强度为 $0.1 \times 10^6 \sim 0.2 \times 10^6$ t/km²，累计排油量为 2505.6×10^6 t，平均排油强度为 0.15×10^6 t/km²；但储层较为发育，泥质岩盖层厚度较大，因此，成藏概率系数相对较高，因排出油气自北向南运移，北部成藏概率系数较南部略低。

川西南油气运聚单元（Ⅵ）：油源条件相对较差，排烃强度一般分布于 $0.1 \times 10^6 \sim 0.2 \times 10^6$ t/km²，川西生排烃中心相对较高（$0.5 \times 10^6 \sim 0.9 \times 10^6$ t/km²），但分布范围有限；累计排油量为 4969.7×10^6 t，平均排油强度为 0.20×10^6 t/km²；东吴运动期间多属岩溶高

地-岩溶斜坡，有利于岩溶储层的形成，龙潭组煤系泥岩厚度较大（50~100m），成藏概率系数相对较高，油气运移方向主要呈北东→南西方向，成藏概率系数呈北西-南东向带状分布。

2）中侏罗世末长兴组油灶的分布

川西北油气运聚单元（Ⅰ）：中侏罗世末，该油气运聚单元龙潭组具两个供烃中心，一是川东北的苍溪一带，二是德阳一带。排油强度为 $0.5 \times 10^6 \sim 1.0 \times 10^6 t/km^2$，排油强度总体呈南东高北西低的分布面貌，北西区排油强度小于 $0.1 \times 10^6 t/km^2$；油气运移方向主要为南东-北西向，累计排油量136.4亿t，平均排油强度为 $0.3790 \times 10^6 t/km^2$；中下三叠统膏盐岩厚 30~300m，封盖条件优越；储层条件差异较大，据沉积相分析，其呈现出深水陆棚-斜坡-台地边缘-开阔台地-台洼边缘-台洼-台洼边缘-开阔台地的北西-南东向带状分布，因此成藏概率系数呈现出北西-南东向的条带状分布，台缘边缘及台洼边缘礁相发育，成藏概率系数最高（>0.5），台洼、深水陆棚相储层发育差，成藏概率系数最低（<0.2），开阔台地及斜坡相储层较为发育，成藏概率系数介于上述两者之间（图4-94）。

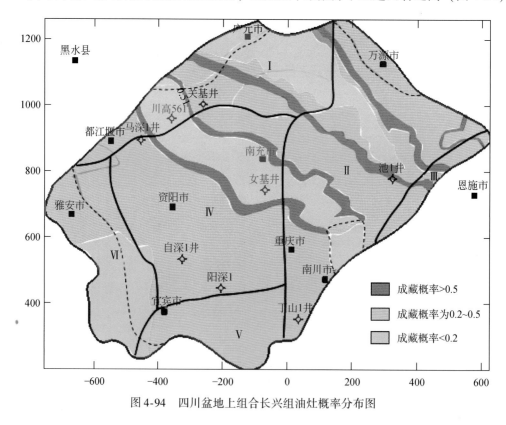

图4-94　四川盆地上组合长兴组油灶概率分布图

川东油气运聚单元（Ⅱ）：中侏罗世末，该区供烃强度中部优于南部和北部，烃源条件呈东西向带状分布，区内累计排油量187.9亿t，平均排油强度为 $0.2972 \times 10^6 t/km^2$；构造格局（长兴组底面埋深）呈中部高，东西低的面貌，油气运移方向由东西两侧向中部运移，北部地区由低部位向北东方向运移；中下三叠统膏盐岩全区分布，厚度为 150~

300m，封盖条件优越；受沉积相控制，储层呈北西-南东向展布；成藏概率系数也呈北西-南东向条带分布，台地边缘相成藏概率系数最高达0.8。

渝东油气运聚单元（Ⅲ）：该运聚单元烃源条件呈北部优于南部的特点，累计排油量12.2亿t，平均排油强度为0.3333×10^{6}t/km^2；呈向北西倾的单斜构造，油气主要由北西向南东方向运移，成藏概率系数受储层因素控制呈条带状展布。

川中油气运聚单元（Ⅳ）：该运聚单元烃源条件北部优于南部，累计排油量229.6亿t，平均排油强度为0.3768×10^{6}t/km^2，烃源条件相对最优；受泸州古隆起控制，油气主要由北向南运移，储层主要受沉积相控制，成藏概率系数呈北西-南东向条带状分布，台洼边缘成藏概率系数较高。

川南油气运聚单元（Ⅴ）：该运聚单元排油强度分布于0.1×10^6～0.4×10^{6}t/km^2，累计排油量43.0亿t，平均排油强度为0.2621×10^{6}t/km^2；长兴组为开阔台地-混积台地，储层欠发育，呈向北倾的单倾，成藏概率系数变化不大（0.32）。

川西南油气运聚单元（Ⅵ）：该运聚单元烃源条件差，储层欠发育，盖层条件较好，油气呈北东-南西运移，成藏概率系数总体较低（图4-94）。

3）上组合三叠纪—中侏罗世期望聚油量和晚期原油裂解气量

如前所述，尽管上组合两套烃源岩在川西、川北、川东区主要生油期在中侏罗世及之前，但它们在晚侏罗世仍有大量原油生成，并实现了向天然气的转化，而川中-川西南区生油作用可持续至晚燕山期。由于盆地模拟中对晚侏罗世并没有进一步细分，因此，难以根据不同运聚单元表征排油量及其期望聚集量，所以本书探讨中侏罗世及其之前的聚油量来反映油灶晚期裂解天然气量。

中三叠世末的印支构造运动，四川盆地整体隆升剥蚀，剥蚀量以泸州-开江古隆起最大（最大可达1100m），泸州古隆起上已剥蚀至嘉四段，其盖层条件相对变差，但二叠系两套烃源岩在中三叠世之前排烃量有限，因此，印支构造运动对二叠系烃源岩生成油气的聚集量影响不大。盖层封闭性动态评价表明，中侏罗世末，须家河组泥质岩、中下三叠统膏盐岩、龙潭组泥质岩具封盖油气的能力。且生储盖匹配关系较好，排聚系数取值0.1～0.4，各运聚单元石油期望聚集量见表4-11，以川东、川中区期望聚油量最大，其次为川西北区，渝东、川南、川西南区相对最低。全盆地期望聚油量127.8亿～511.1亿t，以50%转化为天然气计算，原油裂解气量为6.389万亿～25.557万亿m^3，这为后期天然气调整成藏奠定了雄厚的物质基础。

表4-11　四川盆地海相上组合各运聚单元石油期望聚集量及裂解气量

（单位：10^{6}t）

项目	运聚单元						合计
	川西北（Ⅰ）	川东（Ⅱ）	渝东（Ⅲ）	川中（Ⅳ）	川南（Ⅴ）	川西南（Ⅵ）	
P$_3$l排油量	13636.0	18791.1	1216.5	22963.4	4304.6	3650.3	64561.9
P$_2$排油量	14656.0	18679.5	4190.3	18221.5	2505.6	4969.7	63222.6
合计	28292.0	37470.6	5406.8	41184.9	6810.3	8620.0	127784.5

续表

项目	运聚单元												合计	
	川西北（I）		川东（II）		渝东（III）		川中（IV）		川南（V）		川西南（VI）			
	最小	最大	最小	最大	最小	最大	最小	最大	最小	最大	最小	最大	最小	最大
期望聚油量	2829.2	11316.8	3747.1	14988.2	540.7	2162.7	4118.5	16474.0	681.0	2724.1	862.0	3448.0	12778.4	51113.8
裂解气量	1414.6	5658.4	1873.5	7494.1	270.3	1081.4	2059.2	8237.0	340.5	1362.1	431.0	1724.0	6389.2	25556.9

参 考 文 献

陈践发，张水昌，鲍志东，等 . 2006. 海相优质烃源岩发育的主要影响因素 . 海相油气地质，11（3）：49～54

陈衍景，邓健，胡桂兴 . 1996. 环境对沉积物微量元素含量和分配型式的制约 . 地质地球化学，（3）：97～105

程克明，王兆云，熊英，等 . 1999. 中国海相碳酸盐岩的生烃研究 . 海相油气地质，4（4）：1～11

丰国秀，陈盛吉 . 1988. 岩石中沥青反射率与镜质组反射率之间的关系 . 天然气工业，8（2）：20～25

郭彤楼，李国雄，曾庆立 . 2005. 江汉盆地当阳复向斜当深3井热史恢复及其油气勘探意义 . 地质科学，40（4）：570～578

胡圣标，张容燕，周礼成 . 1998. 油气盆地地热史恢复方法 . 勘探家，3（4）：52～54

湖南省地质矿产局 . 1988. 湖南省区域地质志 . 北京：地质出版社

黄第藩，李晋超，张大江 . 1984. 干酪根的类型及其分类参数的有效性、局限性和相关性 . 沉积学报，2（3）：18～33

吉让寿，秦德余，高长林，等 . 1997. 东秦岭造山带与盆地 . 西安：西安地图出版社

金之钧，王清晨 . 2004. 中国典型叠合盆地与油气成藏研究新进展——以塔里木盆地为例 . 中国科学（D辑：地球科学），34（增刊I）：1～12

金之钧，王清晨 . 2007. 中国典型叠合盆地油气形成富集与分布预测 . 北京：科学出版社

李双建，肖开华，沃玉进，等 . 2009. 中上扬子地区上奥陶统—下志留统烃源岩发育的古环境恢复 . 岩石矿物学杂志，28（5）：450～458

梁狄刚，张水昌，张宝民，等 . 2000. 从塔里木盆地看中国海相生油问题 . 地学前缘，7（4）：534～547

刘光祥，罗开平，彭金宁，等 . 2010. 湖北长阳地区有机质热演化异常成因及意义 . 石油实验地质，32（1），52～57

刘金侠，周平，李景坤 . 1994. 甾烷异构化指数定量恢复油气盆地热演化史 . 大庆石油地质与开发，13（4）：16～18

刘树根，黄文明，陈翠华，等 . 2008. 四川盆地震旦系—古生界热液作用及其成藏成矿效应初探 . 矿物岩石，28（3）：41～50

卢庆治，胡圣标，郭彤楼，等 . 2005. 川东北地区异常高压形成的地温场背景 . 地球物理学报，48（5）：1110～1116

卢庆治，马永生，郭彤楼，等 . 2007. 鄂西-渝东地区热史恢复及烃源岩成烃史 . 地质科学，42（1）：189～198

陆克政 . 2006. 含油气盆地分析 . 东营：中国石油大学出版社

马永生，郭彤楼，付孝悦，等 . 2002. 中国南方海相石油地质特征及勘探潜力 . 海相油气地质，7（3）：19～27

秦建中 . 2005. 中国烃源岩 . 北京：科学出版社

秦建中，申宝剑，腾格尔，等 .1980. 不同类型优质烃源岩生排油气模式 . 石油实验地质，35（2）：179 ~ 186

秦建中，饶丹，蒋宏 .2008. 高演化海相碳酸盐岩层系古温标的直接指标——包裹体均一温度 . 石油实验地质，30（5）：494 ~ 498

秦建中，李志明，腾格尔 .2009a. 中国南方高演化海相层系的古温标 . 石油与天然气地质，30（5）：608 ~ 618

秦建中，腾格尔，杨琦，等 .2009b. 川东地区海相高演化层系的成熟度指标研究 . 石油学报，30（2）：208 ~ 213

邱楠生 .2005. 沉积盆地热历史恢复方法及其在油勘探中的应用 . 海相油气地质，10（2）：45 ~ 51

施小斌，汪集旸，罗晓容 .2000. 古温标重建沉积盆地热史能力探讨 . 地球物理学报，43（3）：386 ~ 392

腾格尔，刘文汇，徐永昌，等 .2004. 缺氧环境及地球化学判识标志的探讨 . 沉积学报，22（2）：365 ~ 372

王良书，李成，李绍文，等 .2003. 塔里木盆地北缘库车前陆盆地地温梯度分布特征 . 地球物理学报，26（3）：403 ~ 407

王启军，陈建渝 .1988. 油气地球化学 . 北京：中国地质大学出版社

王韶华，宋明雁，李国雄 .2002. 江汉盆地南部二叠系烃源岩热演化特征 . 油气地质与采收率，9（3）：31 ~ 33

王学军，郭玉新，杜振京，等 .2007. 济阳坳陷石油资源综合评价与勘探方向 . 中国石油勘探，5：7 ~ 13

伍大茂，吴乃苓，郜建军 .1998. 四川盆地古地温研究及其地质意义 . 石油学报，19（1）：18 ~ 23

肖贤明，刘祖发，申家贵，等 .1998. 确定含油气盆地古地温梯度的一种新方法——镜质组反射率梯度法 . 科学通报，43（21）：2340 ~ 2343

徐春华，朱光，刘国生，等 .2005. 伊利石结晶度在恢复地层剥蚀量中的应用——以合肥盆地安参 1 井白垩系剥蚀量的恢复为例 . 地质科技情报，24（1）：41 ~ 44

徐国盛，袁海峰，马永生，等 .2007. 川中–川东南地区震旦系–下古生界沥青来源及成烃演化 . 地质学报 .81（8）：1143 ~ 1152

杨怀辉，李忠惠 .2004. 从古热流值和剥蚀量的研究来判断地热的发育——以四川盆地川合 100 井为例 . 四川地质学报，24（3）：180 ~ 184

袁玉松，马永生，胡圣标，等 .2006. 中国南方现今地热特征 . 地球物理学报，49（4）：1118 ~ 1126

曾凡刚，程克明 .1998. 下古生界海相碳酸盐烃源岩地球化学的研究现状 . 地质地球化学，26（3）：1 ~ 8

张林，魏国齐，李熙喆，等 .2007. 四川盆地震旦系–下古生界高过成熟烃源岩演化史分析 . 天然气地球科学，18（5）：726 ~ 731

张水昌，梁狄刚，张大江 .2002. 关于古生界烃源岩有机质丰度的评价标准 . 石油勘探与开发，29（2）：8 ~ 12

张水昌，梁狄刚，张宝民，等 .2004. 塔里木盆地海相油气生成 . 北京：石油工业出版社

张水昌，张宝民，边立曾，等 .2005. 中国海相烃源岩发育控制因素 . 地学前缘，12（3）：39 ~ 48

赵文智，王兆云，张水昌，等 .2006. 油裂解生气是海相气源灶高效成气的重要途径 . 科学通报，51（5）：589 ~ 595

赵文智，王兆云，张水昌，等 .2007. 不同地质环境下原油裂解生气条件 . 中国科学（D 辑：地球科学），37（增刊Ⅱ）：63 ~ 68

钟宁宁，卢双舫，黄志龙，等 .2004. 烃源岩生烃演化过程 TOC 值的演变及其控制因素 . 中国科学（D 辑：地球科学），34（增刊 1）：102 ~ 126

钟宁宁，赵喆，李艳霞，等 .2010. 论南方海相层系有效供烃能力的主要控制因素 . 地质学报，84（2）：149 ~ 158

周小进，杨帆 .2007. 中国南方新元古代—早古生代构造演化与盆地原型分析 . 石油实验地质，29（5）：

446~451

周小进, 杨帆. 2008. 中国南方中新生代盆地对海相中古生界的迭加、改造分析. 地质力学学报, 14 (4): 346~361

周总瑛. 2009. 我国东部断陷盆地石油排聚系数统计模型的建立. 新疆石油地质, 30 (1): 9~12

周祖翼, 廖宗廷, 杨凤丽, 等. 2001. 裂变径迹分析及在沉积盆地研究中的应用. 石油实验地质, 23 (3): 332~337

朱夏. 1983. 多旋回构造运动与含油气盆地. 中国地质科学院文集 (9)

朱扬明, 顾圣啸, 李颖, 等. 2002. 四川盆地龙潭组高热演化烃源岩有机质生源及沉积环境探讨. 地球化学, 41 (1): 35~44

Barker C. 1990. Calculated volume and pressure changes during the cracking of oil and gas in reservoirs. AAPG Bulletin, 74 (8): 1254~1261

Barker C E, Pawlewicz M J. 1986. The correlation of vitrinite reflectance with maximum temperature in humic organic matter. Lecture Notes in Earth Science, 5: 79~93

Demaison G. 1984. The Generative Basin Concept. AAPG Memoir, 35: 1~14

Demaison G, Moore G T. 1980. Anoxic environments and oil sources bed genesis. AAPG Bulletin, 64: 1179~1209

Freudenthal T, Wagner T, Wenzhfer F, et al. 2001. Early diagenesis of organic matter from sediments of the eastern subtropical Atlantic: Evidence from stable nitrogen and carbon isotopes. Geochimica et Cosmochimica Acta, 65 (11): 1795~1808

Hatch J R, Leventhal J S. 1992. Relationship between inferred redox potential of the depositional environment and geochemistry of the Upper Pennsylvanian Stark Shale Member of Dennis Limestone, Wabaunsee County, Kansas, U. S. A. Chemical Geology, 99: 65~82

Hunt J M. 1979. Petroleum Geochemistry and Geology. New York: Freman

Jones B, Manning D A C. 1994. Comparison of geochemical indices used for the interpretation of palaeoredox conditions in ancient mudstone. Chemical Geology, 111: 111~129

Lehmann M F, Bernasconi S M, Barlieri A, et al. 2002. Preservation of organic matter and alteration of its carbon and nitrogen isotope composition during simulated and in situ early sedimentary diagenesis. Geochimica et Cosmochimica Acta, 66 (20): 3573~3584

Pederson T F, Calvert S E. 1990. Anoxia versus productivity: What controls the formation of organic-carbon-richs ediments and sediment ary rock. AAPG Bulletin, 74: 454~466

Stein R. 1986. Organic carbon and sedimentation rate—further evidence for anoxic deep-water conditions in the Cenomanian/Turonian Altantic ocean. Marine Geology, 72: 199~209

Thomas B M, Moller-Pedersen P, Whitaker M F, et al. 1985. Organic facies and hydrocarbon distributions in the Norwegian North Sea. London: Petroleum Geochemistry in Exploration of the Norwegian Shelf, Graham and Trotman: 3~26

Ventura B, Pini GA, Zuffa G G. 2000. Thermal history and exhumation of the Northern Apennines (Italy): evidence from combined apatite fission track and vitrinite reflectance data from foreland basin sediments. Basin Research, 13: 435~448

Waples D W. 1983. Physical-chemical models for oil generation: Colorado School of Mines Quarterly. AAPG, 78 (4): 15~30

Wright J, Holscr W T. 1987. Paleoredox variationsin ancient oceans recorded by rare earth elements in fossil apatite. Geochimica et Cosmochimica Acta, 51: 631~644

第5章 天然气保存条件

天然气保存条件涉及油气生成、运移、聚散的全过程，影响因素众多，主要因素包括盖层的封盖性能、构造隆升作用、断层的封闭性、地下水的水文地质特征、岩浆作用等。

5.1 主要盖层特征

盖层的概念目前尚未统一，苏联卡林科把层状岩层以及能从侧方限制油气藏并阻挡流体泄漏的地质体统称盖层。当前把位于储层之上、在地质条件下能够阻挡各种相态油气向上运移并聚集成藏的不渗透岩层称为盖层。

最早对盖层的研究是厚度、分布面积与埋深。苏联学者依诺泽姆采夫在研究古比雪夫地区下石炭统油藏之上厚薄不等的盖层对石油聚集的影响时提出，石油密度反映了其氧化程度，而氧化程度与油藏上覆盖层厚度呈正相关关系；随盖层厚度变薄，石油密度增大，当盖层厚度达25m以后，石油密度不再增加，说明油藏得到了充分保存，不再受破坏，故他提出该区盖层厚度的有效下限标准为25m。

涅斯捷洛夫对盖层厚度问题进行实验和理论计算后得出，油气通过1m厚黏土盖层所需压力差达120MPa，因此厚度对盖层的封盖作用不是主要的，起主导作用的是排替压力的大小和裂缝发育程度。因此，涅斯捷洛夫根据盖层孔径的大小，定量化地把盖层分为三个等级：①孔径$<5\times10^{-6}$cm时可作为油层或气层的盖层；②孔径为$5\times10^{-6}\sim2\times10^{-4}$cm时只能作为油层的盖层；③孔径$>2\times10^{-4}$cm时油气均可逸散（维索次基，1975）。

目前，我国在盖层研究方面尚缺乏成熟规范的方法系列，研究中一般着重以下一方面或几方面的单因素分析：盆地原型叠加改造对盖层的影响研究、断层封闭性研究、盖层常规方法（宏观层位、岩性、厚度、展布、均质性等；微观孔隙度、渗透率、突破压力、优势孔隙范围等）研究、盖层封闭机理研究、水文地质环境研究、地层流体有机地球化学特征研究、盖层力学参数研究等。

由于盖层自身形成地质条件的复杂性和人们认识水平的局限性，现今油气封闭盖层的研究，仍以岩石的物性分析与评价为主；在如何全面、完整、综合性地反映盖层实际封闭能力研究方面相对薄弱。本书重点从控制盖层封盖性能的三大作用四大因素几方面开展研究：①沉积作用控制的盖层厚度、平面展布稳定性、埋藏深度宏观因素；②成岩作用控制的盖层质量（物性及结构）微观因素；③构造作用控制的断层封闭条件因素；④三大作用共同控制的水文地质、力学性质、超压封闭等因素。

四川盆地及周缘海相层系中发育三套区域性的泥质岩盖层（下寒武统、志留系、上二叠统吴家坪组/龙潭组）与两套区域性膏盐岩盖层（中下寒武统、中下三叠统），这些盖层沉积时期的古地理格局与沉积环境直接控制着不同类型盖层厚度、质量、分布面积及封盖能力，对各成藏组合油气的封堵具有重要作用。

5.1.1 下组合区域盖层

1. 下寒武统泥质岩盖层

1）盖层分布特征

下寒武统泥质岩盖层包含了下部具生烃能力的暗色泥岩和与其相邻的不具生烃能力的灰色泥岩、钙质泥岩和少许硅质泥岩。在区域上分布非常广泛，几乎遍及整个四川盆地，厚度为50～400m，一般在200m左右（图5-1）。下寒武统泥质盖层的分布受控于乐山-龙女寺古隆起和黔中古隆起的分布，古隆起上盖层较薄，小于100m，环绕古隆起往外盖层厚度增加，最大厚度在300m以上。

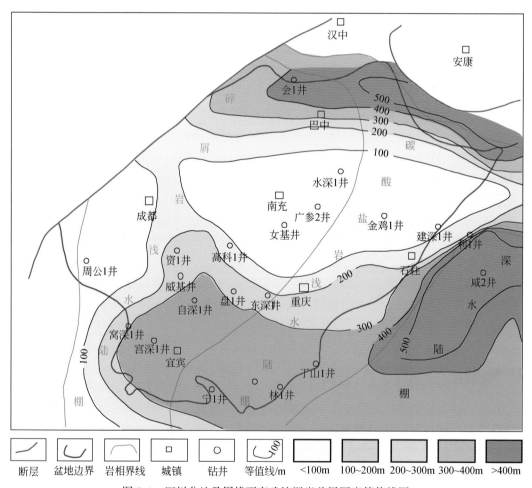

图5-1 四川盆地及周缘下寒武统泥岩盖层厚度等值线图

2）岩相古地理特征

下寒武统区域盖层的形成和发育与早寒武世的岩相古地理格局密切相关。早寒武世是继震旦纪之后，中国南方岩相古地理发展史上一个重要阶段，亦是显生宙历史长河的起点。早寒武世早期（以牛蹄塘组泥质岩沉积时期为代表）是在晚震旦世灯影期海退后又一次海侵背景下接受沉积的，为南方海平面最大的海域，沉积了黑色页岩和磷块岩，代表最大海泛面。在牛蹄塘组沉积时期，呈现出"一陆一棚一斜坡"的古地理格局，海底为一向南敞开的斜坡地形。沉积环境由西向东由滨岸→混积陆棚→内陆棚→外陆棚-斜坡发生变化，水深逐渐增加，泥质含量递增、砂质与灰质含量递减，泥质岩盖层的纯净度越来越好；泥质岩盖层厚度越来越大。

这一时期古陆分布在西部的龙门山、滇中一带，即前人命名的康滇古陆，它是早寒武世的主要物源供给区。滨岸潮坪相与混积陆棚相：分布在古陆的边缘带，位于北部的汉中，向南经江油、成都至昭通这一向北西突出的弧形带。潮坪相以砂岩与泥页岩为特征。混积陆棚相以泥灰岩与粉砂岩及泥岩，或与碎屑岩互层为特点；北部含少量磷块岩条带，厚41~80m。泥灰岩以微晶结构为主，颗粒结构较为罕见，偶含少量砂屑及粉屑、陆源碎屑岩成分及结构成熟度均较低，偶有含磷显示。可见水平与波状层理、鸟眼和龟裂纹构造。古生物除偶见藻纹层外，尚见个体完整的小壳动物，这是浅水且盐度较高的不利于广盐度生物生长的环境。孤立碳酸盐岩台地：分布于湖北省的房县-襄樊一带，呈现出近东西向展布的透镜体，是由白云岩构成的局限台地环境。岩石组合以微至粉晶白云岩为主，一般不具颗粒结构，也没有明显的粒序，层理也极不发育，硅质条带及透镜体仅局部见到。内陆棚相：呈向北西突出的弧形状大面积分布于四川盆地及周缘，以及遵义-大方-盘县一带。厚度稳定、岩性变化不大，主要由黑色页岩、粉砂质页岩夹碳质页岩、粉细砂岩。水平层理极发育，见广海型生物化石，如瓣鳃类、腕足类等。外陆棚-斜坡相：呈弧形分布于中上扬子台地的东南缘，自南西向北延伸，转至北东向。自鄂西、湘西至重庆的酉阳、秀山一带，西延至贵州沿河、遵义地区，长300km以上，宽150km。岩性为黑色碳质页岩（局部含磷）夹硅质岩和碳酸盐岩。不同地带岩石组合有差别，酉阳、秀山一带以硅质岩为主，占岩类总量的50%~100%，偶见极少量碳酸盐岩类及含磷条带，沉积物厚度一般仅12~35m，小范围内较稳定。因为在早寒武世早期，中国南方处于拉张高峰期，导致南方分成扬子板块和华夏板块，其间为华南裂陷洋盆。早寒武世梅树村期和筇竹寺早期海侵达到最大高潮，海侵范围涉及全区。该时期除鄂北、鄂中和鄂东以北地区（即荆门—京山—沔阳—武汉）为局限海台地相外，其余广大地区，包括黔东、湘西、湘中、赣北、浙西皖南一线均为深水斜坡-盆地相，主要沉积一套巨厚的富含有机质的水平纹层状黑色页岩系，包括黑色和黑灰色碳质页岩、碳硅质泥页岩、碳泥质硅质岩、含磷泥灰岩、石煤层和碳酸盐岩等，代表缺氧的深水盆地环境。分布范围广，几乎遍及整个扬子地区，构成了第一套良好的区域盖层。

3）泥质岩盖层微观特征

采自盆地相带的三都扎拉沟组（SD—$\text{\Cyr{C}}_1\text{zl}$-7）和内陆棚相带的清镇牛蹄塘组（QZ-$\text{\Cyr{C}}_1\text{n}$-5）样品薄片鉴定前者为含粉砂含钙泥岩，后者为粉砂质泥岩，它们的黏土矿物均由细鳞片状伊利石、绿泥石等矿物组成。

X 衍射数据见表 5-1：SD—$\text{\Cyr{C}}_1\text{zl}$-7 样品伊利石 80%、绿泥石 15%、混层比 10%、伊利石结晶度 0.32；QZ—$\text{\Cyr{C}}_1\text{n}$-5 伊利石 98%、绿泥石 2%、伊利石结晶度 0.50。结合样品中伊利石呈片状特征和镜质组反射率分析结果，可以判断出它们均处于晚成岩阶段 C 亚段。

样品物性特征见表 5-1，孔隙度（0.36% ~ 18.19%），渗透率（0.302×10^{-3} ~ $0.495 \times 10^{-3}\ \mu\text{m}^2$），结果偏高可能是地表取样所致。也可能表明常规孔渗参数对晚成岩的泥质岩盖层意义不大。

扫描电镜下：SD—$\text{\Cyr{C}}_1\text{zl}$-7 结构特征为致密块状泥岩，结构均匀，孔隙不发育［图 5-2（a）］，仅见残留粒间孔隙及黏土矿物（伊利石）的层间微孔隙；黏土矿物（伊利石）呈弯曲片状，有顺层分布趋势［图 5-2（b）］。QZ—$\text{\Cyr{C}}_1\text{n}$-5 结构特征为：致密块状结构均匀分布，见少量微孔隙分布［图 5-2（c）］；伊利石呈叠片状分布，颗粒间发育较多的粒间微孔隙［图 5-2（d）］。孔隙类型主要发育粒间残留孔隙，连通性较差，并见较多粒内发育的针孔，呈孤立状。

综合宏观分布及微观特征，认为下寒武统泥岩分布范围广，并且岩相稳定，因此具有较好的封闭性能。

表 5-1 四川盆地周缘下寒武统盖层测试分析数据

样品	薄片鉴定	孔隙度 /%	渗透率 /$10^{-3}\ \mu\text{m}^2$	伊利石 /%	绿泥石 /%	混层比 /（%S）	伊利石结晶度（CIS）	R_o /%
SD—$\text{\Cyr{C}}_1\text{zl}$-7	含粉砂、钙泥岩	0.36	0.495	80	15	10	0.32	3.718
QZ—$\text{\Cyr{C}}_1\text{n}$-5	粉砂质、泥岩	18.19	0.302	98	2	—	0.50	1.323

(a)　　　　　　　　　　　　　　　　　　(b)

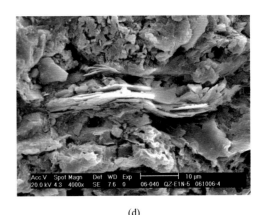

(c)　　　　　　　　　　　　　　　　　(d)

图 5-2　下寒武统泥岩盖层 SD—$\in_1 zl$-7、ZQ—$\in_1 n$-5 微观结构特征

2. 中下寒武统膏盐岩盖层

1）盖层分布特征

四川盆地中下寒武统膏岩盖层主要发育于都均阶上段—台江阶下段，厚度呈北东向展布（图 5-3）。其形成与发育受沉积环境与古地理格局控制。

据丁山 1 井等资料综合，中下寒武统膏盐层主要分布于四川盆地西南部、四川盆地东部及鄂西渝东区，属浅水蒸发台地相沉积。

中寒武统覃家庙组膏岩在湘鄂西西北部十分发育，建深 1 井钻遇 288m 膏岩。川东南地区寒武系膏岩盖层主要分布于石冷水组和清虚洞组。在丁山构造以西的宁 1 井及宫深 1 井，龙王庙组下部为灰岩、砂屑或鲕粒灰岩；中上部为白云岩、膏质云岩、砂屑或鲕粒白云岩夹膏岩，膏岩厚度达到 30~70m。川东南丁山 1 井统计膏岩厚 26.9m，膏岩分布基本以清虚洞组为界，上下基本各占一半。在四川盆地南部发现了雷波沙坪子-$\in_2 x$（西王庙组）石膏厚 18.5m/7 层/2 套、火草坪-$\in_1 l$（龙王庙组）厚 18.5m/6 层/1 套（含 2.0m/1 层膏溶角砾岩）共两个石膏露头点。

此外，在黑马石膏露头还见到一些盐构造，如小揉皱。在实测剖面时均发现与落实了中下寒武统较厚的膏溶角砾岩。其中，抓抓岩剖面 30 余米/13 层-$\in_2 x$ 膏溶角砾岩、长坪剖面 17.5m/4 层的-$\in_2 x$ 膏溶角砾岩、范店剖面 20 余米/4 层-$\in_2 d$ 膏溶角砾岩、三汇场剖面-$\in_2 s$（石冷水组）35m/4 层的膏溶角砾岩，这些膏溶角砾岩，在地下可能对应一套优质的石膏盖层。据钻井揭示林 1 井膏岩类厚 99m/10 层，丁山 1 井厚 26.9m/10 层；石膏岩层计 4 层，石膏质白云岩层计 7 层。由此可见，川东南区块膏岩盖层连片分布，层数多，石膏岩单层最厚达 14m。结合钻井与露头证据，预测在四川盆地南部的川西南区块有厚 60m 且长 60~70km 的优质石膏盖层带，为有利的潟湖沉积相带（彭勇民等，2011）。

2）岩相古地理特征

经过早寒武世早中期的海侵之后，在早寒武世末至中寒武世的一段时期内出现了干旱

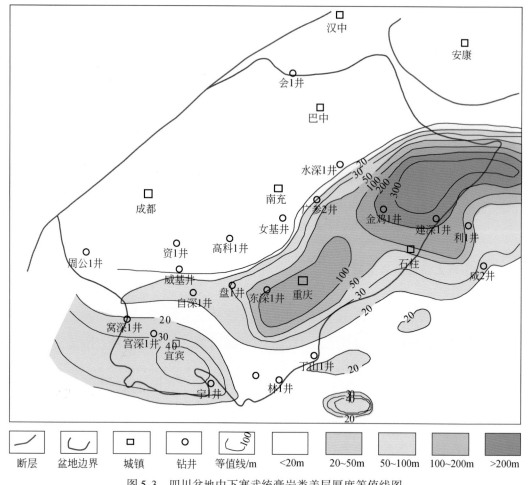

图5-3 四川盆地中下寒武统膏岩类盖层厚度等值线图

气候，由此诞生了较多的膏盐岩。发育了"牛眼状"相带分布的古地理格局，南北两侧分别为古陆与台缘浅滩，二者实际上形成了对海水的阻隔进而产生了类似潟湖一样的沉积环境。由北西向南东自陆向海，依次展布着古陆→潮坪相→萨布哈/蒸发台地相→盐湖/局限台地相→潮坪相→台缘浅滩相。

盐湖/局限台地相：位于膏盐湖的最内层，呈向北西突出的弧形状分布于重庆–石柱–当阳一线，膏盐岩累计厚度大、单层厚度大，在建深1井高达300m。其岩性组合主要为石膏、膏质云岩、含膏云岩、膏溶角砾岩、膏泥岩夹白云岩。

萨布哈/蒸发台地相：围绕盐湖呈环带状，分布于四川盆地及周缘、黔中隆起及周边、江汉盆地及周边。膏盐岩累计厚度小，一般为20~40m；单层厚度小。其岩性组合为白云岩、云质灰岩夹石膏、膏质云岩、含膏云岩、膏溶角砾岩、膏泥岩，或互层。

潮坪相：在膏盐湖的最外层，沿古陆或台缘浅滩（类似于障壁岛性质）分布。其岩性组合为白云岩夹泥质岩。

台缘浅滩相：分布在向海的最前缘，经受波浪或潮汐的反复冲击，构成了高出平坦海底的微地貌，它对膏盐湖的形成至关重要。其岩性组合主要为亮晶颗粒灰岩与亮晶砂屑白云岩，构成区内较好的储层。

3) 膏岩盖层的微观特征

膏盐岩有很高的可塑性，特别是具有可塑性随深度增加而增大的特征。因其可塑性强，对孔隙有很大的愈合能力，对厚度要求也比泥岩薄（理论上为 20m，而四川盆地已有油气勘探表明实际对膏盐层厚度要求更小，厚度在 4m 以上的石膏就可以作为工业性气藏的可靠遮挡层），因此被公认为分布广、最可靠、性质最佳的盖层。

鄂西-渝东区中寒武统盖层含膏云岩和泥岩盖层毛细管压力曲线高陡，突破压力 4.98 ~ 9.85MPa。中值半径一般为 4 ~ 10nm，其中膏质岩类中值半径相对较小，微孔隙半径分布集中于小孔隙。由于膏岩类非常致密，孔隙极不发育。因此，中寒武统盖层中的膏岩类比表面积相对泥质岩较低，孔隙流体也有对应变化。盖层气柱高度建深 1 井泥岩为 483.45m，鱼 1 井膏岩大于 900m，遮盖系数均大于 100%，具备非常强的封闭能力。中寒武统盖层膏质岩类扩散系数为 10×10^{-6} ~ $20\times10^{-6}\text{cm}^2/\text{s}$，已具有形成中、高效气藏的封闭能力。

通过上述中寒武统盖层薄膜封闭分析认为，中寒武统盖层具有较下寒武统泥岩盖层更好的封闭性能，鄂西-渝东大部分地区已具有封闭高压气藏的能力，尤其是中值半径较下寒武统泥质岩盖层具有明显优势。

3. 下志留统泥质岩盖层

1) 盖层分布特征

志留系盖层为一套浅海陆棚相—滨浅海相的砂泥岩建造，该套盖层厚度巨大，岩性稳定，但横向上部分地区遭受不同程度的剥蚀。横向上主要分布于黔中地区的黔北拗陷、川东北地区、鄂西渝东的石柱复向斜和利川复向斜，其余地区剥蚀暴露或缺失。

四川盆地：下志留统泥质盖层以乐山-龙女寺古隆起为中心，古隆起核部志留系剥蚀殆尽，向外厚度由 100m 逐渐增大，向南在泸州-宜宾地区厚 600 ~ 700m（图 5-4），向北至大巴山地区厚 300 ~ 700m，向东至湘鄂西地区达 1000m。

川东北地区：在川东北地区这套盖层未见出露，目前埋深都在 4000m 以上，从志留系厚度区域变化看，这套盖层厚度在 500m 以上，最厚可达 1000m，属于均质盖层。

鄂西-渝东地区：该套盖层仅在齐岳山复背斜的南段花棋堂地区遭受剥蚀，利川复向斜内有零星出露。其他地区均连片分布于地腹，志留系覆盖率可达 90% 以上，盖层厚度一般在 900m 左右，如利 1 井厚 1020.50m，彭水黄草场厚 966.44m，齐岳山复背斜和利川复向斜志留系盖层中泥质岩所占岩比分别为 73.25% 和 77.70%，属较均质盖层。

2) 盖层岩相古地理特征

晚奥陶世五峰组沉积之后，中上扬子地区的构造性质发生重大转变；早志留世（以龙马溪组泥质岩沉积期为代表）业已形成大面积分布的古陆。早志留世龙马溪期早期作为海

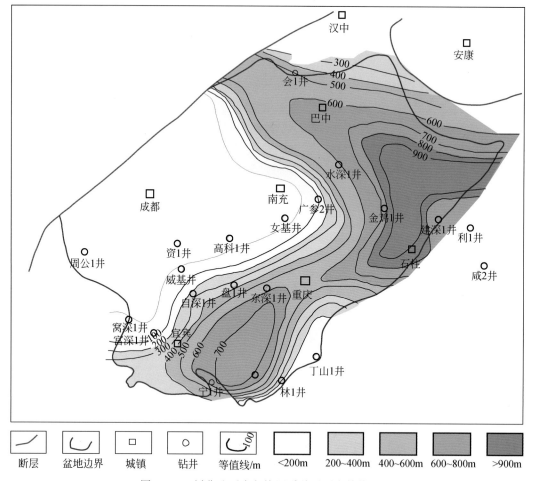

图 5-4　四川盆地下志留统泥质盖层厚度等值线图

　　侵体系域的沉积物，在四川盆地大部分地区为黑色页岩，一般厚度为 20 ~ 50m，最厚 100m。沉积物富含笔石，水深 100 ~ 150m。并且该期的浅海域被古陆或古隆起环绕，呈现出"陆包海盆"的古地理格局。海底地形具宽广、平坦的特征。沉积环境由四周的古陆向海依次分布从古陆→滨岸→深水陆棚的演变。

　　滨岸相：围绕古陆分布，不同区带其岩性差别较大、变化很快；在北部汉中、南部遵义一带发育了富有机质的黑色碳质页岩（类似于泥坪相），在成都周边出现了黑色页岩，此外在南部古陆的北侧产生了狭长条带状分布的粉细砂岩夹页岩、页岩与粉细砂岩互层的滨岸沉积。

　　陆棚相：按岩性组合的不同，分东西两类陆棚相。分布在上扬子地区的西部陆棚主要为黑色页岩相，其具有泥质含量高、砂质含量低的特点。不同地带又有所不同，在滇东北-川南、黔北一带，或者说在近牛首山-黔中古隆起和武陵山的北缘，岩性为黑色含碳质页岩、黑色含砂质页岩夹粉砂岩与细砂岩；但在滇东北的巧家、美姑一带，为含砂质页岩、泥灰岩和灰岩相。分布在中扬子地区的东部浅水陆棚为灰绿色夹黑色页岩、粉砂岩，其具有颜色相对浅、砂质含量较高的特征；但是在湖北的五峰、长阳和湖南的石门等局部地区沉积了富含笔石的黑色页岩相。

3）盖层微观特征

志留系盖层测试数据较多，本书综合相关物性、成岩、电镜等方面的数据对其进行描述及分析判断。

X 衍射分析表明（表5-2）：含粉砂钙质泥岩中伊利石60%、绿泥石20%、混层比15%，伊利石结晶度0.65；含粉砂钙质板状泥岩中伊利石57%、绿泥石16%，伊利石结晶度0.68；结合样品中绿泥石呈绒球叶片状，而伊利石仍呈片状特征，镜质组反射率分析结果为1.3%~2.0%，伊利石结晶度大于0.50。可以判断出它们处于晚成岩阶段 B 亚段晚期。

表 5-2　四川盆地及周缘地区 S_1 盖层测试分析数据

样品	薄片鉴定	孔隙度 /%	渗透率/ $10^{-3} \mu m^2$	伊利石/%	绿泥石 /%	混层比 /（%S）	伊利石结晶度（CIS）	R_o /%
WD—$S_{1+2}w_1$	含粉砂钙质泥岩	5.11	0.00801	60	20	15	0.65	1.54
WD—$S_{1+2}w_2$	含粉砂钙质板状泥岩	5.32	0.234	57	16	15	0.68	1.38

(a)

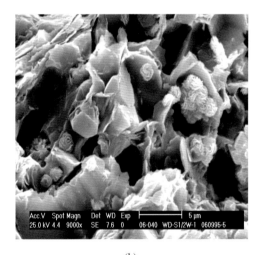
(b)

图 5-5　志留系泥质岩（WD—$S_{1-2}w$）微观结构

扫描电镜反映出两块样品的微观结构特征基本相同。岩石结构：致密块状砂质泥岩［图 5-5（a）］，黏土矿物（伊利石）呈叠片状，顺层分布。孔隙类型：主要发育黏土矿物与碎屑颗粒之间残留的粒间微孔隙，以及黏土矿物（伊利石）的层间微孔隙。胶结类型：主要见绿泥石充填粒间孔隙及在黏土矿物表面衬垫式胶结。成岩作用：碱性环境中黄铁矿脱落-绿泥石充填式胶结［图 5-5（b）］。

黔中地区志留系样品物性为孔隙度（5.11%~5.52%）、渗透率（8.01×10^{-6}~234×

$10^{-6}\mu m^2$）。建南地区样品渗透率分布于 $4.6\times10^{-6}\sim7.7\times10^{-6}\mu m^2$，属Ⅰ类盖层。另外，模拟实验表明（图5-6），在实际埋深下，盖层的孔渗呈现指数关系急剧下降，显示在1500m 埋深（围压大于30MPa）时，具备优越的物性条件。

因此，志留系属于优质盖层，具有良好的封盖性能。

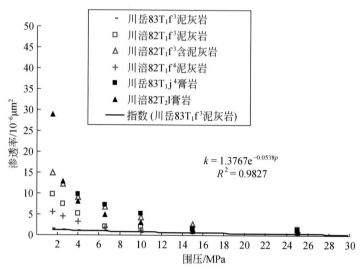

图 5-6　模拟地质条件下盖层围压–渗透率关系图

5.1.2　上组合区域盖层

1. 上二叠统龙潭组泥质岩盖层

1）盖层分布特征

从泥盆纪开始，南方进入第二个一级巨旋回层序期，并开始了第二个海平面升降周期的上升阶段，中二叠世栖霞期继承了晚石炭世海平面上升的基本格局，栖霞中期至茅口初期，海平面迅速上升，达到晚古生代以来南方最大海侵时期，整个南方被海水覆盖成为广大浅海域，是一个巨型碳酸盐岩缓坡，盆地中夹各种深海碳酸盐岩沉积（茅口组与放射虫伴生的锰矿层，孤峰组的硅质岩及磷、锰结核为凝缩层标志沉积），形成以碳酸盐岩为主的区域烃源岩。

晚二叠世海平面升降周期的性质介于第二个一级巨旋回期的主体上升和主体下降的过渡阶段，即海平面升降的转折阶段，海平面总体呈下降态势，下降背景下出现多次波动，但吴家坪晚期至长兴中期，为晚二叠世最大海侵期，形成晚二叠世区域性烃源岩和区域性盖层。

因这套地层相对复杂，作为区域盖层的均质性较下寒武统、下志留统泥质岩盖层要差，因此研究程度低，也缺少平面上的系统图件，但据烃源岩研究成果，此套盖层中泥质岩累计厚度还是相对稳定，一般在 100m 左右。

需要指出的是，吴家坪组与龙潭组在本地区属于同期异相沉积，以碎屑岩含煤为特征的龙潭组及以硅质岩、灰岩为主含煤的吴家坪组，都见与下伏茅口组为假整合接触。

在利川地区岩性以"两软夹一硬"为特征，即顶底为泥质层软地层，中间为灰岩硬地层，底部为黑色、灰黑色页岩，以及碳质页岩夹煤线，厚度为 54～115m。为茅口组遭受风化夷平后海侵初期的沼泽相沉积，随着海水逐步加深，沉积相转变为台地相，沉积物为灰色、深灰色灰岩，含生物碎屑和硅质团块。

在齐耀山及以西地区相变为龙潭型含煤岩系（建南地区），厚 29.5～103.7m，岩性以灰黑色硅质页岩和碳质泥岩夹薄层状石灰岩为特征，下部的碳质泥岩中含局部可采煤层。

2）岩相古地理特征

中二叠世末，四川盆地广泛海退，使得茅口组受到不同程度的剥蚀。同时，康滇古陆上升、扩大成为主要物源区。其后，受峨眉地裂运动的影响，区内发生了强烈的玄武岩喷发。以康滇地轴为界，西部以海相喷发为主，东部以陆相喷发为主。康滇地区峨眉山玄武岩最厚处 3000 余米，属于富铁、富钛拉斑玄武岩系列。

晚二叠世沉积格局发生了很大变化：①康滇古陆的上升、扩大成为四川盆地上二叠统的主要物源区，沉积相带由陆到海呈东西向展布，南北向延伸；②长兴期海侵，台地边缘和台盆（沟）边缘礁相发育，是台地上的重要成礁期。在此背景下，四川盆地及周缘发育了龙潭期（吴家坪组、龙潭组）区域泥质岩盖层。

上二叠统从北东向南西相变清晰：旺苍、万源一线以北，硅质岩发育，即吴家坪组分布区；旺苍、万源一线与绵竹、达县、南川一线之间为吴家坪组与龙潭组的相变区，即为硅质岩和灰岩的相交带；绵竹、达县、南川一线和乐山、珙县一线之间为龙潭组分布区；靠康滇古陆两侧为宣威组分布区。

中二叠世末的东吴运动使四川盆地大部分地区上升成陆，晚二叠世初（龙潭期/吴家坪期）四川盆地形成南西高、北东低的古地理格局。

龙潭期，四川盆地从南西往北东地势降低，依次呈环带发育河流相、滨岸沼泽相、潮坪–潟湖相、浅水陆棚相、深水陆棚相及盆地相；另外在南江–万源、奉节–巫山–巴东及武隆–彭水等地区存在局部低隆，形成台地相沉积（图5-7）。

河流相：靠近康滇古陆的天全–乐山–美姑一带，宣威组（乐平组）下部为一套陆相碎屑岩系含煤地层，根据地层层序划分对比结果，宣威组下部这套陆相含煤碎屑岩系时代与龙潭组或吴家坪组相当，宣威组上部陆相碎屑岩系地层则与长兴组或大隆组时代相当。以峨眉山剖面为例，宣威组沉积有着典型的河流相"二元结构"，上覆于峨眉山玄武岩之上，底部是河床滞留砂砾岩沉积，上部发育河漫滩粉细砂岩、泥页岩沉积，并形成多个旋回，其间有约 20m 厚的铁铝质风化壳。

滨岸相：往北东至内江–宜宾一带，相变为滨岸沼泽相的含煤层系，岩性以泥岩、碳质页岩、岩屑砂岩为主，夹多层煤层（线）。超覆于峨眉山玄武岩之上。典型剖面如珙县大水沟剖面、金1井及楼1井等。

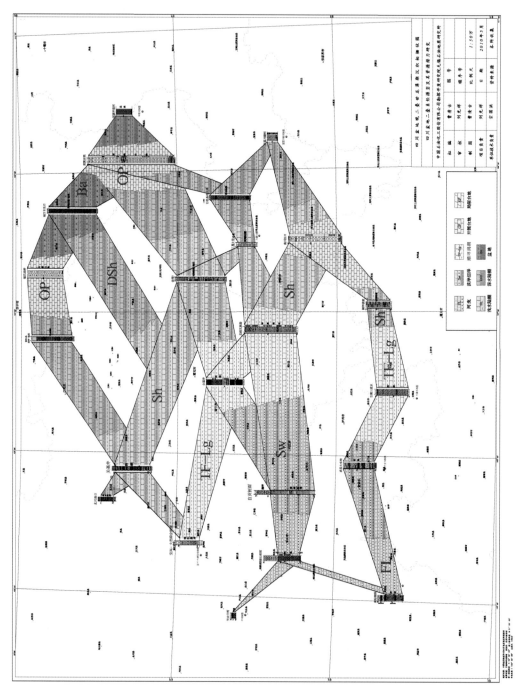

图 5-7　四川盆地及邻区晚二叠世龙潭期沉积栅状图

潮坪-潟湖相：再往北东至成都-遂宁-重庆一带，相变为龙潭组以泥、页岩夹砂岩、灰岩及煤层（线）为主要特征的潮坪-潟湖相沉积。女基井剖面龙潭组，上覆于中二叠统茅口组，从下往上依次发育以页岩、泥岩夹煤层为特征的泥沼亚相沉积，以灰岩、页岩及含燧石结核灰岩为特征的硅质灰泥坪亚相沉积，总体反映水体相对闭塞的潟湖沉积环境。北碚文星场剖面龙潭组纵向上以砂泥岩、页岩、岩屑砂岩、灰岩及硅质灰岩等形成多个旋回，由下往上砂质成分减少、灰质与泥质成分增多，上部灰岩含黄铁矿透镜体或团块，总体反映的是碎屑潮坪沉积环境，向上水体加深，向还原环境过渡。该相带西南部叙永-古蔺一带，受火山喷发影响，沉积一套以凝灰岩、泥岩及煤线为特征的沉凝灰岩组合，总体上仍为潟湖沉积环境。

浅海陆棚相：该相区特点是沉积碎屑岩与灰岩及砂质灰岩混合沉积，因此又称作混积陆棚相区。碎屑岩系以泥质岩、页岩为主，紧邻武隆-彭水低隆的地区含较多的砂屑。该相区沉积是四川盆地二叠系烃源岩发育的最有利相区，具有水体较深、能量较弱等特点，沉积物以细粒沉积物为主，有利于有机质的赋存，有机质丰度高。关基井龙潭组以页岩、泥岩、钙质泥岩、云质泥岩、厚层块状微晶灰岩为主，其中页岩、泥岩所占比例较大。桐梓坡渡剖面龙潭组以碳质页岩、砂质页岩、泥岩、泥质灰岩、结晶灰岩为主，含黄铁矿结核或透镜体。西部绵竹天池剖面龙潭组以砂质灰岩、灰岩夹页岩为主，灰岩占绝对优势，仅中段夹页岩层。南川东胜剖面龙潭组以泥岩、页岩、砂屑灰岩为主。

深水陆棚相：分布于浅海陆棚相北东，相对于浅水陆棚区，深水陆棚区沉积以碳酸盐岩为主，碎屑岩较少，灰岩及页岩多含硅质成分，地层厚度总体较浅水陆棚区小，反映沉积水体的深度更大。泥质岩相对浅水陆棚区少，由浅水陆棚区至深水陆棚区，岩相逐渐由碎屑岩系为主过渡为碳酸盐岩系，即由龙潭组向吴家坪组呈相变过渡。代表剖面如河坝1井吴家坪组，该剖面吴家坪组由两个页岩—灰岩的旋回组成：下部旋回为硅质页岩—泥质灰岩—灰岩，上部旋回为碳质页岩—页岩—灰岩，两个旋回均反映了沉积水体由深变浅的振荡变化。

盆地相：与深水陆棚相区的吴家坪组不同的是，盆地相区的吴家坪灰岩硅质含量更多，由含硅质过渡为含燧石结核、燧石团块或燧石透镜体。典型剖面如城口木瓜口剖面和巫溪平底河剖面。

台地相：在吴家坪期，四川盆地东部局部地区发育低隆，如南江-万源、奉节-巫山-巴东及武隆-彭水等地区存在局部低隆，以台地相沉积为主。

因此，从沉积环境判断，这套区域盖层在川中、川东、鄂西-渝东、湘鄂西等区块连片性好，均质性强，属于优质盖层。

从区域构造-沉积演化分析，四川盆地及周缘二叠系盖层整体埋深及成岩程度接近，利用川东北地区泥岩成岩演化程度分析的成果可对此套盖层成岩程度作出初步判断（图5-8）：由图可见，现今晚成岩底界在3600m处，考虑最顶部剥蚀2000m的厚度，则区域上相应的晚成岩阶段底界在5600m，中成岩晚期底界在4800m，中成岩早期底界在2300m。结合区域上二叠系底界J₃末埋深图（大致为最大埋深）及上覆地层沉积厚度图，此盖层普遍小于5000m，应该属于中成岩晚期阶段，相对于下寒武统及志留系盖层，微裂缝要少，不易破碎，盖层岩石正处于塑性最强阶段，微裂隙不易产生，并使岩层内特别是垂直层面上的孔隙被大量堵塞，物性条件极为优越。

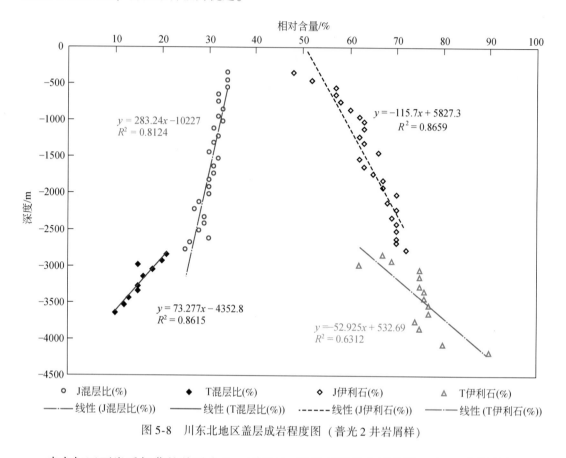

图 5-8　川东北地区盖层成岩程度图（普光 2 井岩屑样）

建南气田石炭系气藏的盖层为 P_1—P_2^1 泥岩+泥质灰岩复合型盖层，建 13 井钻井揭示上二叠统龙潭组为黑色页岩夹薄层灰岩及煤层，厚 27～37m，能有效封盖气藏。石柱漆辽-六塘野外剖面上二叠统龙潭组黑色页岩样品尽管其孔渗数值较大，但其具全区最好的微孔结构：比表面积为 125.8m^2/g，为其他层位的 4 倍；中值半径最小，仅 2.49nm；优势孔隙在 1.0～10nm 范围内，含量达 97.1%；微孔隙半径呈单峰态，1～2.5nm 的微孔占 64.7%，突破压力高达 14.73MPa，封盖高度在 1400m 以上。

综上，二叠系盖层普遍演化到中成岩阶段晚期，极少数达到晚成岩阶段早期，孔隙以微孔—介孔为主，正处于塑性最强阶段，能有效防止岩层中微裂隙的产生，属于优质盖层。

2. 中下三叠统膏岩盖层

四川盆地嘉陵江组—雷口坡组膏盐层对其下伏的海相层位天然气的聚集及保存起到了重要的作用，其保存的完整性及有效性是油气规模聚集的关键。

1）盖层分布特征

四川盆地膏盐岩十分发育，主要发育于下三叠统嘉陵江组和中三叠统雷口坡组，下三叠统飞仙关组的飞四段亦有少量发育。膏盐岩盖层厚度为 50 ~ 400m，川中南充–川北巴中一带厚度一般大于 300m；在川东断褶带厚度一般为 100 ~ 300m，川西南成都–峨嵋一带最厚，最厚可超过 500m，而川南区因印支期的剥蚀作用，膏盐岩厚度最薄，近盆缘一带膏盐岩厚度小于 50m（图 5-9）。

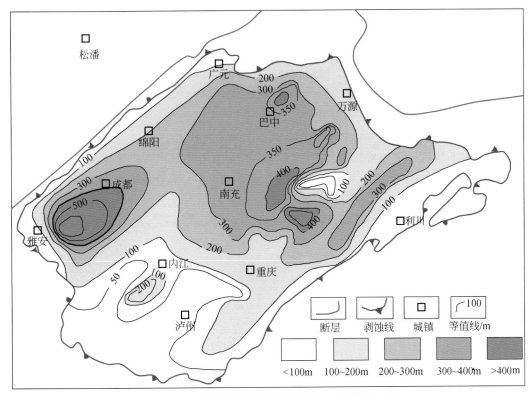

图 5-9　四川盆地中下三叠统膏盐岩厚度等值线图

川东北地区三叠系膏盐层中以下三叠统嘉陵江组嘉四段最重要，具有总厚度和单层厚度大、硬石膏与盐岩厚度稳定、对比性和连续性好等特点。其次是嘉二段，虽厚度及单层厚度不如嘉四段，但同样具有层位稳定、对比性和连续性好的特点。中三叠统雷口坡组也是一个重要的膏盐岩发育层段，虽总厚度较大，但层数多，单层厚度小，横向对比性相对较差。下三叠统嘉陵江组嘉五段亦是膏盐岩发育层段之一，在通南巴地区单层厚度较大，连续性较好，在达县–宣汉地区则发育较差。总体上，三叠系膏盐岩单层层数多，累计 34 ~ 84 层，最多达 108 层（川涪 82 井）；单层厚度也比较大，一般单层厚 18 ~ 40m，最大单层厚度为 61.5m（雷西 1 井）。

通南巴地区中三叠统雷口坡组膏盐岩主要发育于雷一段至雷三段，雷四段由于受印支运动末期的抬升，受不同程度剥蚀，在西南段的川巴 88 井见 137.0m，而在涪阳坝一带的川涪 82 井仅 7.0m。其中雷一^{1}和雷一^{3}段的膏盐岩横向稳定、连续，对比性较好，其余各段横向变化较大，连续性与对比性较差，嘉陵江组膏盐岩层位极为稳定，对比性、连续好且厚度较大，是区内区域性优质盖层。膏盐层累计厚度在川巴 88 井为 93.5m，川涪 82 井为81m。由于受后期北西向断层影响，膏岩层沿层间滑脱面滑动，出现向北西地层增厚的特点，如在涪阳坝一带的新场坝至河坝场间的地层增厚。

宣汉-达县地区：雷口坡组缺失雷四段，在西南部甚至缺失雷三段及雷二段（如双石1井、雷西2井及雷西1井）。雷口坡组中各层段主要为灰岩、白云岩与硬石膏岩呈多旋回的频繁互层。各层段虽均不同程度地发育硬石膏岩，累计总厚度较大，但以层数多、单层厚度小、纵向上连续性差、横向变化大、对比性较差为特点。

嘉陵江组膏盐岩主要发育在嘉四段上部的嘉四^{2}亚段、嘉二段及嘉五段，尤以嘉四段最重要，具纵向连续分布厚度大、横向连续性好等特点；其次是嘉二段，虽厚度不如嘉四段，但亦横向连续好，其余层位的连续性和对比性则较差。嘉陵江组膏盐岩厚度以南部的双石庙、雷西构造一带较大，在250m以上，最厚达541m（双石1井），东岳寨一带最薄，为77.5~120.4m，往北至付家山一带又增厚至230m。

鄂西-渝东地区：下三叠统膏盐岩盖层有效覆盖区主要分布在石柱复向斜以及万县复向斜，而利川复向斜、方斗山复背斜、齐岳山复背斜区则大部分或者全部暴露。在石柱复向斜，这套盖层除方斗山及齐岳山背斜核部地区出露遭受一定剥蚀外，基本连片分布，下三叠统膏盐岩盖层的分布以石柱复向斜南部较厚，一般为175m，北部一般为150m，由于其层位稳定，厚度变化不大，构成了石柱复向斜地区的最重要的区域盖层。

统计表明以嘉四段分布最为稳定，膏盐层可占地层厚度的65%~85%，单层最小厚度为1m，最大厚度为37~67m，层数在东南部卷1井、盐1井为3~5层，往西北部建30井、建23井增多到9~12层。嘉二段分布也较为稳定，膏盐层占地层厚度的11%~51%，单层最小厚度为1m，最大厚度为11~19.5m，层数在构造两翼为3~4层而在构造中部建43、63井增多到7层，整套盖层厚度为125~175m，以盐1井-龙4井一线为中心向北西、南东方向减薄。

其中嘉四段膏盐岩主要分布于上部，厚度为48~96m，占该地层厚度的54.0%~86.5%，一般单层厚度为24~50m，最大可达67m，分布层位稳定，厚度变化不大，是本区膏盐岩最发育的层位。

嘉五段膏盐岩主要发育于中部的嘉五^2，厚度为31.5~48m，占地层厚度的16.0%~25.8%，单层厚度为7.5~19m，最大可达43m（盐1井），层位分布稳定，厚度变化不大，有自南向北减薄的趋势，是本区膏盐岩盖层发育的重要层位。

嘉二段膏盐岩于嘉二段上、中、下部均有发育，与白云岩组成三个沉积韵律，厚度为11.5~51m，占该地层厚度的6.6%~30.2%，最厚可达70m（建34井），单层最大厚度为6~22m，横向分布稳定，是本区膏盐岩盖层发育的重要层位。此外，在嘉三段于部分钻井中见有少量薄层石膏层夹于灰岩中，一般厚仅1~3m。

2）封盖性分析

围压下物性特征：从不同岩石围压下膏岩渗透率变化曲线可看出，膏岩同其他岩类相比具有随着围压的增大，渗透率急剧降低的特性（图5-10），反映膏岩的孔隙空间有着相当大的压实致密余地，是理想的盖层。

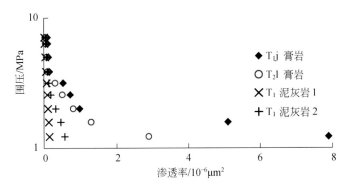

图 5-10 膏岩、泥灰岩围压–渗透率关系差异图（鄂西–渝东样）

5.1.3 陆相泥质岩盖层

在整个南方地区，四川盆地由于其独特的构造沉积背景，在海相地层之上仍完整保留着一套连续完整分布的陆相泥质岩区域盖层（T₃—J₁₋₂），它的厚度和埋深足以满足阻止地表水对下伏层位油气渗入破坏的要求。阻止了水文地质作用的纵向交替及横向冲刷，对油气的保存意义重大，在这里简单地加以描述。

陆相泥质岩盖层的平面展布：除川东高陡褶皱带核部陆相层系被剥蚀殆尽外，该套泥质岩盖层全盆地分布，厚度为 500~3000m，总体呈西厚东薄的分布面貌（图 5-11）。

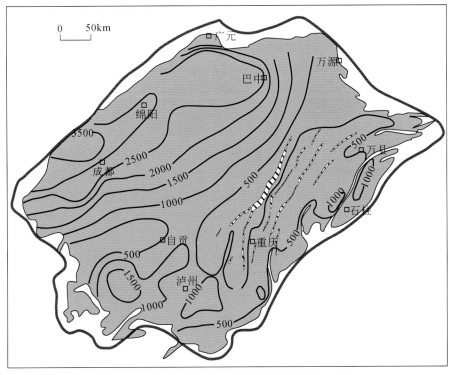

图 5-11 四川盆地陆相泥质岩盖层厚度等值线图（单位：m）

（1）川东北地区

川东北地区此套盖层厚度分布一般在 500m 左右。在通南巴构造（带），据川涪 82 井、川巴 88 井、川 23 井、川 27 井及川 190 井统计，泥质岩主要发育于上三叠统须家河组、下侏罗统自流井组、中侏罗统千佛崖组及下沙溪庙组，而上沙溪庙组则多广泛出露于地表。

下沙溪庙组一般厚 365～417m，由棕红色粉砂质泥岩、砂岩及泥岩不等厚互层构成，其中泥岩厚 95～214m，占地层厚度的 24.5%～53.8%。千佛崖组厚 95～306m，为灰色、绿灰色泥岩与细砂岩、中粒岩屑砂岩不等厚互层。其中泥岩厚 45～200m，占地层厚度的 23.3%～65.4%，泥岩中常有"软泥岩"发现。

自流井组是本区较重要的泥质岩盖层发育层段。主要由灰绿色、褐灰色、深灰色泥岩与粉砂岩、砂岩及砂质泥岩互层所组成，上部时夹薄层介屑灰岩。该组厚度分布稳定，一般为 405.5～446m。其中泥岩厚 104.5～201.5m，占地层厚度的 23.4%～48.7%，川涪 190 井—川涪 82 井泥岩中出现多层"软泥岩"。

须家河组黑色和灰黑色页岩、含碳质页岩主要发育于须一段、须三段及须五段，而须二段及须四段主要为砂岩，偶夹少量薄层页岩。地层厚 315～376m（川 27 井厚 523.7m），页岩厚 83～153.5m，占地层厚度的 25.5%～40.8%；地层厚度沿北东向构造轴线最厚，向北西、南东两翼减薄；泥岩厚度则以东南部的南阳场最厚，向北东和北西、南东减薄。

（2）达县-宣汉地区

本区下沙溪庙组及以上地层广泛出露于地表，因此形成陆相泥质岩盖层的层位主要为中侏罗统千佛崖组—上三叠统须家河组。

千佛崖组为棕褐色泥岩、灰-黑色页岩与粉砂岩、岩屑砂岩不等厚互层，泥、页岩一般质较纯。层厚 280～504m，泥岩累计厚度为 112.5～197m，占地层总的 30.8%～51.8%。

自流井组为暗棕色、绿灰色泥页岩与粉砂岩、细砂岩间互，上部夹生物介屑灰岩。地层厚 272～409m，川 1 井最厚达 477m；地层中泥岩厚度变化较大，从川 64 井的 15.5m 变到雷西 1 井的 180.5m，一般占地层厚度的 24%～50%。在川付 85 井东岳庙段、珍珠冲段中见性"偏软"的泥岩。

在区域上千佛崖组及自流井组是本区陆相泥质岩盖层的主要发育层段，构成一区域性盖层。地层厚度西薄东厚，而泥岩厚度则西厚东薄，泥岩类厚度远低于通南巴地区的相应层位厚度。

须家河组泥岩横向变化较大，虽页岩在须家河组各段中均有不同程度的发育，但以须三段、须五段为主，在川付 85 井的须二段及东岳寨构造上的须六段亦较发育。岩性主要为黑色页岩及黑色碳质页岩，性硬、脆，但川付 85 井中须三段—须五段见性软页岩、碳质页岩出现。地层厚度为 527～998.5m，呈自南向北增厚的趋势；泥岩具有自南西向北东厚度增大分布的趋势，由双石 1 井的 59m 到川付 85 井的 258.3m。

（3）鄂西-渝东地区

鄂西-渝东地区的这套盖层厚度分布一般在 500～1000m 以上，差异不大。据钻井统计，泥质岩盖层主要发育于下侏罗统凉高山组、自流井组、上三叠统香溪组，其有效盖层分布区主要为石柱复向斜；利川复向斜及方斗山背斜、齐岳山背斜则大部剥蚀。

凉高山组：泥岩主要分布于凉高山组的中、下部，深灰色-灰黑色泥页岩与细砂岩呈间互层出现。纯泥岩层数多，连续性较差，单层厚度较小。累计泥页岩厚度为 35.5 ~ 154m，单层最大厚度为 6 ~ 13.5m。纯泥岩一般细腻、性软。

自流井组：泥页岩主要位于中下部的东岳庙段、珍珠冲段，深灰色及杂色泥岩与细砂岩、粉砂岩间互。泥岩一般质纯、性软。单层厚度较小，层数多，单层厚度一般为 1m 至数米，最大单层厚可达 21 ~ 58m，单井泥岩累计厚度为 113.5 ~ 189m。

香溪组：主要为细砂岩、中粗砂岩、粉砂岩夹砂质泥岩及泥岩，所夹纯泥岩层数少，厚度小，累计厚度亦薄。泥岩厚 28 ~ 44.5m，占地层的 7% ~ 19%，单层最大厚 3 ~ 10.5m。下侏罗统及上三叠统为陆相沉积组合，因而岩性变化大，泥岩层位不稳定，厚度变化也大。在石柱复向斜泥岩盖层厚度一般为 100 ~ 300m，南部可达 400m。

从上三叠统香溪群（须家河）—下侏罗统自流井组、凉高山组陆相泥岩区域盖层统计状况看，上三叠统香溪群中泥质岩表现出横向连续性差的非均质性特点；下侏罗统自流井组、凉高山组泥岩均质性虽较香溪群泥质岩变好，但仍为非均质性盖层；所以陆相泥岩区域盖层相对以下侏罗统自流井组、凉高山组泥岩为好。

陆相泥质岩盖层的微观特征如下：

因其非均值性大，测试数据的规律性差，整体封盖质量一般，实测突破压力一般为 4.13 ~ 10MPa，低于下伏海相层位泥岩的突破压力，仅具有中等的遮挡作用。

从成岩角度分析，相当地区的样品处于中成岩晚期，可能保留较多的韧性黏土矿物，利于对断裂形成侧向封堵。

因此它的存在对保护下伏膏盐层盖层不受破坏至关重要。不失为一套重要的区域盖层。

5.2　主要盖层封盖性动态评价

上述分析表明，四川盆地及邻区发育多套有效盖层；如第 4 章所述，四川盆地发育下寒武统、上奥陶统五峰组—下志留统龙马溪组、二叠系、上三叠统须家河组、下侏罗统自流井组等多套烃源岩，而这些烃源岩生排油气期明显不同，三套泥质岩盖层和两套膏盐岩盖层封盖性能随地史时期发生变化，它们与烃源岩生排烃期是否相匹配，是本节主要讨论的内容。

由于常规的孔渗、突破压力指标无法达到动态评价的目的，本书在盖层动态评价方面主要采用以下两种方法：一是利用超固结比结合排替压力史恢复进行动态评价；二是地质条件下盖层岩石平均孔隙直径与油气分子大小来进行动态评价。

四川盆地海相油气经历了四期油气聚集成藏、改造或破坏与保存的历程，它们是加里东期（409Ma）、海西期与印支期（235Ma）、晚燕山期（65Ma）、喜马拉雅中晚期（23Ma 以来）；针对盖层而言，海西期、印支期的破坏及喜马拉雅期的破坏改造相对较弱。因为膏岩盖层的封盖能力不容置疑，下面重点对主要泥质岩盖层在四个成藏阶段的封盖性做初步评价探讨。

5.2.1 盖层封盖性动态评价方法

1. 排替压力

统计资料表明当泥质盖层渗透率低于 $10^{-5}\,\mu m^2$，即大致相当于排替压力大于 1MPa 时，泥岩初具封闭能力（陈章明、吕延防，1990），这个量值所对应的泥岩总孔隙度 30%，埋深 1000m 左右，可以作为泥岩盖层封闭油气的下限值。天然气分子直径更小，对盖层封闭性要求更苛刻，当排替压力大于 15MPa 时，泥质盖层能封住超高压气藏（赵庆波、杨金凤，1994），当排替压力为 10～15MPa 时，能封住高压气藏，当排替压力为 5～10MPa 时，能封住常压气藏，当排替压力小于 5MPa 时，只能封住低压气藏。

历史时期盖层排替压力是变化的，改造阶段的排替压力史可用：P_c $(z, t) = fK (z, t)$ 求取。$K (z, t)$ 即在地质时间 t（Ma）、埋深为 z（m）时的渗透率（mD[①]）。因此间接通过测试分析地层围压条件下盖层渗透率数据，求取渗透率与围压之间的相关关系，再将围压与隆升剥蚀量相关联，就可以获得隆升剥蚀过程中排替压力的演化规律，从而获得隆升改造阶段盖层封闭性演化史。

2. 超固结比

在黏土力学中，经常用参数 OCR（超固结比，overconsolidation ratio）来定量描述黏土的塑性和脆性。在岩石力学中，将一直处于埋深过程中，后期从未遭受构造抬升改造时的泥岩称为 NC（normal consolidation）泥岩，如果泥岩从地质历史时期的最大埋深抬升至地壳浅处甚至地表后，称为 OC（overconsolidation）泥岩。持续埋深的 NC 泥岩具有塑性特征，遭受抬升卸压的 NC 泥岩逐渐由塑性转变为脆性，变成 OC 泥岩。

参数 OCR 可以反映泥岩的脆性程度（图 5-12）。OCR 越大，高演化泥岩的脆性越大。NC 泥岩的 OCR 等于 1，OC 泥岩的 OCR 大于 1，随着抬升剥蚀幅度的增加，OCR 逐渐增大，当 OCR 增大到一定值后，泥岩发生破裂，从而完全失去封闭天然气的能力。

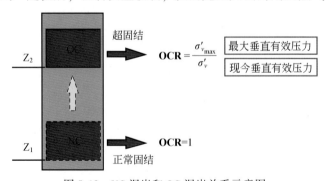

图 5-12　NC 泥岩和 OC 泥岩关系示意图

---

① 1mD = 0.986923×10⁻³ μm²，毫达西。

因此通过采用渗透率–排替压力史法恢复历史时期盖层的排替压力；再采用 OCR 史法恢复后期抬升剥蚀过程中盖层脆性破裂特征，就可对盖层封盖能力做动态评价。

3. 盖层岩石平均孔隙直径

因为常规的孔渗、突破压力指标无法达到动态评价的目的，在此尝试依据地质条件下盖层岩石平均孔隙直径与油气分子大小来进行动态评价判别。众所周知，油分子直径为 $50 \times 10^{-10} \sim 100 \times 10^{-10}$ m，气分子直径为 $3 \times 10^{-10} \sim 6 \times 10^{-10}$ m，当泥质岩盖层平均孔隙直径 $\leqslant$ 油分子直径或气分子直径时，即分别对油气形成有效封盖。根据洪世铎的研究，岩石的平均孔隙半径与其孔隙度和渗透率之间存在如下函数关系：

$$r = (8K/\phi)^{1/2} \tag{5-1}$$

式中，r 为岩石的平均孔隙半径，m；K 为岩石渗透率，$10^{-3}\ \mu m^2$；ϕ 为岩石孔隙度，%。

对川东盖层样品仿真地质条件下的模拟结果表明，围压条件下盖层的孔隙度 ϕ 变化不大，大小变化可以忽略；但渗透率 K 在围压下变化幅度较大，且存在较好的指数相关，其中多块样品中最好的相关系数为：$K = 1.3767 \times \exp(-0.0538 \times P)$，$R^2 = 0.98$（表5-3、图5-13）。

表 5-3　围压条件下盖层孔渗变化关系表

项目	川岳83	川涪82			川岳83	川涪82	诺水河露头样	
样品性质	T_1f^3 泥灰岩	T_1f^3 泥灰岩	T_1f^3 含泥灰岩	T_1f^4 泥灰岩	T_1j^4 膏岩	T_2l 膏岩	通江 S_1l 碳质泥岩	通江 ϵ_1 板岩
围压/MPa	渗透率/$10^{-6}\ \mu m^2$							
1.5	1.54	9.78	15.07	5.7	78.99	28.89	3.6	7.1
2.5	1.33	7.59	12.25	4.61	51	12.99		
4	1.11	5.2	9.12	3.26	9.82	8.06		
6.6	0.94	2.08	6.95	1.91	7.23	5.07		
10	0.72	1.99	4.32	1.31	5.27	3.08		
15	0.53	1.63	2.61	0.95	1.51	0.99		
25	0.32	1.43	1.5	0.75	1.29	0.79		
40	0.15	1.22	1.27	0.51	1.02	0.5		
50	0.11	1.06	0.9	0.35	0.93	0.3		
围压/MPa	孔隙度/%							
1.5	1.11	0.18	1.23	0.84	3.25	1.34	16.24	11.61
2.5	1.0849	0.1412	1.1859	0.7825	3.0388	1.3194	16.1879	11.5941
4	1.0679	0.1042	1.1431	0.77	2.9803	1.3194	16.0167	11.5834
6.6	1.0216	0.0506	1.1075	0.7211	2.9493	1.3037	15.8736	11.5196
10	1.006	0.0385	1.0934	0.7067	2.9358	1.2881	15.6916	11.429
15	0.9869	0.0293	1.0671	0.6798	2.8959	1.2585	15.5377	11.2794
25	0.9713	0.0283	1.0315	0.6434	2.8619	1.2233	15.4171	11.1508
40	0.9529	0.0256	1.005	0.585	2.8514	1.1965	15.272	11.1401
50	0.9385	0.0209	0.922	0.5422	2.8396	1.1713	15.1214	11.1025

因此在动态评价实际运用中，孔隙度数据参照现今实测数据，渗透率数据则由盖层当

时埋藏时的围压换算，当盖层平均孔隙直径<油气分子直径大小上限值时，就能有效封闭。

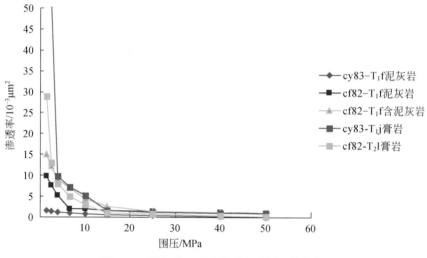

图 5-13　泥灰岩、膏岩渗透率随围压的变化

在求得有效封盖围压的情况下，设定泥岩盖层的密度为 2g/cm³，则每百米埋深的围压为 2MPa，就可求得盖层有效封盖的埋深，以盖层历史阶段的埋深可判别各构造阶段盖层的封闭性能。

因此盖层动态评价采用的标准如表 5-4，早成岩阶段的盖层只能封闭油；中成岩阶段以后的盖层对油气的封闭性能随着其埋深变化，并与各地区的盖层孔隙度、渗透率有关；而对近变质带的泥岩盖层总体认为具备封盖性能，但如果埋深超过晚成岩底界太大，封盖能力会减弱。

即动态评价中主要依据盖层平均孔隙直径（与物性、埋深有关）、成岩程度两个因素来判断其封盖能力的变化，而盖层的厚度并不作为重要参数参与评价，其分布特征、剥蚀残留厚度、均质性只作为辅助评价参数。

表 5-4　盖层动态评价标准

项目	评价等级					备注
	Ⅰ	ⅡA	ⅡB	Ⅰ	Ⅰ～Ⅲ	
岩性	石膏、盐岩	泥岩/砂质泥岩				近变质带泥岩埋深超过晚成岩底界 3000m 时认为封盖能力变差
埋深/m			据物性	据物性	据物性	
成岩程度		早成岩阶段	晚成岩阶段		近变质带	
盖层平均孔隙直径/10⁻¹⁰ m		6<D<100	6<D<100	D<6		
封闭能力	封闭油/气	封闭油	封闭油	封闭油/气	封闭—不封闭	

5.2.2　下组合泥质岩盖层封盖性动态评价

1. 下寒武统泥质岩盖层封盖性动态评价

加里东期：志留纪末下寒武统埋深 750 ~ 3600m，成岩演化程度处于晚成岩早期（图 5-14），平均孔隙直径分布于 3.0×10^{-10} ~ 8.0×10^{-10}m，与埋深相对应，平均孔隙直径从乐山–龙女寺古隆起向北、东、南逐渐降低（图 5-15），封盖性逐渐变化，总体具较好的封油性能，评价为 IIB 类盖层。其与加里东期下寒武统烃源岩排油期相对应，对灯影组油藏的形成具较好的匹配组合关系。

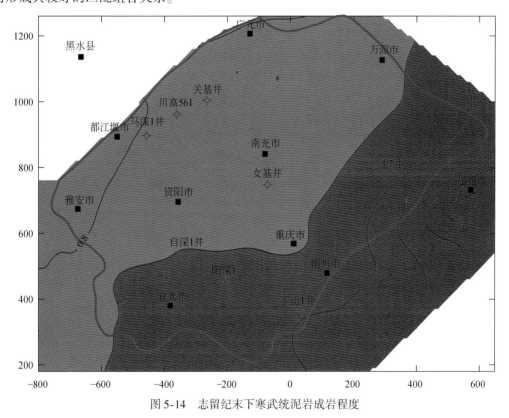

图 5-14　志留纪末下寒武统泥岩成岩程度

海西期：经加里东晚期构造改造之后，随二叠纪沉积盖层的叠加，至二叠纪末，下寒武统泥质岩盖层成岩演化程度进一步增加，普遍达到晚成岩早中期，盖层平均孔隙直径为 3.0×10^{-10} ~ 6.5×10^{-10}m，多属 I 类盖层，能对油和气进行有效封盖（图 5-16、图 5-17）。

印支期：中三叠世末，下寒武统泥质岩盖层多处于晚成岩中期，局部晚成岩晚期，具备优越的封盖天然气能力；尽管印支运动的改造，其主要影响的是中下三叠统盖层，对下寒武统盖层影响不大。晚三叠世前陆盆地的叠加，下寒武统泥质岩盖层主体处于晚成岩中期，部分处于晚成岩晚期—极低级变质带。泥岩平均孔隙直径为 2.2×10^{-10} ~ 4.0×10^{-10}m，属 I 类盖层，具备优越的封盖天然气能力（图 5-18、图 5-19）。

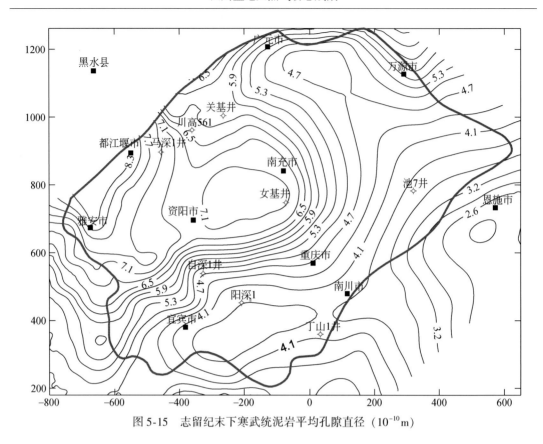

图 5-15　志留纪末下寒武统泥岩平均孔隙直径（10^{-10}m）

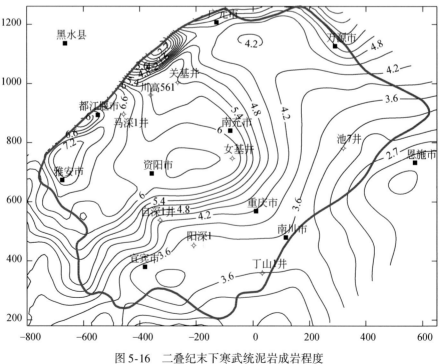

图 5-16　二叠纪末下寒武统泥岩成岩程度

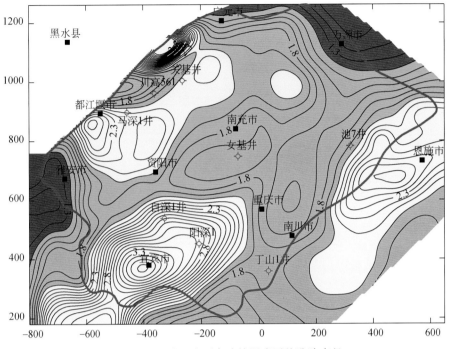

图 5-17　二叠纪末下寒武统泥岩平均孔隙直径

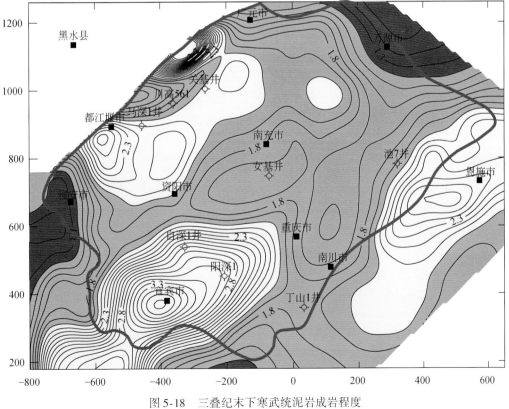

图 5-18　三叠纪末下寒武统泥岩成岩程度

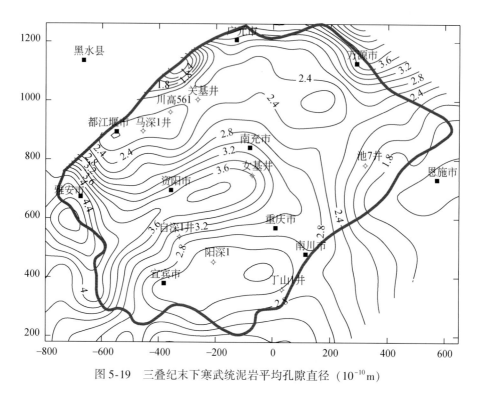

图5-19　三叠纪末下寒武统泥岩平均孔隙直径（10^{-10}m）

早燕山期：侏罗纪前陆盆地的叠加，下寒武统泥质岩成岩程度进一步增加，普遍达晚成岩晚期–近变质带，孔隙平均直径进一步缩小，具备优越的封盖性能（图5-20、图5-21）。

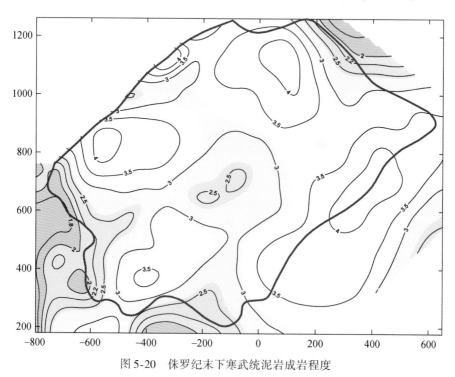

图5-20　侏罗纪末下寒武统泥岩成岩程度

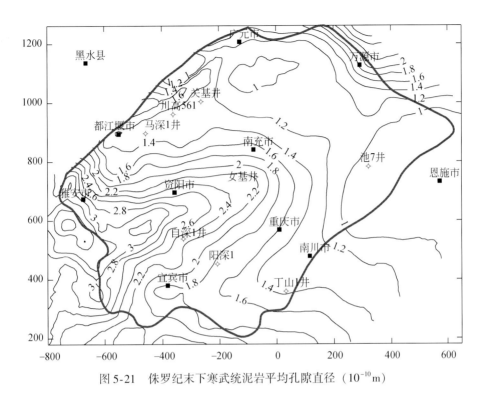

图 5-21 侏罗纪末下寒武统泥岩平均孔隙直径（10^{-10} m）

中晚燕山期—喜马拉雅期：白垩纪沉积盖层的叠加，下寒武统泥质岩盖层成岩演化程度进一步增加，封盖能力增强。随着后期的抬升剥蚀，下寒武统泥质岩仍具较好的封盖性能。从威 28 井看，其在渐新世以来的抬升改造过程中，OCR 值小于破裂门限值 2.5，现今 OCR 为 1.799（图 5-22），尚未发生脆性破裂，因此，封闭性自形成以来一致保持至今。从模拟的排替压力看，其与上述成岩演化程度、平均孔隙直径所获结论一致。

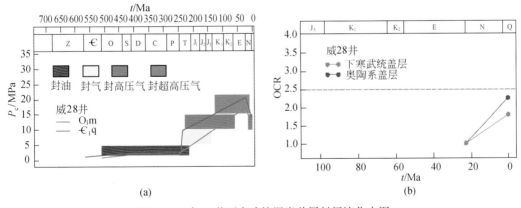

图 5-22 威 28 井下寒武统泥岩盖层封闭演化史图

建深 1 井和丁山 1 井排替压力模拟结果表明，在志留纪末，寒武系泥质盖层的排替压力已经大于5MPa，因此这一地区的下寒武统盖层在加里东期就已具备封盖下组合天然气的能力；之后在海西期到燕山期，因其持续埋深，至早白垩世末排替压力达到最大值（33.3MPa），可封超高压气藏；现今虽因晚期抬升影响，突破压力降至19.2 MPa，但仍然具备封闭超高压气藏的能力。

2. 下志留统泥质岩盖层封盖性动态评价

志留系泥质岩盖层主要分布于川南、川东和川东北区，厚度巨大（100～900m）。

加里东期：因埋藏较浅（小于2000m），成岩演化程度较低（R_o为0.5%～0.8%），处于晚成岩早期，岩石平均孔隙直径较大（大于6×10^{-10}m），属Ⅱ类盖层，仅能对油进行有效封盖（图5-23、图5-24），其与下寒武统烃源岩加里东期生排油期相对应，有利于油气的聚集。

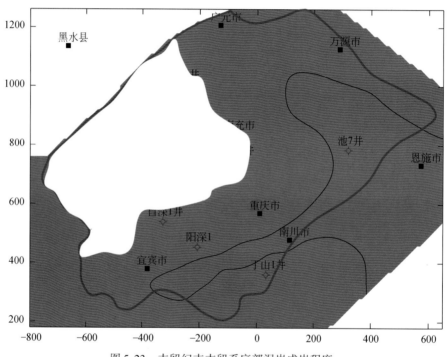

图5-23　志留纪末志留系底部泥岩成岩程度

海西期：志留纪末的加里东运动造就了志留系遭受一定程度的剥蚀，但随着二叠纪陆内裂陷盆地沉积盖层的叠加，至二叠纪末，处于晚成岩早中期，具较好的封盖油气性能。

印支期：早中三叠世陆内拗陷盆地及晚三叠世前陆盆地的叠加，志留系泥质岩盖层埋深2600～4900m，成熟度分布于1.2%～1.9%，多处于晚成岩中期，平均孔隙直径分布于3.0×10^{-10}～6.0×10^{-10}m，具有优越的封盖油气性能，其与下寒武统生气期、志留系生油期相匹配，为此期油气成藏奠定了基础（图5-25、图5-26）。

早中燕山期：随着燕山期前陆盆地沉积盖层的叠加，志留系埋深进一步增加，川南区

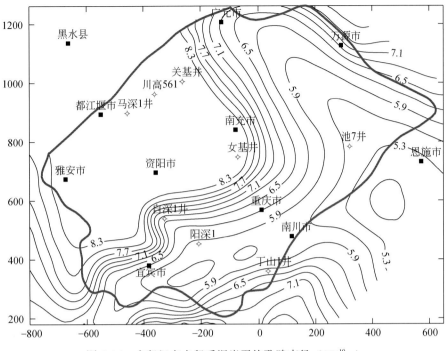

图 5-24　志留纪末志留系泥岩平均孔隙直径（10^{-10}m）

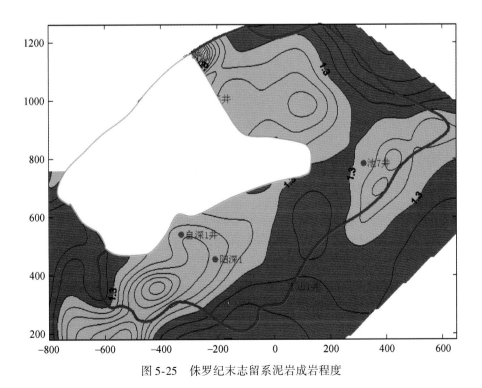

图 5-25　侏罗纪末志留系泥岩成岩程度

大于 5000m，川东及川东北区大于 8000m，成熟度分布于 2.2% ~ 4.0%，处于晚成熟晚

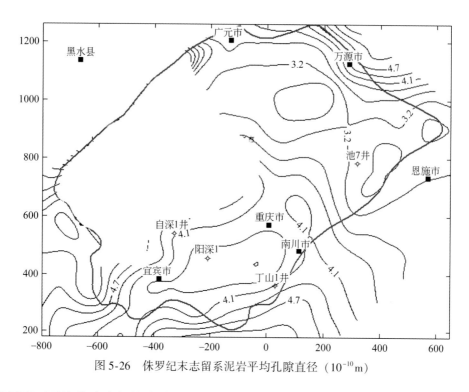

图 5-26 侏罗纪末志留系泥岩平均孔隙直径（10^{-10} m）

期；盖层岩石平均孔隙直径较印支期进一步缩小，封盖性能进一步增加，总体属Ⅰ类盖层，封盖性能优越（图 5-27、图 5-28）。

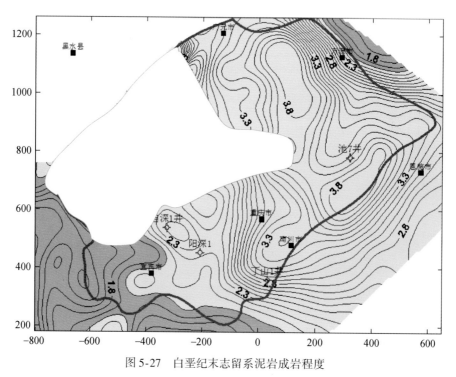

图 5-27 白垩纪末志留系泥岩成岩程度

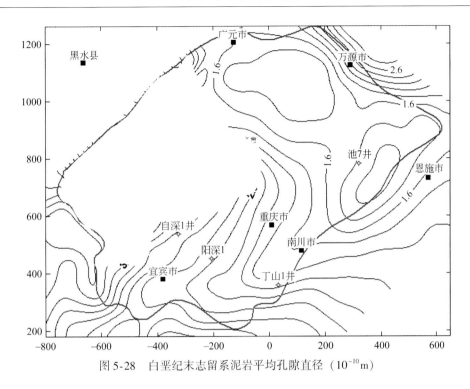

图 5-28　白垩纪末志留系泥岩平均孔隙直径（10^{-10}m）

晚燕山期—喜马拉雅期：随着晚燕山期—喜马拉雅期构造的改造，局部地区因上覆地层的剥蚀封盖性失效，如丁山1井，盖层排替压力史恢复结果表明下志留统龙马溪组盖层在早古生代末（加里东期）具备封油能力；在晚三叠世早期（印支期以来）随着埋深增大，开始具备封闭天然气能力；燕山期经历大幅度的褶皱，虽现今突破压力测试为12.9MPa，显示具备封闭高压气藏的能力，但盖层OCR史恢复结果表明，下志留统龙马溪组盖层现今OCR值达到3.3，超过破裂门限值2.5，盖层破裂，从而失去封闭性。但在构造变形相对较弱的地区仍具优越的封盖能力，如建深1井，盖层排替压力史恢复表明下志留统龙马溪组盖层在早古生代末（加里东期）具备封油能力；直到二叠纪末（海西期），龙马溪组泥质盖层就具备封闭天然气的能力；晚燕山期以来，主要经历大幅度的抬升，褶皱程度相对不大，现今排替压力较高，龙马溪组和韩家店组盖层的排替压力分别为20.8MPa和18.9MPa，具备封闭超高压天然气藏的能力，测试OCR分别为1.41和1.54，小于泥岩脆性破裂的OCR门限值（2.5）。

5.2.3　上组合泥质岩盖层封盖性动态评价

上组合泥质岩盖层主要发育于上二叠统龙潭组，其全盆地分布，厚度较大。

海西期：二叠纪末，龙潭组/吴家坪组泥质岩盖层埋深较浅，主体处于早成藏阶段（R_o普遍小于0.5%），封油能力较差，不具备封盖天然气的性能。

印支期：龙潭组泥质岩埋深2000～5000m，呈西深东浅的分布面貌；受热场分布控制，其有机质演化程度分布于0.8%～1.8%，总体而言呈东、西高，处于晚成岩中期，中部较低，处于晚成岩早期，具备封盖油气的能力。从孔隙平均直径分布看，其属Ⅰ类盖层

（图5-29、图5-30）

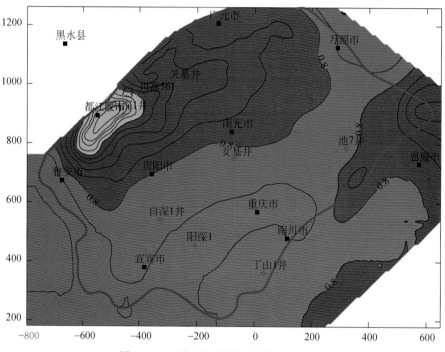

图 5-29　三叠纪末龙潭组泥岩成岩程度

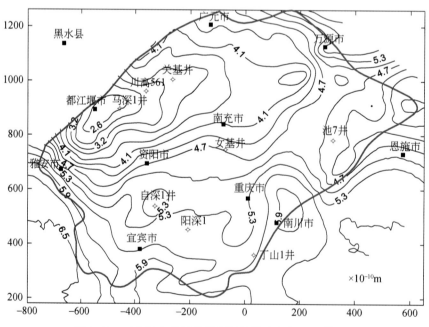

图 5-30　三叠纪末龙潭组泥岩平均孔隙直径（10^{-10}m）

燕山期：至白垩纪末，龙潭组埋深在川西、川东北和川东最大（普遍大于 5000m），成熟度大于 2.0%，处于晚成岩晚期；在川南区成岩演化程度相对较低一些，处于晚成岩中期。具有优越的封盖油气能力。泥质岩平均孔隙直径较低，封盖性能好（图 5-31、图 5-32）。

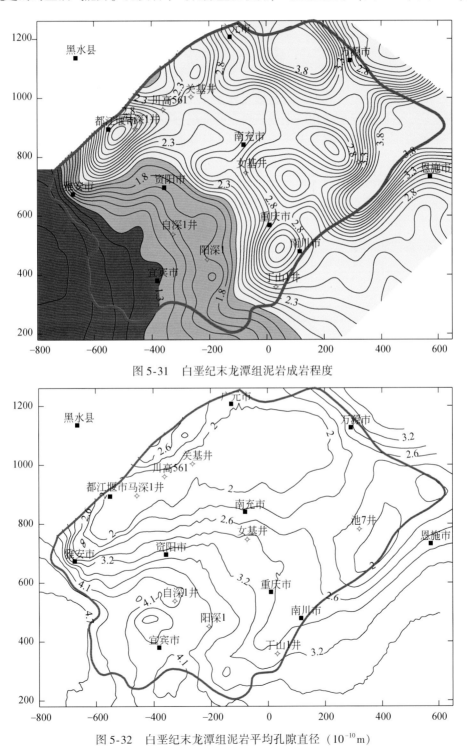

图 5-31　白垩纪末龙潭组泥岩成岩程度

图 5-32　白垩纪末龙潭组泥岩平均孔隙直径（10^{-10} m）

喜马拉雅期：由于晚燕山期—喜马拉雅期的构造改造，盆地周缘及川东高陡背斜构造带核部出露地表或埋深变浅，其封盖性失效或变差；但在向斜区埋深大，仍具较好封盖性能，川南地区天然气主力产层阳新统上覆盖层为该套地层，证实了其现今封盖能力的有效性。对资阳1井OCR参数计算值为1.7，小于其破裂门限值，也反映出盖层封盖能力的有效性。

5.2.4 陆相泥质岩盖层封盖性动态评价

四川盆地自晚三叠世以来的前陆盆地发育须三段、须五段、自流井组、千佛岩组等多套泥质岩盖层，它们不仅是陆相层系成藏组合的盖层，也是海相层系天然气得以保存的重要因素。下面以下侏罗统自流井组为例对其封盖性能随地史演化加以简要说明。

侏罗纪末自流井组泥岩封盖性评价：侏罗纪末，自流井组埋深700~3100m，以川东北区和川东区埋深最大，川南区埋藏最浅，不足1000m。受热场分布控制，成岩演化程度呈北东高、南西低的分布面貌，由晚成岩中期→晚成岩早期→早成岩期，封盖性能渐次变差（图5-33）。盖层平均孔隙直径为4.0×10^{-10}~7.5×10^{-10}m，同样呈北东高、南西低的分布面貌，其封盖性能表现为北东区油气兼封，而南东区仅能封盖油的特点（图5-34）。

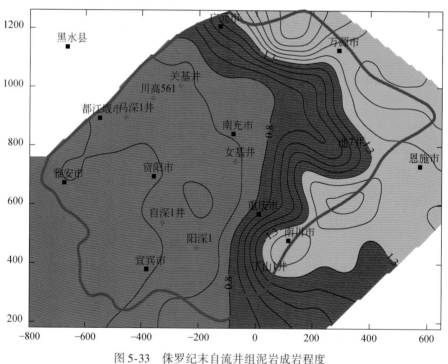

图5-33 侏罗纪末自流井组泥岩成岩程度

白垩纪末自流井组泥岩封盖性评价：白垩纪末，自流井组埋藏格局与侏罗纪末基本相似，泥岩成岩演化程度变化规律也基本一致，总体呈北东区高，往西降低的变化趋势（图5-35）。泥质岩平均孔隙直径随埋深增加而略有降低，总体呈北东区封盖性能优于南东区的特点（图5-36）。

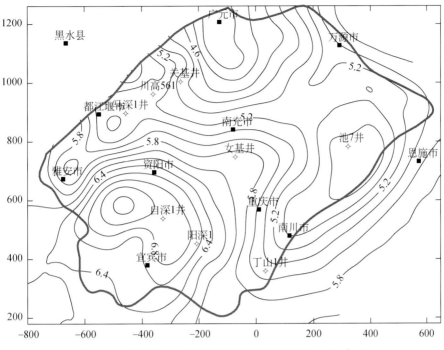

图 5-34　侏罗纪末自流井组泥岩平均孔隙直径（10^{-10}m）

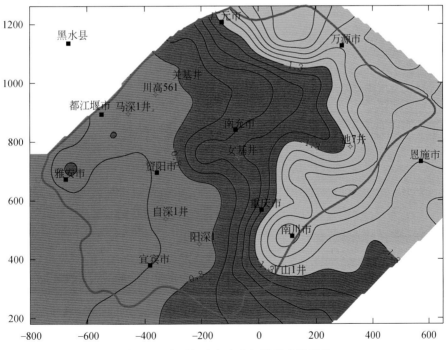

图 5-35　白垩纪末自流井组泥岩成岩程度

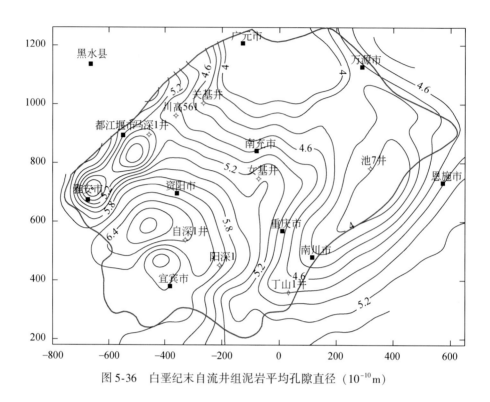

图 5-36　白垩纪末自流井组泥岩平均孔隙直径（10^{-10} m）

喜马拉雅期：经历了晚期构造的改造，盆地周缘及川东、川南区局部地区因构造变形强，侏罗系被剥蚀殆尽或埋深变浅，封盖性丧失或变差，但在复向斜区及川中、川西和川东北构造变形相对较弱的地区盖层保持较好，且埋深较大，仍具较好的封盖性能，川西沙溪庙组气藏、川中下侏罗统油藏反映了该套盖层封盖天然气和石油的有效性。

烃源岩生烃史研究表明，下寒武统烃源岩生油期主要发生于加里东期—海西期，印支期以生气为主，下寒武统盖层在加里东末期具较好的封油能力，海西末期具较好的封油和气的能力，而印支期具备封盖高压气的能力，封盖性能的动态演化与油气主要成藏期相匹配，有利于油气的保存，尽管后期隆升改造，油气保存条件略有变差，但仍不失为一套优质盖层。

志留系泥质岩盖层在加里东末期仅具备封油能力，海西油气兼封，印支期—早燕山期封盖油气性能进一步变强，晚燕山期—喜马拉雅期差异隆升改造，局部地区封盖性能丧失。其与下寒武统加里东期—海西期生油、印支期生气，五峰组—龙马溪组海西期—印支期生油、燕山期生气相匹配，有利于油气的保存。

龙潭组泥质岩盖层海西末期埋藏浅，封油性能差，印支期具备封盖油气性能，燕山期封盖性进一步增强，现今除局部地区外，仍具较好的封盖天然气的性能。

陆相泥质岩盖层为海相层系的间接盖层，对海相层系油气的保存十分重要。

各套盖层的有效封盖油气的时序与各套烃源岩主要生排油气期相匹配，有利于天然气的保存。

5.3　流体特征与油气保存条件

利用储层流体特征反映油气保存条件的研究，目前主要侧重于以下两个方面，一是聚集的烃类（油、气）物质的物理、化学性质或特征研究，如原油密度、黏度、正构烷烃构成曲线特征、饱和烃气相色谱基线"鼓包"（未辨识化合物）高低、轻重比、Pr/nC_{17}、25-降藿烷及其浓度等；尽管天然气成分相对单一，其所包含的天然气生成、演化程度及保存的信息相对较少，但天然气中往往含少量的轻烃，它所包含的生源、演化、油气保存信息量相对较多，浓缩轻烃分析近年来已运用于过成熟干气气/源对比、油气保存条件研究中（刘光祥等，2003；潘文蕾等，2003；王顺玉等，2006；谢增业等，2007）。二是地层水无机地球化学特征研究，如地层水常规水化学、氢氧硫同位素、微量、痕量元素特征等来判别其成因及演化。由于地层水是烃类运移聚集的动力和载体，其与油气之间必然存在着物质成分的交换，因此，地层水的化学性质与特征包含了有关油气运移、聚集、破坏和保存方面的诸多信息（蔡立国等，2002，2005；钱一雄等，2003；胡绪龙等，2008；江兴福等，2009）。

5.3.1　地层水特征与油气保存条件

1. 地层水化学特征与油气保存条件

1）川东石炭系地层水特征

（1）地层水矿化度

石炭系是川东地区天然气的主力产层之一，普遍见有地层水，单井日产水量一般少于 $10m^3$。地层水矿化度分布于 $36 \sim 103g/L$，集中分布于 $40 \sim 60g/L$，一般小于 $250g/L$。在分布上，存在两个高值区，一是西部的邻北、福成寨、张家场、七里峡构造带南段；另一高值区为东部的云安场、高峰场及大天池构造带中段，矿化度分布于 $100 \sim 200g/L$（图 5-37）。

（2）地层水主要离子及微量元素分布特征

$K^+ + Na^+$：含量较高，分布上与矿化度基本一致，高矿化度区内 $K^+ + Na^+$ 含量大于 $30g/L$；其含量低于 $20g/L$ 的地区为卧龙河、双龙、苟家场、黄泥堂及大池干构造带和铁山、七里峡及大天池构造带的北段。

Ca^{2+}、Mg^{2+}：钙离子含量平均在 $3000mg/L$ 以上，局部地区高达 $10000mg/L$，仅少数水样低于 $1000mg/L$。钙离子含量较高的有云安场、蒲包山、高峰场、大池干等构造带，含量较低的分布于川东石炭系的西北和西南部。镁离子浓度较低，大部分地区为数百毫克每升，最低只有几毫克每升，有少部分样品含量超过 $1000mg/L$，远低于海水中镁离子的含量。一些水中缺镁，可能为白云岩化过程中的置换反应所致。镁离子含量较高的两个区域为云安场、蒲包山两个构造带的周围地区。

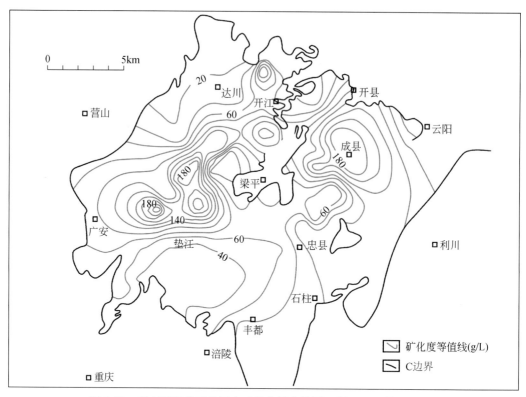

图 5-37　川东区石炭系地层水矿化度等值线图（据王兰生等，2001）

Cl⁻：氯离子含量分布与矿化度分布显示出极好的一致性，高矿化度区内氯离子含量大于 50g/L，含量低于 50g/L 的地区为卧龙河、双龙、苟家场、黄泥堂及大池干构造带和铁山、七里峡及大天池构造带的北段。

SO_4^{2-}：其浓度普遍较低，大多数低于正常海水浓度（900mg/L），这主要是因为在埋藏期还原环境下发生了脱硫酸作用导致石炭系地层水中硫酸根离子浓度相对降低。在 SO_4^{2-} 分布上，存在多个相对高值区，其与石炭系的石膏发育区有较好的对应关系（图 5-38），表明 SO_4^{2-} 离子浓度与地层石膏发育与否相关，脱硫系数高，并不一定反映油气保存条件差。

HCO_3^-：碳酸氢根离子分布很不均匀，在雷 2 井和双龙 4 井为两个高值区，在中部尖灭线一带为明显的低值区。

微量元素（I⁻、Br⁻、B）：I⁻、Br⁻、B 的浓度一般介于几十至几百毫克每升之间。

（3）地层水水型

川东区石炭系地层水多属氯化钙型，碳酸氢钠型也有所发现，局部区块还含有 Na_2SO_4 型，如池 8 井、双 19 井、七里 15 井、七里 5 井、成 9 井、峰 9 井等，但并不代表其属开启性系统，一是因为石炭系中含有膏盐，被地下水溶解；二是处于石炭系尖灭线附近。尖灭线附近，往往岩性致密，多为质纯灰岩，白云岩不发育，起初溶蚀淡化后的地层水被保留下来，与外界隔绝，不易被浓缩。上述这些井要么产高压水，要么产少量天然气，产量

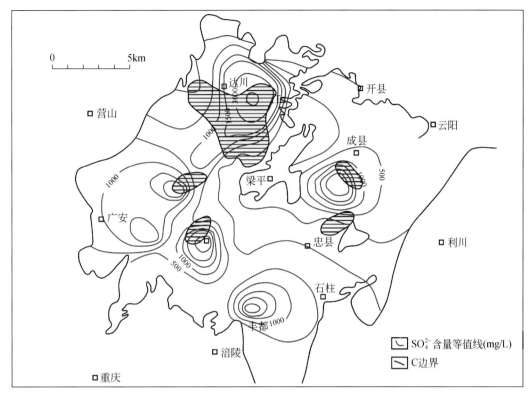

图 5-38　川东区石炭系石膏发育区地层水 SO_4^{2-} 含量等线图（据王兰生等，2001）

一般不超过 $1.5 \times 10^8 \mathrm{m}^3/\mathrm{d}$。

（4）地层水化学特征参数

钠氯比（$r\mathrm{Na}^+/r\mathrm{Cl}^-$）：川东区石炭系地层水钠氯比普遍小于 1（表 5-5），在高矿化度区内钠氯比小于 0.75（图 5-39），反映地层水浓缩变质程度较高，天然气保存条件好。

表 5-5　川东区石炭系地层水化学特征参数表

构造名称	井号	$r\mathrm{Na}^+/r\mathrm{Cl}^-$	$r\mathrm{SO}_4^{2-} \times 100/r\mathrm{Cl}^-$	$r\mathrm{Cl}^-/r\mathrm{Mg}^{2+}$	矿化度/（g/L）	水型
双龙	双 20 井	0.93	1.75	230.38	24.99	$CaCl_2$
双龙	双 21 井	0.85	0.17	140.99	69.28	$CaCl_2$
卧龙河	卧 102 井	0.12	1.01	3.73	49.26	$CaCl_2$
卧龙河	卧 52 井	0.01	0.86	6.17	28.39	$CaCl_2$
相国寺	相 25 井	0.25	0.99	4.56	0.63	$CaCl_2$
相国寺	相 10 井	0.67	0.13	25.96	48.89	$CaCl_2$
大池干井	池 18 井	0.13	0.05	6.76	17.03	$CaCl_2$
大池干井	池 8 井	0.88	0.08	219.35	39.75	$CaCl_2$
大池干井	池 16 井	0.85	5.44	65.13	70.39	$CaCl_2$
座洞崖	座 1 井	0.79	0.44	75.62	77.76	$CaCl_2$

续表

构造名称	井号	$r\mathrm{Na}^+/r\mathrm{Cl}^-$	$r\mathrm{SO}_4^{2-}\times100/r\mathrm{Cl}^-$	$r\mathrm{Cl}^-/r\mathrm{Mg}^{2+}$	矿化度/（g/L）	水型
卧龙河	卧124井	0.89	1.85	60.99	34.18	CaCl₂
铁山	铁山2井	0.23	0.22	12.63	143.1	CaCl₂
板东	板东6井	0.72	0.09	43.35	95.5	CaCl₂
板东	板东9井	0.89	1.06	107.24	55.58	CaCl₂
卧龙河	卧115井	0.97	4.03	188.83	35.5	CaCl₂
卧龙河	卧117井	0.89	0.09	103.19	39.51	CaCl₂

资料来源：徐国盛、刘树根，1999

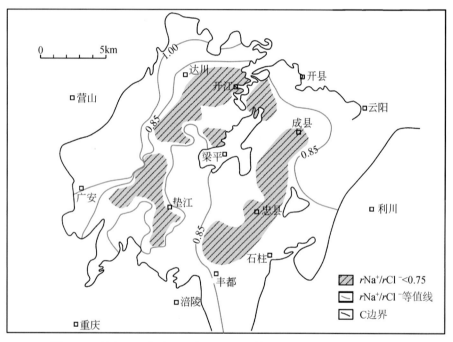

图 5-39　川东区石炭系地层水 $r\mathrm{Na}^+/r\mathrm{Cl}^-$ 等线图（据王兰生等，2001）

脱硫系数（$r\mathrm{SO}_4^{2-}\times100/r\mathrm{Cl}^-$）：普遍小于2，少数样品大于5%，如池16井，但该井地层水变质系数低（0.85），氯镁系数高（65.13），矿化度较高（70.39），水型为 CaCl₂，总体反映为沉积变质水特征，脱硫系数高是石膏溶解所致。

氯镁系数（$r\mathrm{Cl}^-/r\mathrm{Mg}^{2+}$）：表列氯镁系数分布于3.73～230.38，普遍大于5，平均值为80.93，反映地层水变质程度深，有利于天然气保存。尽管个别样品氯镁系数较低，但其变质系数和脱硫系数低、矿化度高、水型好，反映有利于天然气保存。

总体而言，川东区石炭系地层水矿化度较高，正变质程度较深，有利于天然气的保存。

2）二叠系地层水特征

长兴组地层水除川东华蓥山、中梁山、明月峡、方斗山等背斜局部裸露区及邻区外，

水型以 $CaCl_2$ 型为主，矿化度分布于 $17\sim56g/L$，钠氯系数在川南地区一般为 $0.87\sim0.92$，川东地区为 $0.84\sim0.96$，脱硫系数为 $0.04\sim4.02$；微量元素 I^-、Br^-、B 含量低，分别为 $7\sim20mg/L$、$45\sim368mg/L$、$6\sim53mg/L$。总体反映为沉积变质水，有利于油气的保存。

中二叠统栖霞组—茅口组地层水矿化度一般分布于 $14\sim66g/L$，在分布上有盆地边缘向盆地内逐渐增高的变化趋势（图 5-40），盆内华蓥山背斜南倾的帚状背斜带矿化度相对较低，小于 $20g/L$。

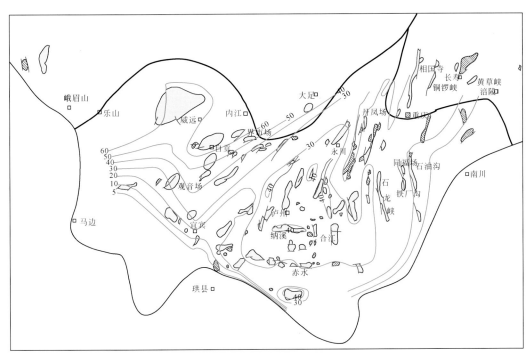

图 5-40　川南区栖霞组—茅口组地层水矿化度等值线图（单位：g/L，据翟光明，1989）

中二叠统地层水阳离子以 Na^++K^+ 离子含量最高，当量浓度分布于 $87.5\%\sim95.76\%$，其次为 Ca^{2+}（$3.01\%\sim11.45\%$），Mg^{2+} 最低（$0.53\%\sim3.67\%$），无 Ba^{2+}；阴离子中 Cl^- 离子含量最高（$96.66\%\sim99.32\%$），其次是 HCO_3^-（$0.66\%\sim2.93\%$），SO_4^{2-} 离子浓度最低（$0.01\%\sim0.89\%$）。微量元素 I^-、Br^-、B 含量较低，分别为 $5\sim34mg/L$、$62\sim302mg/L$、$18\sim197mg/L$。

中二叠统地层水水型以 $CaCl_2$ 型为主，在盆地边缘区亦有 $NaHCO_3$ 型水，如麻柳场构造，麻 1 井在中二叠统中途测试产水，水量约 $1000m^3/d$，水型为 $NaHCO_3$、Na_2SO_4 型，矿化度低（$3.5\sim4.5g/L$）（成艳等，2005），但该构造嘉陵江组产气，且无水，其成因可能是穿越流影响所致。盆地内部在华蓥山背斜南倾的帚状背斜带上的一些浸蚀窗附近和重庆以南的石油沟、东溪一带也出现多种水型，如中梁山、观音峡、六合场、石油沟等构造是 $NaHCO_3$ 型水，南温泉、东溪构造是 Na_2SO_4 型水。这些地区不仅水型差，而且地层水矿化度相对较低（<20g/L），变质系数大于 1，反映出曾遭受过大气水渗滤改造。与此不同的是环开江-梁平海槽的铁山、铁山坡、罗家寨、渡口河等气田二叠系产层中也见 Na_2SO_4 型

水，但其矿化度相对较高。Na_2SO_4型水通常被认为是在氧化开放性的环境中，处于裸露和严重破坏的地质构造中的地表水或浅层地下水，其矿化度较低。苏联专家阿尔斯通过"马林格娃–阿格里娃图表"，说明高（低）矿化度$CaCl_2$型水与低（高）矿化度$NaHCO_3$型水混合可生成中矿化度的Na_2SO_4型水（王仲候、张淑君，1998）。区内二叠系$CaCl_2$型水矿化度并不高，如川付85井二叠系地层水属$CaCl_2$型，但其矿化度仅为22.62g/L，双石1井的矿化度相对高一些，但也仅为35.52g/L，因此，区内并不具备高矿化度$CaCl_2$型水与低矿化度$NaHCO_3$型水混合生成中等矿化度的Na_2SO_4型水的条件。高含量的SO_4^{2-}来源于石膏（石炭系、中下三叠统）的溶解，尽管深埋作用下的硫酸盐还原作用生成H_2S气体，使SO_4^{2-}离子浓度降低，但仍残留了大量的SO_4^{2-}，导致水型为Na_2SO_4型水，因此，膏盐岩层系内Na_2SO_4型水并非油气保存条件差的指标。

中二叠统地层水变质系数（rNa^+/rCl^-）变化趋势与矿化度变化趋势相近，具盆缘高，并向盆内逐渐降低的变化趋势（图5-41）。建南气田二叠系地层水变质系数变化于0.4～0.97，达县–宣汉区变化于0.5～0.75，变质程度较深。

总体而言，二叠系地层水多属沉积变质水，有利于油气的保存。盆地边缘区及盆内裸露区受淡水渗滤改造，水型变差、产淡水，油气保存的水化学条件变差甚或丧失，如麻柳场构造、大窝顶构造等。

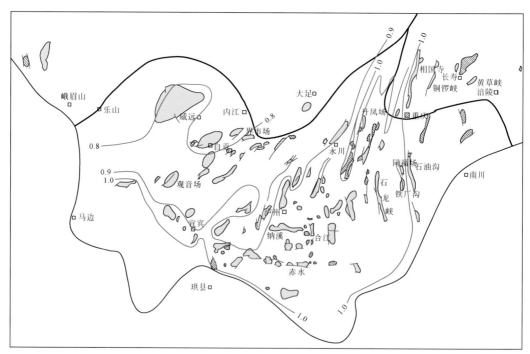

图5-41　川南区栖霞组—茅口组地层水变质系数等值线图（据翟光明，1989）

3）中下三叠统地层水特征

下三叠统飞仙关组、嘉陵江组是川东、川南气区的重要产层，地层水也十分活跃，如太和场气田 4 井在 T_1f^{2-1} 日产水 $480m^3$，合江气田 18 井在 T_1f^3 日产水 $792m^3$，相国寺气田相 24 井在 T_1j^5 日产水 $2832m^3$，新市气田 11 井在 T_1j^3 日产水 $2064m^3$，长垣坝气田在 T_1j^3 日产水 $3084m^3$。中三叠统雷口坡组是川中磨溪气田和川西中坝气田的主要产层之一，中坝气田雷口坡组气藏有很明显的边水，单井日产水量不一，但多小于 $10m^3$。

中下三叠统不同层位、不同地区地层水化学特征不一（图 5-42）。川东北部（铁山、铁山坡、渡口河、七里峡、罗家寨等）飞仙关组地层水阳离子组成中以 $Na^+ + K^+$ 含量最高，其次是 Ca^{2+}，Mg^{2+} 最低，无 Ba^{2+}；阴离子以 Cl^- 含量最高，其次是 SO_4^{2-}、HCO_3^-、CO_3^{2-} 最低，无 OH^-；SO_4^{2-} 最小值为 $53mg/L$，最大值达 $15577mg/L$，平均值为 $3765mg/L$。地层水中 H_2S 气体含量较高，最大值达 $6171mg/L$，平均值为 $1492mg/L$（王兰生等，2001）。地层水矿化度分布于 $0.491 \sim 204.229g/L$，集中分布于 $20 \sim 90g/L$，平均值为 $53.26g/L$。地层水水型主要有 Na_2SO_4 型、$NaHCO_3$ 型和 $CaCl_2$ 型三大类，以 Na_2SO_4 型水为主。变质系数分布于 $0.65 \sim 9.86$，平均为 1.38（39 件样品），脱硫系数为 $0.09 \sim 493.2$，平均为 23.7（39 件样品），氯镁系数分布于 $3.33 \sim 3936.2$，平均为 140.58（39 件样品），碳酸盐平衡系数分布于 $0.022 \sim 29.024$，平均为 2.452（39 件样品）。从地层水水型及变质系数、脱硫系数分析，川东北地区飞仙关组地层水不利于油气的保存，但碳酸盐平衡系数低、氯镁系

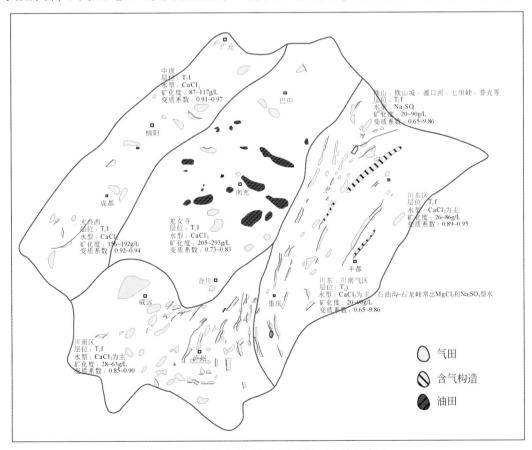

图 5-42　四川盆地中下三叠统地层水特征略图

数高又反映出优越的油气保存水化学条件。如前所述，铁山气田二叠系产层地层水属 Na_2SO_4 型，其并非传统认识的油气保存条件差的指标，其主要归因于石膏的溶解，使地层水中 SO_4^{2-} 浓度增高所致。

川东区中南部飞仙关组地层水（以建南气田为例，表5-6）阳离子组成中以 Na^++K^+ 含量最高，其次是 Ca^{2+}，Mg^{2+} 最低，无 Ba^{2+}；阴离子以 Cl^- 含量最高，其次是 HCO_3^-，SO_4^{2-} 含量最低；矿化度变化范围较大，变质系数分布于 0.42~0.89，脱硫系数普遍小于1，碳酸盐平衡系数低，而氯镁系数高，水型以氯化钙型为主，有利于天然气的保存。

表5-6 建南气田飞仙关组地层水特征表

井号	阳离子/(mmol/dm³)			阴离子/(mmol/dm³)			矿化度/(g/L)	成因系数				水型
	K^++Na^+	Ca^{2+}	Mg^{2+}	Cl^-	SO_4^{2-}	HCO_3^-		$r(Na^++K^+)/rCl^-$	$rSO_4^{2-}\times100/rCl^-$	$rHCO_3^-/rCa^{2+}$	rCl^-/rMg^{2+}	
建36井	842.05	760.37	338.36	1867.61	4.54	68.65	106.08	0.46	0.24	0.09	5.69	$CaCl_2$
建3	290.52	149.02	37.67	449.79	8.90	18.89	27.05	0.89	13.46	0.57	16.19	$CaCl_2$
建23	2118.02	357.42	41.42	2495.89	3.80	17.17	143.22	0.85	0.15	0.05	60.26	$CaCl_2$
建51	652.86	129.57	17.74	922.44	15.90	50.86	50.86	0.73	0.49	0.18	61.20	$CaCl_2$
建10	1031.92	262.10	60.33	1563.94	2.88	10.77	84.22	0.66	0.43	0.06	72.86	$CaCl_2$
建33井	903.64	1207.27	48.73	2104.47	3.63	44.76	111.82	0.42	0.19	0.04	70.39	$CaCl_2$

川南气区飞仙关组地层水阴阳离子组成特征与川东区相近，但矿化度略低，分布于 28~63g/L，变质系数分布于 0.85~0.90，水型以氯化钙型为主。

嘉陵江组是四川盆地川东、川南气区重要产层，其地层水主要为氯化钙型，局部地区出现 Na_2SO_4 型和 $MgCl_2$ 型，如石油沟、石龙峡气田，长垣坝气田东部区。水的矿化度分布于 22~104g/L，Cl^- 含量为 13~62g/L，变质系数为 0.8~0.98。嘉一段—嘉三段地层水特点相似，但嘉四段—嘉五段变化较大，矿化度为 20~271g/L，Cl^- 含量为 79~164g/L，变质系数为 0.8~1。

雷口坡组是川中磨溪气田和川西中坝气田的主要产层。中坝气田雷口坡组地层水矿化度分布于 87~117g/L，氯根离子含量为 50~60g/L，变质系数为 0.91~0.97，水型为 $CaCl_2$。川西大兴、油罐顶雷口坡组地层水矿化度较中坝气田的高（156~192g/L），氯根离子含量为 93~110g/L，变质系数为 0.92~0.94。川中地区雷口坡组地层水矿化度最高，分布于 205~293g/L，氯根离子浓度最大（126~179g/L），变质系数最低（0.73~0.83），油气保存条件优越。

尽管中下三叠统各产层地层水化学特征存在一定的差异，总体而言，除局部地区外，地层水属沉积变质水，有利于天然气的保存。

4）陆相层系地层水特征

四川盆地须家河组在华蓥山以西保存比较完整且深埋地腹，在川东等区因剥蚀作用，仅在向斜区得以保存。它是盆内重要的含油气层系，同时产水也很普遍，纵向上主要有须二段、须四段两个含水单元，须六段含水单元分布相对局限一些。单井日产水量较高，一般数十立方米，个别井高达上千立方米，如蓬基井须四段初期产水 3000m³/d 以上。

须家河组地层水除在邻近地表水渗入区有 NaHCO₃ 等水型外，主要是 CaCl₂ 型，水的矿化以川中地区最高，并向川西区逐渐降低，尤以须四段最具规律性（图 5-43）。须二段地层水矿化度除局部地区较低外，总体都很高，绝大部分地区均在 70g/L 以上，平面分布特征表现出由川西南部向川中及川西北地区降低的趋势，其中以川中东南部南充–遂宁–安岳–大足一带最高，矿化度为 170 ~ 230g/L；成都以南，以大 3 井为中心的区域最低，矿化度一般在 40g/L 以下。另外，在阆中–八角场一带存在一个相对的低矿化度区域，其值小于 140g/L；其余地区处于地层水矿化度变化的突变带上。须四段地层水矿化度的分布规律性更加明显，在整个川西龙门山山前地区表现为低异常区，地层矿化度一般小于 40g/L。高值区仍位于川中中南部栏 1 井–磨 1 井–大足一带，矿化度在 160g/L 以上。川中北部直到米仓山、大巴山前缘，地层水矿化度总体较低，一般小于 70g/L。整体上具有从西到东，从北到南矿化度逐渐增高的趋势。这种分布趋势与龙门山和大巴山山前冲断作用形成的断裂带有关，通天断裂的存在，使地表水沿断层下渗，形成供水区，地表水与地层水发生强烈的交替作用，造成地层水的淡化。远离供水区，这种交替作用逐步减弱。川中地区受其影响很小，仍然保持了较高的矿化度。因此，从地层水文保存条件分析，除川西龙门山前陆冲断带和川北的米仓山–大巴山前陆冲断带外，川中及蜀南地区是须四段天然气水文保存条件最为有利的地区。

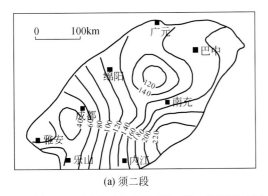
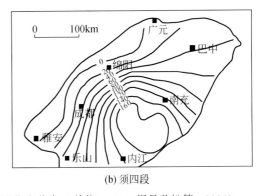

(a) 须二段　　　　　　　　　　　　　(b) 须四段

图 5-43　川中–川西地区须二段、须四段地层水矿化度分布（单位：g/L，据吴欣松等，2006）

川中气区须四段地层水阳离子组成具 K⁺+Na⁺≫Ca²⁺>Mg²⁺，且富含 Ba²⁺，明显有别于前述 C—P—T₁₋₂ 地层水；K⁺+Na⁺ 含量分布于 11.58 ~ 71.61g/L，Ca²⁺ 变化范围较大，分布于 0.068 ~ 32.23g/L，Mg²⁺ 离子含量最低，为 0.019 ~ 2.491g/L，普遍富含 Ba²⁺，最高可达 3.435g/L，其含量具东低西高的变化特征。阴离子具 Cl⁻≫HCO₃⁻>SO₄²⁻，以氯根离子占绝对优势，其含量分布于 26.41 ~ 148.50g/L，HCO₃⁻ 分布于 0 ~ 3.571g/L（雍自权等，2006；李伟等，2009），因地层水中往往富含 Ba²⁺，基本不含 SO₄²⁻。川西气区须家河组地层水阴阳离子组成特征与川中气区基本相似，如 X882 井，K⁺+Na⁺ 含量分布于 16.40 ~ 20.84g/L，Ca²⁺ 变化范围较大，分布于 2.82 ~ 3.38g/L，Mg²⁺ 离子含量最低，为 0.048 ~ 0.311g/L。阴离子具 Cl⁻≫HCO₃⁻>SO₄²⁻，以氯根离子占绝对优势，其含量分布于 31.45 ~ 39.21g/L，

HCO_3^-分布于 0.043~1.461g/L，不含 SO_4^{2-}。

川中–川西气区须家河组地层水钠氯比普遍小于 1，其平面变化特点与矿化度的变化趋势相似，以川中区最低，分布于 0.65~0.77，向西、北、南逐渐增高，反映保存条件存在差异。

川东区须家河组地层水矿化度、钠氯比变化较大，油气保存条件差异显著（图 5-44）。在高陡背斜带，地层水矿化度为 1~3g/L，水型为 $NaHCO_3$ 型，贫 Ba^{2+}，富 SO_4^{2-}（明显有别于川中–川西须家河组地层水），钠氯比远大于 1，天水渗混显著，属自由交替带—交替阻滞带，油气保存条件差。如张家场构造张 1 井须家河组地层水矿化度仅 1.84g/L，变质系数为 2.3，脱硫系数为 16.96，碳酸盐平衡系数为 29.27，SO_4^{2-} 当量浓度为 7.22%，水型属 $NaHCO_3$ 型。福成寨构造成 15 井地层水矿化度为 2.28g/L，变质系数为 1.79，脱硫系数为 18.85，碳酸盐平衡系数为 22.3，SO_4^{2-} 当量浓度为 10.35%，水型为 $NaHCO_3$ 型。建南气田建 10 井须家河组地层水矿化为 0.56~4.4g/L，变质系数为 1.36~1.69，脱硫系数为 45.91~67.48，碳酸盐平衡系数为 0.93~1.13，SO_4^{2-} 当量浓度为 1.75%~14.79%，水型属 Na_2SO_4 型。但远离露头和断裂的低缓背斜以及向斜之中，地下水受地表渗入水影响作用明显减弱，水化学性质表现为封闭环境下的变质特征。如新市构造新 5 井须家河组井深 2026.68m 发生井漏，裸眼初测产水 307.2~1440m³/d，矿化度为 63.77g/L，Cl^- 含量为 34.42g/L，水型为 $CaCl_2$ 型，变质系数为 0.87，脱硫系数为 0.52，碳酸盐平衡系数为 0.04，完全体现出沉积封存水的变质特征（杨磊等，2009）。利盐 1 井须家河组地层水矿化度为 107.42g/L，Cl^- 含量为 68.16g/L，水型为 $CaCl_2$ 型，变质系数为 0.77，脱硫系数为 0.10，碳酸盐平衡系数为 0.01，属沉积变质水，有利于油气的保存。

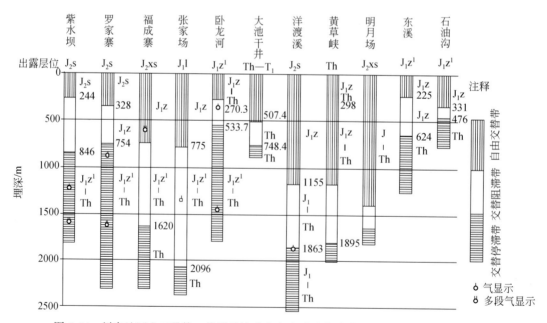

图 5-44 川东地区上三叠统—侏罗系构造水文地质垂直分带示意图（据杨磊等，2009）

总体而言，川中-川西-川南（大部分）地区须家河组地层水矿化度高、变质程度深，属沉积变质水，有利于油气保存；川东区高陡背斜带须家河组受天水影响严重，地层水普遍遭淡化，不利于油气的保存，但在远离露头和断裂的低缓背斜以及向斜之中，受天水改造程度弱，有利于油气的保存，如卧龙河、新市、渡口河、五宝场等。

2. 地层水氢氧硫同位素组成特征与油气保存条件

1）地层水氢、氧同位素组成特征

本次收集整理四川盆地及邻区地层水氢氧同位素资料 156 件（林耀庭、潘尊仁，2001；尹观，2008），其中震旦系地层水集中分布于威远气田，寒武系地层水除威远气田外，还包括城口明通盐井和湘鄂西区郁二井，志留系地层水取自湘鄂西区河 2 井，C—P地层水取自川东建南气田及川南气区合江、赤水气田，中下三叠统地层水取自川东建南气田、川 25 井等和川南合江、赤水气田及川西气区平落坝气田，须家河组地层水主要取自川中、川南气区，侏罗系—白垩系地层水取自川中-川西气区。

不同层系地层水氢氧同位素组成特征不一（图 5-45）：威远震旦系地层水点落于 δD-$\delta^{18}O$ 相关图的右下方，远离海水端元，是浓缩变质的结果，反映优越的封闭保存条件。

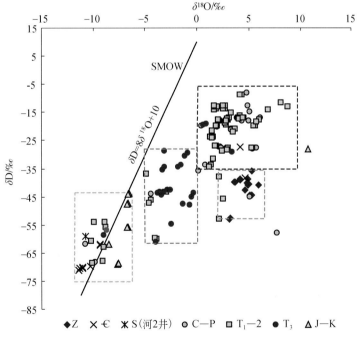

图 5-45　四川盆地及邻区地层水氢氧同位素相关图

数据据林耀庭、潘尊仁，2001；尹观等，2008；建南 10、13、43、44 井，

利盐 1 井，诺水河，河 2 井，川岳 83，川 27 据本书

寒武系地层水可明显分为两类，威远气田寒武系地层水氢氧同位素组成特征与震旦系地层水相近，仅 δD 值略重，远离海水端元，是封闭浓缩的结果；城口明通井、彭水郁二

井地层水氢氧同位素组成明显较威远气田的轻，却与盆地大气降水平均氢氧同位素组成十分相近，集中分布在大气降水线下方的左右两侧，大气水已基本交替原始地层水（80%以上），开启强烈，油气保存条件差，林耀庭和熊淑君（1999）的淡化试验结果可反映出这一点（表5-7）。

表5-7　卤水淡化试验氢氧同位素值变化

样号	卤水：淡水	$\delta D/\text{‰}$	$\delta^{18}O/\text{‰}$	矿化度/（g/L）
1	100：0	−27	+1.8	349.94
2	80：20	−34	−4.0	279.85
3	65：35	−36	−3.5	227.46
4	50：50	−38	−3.6	174.97
5	35：65	−47	−4.6	122.48
6	20：80	−49	−6.0	69.99
7	0：100	−64	−8.3	0

资料来源：林耀庭，1999

河2井志留系地层水氢氧同位素组成特征与盆地大气降水平均值相近，大气水已基本交替原始地层水，开启程度高，油气保存条件差，这与河2井地层水低矿化度、高变质系数和 $NaHCO_3$、Na_2SO_4 水型反映的油气保存的水化学条件差相吻合。此外，河2井甲烷碳同位素异常轻，接近于生物成因气，其可能是大气水携带喜氧细菌对甲烷改造的结果。

二叠系地层水除盆缘露头区氢氧同位素组成特征与大气降水平均值相近（如诺水河二叠系泉水），反映交替作用强烈，油气保存条件较差外，其他气田地层水氢氧同位素点落于 δD-$\delta^{18}O$ 相关图的右上方，分布相对集中，且靠近海水端元，但氢同位素较海水轻，而氧同位素较重，属封闭浓缩变质水，反映出具优越的油气保存水文环境。宋二井、建44井二叠系地层水氢氧同位素组成特征与威远震旦系地层水的相似，反映在局部地区，下组合地层水已上窜至上组合储层之中。

中下三叠统地层水氢氧同位素组成特征复杂，可分为三类，第一类（占样品总数的9.72%）与盆地大气降水平均值相近，反映开启程度较高，油气保存条件差，如川南气区五通裕源井和金5井；第二类（占样品总数的81.94%）与二叠系的主体相近，属封闭浓缩变质水；第三类（占样品总数的8.34%）氢氧同位素组成特征介于一、二类之间，与须家河组地层水氢氧同位素组成特征相近，属海源沉积型与大气降水叠加型（林耀庭、潘尊仁，2001），如建南气田建10井 T_1f 地层水 $\delta^{18}O$ 为-4.8‰，δD 为-37‰，建13井 C_2h 地层水 $\delta^{18}O$ 为-4.4‰，δD 为-44‰，明显有别于第二类地层水氧氢同位素组成特征。如前所述，两口井地层水化学特征（高矿化度，变质系数<0.87，水型 $CaCl_2$ 等）反映出属沉积变质水，具备油气保存条件；根据构造-沉积演化推测，大气水的渗混改造发生于印支运动，晚三叠世—侏罗纪前陆盆地的叠加又重建了油气封闭保存条件，而区内主力烃源岩龙马溪组和二叠系主生烃期均在印支改造之后，因此，区内天水渗入改造并未影响到这些层位油气聚集成藏；这一点有别于江汉平原覆盖区（中燕山天水渗混改造，晚燕山期—喜马拉雅期油气封闭保存系统重建，但主生烃期在早中燕山期）。此外，少数中下三叠统

地层水氢氧同位素组成特征与威远震旦系的相近，可能揭示出局部地区海相储层流体已沟通（图 5-46）。

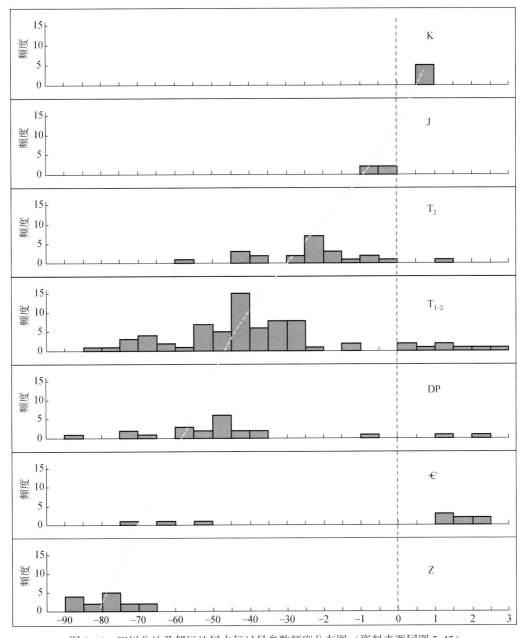

图 5-46　四川盆地及邻区地层水氘过量参数频度分布图（资料来源同图 5-45）

须家河组地层水氢氧同位素组成特征与 P—T$_{1-2}$ 地层水的主体分布不一致，地层水的 δD 和 δ^{18}O 值分别为 -44.135‰ ~ -19.140‰、-31.76‰ ~ 31.43‰，变化范围较宽。在 δD-δ^{18}O 相关图上，氢氧同位素组成落在二叠系—中下三叠统地层水与大气降水端元之间，为上述两端元的混合水体。地层水产出层段岩性以砂岩为主，水/岩作用导致氧同位素交换程度不甚强烈。地层水同位素的变化主要受海水与大气降水的混合及蒸发作用所支配。其混合及蒸发作用影响的程度，仍受盆地古地理、古环境及构造运动所制约（尹观等，2008）。值得重视的是，个别钻井须家河组地层水同位素组成特征与 P—T$_{1-2}$ 海相地层水的主体相一致，如裕源井（$\delta D = 0.66‰$，$\delta^{18}O = -19.40‰$）、贡 1 井（$\delta D = 3.41‰$，$\delta^{18}O = -29.10‰$），可能揭示出局部地区海相油气保存系统遭受开启，海相地层水已上窜至陆相层系，并驱替了原有地层水。

2）氘过量参数

尽管震旦系、二叠系茅口组和中上三叠系海相沉积含卤层卤水的氢同位素组成差别明显，但同时代的变化范围又相对较小，$\Delta\delta D$ 为 $10‰ \sim 20‰$，意味着同时代卤水形成的环境，相对稳定，总体变化不大，后期构造运动的影响也不明显。氧同位素组成的情况更为复杂，它不仅受水源、蒸发环境的支配，而且还与在碳酸盐岩地层内卤水的成藏及储藏过程中的水/岩作用密切相关。卤水的氧同位素组成，实际上是含卤层形成时，同生水的原始同位素组成和后期的水/岩氧同位素交换叠加作用的结果（尹观等，2008）。

鉴于影响地层水氢氧同位素组成的因素较多，单靠地层水的氧同位素组成难以反映成藏后水/岩作用的程度，而氘过量参数能够反映海水蒸发、大气降水形成过程中的同位素分馏效应。Dansgaard（1964）提出了氘过量参数（d）的概念，并定义为

$$d = \delta D - 8 \times \delta^{18}O \tag{5-2}$$

d 值的大小，相当于该地区的大气降水斜率（$\Delta\delta D / \Delta\delta^{18}O$）为 8 时的截距值。因此，某一地区的大气降水的截距值（d 值），可以较直观地反映当地与全球大气降水蒸发、凝聚过程中的动力同位素分馏效应的差异程度。

尹观等（2008）的研究认为，就海水的蒸发而言，如果海水是一个开放系统，海水的氘过量参数（d）始终在零的左右变化；假如海水蒸发是在一个封闭系统条件下，残留海水的氢氧同位素值均可能向正值偏移。按 d 值定义计算出的氘过量参数值，可能向负方向偏移。当海水与大气降水混合时，它们的氘过量参数（d）有朝正方向升高的趋势，升高的程度取决于大气降水混入的数量。

图 5-46 展示了四川盆地及邻区各层系地层水氘过量参数频度分布，由图可见：①受大气降水影响的地层水氘过量参数在全球大气降水氘过量参数的平均值（10）附近摆动；②地层水氘过量参数随地层时代变新有逐渐增大的趋势，反映出沉积封存时间越长，d 值越小；③各层系地层水，凡是分布于盆地周边或处在断裂构造发育或经过长期开采卤资源的卤井，明显受到大气降水渗漏补给的影响，其地层水实际上是原生地层水和现代大气降水的混合水，它们的氘过量参数（d）都有不同程度的升高，升高的程度取决于现代大气降水混入的数量。如城口明通井上寒武统地层水氘过量参数为 20.22 和 17.84，彭水郁二井上寒武统地层水氘过量参数为 12.82，川南宋二井茅口组地层水 d 值为 4.02，河 2 井志留系地层水 d 值为 27.40。总体而言，四川盆地海相地层水氘过量参数普遍小于 -20，反映出封闭环境，仅局部地区遭受大气水渗混改造，这与地层水化学特征所反映的结论一致。

3）地层水硫同位素组成特征与油气保存条件

林耀庭（2003）对四川盆地三叠纪海相沉积石膏和卤水的硫同位素研究表明（表5-8）：

（1）随时代变新，硫同位素明显轻化，且具阶梯状分布演化特点：①T_1j^1—T_1j^3段石膏和卤水的$\delta^{34}S$值相近，可划为一个组，呈现第一个台阶，$\delta^{34}S$值异常高，石膏和卤水$\delta^{34}S$的平均值分别达34.2‰和36.4‰；②T_1j^{4+5}和T_2l^1段石膏和卤水的$\delta^{34}S$值相近，为一个组，呈现第二个台阶，其平均值分别为28.3‰和30.9‰；③T_2l^3段石膏和卤水的$\delta^{34}S$值为第三个台阶，平均值分别为21.9‰和20.0‰；④T_2l^4段石膏和卤水的$\delta^{34}S$值为第四个台阶，呈低值（16.9‰~15.6‰），较正常海水还低（正常海水的$\delta^{34}S$为20.0‰），但仍在海相硫酸盐值域内。

（2）同一层段的硫同位素纵横向分布稳定。

表5-8　四川盆地中下三叠统石膏和地层水$\delta^{34}S$变化

层段	石膏和硬石膏的$\delta^{34}S$/‰					卤水的$\delta^{34}S$/‰					差值/‰
	最小	最大	平均	幅度	样品	最小	最大	平均	幅度	样品	
T_2l^4	14.7	18.9	16.9	4.2	46	15.6		15.6		1	1.3
T_2l^3	19.8	23.3	21.9	3.5	7	18.4	21.6	20.0	3.2	2	1.9
T_2l^1	25.0	30.6	28.3	5.6	31	30.9		30.9		1	-2.6
T_1j^{4-5}	26.0	32.0	28.3	6.0	129	28.1	30.7	29.2	2.6	7	-0.9
T_1j^3						33.7	36.3	35.0	2.6	2	
T_1j^2	32.5	35.4	34.2	2.9	11	35.5	36.2	35.9	0.7	3	-1.7
T_1j^1						35.6	37.6	36.4	2.0	4	

资料来源：林耀庭，2003

（3）石膏和地层水硫同位素具同源性：同一层段的石膏和卤水的硫同位素大体相近，具同步现象。如T_1j^{4+5}层段的石膏和卤水的$\delta^{34}S$值分别为28.3‰和29.2‰；T_2l^4则分别为16.9‰和15.6‰；T_1j^2分别为34.2‰和35.9‰，都十分相近，说明两者具同源特征。

由此表明，中下三叠统各储集层段分隔性强，无窜层现象，揭示出优越的封闭保存条件。

对川岳83井飞仙关组地层水硫同位素分析表明，其值为38.6‰，其较嘉一段至嘉三段地层水硫同位素更重，反映出封闭环境；川27井自流井群地层水硫同位素为35.4‰，与嘉一段至嘉三段地层水硫同位素相近，可能揭示为海相地层水，反映出局部地区海相地层水上窜至陆相层系并驱替了原有地层水；而诺水河二叠系泉水硫同位素轻化明显，仅为20.1‰，交替强烈，油气保存条件差。这与前述地层水化学、地层水氢氧同位素所获结论相吻合。

3. 地层水中微量有机质地球化学特征与油气保存条件

川东北诺水河地表泉水（出口层位P_3ch）类异戊二烯烃$Ph/nC_{18}>1$，支链烷烃含量较高，已超过正构烷烃含量，$iC/nC>0.35$，支链$+CC/nC>0.8$（表5-9），表明水样已受开启改造；其正构烷烃具前峰型（图5-47），前主峰碳为 nC_{17} 则可能暗示海相层位的烃类受改造程度低或因开启时间短，受改造程度弱。

表 5-9　四川盆地及邻区地层水中有机质饱和烃构成特征数据表

地区	井名	层位	nC	类异戊二烯烃（iC）	支链	CC	iC/nC	支链$+CC/nC$
川东北	诺水河	地表	38.04	17.46	41.65	2.85	0.46	1.17
	川27	J_1	48.36	10.7	37.37	3.57	0.22	0.85
川东建南	利盐1	T_3	66.33	9.13	21.69	2.85	0.14	0.37
	建10	T_1f	70.6	11.06	17.2	1.15	0.16	0.26
	建44	P_3ch	60.93	14.34	23.54	1.19	0.24	0.41
	建43	P_3ch	64.5	16.76	17.26	1.43	0.26	0.29
	建13	C	61.09	15.58	21.72	1.61	0.26	0.38
湘鄂西	河2	S	48.62	17.68	31.86	1.84	0.36	0.69

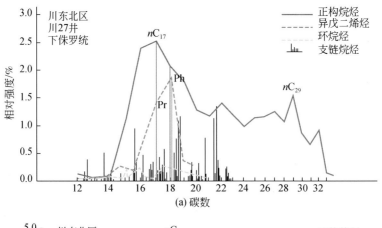

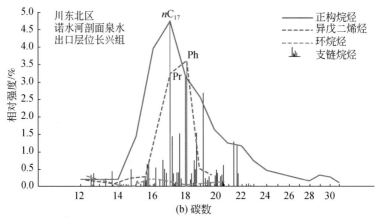

图 5-47　川27井、诺水河泉水中有机质饱和烃构成特征对比图

川东北地区川 27 井下侏罗统地层水类异戊二烯烃以姥鲛烷、植烷占绝对优势，Ph/nC_{18}<1，iC/nC 为 0.22（小于 0.35），支链+CC/nC 为 0.85（大于 0.8）（表 5-9），表明地层水的开启并不明显；其正构烷烃具双峰特征，前主峰碳为 nC_{17}，后主峰具弱的 nC_{29}（图 5-47），奇数碳优势，可反映来自陆相层系烃类与保存条件良好的海相层位烃类叠加。

川 27 井、诺水河泉水中芳烃总组成见表 5-10，两样品均具高菲萘的特征，反映烃类演化程度较高。芘的含量与威远气田气层水相比明显偏高，代表封闭性较差（性质越稳定，越易富集）。值得注意的是，萘系列相对含量与威远气田地层水大致相当，可能是深部封闭性晚期次生烃类的叠加。芴、硫芴组合特征上，诺水河泉水具低芴高硫芴的特征，而川 27 井呈反向组合特征，反映通南巴构造带地腹内的保存条件较其北部好。这与氢氧硫同位素判别结果一致。

表 5-10　四川盆地及邻区地层水中有机质芳烃构成特征数据表

地区	井号	萘	菲	蒽	芘	屈	联苯	联萘	苊菲	荧蒽	芴	SF	OF	NF	芘/菲
川东北	诺水河	12.18	28.1	3.97	14.43	0	0.25	0	4.42	2.36	11.23	14.8	7.36	0.9	0.51
	川 27	7.06	22.66	3.27	27.91	1.18	0.74	0	6.75	1.91	13.49	6.1	7.17	1.77	1.23
威远	威 83	35.2	10.5	2.3	0.72	0.12	2.6	0.57	1.7	1.14	13.3	8.6	11.3	3.6	0.07
	威 51	11.54	11.9	4.8	1.7	0.09	4	3.7	9.1	6.2	17.4	10.5	12.4	0.7	0.14
	威 27	14	19.4	2.4	2.9	0.14	2.7	0.57	6.6	3.8	16.8	13.5	12.2	0.7	0.15
	威 23	6.4	17.4	2.3	4.7	0.15	0.47	1.7	19.3	8.8	11.8	14.6	4.2	2.6	0.27
建南	利盐 1	1.82	54.12	0.99	9.91	0.06	1.13	0.01	6.89	0.15	10.31	6.74	7.31	0.56	0.18
	建 10	3.25	27.06	1.51	19.99	0.8	0.13	1.57	6.67	1.92	12.24	14.79	9.32	0.77	0.74
	建 44	6.87	17.91	1.66	11.73	0.66	0.29	0.58	10.4	1.49	14.46	20.36	12.44	1.16	0.65
	建 43	2.74	54.87	0.95	4.84	0.15	1.64	0.62	9.19	4.39	8.1	6.3	6.32	0.24	0.09
	建 13	5.17	28.5	4.47	18.04	0.19	0.82	0.19	7.12	2.96	8.85	15.14	7.23	1.31	0.63
湘鄂西	河 2	6.73	23.78	8.24	24.12	0	0.46	0	6.85	2.11	12.26	9.97	4.07	1.4	1.01

建南气田地层水中有机质饱和烃结构组成特征极其复杂，反映为多源多期渗混叠加改造的复杂面貌。

（1）正构烷烃的展布差异较大，按峰型特征大致可分为三类（图 5-48），第一类为近对称型（建 43 井，P_2ch；建 10 井，T_1f^3；利盐 1 井，T_3），主峰碳为 nC_{20}-nC_{23}，较威远气田水中有机质主峰碳（为 nC_{17}）明显后移，反映天然气曾一度遭受过水洗、氧化等弱改造作用，随后具封闭保存条件，微弱 nC_{27}、nC_{29} 奇数碳优势特征可能是携带陆源高等植物为母源的烃类的地层水渗混叠加的烙印（层位越新，叠加作用越明显，反映了垂上封闭保存条件的差异）。第二类为双峰型，以建 44 井长兴组地层水为代表，其前主峰碳为 nC_{16}，后主峰碳为 nC_{29}，可能是早期改造强烈，晚期深部保存条件好的地层水再次渗混叠加的结果；第三类以建 13 井石炭系地层水为代表，前主峰为 nC_{17}，后主峰为 nC_{22}，并具明显的 nC_{26}、nC_{30} 偶数碳优势，可能早期弱改造，晚期烃类再次充注的表征。水中饱和烃正构烷烃展现的复杂面貌同时也反映了各层系流体的连通性较差，呈现多个相对独立的水溶系统。

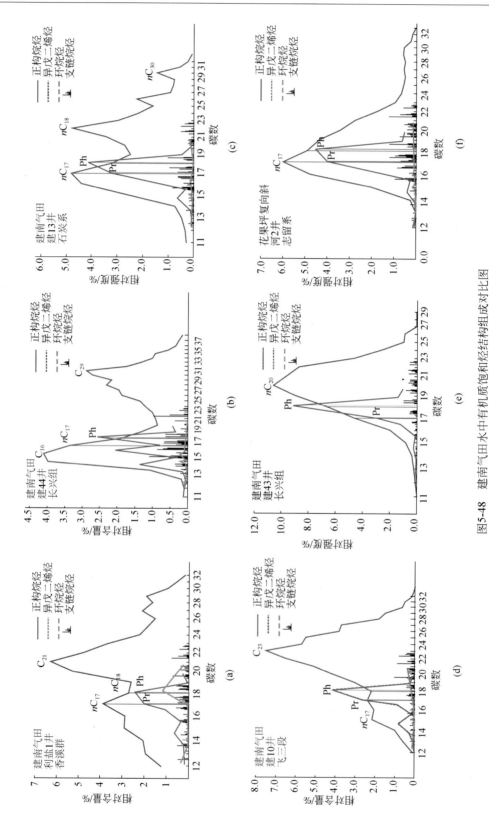

图5-48　建南气田水中有机质饱和烃结构组成对比图

（2）类异戊二烯烃的分布除个别样品外，均以姥鲛烷、植烷占优异，Ph/nC_{18}往往大于 1，为一度开启遭受改造的有力证据。

（3）支链烷烃、环烷烃含量普遍较低，没有明显的优势组分。

（4）尽管正构烷烃的分布差异极大，但在其相对含量和比值上，各地层水样基本一致（表 5-9、表 5-10、图 5-49），与威远气田、卧龙河气田地层水处于同一范围内，表征了较好的封闭保存条件。

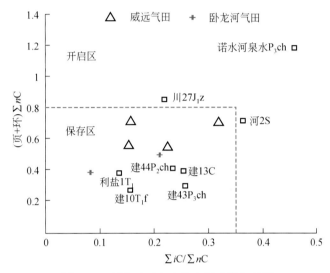

图 5-49　川东地区水中饱和烃参数相关图

建南气田水中有机质芳烃构成特征可分为两类（图 5-50）：第一类以高含量的菲系列

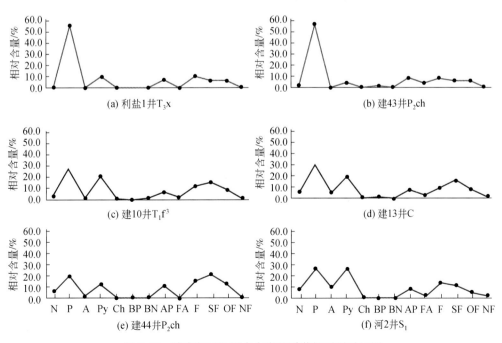

图 5-50　建南气田地层水中有机质芳烃系列对比图

（>50%），低含量的芘系列，以及低含量的四芴系列，并具芴>硫芴<氧芴组合为典型特征；第二类以低含量的菲系列，相对较高的芘系列和四芴系列，而且芴、硫芴、氧芴呈"屋脊式"分布为特征。与威远气田水中有机质芳烃构成特征相双，其萘系列、芴系列相对含量要低，而菲系列含量相对较高，总体上反映保存条件不如威远气田。

5.3.2 油气组成特征与油气保存条件

1. 天然气组成特征与保存条件

1）天然气常规组成特征

四川盆地工业天然气流产于 Z_2、$\in$、S、C_2、P、T_{1-2}、T_3、J_1 及 J_2 等多个层系，海相主力产气层为 C_2、P、T_{1-2}，陆相主力产气层为 T_3x、J_3p。总体而言，陆相产层天然气干燥系数（$C_1/\sum C_{1-5}$）变化幅度大，分布于 $0.8627 \sim 0.9882$，而海相产层天然气干燥系数普遍大于 0.98（图5-51）；陆相产层烷烃气重烃含量相对较高，海相产层重烃含量低微，$\lg C_2/\lg C_3 \approx 0$（图5-52）；陆相产层天然气非烃气具低 N_2、CO_2 和不含或微—低（$0.0013 \sim 0.3$）含量 H_2S，海相产层天然气非烃气组成变化较大，H_2S 含量从低含硫至特高含量均有分布，N_2、CO_2 的含量变化幅度也较大，其中 CO_2 含量与 H_2S 含量具正相关关系，尤以川东气区最为显著。

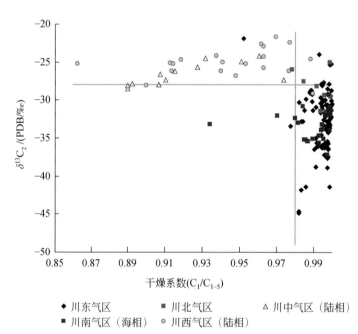

图5-51　四川盆地天然气干燥系数与乙烷碳同位素相关图

值得注意的是，通南巴+元坝地区陆相产层天然气干燥系数明显较川西、川南气区陆

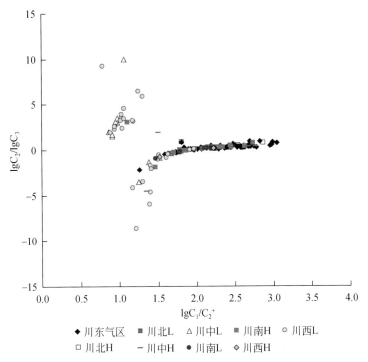

图 5-52　四川盆地天然气 lgC_1/C_2^+ 与 lgC_2/lgC_3 相关图

相产层的要高，乙烷碳同位素略轻于上述气区陆相产层，而重于海相产层天然气，反映它们可能为海相成因与陆相成因混源气。

2）烷烃气碳氢同位素组成特征

（1）天然气烷烃碳同位素组成特征

①川西气区

川西气区陆相产层天然气甲烷碳同位素分布于 -38.9‰ ~ -30.8‰，平均值为 -34.9‰；乙烷碳同位素较重，分布于 -29.1‰ ~ -21.5‰，一般重于 -28‰，平均值为 -24.0‰（45 件），具典型陆相成因气特点（图 5-53 ~ 图 5-55），有机母质类型属 Ⅲ ~ Ⅱ₂，与须家河组湖相及煤系烃源岩相对应。其中邛西、平落坝、白马松华、大兴场、拓坝场、文兴场陆相产层（T₃x—J₃）天然气具典型腐殖型（Ⅲ）气特点，而中坝、新场与洛带陆相产层天然气多点落于高-过成熟油气型气与煤型气混源气区，反映湖相泥页岩贡献较大，这可能与晚三叠世前陆盆地结构及沉积相带展布相关，前者以滨浅湖相-沼泽相为主，后者以滨浅湖-半深湖相为优势相，揭示出天然气具就近聚集成藏的特点。

川西气区陆相天然气烷烃气碳同位素系列多呈正常组合序次分布（图 5-56），即 $\delta^{13}C_1 < \delta^{13}C_2 < \delta^{13}C_3 < \delta^{13}C_4$，少数样品在乙烷与丙烷、丙烷与丁烷间碳同位素发生了局部"倒转"，但"倒转"幅度普遍小于 1‰，反映出川西陆相层系天然气未受到次生改造作用或次生改造作用微弱。

川西海相产层天然气（包括川科 1 井马鞍塘组）甲烷碳同位素分布于 -35.5‰ ~

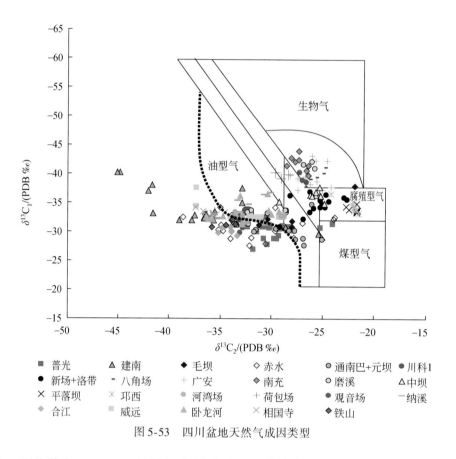

图 5-53　四川盆地天然气成因类型

–32.3‰，平均值为–34.1‰，较陆相产层略重，反映其演化程度略高。乙烷碳同位素分布于–33.4‰ ~ –29.2‰，平均值为–32.1‰，比陆相层系气轻7.2‰，具油型气特点；烷烃气碳同位素系列多呈正常组合序次分布，少数出现局部小幅度"倒转"。

②川中（油）气区

川中（油）气区陆相产层天然气甲烷碳同位素分布于–43.8‰ ~ –35.8‰，平均值为–40.2‰，明显较川西陆相层系的（–35.0‰）轻，表明演化程度要低一些；乙烷碳同位素分布于–28.5‰ ~ –24.2‰，普遍重于–28‰，平均值为–26.3‰，反映为陆相成因天然气，主体点落于低熟—成熟油型气与煤型气混源气区（图5-57），揭示出可能具就近聚集成藏的特点（须家河组烃源岩演化程度明显较川西拗陷的低）。

烷烃气碳同位素系列普遍呈正常组合序次分布，仅个别样品在丙烷与丁烷间碳同位素发生了局部"倒转"，反映天然气基本未受次生改造（图5-58）。

川中油气区海相产层天然气（磨溪气田，雷口坡组）甲烷碳同位素分布于 –33.7‰ ~ –31.4‰，变化幅度不大，平均为–33.3‰，较陆相产层天然气的重6.9‰，反映出演化程度要高；乙烷碳同位素变化幅度较甲烷的大，分布于 –32.2‰ ~ –28.5‰，平均为–30.1‰，具油型气特点。天然气干燥系数较陆相层系的高，重烃含量低，仅个别样品检测出丙烷碳同位素，在甲、乙烷碳同位素组合关系上普遍呈正碳同位素序列分布，仅个别样品发生了轻微"倒转"。

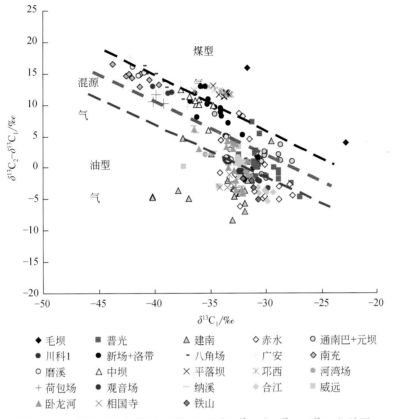

图 5-54 四川盆地主要气田（藏）天然气 $\delta^{13}C_1$ 与 $\delta^{13}C_2 - \delta^{13}C_1$ 相关图

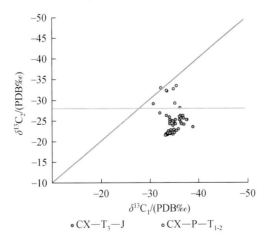

图 5-55 川西气区天然气 $\delta^{13}C_1 - \delta^{13}C_2$ 相关图

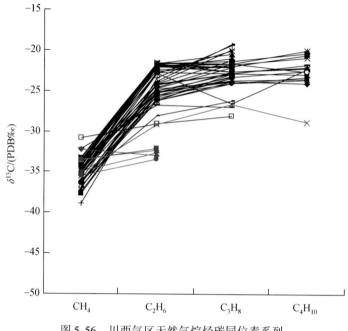

图 5-56　川西气区天然气烷烃碳同位素系列

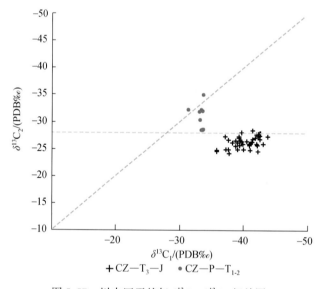

图 5-57　川中区天然气 $\delta^{13}C_1 - \delta^{13}C_2$ 相关图

③川南气区

川南气区天然气烷烃碳同位素组成特征十分复杂（图 5-59～图 5-61）。22 件陆相产层天然气样品中乙烷碳同位素重于 −28‰的样品数为 6 件（乙烷碳同位素平均值为 26.5‰），占分析样品数的 27.3%，与川中、川西气区陆相产层天然气甲、乙烷碳同位素组成特征相似，属陆相成因天然气。乙烷碳同位素轻于 −28‰的样品按甲、乙烷碳同

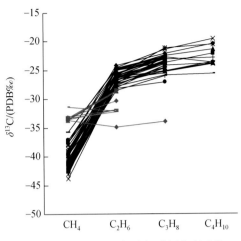

图 5-58　川中区天然气烷烃碳同位素系数

位素分布范围又可分为两类，一类甲烷碳同位素分布于–43.1‰～–34.1‰，平均为–38.4‰；乙烷碳同位素分布于–30.7‰～–28.3‰，平均为–29.5‰，与陆相成因天然气相比，甲烷碳同位素相近，而乙烷碳同位素轻 3‰，推测其源自须家河组湖相 Ⅱ 型有机质；另一类甲烷碳同位素分布于–34.2‰～–30.0‰，明显较第一类偏重，乙烷碳同位素分布于–36.4‰～–32.8‰，平均为–34.3‰，明显有别于陆相成因天然气，而与川南气区二叠系产层天然气甲、乙烷碳同位素组成特征十分相近，反映为油型气特征，揭示出气源岩并非陆相层系，而是下伏海相层系，表明川南气区海相层系油气保存系统曾一度开启，天然气上窜至陆相层系聚集成藏。

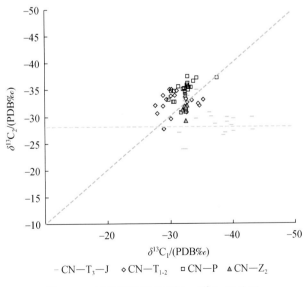

图 5-59　川南区天然气 $\delta^{13}C_1$–$\delta^{13}C_2$ 相关图

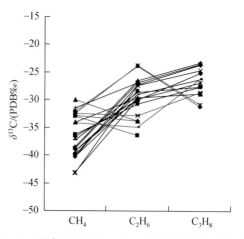

图 5-60 川南区陆相产层天然气烷烃碳同位素系列

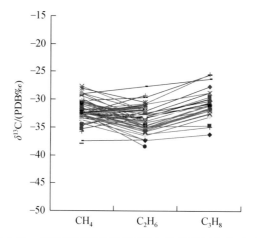

图 5-61 川南气区海相层系天然气烷烃碳同位素系列

陆相产层天然气烷烃气碳同位素系列可明显分为三类（图 5-60），$\delta^{13}C_1 > \delta^{13}C_2 < \delta^{13}C_3$（见于赤水、合江气田）；$\delta^{13}C_1 < \delta^{13}C_2 < \delta^{13}C_3$（见于丹凤场、观音场、威东、纳西等气田）；$\delta^{13}C_1 < \delta^{13}C_2 > \delta^{13}C_3$（仅见于赤水沙溪庙气藏，官 9 井）。其中第一类与川南气区二叠系产层主体相似（图 5-61），反映具相同的气源。

川南气区海相产层天然气主要产于灯影组、茅口组、长兴组、嘉陵江组等层位。威远气田灯影组—下寒武统产层天然气甲、乙烷碳同位素分布范围窄，甲烷碳同位素分布于 −32.7 ~ −32.0‰（平均值为 −32.4‰），乙烷碳同位素分布于 −33.9‰ ~ −29.2‰（平均值为 −31.5‰），反映为气源单一，演化程度相近的油型气。烷烃碳同位素系列多呈正常组合分布，仅个别样品具小幅度"倒转"（威 39 井，1.5‰），天然气未经次生改造或多源渗混叠加。二叠系产层天然气甲烷碳同位素分布于 −37.5‰ ~ −29.8‰（平均值为 −32.4‰），乙烷碳同位素分布于 −37.4‰ ~ −30.7‰（平均值为 −35.1‰），烷烃气碳同位素普遍呈 $\delta^{13}C_1 > \delta^{13}C_2 < \delta^{13}C_3$ 的"Ⅴ"型分布，反映为多源多期油型气渗混叠加的混源气。中下三叠统产层天然气甲烷碳同位素分布于 −35.3‰ ~ −27.7‰（平均值为 −31.5‰），乙烷碳同位

素分布于 –35.1‰ ~ 27.7‰（平均值为 –31.1‰）；烷烃气碳同位素呈现为两类，$\delta^{13}C_1 <$ $\delta^{13}C_2 < \delta^{13}C_3$；$\delta^{13}C_1 > \delta^{13}C_2 < \delta^{13}C_3$，反映出既有单源油型气，又有多源多期油型气渗混叠加的混源气等多种成因类型。

④川北气区

元坝+通南巴地区分 1 井 T_3x（2533 ~ 2553m）产层天然气甲烷碳同位素为 –34.6‰，乙烷碳同位素为 –26.0‰，与新场、洛带及中坝陆相层系天然气甲、乙烷碳同位素相近，点落于高过成熟油型气与煤型气混源气区，反映其烃源岩为晚三叠世—侏罗纪前陆盆地湖相泥页岩。川涪 82、川涪 190 等钻井 T_3x、J_1z 层位天然气点落于高过成熟油型气与煤型气的混源气区，且偏向油型气一侧，与普光 2 井长兴组、建 51 井飞三段产层天然气甲、乙烷碳同位素组成特征相似，而马 1 井 T_3x 天然气则属典型的油型气，它们的源岩可能以二叠系为主，这反映出该区油气保存条件与川南气区相似，海相层系油气保存系统曾一度开启，海相油气上窜至陆相层系聚集成藏（图 5-62、图 5-63）。

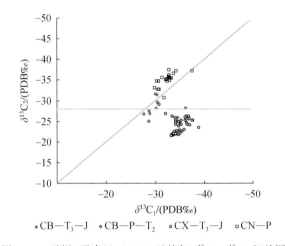

图 5-62　元坝+通南巴（CB）天然气 $\delta^{13}C_1$-$\delta^{13}C_2$ 相关图

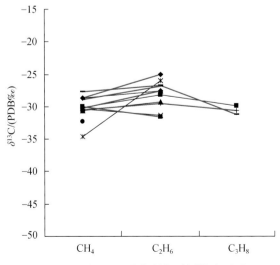

图 5-63　川北区天然气烷烃碳同位素系列

该区海相层系天然气甲烷碳同位素分布于−30.5‰～−27.7‰（平均为−29.3‰），乙烷碳同位素分布于−29.6‰～−25.0‰，变化幅度较大，天然气成因类型多样，如元坝1井飞三段天然气与普光2井和清溪1井长兴组天然气碳同位素组成特征相近，属煤型气；川涪82井T_1j、元坝1侧1井T_1f^{1-2}天然气属油型气；河坝1井T_1j^2、元坝1井长兴组天然气属高过成熟油型气与煤型气的混源气。

烷烃气碳同位素系列甲烷与乙烷间多呈正序列分布（马1井T_3x、元坝1侧1井T_1f^{1-2}呈轻微"倒转"），但在乙烷与丙烷碳同位素间均发生了"倒转"。与川南气区海相成因天然气烷烃碳同位素系列呈现完全不同的分布样式（"∨"与"∧"），反映出气源存在一定的差异。

⑤川东气区

川东气区天然气主要产于黄龙组、长兴组、飞仙关组、嘉陵江组等层位，少数气田具T_3x、J_1z气藏（川岳83、84井，毛坝7井，卧浅1井等）（图5-64、图5-65）。

陆相产层天然气除毛坝7井点落于腐殖型气外，川岳83、84井和卧浅1井陆相产层天然气属油型气，反映海相油气上窜至陆相层系聚集成藏。烷烃气碳同位素系列卧浅1井、毛坝7井呈正序分布，川岳83、84井呈"倒转"分布。据肖富森和马延虎（2007）、马虎延等（2005）报道，川东北五宝场构造沙溪庙组天然气源自须家河组和下侏罗统，渡口河构造珍珠冲段天然气主要源自须家河组，与海相层系无关；由此表明，川东气区海相油气保存条件总体较好，可能仅局部地区受断裂改造，油气上窜至陆相层系聚集成藏。

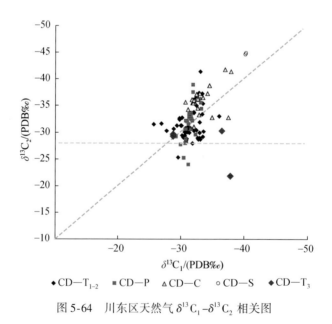

图5-64 川东区天然气$\delta^{13}C_1$-$\delta^{13}C_2$相关图

海相产层天然气除普光2井（P_3ch）、大湾1井（P_3ch）、建61井（T_1f^3）样品点落于煤型气区，毛坝1井（P_3ch）、毛坝6井（T_1f^{1-2}）、普光9井（T_1f^3、P_3ch）和普光2井（T_1f）等天然气属高-过成熟油型气与煤型气的混源气外，多数样品成因类型单一，属油

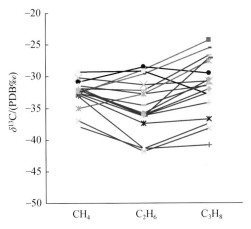

图 5-65　川东气区海相产层天然气烷烃碳同位素系列

型气。在 100 件天然气样品中，37 件样品甲、乙烷碳同位素呈正序列分布，63 件样品发生了"倒转"。其中 18 件样品检测出丙烷碳同位素，在甲、乙、丙烷碳同位素系列上，3 件样品呈正常组合序次分布；2 件样品甲、乙烷呈正序列分布，而在乙烷与丙烷间发生了"倒转"，折线呈"∧"型分布，与川北气区的马 1 井（T_3x）、元坝 1 侧 1 井（T_1f^{1-2}）天然气烷烃碳同位素系列折线相似；13 件样品在甲、乙烷间发生"倒转"，乙烷与丙烷间呈正常组合，呈现出"∨"型分布特征，与川南气区海相产层的主体分布样式相似。烷烃碳同位素折线类型的多样性，可能是多源、多期天然气渗混比例不一所致。

从天然气烷烃气碳同位素组成特征上看，四川盆地海相成因天然气与陆相成因天然气无论是在甲、乙烷碳同位素组成特征上，还是在烷烃碳同位素系列分布上存在显著的差异，从海相成因天然气富集层位上，总体而言，其主要分布于须家河组烃源层之下，仅局部地区上窜至须家河组—侏罗系聚集成藏，如川南气区的赤水、合江气田陆相气藏，川东气区的卧龙河须家河气藏，达县–宣汉区块的川岳 83、84 井陆相天然气，元坝、河坝地区陆相天然气，而且其聚集规模较小，反映出四川盆地海相层系天然气保存条件总体较好，仅局部地区天然气保存系统一度遭受过开启，导致海相成因天然气在陆相领域小规模成藏。

（2）甲烷氢同位素组成特征

天然气氢同位素组成受源岩沉积环境、成熟度和有机质类型三个因素制约，其中成熟度起着重要的作用，这就致使天然气的 δD 值有随源岩成熟度增大而变重的趋势。这主要是因为有机母质上的 CH_2D 官能团内 C—C 键的亲和力要比 CH_3 官能团内 C—C 键的强，所以只有在热力增强的条件下才可使 C—CH_2D 键断开，这使得甲烷在成熟度增加时，氘的浓度会相对富集（即 δD 值增加）。甲烷同系物的 δD 值也具有与甲烷同样的变化规律，而且根据 CH_4 的 δD 值可以判断源岩形成的水体环境。

由图 5-66、图 5-67 可见，川西、川中、川南气区陆相产层天然气甲烷氢同位素普遍轻于 –140‰，其中，川中、川南气区甲烷氢同位素分布范围大致相当，不仅反映其母源性质相似，而且反映其具大致相似的演化程度，这与乙烷碳同位素反映为须家河组湖沼相烃源岩，甲烷碳同位素反映为成熟—高成熟的演化特点一致。川西气区天然气甲烷氢同位素略重，应该是演化程度较高的表征，因其乙烷碳同位素与川中、川西气区陆相层系天然气相似，而甲烷碳同位素明显偏重，反映源岩演化程度要高，这与须家河组烃源岩的埋深相对应。

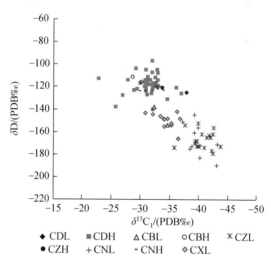

图 5-66　四川盆地天然气甲烷碳-氢同位素相关图

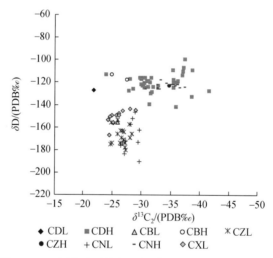

图 5-67　四川盆地天然气乙烷碳-甲烷氢同位素相关图

值得一提的是毛坝 7 井须家河组产层天然气甲烷氢同位素明显较上述气区陆相层系的重，而与海相产层天然气甲烷氢同位素相近，从乙烷碳同位素看，其源自煤系地层，从甲烷碳同位素分析，其演化程度较川西陆相天然气低而略高于川中陆相天然气，因此，重的氢同位素可能并非高演化所致，而是沉积环境的表征，源岩形成时沉积水体盐度较高，与区内及邻区龙马溪组、栖霞组—茅口组、龙潭组、须家河组烃源岩沉积环境相匹配的仅有龙潭组烃源岩，因此，毛坝 7 井须家河组天然气并非自生自储，是龙潭组底部煤系烃源岩生成天然气上窜的结果。

马 2 井须家河组天然气甲烷氢同位素较川西气区陆相层系的略重，也较马 1 井的偏重，可能是海相天然气叠加的结果，因为马 1 井须家河组天然气反映源自须家河组自身，其与川西气区陆相天然气甲、乙烷碳同位素和甲烷氢同位素一致，而马 2 井须家河组天然气甲烷碳同位素较马 1 井的重 2.3‰，同一构造的两口探井在同一层位所见天然气，如果均是自生自储，甲烷碳同位素不会存在如此大的差异，甲烷氢同位素差值也不会高达 -16‰，因此，其应该是海相油气叠加的结果。

海相产层天然气甲烷氢同位素分布于 -140‰ ~ -97‰，平均值为 -118‰，标准偏差为 7.3‰，总体较陆相产层天然气的重，表明源岩发育环境、母质类型、成熟度均存在差异，这与烃源岩研究结果相一致。

从四川盆地天然气甲烷氢同位素看，陆相产层天然气明显有别于海相产层，主体反映为自生自储，揭示出海相天然气保存系统保存条件优越，仅局部地区海相油气保存系统曾一度开启，天然气上窜至陆相层系聚集成藏（如毛坝 7 井 T_3x、马 2 井 T_3x 等层位天然气）。这与烷烃气碳同位素所获结论相吻合。

2. 天然气浓缩轻烃组成特征与保存条件

如前所述，四川盆地各气区各产层天然气演化程度高，干燥系数高，天然气常规组分中以甲烷为主，常规分析中仅检测到微量的丙烷，所能提供的对比参数较少。岩石吸附轻烃、天然气浓缩轻烃指纹分析可用于判识天然气成熟度和天然气成因类型，进行气/气、气/源对比，还可用于判别同源油气形成后经水洗、生物降解、热蚀变等的影响而造成的细微化学差异，反映油气的保存条件。

由图 5-68 可见，在 C_7 轻烃系统中海相产层天然气正庚烷（nC_7）相对含量最高，分布于 48% ~ 67%，平均为 56.59%，甲基环己烷（MCC_6）次之，分布于 26% ~ 39%，平均为 31.86%，二甲基环戊烷（$DMCC_5$）相对含量最低，分布于 5% ~ 17%，平均为 11.56%，反映源岩母质类型属 I ~ II 型。陆相产层（主要为须家河组）天然气正庚烷相对含量较海相产层的低，分布于 11.5% ~ 32.5%，平均为 20.26%，而甲基环己烷相对含量较海相产层的高得多，分布于 49.5% ~ 86%，平均值近 60%，二甲基环戊烷相对含量较海相产层的略高，主体分布于 14% ~ 26%，平均为 20.4%，反映源岩母质类型属 II_2 ~ III 型。

在 C_{5-7} 脂肪烃族组成中（图 5-69，图中部分数据引自戴金星，1993），海相产层天然气正构烷烃系列和环烷烃系列相对含量较高，而陆相产层天然气具异构烷烃系列和环烷烃系列相对较高的特征，也反映出其成因类型不同，前者属油型气，后者属煤成气。

海、陆相产层天然气成因类型明显不一，表明海相层系天然气保存条件优越。少数陆相层系天然气反映为海相成因，如川涪 190 井自流井群天然气，其轻烃组成特征与海相产层天然气相似，而明显有别于其他陆相产层天然气，这与前述天然气甲、乙烷碳同位素反映的成因类型一致，说明局部地区海相油气保存系统曾一度遭受过开启，天然气运移至陆相层系聚集成藏。

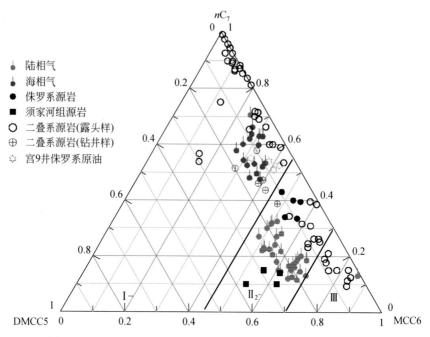

图 5-68　四川盆地天然气浓缩烃、源岩吸附烃 C_7 轻烃组成三角图

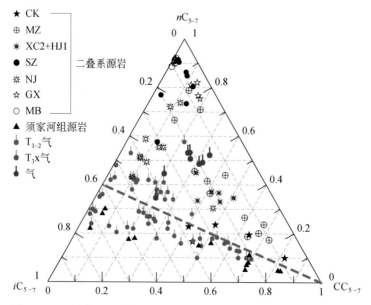

图 5-69　四川盆地天然气浓缩烃、源岩吸附烃 C_{5-7} 脂肪族组成三角图

5.3.3　超压与油气保存条件

据统计，世界上已有 180 个超压盆地，占世界盆地的 2/3，其中，超压体与油气分布有因果关系的约有 160 个（陈中红等，2003），我国也已发现了 30 多个地区或盆地具有超压现象。而且在超压层系中找到了大量的油气。

1. 超压对油气成藏的影响

超压可以促使烃类运移，超压使孔隙得以保持成为有效的储层，超压也可以使盖层破裂形成优势运移通道，使油气幕式运移成藏。超压可产生烃类运移的动力。当超压达到一定程度便会产生裂缝，为烃类运移提供优势运移通道，烃类进入超压改造的良性储集层，在合适的地质条件下就会聚集成藏。

超压对运移的影响：烃类主要以游离相态进行初次运移。Barker 和 Polloact（1984）提出："当母岩中生成的烃类数量足以使水饱和并能满足克服颗粒和有机质的吸附能力时，就会在孔隙空间中形成连续性的游离烃相"。但烃类将受到泥岩细小孔径中巨大毛细管阻力的束缚，只有当泥岩与邻近储集层和输导层孔隙流体间的压差超过了油气运移的阻力时，油气才能从母岩中排出。因此，异常高的孔隙流体压力无疑为烃类的运移提供了动力条件。同时异常高压还起到减缓泥岩压实进程，使泥岩在深部仍保留有相对较大的孔隙度及渗透性，为烃类运移提供畅通的渠道，加快烃类排驱。

在高温高压地层中，随着埋深的加大，成熟的烃类由源岩向储层运移，烃类以溶解状态存在于孔隙水中。当储层孔隙流体压力大于盖层破裂压力时，即超压体系中的孔隙压力大约达到上覆地层静压力的 70% ~ 80% 时（此压力大致等于上覆地层的平均压力梯度 $0.23kg/cm^2 \times$ 地层深度），超压体系开始产生裂缝，且裂缝带可达数千英尺形成优势运移通道。随着裂缝的产生，烃类和其他孔隙流体沿优势运移通道排出地层，压力逐渐降低。当孔隙流体压力下降到上覆地层的大约 60% 时，裂缝合拢而形成新的封闭系统。然后，再开启裂缝——释放压力和排出烃类再闭合裂缝。周而复始，循环往复，排出烃类，在合适的地质条件中聚集成藏。在得克萨斯湾页岩和中国的莺歌海盆地中就存在幕式排烃的现象。

超压对储层的影响：由于孔隙流体超压系统的形成和发育，大大削弱了正常压实作用对深部地层的影响，使得深部地层中一部分原生孔隙得以保存下来。同时由于有机质热演化过程中有机酸和 CO_2 的释放，降低了孔隙水的 pH，这些酸性孔隙水在高温高压作用下，对易溶矿物的溶解作用进一步加强，可以形成较好的次生孔隙。

超压对生烃的影响：近年来，越来越多的专家、学者认为超压体对有机质熟化和生烃进程有抑制作用（Fitzgerald et al.，1994；Robbie and Geoffrey，1999）。马哈坎三角洲 H8-H9b 和 H-627 井反射率-深度剖面、莺-琼盆地 LD3011、YA1911、YA35-1-1 等钻井反射率-深度剖面揭示出镜质组反射率的变化在常压带是正常的，随埋深的增加而增加；但在超压体内，镜质组反射率随深度的增加变化不大（马启富等，2000）。这些事实说明，超压对于干酪根的转化起抑制作用。

Carr（1999）阐述了超压对有机质成熟作用抑制的模式（图 5-70）：在静水压力条件下，镜质组生成的流体进入岩石孔隙网络中，其芳构化程度增加，反射率值增高；但在超压条件下，镜质组生成的易挥发物质不易释放，支链官能团难以进一步脱落，芳构化程度难以增加（镜质组反射率基本不会增加），有机质的成熟作用和生烃作用受到抑制。因此，从理论上讲，在超压带内，若超压对反射率的抑制作用足以消除温度对镜质组反射率的促进作用，则在超压带内，镜质组反射率不会随埋深的增加而增加（或增加速率极小），但在静水压力带内，镜质组因受热力作用，其反射率随深度的增加而增加（增加速率较超压带内高得多），反射率增加速率的差异在超压带内就会出现异常低值区。

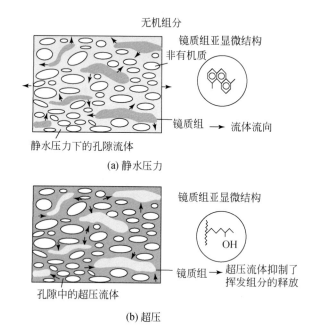

图 5-70 超压对镜质组成熟作用和生烃作用抑制作用模式图（据 Carr，1999）

郝芳等（2004）研究认为，超压对不同热演化反应具差异抑制作用，其包括以下三方面内容：①不同干酪根组分的差异成熟和差异生烃作用；②干酪根和可溶有机质的差异演化；③热稳定性不同的烃类的差异演化。指出超压抑制作用可分为四个层次：①超压抑制有机质演化和生烃作用的各个方面；②超压仅对产物浓度变化速率高、体积膨胀效应强的有机反应产生抑制作用；③超压仅抑制了强体积膨胀的液态烃裂解，对各种干酪根组的热降解和生烃作用未产生可识别的影响；④均未产生可识别的影响。并认为第四层次主要是因为超压系统保持时间短，压力间歇式释放所致。

超压对油气封盖的影响体现在以下几个方面。

吕延防等（2000）研究认为，盖层超压的封闭能力是该盖层超压值的 2 倍，超压盖层的总封闭能力是盖层底部岩石排替压力与 2 倍盖层超压值之和。付广等（2006）在超压形成与演化分析的基础上，通过超压演化规律的定量研究，认为超压泥岩盖层封闭性演化是按阶段进行的，每一次超压释放表明上一次封闭性演化阶段的结束、下一次封闭性演化阶段的开始，第一次演化过程中封闭性逐渐增强，在超压释放期封闭性降至最低。根据刘方槐（1991）计算，压力系数为 1.3 的欠压实泥岩，依靠异常孔隙流体压力封闭的气柱高度比依靠毛细管阻力封闭的气柱高度大 11 倍。上述研究表明超压的存在有利于油气的保存。

2. 上组合超压成因

Fertl（1982）对砂泥岩剖面中可能形成超压的各种因素进行过详细讨论，如压实与欠压实作用、黏土矿物转化脱水、水热增压、烃类的生成、渗透作用、古压力、构造挤压力、胶结作用等。尽管产生超压因素是多种多样的，但对新生界以来的盆地砂泥岩剖面而言，其超压的主要机理仍然是以"欠压实"为基础，附加了其他因素。马启富等（2000）统计了国外 10 个盆地，除马来盆地超压是由构造隆升作用形成外，其余 9 个盆地的超压形成主要因素为"欠压实"，其次是烃类生成。

四川超压盆地在纵向上由三个异常压力系统组成：下部下寒武统—志留系（$\in_1$—S）高压系统（座 3 井寒武系压力系数 1.89）、中部中二叠统—中三叠统（P_2—T_2）高压系统（压力系数 2.17～1.54）、上部上三叠统—中侏罗统（T_3—J_2）高压系统（压力系数川东为 1.64～1.42，川西为 1.30～2.20）。三个高压系统之间为常压层系。它们既是独立的成烃、成藏单元，又是相互依赖的保存单元。

关于川西陆相层系超压系统的成因，前人已做过大量的分析，何志国等（2001）认为其超压形成的主要原因可归结为生烃增压、构造应力作用（侧向压应力）增压、密度差引起的浮力增压三因素。罗啸泉和宋进（2007）研究认为不同地史时期超压形成的主导因素不同，晚印支期（须家河组）快速沉积（156～200m/Ma）产生欠压实形成超压，燕山期的生气作用是重要的增压机制，喜马拉雅期构造挤压是现今超压分布的主控因素。

对上组合超压系统的成因，因其岩性组合特征明显不同于碎屑岩系（栖霞组、茅口组以灰岩为主，嘉陵江组、飞仙关组、雷口坡组为灰岩夹膏盐岩），对其超压的形成与分布研究不够深入。李仲东（2001）研究认为，川东地区碳酸盐岩层系超压的形成基于以下五种机制：①成烃作用；②成岩后生作用；③构造作用；④水热增压；⑤较大的烃柱高度。然而对于成烃产生超压没有给出直接的证据。

1）生烃产生超压的证据——镜质组反射率"倒转"

新场 2 井位于鄂西-渝东区北部，在本井共计选送反射率测试样品 24 件，其中 3 个样品因镜质组或沥青体颗粒细小，不满足测试条件，未能获得有效数据。

由 R_o-深度剖面可见（图 5-71），有机质演化程度随深度的变化可明显分为两段，第一段：下侏罗统至嘉四段，R_o 与深度呈直线相关，相关式为 $H = 2625.5R_o - 3290.9$，相关系数为 0.8985。R_o 由 1.34% 增至 2.04%，有机质主体处于高成熟演化阶段。平均反射率变化梯度（$\triangle R_o$）为 0.3809%/km，反映地温梯度相对较低。第二段：嘉三段至二叠系，R_o 随深度变化曲线总体呈"C"形，明显有别于一般的 R_o-深度变化曲线，呈异常变化，据 R_o 随深度变化特征，其可进一步分为三段：①R_o 不变段，为嘉三段至嘉一段；②R_o 反向变化段，R_o 随深度增加呈逐渐减小的变化趋势，由飞仙关组至长兴组构成，$\triangle R_o$ = −0.28%/km；③R_o 正向变化段，R_o 随深度的增加基本呈线性增加，由吴家坪组至栖霞组构成，R_o 由 2.04% 增至 2.11%，有机质处于过成熟演化早期阶段，以产干气为主。留、萜烷参数的跃变与反射率的突变相对应，反映上述异常层段并非偶然，而且突变层段与高丰度烃源岩层段相对应，因此，这种异常可归结为前述生烃作用产生超压并对有机质的熟化抑制作用的表征。

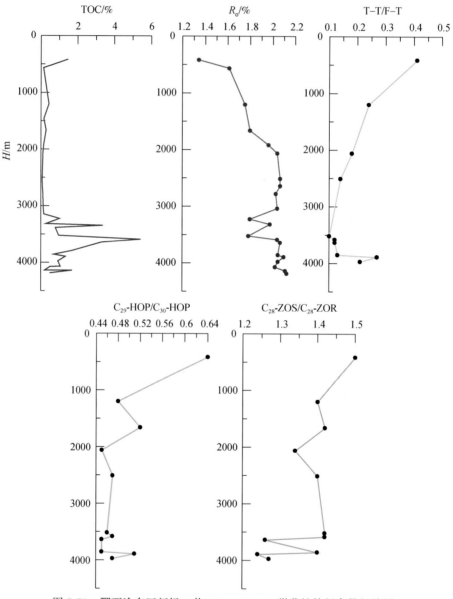

图 5-71　鄂西渝东区新场 2 井 H–TOC、R_o、甾萜烷特征参数相关图

2）高演化程度但具高含量的可溶有机质

河坝 1 井二叠系演化程度高达 2.8% ~ 3.2%，但其氯仿沥青 "A" 仍较高，高者可达近 1000×10^{-6}，这在以往的研究中罕见；此外，残余有机碳与氯仿沥青 "A" 相关性差，

尤其是 TOC<1.0% 的部分，TOC 变化不大，但氯仿沥青"A"变化幅度较大，分布于 $120×10^{-6}$ ~ $890×10^{-6}$，基本不相关（图 5-72），中下三叠统也具类似的现象，高演化程度（R_o 分布于 1.5% ~ 2.5%）却具较高含量的可溶有机质，而且氯仿沥青"A"与有机碳相关性极差。这种高演化程度却具较高含量的可溶有机质应该是超压对烃类裂解抑制的表现。

新场 2 井、河坝 1 井、石柱马武、黄金 1 井、通江诺水河剖面有机质热演化程度随埋深的变化在上组合普遍出现"倒置"，呈"负"异常现象，普光 2、4 井 T_{max} 在海相层系也呈负向变化；此外，新场 2 井甾、萜烷参数的跃变与反射率的突变相对应，诺水河剖面黏土矿物的变化与反射率的变化呈镜像相关，这些现象说明上述"倒置"并非偶然，也非测试误差所致，而是客观实际。它们应该是生烃产生超压并对有机质熟化和烃类裂解抑制的结果。

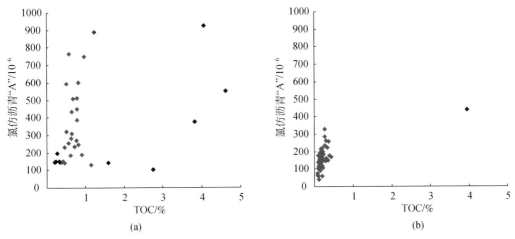

图 5-72　河坝 1 井二叠系、中下三叠统 TOC 与氯仿沥青"A"相关图

3. 超压分布与保存条件

由川东地区典型构造综合地层压力剖面图（图 5-73）可见，纵向上可划分出四个压力特征带：①地表漏失带，压力系数一般在 1.0 左右；②过渡带，压力系数分布于 1.0 ~ 1.3；③超压带，压力系数大于 1.3；④正常压力带，指石炭系，气藏顶部表现为高压异常特征，但气水界面处及气藏的边水区为正常压力，压力系数为 1.0 ~ 1.15。

从超压带的纵向分布特征可见，过渡带的层位多出现在雷口坡组—嘉二段的膏盐岩层段，有些已达嘉一段—飞仙关组的致密碳酸盐岩，天然气的产出在过渡带及以下层位；石炭系产层气水界面为常压带，进入中二叠统为超压带，其为梁山组泥质岩盖层。由第 3 章所述，二叠系各层系烃源岩十分发育，其上的中下三叠统具多层膏盐岩盖层，其下的梁山组为石炭系黄龙组的直接盖层，这为二叠系烃源岩生烃产生超压奠定了基础。李仲东（2001）的统计分析表明，中二叠统碳酸盐岩绝大多数孔隙度小于 1%，平均为 0.98% 左右，渗透率小于 $9.87×10^{-6}\,\mu m^2$，而且非均质性极强，这为生成烃类横向运移不畅创造了条件；随着侏罗纪快速沉降，前陆盆地沉积盖层的叠加，二叠系烃源岩大量生成并实现油

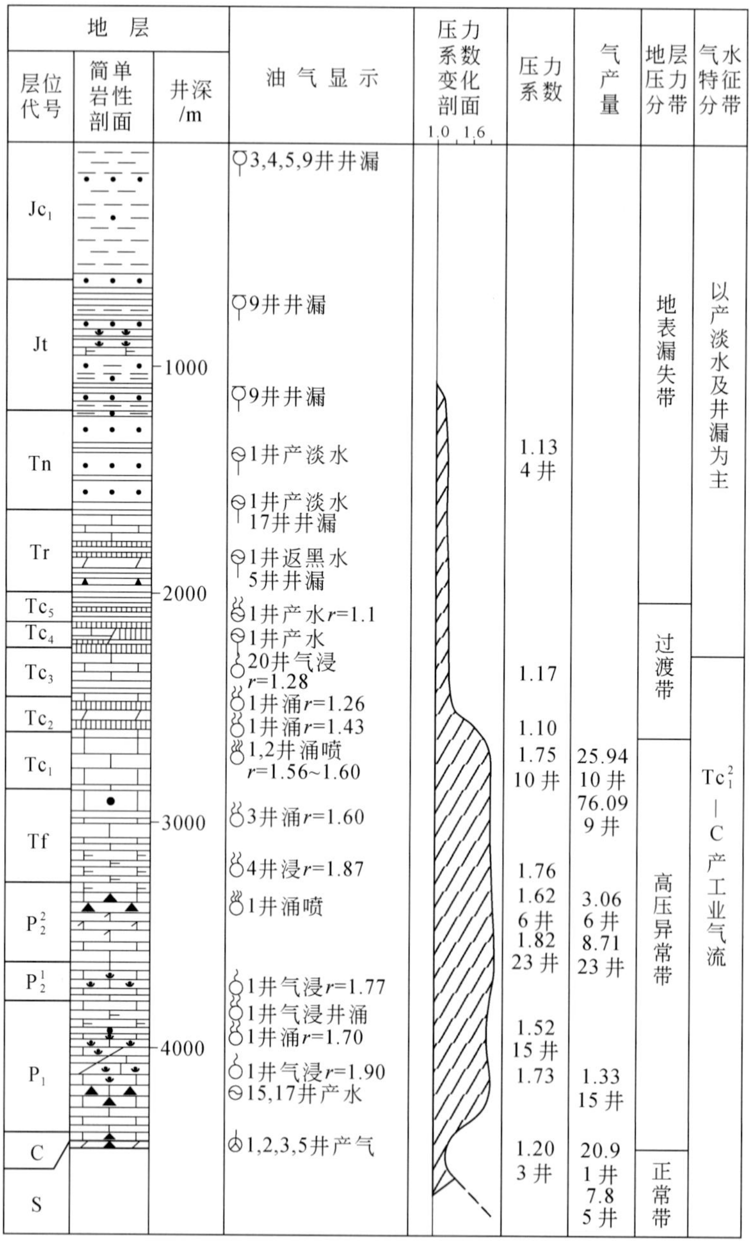

地层			油气显示	压力系数变化剖面 1.0 1.6	压力系数	气产量	地层压力分带	气水特征分带
层位代号	简单岩性剖面	井深/m						
Jc_1			♀3,4,5,9井井漏				地表漏失带	以产淡水及井漏为主
Jt		1000	♀9井井漏					
			♀9井井漏					
Tn			♀1井产淡水		1.13 4井			
Tr			♀1井产淡水 17井井漏					
		2000	♀1井返黑水 5井井漏					
Tc_5			♀1井产水 $r=1.1$				过渡带	
Tc_4			♀1井产水					
Tc_3			♀20井气浸 $r=1.28$		1.17			
Tc_2			♀1井涌 $r=1.26$ ♀1井涌 $r=1.43$		1.10			Tc_1^2—C产工业气流
Tc_1			♀1,2井涌喷 $r=1.56\sim1.60$		1.75 10井	25.94 10井 76.09 9井	高压异常带	
Tf		3000	♀3井涌 $r=1.60$ ♀4井浸 $r=1.87$		1.76			
P_2^2			♀1井涌喷		1.62 6井 1.82 23井	3.06 6井 8.71 23井		
P_2^1			♀1井气浸 $r=1.77$					
P_1		4000	♀1井气浸井涌 ♀1井涌 $r=1.70$ ♀1井气浸 $r=1.90$ ♀15,17井产水		1.52 15井 1.73	1.33 15井		
C			♀1,2,3,5井产气		1.20 3井	20.9 1井 7.8 5井	正常带	
S								

图5-73 川东地区典型构造综合地层压力剖面图（据李仲东，2001）

向气的转化，受上覆膏盐岩盖层和下伏梁山组泥质岩盖层的限定，以及储层物性的横向不均一性造就了上组合超压体的形成。

从上述超压的形成主要机制分析，上组合超压的形成主要受控于二叠系烃源岩的分布和晚三叠世—侏罗纪前陆盆地的叠加效应。从烃源岩的分布和晚三叠世—侏罗纪前陆盆地的沉降-沉积中心分析可得出两点认识：①上组合超压体在川西区形成最早（晚三叠世沉降-沉积中心），其次为川北及川东区（侏罗纪沉降-沉积中心），川中-川西南地区形成相对较晚（白垩纪才达高成熟期）；②从烃源岩生烃强度看，川东北区、川西南区生烃增压最强，原始压力系数最大。

受晚燕山期及其以来的构造改造，川东高陡构造带背斜核部抬升幅度大，往往成为泄压区，上述压力系统遭受破坏，如金鸡1井阳新统压力系数仅为0.878，油气保存条件较差；但在相邻的复向斜区流体纵横向流动不畅，压力系统得以保持，阳新统压力系数分布于1.2～2.0（图5-74），天然气保存条件优越，这与地层水、天然气组成特征所获结论相吻合。

1）川南区

川南气区天然气主要产层集中在下三叠统—中二叠统层段内，埋深多分布于1000～2000m。阳新统气层压力由西往东逐渐增高，可分为三个区，西部区（付家庙–阳高寺–九奎山一线以西的地区）为常压区，压力系数分布于1.0～1.2，如阳高寺阳三气藏压力系数为1.1；中部区（上述一线以东和李子坝–二里场–五通场一线以西的地区）为高压异常区，压力系数分布于1.2～1.8，如丹凤场阳三气藏压力系数为1.69～1.87；东部区为超高压区，压力系数为1.8～2.2。异常高压的形成可能与构造压力、差异压实、烃类成熟期先后有关（翟光明，1989）；如前所述，笔者认为异常高压的成因主要与烃源岩成熟作用相关。

从纵向上看，压力系数变化较大，如合江气田，须家河组为常压系统，压力系数为1.12，嘉陵江组为异常高压系统，压力系数分布于1.39～2.04，阳新统属超高压系统，

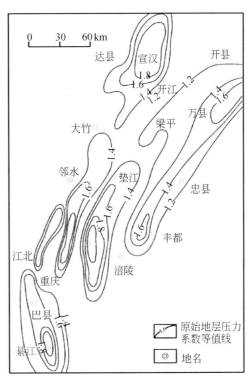

图5-74 川东地区阳新统原始地层压力系数等值线（据李仲东，2001）

阳三气藏压力系数为1.7～2.09，阳二气藏压力系数为2.199，压力系数从上往下有逐渐变高的趋势；但庙高寺气田嘉陵江、飞仙关、阳三气藏压力系数则具上下高、中部低的特征（T_1j为1.39～2.04，T_1f为1.31～1.38，阳三为1.43～1.9）。此外，阳深1井在中奥陶统宝塔组发生强烈井喷（完井测试产微量天然气和少量地层水）反映下组合超压系统的存在。

2）川西南区

川西南区有3套含气层系11个产气层，第一套为三叠系，主要产层为嘉三段；第二套为二叠系，主要产层为阳三段；第三套为上震旦统—中寒武统，主要产层为灯影组和龙王庙组。气层的地层压力均属常压系统，压力系数一般小于1.4（自流井阳三段—阳二段

为 1.15；圣灯山 $T_1 j$ 为 1.56、阳三段为 1.0；黄家场 $T_1 j$ 为 1.07~1.2、阳三段为 0.95~1.17；邓井关 $T_1 j$ 为 1.02~1.33；观音场阳三段为 1.29~1.49；威远 Z_2 为 1.02)，局部属低压系统（如兴隆场气田嘉三气藏压力系数小于 1.0）。

志留系压力系数分布特征：由图 5-75 可见，川东南区志留系龙马溪组普遍具超压特征，压力系数普遍大于 1.5，最高达 2.25（阳 101 井）。超压体的存在不仅有利于天然气的保存，而且也有利于页岩气的保存。

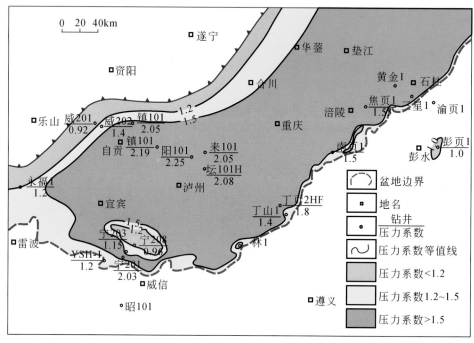

图 5-75　川东南区龙马溪组地层压力系数等值线图

3）川北–川中区

上三叠统地层压力场分布如图 5-76 所示，上三叠统内超压最明显的地区位于绵阳以东，压力梯度可达 2.0MPa/100m；其次是四川西南部灌县和川北–川中北部的巴中–仪陇–元陀一带，压力梯度为 1.8MPa/100m；除龙门山前和龙泉地区外，成都以南至仁寿地区为低压区，这是由于该低压区断裂非常发育，断裂导致泄压（高胜利等，2004）。

由图 5-77 可见，四川西北部地区自 2800m 以下，地层压力开始偏离静水压力线，且迅速增高，过剩压力幅度达 20MPa；3700m 以下地层压力升至 38MPa，再向下逐渐降低。四川西南部在 800~2000m，地层压力一直保持 2~4MPa 的低幅超压；2100m 以下除个别点有明显超压外，大部分点接近常压。四川中部地区在 2000m 以下，大部分点呈现超压状态，过剩压力随深度递增，从 10MPa 增至 35MPa 左右。

从中坝气田雷三气藏（1.15），河湾场气田长兴气藏（1.04）、阳三气藏（1.02）压力系数看，二叠系—中三叠统盆缘区属常压系统，主要是因这些地区断裂、裂缝发育，超压不易保持。从上组合超压主要受二叠系烃源岩生烃作用和前陆盆地叠加区控制

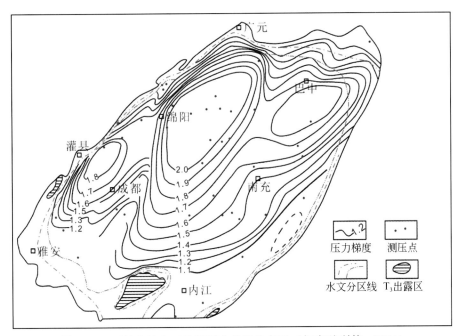

图 5-76　四川盆地上三叠统压力梯度分布图（据高胜利等，2004）

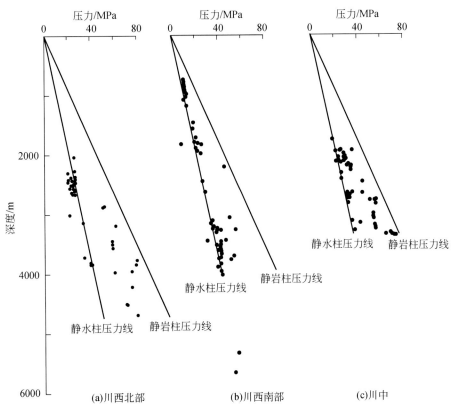

图 5-77　四川盆地上三叠统不同地区实测压力分布图（据高胜利等，2004）

来看，川西及川中区上组合因属超压系统，且形成时间相对较早（晚三叠世）。从乐山-龙女寺古隆起形成演化分析，结合下古生界烃源岩发育与分布特征推测，川西区下古生界可能属常压系统。

5.4 油气保存条件评价

前面阐述了四川盆地区域盖层分布、岩性、成岩演化及其封盖性能演化，分析了流体（油、气、水）特征与保存条件、超压的形成与油气可存条件。众所周知，构造作用是控制油气保存条件的最重要因素之一，其不仅影响控制盖层的分布、质量等，而且是控制水文地质条件的主导因素，同时也是超压的形成机制之一。

5.4.1 构造作用与油气保存

1. 隆升剥蚀与保存条件

在不同的地质历史时期发生的区域性整体升降运动对油气藏保存与破坏的影响不尽相同。总体上具有三个特点：①在盖层形成时期的区域性沉降、拗陷和沉积，有利于形成具区域性范围的泥和膏岩层，明显提高盖层对油气的封盖质量；②盖层形成时的大幅度沉降或拗陷，有利于形成泥岩盖层的超压，从而提高其封盖质量；③当有效封盖层形成后区域性整体抬升，导致盖层的风化剥蚀，产生释重裂缝和构造裂缝，从而减少盖层的有效厚度，提高残余盖层的孔隙度和渗透率，降低油气的封盖能力（曹成润等，2003）。

四川盆地经历了早期海相克拉通盆地（Z_2—T_2）与后期陆相碎屑盆地（T_3以来）的多旋回叠合盆地。盆地沉降时间长，构造运动频繁，多期次的构造运动对不同构造单元油气藏的形成、改造及破坏所起的作用不尽相同。

加里东运动在四川盆地及周缘主要表现为整体抬升与少量剥蚀，形成"大隆大拗"构造格局。在四川盆地及周缘形成了黔中隆起、乐山-龙女寺隆起、汉中-神农架隆起等，而在川东-湘鄂西一带则是早古生代克拉通内盆地沉积的中心，发育巨大的早古生代生烃拗陷，加里东期形成的上述古隆起成为早期油气运移的有利指向区，有利于早期原生古油藏的形成，然而志留纪末期的广西运动造成的区域性抬升，使得志留系遭受大规模剥蚀，致使早期形成的古油藏遭受了一定程度的破坏。

海西期，四川盆地及周缘存在多次地壳短暂"开-合"的特点，晚石炭世与二叠世之交的整体抬升与快速海侵，使川东地区发育了潮坪相白云岩优质储层；早、晚二叠世之交的东吴运动造成四川盆地及周缘整体抬升、剥蚀，发育了浅海沼泽相的龙潭组（P_31）煤系烃源岩及茅口组顶部的溶蚀孔洞与裂缝型储集层，为海相上组合优质储层的形成起到了很好的建设性作用。

印支运动大巴山、龙门山向盆内逆冲推覆，强变形带的油气藏遭到严重的破坏，同时也在四川盆地内部形成了宽缓的天井山隆起、泸州隆起、开江隆起、新场隆起。该运动对中、下三叠统的剥蚀作用具有普遍性，但对于油气保存条件影响并不明显，一方面印支运动的剥蚀作用并未影响下组合盖层（而且断裂不发育）；另一方面，印支末期，上组合主力烃源岩生排烃作用不明显，其主成藏期在印支期后。

早–中燕山运动造就的隆升剥蚀主要在四川盆地周缘，盆地内仅局部地区发生了剥蚀作用。

晚燕山—喜马拉雅运动：四川盆地整体隆升，隆升幅度具北东高、南西低的特点，同时，川东高陡褶皱带、川南、川西南低陡褶皱带最终定形；局部构造高部剥蚀至二叠系，上组合盖层条件丧失，同时隆升泄压，超压系统主要保持在复向斜区。

2. 断裂作用与保存条件

通常构造运动越强烈，保存条件越差。构造运动引起地层隆升剥蚀、褶皱变形、断裂切割、地表水的下渗以及压力体系的破坏，同时还因构造动力和应力作用使盖层岩石失去塑性，封闭保存条件变差。因此，后期构造运动改造强度是油气藏破坏与散失的根本原因（赵宗举等，2002），并且主要通过断裂作用和剥蚀作用改变油气保存条件。

断层的性质、破碎程度以及断层面两侧岩性组合间的接触关系，对油气运移、聚集和破坏都有着密切关系。有时同一断层，在深部和浅部所起的作用不同；在不同的历史时期，也可能起着封闭或破坏两种截然相反的作用。从油气运移和聚集来看，断层对油气藏的形成可起到封闭作用、运移通道、破坏三方面的作用。

断层的封闭作用是指断层的存在阻止了油气的向上运移而不被逸散，最终聚集成油气藏。在纵向上，断层的封闭作用主要决定于断层的紧密程度；在横向上的封闭作用则取决于断距的大小及断层两侧岩性组合的接触关系。断层的紧密程度则主要取决于断层的性质、产状及断层带内充填物的性质。受压扭力作用产生的断层，断裂带紧密性强，常使断层面具封闭性质，而张性断层的断裂带常不紧密，易起通道作用。断层产状对其封闭性能的影响表现在断面陡，封闭性差；断面陡，封闭性好。此外，断裂带内形成的致密断层泥、原油氧化作用形成的固体沥青等充填物质，可堵塞运移通道，起到封闭油气的作用。

除了封闭作用外，断层对油气运移聚集成藏的建设性作用还主要表现在以下几个方面：①断层是油气垂向运移的主要通道，并可形成油气纵横向运移的输导网络，有利于油气的运移；②断裂带附近可形成不同时期的断背斜、牵引背斜和断块等多种圈闭类型，为油气聚集提供空间；③断层产生的构造裂隙和裂缝对储集性能有明显的改善作用。

断层对油气的破坏作用则表现在"通天"断层可断穿上部区域盖层，成为油气散失的通道，造成油气藏破坏。同时，由于"通天"断层开启程度高，可使地表水下渗引起水洗–氧化作用，加剧了对油气藏的改造与破坏。

在具刚性基底、构造稳定的四川盆地华蓥山以西地区，整个海相构造层形变微弱，地层纵横向连续性好，在多旋回构造改造过程中，只被为数不多的断层所切割，以发育低—微幅度褶皱构造样式为特点，中生界、古生界地层实体保存好，有利于油气保存。华蓥山以东地区下古生界构造层，构造形变相对较弱，地层纵横向连续性相对较好，具优越的保存条件；上组合构造变形强烈，局部地区保存条件丧失，而陆相层系仅局部地区具保存条件。

3. 岩浆活动与保存条件

岩浆活动对油气藏的改造和保存条件的影响主要决定于岩浆活动的时期及产状。当岩浆活动发生在油气藏形成以前时，岩浆热事件可促进烃源岩的热演化进程，有利于油气的生成；同时，岩浆冷却之后，在其他有利条件的配合下，还可成为良好的储集体或遮挡条件。当岩浆作用发生在油气大量生成之后，如果岩体顺层侵入，则主要引起岩体上下地层的热变质作用，对油气保存的影响不大，如渤海湾盆地古近系和新近系中大量出现的层状玄武岩；如果岩体直接穿过已经聚集的油气藏，其直接的烘烤作用可使油气发生热变质而遭受破坏，同时岩浆体上侵产生的巨大拱托力，还可使盖层处于拉张状态，产生一系列张性断裂和裂缝，致使盖层封闭能力降低，甚至完全散失封闭能力。

四川盆地经历了多期构造运动，但岩浆活动并不明显，仅东吴运动在盆地西南部和康滇古陆可见到大规模的玄武岩，盆地内部沿龙泉山、华蓥山及川东部分高陡背斜带见玄武岩和辉绿岩体。伸展作用导致的高热场促使下古生界两套烃源岩的熟化进程，但对油气保存条件影响不大。

5.4.2 油气保存条件综合评价

油气保存条件的综合评价主要考虑三大要素，一是构造变形强度，二是区域盖层特征，三是流体特征（包括超压）。根据前述三大要素特征及生储盖组合，纵向上分海相下组合、海相上组合和陆相层系三大领域分别评价。

1. 海相下组合油气保存条件

海相下组合发育两套泥质岩盖层和一套膏盐岩盖层，志留系、奥陶系、寒武系普遍为超压系统，地层水除盆地边缘外属高度浓缩的变质水，天然气碳同位素及轻烃指纹也反映出总体具较好的保存条件。但由于各构造单元构造变形特征的差异及区域盖层分布的差异，其油气保存条件存在一定的差异。

川东高陡褶皱区：下寒武统、志留系泥质岩盖层发育，而且中下寒武统膏盐岩盖层也发育，盖层封盖性能与两烃源岩生排油及原油裂解气相匹配，超压普遍发育，油气保存条件优越。但由于燕山期—喜马拉雅期的褶皱、断裂作用，局部地区油气保存系统曾遭受过开启，下组合天然气上窜至上覆地层成藏，如合江气田须六段、嘉二段、二叠系产层天然气碳同位素及其组合反映的母质演化程度大致相当，且明显较地层演化程度高（表5-11），反映下古生界生成天然气有较多的混入，断达志留系的断层为这一成藏模式提供了条件（图5-78）。此外，盆地边缘地区因齐岳山断层、万源断层的影响，天然气保存条件较差，如林1井、丁山1井的失利主要归因于断裂的切割导致保存条件丧失。

表 5-11　合江气田主要产层天然气演化程度与地层成岩程度对比表

气田	产层	母质演化程度/%	地层 R_o/%
合江气田	T_3x^6	2.75	1.4~1.6
	T_1j^2	2.63~3.21/2.94（4）	1.8~2.0
	P	2.63	2.0~2.2

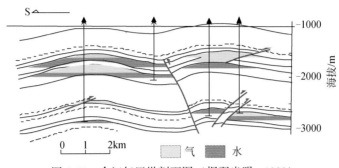

图 5-78　合江气田纵剖面图（据翟光明，1989）

川中平缓褶皱区：下寒武统泥质岩盖层全区分布，但志留系泥质岩盖层和中下寒统膏盐岩盖层在西部区缺失或不发育，灯影组—下寒武统、下寒武统—中下寒武统储盖组合保存条件较好，中上寒武统—志留系储盖组合西部区保存条件欠佳。相比较而言，本区北部构造变形强度较南部弱，但保存条件最优；威远气田、安岳气田反映了本区油气保存条件总体较好。近盆地边缘区油气保存条件相对较差，如窝深 1 井震旦系产淡水证实了这一点。

川北低平褶皱区：下寒武统泥质岩盖层厚度大，志留系泥质岩盖层分布于中北部区，厚度大，质纯，属均质盖层；但中下寒武统膏盐岩盖层不发育。"源–盖"匹配关系北部优于南部；但构造变形强度北部强于南部，中部地区油气保存条件最优。

川西推覆褶皱区：烃源岩不发育，加里东期隆升剥蚀幅度大，局部地区二叠系直接覆盖在震旦系上，油气保存条件欠佳。

2. 海相上组合油气保存条件

海相上组合发育龙潭组泥质岩、中下三叠统膏盐岩和泥相泥质岩三套区域盖层，而且发育中上二叠统栖霞组—茅口组、龙潭组/吴家坪组、大隆组多套烃源岩，"源–盖"匹配关系较好，且烃源岩大量生油气期，盖层具有优越的封盖条件。地层水多属沉积变质水，天然气碳同位素反映蚀变改造弱，水中有机质总体反映属封闭系统，各构造单元均发现上组合油气藏，总体反映具较好的保存条件，局部地区因后期构造改造，天然气保存条件变差或丧失。受构造变形强度的影响，各构造单元油气保存条件存在一定的差异。

川东高陡褶皱区：受江南雪峰基底拆离构造递进推覆、大巴山逆冲推覆构造、大娄山构造制约，本区断褶构造主要形成于燕山中晚期，构造变形强度自南东向北西、自北而南逐渐减弱；盆地边缘区构造改造强烈，天然气保存条件较差；在盆地内，复向斜区地层保存相对较齐全，构造变形较弱，压力系统得以较好的保持，具优越的保存条件，而高陡背斜核部，地层保存不齐全，局部二叠系出露，盖层缺失，同时因构造变形相对较强，泄压导致地层能量不足，如金鸡 1 井二叠系压力系数为 0.878，油气保存条件差。此外，断裂的沟通，局部地区海相天然气上窜致陆相层系成藏，如卧龙河、普光等气田须家河组天然气具典型海相天然气特征。

川中平缓褶皱区：构造变形较晚，构造变形弱，龙潭组泥质岩盖层发育，且厚度较大，中下三叠统膏盐岩盖层发育，上覆陆相泥质岩盖层发育，地层水属沉积封存水，天然气反映出后期蚀变作用强，油气保存条件总体较好。

川北低平褶皱区：该构造单元可分为龙门山山前推覆带、梓潼平缓构造带、通江平缓构造带；龙门山山前推覆带后期构造改造强，局部地区油气保存条件变差，梓潼平缓构造带构造变形弱，盖层条件优越，油气保存条件最优；通江平缓构造带构造变形强度自东向西逐渐变弱，油气保存条件逐渐变好，马路背构造陆相产层天然气属海相成因反映了这一点（海相上组合天然气上窜至陆相层系成藏，反映海相上组合天然气保存系统一度开启）。

川西推覆褶皱区：该构造带除盆缘地区油气保存条件相对较差外，天然气保存条件总体优越。

参 考 文 献

蔡立国，钱一雄，刘光祥，等 .2002. 塔河油田及邻区地层水成因探讨 . 石油实验地质，24（1）：57~60

蔡立国，饶丹，潘文蕾，等 .2005. 川东北地区普光气田成藏模式研究 . 石油实验地质，27（5）：462~467

曹成润，韩春花，郑大荣 .2003. 构造变动对油气藏保存的影响 . 海洋地质与第四纪地质，23（4）：95~98

陈章明，吕延防 .1990. 泥岩盖层封闭性的确定及其与源岩排气史的匹配 . 大庆石油学院学报，14（2）：1~7

陈中红，查明，曲江秀 .2003. 沉积盆地超压体系油气藏条件及机理 . 天然气地球科学，14（2）：97~102

成艳，陆正元，赵路子，等 .2005. 四川盆地西南边缘地区天然气保存条件研究 . 石油实验地质，27（3）：218~221

戴金星 .1993. 利用轻烃鉴别煤成气和油型气 . 石油勘探与开发，20（5）：26~32

戴金星，倪云燕，邹才能，等 .2009. 四川盆地须家河组煤等比数列烷烃气碳同位素特征及气源对比意义 . 石油与天然气地质，30（5）：519~529

付广，王有功，苏玉平 .2006. 超压泥岩盖层封闭性演化规律及其人研究意义 . 矿物学报，26（4）：453~459

高胜利，姚文宏，朱广社 .2004. 四川盆地中西部地区上三叠统压力特征与油气运移 . 西北地质，37（1）：75~79

郝芳，姜建群，邹华耀，等 .2004. 超压对有机质热演化的差异抑制作用及层次 . 中国科学（D 辑：地球科学），34（5）：443~445

何志国，王信，黎从军，等 .2001. 川西坳陷碎屑岩超压储层与油气关系研究 . 天然气勘探开发，24（4）：6~15

洪世泽 .1985. 油藏物性基础 . 北京：石油工业出版社

胡东风，蔡勋育. 2007. 川东南地区官 9 井侏罗系原油地球化学特征. 天然气工业，2007，27（12）：152~155

胡绪龙，李瑾，张敏，等. 2008. 地层水化学特征参数判断气藏保存条件——以呼图壁、霍尔果斯油气田为例. 天然气勘探与开发，31（4）：23~26

江兴福，谷志东，赵容容，等. 2009. 四川盆地环开江–梁平海槽飞仙关组地层水的地化特征及成因研究. 天然气勘探与开发，32（1）：5~7

姜均伟，张英芳，李伟，等. 2009. 八角场地区香四段气藏的成因与意义. 断块油气田，16（1）：16~19

李登华，汪泽成，李军. 2006. 川中磨溪气田烷烃气组分和碳同位素系列倒转成因. 新疆石油地质，27（6）：699~703

李登华，李伟，汪泽成，等. 2007. 川中广安气田天然气成因类型及气源分析. 中国地质，34（5）：829~836

李伟，杨金利，姜均伟，等. 2009. 四川盆地中部上三叠统地层水成因与天然气地质意义. 石油勘探与开发，36（4）：428~435

李仲东. 2001. 川东地区碳酸盐岩超压与天然气富集关系研究. 矿物岩石，21（4）：53~58

林耀庭. 2003. 四川盆地三叠纪海相沉积石膏和卤水的硫同位素研究. 盐湖研究，2003，11（2）：1~7

林耀庭，潘尊仁. 2001. 四川盆地气田卤水浓度及成因分类研究. 盐湖研究，9（3）：1~7

林耀庭，熊淑君. 1999. 氢氧同位素在四川气田地层水中的分布特征及其成因分类. 海相油气地质，4（4）：39~45

刘方槐. 1991. 盖层在气藏保存和破坏中的作用及其评价方法. 天然气地球科学，2（5）：227~232

刘光祥，蒋启贵，潘文雷，等. 2003. 干气中浓缩轻烃分析及应用. 石油实验地质，25（增刊）：585~589

吕延防，付广，张发强，等. 2000. 超压盖层封烃能力研究. 沉积学报，18（3）：465~468

罗啸泉，宋进. 2007. 川西地区须家河组异常高压分布与油气富集. 中国西部油气地质，3（1）：35~40

马启富，陈斯忠，张启明，郭水生，王善书. 2000. 超压盆地与油气分布. 北京：地质出版社

马延虎，许希辉，刘定锦，等. 2005. 渡口河构造珍珠冲段浅层天然气成藏条件分析. 天然气工业，25（9）：14~16

马永生，蔡勋育，李国雄. 2005. 四川盆地普光大型气藏基本特征及成藏富集规律. 地质学报，79（6）：858~865

潘文蕾，梁舒，刘光祥，吕俊祥. 2003. 地层水中微量有机质分析及应用——以川东、川东北区油气保存条件研究为例. 石油实验地质，25（B11）：590~594

彭勇民，高波，张荣强，等. 2011. 四川盆地南缘寒武系膏溶角砾岩的识别标志及勘探意义. 石油实验地质，33（1）：22~27

钱一雄，蔡立国，顾忆. 2003. 塔里木盆地塔河油区油田水元素组成与形成. 石油实验地质，25（6）：751~757

沈照理. 1986. 水文地球化学基础. 北京：地质出版社

王兰生，陈盛吉，杨家静，等. 2001. 川东石炭系储层及流体的地球化学特征. 天然气勘探与开发，24（3）：28~38

王顺玉，明巧，贺祖义，等. 2006. 四川盆地天然气 C_4—C_7 烃类指纹变化特征研究. 天然气工业，26（11）：11~14

王仲侯，张淑君. 1998. 克拉玛依油区高矿化度重碳酸钠型水的发现与特征. 石油实验地质，20（1）：39~43

维索次基 и. в. 1975. 天然气地质学. 戴金星，吴少华译. 北京：地质出版社

吴欣松，姚睿，龚福华．2006．川西须家河组水文保存条件及其勘探意义．石油天然气学报，28（5）：47～50

肖富森，马延虎．川东北五宝场构造沙溪庙组气藏勘探开发认识．天然气工业，27（5）：4～7

肖芝华，谢增业，李志生，等．2008a．川中-川南地区须家河组天然气同位素组成特征．地球化学，37（3）：245～250

肖芝华，谢增业，李志生，等．2008b．川中川南地区须家河组天然气地球化学特征．西南石油大学学报（自然科学版），30（4）：27～30

谢增业，杨威，胡国艺，等．2007．四川盆地天然气轻烃组成特征及其应用．天然气地球科学，18（5）：720～725

徐国盛，刘树根．1999．川东石炭系天然气富集的水化学条件．石油与天然气地质，20（1）：15～19

杨磊，温真桃，宋洋．2009．川东上三叠统气藏保存条件研究．石油地质与工程，23（2）：22～25

尹观，倪师军，高志友，等．2008．四川盆地卤水同位素组成及氘过量参数演化规律．矿物岩石，28（2）：56～62

雍自权，李俊良，周仲礼，等．2006．川中地区上三叠统香溪群四段地层水化学特征及其油气意义．物探化探计算技术，28（1）：41～45

翟光明．1989．《中国石油地质志》卷十　四川油气区．北京：石油工业出版社

张厚福，方朝亮，高先志，等．1999．石油地质学．北京：石油工业出版社

张水昌，朱光有，陈建平，等．2007．四川盆地川东北部飞仙关组高含硫化氢大型气田群气源探讨．科学通报，52（增刊Ⅰ）：86～94

赵庆波，杨金凤．1994．中国气藏盖层类型初探．石油勘探与开发，21（3）：15～22

赵宗举，朱琰，李大成，等．2002．中国南方构造形变对油气藏的控制作用．石油与天然气地质，23（1）：19～25

朱光有，张水昌，梁英波，等．2006．四川盆地天然气特征及气源．地学前缘，13（2）：234～247

Antia D J. 1986. Kinetic model for modeling vitrinite reflectance. Geology，14：606～608

Barker C E. 1991. Implication for organic maturation studies of evidence for a geologically rapid and stabilization of vitrinite reflectance at peak temperature：Cerro Prieto geothermal system，Mexico. AAPG Bulletion，75：1852～1863

Barker J F，Polloact S J. 1984. The geochemistry and oringin of natural gases in southern Ontario. Bulletin of Canadian Petroleum Geology，32（3）：313～326

Carr A D. 1999. Avitrinite reflectance kinetic model incorporating overpressure retardation. Marine and Petroleum Geology，16：355～377

Dansgaard W. 1 964. Stable isotopes in precipitation. Tellus，16（4）：436～468

Fertl W H. 1982. 异常地层压力．宋秀珍译．北京：石油工业出版社

Fitzgerald E，Feely M，Johnston J D，Clayton G，Fitxgerald L J，Sevastopulo G D. 1994. The variscan thermal history of West Clare，Ireland. Geological Magazine，131（4）：545～558

Hao F，Youngchuan S，Sitian L，Qiming Z. 1995. Overpressure retardation of organic matter maturation and prtroleum generation：A case study from the Yinggehai and Qiongdongnan Bassin，South China Sea. AAPG Bulletion，79：551～562

Li J，Xie Z Y，Dai J X，et al. 2005. Geochemistry and origin of sour gas accumulations in the northeastern Sichuan Basin，SW China. Orgganic Geochemistry，36（12）：1703～1716

Robbie G，Geoffrey C. 1999. Organic maturation levels，thermal history and hydrocarbon source rock potential of the Namurian rocks of the Clare Basin，Ireland. Marine and Petroleum Geology，16：667～675

第6章 天然气动态成藏及富集规律

四川盆地是一个大型含油气叠合盆地，以含气为主、含油为辅。其中，震旦纪至中三叠世为海相碳酸盐岩沉积，富含天然气。晚三叠世至始新世为陆相碎屑岩沉积组合，以含气为主，仅在川中地区发现为数不多的小型油田。数十年的研究和勘探证实，四川盆地天然气具有巨大的勘探潜力（张水昌、朱光有，2006）。目前已发现240余个气田，产气层位20多个，年产气量突破$270×10^8m^3$（至2014年年底），天然气探明储量达$33283×10^8m^3$（至2014年年底）。

叠合盆地演化的多期性、储层的非均质性和天然气的活动性决定了四川盆地油气藏具有多样性特征。主要表现在：①多套含油气组合，四川盆地天然气大部分来自三叠系、二叠系、石炭系、寒武系和震旦系中，石油则来自侏罗系，纵向上含油气层系达20多个；②多种源储组合及油气运聚方式，划分为下生上储、自身自储、上生下储和侧生式组合；③多种类型孔隙组合，四川盆地目前已发现孔隙（洞）型、裂缝-孔隙（洞）型、孔隙（洞）-裂缝型及裂缝型等多种类型孔隙组合，其中裂缝-孔隙（洞）型、孔隙（洞）-裂缝型最为普遍；④多裂缝系统特征，该系统是四川盆地储集层非均质性的表现，往往在同一构造上存在不同的裂缝系统；⑤多圈闭类型，四川盆地油气藏赋存方式多样化，除大量构造圈闭外，也发现大量生物礁滩、地层-构造、岩性-构造等非背斜及复合圈闭气藏。圈闭类型不同，它们的成藏条件与分布规律也各具特点。

本书在前人研究成果的基础上，结合近年的新资料和勘探新成果，以油气动态成藏为重点，分析四川盆地天然气成藏特征和富集规律，以期对于明确四川盆地下一步油气勘探方向与寻找有利勘探区带起到重要的指导、借鉴意义。

6.1 主要油气藏类型及分布

我国学者针对国内及四川盆地气藏分类做了大量研究工作（张子枢，1989；张仲武等，1990；田信义等，1996；张厚福等，1999；朱光有等，2010；杜金虎等，2011；汪泽成等，2013），根据勘探、开发各个阶段实际情况，重点围绕圈闭成因及形态这一中心，提出了自己的分类标准。本书按气藏特征划分为常规气藏与非常规气藏两大类。其中，常规气藏类，考虑圈闭是形成油气藏的基本条件之一，油气藏类型与圈闭类型之间有着密切关系。本书按圈闭分类为基础的油气藏分类原则，划分为构造型、岩性型、地层型及复合型四类。在各类中，按照圈闭形成的主导因素进一步细化类型。岩性型与复合型的细化中充分考虑储集体类型差异。非常规气藏主要为页岩气藏（表6-1）。

表 6-1　四川盆地油气藏类型划分与实例

油气藏类型				实例
常规气藏	构造型气藏	挤压背斜气藏		渡口河（T_1j）、中坝（T_3x）、威远（Z_2dn）、
		断层-背斜气藏		五百梯（C）、大池干（C）、铁山坡（P_3）
		断层-裂缝气藏		纳溪（P-T）
	岩性型气藏	礁滩型气藏	生物礁气藏	边缘礁气藏	元坝（P_3）、龙岗（P_3）
			点礁气藏	高峰场（P_3）、龙岗（P_3）、板东（P_3）
			颗粒滩气藏	鲕滩岩性气藏	元坝（T_1f）、龙岗（T_1f）
				生屑滩岩性气藏	磨溪（P_3）、泰来（P_3）
				砂屑滩岩性气藏	磨溪（T_2l）
		碎屑岩型气藏		元坝（T_3x^3）、剑门（T_3x^3）、安岳（T_3x^2）、合川（T_3x^2）
	地层型气藏	地层剥蚀尖灭气藏		相国寺（C_2）
	复合型气藏	构造-岩性复合型气藏	构造-生物礁型气藏	普光（P_3）、黄龙场（P_3）
			构造-颗粒滩型气藏	铁北（T_1f）、安岳（$\in_1^4$）
			构造-碎屑岩型气藏	新场（T_3x^2）、广安（T_3x^4、T_3x^6）、白庙（T_3x^6）、建南（T_3x^6）、丰谷（T_3x^4）
		构造-地层复合型气藏		温泉井（C）、天东（C）
非常规气藏	页岩气藏			焦石坝（S）

6.1.1　构造型气藏

　　构造型气藏是四川盆地重要的油气藏类型之一。此类气藏受局部构造圈闭控制，储层物性好，均质性强。根据构造变形或变位的特点，可进一步划分为挤压背斜气藏、断层-背斜气藏与断层-裂缝气藏三类（图6-1）。

1. 挤压背斜气藏

　　挤压背斜型气藏是在区域构造挤压作用下形成的褶皱背斜气藏。此类气藏顶面背斜圈闭完整，天然气聚集受背斜形态和高度控制，流体按中立分异，气藏分布于背斜构造的顶部，外部为水，有统一的原始气水界面。靠近背斜的轴部和顶部，储集层厚度大，裂缝发育，渗透性能高，气井产能高。此外这类气藏天然气充满度较低，主要是由于背斜形成时间晚，油气聚集不充分所致。该类型气藏在川中、川东、川西都有发现，如威远震旦系气藏、中坝须家河组气藏等。

类型		平面图	剖面图	特征	实例
构造型气藏	挤压背斜气藏	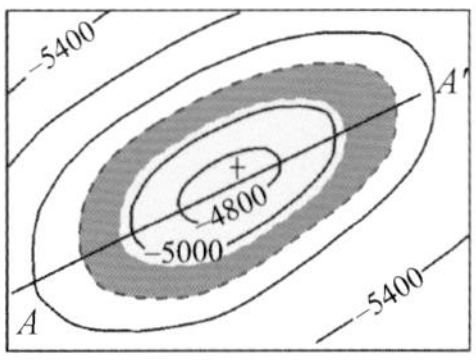	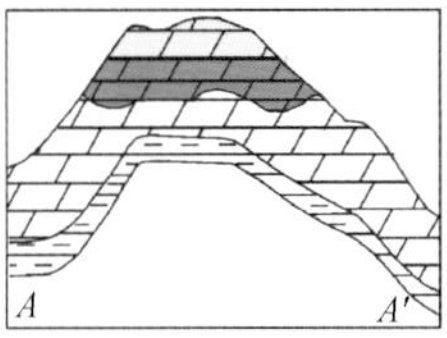	背斜圈闭，储层发育，块状低水，局部背斜控气	威远、渡口河、中坝
构造型气藏	断层–背斜气藏	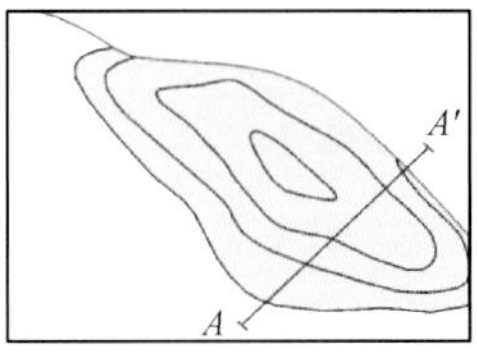	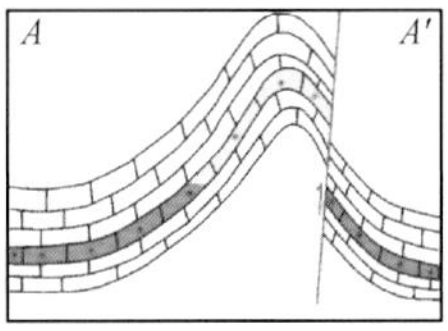	断背斜圈闭，储层发育，块状低水，局部断背斜控气	五百梯、大池干、铁山坡
	断层–裂缝气藏	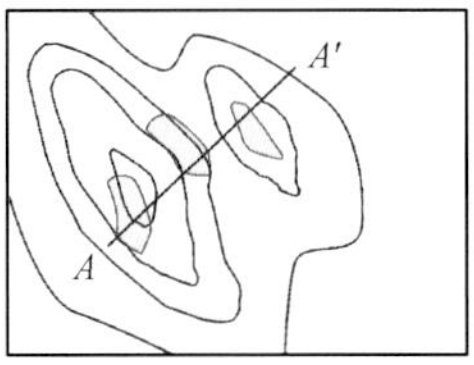	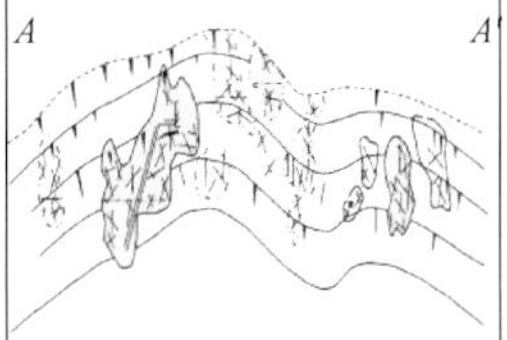	背斜圈闭，裂缝改善储层，主要分布于断层附近或构造转折端	纳溪

图 6-1 四川盆地构造型气藏类型

2. 断层–背斜气藏

断层–背斜气藏是受断层的牵引而形成的背斜气藏。断层对这类气藏起着决定性作用，首先断层控制背斜圈闭的形成；其次背斜内的次一级断层对气层渗透性能的提高起到了促进作用，靠近断层带的气井产能高，如五百梯、大池干、铁山坡等气藏。

3. 断层–裂缝气藏

断层–裂缝气藏与断层–背斜气藏形成的机制类似，都是受断层的牵引而形成的背斜构造内。此类气藏储集层物性相对较差，断层形成过程中产生的裂缝对储集层的改造和油气聚集有重要作用。但是含气范围又不连片，具有高度非均质性的特点。纵向上产出层位高低不一，横向难于对比，平面上主要分布于断层附近或构造转折端，如川南纳溪气田。

6.1.2 岩性型气藏

凡是储集层四周或上倾方向因岩性变化，而被非渗透性岩层封闭而形成的气藏称为岩性气藏。与构造型气藏相比主要是由于地层变形或变位而形成不同，岩性气藏主要是由于沉积条件改变，使储集层岩性岩相变化，或储集层连续性中断后，又被非渗透性地层遮挡的结果。根据储集体岩性差异，地层岩性气藏可分为礁滩型气藏和碎屑岩型气藏两个主要类型（图 6-2）。

	类型		平面图	剖面图	特征	实例
岩性型气藏	礁滩型气藏	生物礁气藏 边缘礁气藏	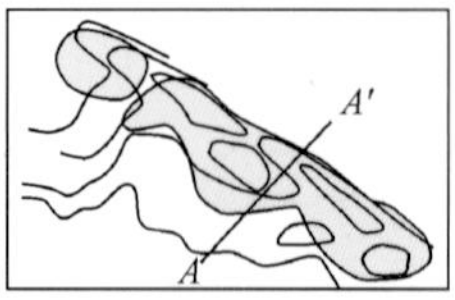	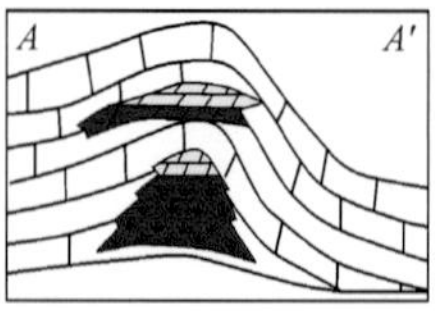	台缘礁滩体储层控藏，孔隙发育，高产稳产	元坝（P₃）、龙岗（P₃）
		生物礁气藏 点礁气藏	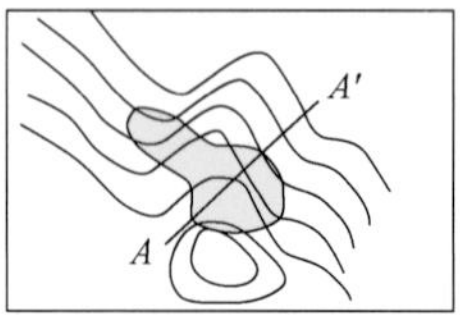		分布于台地内部，气藏规模相对较小	高峰场（P₃）、龙岗（P₃）、板东（P₃）
		颗粒滩气藏 鲕滩岩性气藏	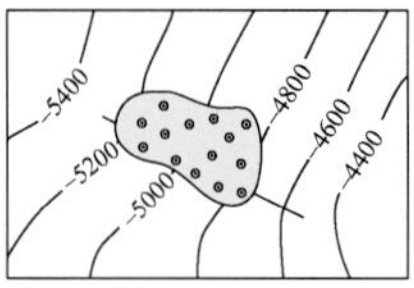	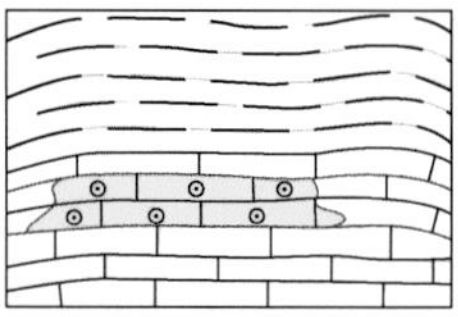	储层发育受控于高能相带，气藏规模大	元坝（T₁f）、龙刚（T₁f）
		颗粒滩气藏 生屑滩岩性气藏	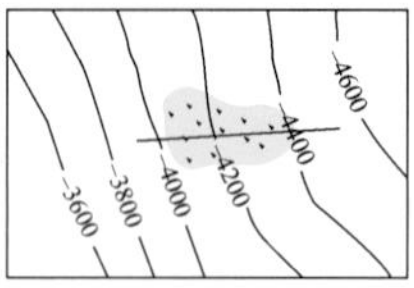	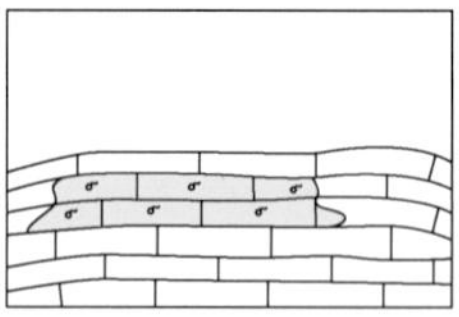	分布于台地内部，气藏规模较小	磨溪（P₃）、泰来（P₃）
		颗粒滩气藏 砂屑滩岩性气藏	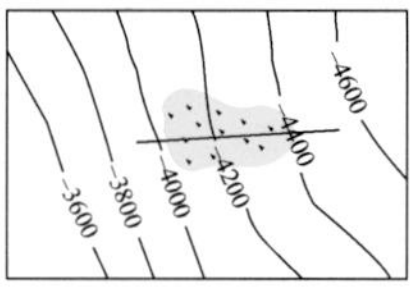	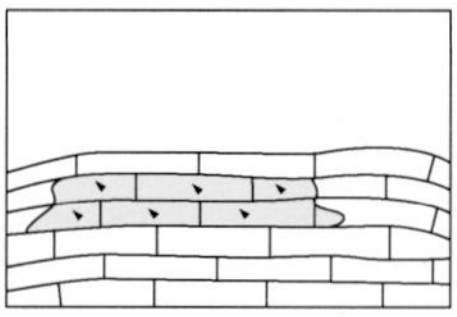	平面分布较散，气藏规模较小	磨溪（T₂l）

图 6-2　四川盆地岩性型气藏类型

1. 礁滩型气藏

礁滩型气藏主要受生物礁或浅滩岩性体控制，气水分布和气藏边界与构造无关。目前四川盆地礁滩类储层主要受沉积环境、微古地貌控制。储层非均质性强，礁滩体之间为岩性相对致密的灰岩、含泥灰岩及泥灰岩，有利于形成岩性圈闭，此类气藏的形成与分布多受控于沉积微相与优质储集体等因素，纵向上主要分布在二叠系、三叠系及寒武系海相地层。

前人对四川盆地礁滩型气藏提出多种分类方案，陈宗清（2008）依据生物礁生长位置及规模将生物礁气藏划分为边缘礁气藏和点礁气藏。汪泽成等（2013）将塔里木、四川及鄂尔多斯三大盆地海相碳酸盐岩礁滩岩性圈闭划分为生物礁圈闭、颗粒滩圈闭。杜金虎等

（2011）将礁滩类进一步划分出台缘礁滩型、台内滩型与缝洞−礁滩型三类气藏。本书按储层类型差异将其划分为生物礁气藏与颗粒滩气藏两类，其中生物礁气藏按生物礁形态进一步细分为边缘礁气藏和点礁气藏两类；其中边缘礁气藏储层分布受高能相带控制，储层规模大，孔隙发育，气藏高产稳产。点礁气藏分布于台地内部，气藏规模相对较小。颗粒滩气藏进一步细分为鲕滩气藏、生屑滩气藏和砂屑滩气藏三类。

目前勘探证实，四川盆地已发现的礁滩型气藏中生物礁气藏规模相对较大，产量高。储集体以礁滩相白云岩为主（杜金虎等，2010），成群或成带沿台地边缘带分布（如元坝、龙岗气田及高峰场等长兴气田）。颗粒滩气藏储集体以暴露溶蚀白云岩、颗粒灰岩为主，气藏规模取决于滩体规模及储层发育程度，平面分布较分散，气藏规模相对较小（如河坝飞仙关组、磨溪长兴组、雷口坡组气田）。

2. 碎屑岩型气藏

碎屑岩型气藏特征是其含油气边界完全为非渗透性边界所限或在其上倾方向为非渗透性边界所限。气藏的储层的连续性较差，如果不同层位的储集体可以叠合成片，则可形成较大规模的油气藏。其工业气层、含气显示层分布与构造无明显关系，但与高能量沉积环境关系密切。在储集层因岩性变化，其四周或上倾方向和顶、底为非渗透性岩层所封闭而形成的气藏。该类气藏主要分布于盆地北部的元坝、剑阁地区的须三段、川中安岳、合川、荷包场须二段等。成藏受控于良好输导条件、优质储集层分布和发育规模。

6.1.3　地层型气藏

受剥蚀或超覆作用导致地层连续性中断，被非渗透性岩层封闭而形成的气藏为地层型气藏，与岩性型气藏存在差异。岩性型气藏形成受沉积相或成岩相控制，多发育于层序内部。地层岩性气藏主要是由于碳酸盐岩地层被大气淡水溶蚀，受不整合面控制，与构造运动相关，多发育于层序界面。四川盆地地层型气藏较少，在川东石炭系发现相国寺气田，属地层剥蚀尖灭地层型气藏。该气藏石炭系顶部遭受剥蚀，上倾尖灭端被不渗透的上覆岩层封盖，形成气藏（图6-3），该类气藏范围不受背斜圈闭控制。

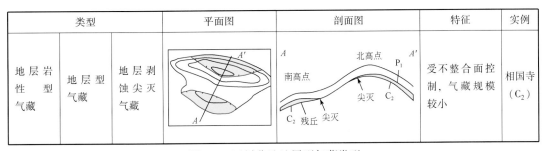

类型			平面图	剖面图	特征	实例
地层岩性型气藏	地层型气藏	地层剥蚀尖灭气藏			受不整合面控制，气藏规模较小	相国寺（C₂）

图 6-3　四川盆地地层型气藏类型

6.1.4 复合型气藏

复合型气藏在四川盆地广泛分布，其特点有别于单一因素形成的油气藏，受局部构造与岩性共同控制，可划分为构造-岩性复合型气藏与构造-地层复合型气藏两类（图6-4）。

类型		平面图	剖面图	特征	实例
复合型气藏	构造-岩性复合型气藏 — 构造-生物礁型气藏	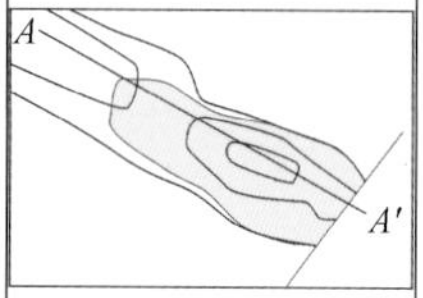	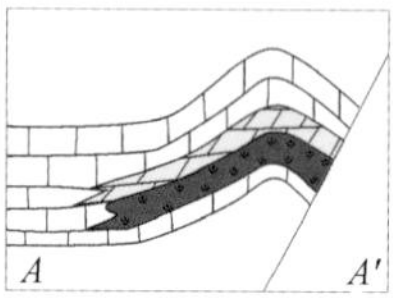	构造-岩性圈闭，储层发育，局部背斜富集，边/底水活跃	普光（P_3）、黄龙场（P_3）
	构造-颗粒滩型气藏	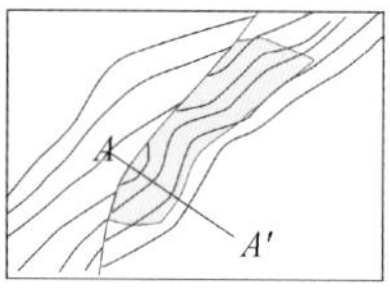	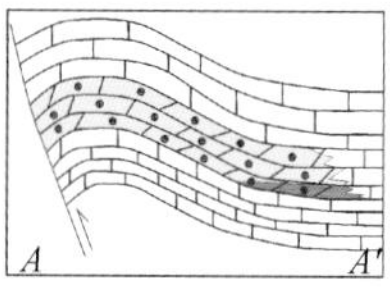	构造-岩性圈闭，储层发育，气藏规模大	铁北（T_1f）、安岳（$\in t$）
	构造-碎屑岩型气藏	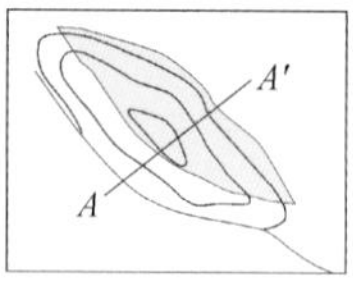	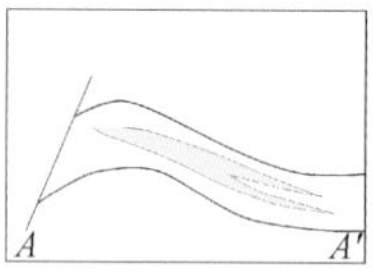	构造-岩性圈闭，储层基质孔隙较低，受断层、裂缝影响	新场（T_3x^2）、广安（T_3x^4、T_3x^6）、白庙（T_3x^6）、建南（T_3x^6）、丰谷（T_3x^4）
	构造-地层复合型气藏	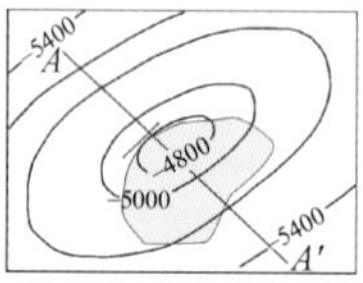	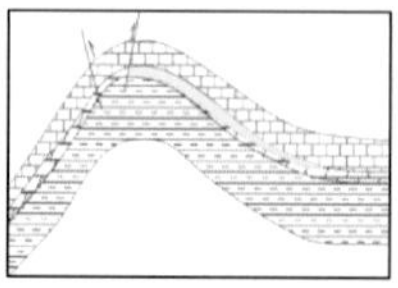	构造-地层圈闭，气藏分布受控于岩溶作用与构造控制	温泉井（C）、天东（C）

图6-4 四川盆地复合型气藏类型

1. 构造-岩性复合型气藏

构造-岩性复合型气藏在其形成过程中都会不同程度地受到构造或岩性等因素的影响，表现为复合型气藏。按储层类型差异可进一步细分为构造-生物礁型气藏、构造-颗粒滩型气藏和构造-碎屑岩型气藏三类。此类气藏岩性对油气的分布起决定性作用。

生物礁型与颗粒滩型气藏主要发育于寒武系龙王庙组、二叠系长兴组与三叠系飞仙关组，主要分布受高能相带控制，气藏具有储量规模大、产能高的特点。以普光气田为例，其位于四川盆地东北部宣汉-达县地区黄金口构造、双石庙-普光构造带，为典型构造-岩性复合型大型气藏。主要含气层段为下三叠统飞仙关组及上二叠统长兴组，均为白云岩储层，属于台地边缘的礁滩白云岩溶孔储层。其中，飞仙关组为鲕粒白云岩，长兴组为生物礁储层，二者垂向叠置，连片分布，且相互连通。气藏埋藏深度大，单井产气量高，优质储层厚度大且分布较广，该气田是四川盆地已发现气藏中规模最大的整装气田。普光气田局部构造调整阶段调整幅度较大，气、水发生了大的调整分异，在构造高部位整体含气，低部位为水区，为边水气藏。

构造-碎屑岩型气藏主要发育在印支期前隆构造变形中等的地区和川中隆起构造变形较弱的地区，主要有岩性-构造气藏和构造-岩性气藏两类气藏，其中以发育构造-岩性气藏最为普遍。纵向上在须家河组最为发育，气藏分布在构造的倾伏部位、构造间的鞍部或潜伏高点处。四川盆地须家河组砂岩为低渗至特低渗储层，连通性差，不均质性强，油气运移条件差。该类型气藏既受有效储层分布制约，又受断层、裂缝影响，如广安须家河组气藏、新场须家河组气藏。

2. 构造-地层复合型气藏

构造-地层复合型气藏主要分布在石炭系，该类型圈闭受地层和构造双重控制，其中构造对油气富集起关键作用。优质储层分布受沉积微相与岩溶作用控制，以裂缝-孔隙型中孔中渗储层为主，岩性为溶孔砂屑或溶孔角砾云岩。现今规模气藏主要分布于古今圈闭配置好的圈闭中，此类型圈闭通常形成时间早，对油气的早期运移、聚集和成藏有利。后因地层剥蚀尖灭、断层、构造等高线圈闭的影响，复合圈闭的含气面积扩大，晚期造山运动最终使气藏定型，如温泉井、天东石炭系气藏。

6.1.5　页岩气藏

页岩气是指主要以吸附和游离状态赋存于富有机质泥页岩地层中的"连续型"非常规天然气（Curtis，2002），其可以形成于有机质演化的各个阶段（Hill and Nelson，2000；Martini et al.，2008），且仅发生了初次运移（页岩内）或非常有限的二次运移（砂质、灰质岩类夹层内）。具有赋存方式多样、气源多成因并存、自生自储、大面积连续分布、源内成藏的特点，但由于其储层低渗致密，一般无自然产能或低产，需要采用水平井以及大型压裂改造技术才能进行大规模商业开采，具有早期产量递减快、生产周期较长等特点（Curtis，2002）。

页岩气的形成较为普遍，但并不是所有的页岩气都具有开发价值，因此，研究页岩气的地质特征、富集机理是评价其商业价值的前提条件。与北美地区页岩气主要形成于海相富有机质泥页岩相比，我国海相、陆相及海陆过渡相富有机质泥页岩均广泛分布，具备良好的页岩气成藏条件（郭彤楼，2011）。对于海相页岩气，目前中国石油、中国石化两大石油企业已在四川盆地涪陵焦石坝、威远-长宁、昭通地区海相层系相继获得突破，其中涪陵页岩气田探明地质储量 1067.5 亿 m^3，是国内首个特大型页岩气藏，预计 2015 年将建成产能 50 亿 m^3。

6.2　典型油气藏动态成藏剖析

四川盆地是一个富含油气的叠合盆地，几乎所有层系都发现了油气。油气成藏经历了充注—调整—改造—再运聚的复杂过程，但各层系油气成藏模式存在差异。马永生等（2005a）针对普光二叠系—三叠系礁滩相气藏提出了"多元供烃、相控储层、复合控藏"

的成藏模式；刘树根等（2008b）针对石炭系、二叠系、中下三叠统气藏成藏提出了"烃源控区、储层控层、圈闭控位"的模式，针对下组合成藏特征提出"多元供烃、多期调整、晚期成藏"的模式；蔡希源等（2011）针对川西须家河组气藏，提出了"早聚、中封、晚活化"的致密碎屑岩动态成藏地质理论。本节从四川盆地各类型气藏地质特征分析入手，重点突出气藏成藏过程动态分析，系统总结天然气富集规律和成藏模式，为油气勘探提供理论指导。

6.2.1 元坝长兴组礁滩气藏

元坝气田是我国首个超深层生物礁大气田，也是目前国内规模最大、埋藏最深的生物礁气田（郭旭升等，2014）。地理位置位于四川省苍溪县及阆中市境内。构造位置位于四川盆地川北拗陷与川中低缓构造带结合部，西北部与九龙山背斜构造带相接，东北部与通南巴构造带相邻，南部与川中低缓构造带相连（图6-5）。气田的主要产层是长兴组台缘礁滩相白云岩储集层，为一大型的岩性圈闭，气藏具有"一礁、一滩、一圈闭、一气藏"的分布模式（图6-6）。

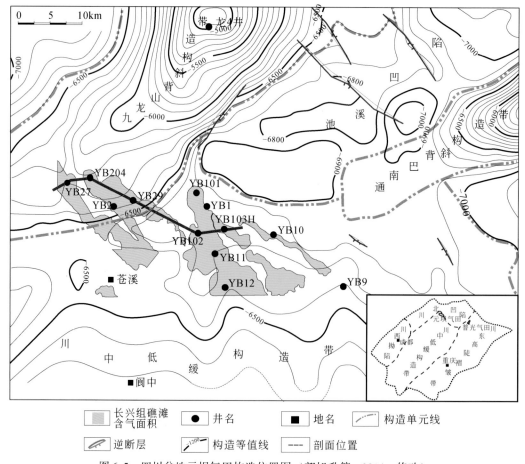

图6-5 四川盆地元坝气田构造位置图（郭旭升等，2014，修改）

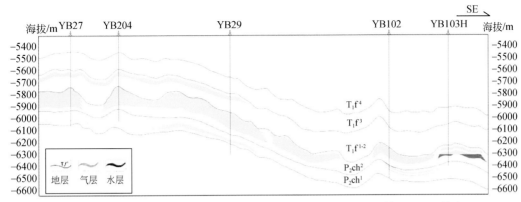

图 6-6　四川盆地元坝气田长兴组—飞仙关组气藏剖面（郭旭升等，2014，修改）

1. 气藏地质特征

元坝气田属于四川盆地东北缘巴中低缓构造带，受通南巴、九龙山背斜及川中隆起的遮挡，构造形变弱、断裂不发育，震旦系—白垩系发育较齐全，中三叠统雷口坡组及以下为海相碳酸盐岩层系，主要目的层长兴组整体埋藏较深。2006 年中国石化在元坝长兴组岩性圈闭部署了第一口超深探井元坝 1 井，完井试获日产 $50.3×10^4 m^3$ 工业气流。截至 2012 年年底，累计提交天然气探明地质储量 $2194.57×10^8 m^3$。

元坝地区二叠系发育吴家坪组与大隆组两套优质烃源岩。其中大隆组泥岩厚 20 ~ 30m，平均有机碳含量为 2.38%，平面分布受控于沉积相带，主要发育于陆棚相区。吴家坪组泥岩主要发育于底部，厚 30 ~ 80m，平均有机碳含量为 2.63%，据元坝 3 井钻井资料揭示，元坝地区吴家坪组下部地层含有较多的暗色泥岩和泥灰岩，TOC 大于 0.5% 的层段累计厚度可达 80m。本区下二叠统茅口组、栖霞组灰岩的 TOC 值较高，大多为 0.4% ~ 1.0%，18 个样品的平均值为 0.74%，表明该套烃源层有较高的生烃潜力，对油气源可能有一定的贡献。

元坝地区的储集层主要分布于长兴组和飞仙关组。长兴组储层主要分布于台缘生物礁滩、礁后浅滩、礁间滩、台内滩中，飞仙关组储集层主要分布于飞二段浅滩中。礁滩面积分布较广，但厚度相比普光较小。长兴组主要发育了三个礁-滩复合体，面积超过 $500km^2$。受礁-滩相变等控制，储集层的非均质性很强，侧向变化较大，储集层厚度从小于 40m 到超过 100m。厚层储集层主要分布于台缘礁滩，礁后浅滩和台内滩的储集层厚度相对较薄。

飞四段—嘉陵江组和雷口坡组，发育了巨厚的膏岩层，以及膏质白云岩和泥晶白云岩、含泥泥晶灰岩，是长兴组和飞仙关组气藏的主要盖层，也是川东北地区的区域性盖层。厚层膏岩和云岩，加上本区地层变形微弱，表明本区的油气保存条件优越。

元坝气藏在平面上呈北西向分布由台地边缘展布的长兴组生物礁滩及礁后生屑滩叠置连片而成的似层状岩性气藏，气层主要受台地边缘礁滩相白云岩储层及礁后生屑滩储层分布的控制。

元坝气田总体处于通南巴大型背斜、九龙山背斜向川中隆起的过渡带，该区地层产状平缓，构造变形弱，烃源岩和长兴组储层之间未见较大断距的断层。输导体系主要为岩层面（层间缝）、小断层及节理缝等构成的"三微"输导体系。白云岩储集层面积大，侧向叠合、连片分布，且储集层的物性条件好，具有大面积汇聚和运移油气的能力。该区储层物性多表现为"低孔高渗"特征，表明有较多裂缝及小断层的发育。岩心上可常见此类裂缝，且裂缝面有擦痕，多充填沥青，无疑是古原油垂向运移的有效通道。这种由层间缝、节理缝和输导层构成的输导体系是有效的，能导致古原油的聚集。

2. 油气特征与来源

1）化学组成

元坝地区飞仙关组和长兴组天然气为干气，甲烷在烃类中占 99.38% ~ 99.94%，C_2 以上重烃均少于 1%。这两层位气层在非烃气组成上有明显区别，飞仙关组天然气中 H_2S 含量很低，所测试的气样中仅为 0.02% ~ 0.09%；而长兴组气样中其含量较高，为 4.54% ~ 12.84%。H_2S 含量在不同气层中含量差异可能与储岩的孔隙性质有关。在裂缝型储层气藏中 H_2S 较少，而孔洞型储层中非常丰富。据元坝 2 井等岩心观察，该构造带中飞仙关组灰岩较致密，溶蚀作用很少，孔隙以晶间孔为主。而长兴组灰岩层中溶蚀作用强烈，溶孔异常发育，并有大量沥青充填。这两层位气层中 H_2S 含量的差别符合上述规律，即 H_2S 含量受储层孔隙性质的控制。

2）碳同位素组成

元坝气田飞仙关组、长兴组天然气甲烷碳同位素较重，$\delta^{13}C_1$ 值变化在 −25.28‰ ~ −30.5‰；与川东北其他地区海相天然气相近（$\delta^{13}C_1$ 为 −25.16‰ ~ −29.2‰）（图6-7）。元坝地区这些层位天然气中，乙烷碳同位素也很重，$\delta^{13}C_2$ 值为 −25.0‰ ~ −27.6‰。

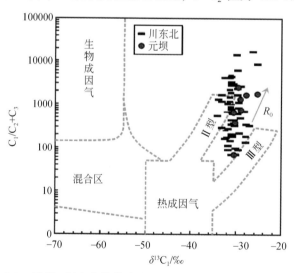

图6-7 元坝、川东北其他地区 T_1f–P_3ch 天然气"Bernard"图

该地区天然气碳同位素重的原因主要是成熟度高，该气层埋深达 7000 余米，古地温可能达 200℃ 以上，天然气的热演化程度很高，导致烷烃气碳同位素很重。这点可通过与其他地区天然气的对比来说明。如图 6-8 所示，在排除 TSR 因素影响外，天然气的甲、乙烷碳同位素随热演化程度的增加而逐渐变重。从图中可看出，元坝地区的天然气 $\delta^{13}C_1$ 和 $\delta^{13}C_2$ 值相对高于川东北其他地区，意味着热演化程度更高。另一个可能原因是与气源岩有机质类型变化有关。TSR 作用对天然气烷烃气的碳同位素比值也有重要影响，一般随 TSR 作用的增强，乙烷及甲烷碳同位素要逐渐变重。但元坝地区 H_2S 含量不同的飞仙关组、长兴组气层中 $\delta^{13}C_1$ 及 $\delta^{13}C_2$ 均呈高值，可见与 TSR 没有明显联系。该地区飞仙关组天然气中 H_2S 很低，只有 0.02%～0.09%，而其 $\delta^{13}C_1$ 也只有 -27.5‰ 上下，与含较高 H_2S 的长兴组气层相近，表明 $\delta^{13}C_1$ 高并非 TSR 作用所致。笔者在研究普光地区天然气碳同位素变化与 H_2S 含量关系时注意到，TSR 作用对甲烷碳同位素的影响不是很明显。而乙烷碳同位素受 TSR 效应较明显，当 H_2S 含量高于 10% 时，$\delta^{13}C_2$ 才显著变重。元坝地区 H_2S 含量相对较低，因而 TSR 作用对天然气碳同位素组成影响较小。

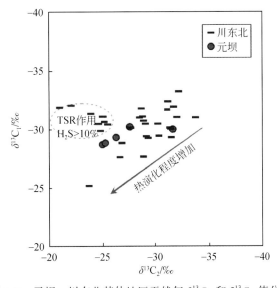

图 6-8　元坝、川东北其他地区天然气 $\delta^{13}C_1$ 和 $\delta^{13}C_2$ 值分布

3）天然气来源

元坝地区长兴组储层中普遍见固体沥青，表明发生过原油裂解生气作用，同时也可能存在烃源岩裂解气。这两类天然气可用 $\ln(C_1/C_2)$、$\ln(C_2/C_3)$ 值进行区分（图 6-9）。元坝地区长兴组天然气总体上呈高 $\ln(C_1/C_2)$、低 $\ln(C_2/C_3)$ 的原油裂解气组成特点，它们的 $\ln(C_1/C_2)$ 值基本上都在 4.8 以上，$\ln(C_2/C_3)$ 值低于 2.0，由此可认为主要来源于古油藏原油的裂解成气作用。

长兴组储层沥青的 $\delta^{13}C$ 值变化在 -26.7‰～-30.8‰，与本区上二叠统烃源岩干酪根的 $\delta^{13}C$ 值（-25.0‰～-27.8‰）相近（图 6-10），表明原始烃源主要来自这套烃源岩。

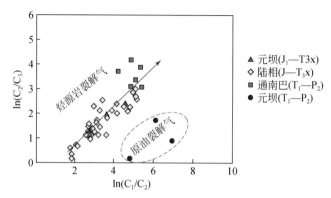

图6-9 元坝、通南巴构造带天然气 ln（C_1/C_2）、ln（C_2/C_3）值分布

另外，下二叠统烃源岩的碳同位素比值（-25.3‰～-28.9‰）也与之相当，可能对烃源也有一定程度的贡献。长兴组天然气的乙烷 $\delta^{13}C$ 值分布在-25.0‰～-31.6‰范围。按照气/源岩碳同位素变化规律，这些高成熟天然气应来自碳同位素稍重（1‰～3‰）于其乙烷的烃源岩。从烃源岩碳同位素分布情况看，上、下二叠统及志留系烃源层都有可能为其气源层。但经系统资料对比，区域上长兴组天然气与石炭系气层在乙烷碳同位素组成上有明显区别。因而，基本可排除志留系地层为主力气源层的可能性，主要气源应来自二叠系烃源层。

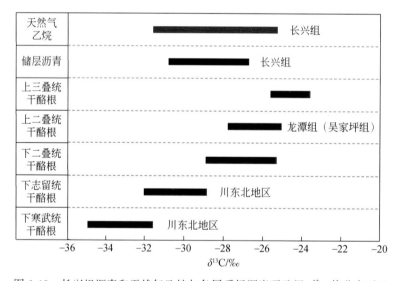

图6-10 长兴组沥青和天然气乙烷与各层系烃源岩干酪根 $\delta^{13}C$ 值分布对比

3. 成藏过程动态分析

1）埋藏史与生烃史

通过采用 Easy%R_o 模型法，基于烃源岩埋藏史和热史的基础上，模拟镜质组反射率随时间的变化，然后通过 R_o 值确定有机质成熟的时间与深度或温度，并划分烃源岩生烃门限和演化阶段。以元坝2井为例，利用 IES 软件进行一维烃源岩演化史模拟。本区的烃

源岩有志留系、下二叠统、上二叠统龙潭组、大隆组、上三叠统须家河组以及侏罗系，其中主力烃源岩为二叠系烃源岩，尤其是大隆组、龙潭组优质泥岩烃源岩有机质类型好，生烃潜力巨大。

在单井埋藏史、热史研究基础上，从有机质热演化成熟史（图6-12）可以看出，印支末期（200Ma），大隆组、龙潭组烃源岩，以及下二叠统烃源岩、志留系烃源岩 R_o 值超过了0.5%，进入生油门限；中侏罗世早期（175Ma）进入生油高峰；晚侏罗世早期（155Ma）大隆组、龙潭组烃源岩和下二叠统烃源岩已进入高成熟演化阶段，R_o 值大于1.25%，处于凝析油—湿气—干气生烃阶段，志留系烃源岩此时已进入高–过成熟演化阶段，R_o 值大于1.5%。之后随着埋深增加，烃源岩 R_o 值不断增加，直到晚燕山运动研究区抬升遭受剥蚀，烃源岩生烃作用逐渐停止，各层段烃源岩基本与晚燕山运动期的成熟度相当。

2）成藏期次

元坝地区发育孔隙型气藏，气藏的储集层中有较多沥青分布。确定这类气藏的充注时间需要测定流体包裹体的类型。对于含大量沥青的孔隙型气藏，现今基本认为是由古油藏裂解形成。因此，确定古油藏充注时间主要是测定与油包裹体或沥青包裹体同期的盐水包裹体。

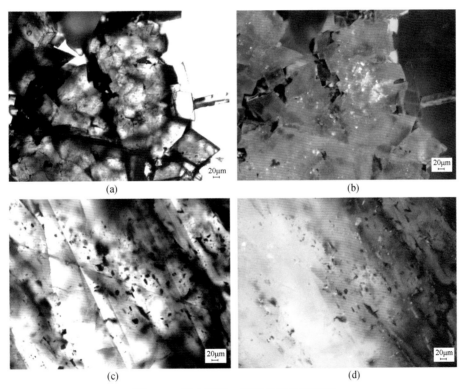

图6-11 油包裹体、沥青包裹体的特征

（a）元坝2井长兴组黄色、蓝白色荧光油包裹体，6558m，浅灰色溶孔白云岩白云石晶粒中油包裹体，×10，透射光；（b）为（a）相对应的荧光；（c）元坝2井长兴组，6583m，浅灰色细晶白云岩溶孔充填方解石中一型沥青包裹体，×10，透射光；（d）为（c）相对应的荧光

四川盆地天然气动态成藏

流体包裹体观察显示，储集层可见大量的固体沥青包裹体（图6-11）、气态烃包裹体、含烃盐水包裹体和盐水包裹体。通过测定与含烃盐水包裹体或/和沥青包裹体共生的盐水包裹体均一温度代表原油充注期的温度，在储层埋藏史和热史曲线图上确定原油的充注时间。结果表明，元坝2井长兴组与飞仙关组原油于晚三叠世—早侏罗世（相当于晚印支运动到早燕山运动）发生过两期油充注（图6-12），与上二叠统源岩的生油高峰是基本匹配的。

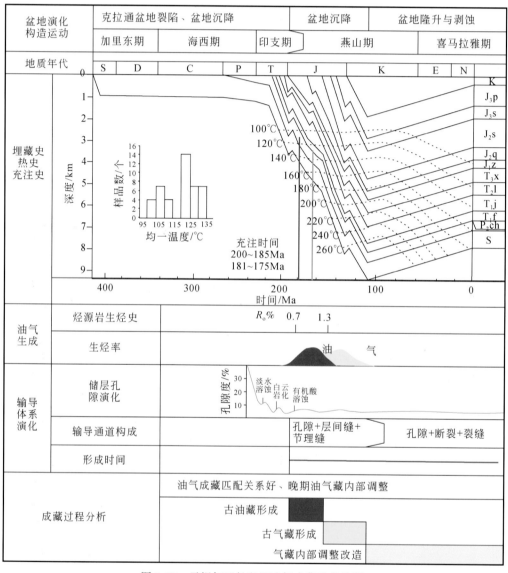

图6-12 元坝气田长兴组油气成藏动态分析

3）成藏过程恢复

元坝气田长兴组储层中含有大量充填沥青，而现今均为气藏，说明曾经有古油藏充注，后来古油藏裂解为气藏。礁滩岩性圈闭虽然具有独立性，但晚期构造运动产生大量裂缝，并形成地层高差，在浮力作用下，部分油气可能会沿裂缝二次运移。以元坝 27 井-元坝 204 井-元坝 2 井-元坝 21 井-元坝 102 井-元坝 11 井-元坝 124 井-元坝 16 井-元坝 9 井剖面为例，结合构造演化、烃源岩生排烃史与输导体系演化匹配关系分析，元坝气田的天然气聚集成藏过程可归纳为如下四个阶段：岩性圈闭形成、古油藏形成、古气藏形成和天然气调整再聚集。

岩性圈闭形成阶段 ［图 6-13 （a）］：晚二叠世—中三叠世，受峨眉地裂运动影响，形成开江-梁平陆棚，发育龙潭组优质烃源，陆棚两侧发育长兴组—飞仙关组台缘礁滩储层，为油气成藏奠定物质基础和储集空间，中三叠世发育良好的区域性膏岩盖层，台缘礁滩岩性圈闭形成。

古油藏形成阶段 ［图 6-13 （b）］：晚三叠世—早侏罗世，上二叠统吴家坪组烃源岩已经成熟并进入生油门限，元坝地区紧邻北部生烃中心，生烃强度达 $1.0×10^6 \sim 2.1×10^6 t/km^2$，排烃效率为 30% ~ 40%，排出的原油沿层间裂缝、孔隙和节理缝垂向运移至储集层，大隆组烃源岩生成的原油侧向运移至储层，形成多个独立的礁-滩相储层岩性油藏。岩心和薄片观察，在元坝 9 井区和元坝 123 井区发现了独立的古油-水界面。

古气藏形成阶段 ［图 6-13 （c）］：中侏罗世—早白垩世，古原油发生裂解，古岩性气藏形成。随着地层的持续埋深，储层的温度逐渐超过 150℃，在地层埋深最大期（早白垩世），储层温度超过 200℃。根据前人研究，150℃是地层条件下原油稳定存在的上限。因此，原油必然发生裂解，完成了油到气的相态转化。在原油裂解过程中会产生超压，部分天然气可能沿裂缝发生再运移。自古油藏形成后，元坝地区受多期燕山构造运动的作用，长兴组白云岩储层广泛发育裂缝，储层储集空间由原油充注期以孔隙为主，演变成以构造裂缝-孔隙为主，增强了储集层的连通性。

天然气调整再聚集阶段 ［图 6-13 （d）］：晚白垩世以来，随着晚期构造变动，天然气调整再聚集。受北部九龙山背斜隆起的影响，元坝 27 井区地层持续整体抬升，天然气向北再次运移与聚集，岩性气藏最终定位。受天然气调整再聚集的影响，位于现今相对高部位的元坝 27 井、元坝 204 井、元坝 2 井区未见地层水发育，构造低部位元坝 9 井、元坝 16 井和元坝 123 井区发育底水。此阶段的各礁滩岩性圈闭仍然具有独立的气-水界面，如元坝 16 井和元坝 9 井区圈闭的气-水界面不同，并且高部位圈闭天然气的 H_2S 含量要低于构造低部位且含水圈闭的 H_2S 含量。

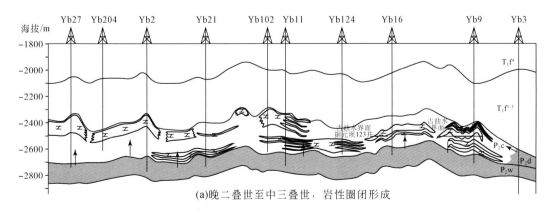

(a)晚二叠世至中三叠世，岩性圈闭形成

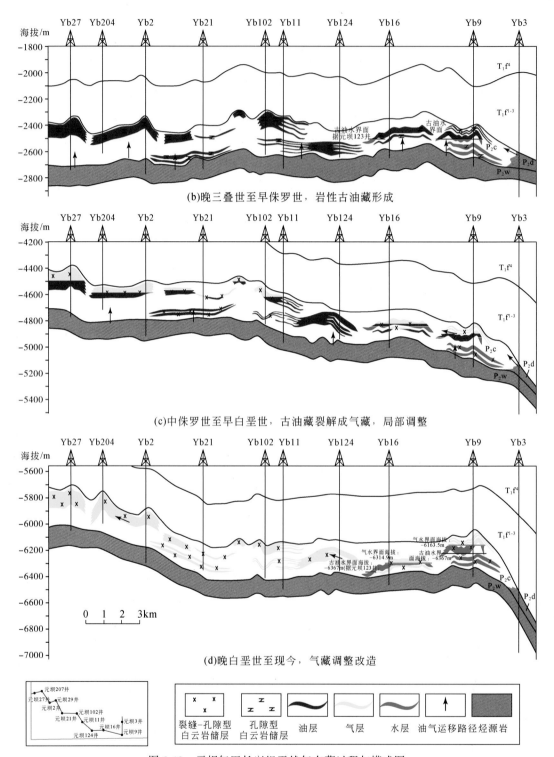

图 6-13　元坝气田长兴组天然气在藏过程与模式图

4. 油气成藏主控因素

在元坝气田动态成藏分析基础上，从以下三个方面总结油气成藏主控因素。

1）位于高生烃强度的烃源灶周缘，提供了充足的油气来源

天然气、储层沥青、源岩碳同位素对比研究表明，元坝长兴组油源主要来源于北部广元-旺苍地区晚二叠世深水陆棚相区的吴家坪组与大隆组，岩性以黑色泥页岩为主，厚60～110m，干酪根类型为Ⅰ～Ⅱ₁型。气田分布具有"横向近灶、纵向近源"的特征。其中"横向近灶"表现为邻近大隆组生烃中心。大隆组泥岩厚20～30m，平均有机碳含量为2.38%，平面分布受控于沉积相带，主要发育于陆棚相区。"纵向近源"表现为底部发育吴家坪组烃源岩，厚30～80m，平均有机碳含量为2.63%，据元坝3井钻井资料揭示，元坝地区吴家坪组下部地层含有较多的暗色泥岩和泥灰岩，TOC大于0.5%的层段累计厚度可达80m。两套优质烃源生烃强度达30×10^8～$70\times10^8 m^3/km^2$，元坝气田邻近二叠系吴家坪组的生烃灶，具有充足的油气来源。

2）礁-滩相储层的分布与规模控制了油气聚集的场所与规模

礁滩相储层的分布与规模决定了古油藏的规模和现今气藏的规模，而礁滩相储层的分布与规模明显受到了环境与沉积相的控制，目前发现的礁滩圈闭主要是环绕开江-梁平陆棚的台地边缘分布。元坝气田位于开江-梁平陆棚西岸，区内发育有利的台地边缘高能相带。气田储层均为长兴组—飞仙关组礁滩白云岩储层，均具有较高的孔渗特征。对于长兴组而言，缓坡型台地边缘的礁滩复合体有利于储层的发育和古油藏的聚集。元坝地区礁滩复合体的面积可达$600km^2$，储层厚度为15～75m。由于礁滩岩性圈闭临近烃源生烃中心，在烃源生油高峰期形成规模油藏，后期液态烃深埋裂解超压造缝，古油藏转变为气藏，同时形成的超压缝改善储层渗透性。元坝气田的古原油裂解气量接近$5000\times10^8 m^3$，是现今该地区发现大气田的重要原因。

3）油气的有效充注与持续保存是气藏形成的关键

晚印支期，上二叠统龙潭组烃源岩进入生油门限，此时元坝地区构造活动微弱，没有形成油气垂向运移通道。早燕山期，龙潭组烃源岩进入生油高峰早期，受盆缘造山作用挤压影响，该区发育了构造节理，垂向上沟通龙潭组源岩，长兴组礁滩相储层与裂缝构成油气垂向输导与侧向汇聚的输导体系，使得原油得以在长兴组聚集形成岩性油藏。中燕山期以来，受盆缘造山作用的影响，该区进一步沉降，古油藏深埋，储层温度超过160℃，原油开始大量裂解形成气藏。此期间，上二叠统烃源岩进入生气阶段，层间构造节理进一步发育。通过露头、岩心、薄片观察，发现吴家坪组—长兴组发育大量沥青充填的微小断层、微裂缝及层间缝，构成"三微"输导体系，实现了陆棚相烃源岩生成的油气通过斜坡向台缘礁带汇聚成藏。晚燕山期以来，受米仓山和大巴山造山运动的影响，元坝地区地层产状发生了小幅度的变化。由于元坝地区飞三段至雷口坡组发育数百米厚的膏岩盖层，具有平面分布稳定、连续性好，纵向厚度大的特点，特别是具有较

好的揉性，阻止了浅层和深层断层的沟通，形成了区域性优质盖层，为天然气保存提供了保障。

6.2.2 普光长兴组—飞仙关组礁滩气藏

普光气田位于四川省达州市宣汉县普光镇境内（图6-14），是处于川东断褶带东北段双石庙-普光北东向构造带上的一个鼻状构造，该构造带西侧由三条断层控制，东部紧邻北西的清溪场—宣汉东构造带、老君山构造带。气田在飞仙关组、长兴组均发现了工业气流，主力产层为飞仙关组边缘滩相白云岩储集层，为一特大型构造-岩性复合圈闭（图6-15）。

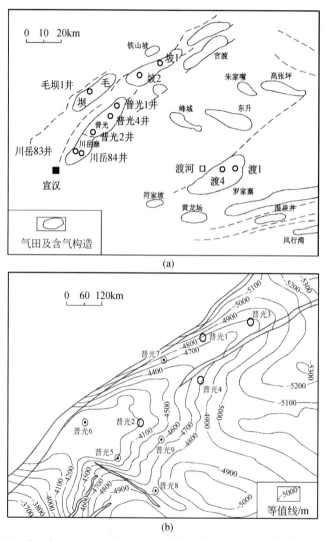

图6-14 普光气田地理位置（a）及井位分布图（b）（马永生等，2005a）

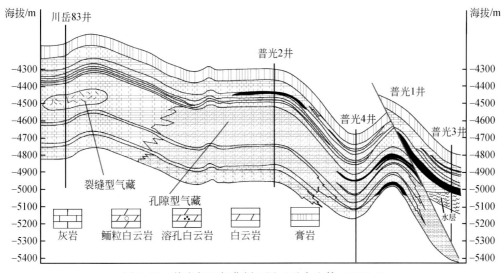

图 6-15　普光气田气藏剖面图（马永生等，2005a）

1. 气藏地质特征

普光气田属于川东断褶带，位于大巴山推覆带前缘褶断带与川中平缓褶皱带之间，构造形变较强、断裂发育，震旦系—侏罗系发育较齐全，中三叠统雷口坡组及以下为海相碳酸盐岩层系。2003 年中国石化在普光飞仙关组构造–岩性复合圈闭部署了第一口预探井——普光 1 井，完井试获日产 $42 \times 10^4 m^3$ 工业气流。截至 2010 年年底，累计提交天然气探明地质储量 $4121.73 \times 10^8 m^3$，其中飞仙关组提交探明储量 $3706.64 \times 10^8 m^3$。

普光地区二叠系发育龙潭组优质烃源岩，其中普光 5 井龙潭组泥岩厚 160m 左右，平均有机碳含量为 2.27%，为海陆交互相沉积，产烃的物质基础丰富。该烃源岩具有水生生物和陆源输入双重有机质生源，干酪根类型主要为 II 型。其分布广，连续厚度大，是本区油气的主力烃源层。

储集层主要分布于飞仙关组和长兴组。飞仙关组储层主要分布于台缘礁滩，在宣汉–达县地区，两片台缘礁滩间为一片开阔台地潮下低能带所分开，西部的礁滩相带经毛坝–普光一带继续向南南东方向延至黄龙 4 井–温泉 3 井一带，东部的礁滩相带已卷入大巴山构造带。长兴期礁体具有沿台地边缘连续分布，并伴随有大规模浅滩沉积的特点，形成区域上规模巨大的礁滩相组合。礁滩相发育的地方白云化作用程度较高，白云岩储层厚度较大，纵向最高可达 300m 以上。

普光构造由印支期的北东向高，到晚燕山期—喜马拉雅期的南西高，经历构造调整后最后定型，为典型的构造–岩性油气藏。礁滩相储层的侧向相变和垂向飞四段泥晶灰岩和嘉陵江组、雷口坡组巨厚的膏岩对油气的保存起到了决定性作用。

由于受北北西向相变带的控制，在相变带东侧上二叠统长兴组—下三叠统飞仙关组发育巨厚的礁滩白云岩储层，有利的相带与北东向的普光–双石庙构造带、大湾–雷音铺构造带和毛坝–双庙场构造带东北段复合构成了三个大的构造–岩性复合圈闭。

普光-大湾-毛坝构造输导体系主要由断层-裂缝-孔隙型储集体构成。在主生烃期（T_3—J_1）并没有大规模的挤压推覆，北东向背斜和断裂没有大规模发育，普光构造主要由厚层的孔隙型白云岩储集体组成，并发育北东向的断裂，断距较小但沟通了上二叠统源岩。该区大量的北东向断裂和北西向断裂基本都在中-晚燕山期以来发育，对古油藏的充注来说不是有效的输导通道，但对后期天然气的聚集和调整可能起到有效的输导作用。

2. 油气特征与来源

1）化学成分

普光地区飞仙关组和长兴组气藏天然气中烃类气体占83%左右，其中以甲烷为主，相对含量均高于99.5%；C_{2+}以上重烃很少，多数低于1%；相应的干燥系数基本上都在0.99以上，高者近于1.0，属于高热演化程度下形成的干气。其天然气化学成分组成的一个特点是非烃气体含量高，主要是CO_2和H_2S；两者的平均含量分别达5.32%和11.95%。天然气中氮气的平均含量为2.74%。由于非烃气体丰富，因而天然气的相对密度较高，其平均值达0.7229kg/m³。

区内各构造带天然气的化学成分有较大的变化。东岳寨的川岳83井和川岳84井及双庙场的双庙1井天然气中烃类气体占90%以上，N_2、CO_2等非烃气很少，基本不含H_2S；其相对密度相应较低，两构造带平均值分别为0.5690kg/m³和0.6286kg/m³。普光和毛坝场构造带天然气中烃类气体只有80%上下，富含CO_2和H_2S；相应的密度较高，平均值分别为0.6720kg/m³和0.8226kg/m³。其中，毛坝场构造带只有毛坝3井长兴组气层才富含H_2S，毛坝1井和毛坝2井均很少；而普光构造带几个探井的飞仙关组和长兴组气层均见有高含量的H_2S，平均值达20%以上。前已叙及，这种差别与储层的孔隙类型有关。本区中侏罗统和上三叠统天然气的化学组成与飞仙关组和长兴组有所差别，其甲烷在烃类气体中的相对含量低一些（低于99.5%），表明热演化程度相对较低。天然气中基本不含H_2S，CO_2等非烃气体较少。

2）碳同位素

大普光地区天然气属干气，C_{2+}以上烃类的碳同位素难以测定，一般只能测得甲烷和乙烷的碳同位素，有的只能测定甲烷。其中本区飞仙关组和长兴组天然气的甲烷碳同位素较重，大多集中在-29‰～-33‰，进一步说明天然气演化程度较高。相比之下，乙烷的碳同位素值分布范围相对较宽，高者大于-26‰，低者小于-33‰，主要分布在-28‰～-33‰范围。其中，普光和毛坝场的天然气乙烷碳同位素较重，东岳寨天然气较轻，反映出这些天然气成因和来源的复杂性。部分气样的C_1—C_3烷烃气的碳同位素比值呈反向变化（倒转）。正常有机成因的天然气中呈$\delta^{13}C_1 < \delta^{13}C_2 < \delta^{13}C_3$分布（戴金星，1993），而在这些天然气中这几个碳数烷烃气的碳同位素分布正相反，即$\delta^{13}C_1 > \delta^{13}C_2 > \delta^{13}C_3$。对于这些天然气甲、乙烷的碳同位素组成与分布的变化原因，在前期研究中已作了阐述。侏罗系和上三叠统天然气的碳同位素组成与下部地层不同，它们的甲烷碳同位素相对较轻（图6-16），$\delta^{13}C_1$值均在-37‰之下；而相对于甲烷，其乙烷碳同位素显得偏重，表明有不同的来源与成因,其气源岩应为下侏罗统和上三叠统陆相地层。这些陆相地层天然气的 $\delta^{13}C_1$、$\delta^{13}C_2$ 值随热演化程度的增加而升高。

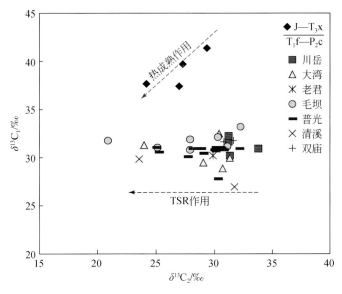

图 6-16 大普光地区天然气甲、乙烷碳同位素比值分布图

普光–毛坝场构造带飞仙关组、长兴组气藏所分析的天然气样品中,CO_2 碳同位素较重,其 $\delta^{13}C$ 值分布在 $-5.81‰ \sim 3.3‰$。与鄂尔多斯盆地上古生界天然气的 CO_2 碳同位素($-5.18‰ \sim -27.07‰$)相比,这些天然气 CO_2 碳同位素显得很重,可能与成熟度高及气藏的蚀变作用有关。同时可注意到,所分析的气样中 CO_2 的 $\delta^{13}C$ 值也存在一定的变化范围。通过与 H_2S 的含量比较,发现 CO_2 的碳同位素组成与之有关,H_2S 含量高的天然气中 CO_2 的碳同位素较轻,而 H_2S 含量低的样品中较重,其原因可能与气藏曾发生过 TSR 作用有联系。

3)天然气气源

本地区飞仙关组和长兴组天然气乙烷碳同位素 $\delta^{13}C$ 值大多分布在 $-28‰ \sim -33‰$,平均值为 $-29.3‰$。由于乙烷的碳同位素不可能比其气源有机质重,因而其主体气源不大可能来源于碳同位素更轻的寒武系地层(干酪根 $\delta^{13}C$ 平均值为 $-33.1‰$)。对于高成熟且受 TSR 一定影响的天然气来说,它们应来自碳同位素接近(或稍重 $1‰ \sim 2‰$)于乙烷的源岩。从烃源岩碳同位素分布情况看,上二叠统、下二叠统及志留系烃源层都有可能为其气源层。但前已指出,这些飞仙关组—长兴组天然气与石炭系气层在乙烷碳同位素组成上有明显区别,因而基本可排除志留系地层为其主力气源层的可能性,主要气源应来自(上)二叠系烃源层。

3. 成藏过程动态分析

1)埋藏史与生烃史

裂变径迹年龄的分析表明川东北普光地区从晚白垩世约 105Ma 开始剥蚀,根据裂变径迹计算本地区自105Ma以来总剥蚀厚度约2868m。模拟普光2井埋藏史、烃源岩热演化史表明（图6-17）：①志留系烃源岩在早三叠世沉积后开始生烃，镜质组反射率为0.5%，到中侏罗世早期达到生油高峰，镜质组反射率为1.0%，约在中侏罗世中期达到镜质组反射率1.5%，处于成熟阶段的时间约40Ma；之后志留系烃源岩很快于中侏罗世晚期达到镜质组反射率2.0%，处于高成熟阶段时间约20Ma；中侏罗世末以来演化到过成熟阶段，产干气为主，于早白垩世末期达到最大埋深，约9600m。②二叠系烃源岩约在晚三叠世开始生烃，至中侏罗世中期达到生油高峰，镜质组反射率为1.0%，在晚侏罗世早期达到高成熟阶段，晚侏罗世晚期至今为过成熟阶段，有机质的热演化过程与志留系烃源岩类似，也于早白垩世末期达到最大埋深，约8300m。晚侏罗世以后志留系和二叠系均达到过成熟，以产干气为主。

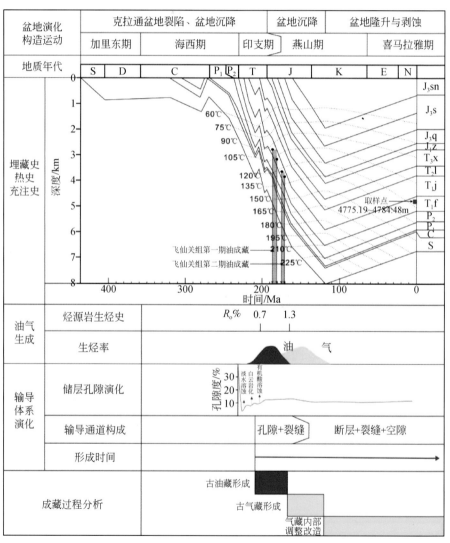

图6-17 普光气田飞仙关组油气成藏动态分析

2）成藏期次

普光气田的长兴组和飞仙关组白云岩储集层含有大量沥青，含沥青地层累计最大厚度可达 300m。现今气藏的天然气主要是上二叠统源岩生成的原油二次裂解气。储层中的油包裹体比较少，但沥青包裹体比较多。以普光 2 井为例，其古油藏充注大致有两期（图 6-17）：第一期发生于 179～189Ma（晚三叠世—早侏罗世）；第二期发生于 170～176Ma（早侏罗世），其中第二期油成藏期因温度较高，可能主要为凝析油成藏期。

综合普光气田其他钻井的长兴组和飞仙关组的成藏期分析，古油藏的充注集中在 200～175Ma，即晚三叠世—早侏罗世，并有多期油的充注。

3）成藏过程恢复

通过上述烃源岩热演化史、流体包裹体和储层沥青等资料对普光气藏油气成藏期次的分析，结合普光构造演化，可以将普光气藏成藏过程归纳为四个阶段（图 6-18）。

古原生岩性油藏阶段：印支期—燕山早期（T—J$_{1-2}$），在位于开江古隆起的西北翼斜坡背景下，雷口坡组残留厚度表明普光构造东南部有一低幅度的古隆起，此时飞仙关组鲕滩储集空间已经形成，二叠系烃源岩有机质已经成熟生油，排烃强度大于 $2.0 \times 10^6 t/km^2$。岩性圈闭位于开江古隆起周缘，有利于油气的运移聚集。原油主要沿孔隙介质、地层界面与裂缝运移进入鲕滩储集，普光古原生岩性油藏形成。

构造–岩性复合古气藏阶段：晚侏罗世，烃源岩演化达到过成熟阶段开始生气，原生油藏埋深达到 6300m 左右，地温达到 170℃，其中的原油热稳定性破坏，开始裂解，裂解成湿气，由于硫酸盐热化学还原反应（TSR）主要与气态烃反应，因此在原油裂解的早期受到较弱的 TSR 作用的改造。由于雪峰山逆冲推覆构造的强烈活动，普光地区形成背斜构造的雏形，聚集原油裂解生成的天然气形成构造–岩性复合古气藏。

构造–岩性复合气藏形成阶段：晚白垩世来自雪峰山的造山活动波及宣汉–达县地区定型了北东向构造的主体。普光构造–岩性圈闭也随之定型。此时古气藏中天然气开始调整就位，部分烃源岩已达生气高峰，随着断层的沟通同时向圈闭中聚集混合。天然气主要沿该期断裂、不整合面、孔隙介质和地层界面等多途径运移至定型的普光构造中，形成构造–岩性复合气藏。

气藏调整改造定型阶段：喜马拉雅期，东北缘大巴山的隆起造山活动加剧，由北东向南西的挤压应力波及宣汉–达县地区，形成北西向的逆冲断层叠加在先前形成的北东向构造上，普光构造发生调整改造。由于构造影响较小，整体封闭环境未被破坏，普光飞仙关组气藏局部发生调整改造，并最终定位。

4. 油气成藏主控因素

1）位于二叠系烃源灶中心，油气来源充足

烃源灶中心系指生气强度最大区，它是烃源岩厚度、有机质丰度、有机质类型及成熟度等的综合体现。生气中心及其周缘不仅可以源源不断获得高丰度的气源，而且运移距离

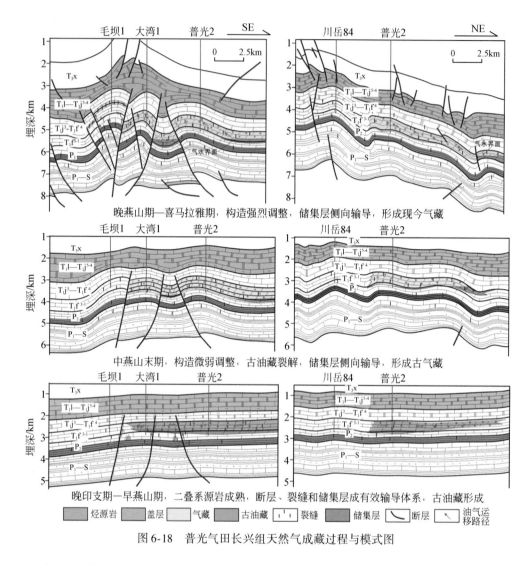

图 6-18　普光气田长兴组天然气成藏过程与模式图

短，避免了天然气在长途运移中的大量散失，故利于气的富集而形成大气田。普光地区发育志留系、二叠系多套优质烃源，其中上二叠统龙潭组为该区主力烃源岩，其分布广，连续厚度大。如普光 5 井龙潭组钻遇泥岩厚 160m 左右，平均有机碳含量为 2.27%。从成烃演化看，二叠统烃源岩有机质在印支晚期开始成熟，燕山早期进入成熟早期，至燕山中期进入高成熟期，为油气大量生成期；并在古隆起背景上形成的构造圈闭中形成古油藏（普光油藏），目前储层中可以广泛看到沥青。在燕山晚期进入过成熟期，现今 R_o 为 2.5% ~ 3.3%，已进入过成熟中、晚期；早期生成的古油藏随埋深增大，受热裂解作用，已全部热裂解为天然气。区域研究表明，上二叠统龙潭组生烃中心位于通南巴-罗家寨一带，最大生气强度为 $125 \times 10^8 \text{m}^3/\text{km}^2$，为川东北及普光地区形成高丰度大型气藏提供充足的气源。

2）高能相带控制了优质储层的发育，为大气田发育提供储集空间

大气田的形成需要有孔渗条件好的储集层，优质储层发育规模决定了气藏发育规模。普光气田位于开江–梁平陆棚东岸，长兴组—飞仙关组沉积位于台地边缘暴露浅滩相，有利于储层的形成与发育，并具备了淡水溶蚀、混合水白云石化等孔隙形成的优越条件。成岩过程中的多期溶蚀是普光构造储层储集性能进一步优化的关键因素。普光地区长兴组储层孔隙度为 $1.1\% \sim 23.1\%$，平均值为 7.33%，以 II、III 类储层为主；飞一段中部储层物性最好，孔隙度为 $3.17\% \sim 28.86\%$，平均值为 11.43%，以 I 类储层为主。勘探实践证明，只要有好的储层，一般就有高的产量。普光气田飞仙关组鲕滩储层厚度大，达 $156.10 \sim 275m$，长兴组优质储层厚 $123.50 \sim 246.45m$。巨厚的长兴组—飞仙关组礁滩储层形成了高丰度大型普光气田。

3）有效的输导体系是普光气田油气运移和聚集成藏的关键因素

普光 2 井长兴组—飞仙关组储层岩性为大套灰色、浅灰色溶孔鲕粒白云岩夹灰质白云岩与白云质灰岩组合，以残余鲕粒白云岩为主，有效储层厚度大，储层横向分布广泛且连通性好，是天然气侧向运移的主要通道。同时，普光气田位于川东高陡构造带，深大断裂发育，这种断裂可沟通烃源与储层，形成断层–储集体为主的高效输导体系，同时普光地区位于开江古隆起西北部的斜坡上，是油气运聚指向区，有利于油气富集成藏。同时这类逆断层并未向上切割区域主要盖层（嘉陵江组、雷口坡组膏盐层），保证了构造–岩性复合圈闭的完整性，构成了普光气田形成的一个关键因素。

4）有效的保存条件是普光气田晚期调整定位的关键

由于普光地处川东高陡构造带，区内深大断裂发育，断裂不仅可作为高效的输导体系，也可能成为油气散失通道，因而该区有效的保存条件是气田得以保存的关键。普光构造下三叠统嘉陵江组二段、四段—中三叠统雷口坡组雷二段膏盐岩十分发育，这类膏盐岩具有较大的塑性，在受构造压力的影响下，仍能保持侧向的连续性，具有较大的封闭能力。从现有钻井资料分析，主要膏盐岩发育段厚度分布相对稳定。这套膏盐层的发育构成了普光构造长兴组—飞仙关组储层天然气藏的完整区域盖层。宣汉–达县地区北东部见 $CaCl_2$ 型地层水，$rNa+/rCl^-$（$0.77 \sim 0.91$）及 $rSO_4^{2-} \times 10^2/rCl^-$（$0.45 \sim 1.28$）均为研究区最低值，具备完好封闭条件。因此，有效的保存条件是普光构造天然气富集成藏的关键因素。

6.2.3 资阳、威远震旦系气藏

威远气田位于四川盆地川西南低缓褶皱带威远背斜（图 6-19），1964 年威基井钻探发现威远震旦系气藏。圈闭面积为 $850km^2$，闭合高度为 $895m$。自 1964 年发现以来，已累计钻探震旦系地层探井 107 口，获气井 68 口（图 6-20），提交天然气探明储量 $408.61 \times 10^8 m^3$。

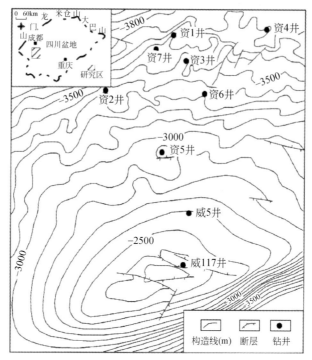

图 6-19 威远–资阳地区震旦系顶面现今构造图（刘树根等，2008a）

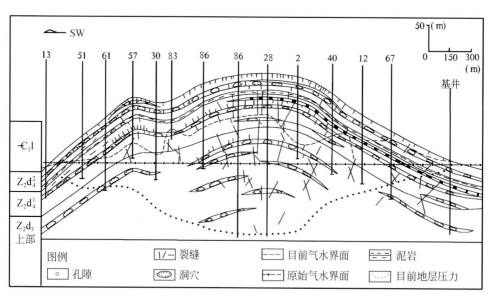

图 6-20 威远气田震旦系气藏剖面图（据翟光明，1989）

1. 气藏地质特征

威远–资阳地区震旦系气藏主要来自下寒武统筇竹寺组黑色泥岩。该套烃源岩在威远地区厚 300m 左右，有机碳平均含量为 2%，为腐泥型有机质，热演化程度较高，R_o 可达 3%。主力烃源下寒武统烃源岩的生、排烃强度在威远地区都较大，即威远地区处在烃源岩生烃中心附近，因此威远地区具有良好的天然气藏形成所需的烃源条件。

储集层为灯影组潮坪相藻屑白云岩，主要分布在灯二段藻云岩及顶部侵蚀面溶蚀孔洞中，储层具有低孔、低渗、非均质性强的特点，主要储集空间为粒间溶孔（洞）、粒内溶孔、白云岩晶间孔、古岩溶洞、变形构造溶洞、构造缝等。储集类型为裂缝－孔（洞）隙型。储集层由渗透性岩体和致密岩体两部分组成。储渗岩体呈透镜状分布，由穿层裂缝及断裂串通多个孔、洞、缝层组成不规则块状统一体。孔隙度和渗透率低，据 6178 个孔隙度岩块统计，小于 2% 的样品数为 4178 个，占 67.78%，大于 5% 的样品数为 176 个，占 2.84%，基质平均孔隙度为 1.85%，全直径平均孔隙度为 3.92%，渗透率为 $1.13 \times 10^{-3} \mu m^2$。渗滤通道以裂缝为主，喉道次之。

震旦系气藏的直接盖层是下寒武统九老洞组泥页岩，区域分布稳定，厚 100~300m，威远地区厚度大于 230m，属于塑性较强的良好盖层，具有很强的封隔能力。区域性盖层为志留系泥页岩以及二叠系、三叠系泥岩和膏盐层，厚度均较大，封盖条件良好。

威远地区的地面构造顶部出露嘉陵江组嘉四段至雷口坡组，两翼及外围地区被三叠系须家河组和侏罗系覆盖，高点在威基井附近，为一北缓南陡的不对称短轴背斜，圈闭面积 1751km²，长轴 92km，短轴 30.8km，闭合度 1080m，轴向北东东。S—O 沉积厚度及残厚由东向西减薄，使地下构造向西偏移 10km。

威远和资阳气藏的油气输导体系总体上发育三种类型，不整合面型、裂缝型和溶孔－溶洞型。其中，威远气藏以不整合面型和裂缝型为主。而资阳气藏以不整合面型和溶孔－溶洞型输导体系为主。

2. 油气特征与来源

有关威远－资阳地区震旦系天然气的气源问题，目前已有较为统一的认识，认为气源主要来自下寒武统筇竹寺组黑色泥岩。但对于这两个地区现今天然气是油裂解气还是烃源岩干酪根直接生成的气，一直存在争议。在以往天然气的生成过程研究中，以干酪根为主，也曾提出考虑过石油裂解气的问题，如戴金星（1992）认为裂解气是由原油、油型裂解气及残余干酪根裂解而成。徐永昌等（1994）认为高温裂解气的成因，一方面是残余有机质在进入变质作用阶段后，热裂解形成低分子气态烃。另一方面早先生成的液态烃进一步裂解为气态烃。但是，对原油二次裂解气作为天然气的重要生成途径，乃至作为气藏的重要来源，尚没有形成充分和肯定的认识。威远－资阳地区震旦系灯影组存在大量沥青事实，证明历史上曾有过大量石油的聚集。下寒武统筇竹寺组烃源岩是海相烃源岩，多为 I 型干酪根，应以生成石油为主，现今天然气来源于这些石油裂解。

黄籍中（1991）通过对四川盆地天然气多年的研究，利用碳同位素之间的差异来区别气源，即 $\delta^{13}C_1$ 值既与母源有关又与所处热演化阶段有关，$\delta^{13}C_2$ 值则主要反映母源，二者之差则可反映系列的同位素分馏及其来源。等差值越负时反映与生化气混源的可能性大。反之，差值越正时反映深层（高热成熟度）混源的可能性大。王顺玉、李兴甫（1999）则指出应用氮气只能证明烃源岩，不好区分是不是油裂解成因。

目前，四川盆地震旦系—下古生界天然气主要分布于资阳-威远-高石梯-安平店地区，天然气性质存在一定的差异。

从甲烷与乙烷含量来看（图6-21），资阳地区与威远地区震旦系甲烷含量有较大差别，但与高科1井和安平1井相近。其中，资阳地区甲烷含量大于88%的有资1井、资3井、资7井，而这三口井是资阳地区的小产量气井，资2井和资4井的甲烷含量非常低，分别是69.66%和53.13%，这是由这两口井的二氧化碳含量较高所致（分别为25.445%和24.047%）。高科1井和安平1井的甲烷含量与资阳地区产气井的含量相近，均高于资阳地区非产气井和威远地区。资阳地区的天然气从甲烷含量上看明显分成三类，一类是甲烷含量很高的，如资1井、资3井、资7井；一类是与威远相近，资5井、资6井；一类是甲烷含量较低的，资2井、资4井。威远地区的甲烷含量相近，变化不大。

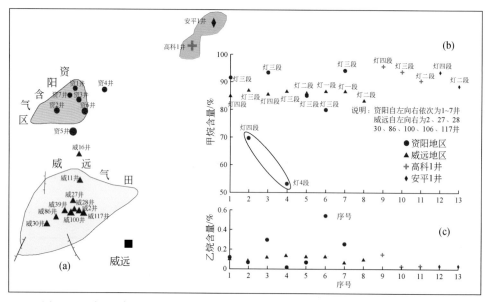

图6-21　威远-资阳-安平店-高石梯井位及震旦系天然气甲烷、乙烷含量及分布

值得注意的是，甲烷含量随层位的变深有减小的趋势。乙烷含量很低，都小于0.6%，之间的差异不大。

从非烃气体含量来看（图6-22），威远、资阳地区震旦系天然中氮气含量存在一定差异。威远天然气中氮气含量，为6.26%~8.33%。资阳具有工业价值井（资1井、资3井和资7井）的天然气中氮气含量较低，为0.97%~1.22%，而非工业价值的天然气中氮气含量较高，为3.62%~10.11%。安平1井和高科1井的氮气含量与资阳产气井相近，为0.59%~1.22%。资阳是古圈闭，有利于捕获油的裂解气，因而位于古构造顶部的资1井、资3井和资7井的天然气中氮气含量低，组成相对较湿。威远构造形成新，有利于捕获晚期烃源岩干酪根的裂解气。资阳古圈闭外和边缘的非工业产能井（资5井、资6井）的氮气高含量，说明它们主要捕集了晚期的干酪根裂解气。因此，威远、资阳震旦系气藏天然气的氮气含量与烃源岩成熟度的相关性只能证明寒武系泥岩是其主要的烃源岩（王顺玉、李兴甫，1999）。

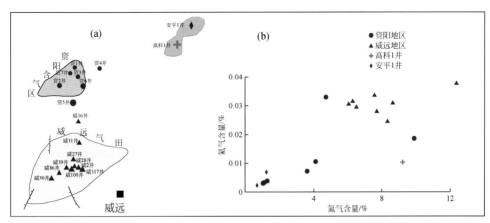

图 6-22 威远–资阳–安平店–高石梯井位及震旦系天然气氮气–氦气含量关系

威远地区氦气含量大都高于资阳地区。从氦气–氮气关系上来看，整体上呈正相关关系，但从威远向资阳地区含量有变小的趋势。

威远、资阳地区和安平 1 井的硫化氢气体和二氧化碳气体含量相近（图 6-23），仅资 2 井和资 6 井的二氧化碳含量较高（25.445% 和 24.047%）。但在包裹体内，这两种气体的含量与现今气体含量相比，发现包裹体内这两种气体的含量要高得多。

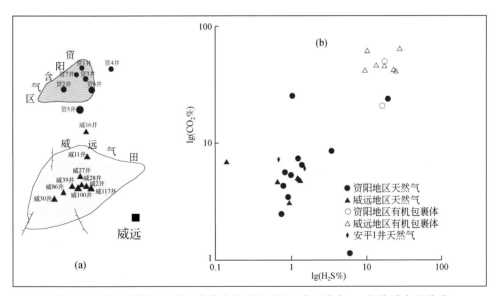

图 6-23 威远–资阳–安平 1 井井位及震旦系天然气硫化氢–二氧化碳含量关系

威远–资阳和高科 1 井的同位素值均偏负（图 6-24），显示有机成因。威远气田中威 39 井同位素差值为正，按前述黄籍中（1991）的研究，可能有深层混源气的加入。

对资阳–威远–高石梯–安平店地区震旦系天然气及包裹体天然气性质进行判断（图 6-25），威远–资阳地区震旦系天然气多为原油裂解气，并且第Ⅲ期包裹体气体组分已达到

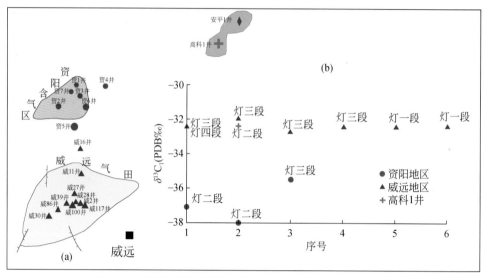

图 6-24　威远–资阳–高科 1 井震旦系天然气碳同位素数据

二次裂解的范畴，为原油裂解气。

　　原油裂解，一方面形成天然气，另一方面产生沥青。因此，沥青的形成时间即是原油裂解为天然气的时间。由于地层中沥青反射率所反映的是其形成后的受热历史。因此，反过来可依据沥青 R_o 推算其形成地质时期。汪泽成等（2002）对高科 1 井震旦系样品中沥青形成的地质时间进行了推算，这些沥青形成于中侏罗世及以前。

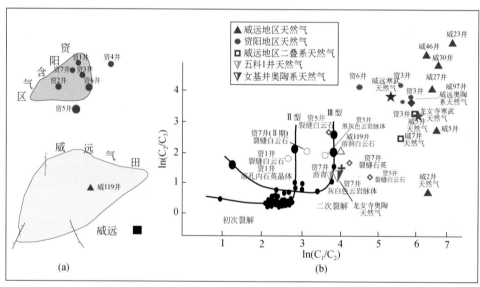

图 6-25　四川盆地震旦系天然气 ln（C_1/C_2）–ln（C_2/C_3）图解

背景据 Prinzhofer 和 Huc，1995；有机包体资料据唐俊红等，2005；有机包体未注明数据是资料中第Ⅲ期充填矿物数值；+号数据据杨荣生等，2003

3. 成藏过程动态分析

1）埋藏史与生烃史

四川盆地寒武系筇竹寺组烃源岩沉积后经历了多期构造运动的影响，其有机质演化纵向上具有明显的阶段性，平面上具有明显的分区性。前文第4章针对烃源岩生埋烃史做了系统分析，威远−资阳位于川中隆起区，烃源岩有机质的演化特征受乐山−龙女寺古隆起的演化和分布控制。受构造运动阶段的影响，寒武系筇竹寺组烃源岩可分为三个主要演化阶段：早期生烃阶段、生烃停滞阶段和晚期主要生烃阶段（图6-26）。

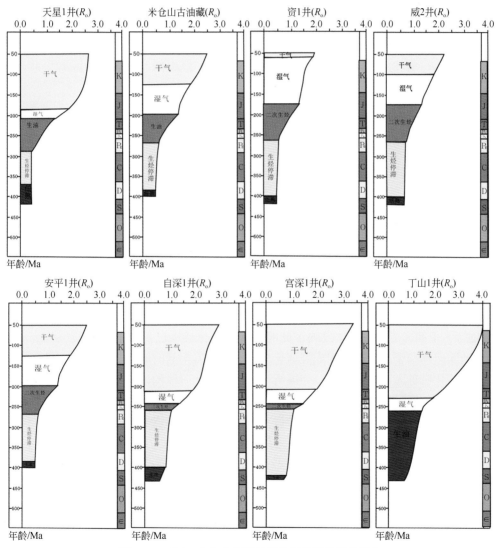

图6-26 乐山−龙女寺古隆起图像寒武系烃源岩演化

早期生烃阶段：这一阶段主要发生在乐山−龙女寺古隆起形成之前，志留系沉积之后。

由于古隆起还未形成，仅有古隆起的雏形，筇竹寺组烃源岩在盆地内普遍处于低成熟阶段，R_o 值为 0.50% ~ 0.86%。在古隆起顶部（高科 1 井）成熟度较低，R_o 值为 0.57%；古隆起东南斜坡和南部凹陷区（自深 1 井）成熟度较高，R_o 值达到 0.85% 左右。处于斜坡部位的威远地区，其成熟度介于其中，R_o 值为 0.67%。总体上，乐山-龙女寺古隆起区处于低成熟阶段，成熟度差异较小，有机质开始形成部分液态烃。志留纪末，下寒武统烃源岩成熟度达 0.8% ~ 1.0%，以生油为主，生油强度为 0.1×10^6 ~ $30 \times 10^6 t/km^2$。

生烃停滞阶段：在志留纪末加里东运动抬升作用下，古隆起的大部分地区已经剥蚀了志留系。由于剥蚀作用导致寒武系烃源岩埋深变浅，有些地方甚至遭受剥蚀，古地温降低，在古隆起的核部地区，有机质进入生烃停滞阶段。

晚期主要生烃阶段：从二叠纪开始，古隆起在夷平面的基础上接受沉积，随沉积加厚，寒武系烃源岩埋深加大，有机质又开始进入二次生烃阶段。到印支期，古隆起轴部有机质 R_o 值达到 1.0% 左右，进入成熟期，有机质大量生成液态烃。斜坡地区（如威远 117 井），有机质 R_o 值在 1.2% 左右，以生成凝析油为主。燕山期，寒武系烃源岩全面进入过成熟阶段，以裂解气为主。

2）成藏期次

流体包裹体是油气运移聚集过程的直接标志，通过流体包裹体均一温度、成分等可确定油气成藏期次和流体来源。针对威远气田杨荣生等（2003）和唐俊红等（2003，2004，2005）对储层流体包裹体进行研究，其中唐俊红等（2004）通过野外及镜下观察表明，威远气田经历了三次油气运移，其中以第Ⅲ期油气运移为主。震旦系灯影组储层不同时期孔洞缝系统中至少充填有三期与含烃热流体活动有关的矿物或岩脉，且不同期次矿物中所包含的有机包裹体的特征、组合类型及丰度明显不同，表明至少经历了三次主要的油气运移。其中第Ⅲ期中包裹体丰度最高，说明此次油气运移为研究区最重要的一次运移。

三期矿物中的盐水包裹体均一温度分别为 120 ~ 150℃、160 ~ 190℃和 200 ~ 210℃（图 6-27）。Ⅰ期形成的包裹体反映了此时烃类热流体活动已进入成熟阶段，代表生油高峰期石油的运移和聚集过程，据成烃演化史研究，其发生的时间为三叠纪前。Ⅱ期包裹体表明油气演化已进入高成熟阶段，为凝析油—湿气演化阶段的油气运聚，也是原油大量裂解为天然气的时期。据成烃演化史研究和沥青形成时间估计，其发生的时间为侏罗纪。Ⅲ期包裹体显示油气演化已进入过成熟阶段，为干气阶段，标志着天然气的大规模运聚。其发生的时间为喜马拉雅期的大规模隆升时期。

3）成藏过程恢复

威远和资阳构造是发育在乐山-龙女寺古隆起上的圈闭构造，其形成同古隆起的演化密切相关。综合分析油气圈闭形成史及烃源岩生排烃史的匹配关系，油气成藏过程可以分为以下五个阶段（图 6-28、图 6-29）。

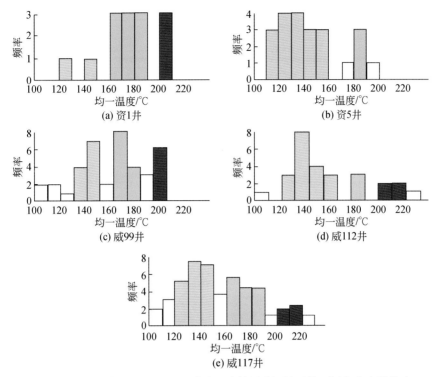

图 6-27　威远–资阳地区震旦系碳酸盐岩储层孔洞缝系统不同期次充填物中
有机包裹体均一温度分布直方图（唐俊红等，2004）

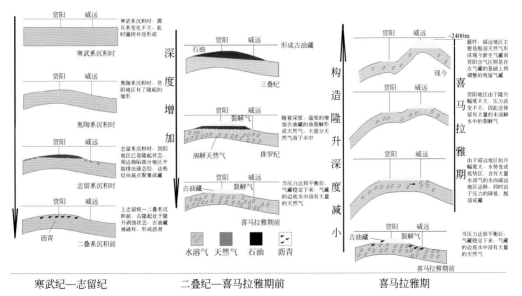

图 6-28　四川盆地资阳–威远地区震旦系天然气成藏过程及模式

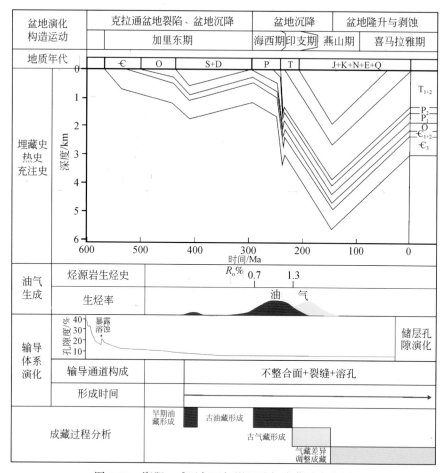

图 6-29 资阳、威远气田灯影组油气成藏动态分析

（1）加里东期：早期古油藏形成阶段

加里东早期，乐山-龙女寺古隆起已初具雏形，资阳和威远地区均处于较高的部位。如前文第 3 章所述本区下寒武统烃源灶主要分布于资阳-宜宾-赤水一带，排油强度为 $1 \times 10^6 \sim 5 \times 10^6 t/km^2$，受古构造控制，资阳-宜宾烃源灶生成油气主要向乐山-龙女寺古隆起运聚，形成早期古油藏。古油藏的范围很广，平面上震旦系沥青可以在古隆起周缘大面积分布，纵向主要分布于灯二段至灯四段，而且隆起的高部位沥青含量也较高（汪泽成等，2002；孙玮等，2007）。

（2）海西期：隆升剥蚀及早期古油藏改造或破坏阶段

晚志留世至石炭系沉积期，乐山-龙女寺古隆起抬升剥蚀，资阳地区为主要的隆起中心，志留系被剥蚀殆尽。威远地区西北部志留系也被剥蚀完，仅东南部保留有部分志留系（宋文海，1996）。长时间的隆升过程和强烈剥蚀作用，抑制了下寒武统烃源岩的生烃作用，并破坏早期形成的古油藏，形成沥青。

二叠纪，资阳和威远地区又一次沉降，在整体沉降的过程中，资阳古圈闭进一步形成。这一古圈闭包括威远地区，威远地区处于资阳古圈闭的南斜坡，这一时期也可称为资阳-威远古圈闭形成期。二叠纪末期，受古热流及埋深控制，下寒武统烃源岩在乐山-龙女寺古隆起埋深相对较小，烃源还处于生烃停滞阶段。

（3）印支期：后期古油藏形成阶段

随着中下三叠统沉积盖层的叠加，至中三叠世末，下寒武统烃源岩埋深在乐山-龙女寺古隆起分布于2000~3000m，受埋深及热场分布控制，烃源岩成熟度在乐山-龙女寺古隆起处于高成熟阶段，以生凝析油、湿气为主。晚印支期（晚三叠世）前陆盆地的叠加，下寒武统烃源岩埋藏格局发生了较大变化，中部及其西南埋藏较浅；烃源岩演化程度在宜宾烃源岩发育带最高，R_o达3.5%，以生气为主。前文（第3章）所述，由于加里东期、海西期、早印支期的生排烃作用，烃源岩中干酪根及其滞留生烃能力明显减弱，资阳-宜宾烃源岩发育中心此期生烃强度分布于$0.5×10^6~1×10^6 t/km^2$。从寒武系底面埋深看，这个时期资阳-宜宾排烃中心油气主要向黔中隆起北斜坡运聚，川中隆起次之。源储配置方面，二叠纪—三叠纪，资阳-威远古圈闭捕集了这一时期的油气，形成后期古油藏。这个古油藏包含资阳-威远地区，总面积约1900km²，圈闭资源量为$17×10^8 t$（孙玮等，2007）。

（4）燕山期（侏罗纪—晚白垩世）：原油裂解，早期天然气藏形成阶段

侏罗纪—晚白垩世，古油藏持续埋深。下寒武统烃源岩埋藏格局呈现为西、北、东埋深大，在川中向南西方向逐渐变浅。烃源岩演化程度川中略低，处于过成熟中期，烃源岩中干酪根及其滞留烃因前期排烃作用，尽管排烃效率较高，但生烃潜力衰竭，阶段生烃量较小，因此排烃强度低，资阳-宜宾供烃中心排烃强度分布于$0.1×10^6~0.5×10^6 t/km^2$，且分布范围较印支期缩小，天然气主要向川中隆起运聚。据威远地表样品磷灰石裂变径迹资料分析和包裹体测温资料（唐俊红等，2004），震旦系顶面曾埋深达6000m，古地温超过200℃，原油全部裂解为天然气和沥青。这一时期，资阳-威远古圈闭变化不大，但古油藏中原油的裂解过程，带来了一系列的变化。

古油藏裂解的产物有天然气和沥青，并产生异常高压。通过模拟计算，异常高压可达136.58MPa（孙玮等，2007），按6600m埋深，折算地层压力系数为2.05；异常高压迫使一部分天然气突破盖层向上逸散，一部分天然气溶于水中，另一部分天然气在压力取得平衡后形成新的古气藏，古气藏处于资阳地区。

（5）喜马拉雅期：资阳地区隆升调整成藏和威远气田隆升脱溶成藏阶段

威远地区喜马拉雅期隆升主要分三个阶段，具有成梯度递增的变化特征：第一阶段，100~47Ma，隆升与沉积并存阶段，隆升幅度1200~2200m；第二阶段，47~15Ma，差异隆升阶段，隆升的速率变化较大，从20~180m/Ma都存在，主要集中在20~120m/Ma，隆升幅度为600~2000m；第三阶段，快速隆升阶段，最低速率为80m/Ma，隆升幅度大，为1880~4000m。因此，晚燕山期以来（主要为喜马拉雅期），威远地区总的隆升幅度达到1900~4000m，多数隆升达3900m。此隆升作用对威远气田和资阳含气区的形成起着决定性作用。

威远气田与资阳含气区震旦系天然气成藏是紧密相联和相互影响的。喜马拉雅期，资阳和威远地区隆升，但威远地区隆升更快、幅度更大，现今震旦系顶海拔-2400m，资阳地区现今震旦系顶海拔-3300m。这改变了两个地区的位能，资阳地区古圈闭被破坏。资阳地区的古气藏在隆升过程中调整，一部分在原地成藏，如资1井、资3井和资7井区，

一部分向其他地区运移，如资 5 井和资 6 井。

威远地区此时处于低势区，水中原来大量溶解的天然气脱溶，进入威远构造（也可能接收了一部分资阳运移过来的天然气）。而且由于处于隆升的轴部，威远地区裂缝发育，彼此之间连通，形成统一的气水界面和均一的气体成分。

4. 油气成藏主控因素

通过四川盆地海相震旦系气藏（威远、资阳气田）的地质特征及成藏过程的动态分析，归纳总结天然气富集成藏主要受控于以下两个方面。

1）有利充注条件是震旦系灯影组油气成藏的重要保障

有利充注条件包含三个方面：一是紧邻生烃凹陷，二是良好的油气运移通道，三是圈闭位于古隆起及其斜坡带，有利于原生古油藏的形成。四川盆地及周缘存在多个古油藏，表明地质历史时期曾有过油气的生成、运移、聚集及成藏过程。对丁山—林滩场古油藏、麻江古油藏成藏及破坏过程的解剖分析表明，古油藏的形成演化经历了多期次构造作用的叠加改造。油源对比的研究结果表明，四川盆地及周缘震旦系—寒武系古油藏沥青主要源自下寒武统烃源岩，该套烃源岩在加里东晚期普遍进入成熟阶段开始大量生油，并沿着不整合面等输导体系向古隆起及斜坡等有利区带运移，形成原生古油藏的初次聚集，海西期沉积使得下寒武统烃源岩的热演化程度增高，进入生油高峰，形成了大规模的原生古油藏。但中晚三叠世以来的连续沉积，使得下寒武统烃源岩快速进入过成熟阶段，同时储层高温使得早期形成的古油藏遭受强烈的热裂解，形成高演化的碳化沥青。

威远构造圈闭主要是在喜马拉雅期形成，之前其仅是资阳古圈闭的南斜坡。资阳-威远地区经历了古油藏和古油藏裂解形成古气藏两个主要成藏阶段，形成古气藏时同时形成异常高压，使得天然气溶于水中形成水溶天然气。在喜马拉雅期隆升过程中，资阳地区主要是在原气顶气的基础上再调整形成现今含气区，威远地区由于隆升造成压力降低，水中溶解的天然气脱溶，最终脱溶成藏。隆升过程中，由于威远地区隆升速率快，形成了威远圈闭。在这个过程中，威远构造捕集了来自资阳古气藏调整运移的天然气而成藏。

2）有效构造圈闭是晚期运聚形成现今气藏的关键

保存条件控制了油气藏是否存在，那么构造样式则主要控制了油气藏规模。由于演化程度高，四川盆地及周缘下组合目前以开展天然气勘探为主，气藏对圈闭的完整性要求很高，实践证明，在形态完整、隆升幅度较大的背斜找到气藏的可能性大，而被断层不同程度破坏的圈闭则成藏的可能性变小。对低孔渗储层，构造类型、构造幅度与气水分异关系密切。完整大型背斜构造比复杂断块构造、低缓构造油气成藏条件更为有利。威远震旦系灯影组为大型背斜构造，形成了现今气藏，资阳地区表现为斜坡上小型低幅度构造，仅形成了规模不大的残余气藏。现今圈闭是否有效是决定下组合能否成藏的必要条件，决定了气藏能否保存至今。

对于震旦系不整合岩溶气藏而言，下寒武统烃源岩生烃能力强，储层分布稳定，古油藏均大面积存在。但经过多年的勘探，只在川中地区发现威远气藏。周边造山带的勘探均以失败告终，多数井产淡水，如早期钻探的曾 1 井、强 1 井、会 1 井、利 1 井、宁 2 井、宫深 1、窝深 1、老龙 1 和近期钻探的丁山 1 井、林 1 井均产淡水，显示保存条件破坏。因此，灯影组油气富集的关键在于古隆起背景下具有良好保存条件的有效构造圈闭。现今有利油气藏主要分布于川中平缓过渡带、川北中陡构造带及川东南低陡构造带。

6.2.4 新场须二段气藏

新场气田构造上位于川西拗陷孝泉–丰谷低缓褶皱带西段（图 6-30、图 6-31），整体表现为北东东向的低缓构造，构造两翼南缓北陡，纵向上构造具有明显的继承性（蔡希源等，2011）。该气田针对须家河组的勘探工作开始于 20 世纪 90 年代末期，分别在须二段和须四段获得了工业气流，显示该区具有良好的勘探开发潜力。

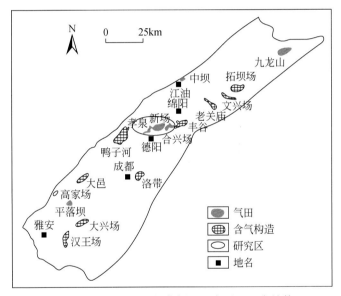

图 6-30 新场须家河组典型气藏剖面示意图（王睿婧等，2011）

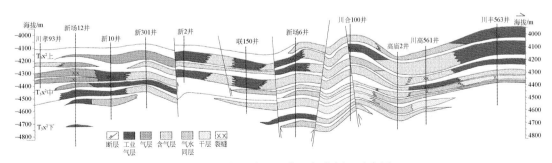

图 6-31 新场须家河组典型气藏剖面示意图

1. 气藏地质特征

新场构造带自深至浅发育多套成藏组合，其中须二段、须四段成藏组合为须家河组主要成藏组合，须五段成藏组合为须家河组最具潜力的成藏组合。截至 2012 年年底，新场须二段提交探明储量 $1211.2×10^8 m^3$，须四段提交探明储量 $408.092×10^8 m^3$，须五段气藏仅罗江地区于 2004 年提交预测储量，含气面积 $32.8km^2$，预测储量 $42.37×10^8 m^3$。

新场气田邻近彭州−德阳大向斜生烃中心，上三叠统烃源岩沉积厚度达 3000m 以上，整体上烃源条件表现出自西向东逐渐变差的趋势。新场主体紧邻生烃中心，烃源供给最为丰富。同时，局部生烃中心的发育为其紧邻的储层提供了相对充足的烃源供给，如川西拗陷东坡须二段内部烃源厚度大，有机碳含量高，烃源品质好，为须二段成藏组合的主力烃源。须四段气藏主要包括上亚段和下亚段两个气藏，气源主要来自于其下的须三段和其上的须五段烃源层。

新场地区须二段属三角洲前缘到前三角洲沉积体系，多套进积型三角洲分支河道叠加毯状砂或河口砂坝，是本区储集性较好的砂体。储层基质物性致密—超致密，能够储集天然气的相对优质储层，分布非均质性极强，属典型的致密—极致密储层。须四段气藏为一套三角洲−扇三角洲相的砂、泥岩交替沉积。砂体呈层状分布，厚度变化相对稳定。成像测井资料分析，总体上裂缝欠发育，特别是高角度的张开缝不发育，局部发育低角度充填缝及孤立的缝洞。整体而言，纵向上须四段储层物性明显较好。

新场须二段气藏盖层主要为须三段的厚大泥页岩和须二段本身广泛发育的超致密砂岩。其中，须三段泥页岩平均厚度为 $700\sim800m$，泥地比大于 50%，在须四段沉积开始便具备封盖能力。须二段砂岩到须家河组沉积末期也具备封盖能力。这些泥页岩层连续分布在整个拗陷内，突破压力高达 $10\sim15MPa$，具有很强的封盖能力。新场须四段气藏储层主要分布在须四段下部的下亚段和须四段上部的上亚段。下亚段主要由巨厚的超致密砂岩（砂砾岩和含砂砾岩等）组成，相对优质储层则呈透镜体状分布在这些超致密砂岩中，所以这些超致密砂岩和须四段中部的泥岩段是该亚段气藏很好的盖层。

虽然须二段基本由砂岩组成，泥页岩呈透镜状分布其中，但由于须二段砂岩的早期超致密化，使得其中发育的相对优质储层主要呈透镜状分布在超致密砂岩或者泥页岩中，这些超致密砂岩和泥页岩具有极强的分隔能力，使得在无断裂、裂缝沟通或者有断裂、裂缝发育但不能形成较大网络的情况下，形成多个独立的气层，有自己独立的气水界面。在某些断裂、裂缝不发育区域，即使构造位置相对较低，但如果发育烃源岩且其附近有相对优质储层，这些烃源岩生成的天然气也可进入这些储层形成气藏。在生排烃高峰期有构造圈闭的地方，或者透镜状分布相对优质储层邻近地区，如果发育厚层烃源岩层，即使没有断裂的发育也可以形成气藏。因此须二段气藏圈闭类型为岩性−构造复合圈闭。

2. 油气特征与来源

1）天然气组分

天然气以甲烷含量占绝对优势，基本在 90% 以上，乙烷含量相对较低，一般在 5% 以下，其他重烃含量之和一般在 2% 以下，少量样品在 2% 以上，同时含有少量的非烃。川西拗陷陆相天然气干燥系数与深度呈现出三段趋势（图 6-32），上部层位（K+J$_3$p+J$_2$sn）天然气样品的干燥系数随深度变深有一定程度的减少，造成这一现象的原因可能是运移分馏作用所致，该层中天然气形成时间较晚，成熟度较高，由下部须家河组天然气通过断裂窜层运移造成。中部 J$_2$s+x 样品的干燥系数随深度变大而无明显变化趋势，且干燥系数偏小，均小于 40，研究认为造成这一现象的原因可能是由于该层天然气为早期形成的天然气，成熟度相对较低，后期未进行大距离运移。下部 J$_2$q+J$_2$z—T$_3$x^2 样品的干燥系数总体上随深度增加而变大，显示出正常的干燥系数随成熟度增加而变大的趋势，在该段 T$_3$x^2 天然气的干燥系数分布较为分散，应是不同时期形成的成熟度不同的天然气相互混合的结果。

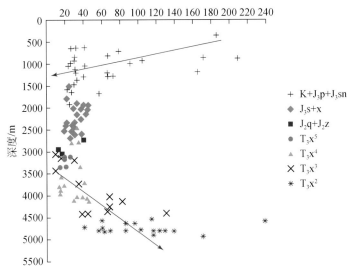

图 6-32　川西拗陷陆相天然气干燥系数–深度关系图

2）天然气运移指标

川西拗陷天然气轻烃运移指标（图 6-33）对比结果表明，须四段天然气集中在图的左下角，显示其运移距离均较小，属本层段源岩所生天然气自生自储而成，或为紧邻须四段的须三段源岩排出的气源；须二段的三个天然气轻烃运移指数差别较大，其中 CH127 井两个天然气轻烃指数分别为 8.36 和 2.71，说明该井须二段产出天然气应不是本层源岩所生，而是其他地层源岩所生天然气运移而来，这与该地区发育深大断裂相吻合；图中右上角的四个天然气样的运移指数很大，说明这四口井的天然气运移距离很大，这几口井分布于新场上沙溪庙组和蓬莱镇组以及洛带地区的遂宁组，这些地层均不具生烃能力，气源来自深部须家河组，天然气经历了长距离运移，与上述运移参数指标变化特征吻合。

川西拗陷中段天然气芳烃（苯/正己烷）随深度的变化关系（图 6-34）表明，不同层位天然气苯/正己烷值存在明显的差异。须家河组天然气 8 个样品普遍具高的苯/正己烷；中侏罗统（沙溪庙组 13 个样品、千佛崖组 1 个样品）14 个天然气样品的苯/正己烷值比

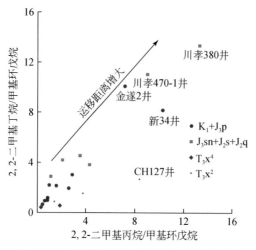

图 6-33　川西拗陷天然气轻烃运移参数图线

较分散，高者可达5.08，低者仅为0.23；上侏罗统14个天然气样品和下白垩统1个天然气样品的苯/正己烷值均小于0.7。须家河组天然气高的苯/正己烷值反映出该层段储层致密，天然气主要由扩散渗流运移所致；上部中侏罗统高低相间的分布特征则反映出一种该地层复杂的运移聚集特征，部分气藏由于是须家河组气源沿高速运移通道运移而来，所以分异程度差，而部分气藏是通过下部气源扩散运移聚集成藏，所以分异程度高；上侏罗统及下白垩统天然气的较低苯/正己烷值显示该层段天然气主要借助高速运移通道以游离相富集成藏的特性。

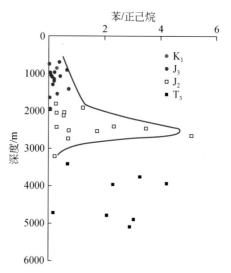

图 6-34　川西拗陷天然气苯/正己烷随深度变化关系图

从上述各气藏产出天然气特征不难看出，川西拗陷须家河组下部气藏、上部气藏，下侏罗统和中侏罗统下部气藏与中侏罗统上部气藏、上侏罗统气藏产出的天然气在地球化学特征上均有一定的差异，反映了这些气藏的天然气气源有一定差异。

3）天然气来源

轻烃是天然气重要组成之一，蕴涵着极其重要和丰富的地球化学信息，利用轻烃地球化学指标不仅可以确定天然气的成熟度、识别气藏遭受水洗或生物降解作用、划分天然气成因类型，还可以示踪天然气来源。川西坳陷川江 566 井须二段源岩与川江 566 井须二段天然气的轻烃比值曲线基本类似（图 6-35），相关性较好，说明该区须二段天然气以自生自储气藏为主。

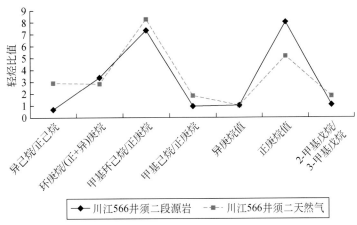

图 6-35　川西坳陷须二段源岩与天然气轻烃指数对比图

3. 成藏过程动态分析

1）成藏配置关系

新场须二段气藏气源主要来自于其下马鞍塘组、须一段和须二段自身发育的泥质烃源岩，通过烃源演化分析表明，马鞍塘组、须一段和须二段泥质烃源岩生排烃高峰期主要集中在晚三叠世—早侏罗世，早于须二段储层晚侏罗世致密化时期（吕正祥、刘四兵，2009），晚于须三段区域盖层在须四段沉积中期具有封盖能力，与印支晚幕—燕山早中幕川西近东西向展布的两凹两隆总格局下，绵阳北侧发育一个近东西向展布的鼻状隆起相匹配，成藏配置良好（图 6-36）。

2）成藏过程

新场须二段气藏的形成主要经历了早期原油聚集与裂解、中期生气增压聚集和晚期高压驱赶运聚成藏三个阶段（图 6-37）。

早期原油聚集与裂解阶段：在须四段末期，须二段成藏组合内的烃源岩开始生油，至早中侏罗世，均以生油为主，早期生成的石油在印支期的古构造中聚集成藏。原油在储层中随埋藏加深发生热裂解作用，裂解后的残余物即热降解沥青以固相成分参与储层的致密化作用。

中期生气增压聚集阶段：从中侏罗世到晚侏罗世，出现了两次生排烃高峰，以湿气为

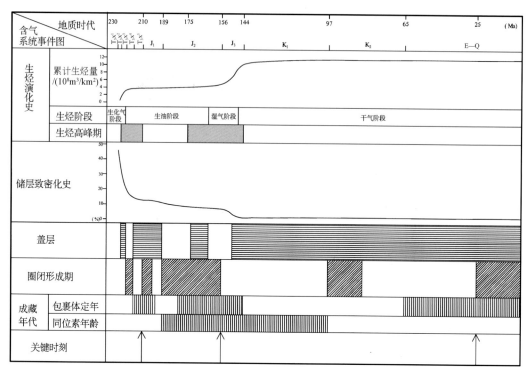

图 6-36　川西拗陷须二段成藏组合含油气事件图

主，导致了系统内压力急剧增高。刘树根等（2004）、高胜利等（2004）等对川西上三叠统的古压力模拟均说明了在白垩纪末期，压力梯度上升至 1.51～1.877，呈现天然气增压聚集的特征。而须家河组各主要储层段是在中晚侏罗世及白垩纪才相继致密化的，在生排烃高峰期的油气运移通道以孔隙为主，其次为早期的成岩缝、层理面和微裂缝及早期"X"剪切破裂缝。

晚期高压驱赶运聚成藏阶段：白垩纪以来，系统内烃源岩逐渐达到干气阶段，压力继续增高，压力梯度达到 1.7～2.2。受喜马拉雅运动的影响，四川盆地整体隆升，地层遭到大量剥蚀，同时，产生大量的断裂和裂缝系统，一方面改善了储集空间；另一方面导致系统内的压力急剧降低，造成构造部位的压力有所降低，在势能场的作用下，致使早期聚集在古隆起、古斜坡上的油气，在高压驱使下，天然气向构造高部位的低势区发生二次运移，最终聚集调整成藏。这一时期油气运移的动力主要是构造运动产生的构造增压而形成的压力，油气的运移通道主要是构造运动产生的断裂和裂缝。

4. 油气成藏主控因素

1) 有效源储配置是天然气富集成藏的关键因素

川西地区须家河组生烃高峰在燕山中、晚期，丰富的烃源进入砂岩后，因浮力和压差的作用尚较活跃，在燕山期古隆起和大斜坡上方进行区域聚集，或在局部构造和地层岩性遮挡条件下适时成藏。储层厚而圈闭大者能集聚巨大的储量，并能进行气水分异。燕山晚

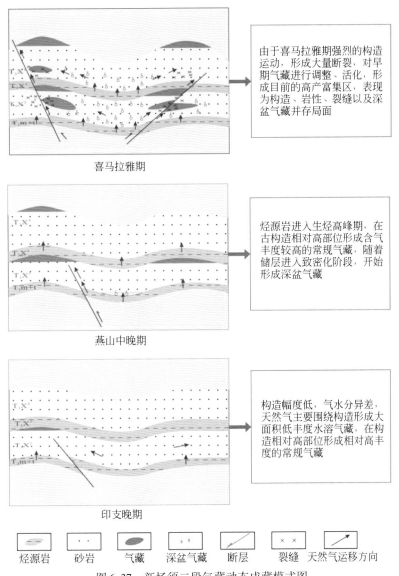

图 6-37　新场须二段气藏动态成藏模式图

末期砂岩已完全致密化，流体运移受阻，生烃增压，产生异常高压从而进入燕山期"深盆气"或"根缘气"发展阶段。喜马拉雅期，龙门山多期次的强烈推覆，其前缘直达龙泉山，形成一大批构造圈闭和断层、裂缝系统，从而打破燕山期油气分布格局并重组气藏，那些禁锢在储层中的高压气、因大幅度隆升脱溶的溶解气、弥散在储层中的游离气，以及丰富的晚期生成的天然，经断层、裂缝的沟通进入圈闭富集成藏。

2）生烃强度控制天然气藏分布与规模

燕山期最有利于须家河组原生气藏的形成，曾形成过相当规模的常规储层和大范围的"深盆气"聚集；此期聚集在平面上储量丰度的差别，则成为晚期（喜马拉雅期）气藏分布、等级优劣的基础。现今气藏的分布与生烃强度关系密切，所有气田（藏）都分布在生烃强度大于 $10 \times 10^8 \, m^3/km^2$ 的区域，邛西、平落坝这种储量丰度较高的气藏，均位于生烃强度大于 $125 \times 10^8 \, m^3/km^2$ 的部位，并处于燕山期古隆起周缘上。

3）古今构造叠置区有利于发育规模气藏

现今气藏格局是喜马拉雅期龙门山强烈推覆，对燕山期古气藏改造、重组的结果。燕山期气藏或聚集带的含气丰度，既受控于烃源条件，又受控于燕山期的构造作用。现今气藏分布和含气丰度，既取决于烃源条件又取决于喜马拉雅期的构造作用。因此古今叠置的正向构造最有利于油气富集。前人研究认为燕山中晚期有 3 个鼻状隆起带，从龙门山呈近东西向延伸至川西前渊带，并控制了燕山期和现今主要气藏的格局。南部邛崃隆起带形成于中侏罗世晚期，面积最大，囊括了莲花山、平落坝、邛西等 16 个须家河组气藏；中部的什邡隆起带，整个燕山期都处于相对隆起状态，孝泉、新场、合兴场和新 851 等气藏均分布于该带核部；北部的安县–中坝隆起带与什邡隆起带类似，但面积最小，中坝须二段气藏位于该带核部，中坝是前人共识的印支期已具雏形的古构造。

4）大断裂控制气藏改造、重组和充满度

喜马拉雅运动时期，龙门山多期次的强烈推覆形成了一大批构造圈闭和断层、裂缝系统，这为改造、重组气藏创造了条件。盆内各地因地质结构、应力强度和环境的差异，改造效果也不一样；靠山前带比盆内、川西南部比北部褶皱、断裂更发育。川西南部须家河组气藏和 3 个中丰度气藏多与大、中型断层相伴，中坝气田与彰明断层相伴，闭合高度达 830m，平落坝气田和邛西、大兴西气田分别受控于平落①号断层和邛西①号断层；近期发现的张家坪和莲花山、油榨西须二段气藏也与断层相关。这些大断层属边界断层，它控制了断层–构造圈闭的形态、面积和闭合度以及裂缝系统；这些大断层既处于高生烃强度区，又位于燕山期隆起带上，可以较大范围运、聚，对燕山期"深盆气"进行改组、调整、重新富集成藏，当通过断层、裂缝的聚气量大于或远大于逸失量时，则可富集成藏，并进而制约现今气藏的含气范围、含气高度、储量规模以及气藏的充满度。

6.2.5 元坝须三段气藏

元坝气田构造位于四川盆地川北坳陷与川中低缓构造带结合部，西北部与九龙山背斜构造带相接，东北部与通南巴构造带相邻，南部与川中低缓构造带相连（图 6-38、图 6-39）。元坝气田嘉陵江组膏盐滑脱层之上中浅层处于同一构造体系，构造特征相似，总体具有下部须家河组—千佛崖组构造变形较强，上部中–上侏罗统构造变形较弱的特点。

1. 气藏地质特征

元坝气田陆相层系主要发育上三叠统须家河组、下侏罗统自流井组及中侏罗统千佛崖组三套有利烃源岩，其中须家河组烃源岩的平均有机碳含量为 2.97%，干酪根类型以 II_2、III 型为主，已进入过成熟干气阶段，泥页岩层累积厚度为 100~250m。自流井组烃源岩的

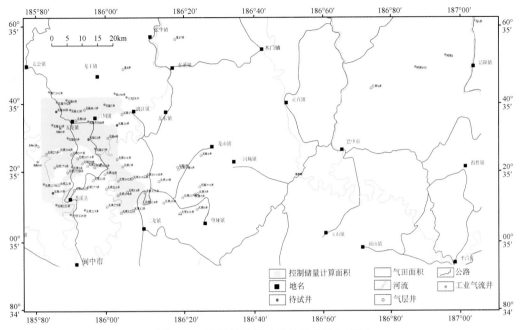

图 6-38 元坝气田须三段气藏地理位置图

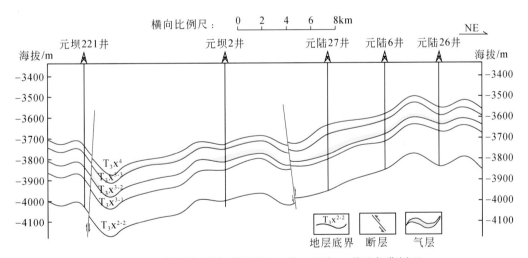

图 6-39 元坝须三段气藏元坝 221 井—元陆 26 井油气藏剖面

平均有机碳含量为 2.98%，千佛崖组烃源岩的平均有机碳含量为 1.12%，两套烃源岩干酪根类型以 II$_2$、III 型为主，有机质演化程度已达高成熟（湿气—凝析油）阶段。元坝气田陆相层系三套烃源岩均达到了较好—好烃源岩的标准，具有多套、多层、全覆盖、单层薄、累计厚度大的"三明治"或"千层饼"状特征，生气强度为 $17×10^8 \sim 44×10^8 \, m^3/km^2$，具备形成大型气田的资源背景（戴金星等，2003，2007）。

须三段沉积时期，元坝西部地区发育三角洲前缘水下分流河道沉积微相，储层岩石类型以钙屑砂岩、钙屑砂砾岩为主，石英含量为 10% ~ 28%，平均为 20.8%，钙屑含量为

50%~90%，平均为77%；储集空间以粒间溶孔（主要为钙屑被溶蚀）及裂缝为主，平均孔隙度为2.92%，平均渗透率为0.0135×10⁻³μm²，具有低孔低渗的特征，为裂缝-孔隙型储层。元坝西部须三段钙屑砂岩储层紧邻须三段泥质烃源岩，源、储大面积接触，利于高效运聚成藏，且钙屑砂砾岩储层大面积叠合连片分布，有利储层物性好、易于酸化改造，局部高产富集，是元坝中浅层天然气高产富集有利区带之一。截至目前，元坝地区共16口井在须三段测试获得工业气流，提交天然气控制储量962.24亿m³，进一步表明元坝地区须三段钙屑砂砾岩储层良好的勘探潜力。

元坝地区陆相地层整体表现为湖相、三角洲相沉积，发育累计数百米至数千米厚的泥页岩盖层，平面上分布稳定，盖层条件较好，尤其在自流井组中晚期到白垩系，曾发生多次湖侵，泥岩厚度普遍大于砂岩厚度，且单层厚度较大，为该地区储集层提供了丰富的直接盖层条件。陆相地层虽然发育多期次、多方向断层，但这些断层断距较小，一般都小于200m，且均未断穿侏罗系地层，在生烃高峰期（侏罗纪晚期—白垩纪早期），这些断层可能对油气运移提供良好通道，对油气藏进行再次调整，但未对其产生破坏作用。另外，元坝地区陆相地层存在多个压力系统，多为高压，封闭条件好。

元坝地区陆相天然气主要分布在须二段下亚段、须三段、须四段、珍珠冲段及大安寨段。气藏类型在九龙山背斜为构造-岩性复合油气藏，中部平缓构造带以岩性气藏为主。其中元坝五龙须三段岩性圈闭叠合面积为826.60km²，圈闭总资源量为1105.45×10⁸m³。

元坝地区须家河组气藏输导体系以须二段、须四段厚层叠置河道砂岩、砂砾岩储集体和须一段、须三段、须五段内部薄层滩坝砂岩储集体为主，辅以局部发育的构造裂缝。另外，在地震剖面上识别的少量的小断距断层也具有一定的输导能力，特别是与下伏雷口坡组连通时，是雷口坡组天然气运移进入须家河组的主要输导体系。输导体系组合样式以储集体-裂缝组合为主。

2. 油气特征与来源

1）化学组成

元坝地区须家河组气层中以烃类气体为主，大多占96%以上；烷烃气中甲烷含量均在96%以上，C_2以上重烃少于4%（0.5%~4.0%），干燥系数0.96~0.99，属热成因的干气。须家河组各段气层的烷烃气组成没有明显差别，C_1—C_5相对含量均有一定的变化范围（图6-40），其中须三段及部分须二段天然气中，C_2以上重烃相对较少，大多在1%以下，表明热演化程度及气源母质类型有所不同。

天然气中CO_2和H_2S等非烃气均很少。CO_2含量除个别气样外都低于1%，变化在0.06%~0.63%。它们的H_2S含量都低于检测限，测定的数据均为零。由于测试时有空气混入，部分气样中N_2的含量较高（有的高达20%以上）。该地区须家河组天然气的化学组成与川东北其他地区同层位天然气相近。

2）碳同位素组成

须家河组天然气的甲烷碳同位素总体上重于侏罗系天然气，其$\delta^{13}C_1$值主要分布在

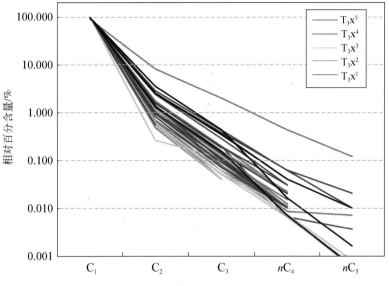

图 6-40　元坝地区须家河组气层 C_1—C_5 烷烃气相对含量分布曲线图

$-30‰ ~ -34‰$ 范围，可能表明热演化程度相对较高。其乙烷碳同位素变化很大，$\delta^{13}C_2$ 值为 $-19.3‰ ~ -35.4‰$（图 6-41）。它们的甲、乙烷 $\delta^{13}C_2$-$\delta^{13}C_1$ 值（$-1.2‰ ~ 13.1‰$）相应变化很大，半数样品小于 8‰。这些天然气的 $\delta^{13}C_3$ 值变化也较大，为 $-19.2‰ ~ -31.7‰$；$\delta^{13}C_4$ 值仅 1 个，为 $-23.4‰$。

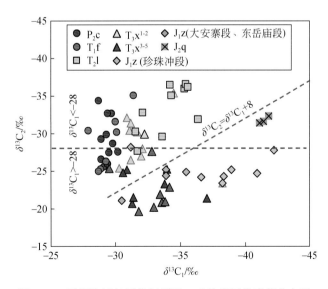

图 6-41　元坝地区各层位气层甲、乙烷碳同位素值分布图

须家河组不同层段天然气的碳同位素组成有明显的变化。须一段、须二段天然气的乙烷碳同位素偏轻，$\delta^{13}C_2$ 值变化在 $-25.4‰ ~ 35.4‰$，多数气样小于 $-28‰$（图 6-42）。而须三段、须四段（须五段气样未测出 $\delta^{13}C_2$）气层中乙烷碳同位素明显重得多，均重

于-28‰，变化在-19.3‰ ~ 27.3‰范围。这些气样的甲烷碳同位素变化范围相近，表明它们的乙烷碳同位素的上述差异并非热演化程度的不同所致，可能是成因与来源不同。

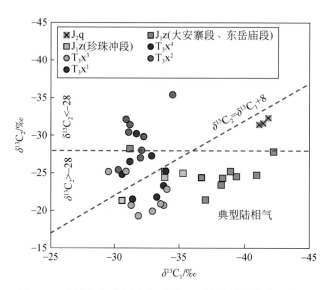

图 6-42　须家河组各层段气层甲、乙烷碳同位素值分布图

　　这种现象也见于川西地区新场等气田的 T_3x^2 天然气中，可能为煤型气与甲烷碳同位素组成相近而乙烷偏轻的油型气相混合所致。这种混合作用还反映在烃烷气碳同位素值与其碳数倒数的关系曲线上。Pallasser（2000）指出，在气藏没有发生次生蚀变的情况下，同源天然气的 C_1—C_4 烃烷 $\delta^{13}C$ 值与它们的碳数倒数（$1/C_n$，$n = 1 \sim 4$）应呈线性关系。Zou 等（2007）根据热解生气模拟实验结果，认为在这种曲线图中过成熟的油型气呈向上凹状，而过成熟的煤型气则向上凸（向下凹）。元坝 T_3x^{3-5} 天然气为向上凸状曲线类型（图 6-43），可认为具有高-过成熟的煤型气特点；而 T_3x^{1-2} 天然气中两种凹向分布均有，可能意味着有两个高演化气源：一个是源于本层位烃源岩的高-过成熟煤型气（$\delta^{13}C_2$ 值大于-25‰），另一个气源则是高热演化的海相油型气，可能来自下部雷口坡组海相地层。因为该地区须一段泥岩干酪根碳同位素比值为-24.6‰ ~ -24.9‰，有机质类型为Ⅲ型，所生的高热演化天然气不可能表现出油型气的碳同位素组成特征。因而，混入的油型气可能来自雷口坡组。

　　最近 Xia 等（2013）提出，在高成熟的烃源岩中可溶沥青能裂解生成重烃较丰富的气，且 $\delta^{13}C_2$ 较轻，运移进入气藏后会使得气层中乙烷碳同位素变轻，并可能导致甲、乙烷碳同位素的倒转分布。但本区须一段、须二段烃源岩成熟度大都达到过成熟干气阶段，可溶沥青裂解气的乙烷碳同位素不可能如此轻，且这些气层中天然气的干燥系数更高，因而这种成因的可能性不大。

　　3）天然气气源

　　元坝地区须家河组天然气的碳同位素组成较为复杂，甲烷 $\delta^{13}C$ 值变化不大，主要集中

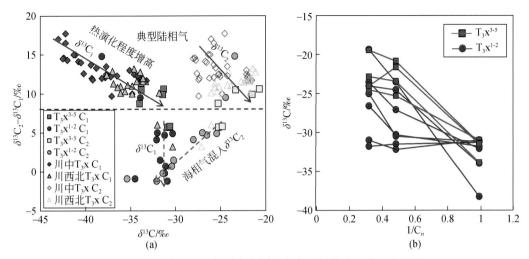

图6-43　须家河组不同层段气层烷烃气碳同位素值分布变化图

分布于−30‰~−35‰范围；而其乙烷碳同位素变化很大，$\delta^{13}C$重者大于−20‰，轻者小于−35‰；$\delta^{13}C_3$值则相对集中，主要在−23.5‰~−26.5‰；一个气样丁烷的$\delta^{13}C$值较高，为−23.4‰。区内须家河组泥岩及煤的干酪根$\delta^{13}C$值相近，为−23.6‰~−25.6‰，平均值为−24.5‰，轻于天然气的丁烷。在高-过成熟演化阶段的天然气中，丁烷的碳同位素可重于（1‰~2‰）其气源岩的干酪根，而不是像成熟阶段（生油窗）的干酪根初次裂解气那样，丁烷轻于干酪根1‰~2‰。这种碳同位素组成变化是重烃气发生了二次裂解作用，导致各碳数烷烃之间进行了再次分馏所致。这种变化导致天然气与气源岩碳同位素之间的气源对比出现不确定性。

　　为了确认须家河组及邻层天然气的来源，进行了烃源岩的脱附气分析。代表性样品的脱附气色谱图如图6-44所示，它们的烷烃气中以甲烷为主，C_2及以上重烃有一定含量。脱附气碳同位素分析数据表明，须家河组泥岩脱附气与须三段、须四段（须五段未测得C_2及以上碳数化合物的碳同位素）天然气，在C_1—C_3烷烃气的碳同位素组成上具有很好的一致性（图6-45），表明须家河组这些层段的天然气源于本层位地层。而须一段和须二段部分天然气与脱附气在C_2、C_3碳同位素组成上有较大差别，意味着除来自须家河组气源外，还混有下部地层的气源气。

3. 成藏过程动态分析

1）埋藏史与生烃史

　　四川盆地构造背景复杂，自三叠系沉积以来，先后经历了印支运动、燕山运动和喜马拉雅造山运动，盆地遭受了多期次的构造抬升和剥蚀，形成了多个不整合面（李军等，2012）。对沉积埋藏史恢复而言，影响最主要的是剥蚀厚度较大的地表不整合面，地表不整合面剥蚀厚度是利用钻井实测镜质组反射率进行恢复（何生、王青玲，1989）。镜质组反射率记载了有机质所经历的整个受热地质历史中最大温度的信息，在正常的地质背景

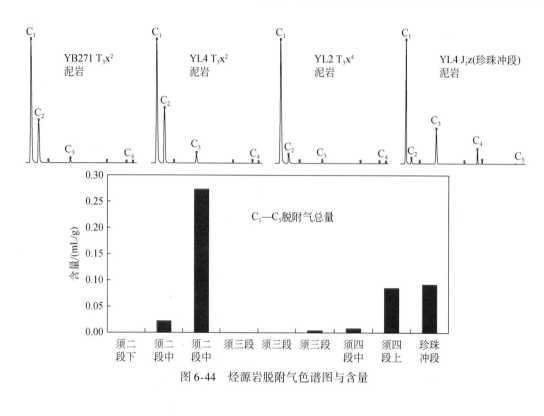

图 6-44 烃源岩脱附气色谱图与含量

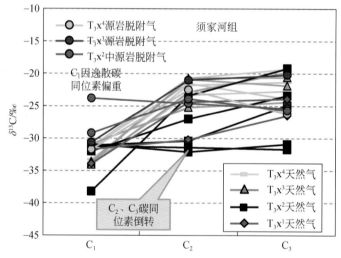

图 6-45 须家河组天然气与烃源岩的气源对比图

下，它主要是最大温度和有效受热时间的函数。在半对数直角坐标系下，与埋深呈现良好的线性关系。在暂时异常热流作用下，仅是最大温度的函数。镜质组反射率主要受温度的影响，其次受有效受热时间的影响，并且具有不可逆的性质，在一定条件下，$H-\lg R_o\%$ 的关系图像简称为成熟度剖面，可用于地层剥蚀厚度的求取。通过对元坝地区 17 口井不同层段泥岩采样，实验分析获得镜质组反射率参数，用以元坝地区剥蚀厚度的恢复。

图 6-46 以元坝 1 井、元坝 2 井为例展示了元坝地区地表不整合面剥蚀量恢复过程，元坝 1 井、元坝 2 井不同深度段分别采集 13 个和 11 个泥岩样品，并进行了镜质组反射率的测试，通过 $H\text{-lg}R_o\%$ 的关系图像，并结合地面的镜质组反射率值约为 0.2%，将实测镜质组反射率数据拟合成一条直线，并反向延伸，与 $R_o=0.2\%$ 的垂线的交点即为剥蚀前的地表面，通过读取纵坐标深度，就可以获取该井的剥蚀量，图 6-46 显示元坝 1 井地表剥蚀量约为 1150m，元坝 2 井的剥蚀量约为 1500m。

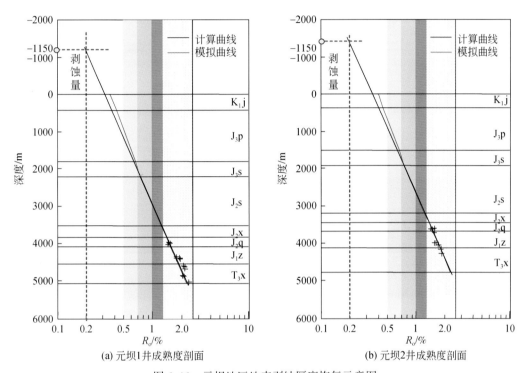

(a) 元坝1井成熟度剖面　　　　　　　　(b) 元坝2井成熟度剖面

图 6-46　元坝地区地表剥蚀厚度恢复示意图

元坝地区须家河组的埋藏史、生烃史模拟结果显示，大约在 170Ma 时，须家河组地层埋深达 2300m 左右，地温达到 90℃ 左右，烃源岩有机质镜质组反射率 R_o 达到 0.5%，进入生烃门限；大约在 160Ma 时，须家河组地层埋深达到 3300m 左右，地温达到 120℃ 左右，烃源岩有机质成熟度增大，R_o 达到 0.7%，烃源岩有机质开始大量生烃；大约在 150Ma，须家河组地层快速沉降至 4500～5200m，地温达到 150～165℃，R_o 达到 1.0%～1.3%，烃源岩有机质达到生烃高峰；在 120～100Ma 时，地层埋深达到 5800～6300m，地温达到 180～190℃，R_o 达到 2.0% 以上，烃源岩有机质达到高-过成熟阶段；100Ma 以来，由于燕山—喜马拉雅构造运动的影响，地层大幅度抬升，据剥蚀量恢复结果，晚期构造抬升 1500m 左右，地层温度降低 60℃ 以上，生烃逐渐减弱，现今须家河组不同深度段泥岩实测镜质组反射率平均值在 2.0% 左右。

2）成藏期次

通过对川东北元坝地区须家河组储层包裹体的研究，发现储层中包裹体类型主要有以含沥青包裹体、含液态烃包裹体、气态烃包裹体、盐水包裹体、CO_2 包裹体、含烃盐水包裹体、沥青包裹体等（图6-47）。

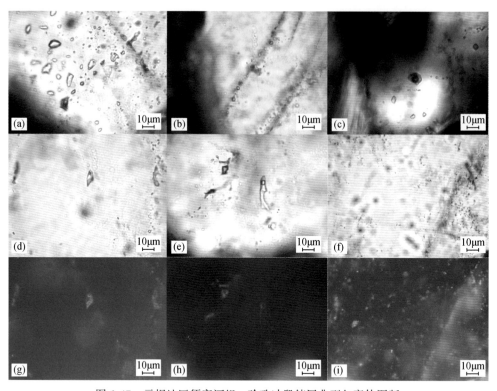

图6-47　元坝地区须家河组、珍珠冲段储层典型包裹体图版
（a）气态烃包裹体、盐水包裹体；（b）石英颗粒微裂缝中盐水包裹体；（c）CO_2包裹体；
（d）含液态烃包裹体；（e）含沥青包裹体、含烃盐水包裹体；（f）石英颗粒微裂缝中气态烃包裹体、
沥青包裹体；（g）含液态烃包裹体（荧光）；（h）含沥青包裹体、含烃盐水包裹体（荧光）；
（i）石英颗粒微裂缝中气态烃包裹体、沥青包裹体（荧光）

　　该地区缺乏原油包裹体，李军等（2012）研究表明元坝地区须家河组烃源岩有机显微组分主要为镜质组和半镜质组，干酪根主要为腐殖型，以生气为主，形成的原油包裹体较少，而且该地区经历了深埋，须家河组地层最大埋深达到6300m，最大古地温达190℃以上，早期形成的少量原油包裹体发生了热蚀变，现今发现的含沥青包裹体可能为早期原油包裹体热蚀变的产物。因此，实验中选择与气包裹体和沥青包裹体伴生的盐水包裹体进行测温，并统计测量数据制作频率直方图，盐水包裹体均一温度的分布区间代表的时间为天然气充注时间，主峰温代表时间为天然气的主要成藏时间。

　　须三段与气包裹体或者沥青包裹体伴生的盐水包裹体均一温度显示［图6-48（a）、（b）］，元坝6井和元坝204井分别位于90~190℃、80~190℃，主要集中在100~140℃、110~140℃，结合烃源岩生埋烃史分析，认为天然气在170~100Ma均有油气充注进入储层，但是主要运聚成藏时间在165~150Ma，即从 J_2 中晚期到 J_3 早期，对应的源岩镜质组

反射率在 0.6% ~ 1.0%。元坝 104 井和元坝 122 井裂缝充填方解石中与气包裹体伴生的盐水包裹体均一温度分布区间为 110 ~ 170℃、130 ~ 170℃ ［图 6-48 （c）、（d）］，主峰分别在 120 ~ 160℃、130 ~ 160℃，显示裂缝作为输导体系主导的成藏时期在 155 ~ 130Ma，即 J_3 到 K_1 时期。元坝 122 井和马 201 井与气包裹体伴生的盐水包裹体均一温度为 90 ~ 160℃、80 ~ 160℃ ［图 6-48 （e）、（f）］，对应多个峰温，显示珍珠冲段的油气主要运聚成藏时期为 J_2 晚期到 K_1 时期。

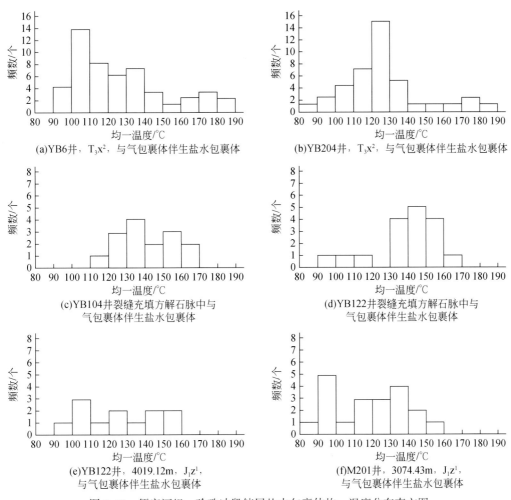

图 6-48　须家河组、珍珠冲段储层盐水包裹体均一温度分布直方图

3）成藏过程恢复

（1）天然气成藏要素

天然气的成藏是生、运、聚等多因素的耦合。元坝地区须家河组属于典型的致密砂岩气藏，其成藏要素包括：烃源岩生排烃历史、储层成岩作用与致密化、天然气充注历史、超压发育演化史、构造演化史以及裂缝的发育演化史等（图 6-49）。

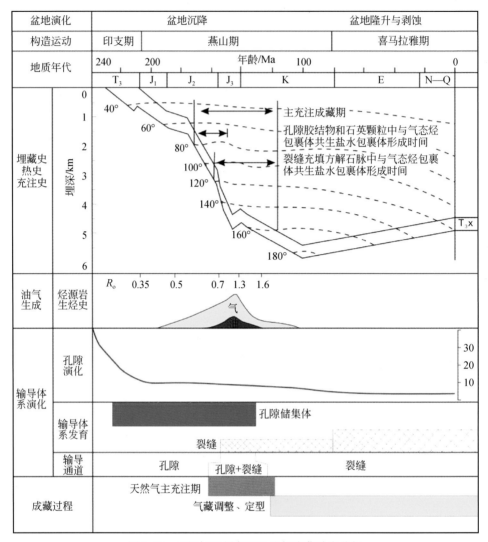

图 6-49　元坝气田须家河组油气成藏动态分析

烃源岩生排烃历史：须家河组烃源岩在中侏罗世中期（170Ma 左右）R_o 达到 0.5%，开始生气，中侏罗世晚期（160Ma 左右）R_o 达到 0.7%，开始大量生气，晚侏罗世（150Ma 左右）R_o 达到 1.0% ~ 1.3%，达到生气高峰，晚白垩世（100Ma 左右）R_o 达到 2.0% 之上，达到过成熟阶段，晚白垩世至今，构造抬升，地温降低，生烃逐渐减弱停止。

储层成岩作用与致密化：须家河组典型成岩作用包括压实-压溶作用、黏土矿物胶结作用、石英次生加大作用、方解石胶结交代作用、颗粒的碎裂作用以及溶蚀作用，这些成岩作用改变了储层的物性，综合导致储层的致密化。早期压实作用是孔隙度降低的最主要因素，生烃作用产生了一定的有机酸，溶蚀作用稍微改善了储层物性，但还是在晚期胶结成岩作用下进一步致密。

天然气充注历史：元坝地区须家河组主要运聚成藏时间在 170 ~ 150Ma，即从 J_2 中晚期到 J_3 早期，裂缝作为输导体系主导的成藏时期在 J_3 到 K_1 时期，珍珠冲段的油气主要运聚

成藏时期为 J_2 晚期到 K_1 时期。

超压发育演化史：古压力恢复结果表明，元坝地区超压发育演化可分为四个阶段，中晚侏罗世（165~150Ma）源岩生烃超压-强超压发育阶段，晚侏罗世—早白垩世（150~100Ma）源岩生烃、原油裂解强超压-超压发育阶段，中晚燕山期—喜马拉雅期（100~30Ma）构造抬升强超压-超压发育阶段以及晚喜马拉雅期（30Ma 至今）构造挤压超压-强超压发育阶段。

构造演化史：元坝地区在须家河组沉积末期到中侏罗世早期，构造活动较弱，地势平缓；在晚侏罗世—早白垩世，受中燕山运动期间大巴山、米仓山、龙门山影响，元坝区块发生构造变形，九龙山背斜初步成型，通南巴构造带挤压元坝区块致使中部地区小幅度隆升；白垩世至今，受晚燕山、喜马拉雅运动影响，区域构造抬升，龙门山北段挤压元坝区块，九龙山背斜和中部断褶带进一步变形，断层和裂缝进一步发育。

裂缝的发育演化史：元坝地区须家河组裂缝以构造剪切缝为主，主要是受中晚燕山—喜马拉雅运动的影响形成，裂缝产状各异，其中九龙山背斜带裂缝以斜交缝和近水平缝为主，元坝中部及东部断褶带裂缝以斜交缝和高角度缝为主，裂缝的发育受控于构造变形、岩性及岩性组合。

（2）天然气成藏要素耦合关系

元坝地区须家河组天然气成藏过程中各个要素之间紧密联系（图6-49）。从须家河组开始沉积时（约231Ma）至地层埋深达2300m（约170Ma，R_o=0.5%）时，地层主要处于早成岩作用阶段，该段时间内主要成岩作用为压实作用、绿泥石膜胶结作用、石英Ⅰ级次生加大作用、早期方解石胶结作用，在此期间，储集层的孔隙度大幅度下降，由原始的40%左右降低到4%~10%，储层已经致密化。在早成岩作用阶段的 B 期（约170Ma），烃源岩开始成熟，进入生烃门限，同时释放大量有机酸，对储层产生了一定的溶蚀作用，略微改善了储集层的物性，其中岩屑砂岩孔隙度改善稍大一些。源岩生烃持续了很长的时间，从170Ma 开始一直到100Ma 左右（K_1 末），但是主要生烃期在170~150Ma（J_2 及 J_3），在 R_o=1.3% 之后，生烃强度会明显降低，晚期因构造抬升，地温降低，生烃逐渐减弱。由于须家河组发育"三明治"式的生储盖组合，天然气具有近源成藏的特点，因此，天然气在源岩进入生烃门限后就开始充注，只是早期充注强度较弱，从包裹体测温结果分析上看，天然气主要运聚成藏期在170~150Ma，也就是 J_2 到 J_3 早期，晚期主要是裂缝主导的天然气运聚成藏，与裂缝的发育密切相关。天然气在充注过程中储层进一步致密，主要成岩作用有自生黏土矿物胶结交代作用，以及石英Ⅱ、Ⅲ次生加大作用和晚期方解石/白云石胶结交代作用，此期间储层孔隙度进一步降低，至100Ma 左右（K_1 末期）时，孔隙度基本上都在5%以下，储层超致密化。天然气的充注以及储层的致密势必导致储层孔隙流体体积的增加，产生超压。古压力恢复结果显示，须家河组储层在165~150Ma，超压迅速增大，最大达到80MPa，压力系数达到2.0左右，如此强大的压力必然会推动天然气向储层中更致密的地方运移，促进天然气成藏，另外，储层发育强超压，会产生大量的水力破裂缝，对油气的输导成藏产生积极的作用。研究表明，须家河组烃源岩有机质为腐殖型，以生气为主，能产生少量的原油，原油生成阶段较晚，R_o=0.7% 之后才会有一定数量的原油存在，此时储层致密化程度较高，原油很难充注进入孔隙，只会在超压的驱动下沿裂缝发生短距离的运移，在深埋热演化过程中原油必将裂解，剩余部分沥青充填裂缝中。150Ma至今，川东北发生了多期构造运动，龙门山、米仓山、大巴山的隆升对元坝区块产生了强大的构造挤压引力，地层发生了明显的变形。研究表明，元坝地区地层主要的变形过程发生在中晚燕山期（100~80Ma）和晚喜马拉雅期（30Ma至今），在变形的过程中，地层将发生破裂，产生大量裂缝，裂缝的发育一方面改善了致密砂岩储层的孔渗性，孔隙度演化曲线分析表明，岩屑砂岩和砾岩在 K_2 以来孔隙度均有所增高，说明构造裂缝的发育对储层物性的影响，石英砂岩和钙屑砂岩变化很小，这主要与岩石的矿物组分有关，石英砂岩抗压能力较强，不容易产生微裂缝，而钙屑砂岩即使产生了微裂缝也会很快被胶结物充填，裂缝的发育不会明显改善其孔渗性；另一方面裂缝作为有效的输导通道促进了天然气向构造高部位运移，早期形成的天然气藏逐渐发生调整，形成次生气藏。现今须家河组天然气高产层段都与裂缝的发育密切相关，特别是在九龙山背斜构造带，须三段裂缝发育部位都获得 100 万 m^3/d 以上的天然气产量，说明构造裂缝对天然气运聚成藏的重要作用。另外，晚期强烈的构造挤压应力还是现今储层发育强超压的重要原因，对现今压力场的分布也产生重要影响。

4）成藏模式

通过对天然气来源、充注历史、储层及输导体系形成演化的深入分析，元坝须三段天然气的成藏可归纳为三个阶段。

（1）晚三叠世—中侏罗世：岩性气藏成藏阶段

元坝地区须家河组烃源岩在中侏罗世中期（170Ma左右）R_o 达到 0.5%，开始生气，中侏罗世晚期（160Ma左右）R_o 达到 0.7%，开始大量生气。此时九龙山背斜尚未形成，元坝地区构造稳定，地层平缓，储层物性相对还比较好，须一段、须三段、须五段及须二段、须四段内部烃源岩生成的少量原油和天然气向上、向下运移进入出入储层聚集形成岩性气藏。

（2）晚侏罗世—早白垩世：构造-岩性气藏成藏阶段

晚侏罗世以来，受中燕山期盆缘造山带隆升的影响，九龙山背斜在元坝地区逐渐形成，同时由于受区域应力场叠加作用的影响，现今储层中发育的构造裂缝也在这一阶段形成。此时，须家河组烃源岩也达到生气高峰，除了生成的天然气大量充注进入储层外，储层中已聚集天然气也在连通性储集体和裂缝的输导下向构造高部位运移聚集。这一阶段的晚期，储层物性已经很差，对天然气运移输导的能力下降，天然气的进一步运移输导主要由裂缝完成。早白垩世中期—末期储层逐渐达到最大埋深，R_o 达到 2.0%~2.2%，古地温达 180~200℃，早期聚集的原油发生裂解，形成储层沥青。天然气的运移聚集进入构造-岩性复合气藏成藏阶段。

（3）晚白垩世至今：调整改造阶段

晚白垩世以来，受晚燕山期—喜马拉雅期米仓山、大巴山强烈活动的影响，川东北地区整体大幅度抬升，九龙山背斜进一步隆起定型，储层中裂缝更加发育。但此时由于大规模抬升，地温降低，须家河组烃源岩停止生烃。元坝地区已形成气藏发生调整改造并定型成现今气藏特征。

4. 油气成藏主控因素

通过典型气藏精细解剖，明确元坝地区须三段气藏成藏主控因素主要有以下三个方面。

1）优质烃源岩是天然气高产富集的物质基础，控制天然气藏的分布和规模

元坝地区须三段有效烃源岩整体表现为西北较厚、向南东逐渐减薄的特征，西北部地区有效烃源岩厚度可达 75~100m。地球化学资料显示，元坝地区须三段烃源岩有机碳含量分布在 0.17%~13.38%，平均为 3.07%，有机质类型以腐泥–腐殖型（Ⅱb）、腐殖型（Ⅲ）为主，R_o 值均在 1.44% 以上，处于高成熟阶段，评价为好烃源岩。同时，元坝西北部位于九龙山背斜的核部—翼部，处于相对高部位，九龙山背斜四周的天然气在裂缝的输导下均可向背斜核部聚集，因此元坝须三段气藏气源应包含背斜核部周围元坝地区须一段、须二段及须三段的有效烃源岩，从有效烃源岩厚度分布看九龙山背斜烃源条件优越，四周的优质烃源岩为元坝须三段气藏提供良好的气源。元坝地区须三段烃源岩总体具有"分布范围广、累计厚度大、有机质丰度高"的特征，具备较好的生烃能力，在整体高效聚集的背景下，天然气分布范围、层位明显受烃源岩发育程度的制约，元坝地区多口井在须三段试获高产工业气流，这与须三段有效烃源岩发育有重要关系。因此，优质烃源岩控制了元坝地区须家河组天然气的分布和气藏的规模。

2）钙屑砂砾岩储层易酸化改造，相对优质储层控制天然气的富集

元坝地区须三段主要发育辫状河三角洲前缘及平原沉积，水动力较强，储层岩石类型以钙屑砂砾岩为主，钙屑含量高，储集空间以粒间溶孔及裂缝为主，为裂缝–孔隙型储层，具有低孔低渗特征。另外，储层钙屑含量高，易被有机酸溶蚀形成次生溶孔，从而有效改善储层物性。此外，利用酸化压裂的储层改造工艺，也对这套储层物性的改善产生了重要影响。因此，有利的沉积相带和优质储层控制了天然气的富集，是寻找天然气高产富集区的直接目标。

3）构造位置有利、靠近断层，有效网状缝发育是天然气高产富集的关键

元坝地区须家河组整体致密背景下局部发育的裂缝与孔隙组成孔–缝网状输导体系，对天然气的运移起到至关重要的通道作用，天然气的高产与局部裂缝的发育密切相关。须三段气藏主要位于九龙山背斜核部，构造部位有利于天然气的聚集成藏。另外，九龙山背斜为一个不对称的宽缓背斜，在晚期构造抬升过程中，在宽缓背斜的核部发育很多高角度张裂缝，元陆 10 井成像测井资料进一步显示该区须三段裂缝非常发育，这种裂缝的形成会促进天然气的富集成藏。此外，元陆 7 井产气层段的岩性组合主要是中薄层钙屑砂岩、泥岩互层夹大量煤层或煤线，这种岩性组合容易形成裂缝，这正是元陆 7 井须三段测试获得高产工业气流的重要原因，进一步佐证了裂缝对于天然气富集高产的控制作用。

6.2.6 涪陵页岩气藏

涪陵页岩气藏为一个大型整装页岩气田，目前主产气区焦石坝区块构造为似箱状断背斜，产层为上奥陶统五峰组—下志留统龙马溪组，储层岩性以灰黑色碳质笔石页岩、含碳含粉砂泥页岩为主，具有无夹层、纵向分布连续的特点，泥地比在99%以上；天然气来源于自身层系烃源岩，气藏具有源储一体、原生滞留成藏的特点。与北美主要页岩气田相比（Hill and Nelson，2000；Curtis，2002；Martineau，2007；Pollastro，2007；Ross and Bustin，2008；Strapoc et al.，2010），总体特征相似，但气田页岩储层时代老、热演化程度高，经历中国南方多期次复杂构造演化，具有其独有的特征（郭旭升等，2012，2014a，2014b；郭旭升，2014；胡东风等，2014）。

1. 气藏地质特征

焦石坝地区位于四川盆地川东南构造区川东高陡褶皱带石柱复向斜、方斗山复背斜和万县复向斜等多个构造单元的结合部（图6-50）。主产气区位于焦石坝构造，其主体东西向为似箱状构造，上下构造变形层形态基本一致，表现出似箱状背斜形态，即顶部宽缓，两翼陡倾；南北向为逆冲断层下盘的一个缓坡断鼻构造。发育北东和近南北向两组断层（图6-51）。焦石坝地区处于"槽-挡"转换变形区，构造变形强度相对较弱，有利于页岩气成藏。

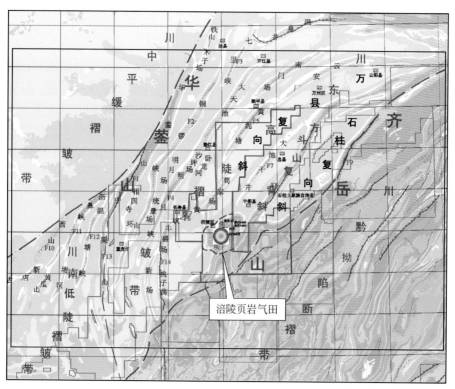

图6-50 涪陵页岩气田地理位置图

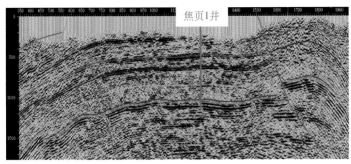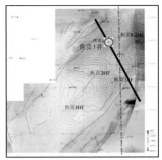

图 6-51 焦石坝构造地震剖面图

焦石坝地区发育上三叠统嘉陵江组—上奥陶统五峰组，区域上缺失泥盆系，局部地区缺失石炭系。五峰组—龙马溪组地层三分性特征明显：下部为暗色碳质泥页岩段（目的层段厚89m）（图 6-52）、中部为浊积砂段（厚30m）、上部为含粉砂质泥岩段（厚130m）。下部为暗色碳质泥页岩段，厚度较大、横向展布较稳定，具有较好的勘探前景。优质泥页岩层段埋深主要分布于2000~3500m，具备了页岩气高效勘探工作的可行性。

涪陵气田页岩气层段五峰组—龙马溪组一段岩性主要为灰黑色含放射虫碳质笔石页岩、含碳含粉砂泥页岩、含碳质笔石页岩、含粉砂泥岩，泥地比接近100%。页岩纵向连续稳定，页岩气层总厚度为70.1~86.6m，纵向上连续，中间无隔层；页岩气层总体具有较高TOC、高脆性矿物含量、较高孔隙度和高含气量的特点。TOC为0.46%~7.13%，平均为2.66%，主要为中-特高有机碳含量。脆性矿物为33.9%~80.3%，平均为56.5%，主要为高脆性矿物含量。储集空间以纳米级有机质孔、黏土矿物间微孔为主，并发育晶间孔、次生溶蚀孔等，孔径主要为中孔；页岩气层孔隙度为1.17%~8.61%，平均为4.87%，全直径水平渗透率为 $0.1307 \times 10^{-3} \sim 1.2674 \times 10^{-3}$ μm^2，几何平均为 0.4908×10^{-3} μm^2。现场总含气量为 $0.63 \sim 9.63 m^3/t$，平均达到了 $4.61 m^3/t$（图6-52）。

气藏单元中部平均埋深为2645m，平均地温梯度为2.83℃/100m，计算地层压力系数为1.55，气体成分以甲烷为主，含量为97.22%~98.41%，低含二氧化碳，含量为0~0.374%；不含硫化氢。

焦页1HF井为焦石坝地区五峰组—龙马溪组页岩气藏的发现井，焦页1井为其导眼井，水平井焦页1HF井完钻井深3653.99m，完钻层位下志留统龙马溪组，水平钻进1007.9m。2012年11月7日~11月24日开始对水平段进行分段压裂测试，日产天然气20.3万 m^3。截至2015年9月1日，共采气968天，试采以来生产天然气 $5933.38 \times 10^4 m^3$，平均日产气 $6.14 \times 10^4 m^3$，累计产气量 $6402.59 \times 10^4 m^3$，目前日产气 $6.06 \times 10^4 m^3$，套压12.20MPa，油压10.2MPa（图6-53）。

综合分析认为涪陵页岩气田焦石坝区块五峰组—龙马溪组一段天然气藏为弹性气驱、中深层、高压、页岩气干气气藏。

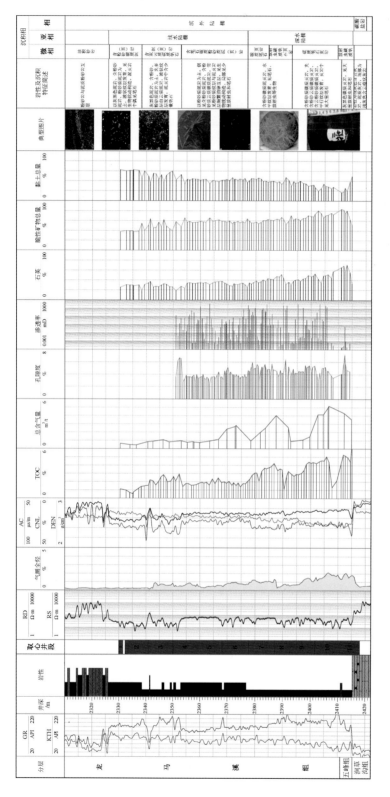

图6-52 焦石坝地区焦页1井五峰组—龙马溪组页岩综合柱状图

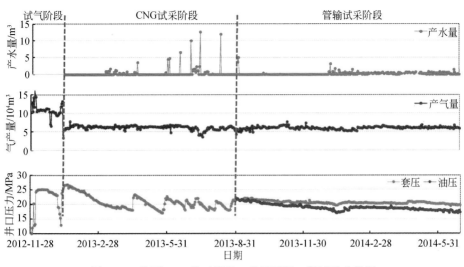

图 6-53　焦页 1HF 井五峰组—龙马溪组一段试采曲线图

2. 油气特征与来源

1) 气源对比

涪陵页岩气田烃源岩热演化程度高，天然气组成相对简单，包含的地球化学信息较少，与气源岩进行直接对比的方法和途径较少；同时，天然气重烃含量很低且在组成上缺乏芳烃而富集烷烃类化合物，因而使气源对比难度增大。就现有资料而言，通过天然气组分对比、天然气和源岩干酪根碳同位素进行对比是一种现实的方法，为此分析和收集了四川盆地周缘主要产气层天然气的组分特征以及各时代烃源岩碳同位素资料。

涪陵页岩气田五峰组—龙马溪组一段天然气为油型气，与四川盆地陆相天然气在组成上有明显差异（图 6-54）；同时天然气组分表现出甲烷含量高（97.22%~98.41%）、干燥

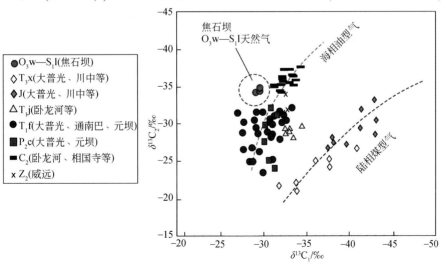

图 6-54　涪陵地区及四川盆地其他层系天然气碳同位素分布图

系数大、不含 H_2S 的特征，与上二叠统、下三叠统天然气组分含有一定 H_2S 特征具有较明显的区别（图 6-55）。因此，其气源不可能为下二叠统、上二叠统、上三叠统及下侏罗统烃源岩。

按照气/源岩碳同位素变化规律，高成熟天然气应来自碳同位素稍重（1‰~3‰）的烃源岩，但是四川盆地下寒武统烃源岩干酪根的 $\delta^{13}C$ 值一般为 –31.5‰ ~ –35‰（图 6-56），低于龙马溪组天然气 $\delta^{13}C_1$ 值，与 $\delta^{13}C_2$ 相当（表 6-2），这说明下寒武统烃源岩是龙马溪组天然气气源岩的可能性不大。涪陵页岩气田龙马溪组烃源岩干酪根的 $\delta^{13}C$ 值为 –29.3‰ ~ –29.2‰，与五峰组—龙马溪组储层内天然气 $\delta^{13}C_1$ 值相当（图 6-54），比 $\delta^{13}C_2$ 高 5‰ 左右（原因在后文"天然气成因判别"中分析），表明涪陵页岩气田五峰组—龙马溪组一段的天然气应来源于自身层系烃源岩。

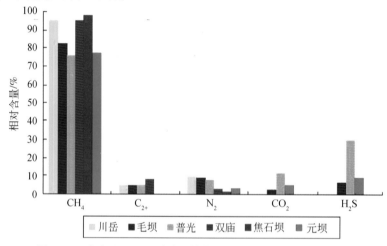

图 6-55　涪陵地区及四川盆地其他层系天然气组分统计直方图

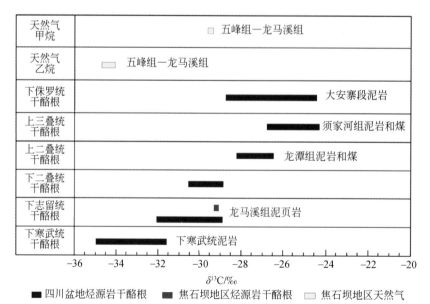

图 6-56　四川盆地各层系烃源岩干酪根 $\delta^{13}C$ 值分布图

表 6-2　涪陵焦石坝区块五峰组—龙马溪组一段天然气碳同位素统计表

井名	深度/m	碳同位素值/（PDB‰，精度±0.5‰）		
		$\delta^{13}C_1$	$\delta^{13}C_2$	$\delta^{13}C_3$
焦页 1HF 井	2646.09～3653.99	−29.30	−34.10	未检测出
		−29.57	−34.59	−36.12
焦页 1-3HF 井	2769.00～3770.00	−29.55	−34.68	−35.03

2）天然气碳同位素倒转特征

涪陵页岩气田焦石坝区块五峰组—龙马溪组天然气存在 $\delta^{13}C_1 > \delta^{13}C_2 > \delta^{13}C_3$ 的碳同位素完全倒转现象（表 6-2、图 6-57）；而且彭水地区彭页 1HF 井五峰组—龙马溪组页岩气甲烷、乙烷碳同位素也出现倒转（表 6-3），说明涪陵焦石坝区块五峰组—龙马溪组页岩气碳同位素倒转不是个案。关于有机成因天然气烷烃的碳同位素倒转，戴金星（1990）通过混源模拟实验认为有五个方面的成因：①有机烷烃气和无机烷烃气的混合；②煤成气和油型气的混合；③"同型不同源"气或"同源不同期"气的混合；④烷烃气中某一或某些组分被细菌氧化；⑤地温增高。

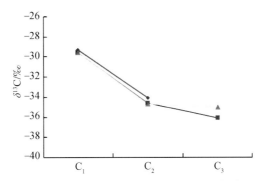

图 6-57　焦石坝区块五峰组—龙马溪组一段天然气碳同位素特征

表 6-3　彭页 1HF 井五峰组—龙马溪组一段天然气碳同位素统计表

井名	深度/m	碳同位素值/（PDB‰，精度±0.5‰）		
		$\delta^{13}C_1$	$\delta^{13}C_2$	$\delta^{13}C_3$
彭页 1HF 井	2283.00～3382.00	−29.30	−33.60	未检测出

资料来源：郭旭升，2014

前节在进行五峰组—龙马溪组一段页岩气来源分析时，已排除无机烷烃气、煤成气成因的可能。加里莫夫（1976）认为在碳同位素交换平衡条件下，当地温高于100℃时，出现 $\delta^{13}C_2 > \delta^{13}C_3$，当高于150℃时，出现 $\delta^{13}C_1 > \delta^{13}C_2$，当高于200℃时，出现 $\delta^{13}C_1 > \delta^{13}C_2 > \delta^{13}C_3$；五峰组—龙马溪组一段页岩气产层温度为85℃左右，远不能达到使碳同位素完全倒转的温度，因此碳同位素倒转同样不是地温增高造成的。

另外研究发现，加里莫夫碳同位素受地温影响发生倒转的观点并不是绝对的；元坝地区长兴组地温大于100℃，并未出现$\delta^{13}C_2>\delta^{13}C_3$，当高于150℃，同样未出现$\delta^{13}C_1>\delta^{13}C_2$（表6-4）。

表6-4　元坝地区长兴组天然气碳同位素统计表

井名	层位	深度/m	地层中部温度/℃	碳同位素值/（FDB‰，精度±0.5‰）		
				$\delta^{13}C_1$	$\delta^{13}C_2$	$\delta^{13}C_3$
元坝9井	长兴组	6836~6857	145	−29.8	−28.7	−28
元坝204井	长兴组	6523~6590	151.9	−29.4	−32.7	−26
元坝1井–侧1	长兴组	7330.7~7367.6	155.83	−28.86	−25.31	未检测出
元坝27井	长兴组	6262~6319	152.7	−28.9	−26.6	未检测出

烷烃气碳同位素倒转是否由细菌氧化作用造成有两个标志：①烷烃气若随分子碳数增大其组分含量是依次递减的，则其烷烃气的碳同位素倒转不是由细菌氧化作用所致（戴金星等，2000）。五峰组—龙马溪组一段页岩气中烷烃气均随分子碳数增大其组分含量依次递减，故其碳同位素倒转不是细菌氧化作用造成。②微生物活动主要受周围环境的制约，适于微生物活动的温度为0~75℃，在常压条件下，微生物在30~50℃时生理活动最为活跃；在0℃以下、75℃以上微生物虽能存活，但其生理活动十分微弱，甚至基本停止（戴金星等，2000）。在正常地温梯度下，地层温度在75℃约相当于地层深度2000m左右的温度，研究区五峰组—龙马溪组一段埋深均大于2200m，多数为2300~2600m，地层温度在85℃左右，因此五峰组—龙马溪组一段中缺乏存在细菌氧化作用的条件。

涪陵焦石坝区块五峰组—龙马溪组一段页岩的热演化程度较高，R_o平均为2.59%，处于过成熟阶段。生成的页岩气主要为裂解气，其来源不外乎有两种：一种是原油裂解成气，另一种是由干酪根或胶质沥青质裂解成气。同位素动力学研究表明，这两种过程都符合瑞利蒸发过程，即都是一个裂解残余物不断富集重碳同位素的过程，当这两个裂解过程都是独立进行且产物不相混合时，就不会造成碳同位素值的倒转；当这两种甲烷混合到一定比例时，即发生倒转（王兰生等，1993）；这是因为干酪根初次裂解中，由于分馏的作用，造成生成的原油、凝析油和伴生气相对于干酪根^{13}C降低1‰~3‰。在较高成熟度阶段，油和凝析油的转换及碳链的断裂，使得原油等二次裂解气比初次裂解气湿度更大、同位素更轻（Tang et al.，2000）。碳同位素组成为−29.47‰的油裂解所产生的乙烷碳同位素值为−38‰~−40‰（Clarkson et al.，1993）；而干酪根或胶质沥青质裂解的产物主要是甲烷，当油裂解所产生的天然气与干酪根热降解所形成的天然气混合，对甲烷碳同位素值影响较大，甲烷碳同位素主要由干酪根或胶质沥青质裂解气决定，体现$\delta^{13}C_1$为相对高值。而干酪根或胶质沥青质裂解气由于湿度很小，乙烷、丙烷仅占很小的比例，因此，其与原油裂解气生成的乙烷、丙烷相混合，对碳同位素影响较小，乙烷、丙烷碳同位素主要由原油裂解气决定，体现$\delta^{13}C_2$、$\delta^{13}C_3$为相对低值。$\delta^{13}C_1$的相对高值、$\delta^{13}C_2$、$\delta^{13}C_3$的相对低值就有可能造成$\delta^{13}C_1>\delta^{13}C_2>\delta^{13}C_3$碳同位素倒转的现象。

以上对页岩气碳同位素倒转成因的分析，引起五峰组—龙马溪组一段页岩气碳同位素的倒转最可能的原因为同源不同期气的混合。

3）天然气成因判别

由天然气碳同位素倒转可以判别引起五峰组—龙马溪组页岩气碳同位素的倒转最可能的原因为干酪根裂解气和原油二次裂解气的混合，但以哪种成因为主，并不能区分，因此本节将对该问题进行探讨。

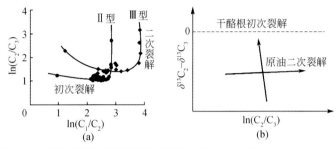

图 6-58　原油裂解气判识指标与图版（据 Prinzhofer and Huc，1995）

对于原油裂解生成的天然气，其 C_1—C_3 烃类化合物的相对含量、碳同位素与常规的干酪根裂解气有所差别。由于原油本身就是干酪根的初次裂解产物，因而原油在高温下裂解生成的气称原油二次裂解气。实际上，文献报道的原油裂解气包括了油藏中的原油和烃源岩中残留的可溶沥青裂解所产生的气（在有关文献中没有加以区分）。国外学者提出用 $\delta^{13}C_2$–$\delta^{13}C_3$ 与 ln（C_2/C_3）和 ln（C_1/C_2）与 ln（C_2/C_3）关系图版（图 6-58）判识这两类天然气（Prinzhofer and Huc，1995），认为干酪根初次裂解气是以甲烷的快速增长为特征，原油二次裂解气则以 C_3 的递减速率大为特征。

由于研究区已测天然气 C_3 含量少，难以测出 $\delta^{13}C_3$，无法应用 $\delta^{13}C_2$–$\delta^{13}C_3$ 与 ln（C_2/C_3）参数的判识图版，只能采用 ln（C_1/C_2）与 ln（C_2/C_3）关系图版。图 6-59 展示了涪陵焦石坝区块五峰组—龙马溪组一段天然气这两参数的分布。从图中可清楚看出，焦石坝区块五峰组—龙马溪组一段天然气中 ln（C_1/C_2）总体上呈高值，且变化不大；而 ln（C_2/C_3）值有较大的变化范围，表明其以原油二次裂解气成因为主。

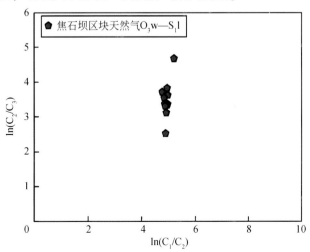

图 6-59　焦石坝区块五峰组—龙马溪组一段天然气 ln（C_1/C_2）、ln（C_2/C_3）值分布图

3. 成藏过程动态分析

四川盆地海相烃源岩在整个地质历史过程中，基本都经历了深埋生烃以及后期构造抬升过程。

涪陵地区五峰组—龙马溪组页岩在石炭纪末期之前，处于沉积压实阶段，由于埋深始终较浅，有机质处于未成熟阶段；晚二叠世末，页岩热演化程度明显增大，R_o 达到 0.5% ~ 0.7%，进入初始生烃阶段（图 6-60）。

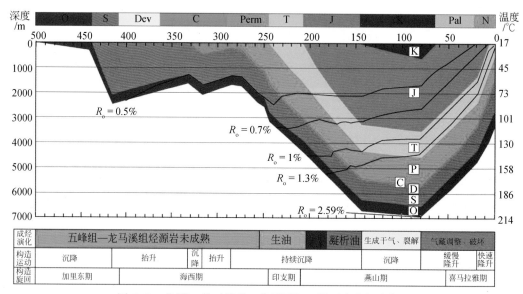

图 6-60　焦页 1 井五峰组—龙马溪组一段页岩成烃演化图

早三叠世初期，五峰组—龙马溪组总体处于构造沉降阶段，沉积速率继续加快，热演化程度迅速增高。至中三叠世末，R_o 值已迅速增大到 0.7% ~ 1.3%，龙马溪组进入生成液态烃的高峰期。中侏罗世后，龙马溪组处于快速埋藏的状态，R_o 值演化至 1.3% ~ 2.0%，有机质演化至高成熟阶段，生成大量的湿气及油裂解气。早白垩世初期，R_o 值大都超过 2.0%，热演化程度进入过成熟阶段，液态烃裂解为干气。

晚白垩世以后涪陵地区处于构造抬升阶段，页岩由埋深 6500m 左右抬升至目前的 2000 ~ 3500m，南部齐岳山断裂以东部分地区甚至抬升至地表而遭受剥蚀，此阶段由于地层的构造抬升，气藏发生调整改造。

根据以上的成烃演化史，涪陵地区五峰组—龙马溪组页岩在持续深埋过程中已经生成了大量的天然气。天然气被有机质和黏土矿物等大量吸附，由于页岩以纳米级微孔隙为主，形成了天然气运移的阻力，这种阻力很难完全克服，导致生成的天然气大部分滞留在烃源岩内部未被排出，从而形成原生页岩气藏。据 Jarvie 等（2003）研究，经页岩排烃后，受毛细管阻力等的影响，最后页岩内部仍残留生成烃量的 40% ~ 50%；此外据 Tissot 等研究，排烃过程只会发生在一定范围内，只有在靠近比页岩物性更好的储层约 14m 的范围内，页岩与储层产生浓度差，页岩中的烃类才能够向储层有效排出，且在整个排烃过程中，烃源岩排烃总厚度不会超过 20 ~ 30m，特别是对于涪陵地区焦石坝区块五峰组—龙马溪组页岩，厚度一般为 85 ~ 105m，页岩顶底板岩性致密，页岩的排烃效率更低。上述研究表明，涪陵地区五峰组—龙马溪组页岩在深埋藏演化过程中，自身孔隙吸附和储集了大量的烃类，最终形成自生自储式页岩气藏。

4. 油气成藏主控因素

四川盆地受多期构造活动影响，五峰组—龙马溪组泥页岩热演化程度高，普遍处于后期构造改造强烈，埋藏深度较大，因此明确页岩气成藏富集的主控因素，对优选页岩气富集，乃至高产的重点目标区有重要的意义。由于四川盆地 R_o 在整个区域都大于 2%，对页岩气富集成藏的控制作用并不明显，根据四川盆地及周缘页岩气井钻探效果，形成了中国南方复杂构造区海相页岩气"二元富集"理论，即深水陆棚优质页岩发育是海相页岩气富集高产的基础，良好的保存条件、高压或超高压是高产的关键（郭旭升，2014；郭旭升等，2014a）。

1）深水陆棚优质页岩是海相页岩气富集高产的基础

四川盆地及周缘页岩气钻探效果好的探井（如焦页 1HF 井、丁页 2HF 井、丁页 1HF 井、N201-H1 井、Y201-H2、YS108H1-1 井、L101 井等）都位于深水陆棚相带（图 6-61），同时水平井靶点及水平段轨迹基本都在深水陆棚优质页岩层段穿越。研究认为，深水陆棚优质页岩是海相页岩气富集高产的基础。

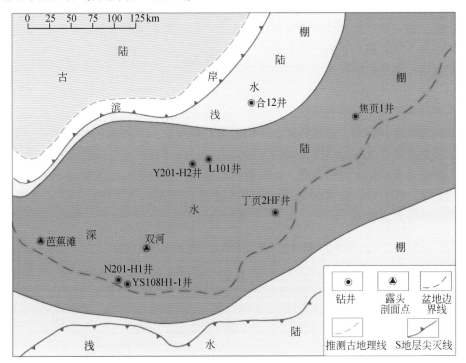

图 6-61 四川盆地川东南地区沉积相带展布与页岩气高产井分布叠合图

深水陆棚优质页岩，表现出高 TOC 和高硅质含量良好耦合的特征。高 TOC，亦即有机质富集，为页岩气形成提供了良好的生烃基础；加之适中的热演化程度，这为有机质孔发育创造了有利条件，而有机质孔的亲油性、能够提供大量的比表面积和孔体积，这为页岩气赋存提供了储集空间。页岩可压性评价包括矿物成分、岩石力学、地应力三个方面，其中高硅质含量的矿物成分特征，是页岩可压性良好的基础。TOC 与硅质含量具有良好的正相关性，在有机质富集的同时，具有良好的可压性，形成了良好配置。

深水陆棚光合作用的浮游生物繁盛，且为强还原沉积环境，有利于有机质的聚集和保存，因此发育了高有机质丰度的页岩。而高硅质含量，主要为生物、生物化学成因，含量最高可达 30% 的硅质放射虫和硅质海绵骨针是硅质生物成因的主要证据，硅质放射虫页岩夹多层斑脱岩薄层，火山碎屑的水解导致海水中富含硅质，可能是硅质放射虫较繁盛的原因之一；持续供应的陆源碎屑石英也是高硅质含量的成因之一，但在深水陆棚中，其含量所占比例较少；页岩中富铁元素等热水沉积痕迹，可以认为属低强度热水沉积，低强度热水可能也是海水中硅质生物繁盛，同时高硅质含量的原因。

2）良好的保存条件、高压或超压是高产的关键

根据四川盆地及周缘已有 30 余口下古生界页岩气井的勘探情况，四川盆地及周缘下古生界龙马溪组和筇竹寺组海相泥页岩在多数地区原始生烃条件优越，但在整个地质历史过程中经历了复杂的、多期次的构造演化（包括埋藏、抬升、断裂和褶皱等）、热演化（多期次、多种方式的生排烃）和页岩气的聚集与散失，泥页岩含气性表现为区域上分布的不连续性，钻井的产量同样表现出明显的高低不同。研究发现，良好的保存条件、高压及超高压是页岩气富集乃至高产的关键。

目前四川盆地及周缘获得突破的页岩气井（如焦页 1HF 井、丁页 2HF 井、丁页 1HF 井、N201-H1 井、Y201-H2、YS108H1-1 井、L101 井等），充分诠释了该区为具有良好油气保存条件和较高压力系数的地区，是四川盆地及周缘下古生界页岩气规模化、效益化勘探开发的现实有利阵地。这些气井位于构造活动相对微弱、构造相对较平缓、通天断裂不发育、顶底板条件优越的地区，即位于构造稳定、具有良好油气保存条件地区，产量通常较高；而在具有相似泥页岩发育，但构造改造强烈、保存条件相对较差地区所钻页岩气井（如河页 1、YQ1 井、渝页 1 井等），产气量通常不高（表 6-5）（郭旭升，2013，2014；郭旭升等，2014a）。

表 6-5　四川盆地下组合页岩气探井钻探成果表

位置	井号	气产量/（10⁴m³/d）	压力系数	气组分	保存条件评价
盆内	焦页 1HF	20.3	1.45	CH₄	好
	丁页 1HF	3.40	1.06	CH₄	一般
	丁页 2HF	10.5	1.75	CH₄	好
	W201-H1	1.31	0.92	CH₄	一般

续表

位置	井号	气产量/ ($10^4 m^3/d$)	压力系数	气组分	保存条件评价
盆内	W204	16.5	1.96	CH_4	好
	N201-H1	14~15	2.03	CH_4	好
	NH3-1	7.68	2	CH_4	好
	Y201-H2	43	2.2	CH_4	好
	YSH1-1	3.56	1.15	CH_4	一般
	YS108H1-1	20.68	2	CH_4	好
盆缘	PY1井	2.3	0.9~1.0	CH_4	一般
	Z101井	微含气	0.8	N_2、CO_2	差
	渝页1井	微含气		N_2、CO_2	差

注：部分数据来源于邱中建院士一行赴涪陵页岩气田交流材料《中石油页岩气示范区勘探开发概况》(2014.3)

另外，下古生界页岩气钻井解释，高产井均存在异常高压页岩气层，低产井和微含气井（如河页1井、YQ1井、渝页1井等）一般都为常压或异常低压页岩气层，页岩气产量与压力系数呈正相关关系（图6-62）。以上现象和规律说明较高压力系数体现了下古生界海相页岩气藏具有良好的保存条件，是其富集高产的关键所在（郭旭升，2013，2014；郭旭升等，2014a）。

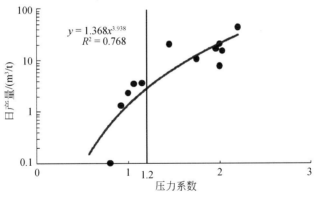

图6-62 页岩气钻气产量与压力系数关系图

压力系数是保存条件的综合型判别指标，高压、超高压意味着良好的保存条件，压力高是含气性好的重要特征，对游离气尤为明显。

影响页岩气保存条件的地质因素较多，保存条件对页岩气的富集伴随着页岩气生烃、聚集的全过程。良好的顶底板条件是页岩气具有良好保存条件的基础，在早期生烃阶段，若有良好的顶底板条件，页岩气将更多地被限制在页岩层内，而寒武系牛蹄塘组优质页岩厚度、TOC以及可压性均较好，但由于多数地区底板条件差，目前尚未获页岩气商业性发现。构造条件则是页岩气具有良好保存条件的关键，其主要包括构造改造时间、构造改造强度、构造样式、地层产状等。四川盆地外构造改造时间长、构造改造强度大、抬升剥蚀强烈、通天断层发育，页岩气保存条件总体较差，众多钻井均钻遇了优质页岩，但仅获低产页岩气流，尚未获得页岩气的商业性发现。

6.3 天然气富集规律

四川盆地烃源岩发育，保存条件佳，构造圈闭和岩性-地层圈闭发育、分布广泛，储层类型多样，是我国典型的含油富气的叠合盆地，资源潜力巨大。截至 2014 年年底，四川盆地天然气总探明储量达 $33283 \times 10^8 m^3$，其中陆相碎屑岩层位探明储量占 40%，海相层位占 60%，形成了以中三叠统雷口坡组分隔的陆相和海相两大勘探领域。特别是 2002 年来在海相长兴组—飞仙关组、龙王庙组和陆相须家河组相继取得天然气勘探重大突破，发现了普光、元坝、安岳等海相和广安、新场等陆相千亿方级大型气田，仅十余年的时间累计新增天然气探明储量 $25174 \times 10^8 m^3$，表明四川叠合盆地仍然具有油气大发展的巨大潜力。

尽管四川盆地天然气勘探已取得丰硕的成果，但由于国家紧迫的能源形势及其对石油天然气的巨大需求，如何利用新思路，开拓新思维，拓宽油气勘探领域，寻找油气富集带，进一步扩大勘探战果的任务仍然紧迫地摆在了油气勘探工作者面前。截至 2013 年年底，在四川盆地共发现气田 133 个，其中特大型气田（探明储量 $>1000 \times 10^8 m^3$）8 个（探明储量 $22132 \times 10^8 m^3$，占总探明储量的 68%），大型气田（探明储量 $300 \times 10^8 \sim 1000 \times 10^8 m^3$）9 个（探明储量 $4799 \times 10^8 m^3$，占总探明储量的 14%），中小型气田（探明储量 $<300 \times 10^8 m^3$）116 个（探明储量 $5595 \times 10^8 m^3$，占总探明储量的 18%）。可见，四川盆地气田数量构成以中小型占绝对优势（占 87%），储量构成却以特大型、大型气田居多（占总探明储量的 82%）。因此，进一步分析总结四川盆地大型（特大型）气田的成藏富集规律，对于指导和发现新的大型（特大型）气田目标，实现四川盆地天然气储量持续增长具有重要意义。

6.3.1 烃源岩及烃灶控制了大中型气田的发育与分布

烃源是生成油气的物质基础，烃源岩体系的分布对于四川叠合盆地中的海相油气分布具有宏观的控制作用。四川盆地碳酸盐岩储层致密、物性差、非均质性强，致使烃源岩成熟生成的烃类和古油藏裂解形成的天然气难以发生大规模长距离的运移，尤其是横向上的长距离运移更加困难。因此，四川盆地海相领域碳酸盐岩天然气藏分布具有明显的源控性。如四川盆地内寒武系筇竹寺组烃源岩主要分布于围绕川中古隆起的川中-川南及川东南地区，控制了寒武系龙王庙组、震旦系灯影组气藏分布，目前发现的川中威远震旦系灯影组、安岳寒武系龙王庙组气藏均邻近寒武系筇竹寺组烃源发育区（图6-63）。志留系龙马溪组烃源岩分布主要在川西南-川东地区，它控制了川东地区上石炭统黄龙组气藏的宏观分布，主要发现的天然气藏主要分布在川东及川东北地区（川东南缺失石炭系地层）。以龙潭组（吴家坪组）为重点的二叠系的烃源岩分布在川北、川东及川南地区，控制了二叠系气藏的形成和分布（图6-64），同时也控制了上部三叠系飞仙关组、嘉陵江组，甚至部分雷口坡组气藏的分布，其中长期局部发育于川北-川东地区广旺-梁平深水陆棚相的大隆组烃源岩对环陆棚边缘相的元坝、普光等大气田的形成与富集具有控制作用。

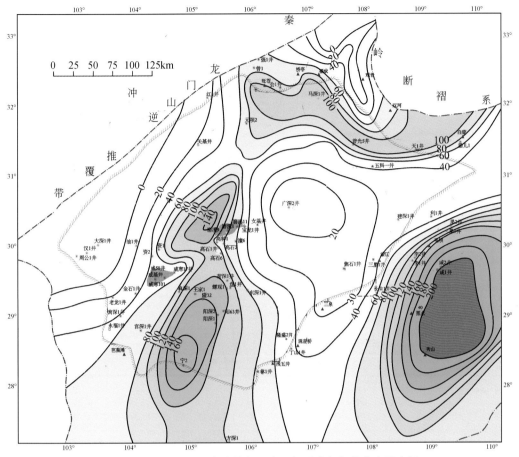

图 6-63　四川盆地下寒武统烃源岩生烃强度与气藏分布叠合图

由于四川盆地及邻区经历了多期构造运动，每一套烃源岩经历的构造热演化史差异显著，因此，不同地史时期烃灶的性质随地史而发生变化，同时不同地史时期排出的原油形成的油灶在后期深埋裂解形成的油性裂解气也是晚期成藏的重要气源。气源分析表明四川盆地海相除嘉陵江组、飞三段台内滩等中小型气藏气源主要来自二叠系烃源岩裂解气外，灯影组、龙王庙组、石炭系、长兴组—飞仙关组等层系大中型气田天然气主要为原油裂解气及烃源岩裂解气（朱光有等，2006）具有"多元供烃"特征。典型气藏解剖表明，威远灯影组、安岳龙王庙组、元坝长兴组、普光长兴组—飞仙关组、川东石炭系等大型气田空间上均具有纵向近源或横向近灶的特点，"近源富集"特征明显。目前四川盆地已发现的威远震旦系、安岳龙王庙组、元坝长兴组、普光长兴组—飞仙关组、川东石炭系等海相大型气藏，均是在古油藏形成后，转化为气藏，具有"油气转化"特征。

四川盆地碎屑岩层系天然气成藏具有"源储共生、面状供烃、近源成藏"的特征，大中型气田主要分布在强生烃区，具有较明显的源控性（图 6-65）。四川盆地碎屑岩层系主要发育上三叠统须家河组、下侏罗统自流井组及中侏罗统千佛崖组三套优质烃源岩，且与储层呈互层式分布，具有多套、多层、全覆盖、单层薄、累计厚度大的"三明治"或

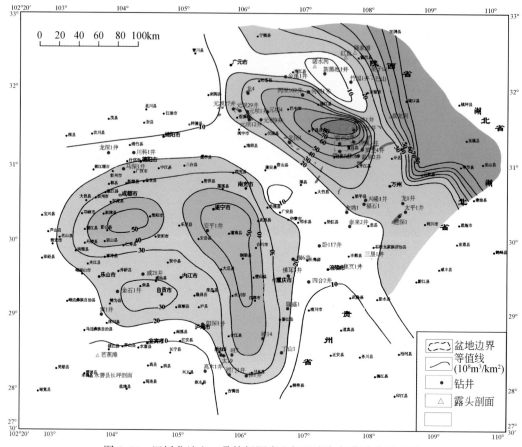

图 6-64 四川盆地上二叠统烃源岩生烃强度与气藏分布叠合图

"夹心饼"状特征。在这种独特的源储一体结构下，天然气具有近源短距运移就近成藏特征，有效减少了天然气散失量。烃源岩与储层大面积接触，且生烃期地层平缓，烃源岩蒸发式面状排烃，生成的天然气经过短暂的初次运移进入储层即可就近聚集成藏，避免了致密砂岩中天然气侧向运移输导不畅、动力不足的短板，同时也有效降低了运移聚集过程中的天然气散失量。在整体高效聚集的背景下，天然气的分布范围、层位明显受烃源岩发育程度的制约。以元坝地区须家河组为例，由于须一段烃源岩较薄或缺失，须二段测试普遍低产；相反，多口井在须三段、须四段测试获高产工业气流，这与须三段、须五段烃源岩发育情况好有重要关系。四川盆地须家河组下部成藏组合的气田主要分布在川西地区，须家河组中部、上部的须四段、须六段成藏组合的油气田主要分布在川西拗陷与川中隆起过渡的斜坡带上和川中隆起带上，总体上主要分布在生烃中心及其周缘生烃强度 ≥ $20 \times 10^{8} \mathrm{m}^{3}/\mathrm{km}^{2}$ 的区域内。川西新场、川中广安等须家河组探明储量超过千亿方的大气田的分布均与该区烃源岩发育、处于有利烃源灶中心有直接关系，而川南地区陆相优质烃源岩不甚发育，陆相气田分布局限，只有在深大断裂有效沟通深部优质烃源岩才有气藏的分布，以上说明四川盆地碎屑岩层系天然气具有近源富集成藏的特征，大中型气田分布具有明显的源控性。

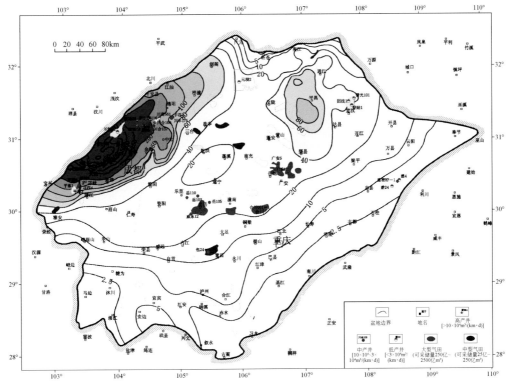

图 6-65　四川盆地须家河组生烃强度与气藏分布叠合图

6.3.2　优质储层是大中型气田富集的关键因素

储层是构成油气藏的重要物质基础之一，在四川盆地发育多期多套优质烃源岩的条件下，储层的发育与否构成成藏的关键。四川盆地的油气勘探历史就是不断寻找新储层的过程，一旦发现新的储层层位和类型，就会发现一批相关的油气田，如石炭系白云岩、开江-梁平陆棚两侧台缘礁滩储层及近期龙王庙组浅滩白云岩等储层的发现，带来了四川盆地天然气探明储量发现的三个高峰期。

按"相控论"的观点，沉积相控制了优质储层的发育与分布，但是对于四川盆地，控制储层分布发育的不仅是沉积相，还有其他因素。归纳这一地区盆地内的"沉积相、成岩作用、构造作用控制了储层质量和分布"，体现在如下方面。

1. 高能相带控制了孔隙型储集层的展布

四川盆地海相根据成因可分为白云岩储层、古岩溶储层、生物礁滩储层和裂缝型储层。尽管储层的现今储集空间以非沉积作用形成的次生孔隙等为主，但由于沉积环境对随后的成岩作用及孔隙演化有明显的控制作用，因而沉积环境明显控制着储层的发育及其分布。四川盆地主要相控储层类型包括：①发育在碳酸盐岩台地内、台缘高能滩相及在此基础上的白云化形成局部连片的孔隙性储层，如晚震旦世灯影期、早寒武世龙王庙期浅滩白云岩储层，三叠系飞仙关期鲕滩储层、嘉陵江期及雷口坡期粒屑滩相等储层；②潮坪相也有利于形成区域性连片的孔隙性储层，如川东石炭系、震旦系灯影组白云岩储层等；③台内及台缘的高能环境控制了台内点礁和台缘环礁的分布，如四川盆地上二叠统长兴组礁滩相储层的发育受控于长兴期沉积相，已发现的生物礁多集中在环开江-梁平陆棚边缘相及武胜-蓬安台洼边缘相。近年来，在环开江-梁平陆棚的两侧勘探发现了普光、元坝、龙岗、黄龙场、云安场等一大批长兴组、飞仙关组大中型气田。其中，普光气田在长兴组、飞仙关组礁滩已获探明储量 $4121.73 \times 10^8 \text{m}^3$（2013 年储量公报），元坝气田在长兴组生物礁提交探明储量 $2195.82 \times 10^8 \text{m}^3$，均为特大型气田。另外近期位于川中磨溪龙王庙组潮坪高能滩相的安岳气田 2013 年提交了 $4403.83 \times 10^8 \text{m}^3$ 的天然气探明储量。由此可见沉积环境和沉积相控制着储层的分布（特别是孔隙型储层），同时也控制了大中型气田的分布。

2. 白云岩化、溶蚀和破裂作用是海相储层的主要建设性成岩作用

白云岩化作用是形成优质碳酸盐岩储层的基础：第一，灰岩的白云岩化引起岩石的体积缩小、孔隙度增加；第二，在深埋条件下白云石比方解石更易溶解，有利于白云岩孔洞的形成；第三，白云岩比石灰岩更有利于形成裂缝，不仅改善了储层渗流特征，也为流体的运移、溶蚀作用的产生提供了重要通道。因此，在海相储层中连片的孔隙型储层往往与白云岩化作用有关。如川东石炭系黄龙组，就是潮坪沉积环境下由蒸发泵作用形成的白云岩储层。

溶蚀（或与岩溶作用有关）作用是形成优质储层的必要条件之一：海相碳酸盐岩储层中见到的孔隙类型 80% 以上与溶蚀作用有关。可见溶蚀作用是形成优质储层的重要条件。在已有研究成果中，见到的溶蚀作用类型有：准同生期的暴露溶蚀作用，溶蚀规模相对较小；由于四川盆地存在多期构造抬升剥蚀作用，产生表生阶段的大规模溶蚀作用，形成大面积溶蚀孔洞，是岩溶储层形成的基本地质条件；埋藏阶段的压实水溶蚀、有机酸的溶蚀、H_2S 的溶蚀（TSR 机理）、深层热液（或 H_2S、CO_2）的溶蚀等。

破裂作用——海相储层常见的特征，重要的储渗空间类型：由于四川盆地构造活动期次多，特别是晚期构造活动相对强烈，造成岩石的破裂期次多、类型多、成因复杂，破裂作用相对强烈。破裂作用不仅改善了储层的渗流性质，而且为溶蚀流体运移溶蚀、油气运移等提供了重要的通道。

3. 三角洲前缘亚相是陆相碎屑岩大中型气藏富集的有利相带

四川盆地上三叠统沉积具有多物源、多沉积体系、相带从周缘向盆内展布的特点，在盆地内发育了多种成因类型的储集砂体。不同沉积环境发育的岩石类型及其经历的成岩作用存在显著差异，因此，不同沉积环境发育的不同砂体储层的物性存在巨大差异。

从沉积特征来看，四川盆地从盆缘向盆内依次发育冲积平原-三角洲平原-三角洲前缘-湖泊沉积。由于多物源且物质供给丰富，有利储集砂体发育的三角洲前缘相带在湖盆内大面积展布，受控于此，储集砂体分布继承了相似特征，叠置连片发育。

四川盆地在上三叠统沉积演化过程中，由于受到龙门山与大巴山-米仓山构造带的影响，物质供给丰富，并且存在多个物源方向，三角洲平原-三角洲前缘砂体在湖盆内广泛

发育，叠置连片呈近环带状，砂体连续性好，大规模分布的砂体为油藏形成提供了有利储集条件。无论何种储集体类型，沉积相带明显控制储层物性分布范围，也最终控制了油藏分布范围。从目前已获气藏的发育特征来看，发育气藏的沉积相带类型较多，冲积平原、三角洲平原、三角洲前缘等均有分布，但大中型气藏主要位于三角洲前缘相带。统计结果表明，四川盆地碎屑岩储层发育多种砂体类型，其中三角洲前缘水下分流河道砂体为最有利的砂体类型，其平均孔隙度为 9.35%，渗透率为 $0.32 \times 10^{-3} \mu m^2$。

辫状河三角洲前缘水下分流河道频繁改道、交叉和归并，导致多期河道砂体纵向上叠置、侧向上复合，厚层砂体大面积连片分布，加之与烃源岩大面积接触，成藏早期并无构造背景，地层平缓，天然气的充注成藏亦是大范围的。如元坝地区主力产层须二段下亚段，测井解释储层发育，西北部较大，为 60~100m，向东逐渐减薄，最薄小于 10m，测试工业气流井主要分布在西北部孔隙型储层发育且厚度较大的地区，储层对气藏的分布具有显著的控制作用。晚三叠世末和中侏罗世—早白垩世末是川西拗陷须家河组储层致密化进程较快的两个阶段，早期储层孔隙中赋存大量地层水，地层水流动过程中，自生矿物沉淀，在石英颗粒表面形成次生加大，导致孔隙度降低。晚期天然气大量充注，驱替了孔隙中的地层水。气藏形成后随着地层持续深埋，泥岩压实排水，黏土矿物脱水，地层水的流动使得自生矿物不断沉淀，水岩反应持续进行，孔隙中聚集的天然气无法阻碍自生矿物的沉淀，矿物持续生长，储层孔隙度进一步降低，流体压力升高，天然气运移漏失，导致天然气藏贫化。目前经过漫长的地质历史时期，遭受强烈的压实和胶结破坏，四川盆地，尤其是川西、川东北地区须家河组储层中的原生孔隙基本消失殆尽，但在成藏演化的排烃过程中，须家河组烃源岩释放出来的大量有机酸对岩石中部分碎屑组分及岩屑进行选择性溶蚀，从而导致强烈的溶蚀作用的发生，在储层中形成了大量的溶蚀孔隙，使得早期形成的致密储层得到充分改善。总体上，四川盆地孔隙型储层发育程度是陆相大型气藏富集的重要因素，储层的发育规模决定了气藏的规模。

6.3.3　构造背景控制大中型气田聚集成藏

构造作用是一切地质作用产生的基础，对于油气成藏来讲，成藏物质基础离不开构造作用，油气运移、圈闭形成、油气藏保存均与构造作用有关。对于四川盆地而言，构造控制成藏体现在以下方面。

1. 大型古隆起带是控制大型油气藏分布的重要地质因素之一

从目前的研究结果看，大型隆起带与油气成藏的关系主要体现在如下方面：①古隆起带控制了油气的早期运聚，可以形成古油气藏，今油气藏则在古油气藏的基础上通过后期构造的改造、调整而成，为油气藏的最终形成奠定了基础；②大型隆起带往往是大型油气圈闭的形成地带，可以是构造的、披覆的、地层或岩性的，也可以是复合类圈闭，为油气聚集提供了有利场所；③大型隆起带形成的古风化壳是重要的油气运移通道；④大型隆起带边缘常与生烃洼陷（凹陷）相接，生成的油气利于通过隆起带边界斜坡、断裂（常常发育的边界断裂）运移到隆起带低势聚集；⑤大型隆起带往往是上覆地层沉积变化带，对于碳酸盐岩沉积来讲，经常是沉积坡折带的分布地区，因此，大型隆起带控制了上覆地层储层的形成；⑥大型隆起带下伏地层，如果是碳酸盐岩等可溶岩，则经常因表生期岩溶作用，形成岩溶性储层；⑦古隆起频繁转换影响油气运聚。早古生代加里东期，本区处于大隆大拗背景，乐山–龙女寺古隆起、天井山古隆起以及川南拗陷于此时形成；晚古生代到中三叠世，盆地处于拉张环境，局部地区呈现微型古隆起；晚三叠世初，在川南与川东形成印支期古隆起与川西拗陷、川鄂拗陷。各地史时期的隆起部位一直是油气早期运移和聚集的主要区域，孔隙型储层和古构造的叠合是寻找大气田的有利区带，近期新发现的安岳龙王庙组、元坝长兴组大气田均位于川中隆起斜坡带，普光、罗家寨等飞仙关气田及川东石炭系气田群位于开江古隆起及斜坡带，而泸州古隆起及周缘发现了大量的嘉陵江组、茅口组等二叠系—三叠系中小型气田，合计探明天然气储量近 2000 亿 m³（图 6-66）。

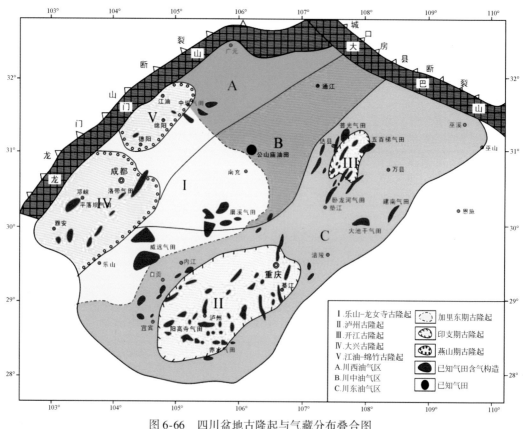

图 6-66　四川盆地古隆起与气藏分布叠合图

2. 盆地今构造面貌控制了油气藏现今格局

由于盆地晚期构造活动强烈，特别是燕山运动及喜马拉雅运动对研究区的影响巨大。这种影响一方面使早期油气重新调整、分配、散失；另一方面，晚期生成（或相对滞留在烃源岩、油气运移泄流带内）的油气（轻质油或天然气为主）或者早期古油藏裂解形成的天然气进行重新运移、调整、散失。最终部分油气聚集于现今的构造、岩性（地层）、物性、复合等圈闭中，构成现今油气藏的分布格局，典型如威远震旦系、普光长兴组—飞仙关组等气藏，具有明显的"晚期调整"特征。

盆地局部构造大部形成于喜马拉雅运动，地表背斜构造有259个，潜伏圈闭有400多个，褶皱成串成带分布与相邻边缘山区的构造基本协调一致，由盆地边缘向内部褶皱强度变弱，由地表到地腹构造变异明显，特别是龙门山–大巴山推覆构造带和川东高陡构造带，由于挤压应力作用于复杂岩层组合上形成的构造变异，是勘探中面临的主要难题之一。

6.3.4　良好的输导体系有利于油气规模聚集成藏

输导体系是指油气从烃源岩运移到圈闭过程中所经历的所有路径网及其相关围岩，根据油气运移的主通道以及影响油气运移通道的主要因素，可以将输导体系划分为储集层、断裂、不整合及复合四大类输导体系。

普光–大湾–毛坝构造输导体系主要由断层–裂缝–孔隙型储集体构成。在主生烃期（T_3—J_1）并没有大规模的挤压推覆，北东向背斜和断裂没有大规模发育，普光构造输导体系主要由厚层的孔隙型白云岩储集体组成，并发育北东向的断裂，断距较小但沟通了上二叠统源岩。该区大量的北东向断裂和北西向断裂基本都在中–晚燕山期以来发育，对古油藏的充注来说不是有效的输导通道，但对后期天然气的聚集和调整可能起到有效的输导作用。

元坝气田位于超深层负向构造弱变形区，不发育类似普光气田的断层–储集体复合优质输导体，研究发现元坝吴家坪组—长兴组发育大量沥青充填的微小断层、微裂缝及层间缝，构成"三微"输导体系，实现了陆棚相烃源岩生成的油气通过斜坡向台缘礁带汇聚成藏。古油藏恢复研究表明，靠近台缘外侧生物礁带古油藏充满度高于内侧，具有近源富集的特点。数值模拟也表明"三微输导"可以实现近源岩性圈闭的有效汇聚（图6-67）。

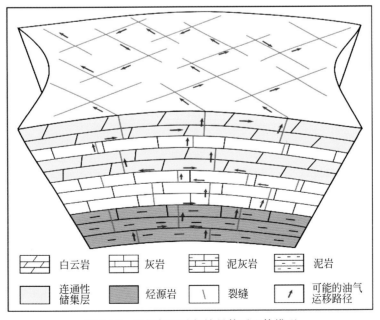

图6-67　元坝气田油气输导体系立体模型

四川盆地碎屑岩层系天然气主要沿着孔隙型砂岩、砂砾岩储集体、断裂及裂缝运移，输导体系组合样式以孔隙型储集体–裂缝组合及断裂–孔隙型储集体–裂缝组合为主。孔隙型砂砾岩储集体在经历一系列复杂的成岩演化后，现今多表现为一套低孔低渗–致密砂岩、砂砾岩储层，对天然气运移的有效输导主要在其致密化之前，在须家河组烃源岩开始生气到生气高峰期，须家河组砂岩、砂砾岩体对天然气的运移聚集具有较好的运移输导能力。晚侏罗世—早白垩世，四川盆地碎屑岩烃源岩生烃史与裂缝输导体系匹配良好，裂缝及断裂在中侏罗世（J_2）末期至现今阶段作为天然气运移的主要通道，是天然气运移聚集的良好输导体系，此后主要表现为对已形成气藏的调整、改造和定型。另外，四川盆地侏罗系主要发育远源次生气藏，断裂对油气藏具有建设与破坏的双重作用。一般来说，未断至地表的断层及其派生的裂缝常对油气藏的形成和产出起建设性作用。内部发育的断裂可改善特低孔渗性储层的渗滤通道，促使油气运聚成藏，甚至直接形成裂缝型气藏；油气的产出也依赖这类断裂。断裂还常作为重要的输导体系，如川西拗陷南部自须家河组断至侏罗系的断裂是侏罗系成藏至关重要的条件，它沟通了烃源与侏罗系储层之间的联系（油源断裂），使本区无生烃条件的侏罗系也得以有油气藏形成并保存下来。同时天然气借助烃源断层在垂向运移过程中，需要孔渗性较好的储层作为输导层，而超致密砂岩因其毛管压力高，烃源不易进入成藏，侏罗系次生气藏的分布明显受烃源断层及孔隙型砂岩储集体控制。因此，断裂–孔隙型储集体组成的复合型输导体系对四川盆地陆相天然气聚集成藏及后期调整改造具有重要影响。

6.3.5　持续的有效保存条件是大型气田富集的保障

多期构造叠加导致的油气藏的晚期调整再聚集是四川这个大型叠合型盆地油气成藏的基本特点，因此，油气藏的晚期调整过程中的油气保存条件是天然气晚期最终成藏的关键因素之一。由于天然气的活动性及其物理特性，对封闭条件的要求较高，尤其是形成含气丰度较大的大中型油气田，对封闭条件的要求更为苛刻，持续的有效保存条件是大型气田富集的保障。

四川盆地虽经历多期构造运动，但除喜马拉雅运动外，其余以整体升降运动为主，对早期油气藏的破坏不大。即使是构造运动最为强烈的喜马拉雅晚期，总体除了在盆地边缘的隆起成山外，盆地内部形成大量的褶皱和断层，但断裂大多向上消失在上三叠统与侏罗系砂泥岩地层中，盆内总体的油气保存条件良好，是四川盆地天然气富集的重要因素。四川盆地及周缘海相层系中发育三套区域性的泥质岩盖层（下寒武统、志留系、上二叠统吴家坪组/龙潭组）与两套区域性膏盐岩盖层（中下寒武统、中下三叠统），对海相各成藏组合油气的封堵有重要作用。尤其是四川盆地中下三叠统嘉陵江组和雷口坡组发育了巨厚膏岩层（厚度最大超过1000m），全盆广泛分布，虽然中下三叠统大中型气田仅16个，占四川盆地海相气田数的16%，但其探明储量却占36%，反映了优质盖层对天然气富集的作用。此外，在陆相中很少发现海相气源的气藏，反映中下三叠统优质盖层对海相天然气分布的控制。现今四川盆地嘉陵江组和雷口坡组膏盐岩层的厚度差异、盖层是否遭受剥蚀和剥蚀程度，以及断层对盖层的破坏程度，这三方面决定了天然气藏的保存条件。川东北地区膏盐岩盖层累积厚度多为 200~800m，向南过渡到鄂西–渝东地区，膏盐岩盖层厚度有所减薄，累积厚度在 150m 左右。川东北地区嘉陵江组和雷口坡组膏盐岩层均未出露地表，盖层未遭受剥蚀；川东北元坝地区断层不发育，通南巴和普光地区断层发育，但是断层主要是未断穿膏盐岩盖层的逆断层，断层自封闭能力强。而鄂西–渝东地区的石柱复向斜两侧齐岳山、方斗山、龙驹坝等高陡背斜轴部，膏盐岩盖层不仅遭受剥蚀，并且大气淡水垂向渗入膏盐岩层，将会使膏盐岩盖层受到破坏，圈闭的保存条件变差；并且高陡构造发育断层，断层与大气淡水渗入形成的渗透层的沟通，共同组成了油气逸散系统。因此，膏岩盖层的缺失以及断层直接沟通海相地层，是晚期天然气聚集保存的最大风险。

6.4　重点勘探领域及评价

四川盆地经过几十年的勘探，取得多层系、多领域重大突破，展示了巨大的油气勘探潜力。随着近期在四川盆地不断取得勘探新突破、新进展，对该盆地的资源潜力的估计也越来越趋于乐观。据 2010 年公布的全国第三轮资评四川盆地常规油气远景资源量为 7.8 万亿 m³，随后中国石油资评认为 12 万亿 m³。由于四川盆地不同成藏组合油气来源、生排烃史与生排烃量、运移聚集、后期改造过程的差异性，油气资源评价单元并不采用传统的统一评价单元，不同成藏组合评价单元的划分据各自的特点进行划分。海相层系均经历了油向气转化的过程，因此，资源评价中一方面考虑主要油灶的分布与聚集量，后期原油裂解气以 50% 计算，原油裂解气成藏效率以 5%~10% 计算；另一方面考虑晚期烃源岩干酪根生排气量，其成藏效率取值 5‰~10‰。按纵向不同成藏组合，综合评价四川盆地天然气总资源量 22.35 万亿 m³。其中海相下组合天然气资源量约 4.28 万亿 m³，其中原油裂解气资源量 3.54 万亿 m³；海相上组合天然气资源量约 8.97 万亿 m³，其中原油裂解气资源量 6.81 万亿 m³；陆相成藏组合天然气资源量（含马鞍塘组—小塘子组烃源岩）约 9.1 万亿 m³。

本节在生、储、盖等静态成藏要素分析、动态成藏剖析与富集规律研究的基础上，结合近期勘探进展，讨论四川盆地下一步重点勘探领域及勘探方向。

6.4.1　海相下组合勘探领域

四川盆地海相下组合是指震旦系—志留系含油气组合，目前发现威远与安岳气田，探明储量共计 4803 亿 m³，钻井主要集中于川中地区，其他地区勘探程度较低，但勘探潜力大。四川盆地下组合勘探主要存在三个重点勘探领域，即震旦系灯影组勘探领域、下寒武统龙王庙组勘探领域和上寒武统—奥陶系勘探领域。

1. 震旦系灯影组勘探领域

震旦系灯影组勘探领域主要是以下寒武统筇竹寺组黑色泥页岩为烃源岩，以震旦系灯影组白云岩为储集岩，储层具有连片分布的特征，"源–隆" 匹配是油气成藏的重要前提和主要控制因素。由于灯影组成藏受到烃源地层老、演化程度高、构造活动期次多等因素的影响，成藏过程均经历了古油藏向古气藏，甚至次生气藏的调整过程，已发现天然气藏天然气来源均为原油裂解型天然气，因而有利油气勘探区带评价重点考虑原油型烃源灶分布。根据第 4 章烃源灶的形成与演变，有利勘探区带主要分布于川中平缓过渡带、川北中陡构造带、川东高陡构造带局部，较有利勘探区带可能分布于川东南低陡构造带官渡赤水、綦江地区（图 6-68），是下一步勘探评价研究的重点地区。

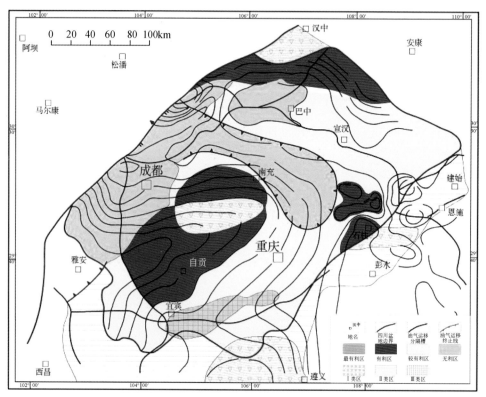

图 6-68　四川盆地震旦系灯影组有利油气勘探区带评价图

2. 下寒武统龙王庙组勘探领域

下寒武统龙王庙组以下寒武统筇竹寺组黑色泥页岩为烃源岩，以龙王庙组白云岩为储集岩，储层分布受高能相带控制，具有局限性。其成藏除受烃源的控制外，主要受储层发育的制约，因而"源-储"匹配是油气成藏的重要前提和主要控制因素。有利勘探区带主要分布于川中平缓过渡带、川北中陡构造带、川东南低陡构造带及大凉山褶断带部分区域。川东高陡构造带的鄂西-渝东地区、涪陵区块北部及川北中陡构造带的南江地区是较有利区块（图 6-69）。目前只在川中地区发现安岳气田，探明储量 4403 亿 m³，该领域是下组合重点增储领域和勘探方向。

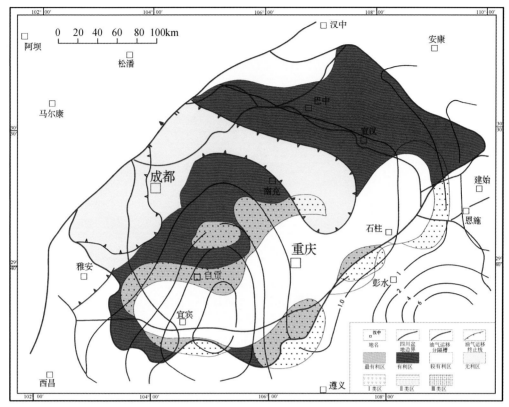

图 6-69　四川盆地下寒武统龙王庙组有利油气勘探区带评价图

3. 上寒武统—奥陶系勘探领域

上寒武统—奥陶系勘探领域具有下寒武统筇竹寺组、奥陶系龙潭组和五峰组、下志留统龙马溪组多套烃源岩供烃，但由于其储层发育的强烈非均质性，因此，这一领域的区带优选评价也主要考虑关键时期的"源-储"配置关系。其中，川中平缓过渡带、川北中陡构造带、大凉山褶断带东部及川东高陡构造带均为志留系有效供烃区内，发育上寒武统及奥陶系的高能滩，成为最有利勘探区。川东涪陵、川北中陡构造带为上寒武统及奥陶系的储层分布区，且志留系高效烃源岩连片分布，保存条件好而成为有利勘探地区（图 6-70）。

6.4.2　海相上组合勘探领域

海相上组合是指石炭系—中三叠统的一套海相地层组合和含气层系。已有的勘探发现普光、元坝等礁滩气田，在石炭系阳新统、雷口坡组等领域也获得了大量天然气发现，是四川盆地最重要的勘探层系。

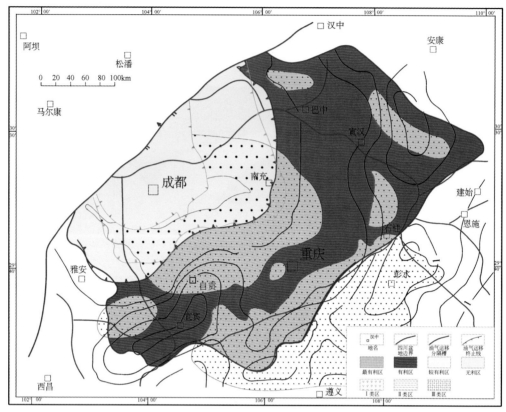

图 6-70　四川盆地上寒武统—奥陶系有利油气勘探区带评价

1. 台缘礁滩领域

上组合台地边缘礁滩主要发育于长兴组—飞仙关组、栖霞组及川西嘉陵江组、雷口坡组。下伏二叠系烃源岩广覆式分布，上覆中下三叠统多套膏盐岩盖层，形成了良好的生储盖组合。结合最新勘探及区带评价成果，明确川东北城口-鄂西海槽西侧镇巴-黄连峡地区、开江-梁平陆棚东侧南江东-黑池梁长兴组—飞仙关组台缘礁滩相带、川东南涪陵南部义和永兴场长兴组台洼边缘高能相带以及川西-川北栖霞台缘浅滩四个区带是上组合台缘礁滩领域有利勘探区带（图 6-71）。

2. 台内浅滩领域

台内浅滩领域主要发育在长兴组、飞仙关组及嘉陵江组。长兴组生屑滩岩性以亮晶生屑灰岩为主，具有局部的白云岩化现象。飞仙关组滩体具纵向厚度小、横向叠置迁移特征，局部发生白云岩化。嘉陵江组主要为潮坪白云岩浅滩，分布较为局限。通过沉积相、储层发育特征、油气成藏机理与分布规律研究，明确了川东南涪陵飞仙关组、涪陵泰来-三汇场长兴组及建南飞三段台内浅滩领域三个有利勘探区带（图 6-72）。

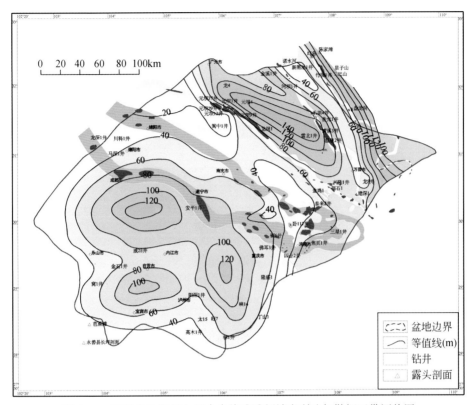

图 6-71 四川盆地海相上组合台缘礁滩领域有利油气勘探区带评价图

3. 不整合领域

不整合面岩溶缝洞领域主要发育于石炭系、茅口组和雷口坡组。近期川东南地区构造高点隆盛 1 井在茅口组不整合面岩溶储层中钻获高产工业气流，位于拔山寺向斜区的福石1 井茅口组岩溶储层中获工业气流，表现了良好的勘探前景。通过对不同类型气藏成藏石油地质条件及油气富集规律研究，明确了川东南茅口组岩溶缝洞有利区带及涪陵石炭系、川西雷口坡组、元坝雷口坡组等共计四个不整合面岩溶有利勘探区带（图6-73）。

6.4.3 陆相碎屑岩勘探领域

四川盆地陆相碎屑岩气藏以自生自储"源储共生"气藏为主，以往的勘探主要集中于须家河组，近期勘探在侏罗系也取得了一些重要发现。截至目前发现油气藏 40 个，探明储量 13028 亿 m³。四川盆地陆相碎屑岩气藏总体具有"源、相、位"三元控藏特点，因此主要考虑烃源发育情况、有利沉积相带、构造变形强度三个因素，重点针对须二段、须四段、须六段进行有利区评价。

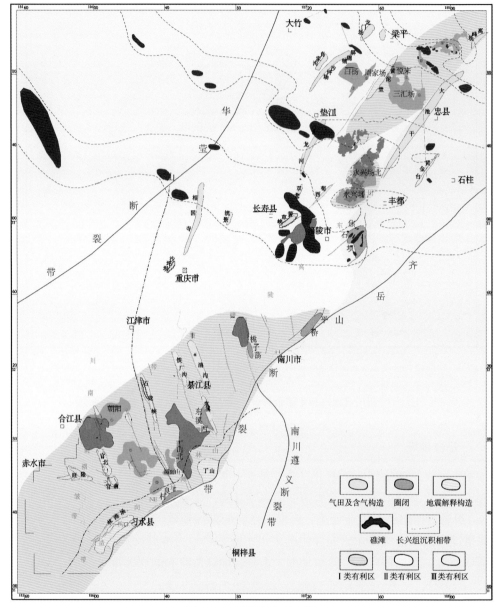

图 6-72 川东南有利区带

1. 须二段勘探领域

Ⅰ类有利区主要为回龙-新场-梓潼-阆中-元坝-广安-安岳地区（图 6-74），均位于三角洲前缘亚相，处在须一段与须二段生烃强度大于 $10×10^8m^3/km^2$ 的区域，以中-强溶蚀成岩相或绿泥石成岩相为主，以岩性圈闭或复合圈闭为主，保存条件好。Ⅱ类有利区主要为川西拗陷南段、龙门山北段、通南巴、普光等地区，均位于三角洲相，以中溶蚀成岩相或破裂成岩相为主，构造圈闭和复合圈闭为主，保存条件较好。盆缘地区以河流相为主，

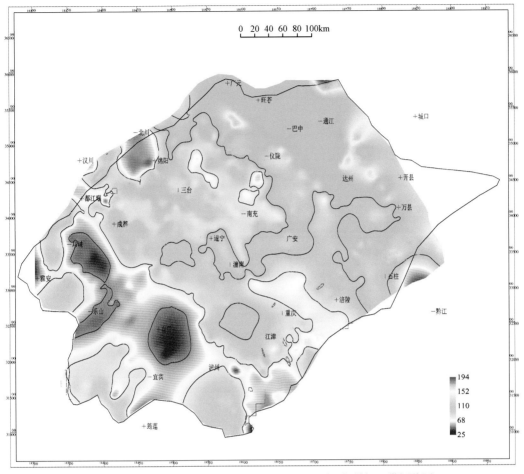

图 6-73　四川盆地海相上组合不整合领域有利油气勘探区带评价图

为Ⅲ类有利区。

2. 须四段勘探领域

Ⅰ类有利区主要为回龙-新场-梓潼-阆中-元坝-广安-安岳地区（图 6-75），均位于三角洲前缘亚相，一般处在须三段+须四段生烃强度大于 10 亿 m^3/km^2 区域，以中-强溶蚀成岩相或绿泥石成岩相为主，以岩性圈闭或复合圈闭为主，保存条件好。其中，回龙-梓潼-阆中-元坝地区为主要增储领域。Ⅱ类有利区：主要为川南、川中、通南巴、普光等地区，主要为三角洲相，一般处在须三段+须四段生烃强度小于 10 亿 m^3/km^2 区域，以构造圈闭和复合圈闭为主，保存条件较好。Ⅲ类有利区主要分布在川西拗陷南段、龙门山北段，以河流相和前三角洲岩性为主。

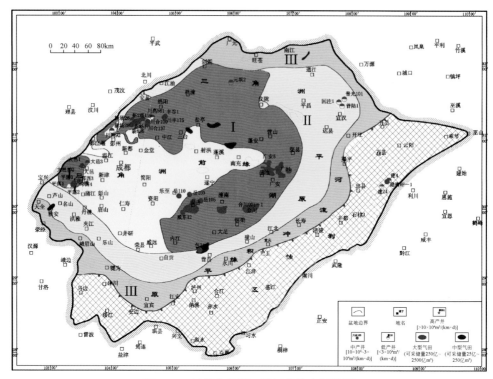

图6-74 四川盆地须二段区带综合评价图

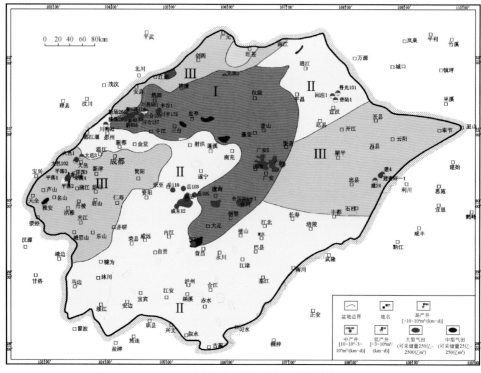

图6-75 四川盆地须四段区带综合评价图

3. 须六段勘探领域

Ⅰ类有利区主要为广安–合川地区（图6-76），均位于三角洲前缘亚相，以中–强溶蚀成岩相或绿泥石成岩相为主，岩性圈闭为主，保存条件好。Ⅱ类有利区主要为川南和普光等地区，均位于三角洲相，以中溶蚀成岩相、构造圈闭和复合圈闭为主，保存条件较好。Ⅲ类有利区主要为川西南和川东地区，以河流相和湖相为主。

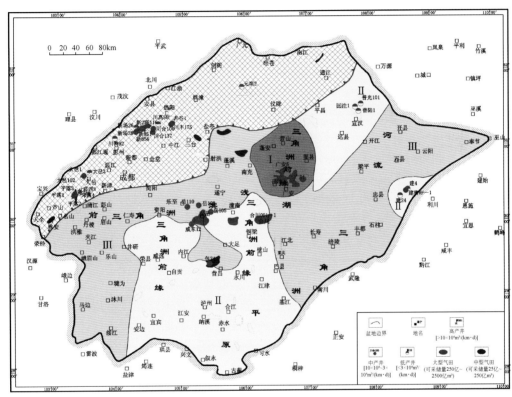

图 6-76　四川盆地须六段区带综合评价图

6.4.4　页岩气勘探领域

四川盆地页岩气是近几年勘探的热点，中国石化勘探分公司在位于川东南涪陵地区五峰组—龙马溪组发现中国第一个页岩气藏，探明储量 1067.5 亿 m^3。四川盆地页岩气勘探主要存在三个重点勘探领域，即五峰组—龙马溪组勘探领域、下寒武统筇竹寺组勘探领域和侏罗系湖相勘探领域。由于四川盆地页岩气藏总体具有"页岩品质、保存条件"二元控藏特征，主要考虑页岩品质、构造特征与埋深等方面进行各领域评价，探讨四川盆地页岩气各领域勘探前景。

1. 五峰组—龙马溪组勘探领域

晚奥陶世—早志留世沉积时期，四川盆地及周缘地区夹持在乐山-龙女寺、黔中、江南三大古隆起之间，向北与秦岭洋相通，形成"三隆夹一拗"的半闭塞滞流环境，三个古隆起向外，由滨岸相过渡到浅水陆棚相再到深水陆棚相。富有机质泥页岩主要发育于川东北、川东南及川西南地区，盆地中部地区发育较差，其中在川东北镇巴地区厚度为40～80m，川西南自贡–雷波地区最厚，可达120m以上；川东南万县–习水厚度可达80～160m。优质页岩厚度在川西南五指山–筠连双河、川东南道真–武隆–漆辽、川东北镇巴南北–巫溪三个地区最大，最大厚度分别为79m、41m、49m，优质页岩厚度向古陆方向逐渐减小。

五峰组—龙马溪组富有机质泥页岩有机质类型一般为Ⅰ型、Ⅱ$_1$型，TOC值主要分布在0.46%～7.13%，具有纵向上向泥页岩沉积建造底部层段明显增大的特征；优质页岩段（TOC≥2%）主要发育于五峰组和龙马溪组底部，平均TOC值一般为3.2%～4.3%，其中，川西南五指山一般为3.2%～3.8%，川东南綦江–綦江南一般为2.8%～3.7%，涪陵焦石坝–南天湖–武隆一带一般为3.5%～3.9%，川东北南江一般为2.8%左右。

四川盆地及周缘五峰组—龙马溪组泥页岩热成熟度整体上有由沉积中心向古陆降低的趋势，在普光、建深1井–万州和泸州地区为R_o高值区，R_o最高达4.3%，川东北和靠近南部黔中隆起、西南部雪峰隆起的区域为R_o低值区，R_o一般小于2.0%，最低为1.2%。研究认为，较高热演化程度（R_o>1.3%），有利于页岩气的形成，但热演化程度过高（R_o>3.0%），干酪根生烃潜力衰竭，在后期漫长的地质时期，页岩气逐渐散失，总体不利于页岩气富集状态的保持，川东南、川东北以及川西南大部地区五峰组—龙马溪组泥页岩一般为2.0%～3.0%，热演化程度较适中，有利于页岩气的生成与富集。

四川盆地及其周缘经历了复杂的构造运动，具有从周围造山带至盆内，构造变形样式和强度有序性、递进性和分带性明显的特点。研究认为，在现今四川盆地内五峰组—龙马溪组目的层具有较好的保存条件，盆缘与盆外地区经历了多期次的生排烃，形成了多期次的页岩气藏，同时也遭受了多期次构造运动的改造作用，导致页岩气藏遭到不同程度的破坏，保存条件复杂，但在局部地区也存在页岩气保存条件相对较好的区域，如涪陵区块焦石坝地区、南天湖地区、綦江南区块丁山地区、赤水–綦江南区块林滩场地区以及镇巴区块南部地区。

2. 下寒武统筇竹寺组（水井沱组/牛蹄塘组）勘探领域

早寒武世，经过震旦纪稳定热沉降的演化阶段后，克拉通南、北两侧的拉张裂解作用再次活跃，海水快速侵入，在深水陆棚相区及盆地相区沉积了下寒武统暗色泥页岩，早寒武世在上扬子地区深水陆棚相区及盆地相区主要发育川东–鄂西、湘黔、川南三个沉积中心。

四川盆地及周缘下寒武统富有机质泥页岩主要围绕川中古隆起分布，厚度一般为30～200m。其中最厚地区主要分布在川东北南江一带、陕西镇坪–巫溪–湖北咸丰、川西南地区，厚度最高达200m以上；川东北南江一带、陕西镇坪–巫溪–湖北咸丰带内的南江区块东部、镇巴区块南部及巫山–巴东区块富有机质泥页岩厚度均达到了30m以上，镇巴城浅1井达到了200m。在川南、黔东北–黔中、黔西北地区，富有机质泥页岩厚度一般为30～150m；在川中资阳–内江一带、川中南充–重庆–石柱、川西成都–广元、康滇隆起东缘、北部乌斯河-峨边以及南部雷波抓抓岩、金阳以南等地区，厚度较薄，一般为 30～60m。有机碳含量一般为 1%～4%，TOC 高值区主要分布于川南泸州-古蔺、黔西北地区，最高达 22.15%；在川北南江-巫溪一线，金沙-麻江-松桃-溶溪地区，一般为 1%～4%；在川中南充-石柱、都会-綦江地区富有机质泥页岩总体不发育，有机碳含量较低。

下寒武统富有机质泥页岩干酪根类型以 I 干酪根为主，少量的 II_1 型，生烃潜力好。泥页岩脆性矿物含量总体较高，硅质含量较高的地区有湘鄂西及鄂东南地区、黔南地区、川南地区，其次为黔西地区及川东北地区，岩石可压性强。川南下寒武统筇竹寺组中脆性矿物硅质含量为 28.0%～52.0%，钾长石、斜长石等含量为 11.4%～32.3%，方解石含量为 0.8%～14.5%，显示出较高的脆性矿物特征；其中川东北地区南江沙滩及镇巴蓼子口下寒武统全岩 X 衍射分析结果：富有机质泥页岩硅质含量为 25.1%～43.3%，平均为 34.09%，可压性强。页岩热演化程度基本处于高过成熟阶段，四川盆地平均为 3.4%，其中川东北镇巴地区 R_o 一般为 1.27%～3.72%，平均为 2.81%，南江地区 R_o 一般为 2.2%～3.6%，平均在 3.0% 左右。

下寒武统泥页岩地质年代老，页岩演化程度高，所经历的构造运动期次多，这为下寒武统页岩气的保存条件提出了更高的要求。从目前下寒武统探井情况分析，鄂西地区的恩页 1 井、黔西地区的方深 1 井、川南的昭 101 井、黔南地区的黄页 1 井以及川东地区的长生 1 井均因各类保存条件的破坏而失利，充分说明中国南方广大地区下寒武统保存条件破坏严重，保存复杂；而位于四川盆地内部的威 201 井、威 201H-3 井及金石 1 井测试获工业气流，表明受构造运动影响小、断裂相对不发育的地区为下寒武统页岩气保存条件良好的地区，是页岩气勘探的有利区带。

3. 侏罗系湖相勘探领域

四川盆地湖相页岩气资源潜力巨大：具有层系多、连续厚度大、保存条件好等特点。四川盆地早、中侏罗世主要为湖泊体系沉积，向盆地边缘逐渐过渡为三角洲及冲积平原沉积相类型，沉积、沉降中心主体位于川东北-川东南地区元坝-涪陵两地之间，主体位于浅湖-半深湖相带，岩性整体为一套湖相泥岩与介壳灰岩不等厚互层沉积。页岩气形成条件分析结果表明，富有机质泥页岩纵向上主要为下侏罗统自流井组东岳庙段、大安寨段二亚段和中侏罗统千佛崖组二亚段，岩性均表现为富有机质泥页岩夹薄层灰岩或砂岩，平面上展布具有东厚西薄的特征，暗色泥页岩厚度为 40～240m；其中，元坝和梁平地区位于沉积中心，各层段暗色泥页岩厚度较大，厚度一般为 20～80m；TOC 一般为 0.2%～2.4%，平均值在 1.2% 左右；干酪根类型主要为 II 型；热演化程度适中，为 1.3%～2.0%，处于凝析油-湿气的高成熟阶段；储集类型多样，有机质孔较发育，具有基质孔隙度高、渗透率低的特征，孔隙度一般为 0.02%～27.33%，平均为 3.62%，渗透率一般为 0.0027～96.2014mD，平均为 1.43mD；岩石矿物组成分析，黏土含量相对较高，一般为 40%～52%；含气性较好，现场实测总含量一般为 0.9～2.5m³/t，平均为 1.5m³/t。

元坝、梁平地区中下侏罗统地层平缓，构造简单、稳定，断裂不发育；地层压力系数异常高压（压力系数为 1.4～2.1），保存条件好。元坝地区千佛崖二段和大安寨段主体埋深大于 3500m，小于 4200m；梁平地区大安寨段和东岳庙段均小于 3500m，资源潜力大，具有较好页岩气勘探前景。

参 考 文 献

蔡希源，杨克明．2011．川西坳陷须家河组致密砂岩气藏．北京：石油工业出版社

陈宗清．2008．四川盆地长兴组生物礁气藏及天然气勘探．石油勘探与开发，35（2）：148～156

戴金星．1990．概论有机烷烃气碳同位素系列倒转的成因问题．天然气工业，10（6）：15～20

戴金星．1992．各类天然气的成因鉴别．中国海上油气（地质），6（1）：11～19

戴金星．1993．天然气碳氢同位素特征和各类天然气鉴别．天然气地球科学，4（2-3）：1～40

戴金星，倪云燕，黄士鹏．2000．四川盆地黄龙组烷烃气碳同位素倒转成因的探讨．石油学报，31（5）：710～717

戴金星，卫延召，赵靖舟．2003．晚期成藏对大气田形成的重大作用．中国地质，30（1）：10～19

戴金星，邹才能，陶士振，等．2007．中国大气田形成条件和主控因素．天然气地球科学，18（4）：473～485

董大忠，邹才能，杨桦，等．2012．中国页岩气勘探开发进展与发展前景．石油学报，32（4）：107～114

杜金虎，徐春春，等．2011．四川盆地须家河组岩性大气区勘探．北京：石油工业出版社

杜金虎，徐春春，汪泽成，等．2010．四川盆地二叠—三叠系礁滩天然气勘探．北京：石油工业出版社

高胜利，姚文宏，朱广社．2004．四川盆地中西部地区上三叠统压力特征与油气运聚．西北地质，37（2）：75～79

郭彤楼．2011．元坝深层礁滩气田基本特征与成藏主控因素．天然气工业，31（10）：12～16

郭彤楼．2013．四川盆地北部陆相大气田形成与高产主控因素．石油勘探与开发，40（2）：139～149

郭旭升．2014．南方海相页岩气"二元富集"规律——四川盆地及周缘龙马溪组页岩气勘探实践认识．地质学报，88（7）：1209～1218

郭旭升，郭彤楼，魏志红，等．2012．中国南方页岩气勘探评价的几点思考．中国工程科学，14（6）：101～105

郭旭升，胡东风，文治东，等．2014a．四川盆地及周缘下古生界海相页岩气富集高产主控因素——以焦石坝地区五峰组—龙马溪组为例．中国地质，41（3）：893～901

郭旭升，李宇平，刘若冰，等．2014b．四川盆地焦石坝地区龙马溪组页岩微观孔隙结构特征及其控制因素．天然气工业，34（6）：9～16

郭旭升，郭彤楼，黄仁春，等．2014c．中国海相油气田勘探实例之十六——四川盆地元坝大气田的发现与勘探．海相油气地质，19（4）：57～64

何斌，徐义刚，王雅玫，等．2005．东吴运动性质的厘定及时空演变规律．地球科学——中国地质大学学报，30（1）：89～95

何生，王青玲．1989．关于用镜质组反射率恢复地层剥蚀厚度的问题讨论．地质论评，35（2）：119～126

胡东风，张汉荣，倪楷，余光春．2104．四川盆地东南缘海相页岩气保存条件及其主控因素．天然气工业，34（6）：17～23

黄籍中．1991．油气区天然气成因分类及其在四川盆地的应用．天然气地球科学，2（1）：6～15

加里莫夫．1976．碳同位素和石油起源问题《石油地质译文集》（第三集）．北京：科学出版社

李军，郭彤楼，邹华耀，等．2012．四川盆地北部上三叠统须家河组煤系烃源岩生烃史．天然气工业，32（3）：25～28

梁狄刚，郭彤楼，陈建平，等．2008．中国南方海相生烃成藏研究的若干新进展（一）：南方四套区域性海相烃源岩的分布．海相油气地质，13（2）：1～16

梁狄刚，郭彤楼，边立曾，等．2009．中国南方海相生烃成藏研究的若干新进展（三）：南方四套区域性

海相烃源岩的沉积相及发育的控制因素．海相油气地质，14（2）：1~19

刘树根，徐国盛，徐国强，等．2004．四川盆地天然气成藏动力学初探．天然气地球科学，15（4）：323~330

刘树根，马永生，孙玮，等．2008a．四川盆地威远气田和资阳含气区震旦系油气成藏差异性研究．地质学报，82（3）：328~335

刘树根，汪华，孙伟，等．2008b．四川盆地海相领域油气地质条件专属性问题分析．石油与天然气地质，29（6）：781~792

吕正祥，刘四兵．2009．川西须家河组超致密砂岩成岩作用与相对优质储层形成机制．岩石学报，25（10）：2373~2383

马永生，蔡勋育，李国雄．2005a．四川盆地普光大型气藏基本特征及成藏富集规律．地质学报，79（6）：858~865

马永生，傅强，郭彤楼，等．2005b．川东北地区普光气田长兴—飞仙关气藏成藏模式与成藏过程．石油实验地质，27（5）：455~461

马永生，蔡勋育，郭彤楼．2007．四川盆地普光大型气田油气充注与富集成藏的主控因素．科学通报，52（增刊 I）：149~155

裴森奇，李跃纲，张本健，等．2012．川西地区上三叠统天然气成藏主控因素及勘探方向．天然气工业，32（10）：6~9

宋文海．1996．乐山—龙女寺古隆起大中型气田成藏条件研究．天然气工业，16（增刊）：13~26

孙玮，刘树根，马永生，等．2007．四川盆地威远—资阳地区震旦系油裂解气判定及成藏过程定量模拟．地质学报，81（8）：1153~1159

唐俊红，张同伟，鲍征宇，等．2003．四川盆地西南部流体包裹体特征及其在石油地质上的应用．地质科技情报，22（4）：60~64

唐俊红，张同伟，鲍征宇，张铭杰．2004．四川盆地威远气田碳酸盐岩中有机包裹体研究．地质论评，50（2）：210~214

唐俊红，张同伟，鲍征宇，等．2005．四川盆地西南部储层有机包裹体组成和碳同位素特征及其对油气来源的指示．地质论评，51（1）：100~106

田信义，王国苑，陆笑心，等．1996．气藏分类．石油与天然气地质，17（3）：206~212

汪泽成，赵文智，胡素云，等．2013．我国海相碳酸盐岩大油气田油气藏类型及分布特征．石油与天然气地质，34（2）：153~160

汪泽成，赵文智，彭红雨．2002．四川盆地复合含油气系统特征．石油勘探与开发，29（2）：26~28

王兰生，陈盛吉，王廷栋，等．1993．川东地区过成熟天然气烃类组分中碳同位素值倒转原因的探讨中国生物成因气的类型划分与研究方向．西南石油大学学报，15（特刊）：54~56

王睿婧，刘树根，张贵生，等．2011．川西拗陷孝泉—新场—合兴场地区须二段天然气气源判定及成藏分析．岩性油气藏，23（4）：100~105

王顺玉，李兴甫．1999．威远和资阳震旦系天然气地球化学特征与含气系统研究．天然气地球科学，10（3-4）：63~69

魏国齐，焦贵浩，杨威，等．1992．四川盆地震旦系—下古生界天然气成藏条件与勘探前景．地质勘探，30（12）：5~9

魏国齐，刘德来，张林，等．2005．四川盆地天然气分布规律与有利勘探领域．天然气地球科学，16（4）：437~442

文华国，郑荣才，沈忠民，等．2009．四川盆地东部黄龙组古岩溶地貌研究．地质论评，55（6）：816~826

徐国盛, 赵异华. 2003. 川东开江古隆起区石炭系气藏成藏机理剖析. 石油实验地质, 25 (2): 158~163

徐国盛, 刘树根, 袁海锋, 等. 2005. 川东地区石炭系天然气成藏动力学研究. 石油学报, 26 (4): 12~16

徐永昌, 沈平, 陶明信, 等. 1994. 中国含油气盆地天然气中氦同位素分布. 科学通报, 39 (16): 1505~1508

许海龙, 魏国齐, 贾承造, 等. 2012. 乐山-龙女寺古隆起构造演化及对震旦系成藏的控制. 石油勘探与开发, 39 (4): 406~416

杨荣生, 张铭杰, 张同伟, 等. 2003. 川西南碳酸盐岩储层流体包裹体气体地球化学研究. 沉积学报, 21 (3): 522~527

翟光明. 1989. 中国石油地质志 (卷10). 北京: 石油工业出版社

张厚福, 孙红军, 梅红. 1999. 多旋回构造变动区的油气系统. 石油学报, 20 (1): 8~12

张水昌, 朱光有. 2006. 四川盆地海相天然气富集成藏特征与勘探潜力. 石油学报, 27 (5): 1~8

张仲武, 李一平, 张声瑜. 1990. 四川盆地气藏类型及成藏模式. 天然气工业, 10 (6): 8~14

张子枢. 1989. 论气藏类型. 新强石油地质, 10 (1): 61~65

朱光有, 张水昌, 梁英波, 等. 2006. 四川盆地天然气特征及气源. 地学前缘, 13 (2): 234~248

朱光有, 张水昌, 张斌, 等. 2010. 中国中西部地区海相碳酸盐岩油气藏类型与成藏模式. 石油学报, 31 (6): 871~878

Clarkson C, Lamberson M, Bustin R M. 1993. Variation in surface area and micropore size distribution with composition of medium volatile bituminous coal of the Gates Formation, northeastern British Columbia: implications foe coalbed methane potential. Ottawa: Geological Survey of Canada

Curtis J B. 2002. Fractured shale-gas systems. AAPG Bulletion, 86 (11): 1921~1938

Hill D G, Nelson C R. 2000. Reservoir properties of the upper cretaceous lewis shale, a new natural gas play in the San Juan Basin. AAPG Bulletin, 84 (8): 1240

Jarvie D M, Hill R J, Pollastro R, et al. 2003. Evaluation of unconventional natural gas prospects, the Barnett Shale fractured shale gas model: European Association of International Organic Geochemists Meeting, Poland, Krakow, September 8-12

Martineau D F. 2007. History of the Newark East field and the Barnett Shale as a gas reservoir. AAPG Bulletin, 91 (4): 399~403

Pallasser R J. 2000. Recognising biodegradation in gas/oil accumulations through the delta ^{13}C compositions of gas components. Organic Geochemistry, (12): 1363~1373

Pollastro R M. 2007. Total petroleum system assessment of undiscovered resources in the giant Barnett Shale continuous (unconventional) gas accumulation, Fort Worth Basin, Texas. AAPG Bulletin, 91 (4): 551~578

Prinzhofer A, Huc Y. 1995. Genetic and post-genetic molecular and isotopic fractionations in natural gases. Chemical Geology, (126): 281~290

Ross D J K, Bustin R M. 2008. Characterizing the shale gas resource potential of Devonian- Mississippian strata in the Western Canada sedimentary basin: Application of an integrated formation evaluation. AAPG Bulletin, 92 (1): 87~125

Strapoc D, Mastalerz M, Schimmelmann A, et al. 2010. Geochemical constraints on the origin and volume of gas in the New Albany shale (Devonian - Mississippian), eastern Illinois Basin. AAPG Bulletin, 94 (11): 1713~1740

Tang Y C, Perry J K, Jenden P D, et al. 2000. Mathematical modeling of stable carbon isotope r atios in natural gas. Geochimica et Cosmochimica Acta, 64: 2673~2687

Xia X Y, Chen J, Braun R, et al. 2013. Isotopic reversals with respect to maturity trends due to mixing of primary and secondary products in source rocks. Chemical Geology, 339: 205~212

Zou Y R, Cai Y L, Zhang C C, et al. 2007. Variations of natural gas carbon isotope-type curves and their interpretation—A case study. Organic Geochemistry, 38: 1398~1415